普通高等学校"双一流建设"能源与动力专业精品教材

动力机械电子控制技术

李顶根 主 编

华中科技大学出版社
中国·武汉

内 容 简 介

本书为华中科技大学能源与动力工程学院动力机械工程系“动力机械电子控制技术”主讲教材，是顺应目前车辆动力系统电动化、智能化、网联化的发展趋势，以培养适应时代变化、兼具动力机械与电子控制技术的复合型和研究型人才为目标，总结近年来的教学改革与实践，参照当前有关国内外文献资料编写而成的。全书内容共分为6章，分别介绍了动力机械电子控制技术所涉及的控制理论与控制方法，电控系统开发及测试，汽油机电子控制技术，柴油机电子控制技术，电动汽车的电池、电动机与电控技术，智能驾驶与智能网联汽车等。

本书具有鲜明的学科交叉性、时代性和综合性，可作为汽车工程、动力机械及工程、新能源汽车等专业的大学本专科教材，也可供相关工程技术人员参考。

图书在版编目(CIP)数据

动力机械电子控制技术/李顶根主编. —武汉:华中科技大学出版社，2021.6
ISBN 978-7-5680-7136-9

Ⅰ. ①动… Ⅱ. ①李… Ⅲ. ①动力机械-电子控制-研究 Ⅳ. ①TK05

中国版本图书馆 CIP 数据核字(2021)第 101300 号

动力机械电子控制技术 李顶根 **主 编**
Dongli Jixie Dianzi Kongzhi Jishu

策划编辑：余伯仲
责任编辑：刘 飞
封面设计：廖亚萍
责任监印：周治超
出版发行：华中科技大学出版社(中国·武汉) 电话：(027)81321913
武汉市东湖新技术开发区华工科技园 邮编：430223
录 排：华中科技大学惠友文印中心
印 刷：武汉开心印印刷有限公司
开 本：787mm×1092mm 1/16
印 张：21.75
字 数：548 千字
版 次：2021 年 6 月第 1 版第 1 次印刷
定 价：59.80 元

前　言

为了满足新形势下动力机械电子控制系统复合型、研究型人才的培养要求，编者根据自己近年来在新能源汽车、内燃机电控以及汽车电子等方面的教学和研究实践，在参考和比较当前国内外的相关教材和资料的基础上编写了本书。

本书在内容的选择上力求满足学科、教学和社会三方面的需求，与社会实体企业对人才的需求紧密结合；同时根据本专业的培养目标和学生的就业情况，在广泛调研的基础上，以目前社会上蓬勃发展的电动汽车、高效清洁燃油车、智能驾驶汽车等为教学载体，以分析问题和解决问题为导向，结合现代大学生的认知规律和学习能力，将全书内容分为 6 章进行介绍。

本书为普通高等学校“双一流建设”能源与动力专业精品教材，具有以下特点：

(1)学科交叉性。本书涉及控制理论、电子技术、计算机技术、车辆工程、内燃机、电池、电机、互联网等多个学科的相关基础知识和基本理论，具有鲜明的交叉性，也折射出当前我国现代企业急需交叉学科背景知识的人才来更好地发展新能源汽车、智能驾驶及先进高效节能减排的新型动力机械系统，满足社会发展的需要。

(2)时代性。当前，社会上新能源汽车、智能驾驶、先进内燃机动力系统等领域的新技术、新系统、新产品日新月异，本书体现了鲜明的时代特征，收集整理了较新的“节能减排”先进动力系统所涉及的电子控制技术及系统。当然，随着时代的发展和技术的进步，本书所涉内容也会因时间的推移而有相应的变化。

(3)综合性。本书较为全面地总结了控制理论、电子技术、计算机网络、半导体芯片、机械结构、液压系统、热力学等基础共性的学科知识内容，又较为全面地介绍了内燃机、电动汽车、智能驾驶、先进动力装置等广泛使用的产品及系统，综合性较强，适合技术开发、基础科学研究等多层次多类型的人才培养需求。

本书由华中科技大学能源与动力工程学院李顶根任主编，杨灿任副主编。具体编写分工为：第 1、2、5、6 章主要由李顶根编写；第 3、4 章主要由杨灿编写。全书由李顶根统稿。

本书的编写得到了湖北省内燃机学会、中国汽车工程学会牵头组织的电动汽车产业技术创新联盟相关专家、领导及同行的亲切指导，得到了编者所在学校教务处及能源与动力工程学院的领导、多名在校研究生的大力支持，得到了“十三五”华中科技大学教材建设项目的资助，在此一并表示衷心的感谢。

由于编写时间较为紧迫，且编者水平有限，书中定有疏漏和不足之处，恳请广大读者批评指正。

编　者

2021 年 6 月

目　　录

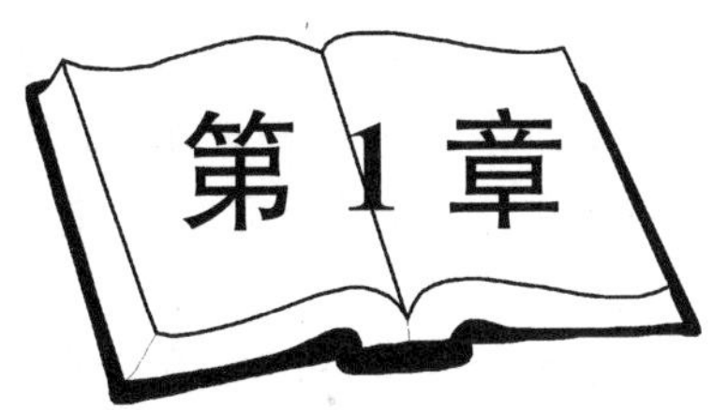

动力机械电子控制系统

1.1 控制及控制系统

1.1.1 控制系统

生产实践和日常工作中存在大量的控制系统，多数采用反馈作用的闭环控制。如人的眼睛看到桌上的一本书，将书的位置作为输入信号传递给大脑，大脑向手和手臂发出指令，然后去拿书。眼睛将输出信号——手的位置反馈回大脑，与输入信号(书的位置)进行比较，产生偏差，指挥手和手臂不断移动，减少偏差，直至将书拿到手上。如果桌子上不仅有书，还有杯子、铅笔、文具盒等物件，就需要根据物品的形状、尺寸进行判断和识别；如果桌上的书为字典、设计手册、杂志，还需要控制系统有推理、学习、综合等人工智能功能。

图 1-1 是用于控制电炉温度的加热系统。控制装置使电炉内的温度按事先规定的过程变化。计算机不断地从电炉内的温度传感器 TS 采集信息，根据温度绝对值相对于时间的变化量进行运算，得出最佳加热量，并将算出的信息送给加热器控制装置，改变加热量，完成控制操作。其过程可概括为：温度传感器将检测的信号送入计算机进行处理，再把处理结果送给控制装置，以实现对加热器的温度控制。由于该系统只有从外部控制电炉启停以及输入运转程序的功能，因此需配备输入命令的控制台。根据系统的不同用途，有时需要对电炉内的温度作实时显示或用绘图机记录，还应配备相应的显示记录装置。

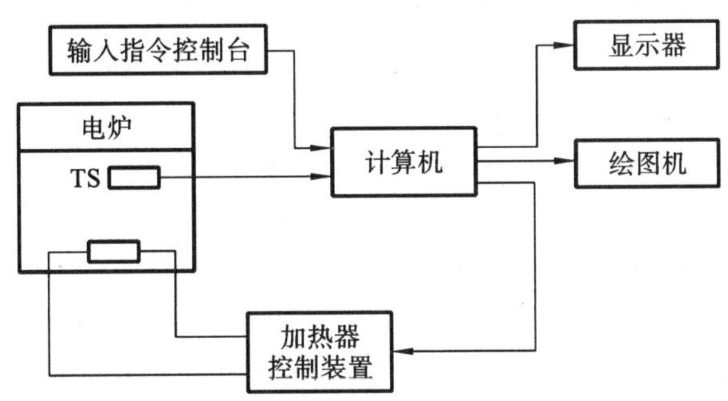

图 1-1 电炉温度控制系统原理

控制论和控制系统的演变，与科学技术的发展、社会实践的需求有着密不可分的联系。以动力机械为例，早期的内燃机在蒸汽机的基础上，开发了飞球式机械调速器，与操作员相互配合控制转速和扭矩，保证运行安全。根据经典控制论，结合实验和测量，建立线性控制模型，用线性常系数微分方程组描述单输入、单输出系统，或将其相加表示调速过程动态特性。内燃机的工况变化范围大，有较多的摩擦、阻尼、滞后环节，是复杂的非线性系统，建模中忽略了非线性环节，采用小信号法，在各工况平衡点附近的微小范围内，用平衡点切线代替该范围内的曲线，实现线性化，分析结果有一定的局限性。

能源供给日益紧张，石油危机对世界带来巨大冲击，环境污染威胁人类的健康和生存，各国相继立法，严格控制燃油消耗率、噪声、振动、有害气体排放，节约能源、保护环境。动力机械首当其冲，增加控制参数，从转速、喷油量、进气充量、点火正时，扩大到喷油压力、喷油率、进气流量、最高爆发压力、气缸压力升高梯度，运用现代控制论，建立状态空间控制模型，进行多参数、多目标、高精度控制，实现综合优化，改善动力性、经济性、排放性，提高控制和分析研究水平。

内燃机的启动、加速、变工况操作时，经常在瞬态（过渡）过程运行，其动态特性异于稳态，有些国家已制定了瞬态运行技术规范，对控制系统的响应和精度提出了更高的要求。

柴油机和汽油机主要用作车辆、船舶、工程机械、发电机组的动力装置，燃气轮机主要用作飞机和高性能船舶的动力装置。发动机与动力系统的合理匹配及整体优化控制，是改善车船性能的重要措施。在控制系统的决策和操作中，人的经验、专家的知识发挥着关键作用。正在迅速发展的人工智能控制论，如模糊控制、神经网络控制、专家系统已得到应用，大大提高了动力机械的技术水平。

为适应生产实践的需求，控制理论和控制系统也在不断地由简单变复杂，向高精度、高可靠性、综合优化、高智能化方向发展。20 世纪初形成的经典控制理论，以单输入、单输出控制系统为对象，根据控制系统的物理、化学、力学特征，建立常系数线性微分方程为基础的数学模型，时域描述系统的动态性能，在给定外作用和初始条件下，通过拉普拉斯变换得到传递函数，表达系统的动态性能；也可用典型函数如脉冲、阶跃函数等进行激励，研究结构或参数对系统输出响应的影响；进行频域分析，用传递函数、Bode（伯德）图和 Nyquist（奈奎斯特）图表示系统性能，提出增益和相位变化时闭环控制系统增益裕度和相位裕度概念，评判稳定性。物理概念清晰，可直观、定性地判断改进系统设计的方向。对实践中的一些简单的非线性控制系统，采用线性化方法进行近似和修正，解决了不少实际控制难题，推动了控制技术的发展。

20 世纪 50 年代到 60 年代，火箭制导、航天事业的进步需要解决复杂多变量系统，高精度系统的控制问题，由此促进了现代控制理论的形成。计算机技术的迅速发展和计算机的广泛应用，有可能运用计算机分析、设计控制系统，并进行实时控制，研究和解决时变性、非线性、多输入、多输出系统的控制问题。运用状态空间描述、分析、设计控制系统，成为现代控制理论的重要标志。足以完全表征系统运动状态的最小个数的一组变量，称为状态变量。一个用 n 阶微分方程描述的系统，有 n 个独立变量，求得 n 个独立变量的时间响应，就可以完全描述该系统的运动状态。系统的哪些变量作为独立变量，不是唯一的，重要的是它们必须相互独立，且个数等于微分方程的阶数，这 n 个独立变量就是该系统的状态变量。n 个状态变量作为分量构成状态矢量，随着时间的推移，在 n 维状态空间中描绘出一条状态轨线。由状态变量构成的一阶微分方程组称为状态方程，指定系统输出后，输出与状态变量之间的函数关系称为输出方程，描述系统的动态特性，不仅可求得输入和输出变量之间的关系，也可以揭示系统内部的过程和性质，便于分析多输入、多输出、非线性、时变系统和随机过程。

现代控制有多种分支，如最优控制、自适应控制、鲁棒控制等，与经典控制相比有以下重要特点:控制系统的结构由单输入、单输出向多输入、多输出转变;研究工具由频率法向状态空间法转变;计算工具由手工估算向计算机模拟计算转变;系统建模由工作机理建模向统计建模转变,采用系统辨识、参数估计等理论。

随着科学技术的发展,面临大型、复杂控制系统的挑战。系统的复杂性、不确定性主要体现在以下方面:系统的运行行为和特性上的复杂性,如空间飞行器、海洋潜水器和各种机器人;不确定性导致的复杂性。系统或事物本身有明确的含义,只不过发生的条件不充分,使条件和事物之间不能出现明确的因果关系,所表现的不确定性称之为随机不确定性。如某些测试结果、机器尺寸链,可用概率统计理论来描述。系统或事物的本身概念模糊,即一个对象是否符合这个概念难以确定,称为模糊不确定性,如产品外观或舒适性评判,用模糊数学理论来描述。系统为多模式或变模式集成,具有控制策略方面的复杂性,如舰船计算机监控系统。现代控制理论以精确的系统数学模型作为分析设计的基础,而实际的控制对象或控制过程,往往只有粗略的模型或无法得到模型,有些复杂的系统包含很大的不确定性,运行过程需要实现控制模式甚至控制策略上的转变,要求熟练的操作技工或专家干预才能有满意的控制效果。将这些技工、专家的经验、知识、判断汇编成计算机可识别的语言,模仿人类的思维参与系统控制,就产生了智能控制系统。计算机技术水平的迅速提高为人工智能的发展和应用提供了有效工具。计算机在图像处理、逻辑推理、模糊评判、知识获取和表达等方面的功能可以让专家知识、操作经验参与过程控制,使其达到或者超过人类参与的水平。概括地讲,控制器有知识库、推理机,可以改变控制模式和控制策略,含有模糊控制和知识控制规则,可以模仿人的思维方式的控制系统称为智能控制系统。

智能控制系统的主要特点如下:①含有以知识表达的非数学的广义模型和数学模型,采用开环和闭环、定量和定性相结合的多模式控制。②有分层信息处理和决策机制,模仿人类大脑任务分块,控制分散的方式;高层采用智能控制,对环境、过程进行组织、决策和规划,实现广义求解,低层一般采用常规控制方式。③系统为非线性系统,具有变结构的特点,在控制过程中可以调整控制参数,也可以改变控制器结构,优化系统性能。

1.1.2　控制系统模型

为了研究各种系统参数的内部联系和变化规律,往往先进行建模,用模型来描述系统,通过系统模型分析和仿真来评估稳定性,预测并改善系统性能,进行决策和优化,设计出经济、合理、有效的系统。模型是系统特征和变化规律的定量抽象,是认识客观事物的有力工具。

控制模型是研究系统控制特性、设计控制器、确定控制策略和方法的基础,对系统控制效果的优劣,有举足轻重的作用。控制工程中的模型,与物理学中的模型有所不同,关键在于寻求一个健壮的,数学上精炼的模型,能充分发挥控制理论的作用,有效实现控制目标。

1. 模型的分类

1)物理模型

为了分析研究的需要,对实际系统或装置进行简化,忽略次要的影响因素,突出系统的某些特征,使之易于进行分析研究。如机械系统中的比例模型,内燃机中的流动模型,热交换模型等。从实际系统到物理模型,是一个抽象过程,需要区分系统和环境,根据研究目的做出必要的取舍。物理模型的质量,对总体研究方案和数学模型有着重要影响。

2)数学模型

解决复杂的实际问题时,建立数学模型是一种十分有效并被广泛使用的工具或手段。整个过程包含数学模型的建立、求解和验证。选择客观世界的某一系统作为研究对象,根据研究目的、客观规律和有关信息,进行必要的简化及假设,采用数学语言如数学符号、数字、表格,数学方程式描述系统,得到其数学模型。用变量表示系统的属性,变量间的函数关系式描述系统的内在联系和变化规律。数学模型可以被译成算法语言,编写程序植入计算机,开展模拟和仿真。正确地建立某个系统的数学模型,需要合理扬弃和筛选,舍弃次要因素,突出主要因素,虽源于现实,但又高于现实,过程的完成标志着人们对该系统的认识产生了质的飞跃。

数学模型的分类很难有统一的标准,可以根据不同的分类原则分成不同的类型 。按照数学方法可分为初等模型、微分方程模型、微积分模型、代数模型、概率统计模型等;根据变量的性质可分为确定性模型、随机性模型、连续性模型、离散性模型等;根据系统的性质可分为微观模型、宏观模型、集中参数模型、分布参数模型、定常模型、时变模型等;按照建模的方法不同,可分为理论模型和经验模型。

数学建模是一个动态反复的迭代过程,没有固定的模式,它与数学建模工作者的自身素质密切相关。这就是说,它直接依赖于人们的直觉、猜想、判断、经验和灵感,在这里想象力和洞察力是非常重要的。所谓想象力实质上就是一种联系或联想能力,它表现为对不同的事物通过相似、类比、对照找出其本质上共同的规律,或将复杂的问题通过近似、对偶、转换等方式简化为易于处理的等价问题;而洞察力则体现为抓主要矛盾或关键,并把握全局的能力。由于人们的经历、素质和视野的差异,不同人所构造的模型水平往往不同,因此数学建模是一种创造性的劳动。

图 1-2 表示对实际问题进行分析、建模、求解、验证的全过程。

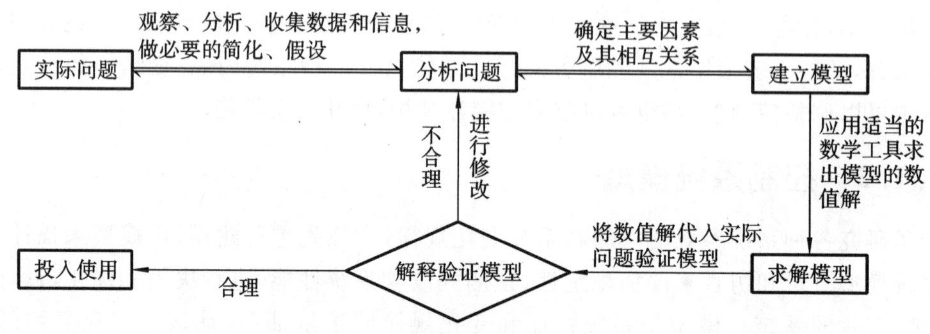

图 1-2　建模和求解过程示意图

对于动力机械系统,以控制为目的,应用机械学、热力学、流体力学的相关物理定理,通过代数方程或微分方程式描述系统输入和输出变量的相互关系,可以建立其数学模型,作为控制系统的设计基础。

系统运行中有动态过程和稳态过程,相应地用动态数学模型和稳态数学模型来描述。所谓动态过程是指系统在输入信号的作用下,输出变量从初始状态到最终状态的响应过程,根据系统的结构和参数,动态过程表现为衰减、发散或等幅振荡等形式。实际运行的控制系统,其动态过程必须是衰减的。其动态数学模型通常以微分方程或差分方程组来表示。稳态过程是指系统在输入信号的作用下,当时间趋于无穷大时,系统输出变量的表现方式。在实际控制系统中,与希望的响应速度相比较,如果研究的过程变化缓慢或参数相对稳定,可以用一组代数方程来描述，构成稳态数学模型。

图1-3为发动机控制系统示意图。汽油机、柴油机、燃气轮机的工作过程存在差异，从原理上看均通过改变燃油量调节转速和负荷，统称为发动机控制。由输入电位计给定转速n_r，相应的给定电压u_r输入伺服放大器。发动机以转矩T、转速n_0传动负载，转速计将n_0转换成电压u_0反馈到伺服放大器，与u_r比较得到电压偏差信号u_r-u_0，伺服放大器根据该型号输送电流i到伺服器，改变驱动器的活塞位置，控制燃油控制阀的流通面积，调节燃油量及发动机的转速和负荷。

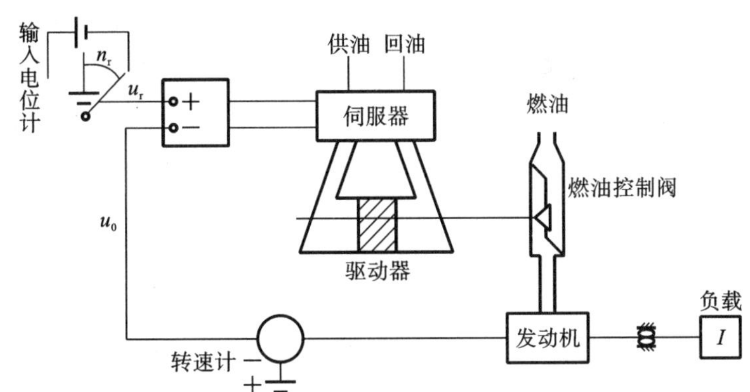

图1-3　发动机控制系统示意图

发动机控制系统的线性数学模型：

$$u_r=c_1 n_r \tag{1-1}$$

式中：c_1为比例常数。

$$u_0=c_2 n_0 \tag{1-2}$$

式中：c_2为比例常数。

$$i=k_a(u_r-u_0) \tag{1-3}$$

式中：k_a为伺服放大器的增益。

电流i对伺服器滑阀位移x的传递函数为

$$x = i[k_1/(D_2/\omega_n^2+2\xi D/\omega_n+1)] \tag{1-4}$$

式中：k_1为常数，ω_n为伺服器的固有频率，ξ为阻尼比。

伺服器滑阀位移x对于驱动器活塞位移y的传递函数为

$$y=k\,x/D \tag{1-5}$$

燃油控制阀在平衡位置发生小的偏移，燃油流量q与阀的开度(即驱动器活塞位移y)成线性关系。

$$q=c_3 y \tag{1-6}$$

式中：$c_3>0$，为常数。

发动机的转矩随燃油流量和转速的变化曲线，可以通过实验或模拟计算求得，选择平衡工况点，采用小信号线性化技术，可得

$$n_0=c_4 q-c_5\Delta T \tag{1-7}$$

式中：$c_4>0$，$c_5>0$，均为常数；ΔT为转矩的变化量。从式(1-7)可以看出，燃油流量增大，转速提高；负载转矩增大，转速下降。

转矩平衡方程：

$$\Delta T = I\frac{\mathrm{d}n_0}{\mathrm{d}t} + Cn_0 + T_\mathrm{d} \tag{1-8}$$

式中：I 为负载惯量；C 为轴承的黏性摩擦系数；T_d 为干扰转矩。

经整理后，得

$$n_0(\tau D+1)/k_2 = c_4 q - c_5 T_\mathrm{d} \tag{1-9}$$

其中，$\tau = c_5 I/(1+c_5 C)$ 为时间常数，于是有

$$1/k_2 = 1 + c_5 \mathrm{C}$$

这是一个四阶系统。如果伺服器的固有频率 ω_n 高，$\frac{1}{\omega_\mathrm{n}}$ 与发动机的时间常数 τ 相比很小，电流 i 和伺服滑阀位移 x 的关系可用简单的增益表示，即 $x=k_1 i$，系统可降为二阶。

电路网络是机电控制系统重要的组成部分。图 1-4 所示为无源电路网络系统，其中，R 为电阻，C 为电容，$u_\mathrm{i}(t)$ 为输入电压，$u_\mathrm{o}(t)$ 为输出电压。

根据基尔霍夫定律和欧姆定律，经过整理，可得到其数学模型为

$$R_1 C\dot{u}_\mathrm{o}(t) + u_\mathrm{o}(t)[(R_1+R_2)/R_2] = R_1 C\dot{u}_\mathrm{i}(t) + u_\mathrm{i}(t) \tag{1-10}$$

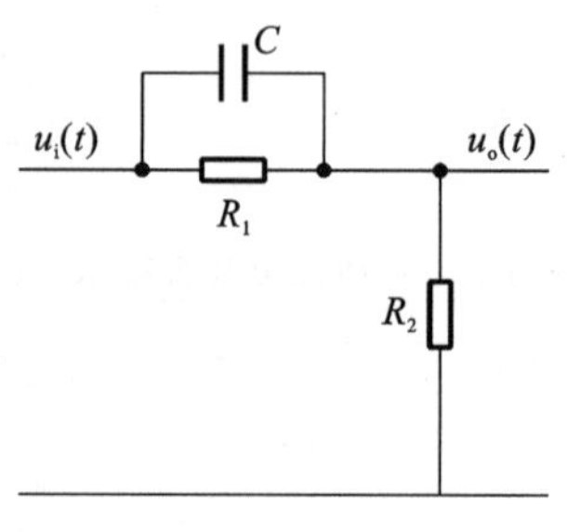

图 1-4　电路网络

3）描述模型

描述模型是抽象的（没有物理实体），很难或者无法用数学方程式表达的系统模型，一般用自然语言或程序语言来叙述，有待于进一步数学化。

描述模型是计算机科学与社会科学、人工智能相互渗透的产物，主要特点是：人们对有些领域和现象知识有限，认识不连贯，需要借助于大量的数据和人类思维的认识模式来描述和研究所面对的系统。

描述模型和数学模型的主要区别：数学模型是定量的，用计算的方法来求解；描述模型将定量和定性相结合，用推理、判断、学习的方法来求解，在求解的过程中不断探索和完善，专家的知识和经验、智能模式，在模型中发挥着重要的作用。

2. 建模方法

控制系统的规模、复杂程度、控制目标千差万别，建模方法各异，自然科学、工程领域的建模方法有分析法和实验法两种。

1）分析建模法

经适当的简化和假设，建立系统的物理模型，对系统及组成部分的工作原理、运行机制、相互联系进行分析，运用物理、流体力学、热力学等自然科学定律，建立描述系统能量转换，运动状态的方程式，得到系统数学模型。

2）实验建模法

有的系统十分复杂，限于认识水平，人们对系统的构成、运行机理、信息传递途径还了解

不多或根本不了解，无法用分析法建模，只能通过实验，用脉冲、阶跃、正弦等典型输入信号对系统进行激励，或者对系统的运行过程进行测量，记录系统的输出响应，分析处理后建立系统模型。

系统辨识就是通过对已知输入信号的输出响应观测，在指定一类系统的范围内，确定一个与被辨识系统等价的系统。首先根据事先掌握的知识，判断被辨识系统的类型，如动态或稳态，线性或非线性，确定性或统计性等。规定一类输入信号，在某一特定输入信号下进行辨识。规定等价的含义，只有两个系统所有可能的输入值，它们的输入-输出信号特性完全相同时，这两个系统才等价。

系统辨识，参数估计理论和方法在实验建模中有重要作用。系统辨识的目的，是通过实验由系统的输入、输出信号求系统数学模型方程的阶次、参数值和结构特征，确定系统模型。如果某些机电控制系统的结构较易了解，系统辨识前可将系统数学方程式的阶次根据经验事先确定，系统辨识问题就变为对方程参数进行估计的参数估计问题。

1.1.3　计算机仿真

计算机仿真是用计算机程序建立真实系统的模型，通过计算，了解系统随时间变化的行为或特性，对系统的结构和行为进行动态演示，以评价或预测该系统的行为效果，为决策提供信息。计算机仿真是解决复杂实际问题的一条有效途径，在航空、机电、冶金等工业部门以及社会经济、交通运输、生态系统等方面有着广泛的应用，已成为分析、研究和设计各种系统的重要技术手段。

计算机仿真分为连续系统仿真和离散系统仿真两大类。

计算机仿真迅速发展、有效应用的主要原因：

(1)实际系统未建立之前，需对系统的行为或结果进行分析研究；有时在真实系统中直接做实验会影响系统的正常运行，此时应用计算机仿真更为合理有效。

(2)当人是系统的组成部分时，其行为往往会影响实验的效果，这时对系统进行计算机模拟，有助于减少人为不确定性。

(3)有时实验时间太长，费用过高；或者有危险性，难以在实际环境中进行实验和观察，计算机仿真更经济、安全。

(4)有些系统或过程用数学公式难以表达；数学模型不易求解；或者数学分析与计算过于复杂，计算机仿真简单可行。

(5)希望能在较短的时间内观察系统发展的全过程，以估计某些参数对系统行为的影响；需要对系统或过程进行长期运行比较，从大量方案中寻找最优方案。

系统是指一些具有特定功能，相互之间以一定的规律联系着的物体所组成的总体。为了限制所研究问题涉及的范围，一般用系统边界把所研究的系统与影响系统的环境区分开来。系统的对象和组成元素都可以称为实体。属性反映实体的某些性质，它可以是文字型、数字型或逻辑型。

系统的状态是指在某一时刻实体及其属性值的集合。导致系统状态变化的过程称为活动，活动反映系统变化的规律。活动是指一段过程，即在一段时间内发生的情况。事件是指某一时刻的情况，系统发生变化的瞬间就产生了事件。

研究系统一般是为了认识其状态随时间变化的规律，所以需要仿真时间变量。由于计算机仿真是一种数值方法，它不提供解析解，所以对连续系统仿真时，常在均匀时间点上展现其状态值，这样，仿真时钟的步进是一个常数。而离散系统仿真时，只有在事件发生时，系统的状态才会发生变化并有必要展现出来，所以，取决于事件间隔的仿真时钟的步进往往是非等距的。为了使仿真程序能如实地模拟实际系统的变化，在某些离散事件的仿真中，采用事件表的形式进行调度。事件表一般是一个有序的记录列，每个记录包括事件发生时间、事件类型等内容。

仿真研究的步骤如图 1-5 所示，大致可以分为四个部分：

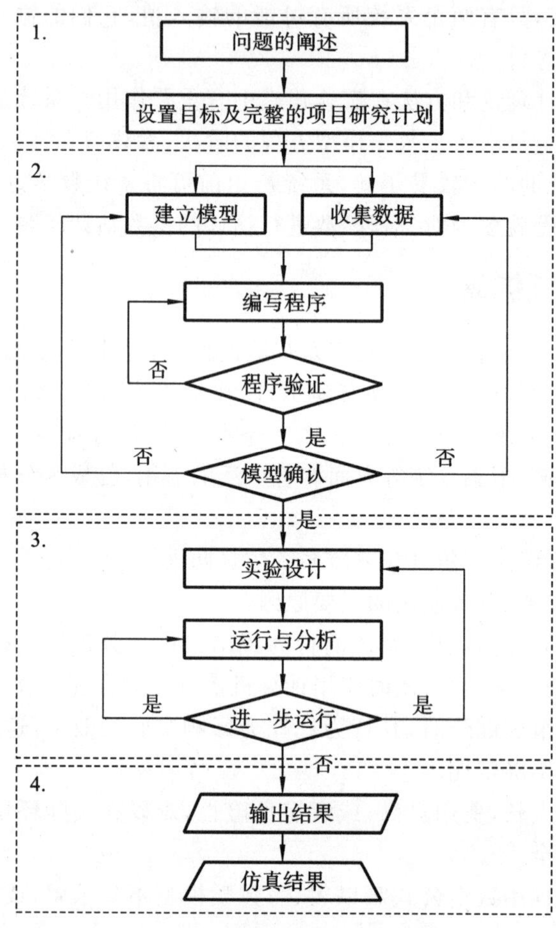

图 1-5　计算机仿真研究步骤

1)系统分析

明确问题，提出总体方案。清晰表达被仿真系统的内容、目的和系统边界，确定目标函数及可控变量，并加以数量化。确定系统的实体、属性和活动，描述子系统与总系统的关系。

2)模型构造

建立模型、收集数据、编写程序、程序验证和模型确认等。建立模型就是选择合适的仿真方法，如时间步长法、事件表法等，确定系统的初始状态，设计整个系统的仿真流程，然后根据需要收集、整理数据，用通用语言或仿真语言编写并调试程序。

3)模型的运行与改造

首先确定一些具体的运行方案，如初始条件、参数、步长、重复次数等，然后输入数据，运行程序，将得出的仿真结果与实际系统比较，进一步分析和改进模型，直到符合实际系统的要求及精度为止。

4)设计输出仿真结果格式

提供文件清单,记录重要的中间结果等。输出格式要有利于用户了解整个仿真过程,分析、使用仿真结果。

1.2　典型控制策略及理论

1.2.1　自适应控制

控制系统在设计和实现中普遍存在着不确定性,主要表现在:

①系统数学模型与实际系统间总是存在着差别;

②系统本身结构和参数可能是未知的或时变的;

③作用在系统上的扰动往往是随机的,外界条件(原料品种、设备工作状况和环境条件等)可能发生变化,且不可量测;

④在系统运行中,控制对象的特性随时间而变化,其变化规律往往难以事先知晓。这种变化若在小范围内,还可采用反馈控制、最优控制或校正方法来消除或减少参数变化对控制性能的有害影响。但是,若被控对象参数变化范围很大,为使系统仍能保持某种意义下的最优状态,采用随参数变化而自动改变控制策略的自适应控制就成为必要。控制对象参数在大范围变化时,参照日常生活中生物(包括人类)能够通过自觉调整本身参数(如增益、滞后时间、超前因素等),改变自己的习性,以适应新环境的特性,提出自适应控制系统的设想。

自适应控制系统必须能提供被控对象当前状态的连续信息,也就是要辨识对象,并用当前系统的特性与期望的(或最优的)性能指标相比较,做出使系统趋向期望的(或最优的)性能的决策,必须对控制器特性进行及时修正,以适应对象和扰动的动态特性变化,使系统始终自动地在最优或次优的状态下运行。

较完善的自适应控制系统应该具有以下功能:

①不断检测和处理信息,了解系统当前状态。辨识被控对象的结构、参数或性能的变化,建立被控对象精确的数学模型,或确定当前实际的性能指标;

②进行性能准则优化,产生自适应控制规律,确保被控系统达到期望的性能指标;

③自动修正控制器的参数,调整可调环节,使整个系统始终自动运行在最优或次优工作状态。

自适应控制是现代控制的重要组成部分,它同反馈控制相比较有如下特点:

①一般反馈控制主要适用于确定性对象或事先可确知的对象,而自适应控制主要研究不确定性对象或事先难以确知的对象;

②一般反馈控制具有强烈的抗干扰能力,即它能够消除状态扰动引起的系统误差,而自适应控制因为有辨识对象和在线修改参数的能力,因而不仅能消除状态扰动引起的系统误差,而且还能消除系统结构扰动引起的系统误差;

③一般反馈控制系统的设计必须事先掌握描述系统特性的数学模型,及其环境变化状况,而自适应控制系统的设计则很少全部依赖数学模型,仅需要较少验前知识,但必须设计出合理的自适应算法,因而将更多地依靠计算机技术来实现;

④自适应控制是更复杂的反馈控制，它在一般反馈控制的基础上增加了自适应控制机构或辨识器，还附加了可调环节。

自适应控制系统可从不同视角进行分类。

按被控对象的性质可以分为：确定性自适应控制系统；随机自适应控制系统。

按照功能可以分为：参数或非参数自适应控制系统；性能自适应控制系统；结构自适应控制系统。

按照结构特点可分为前馈自适应控制系统和反馈自适应控制系统。

值得指出的是，人们的习惯多按结构特点进行分类，而且主要指反馈自适应控制系统的详细分类（见图 1-6）。

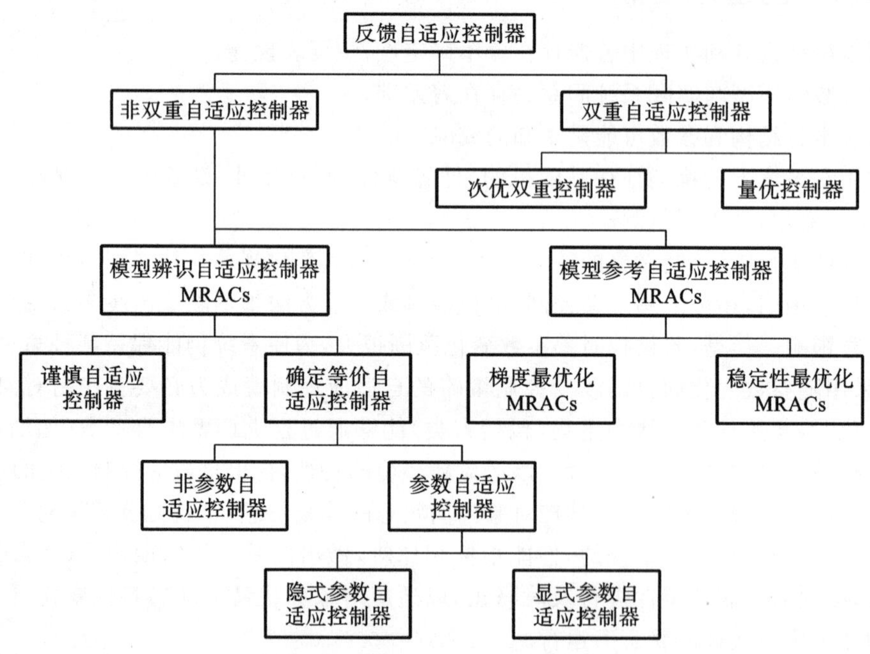

图 1-6 反馈自适应控制系统分类

1. 自适应控制系统的基本结构

自适应控制系统的基本结构有两种形式，即前馈自适应控制和反馈自适应控制系统。

1）前馈自适应控制系统

前馈自适应控制系统又称开环自适应控制系统。它测量过程信号，并通过自适应机构按照这些测量信号改变可调控制器的状态，从而达到改变系统特性的目的。没有“内”闭环反馈信号而实现控制器参数调整是前馈自适应控制系统的突出特点（见图 1-7）。

这种结构类似于一般扰动的复合控制，所不同的是增添了自适应机构和可调控制器。

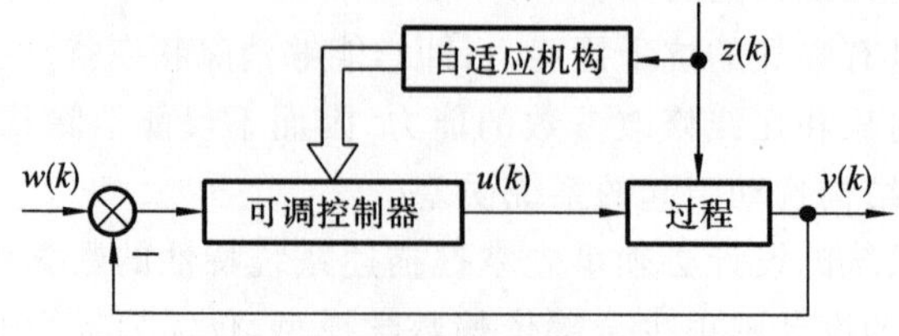

图 1-7 前馈自适应控制系统

因此，增益被设计为可观测信号的前置量，描述运行状态，被计算参数以特性曲线表的形式存储在计算机中，以便同控制器参数适配来控制运行状态。前馈自适应控制的优点是可预先知其过程状态，无须对可观测过程的输入和输出信号进行辨识，因此能够快速响应过程变化。其缺点是忽略了不可观测信号、干扰和意料之外的过程状态变化，且大量参数存储必须有许多操作，从而限制了该系统的应用。

2)反馈自适应控制系统

如果过程品质变化不能直接由外过程信号测量确定，则可采用图 1-8 所示的反馈自适应控制方案。这是应用最广泛的自适应控制系统结构，其特点如下：

①过程特性或信号变化可借助测量各内控制回路信号进行观测；

②除基本回路反馈外，自适应机构还将形成附加反馈级；

③闭环信号通道能产生非线性第二反馈级。

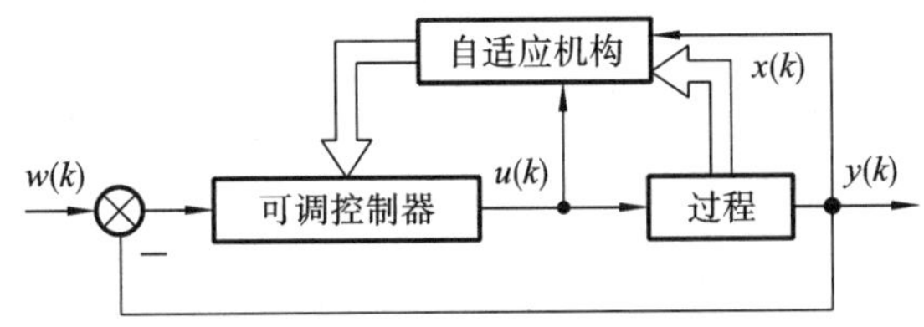

图 1-8　反馈自适应控制系统

2. 实用自适应控制系统分类

从实用角度自适应控制系统一般可分为三大类，即模型参考自适应控制系统、自校正控制系统和其他形式的自适应控制系统。

1)模型参考自适应控制系统(MRACs)

模型参考自适应控制系统由参考模型、可调子系统和自适应控制回路(自适应律)等环节组成。其中，参考模型是一个理想的、按要求的性能指标预先设计好的样板，它的输出 $y_m(t)$ 直接表示系统希望的动态响应。可调子系统由实际被控对象、负反馈控制器组成闭环控制系统，它的输出 $y(t)$ 反映了当时可调子系统的动态特性。自适应控制系统尚未调整结束时，$y(t)$ 和 $y_m(t)$ 是有偏差的。自适应控制回路(自适应律)以一定的指标根据 $e(t)=y_m(t)-y(t)$ 的变化情况去调节系统，最后保证在时间趋于无穷大时，偏差 $e(t)$ 趋于 0。

模型参考自适应控制系统的框图如图 1-9 所示。$w(t)$ 为系统输入，$y_m(t)$ 为参考模型输出，$y(t)$ 为系统输出，$e(t)$ 为系统输出与参考模型输出的偏差，$u(t)$ 为可调控制器输出。其设

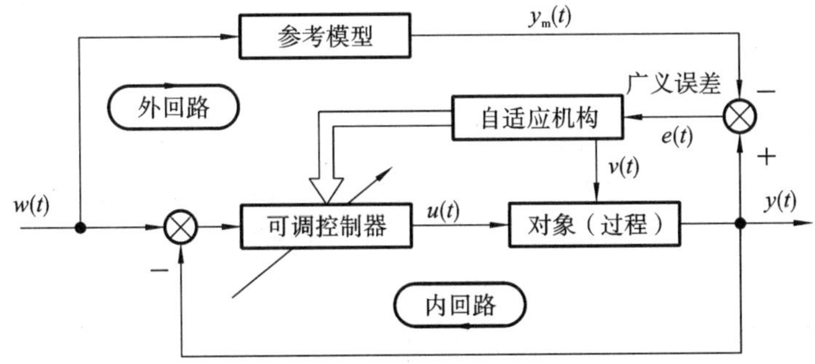

图 1-9　模型参考自适应控制系统

计目标是使系统在运行过程中,力求保持被控过程的响应特性与参考模型的动态性能一致,而参考模型始终具有所期望的动态性能。

模型参考自适应控制系统的主要技术关键是性能比较的实现和自适应控制机构的设计。实际运行可分三个阶段:比较闭环性能,产生广义误差 $e(t)$;按照自适应规律计算控制器参数;调整可调控制器。

参考模型自适应控制系统的设计方法基于稳定性理论,既要保证控制器参数的自适应调整过程稳定,又要使这个调整过程尽快收敛。

2)自校正控制系统(STCs)

自校正控制又称自优化控制或模型辨识自适应控制。典型的自校正控制系统如图 1-10 所示。

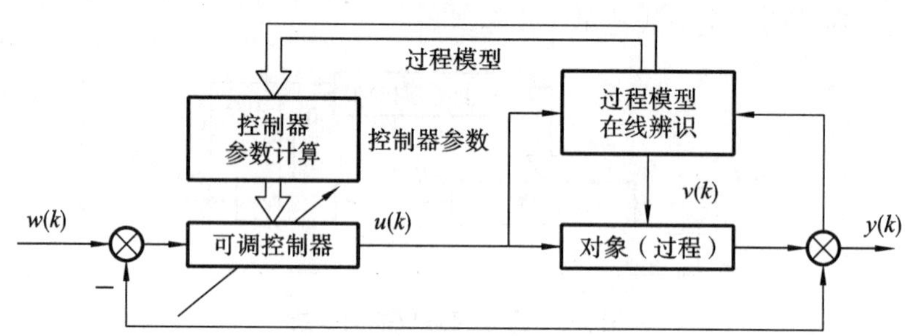

图 1-10　自校正控制系统

自校正控制系统的理论基础是系统辨识和随机最优控制。自校正控制系统主要采用自校正调节器、自校正控制器和极点配置原理,它们都是利用过程的输入输出信号,在线对过程的数学模型进行辨识,然后修正控制策略,改变调节器的控制作用,直到控制性能指标接近最优。

自校正调节器用于过程模型结构已知,但是参数缓慢变化的随机系统。这种调节器由于算法简单,因此可以用一台微机来实现。自校正调节器采用最小方差控制策略,即优化输出值的波动,使其在设定值附近波动最小。

自校正控制器可以克服非最小相位系统带来的不稳定,避免出现过大的控制信号,它采用广义最小方差控制策略。在优化目标上,要求使方差和输入信号的平方之和为最小,即在进行优化时要考虑输入信号对结果的加权效果。

极点配置的自校正调节器,利用极点配置方法设计自校正控制系统。由于最小方差自校正调节器存在估计误差,因此可能造成非最小相位系统的不稳定,会出现过大的控制信号,采用极点配置的自校正调节器可以克服这些缺点。

自校正控制系统具有三大要素:过程信息采集;控制性能准则优化;调整控制器。

过程信息采集是在测量过程输入、输出或状态信号基础上,连续确定被控过程的实际状态。过程模型辨识、参数及不可测量信号(如随机噪声信号)估计,是信息采集的相应方法。根据信息采集和估计方法的不同,形成各类自校正控制系统。

辨识完全建立在对控制过程输入和输出信号测量的基础上。控制器参数的计算则来自被辨识的过程模型或估计参数,而且辨识和控制器设计算法均由闭环实时在线实现。

通过回路性能计算和决策,调整自适应控制器实现性能准则优化。

控制器调整是指计算新的控制器参数组,并更新控制回路中的旧参数。

自校正控制系统的设计目标是，在所有输入信号和过程条件下，确定最优化过程模型和获得闭环系统的最优控制品质。设计中，大多数自校正控制系统使用分离原理，使过程或信号估计与控制器最优化设计分离进行。

对于具有模型在线辨识的自适应控制系统，由于其辨识功能往往离不开计算机，因此这类自适应控制系统属于计算机控制系统的一类。实际上，自适应控制的算法往往都很复杂，模拟方法在实现上存在很大困难，高速计算机的出现使数字自适应控制成为可能。日新月异的半导体技术、高新技术使得采用自适应控制的系统逐渐增多。

3）其他形式的自适应控制系统

其他形式的自适应控制系统是指除前述两种系统外，基于先进理论的自适应控制系统，以及非线性自适应控制系统、多变量过程自适应控制系统和全系数自适应控制系统。近年来，在自适应控制系统中应用的先进理论有：人工智能、神经网络、模糊集合论、鲁棒控制、H∞控制、变结构控制等。由此产生了基于人工智能的自适应控制系统，基于神经元网络理论的自适应控制系统、基于模糊集合论的自适应控制系统、鲁棒自适应控制系统、H∞自适应控制系统以及变结构自适应控制系统，等等。

1.2.2　人工智能

人工智能是科学技术发展的产物，是传统控制理论面临一系列难题和挑战时，认识水平、学科领域获得的新突破。

传统控制理论在应用中面临的主要难题：

①传统控制系统的设计与分析建立在精确的系统数学模型基础上，而有些实际系统由于复杂性、非线性、时变性、不确定性和不完全性等，无法获得精确的数学模型；

②研究传统控制系统时，必须提出并遵循一些比较苛刻的假设，而这些假设在应用中往往与实际情况不相吻合；

③对于某些复杂的和包含不确定性的对象，根本无法以传统数学模型来表示，即无法解决建模问题；

④为了提高性能，传统控制系统可能变得很复杂，从而增加设备的初始投资和维修费用，降低系统的可靠性。

自动控制系统可以提高控制质量和生产效率，减轻劳动强度，在工业、农业、交通、国防等领域发挥着重要作用，随着科技和社会的发展，面临新的挑战和机遇，目前的主要任务是：

①扩展视野，加强学科间的交叉和融合，发展新的控制概念和方法，采用非完全模型控制系统；

②采用开始时知之甚少和不甚正确的，但可以在系统工作过程中实现在线改进，使之不断充实和完善的系统模型；

③采用离散事件驱动的动态系统和本质上完全断续的系统。

从这些任务可以看出，系统与信息理论，人工智能思想和方法将深入建模过程。所开发的模型不仅含有解析与数值，而且含有符号数据；定性、定量相结合，模型逐步改进和完善。它们是因果性的和动态的，高度非同步和非解析的，甚至是非数值的。对于非完全确知的系统和非传统数学模型描述的系统，必须建立包括控制律、控制算法、控制策略、控制规则和协议等理论。实质上，这就是要建立智能化控制系统模型，或者建立传统解析和智能方法的混合（集成）控制模型，其核心就在于实现控制器的智能化。

面临挑战的控制领域有：多变量鲁棒控制，自适应控制和容错(fault-tolerant)控制，高度非线性控制和多因素或分散随机控制，时空分布参数系统的控制，含有离散变量和离散事件动态系统的控制，信号处理和通信技术，分布信息处理及决策结构的综合设计方法，控制系统的集成设计、实验环境实现等。这些挑战领域所研究的问题，广泛地存在于工程技术应用中。例如，航天器和水下运动载体的姿态控制，先进电机的自主控制，空中交通控制，汽车自动驾驶控制和多模态控制，机器人和机械手的运动和作业控制，计算机集成与柔性加工系统，高速计算机通信系统或网络，基于计算机视觉和模式识别的在线控制，以及电力系统和其他系统的故障自动检测、诊断与功能自动恢复等。

迎接这一挑战的规划需要各学科交叉，研究、设计、应用部门通力合作，取得创新性的成果。工业部门应当有效地把数学的最新进展用于控制和信号处理，以便提高实时系统的智能水平；控制学术界应当理解如何在工业上进行控制系统硬件、软件和智能三者的集成开发。自动控制界和计算机科学界应当在工业和学术两方面加强交流，实现更有效的合作；开发大型实时系统时，深入研究硬件、软件和智能的结合及算法设计；评价专家经验或利用数学模型，依靠控制和信号处理技术，得到智能的相关价值；重新树立控制和计算机科学的传统学术形象，以求组成一个更加统一的实时、动态的系统科学。

人工智能的产生和发展正在为自动控制系统的智能化提供有力支持。人工智能影响了许多具有不同背景的学科。它的发展将促进自动控制向着更高的水平——智能控制发展。人工智能和计算机科学界已经提出了一些方法、示例和技术，用于解决自动控制面临的难题。例如：简化处理松散结构的启发式软件方法(专家系统外壳、面向对象程序设计和再生软件等)；模糊信息处理与控制技术；进化计算、遗传算法、自然计算，以及基于信息论和人工神经网络的控制思想和方法等。

综上所述，自动控制既面临严峻挑战，又存在良好发展机遇。为了解决面临的难题，一方面要推进控制硬件、软件和智能的结合，实现控制系统的智能化；另一方面要实现自动控制科学与计算机科学、信息科学、系统科学及人工智能的结合，为自动控制提供新思想、新方法和新技术，创立边缘交叉新学科，推动智能控制的发展。

1. 人工智能

人工智能(artificial intelligence，简称 AI)是在计算机科学、控制论、信息论、神经生理学、心理学、语言学等多种学科相互渗透的基础上发展起来的一门新兴边缘学科。从能力的角度来看，人工智能是相对于人的自然智能而言的，所谓人工智能是指用人工的方法在机器(计算机)上实现的智能；从学科的角度来看，人工智能作为一个学科名称来使用，所谓人工智能是一门研究如何构造智能机器或智能系统，使它能模拟、延伸和扩展人类智能的学科。

随着信息社会和知识经济时代的来临，信息、知识和智能的作用日益重要。信息是由数据所表达的客观事实，知识是信息经过智能性加工后的产物，智能是用来对信息和知识进行加工的加工器。在信息社会，人类面对的信息量非常庞大，仅靠人脑表现出来的自然智能是远远不够的，必须开发由机器实现的人工智能，去放大和延伸自然智能，实现脑力劳动自动化。

人类的智能总体上可分为高、中、低三个层次，不同层次的智能活动由不同的神经系统来完成。高层智能以大脑皮层(也称抑制中枢)为主，主要完成记忆和思维等活动；中层智能以丘脑(也称感觉中枢)为主，主要完成感知活动；低层智能以小脑、脊髓为主，主要完成动作反应。并且，智能的每个层次还可以再进行细分。例如，对思维活动可按思维的功能分为记忆、联想、推理、学习、识别、理解等；或按思维的特性分为形象思维、抽象思维、灵感思维等。

对感知活动可按感知功能分为视觉、听觉、嗅觉、触觉等。对行为活动可按行为的功能分为运动控制、生理调节、语言生成等。

智能是一种综合能力，包含以下各种能力。

(1)感知能力。

感知能力是指人们通过感觉器官感知外部世界的能力，它是人类最基本的生理、心理现象，也是人类获取外界信息的基本途径。人类对感知到的外界信息，通常有两种不同的处理方式：对简单或紧急情况，可不经大脑思索，直接由低层智能做出反应；对复杂情况，一定要经过大脑的思维，然后才能做出反应。

(2)记忆与思维能力。

记忆与思维是人脑最重要的功能，也是人类智能最主要的表现形式。记忆是对感知到的外界信息或由思维产生的内部知识的存储过程。思维是对所存储的信息或知识的本质属性、内部规律等的认识过程。人类基本的思维方式有抽象思维、形象思维和灵感思维。

抽象思维也称为逻辑思维，是一种基于抽象概念，根据逻辑规则对信息或知识进行处理的理性思维形式。例如，推理、证明、思考等活动。神经生理学认为，抽象思维由左半脑实现。

形象思维也称为直感思维，是一种基于形象概念，根据感性形象对客观现象进行处理的思维方式。例如，视觉信息加工、图像或景物识别等。神经生理学认为，形象思维是由右半脑实现。

灵感思维也称为顿悟思维，是一种显意识与潜意识相互作用的思维方式。平常，人们在考虑问题时往往会因获得灵感而顿时开窍。这说明人脑在思维时除了那种能够感觉到的显意识在起作用外，还有一种潜意识也在起作用，只不过人们意识不到而已。灵感思维在创造性思维中起着十分重要的作用，它比形象思维更为复杂，对其产生机理和实现方法至今还不能确切描述。

在人类的思维机制中，形象思维和抽象思维通常被结合起来使用，即先用形象思维形成假设，然后再用抽象思维进行论证。至于形象思维向抽象思维过渡，则是一个待研究的问题。

(3)学习和自适应能力。

学习是具有特定目的的知识获取过程。学习和自适应是人类的一种本能，一个人只有通过学习，才能增加知识、提高能力、适应环境。尽管不同的人在学习方法、学习效果等方面有较大差异，但学习却是每一个人都具有的基本能力。

(4)行为能力。

行为能力是指人们对感知到的外界信息做出动作反应的能力，引起动作反应的信息可以是由感知直接获得的外部信息，也可以是经思维加工后的内部信息。完成动作反应的过程，一般通过脊髓来控制，并由语言、表情、体姿等来实现。

2. 人工智能研究的特点

研究表明人脑大约有 1011 个神经元，并按并行分布方式工作，具有较强的演绎、推理、联想、学习功能和形象思维能力。例如，对图像、图形、景物等，人类可凭直觉、视觉，通过视网膜、脑神经对其进行快速响应与处理。目前的计算机系统采用二进制表示的集中串行工作方式，具有较强的逻辑运算功能和很快的算术运算速度，但与人脑的组织结构和思维功能有很大差别，缩小这种差距要靠人工智能技术。从长远观点看，需要研制智能计算机。从目前的条件看，主要靠智能程序系统来提高现有计算机的智能化程度。

智能程序系统和传统的程序系统相比，具有以下几个主要特点：

1）重视知识（knowledge）

知识是智能系统的基础，任何智能系统的活动过程都是获取知识和运用知识的过程，而要获取和运用知识，首先应该能够对知识进行表示。所谓知识表示就是用某种约定的方式对知识进行描述。在知识表示方面目前有两种基本观点：一种是叙述性（declarative ）观点，将知识的表示与知识的运用分开处理，在知识表示时不涉及如何运用知识的问题；另一种是过程性（procedural）观点，将知识的表示与知识的运用结合起来，知识就包含在程序之中。两种观点各有利弊，目前人工智能程序采用较多的是叙述性观点。

2）重视推理（reasoning）

推理就是根据已有知识，运用某种策略推导新知识的过程。事实上，智能系统仅有知识是不够的，它还必须具有思维能力，即能够运用知识进行推理和解决问题。人工智能中的推理方法主要有经典逻辑推理、不确定性推理和非单调性推理。

3）采用启发式（heuristics）搜索

搜索就是根据问题的现状，不断寻找可利用的知识，使问题能够得以解决的过程。人工智能中的搜索分为盲目搜索和启发式搜索两种。所谓盲目搜索是指仅按预定策略进行搜索，搜索中获得的信息不改变搜索过程的搜索方法。所谓启发式搜索，是指能够利用搜索中获得的问题本身的一些特性信息（亦称启发信息），来指导搜索过程，使搜索朝着最有希望的方向前进。人工智能主要采用启发式搜索策略。

4）采用数据驱动（data driven）方式

数据驱动是指在系统处理的每一步，考虑下一步该做什么时，需要根据此前所掌握的数据内容（亦称事实）来决定。与数据驱动方式对应的另一种方式是程序驱动（program driven），所谓程序驱动是指系统处理的每一步及下一步该做什么，都由程序事先预定好。人类在解决问题时主要使用数据驱动方式，因此智能程序系统也应该使用数据驱动方式，这样会更接近于人类分析问题、解决问题的习惯。

5）用人工智能语言建造系统

人工智能语言是一类适应人工智能和知识工程领域的、具有符号处理和逻辑推理能力的计算机程序语言。它能够完成非数值计算、知识处理、推理、规划、决策等具有智能的各种复杂问题的求解。

人工智能语言和传统程序设计语言相比，具有以下主要特点：

①具有回溯和非确定性推理功能；

②能够进行符号形式的知识信息处理；

③能够动态使用知识和动态分配存储空间；

④具有模式匹配和模式调用功能；

⑤具有并行处理和并行分布式处理功能；

⑥具有信息隐蔽、抽象数据类型、继承、代码共享及软件重用等面向对象的特征；

⑦具有解释推理过程的说明功能；

⑧具有自学习、自适应的开放式软件环境等。

人工智能语言可从总体上分为通用型和专用型两种。通用型人工智能语言是指以LIPS为代表的函数型语言、以Prolog为代表的逻辑性语言和以C++为代表的面向对象语言。专用型人工智能语言是指那种由多种人工智能语言或过程语言相互结合而构成的，具有解决多种问题能力的专家系统开发工具和人工智能开发环境。

3. 人工智能的研究和应用领域

目前，人工智能还没有形成统一的理论，很多研究和应用工作都是结合具体领域进行的。其中，最主要的研究和应用领域有专家系统、机器学习、模式识别、自然语言理解、机器人学、计算机视觉、人工神经网络、分布式人工智能等。

1）机器学习

机器学习（machine learning）是机器具有智能的重要标志，同时也是机器获取知识的根本途径。机器学习主要研究如何使计算机能够模拟或实现人类的学习功能。为此，需要重点开展人类学习机理、机器学习方法和学习系统构造技术三个方面的研究工作。这些研究，不仅可以使计算机通过学习获取更多的知识，具有更强的智能，而且还可以进一步揭示人类的思维规律和学习奥秘，帮助人们提高学习效率。

机器学习是一个难度较大的研究领域，它与认知科学、神经心理学、逻辑学等学科都有着密切的联系，并对人工智能的其他分支，如专家系统、自然语言理解、自动推理、智能机器人、计算机视觉、计算机听觉等，也会起到重要作用。

2）自然语言理解

自然语言理解（natural Language processing）主要研究如何使计算机能够理解和生成自然语言。自然语言是人类进行信息交流的主要媒介，但由于它的多义性，目前人类与计算机系统之间的交流还主要依靠那种受到严格限制的非自然语言。这就给计算机的普及和使用带来了许多不便，因此自然语言理解一直作为人工智能的一个重要领域，而受到人们的高度重视。

早期的自然语言理解主要针对书面语言进行研究，即利用语言的句法、语法及语义知识，再结合有关外界信息对其进行理解。现在的研究一般是在文字识别和语音识别系统的配合下，进行书面语言和有声语音的识别与理解。

3）专家系统

专家系统（expert system，简称 ES）是一种基于知识的智能系统，它将领域专家的经验用知识表示方法表示出来，并放入知识库中，供推理机使用，能在特定领域内，以专家水平解决该领域中困难的专业问题，其主体是基于知识的计算机程序，内部存储有大量该领域专家的知识和经验。专家系统要解决的问题一般无算法解，往往需要在不精确、不完全的信息基础上进行推理，做出结论。专家系统经历了几个阶段，目前正向多专家协同的分布式专家系统方向发展。

专家系统作为人工智能中最活跃、发展最快的一个分支，已广泛应用于工业、农业、医学、地质、气象、交通、军事、法律、空间技术、环境科学和信息管理等众多领域，并产生了巨大的经济效益和社会效益。

4）模式识别

模式识别（pattern recognition ）是人工智能最早的研究领域之一。所谓模式识别就是用计算机对给定的事务进行鉴别，并把它归入与其相同或类似的模式中。被鉴别的事物可以是物理的、化学的、生理的，也可以是文字、图像、声音等。为了使计算机进行模式识别，通常需要给它配上各种感知器官，使其能够直接感知外界信息。模式识别的一般过程是先采集待识别事物的模式信息，然后对其进行各种变换和预处理，从中抽出有意义的特征或基元，得到待识别事物的模式，然后再与机器中原有的各种标准模式进行比较，完成待识别事物的分类。

根据给出标准模式的不同，模式识别技术可有多种不同的识别方法。其中，经常采用的方法有模板匹配法、统计模式法、句法模式法、模糊模式法和神经网络法。

4. 智能控制系统

智能控制(intelligent control)系统是指那种不要(或需要尽可能少的)人的干预就能独立地驱动智能机器实现其目标的自动控制系统。它是一种把人工智能技术与经典控制理论(频域法)及现代控制理论(时域法)相结合的系统。理论基础是控制论、运筹学、人工智能和信息论。在智能控制方面，目前研究较多的有智能机器人规划与控制、智能过程规划、智能过程控制、专家控制系统、语音控制及智能仪器等。

1)智能控制系统的特点

①智能控制具有混合控制特点，同时具备以知识表示的非数学广义模型和数学模型(包含计算智能模型与算法)，往往具有复杂性、不完全性、模糊性或不确定性，以及不存在已知算法的过程，并以知识进行推理，以启发式策略和智能算法来引导求解。因此，在研究和设计智能控制系统时，不仅要把主要注意力放在数学公式的表达、计算和处理上，而且要放在任务模型的描述，符号和环境的识别，以及知识库和推理机的设计开发上。也就是说，智能控制系统的设计重点不在常规控制器，而在智能机模型。

②智能控制的核心在高层控制，即组织级。高层控制的任务在于对实际环境或过程进行组织，即决策和规划，实现广义问题求解。需要采用符号信息处理、启发式程序设计、仿生计算、知识表示，以及自动推理和决策等相关技术。这些问题的求解过程与人脑的思维过程或生物的智能行为具有一定相似性，即具有不同程度的“智能”。

③智能控制是一门边缘交叉学科。智能控制涉及许多学科，需要各相关学科的配合与支援。智能控制是自动控制发展的最前沿。智能控制是一个新兴的研究领域。无论在理论上或实践上，都还很不成熟，需要进一步探索与开发。

智能控制是人工智能和自动控制的重要研究领域，是通向自主机器递阶道路上自动控制的顶层。图 1-11 所示为控制科学发展中，主要控制系统及控制复杂性增加的过程。

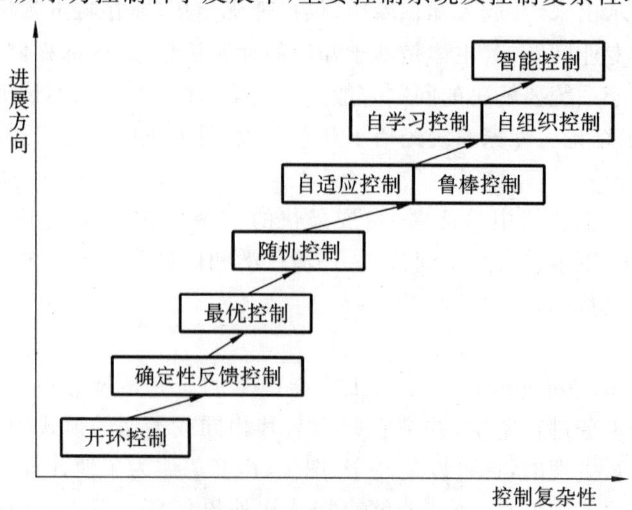

图 1-11　控制科学发展简图

2)智能控制系统的性能

智能控制主要用来解决传统控制难以解决的复杂系统的控制问题。智能控制的基本控制对象具有开放性、复杂性、不确定性的特点,理想的智能控制系统应具有如下性能。

①学习能力。

系统可对未知环境提供的信息进行识别、记忆、学习,并能利用积累的经验进一步改善自身性能,逐步优化,这种功能类似于人的学习过程。

②适应功能。

系统应具有适应受控对象的动力学特性、环境和运行条件变化的能力,这种智能行为实质上是一种从输入到输出之间的映射关系、可看成是不依赖模型的自适应估计,较传统的自适应控制中的适应功能具有更广泛的意义。除此之外,系统还应具有容错性和鲁棒性,即系统对各类故障应具有自诊断、屏蔽和自恢复的功能,以及对环境干扰和不确定性因素的不敏感功能。

③组织功能。

对于复杂任务和分散的传感信息具有自组织和自协调功能,使系统具有主动性和灵活性。即智能控制器可以在任务要求的范围内自行决策,主动采取行动。当出现多目标时,在一定限制下,各控制器可在一定范围内自行协调,满足多目标、高标准的要求。

除以上功能外,智能控制系统还应具有相当的在线实时响应能力和友好的人机界面,以保证人-机互动和人-机协同工作。

3)智能控制系统的结构

①智能控制系统的一般结构。

图 1-12 表示智能控制系统的一般结构。广义对象表示通常意义下的控制对象和所处的外部外境。感知信息处理部分将传感器递送的和不完全的信息加以处理,并在学习过程中不断加以辨识、整理和更新,以获得有用的信息。认知部分主要接受和存储知识、经验和

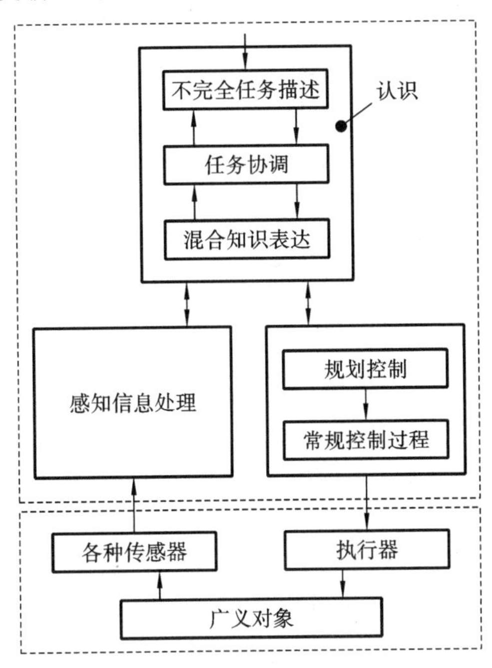

图 1-12　智能控制系统的一般结构

数据，并对它们进行分析推理，做出行动的决策并送至规划和控制部分。规划和控制部分是整个系统的核心，它根据给定任务的要求，反馈信息及经验知识，进行自动搜索、推理决策、动作规划，最终产生具体的控制作用，经常规控制器和执行机构作用于控制对象。

对于不同用途的智能控制系统，以上各部分的形式和功能可能存在较大的差别。

②分级递阶智能控制系统。

系统阶次高，各子系统相互关联，评价目标多且目标间又有可能相互冲突等，一般称为大型复杂系统，往往采用分级递阶智能控制结构的形式。分级递阶智能控制(hicrarchically intelligent control)是在研究早期学习控制系统的基础上，从工程控制论的角度总结人工智能与自适应、自学习、自组织控制的关系之后而逐渐形成的。

递阶智能控制系统是指系统内各子系统的控制作用，按照一定优先级和从属关系安排的决策单元实现，同级的各决策单元可以同时平行工作并对下级施加作用，它们又要受到上级的干预，子系统可通过上级互相交流信息。

当系统由若干个可分的相互关联的子系统组成时，可将所有决策单元按一定支配关系递阶排列，同一级各单元要受上一级的干预，同时又对下一级决策单元施加影响，同一级决策单元如有相互冲突的决策目标，由上一级决策单元加以协调，这是一种多级多目标的结构。如图 1-13 所示。多级多目标决策单元在不同级间递阶排列，形成金字塔式结构。同级之间不交换信息，上下级间交换信息，上一级负责协调同一级之间的目标冲突，协调的总目标是使全局达到优化或近似优化。

多层描述实际是对一个复杂系统的决策问题纵向分解，按任务复杂程度分成若干个子决策层，图 1-13 中分成 r 层，而多级描述则考虑到各子系统的关联，将决策问题进行横向分解，图 1-13 中分成 n 级。

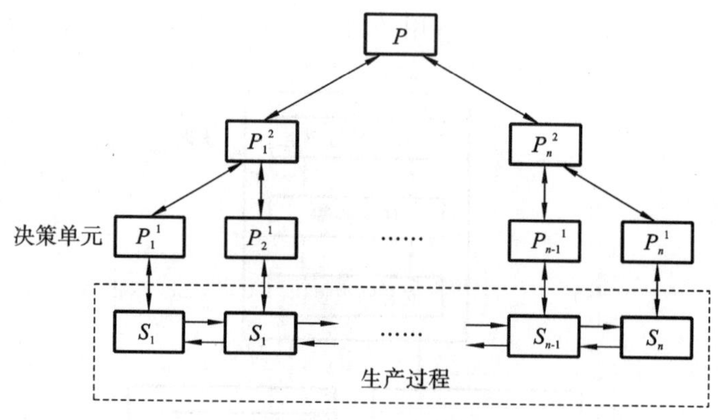

图 1-13　多级多目标系统结构

递阶控制的基本原理是把一个总体问题 P 分解成有限数量的子问题 P_i。总体问题 P 的目标应是复杂系统的总体准则取得极值。设 P_i 是对子问题求解时，不考虑各子问题之间存在关联的解，则有

$$[P_1, P_2, \cdots, P_n]\text{的解} \rightarrow P\text{ 的解} \tag{1-11}$$

实际上，各子系统(子问题)间存在并联。因而产生冲突(也称耦合作用)，所以必须引进一个干预向量或协调参数，用以解决由于关联而产生的冲突。用 $P_i(\lambda)$代替 P_i 可得

$$[P_1(\lambda), P_2(\lambda), \cdots, P_n(\lambda)]_{i\rightarrow\lambda}\text{的解} \rightarrow P\text{ 的解} \tag{1-12}$$

递阶控制中的协调问题就是要选择 λ，从某个初值 λ_0 经过迭代达到终值 λ_*，从而使递阶控制达到最优。

协调有多种方法，但多数都基于下述两个基本原则：

关联预测协调原则。协调器要预测各子系统的关联输入、输出变量，下层各决策单元根据预测的关联变量，求解各自的决策问题，然后把达到的性能指标传送给协调器，协调器再修正关联预测值，直到总体目标达到最优为止，这种协调模式称为直接干预模式。该协调方法可以在线应用，是一种可行的方法。

关联平衡协调原则。关联平衡协调原则又称目标协调法。下层的各决策层单元在求解各自的优化问题时，把关联变量当作独立变量来处理。即不考虑关联的约束条件，而依靠协调器的干预信号来修正各决策单元的优化指标，以保证最后关联约束得以满足，这时目标函数中的修正值应趋于零。

4）智能控制系统的类型

由于智能控制的各种形式和各种不同的应用领域，至今尚无统一分类方法。基于智能理论和技术已有的研究成果以及当前智能控制系统的研究现状，可把智能控制系统分为：专家控制系统、模糊控制系统、神经网络控制系统、学习控制系统、组合智能控制系统等类型。

1.2.3　人工神经网络

人工神经网络（artificial neural network，简称 ANN）是用大量的简单处理单元经广泛并行互连所构成的人工网络，用于模拟人脑神经系统的结构和功能。人工神经网络在模仿生物神经计算方面有一定优势，它具有自学习、自组织、自适应、联想、模糊推理等能力。其研究和应用已渗透到许多领域，如机器学习、专家系统、智能控制、模式识别、计算机视觉、信息处理、非线性系统辨识及组合优化等。

1. 神经网络的特点

尽管神经网络的基本处理单元很简单，在某一输入的影响下，由于神经元之间的相互联系以及神经元本身的动力学性质，这种外界刺激的兴奋模式会迅速地演变而进入平衡状态，完成某类模式变换或映射功能。从输入态到它邻近的某平衡态的映射关系，可以实现联想、存储等功能。基本处理单元的特征函数可以为非线性函数，使神经网络具有非线性特点。虽然神经元处理单元之间的空间联系也很简单，但基本处理单元的特征函数可能是随时间变化的函数，因此，神经网络可以构成结构简单而又具有复杂动态功能的信息处理系统。

人工神经网络的下列特性对控制是至关重要的。

（1）并行分布处理。

神经网络具有高度的并行结构和并行实现能力，因而有较好的耐故障性和较快的总体处理能力，特别适于实时控制和动态控制。神经网络中的信息处理是在大量处理单元中并行而又有层次地进行的。因此运算速度快，信息处理能力大大超过采用顺序处理模式的传统计算机。

（2）非线性映射。

神经网络具有固有的非线性特性，这是由于它可以实现任意非线性映射（变换）的能力，该特性给非线性控制带来新的希望。

（3）通过训练进行学习。

神经网络可以通过与外界环境的相互作用，进行整个系统的状态及连接权值调整。将外界环境模式存储于神经网络模型中，以达到从外界环境中获取经验和知识的目的；可通过所研究系统过去的数据记录进行训练，经过适当训练的神经网络具有归纳全部数据的能力。因此，神经网络在一定程度上具有类似人脑的学习功能，能够解决那些由数学模型或描述规则难以处理的控制问题。

(4)适应与集成。

神经网络能够适应在线运行，并能同时进行定量和定性操作。神经网络的适应性高，信息融合能力强，使网络过程可以同时输入大量的控制信号，解决输入信息间的互补和冗余问题，并实现信息集成和融合处理。这些特性特别适合复杂、大规模和多变量系统的控制。

(5)具有较强的容错能力和鲁棒性。

神经网络的特点还表现在大规模集团运算上，系统的信息处理能力由整个神经网络决定，系统的性能会随损坏的处理单元增多而逐步降低，但并不存在系统功能丧失殆尽的临界点。另外当信息源提供的模式丰富多变，甚至相互矛盾，而判定原则又无例可参考时，系统仍然能给出比较满意的答案。

(6)硬件实现。

神经网络的真正魅力就在于其硬件实现后的实时、并行、高速等特点。但由于目前技术水平的限制，神经网络硬件的开发和神经网络计算机的研制仍然处在发展阶段，因此许多神经网络是在计算机上仿真实现的。随着大规模集成电路的快速发展，一些神经网络硬件芯片已经问世，使得神经网络快速和大规模处理的能力得以实现。目前所开发的多种神经网络芯片都是针对某些特殊用途的，对这些特殊问题，使用神经网络会具有良好效果。

很显然，神经网络由于其学习、适应、自组织、函数逼近和大规模并行处理等能力，适合用于智能控制系统，处理非线性、不确定性及逼近系统的辨识函数等问题。神经网络的信息处理能力主要用于解决以下问题：数学逼近映射、概率密度函数估计、从二进位数据库中提取相关知识、形成拓扑连续或统计意义上的同构映射、最邻近模式分类、数据聚类、最优化问题的计算。在控制领域，神经网络用于系统的建模、辨识和控制，已有许多成功应用的实例。神经网络控制理论已基本形成。

2. 神经元及神经网络

连接机制结构的基本处理单元与神经生理学类比，往往称为神经元。每个构造网络的神经元模型模拟一个生物神经元，该神经元单元由多个输入 $x_i, i=1,2,\cdots,n$ 和一个输出 y 组成。

中间状态由输入信号的权之和表示，而输出为

$$y_j(t) = f\left(\sum w_{\mu} x_i - \theta_j\right) \tag{1-13}$$

式中：θ_j 为神经元单元的偏置（阈值）；w_{μ} 为连接权系数（对于激发状态，w_{μ} 取正值；对于抑制状态，w_{μ} 取负值）；n 为输入信号数目；y_j 为神经元输出；t 为时间。

f 为输出变换函数，有时称为激发或激励函数，往往采用 0 和 1 的二值函数、S 形函数、双曲正切函数，这三种函数都是连续和非线性的。

人脑内含有数量极其庞大的神经元（约为一千几百亿个），它们相互连接组成神经网络，并执行高级的问题求解智能活动。

人工神经网络由神经元模型构成，这种由许多神经元组成的信息处理网络具有并行分布结构。每个神经元具有单一输出，并且能够与其他神经元连接。存在许多（多重）输出连

接方法，每种连接方法对应一个连接权系数。严格地说，人工神经网络是一种具有下列特性的有向图：

①对于每个节点 i 存在一个状态变量 x_i；

②从节点 j 至节点 i，存在一个连接权系数 w_{ij}；

③对于每个节点 i，存在一个阈值 θ_i；

④对于每个节点 i，定义一个变换函数 $f_i(x_i, w_{ij}, \theta_i)$，$i \neq j$；对于最一般的情况，此函数取 $f_i(\sum w_{ij} x_i - \theta_i)$ 的形式。

人工神经网络的结构基本上分为两类，即递归（反馈）网络和前馈网络。

(1)递归网络。

在递归网络中，多个神经元互连以组织一个互连神经网络，有些神经元的输出被反馈至同层或前层神经元，因此，信号能够从正向和反向流通。递归网络又称为反馈网络。

(2)前馈网络。

前馈网络具有递阶分层结构，由一些同层神经元间不存在互连的层级组成。从输入层至输出层的信号通过单向连接流通；神经元从一层连接至下一层，不存在同层神经元间的连接。前馈网络的例子有多层感知器(MLP)、学习矢量量化(LVQ)网络、小脑模型连接控制(CMAC)网络和数据处理方法。

3. 人工神经网络的主要学习算法

神经网络主要通过两种学习算法进行训练，有师学习算法和无师学习算法。此外，还存在第三种学习算法，即强化学习算法；可把它当作有师学习算法的一种特例。

(1)有师学习算法。

有师学习算法，能够根据期望的和实际的网络输出（对应于给定输入）间的差，来调整神经元间连接的强度或权。因此，有师学习算法需要有老师或导师来提供期望或目标输出信号。有师学习算法的例子包括 Delta 规则、广义 Delta 规则或反向传播算法及 LVQ 算法等。

(2)无师学习算法。

无师学习算法不需要知道期望输出。在训练过程中，只要向神经网络提供输入模式，神经网络就能够自动地适应连接权，以便按相似特征把输入模式分组聚集。无师学习算法的例子包括 Kohonen 算法和 Carpenter-Grossberg 自适应谐振理论(ART)等。

(3)强化学习算法。

如前所述，强化学习是有师学习算法的特例。它不需要老师给出目标输出。强化学习算法采用“评论员”来评价与给定输入相对应的神经网络输出的优度（质量因数）。强化学习算法的一个例子是遗传算法(GA)。

4. 应用神经网络的控制系统

根据控制系统的结构，神经控制的应用研究有几种主要方法，诸如监督式控制、逆控制、神经自适应控制和预测控制等。

(1)神经网络监督控制系统。

神经网络监督控制是利用神经网络的学习和非线性映射能力，使其学习人在控制对象时获得的知识和经验，从而最终取代人的控制行为。图 1-14 表示两种神经网络监督控制系统的结构。

图 1-14(a)中，常规控制器作为导师对神经网络 NN 进行训练。训练完毕，NN 将取代

常规控制器。图 1-14(b)中,神经网络实质上是一个前馈控制器,它与常规控制器同时起作用,并根据常规控制器的输出进行学习,目的是使常规控制器的输出趋于零,从而逐步在控制中占主导地位,最终取代常规控制器的作用。而当系统出现干扰时,常规控制器又重新起作用。这种监督控制方案由于在前期学习中,利用了常规控制器的控制思想,而在控制期,又能通过训练不断地学习新的系统信息,不仅有较强的稳定性和鲁棒性,而且能有效提高系统的控制精度和自适应能力。

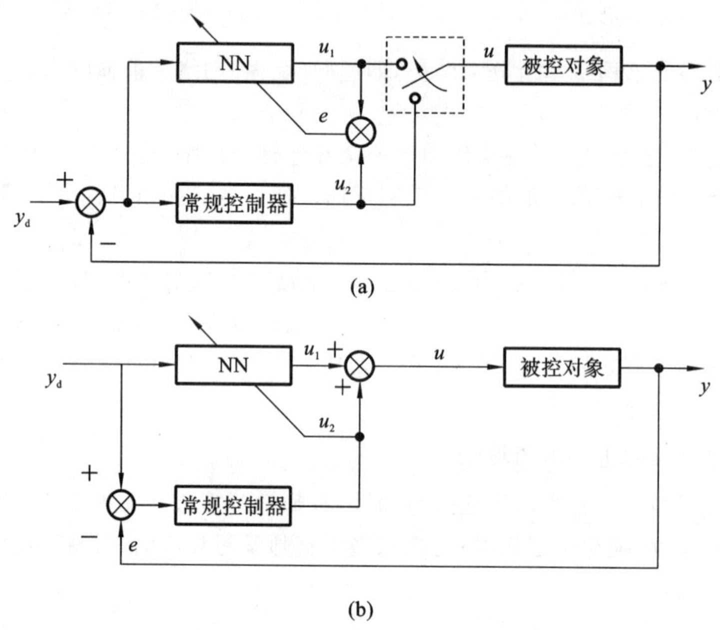

图 1-14　神经网络监督控制系统

(2)神经网络直接逆控制系统。

神经网络直接逆控制是将被控对象的逆动态模型直接串联在被控对象之前,使得复合系统在期望输出和被控对象实际输出之间构成一个恒等的映射关系。图 1-15 给出了神经网络直接逆控制系统的结构。

在图 1-15 中,神经网络 NN 为控制器,其特性为被控对象的逆模型。这种结构可以等效为开环控制。神经网络逆控制在机器人控制中已得到很好的应用,其特点是简单、理想,缺点是对被控对象的时变性、干扰等都非常敏感,鲁棒性差。

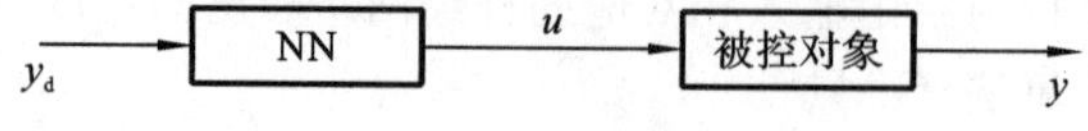

图 1-15　神经网络直接逆控制系统

1.2.4　模糊控制

1. 模糊控制的特点

人们往往需要对一些“模糊性”事物或系统实施控制,它们具有模糊不确定性,难以用确切的数学模型描述,用传统的方法实现控制难以获得满意效果。为了解决这种不确定性对象的控制问题,模糊控制理论得到迅速发展和应用。如在驾驶飞机的飞行控制过程中,飞行员首先凭借视觉、听觉和触觉从视景、目标和座舱显示仪表获得飞机姿态、高度、速度及其变化率的信息，了解飞机的姿态、高度、速度等，就是将客观存在的控制精确量通过飞行员大脑，使其模糊化的过程。然后，再根据这些模糊信息，凭借飞行员的飞行经验做出分析判断，并产生相应的控制决策，然后通过中央操纵机构（驾驶杆、脚蹬和油门杆）操纵飞行控制系统和动力装置控制系统，实现对飞机运动的控制。可见，飞行员对于飞行过程的控制，是不断地将量测到的飞机运动精确量转化为模糊量，经过模糊决策后再将决策的模糊量转化为精确量，实现对飞机的控制。因此，飞行经验起着重要作用。人们对于其他控制对象的操作控制也同样如此。这时所涉及的模糊概念论域基本有如下三方面：偏差、偏差变化律和控制量输出。对于这三方面的判断可以用大、中、小三个等级的模糊概念来区分。

根据模糊集理论，模糊概念可以用模糊集来表示，通过模糊集隶属函数来描述。因此，人们通常借助总结经验或实验的方法，处理上述模糊概念，找到它们模糊集的隶属函数，构造模糊控制器，达到用控制器代替人，对复杂被控对象实施控制的目的。

模糊控制是一类应用模糊集合理论的控制方法。模糊控制的价值可从两方面来看：一方面，模糊控制提出一种新的机制，用于实现基于知识（规则），甚至语义描述的控制规律；另一方面，模糊控制为非线性控制器提出一个比较容易的设计方法，尤其是当受控装置（对象或过程）含有不确定性，而且很难用常规非线性理论处理时，更为有效。

模糊控制方法与传统的定量控制方法有本质的不同，主要表现在：

①用所谓语言变量代替或符合于数学变量；

②用模糊条件语句来描述变量间的简单关系；

③用模糊算法来描述复杂关系；

④多数模糊自动控制以操作控制人员的经验为基础，因此模糊控制器的设计不要求掌握被控对象的精确数学模型，通常先根据经验确定它的各个参数和控制规则，即根据人工控制规律组织控制决策表，然后由该表确定控制量的大小，在实际系统中进行调整。

专家系统与模糊控制系统相比，有共同之处，如二者都要根据人类经验建立决策行为模型，两者都含有知识库和推理机，采用模糊知识表示和模糊推理方法。因此，模糊控制器通常又称为模糊专家控制器，有时也把模糊系统称为第二代专家系统。然而，专家系统和模糊控制系统又存在明显的区别：

①现在的模糊控制系统源于控制工程而不是人工智能；

②模糊控制模型绝大多数基于规则；

③模糊控制的应用领域要比专家控制系统窄；

④模糊控制系统的规则一般是由设计者构造的。

因此，有必要从专家系统中分出模糊控制系统。

2. 模糊控制器原理

根据模糊控制概念，设想用模糊控制器来代替人进行模糊控制。由于该控制器本身不会思维，所以必须具有将精确量转化为模糊量，将模糊量转化为精确量的功能。也就是说，在模糊控制系统中，偏差 e、偏差变化速率 e' 和控制量 u，实际上都应该是确切的数字，而不是模糊集。为此，就必须把 e 和 e' 的精确量转化为模糊集，再输入模糊算法器进行处理，由模糊算法器输出模糊集，然后经过模糊判决，给出控制量的确切值，进而控制被控对象。这种用模糊控制器控制被控对象的闭环原理如图 1-16 所示。

模糊控制的实质是利用计算机代替人实施控制过程。因此需要按照控制者的经验、控制规律及系统性能指标设计一个如图 1-16 虚框内所示的模糊控制器。由图可见，模糊控制器通常包括输入、输出变量，模糊化、合成模糊算法以及模糊判决部分。

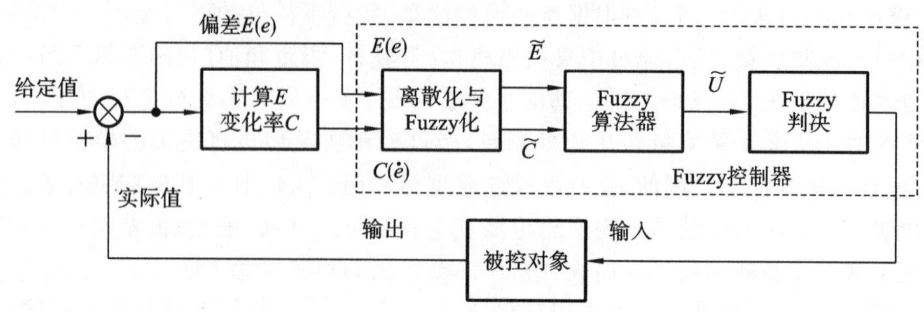

图 1-16　模糊控制原理

3. 模糊控制器与模糊控制系统

开发模糊控制器与开发基于知识的应用系统一样，在确定设计要求和进行系统辨识之后，建立知识库(KB)，包括规则库、结构、条件集合定义和比例系数等。有效的知识库能够使存储要求和运行搜索时间最短，并在目标微处理器上进行开发。知识库可通过与过程操作人员进行知识工程对话，包括分析观察到的操作人员响应；参考已发表的用于标准控制策略(如 PI 和 PD)等的规则库和(或)开环、闭环系统的语言模型等途径来建立。

理论上，模糊控制器由 N 维关系 R 表示。关系 R 可视为受约于[0,1]区间的 N 个变量的函数，r 是几个 N 维关系 R_i 的组合，每个 R_i 代表一条规则 r_i：IF→THEN。控制器的输入 x 被模糊化为关系 X，对于多输入、单输出(MISO)控制时，X 为$(N-1)$维。模糊输出 Y 可用合成推理规则进行计算。对模糊输出 y 进行模糊判决(解模糊)，可得精确的数值输出 y。由于采用多维函数来描述 x、Y 和 R，所以，该控制方法需要许多存储器，用于实现离散逼近。

如图 1-17 所示为模糊逻辑控制器的一般结构，它由输入定标、输出定标、模糊化、模糊决策和模糊判决(解模糊)等部分组成。比例系数(标度因子)实现控制器输入和输出与模糊推理所用标准时间间隔之间的映射。模糊化(量化)使所测控制器输入在量纲上与左侧信号(LHS)一致。这一步不损失任何信息。模糊决策过程由推理机来实现；该推理机使所有 LHS 与输入匹配，检查每条规则的匹配程度，并聚集各规则的加权输出，产生一个输出空间的概率分布值。模糊判决(解模糊)把这一概率分布归纳于一点，供驱动器定标后使用。

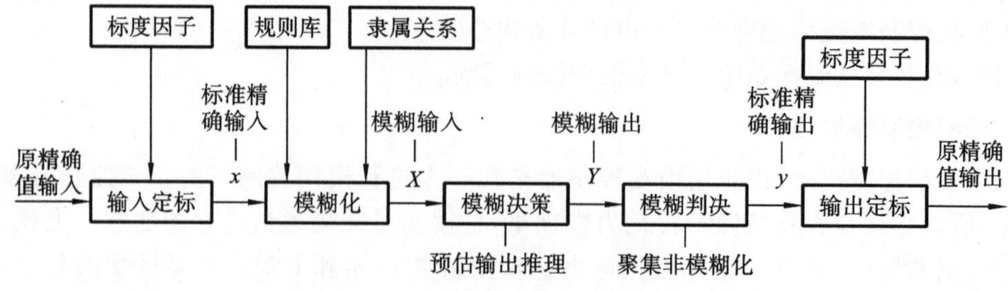

图 1-17　模糊控制器的一般结构

模糊控制系统的基本结构如图 1-18 所示。其中，模糊控制器由模糊化接口、知识库、推理机和模糊判决接口四个基本单元组成。它们的作用说明如下。

(1)模糊化接口。

测量输入变量(设定输入)和受控系统的输出变量,并把它们映射到一个合适的响应论域的量程,然后,精确的输入数据被变换为适当的语言值或模糊集合的标识符。本单元可视为模糊集合的标记。

(2)知识库。

涉及应用领域和控制目标的相关知识,它由数据库和语言(模糊)控制规则库组成。数据库为语言控制规则的论域离散化,为隶属函数提供必要的定义。语言控制规则库标记控制目标和领域专家的控制策略。

(3)推理机。

这是模糊控制系统的核心。以模糊概念为基础,模糊控制信息可通过模糊蕴涵和模糊逻辑的推理规则来获得,并可实现拟人决策过程。根据模糊输入和模糊控制规则,通过模糊推理求解模糊关系方程,获得模糊输出。

(4)模糊判决接口。

起到模糊控制的推断作用,并产生一个精确的或非模糊的控制作用。此精确控制作用必须进行逆定标(输出定标),这一作用是在对受控过程进行控制之前通过量程变换来实现。

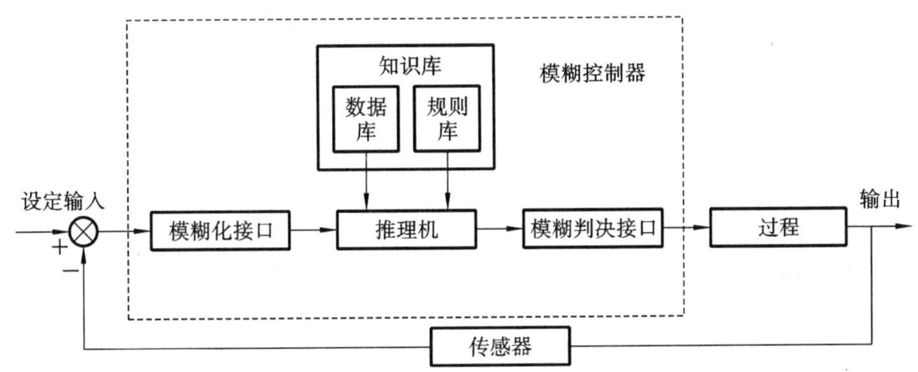

图 1-18　模糊控制系统的基本结构

4. 模糊控制器的结构形式选择

模糊控制器的设计首先是按照被控对象来确定模糊控制器的结构。通常,有三种结构形式,即一般结构形式、双模结构形式和自组织结构形式。

(1)一般结构形式。

图 1-17 为模糊控制器的一般结构,其使用最为普遍。

(2)双模结构形式。

工业中常用 PID 控制规则。然而,在参数未知、慢变化、有时滞和随机干扰的被控对象的情况下,PID 控制的参数整定是很困难的。为了方便有效地整定系统的 PID 参数,获得快速和无超调的精确控制,可采用开关控制与预测模糊控制相结合的双模控制系统,其结构形式如图 1-19 所示,这是一种由预测部分、开关控制、模糊控制及广义被控对象组成的数字式反馈控制系统。初始控制阶段偏差 e 较大、即 $|e| \geqslant |E_m|$ 时(E_m 为双模控制变换时 e 的边界值),系统控制量取 $|U_m|$ 或 U_m,实现开关控制,可使过渡过程加快。随着 e 的逐渐减小,当 $|e| < |E_m|$ 时,通过程序切换而实现预测模糊控制,以保证无超调,且具有良好的上升特性。

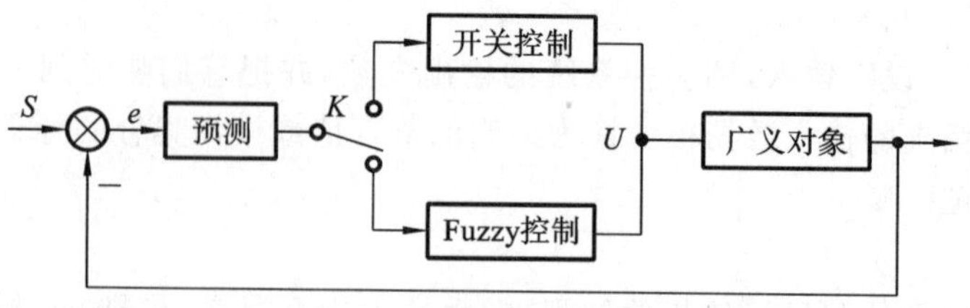

图 1-19　双模结构的模糊控制系统

(3)自组织结构形式。

上述模糊控制只能保证在特定条件下运行而获得良好的控制特性。但是,被控对象及运行环境总是不断变化的。为了适应最佳的系统参数寻优,自适应控制系统的参数调节及模糊控制模型的参数辨识等需要对控制规则进行自动调整。于是,提出了自适应模糊控制器。典型的结构是一种带修正因子的控制规则且可自调整的系统。该系统能在运行中自动地修正、完善和调整模糊控制规则,从而不断改善系统性能,直至系统输出特性满足技术指标。这种模糊控制器被称为自组织模糊控制器。

1.3　动力机械电子控制技术

1.3.1　检测、信息与控制

1. 测试、信息和信号

信息是事物和现象属性的反映,可用一定形式的信号表示。要了解、研究、掌握客观事物和现象的规律,需要检测相关信号,然后进行各种处理和分析,以达到定性、定量地认识和改造世界的目的。因而,测试是人们认识客观事物的方法,测试过程是从客观事物中提取有关信息的过程,测试包含测量与试验,测试过程中需要借助专门的仪器设备,通过合适的实验和必要的数据处理,求得被研究对象的有关信息量值。

信息是人和外界作用过程中互相交换内容的总称。它不是物质,也不是能量,而是事物运动的状态和方式。信息本身虽不是物质,也不具备能量,但信息的传输却依赖于物质和能量。一般来说,传输信息的载体称为信号,信息蕴涵于信号之中。信号具有能量,它描述了物理量的变化过程,在数学上可以表示为一个或几个独立变量的函数,也可以表示为随时间或空间变化的图形。

检测就是检查和测量,在科学试验和工业生产过程中,为了及时了解工艺过程和生产过程的情况,需要对描述被控对象特征的某些参数进行检测。目的是准确获得表征它们的有关信息,以便对被测对象进行定性了解和定量掌握。检测工作可以在一个物理变化过程中进行,也可以在此过程之外或过程结束后对提取的样本进行操作,前者称为“在线”检测,后者称为“离线”检测。

智能是指能随内、外部条件的变化,具有运用已有知识解决问题和确定正确行为的能力。智能往往通过观察、记忆、想象、思考、判断等表现出来。推理、学习和联想是智能的三个基本要素。推理就是从一个或几个已知的前提,逻辑地推断出新判断(结论)的思维形式。推理过程包括从个别到一般(归纳推理)和从一般到个别(演绎推理)两种方式。学习就是根据环境变化，动态地改变知识结构的过程。学习方式有机械学习、指导学习、实例学习、类推学习等。联想就是通过与其他知识的联系，能主动地认识客观事物并解决实际问题。

智能检测就是利用计算机及相关仪器，实现检测过程智能化和自动化。智能检测包括测量、处理、性能试验、故障诊断和决策输出等内容。由于智能检测可以充分地开发和利用计算机资源，在人工参与最少的条件下，获得最佳和最满意的结果，并具有测量速度快、处理能力强、工作可靠、使用方便灵活，能实现监测、诊断、管理功能整体化等优点，所以得到人们的普遍关注和迅速发展。

智能检测和控制相结合能自动获取信息，利用相关知识和策略，采用实时动态建模、在线识别、人工智能、专家系统等技术，对被测对象（过程）实现检测、监控、自诊断和自修复；能有效地提高被测对象（过程）的安全性和获得最佳性能，并使系统具有高可靠性和可维护性，强抗干扰能力和对环境的适应能力，以及优良的通用性和扩展性。

传感器、微电子、自动控制、计算机、信号分析与处理、数据通信、模式识别、可靠性、抗干扰、人工智能等技术，在智能检测和控制系统中获得综合应用。

智能检测与控制系统的基本结构主要由数据检测、输入、计算机及外围设备、输出、接口和执行器六部分组成。

（1）数据检测。

数据检测部分主要由检测仪表组成。检测的信号有三种形式：模拟信号、数字信号和开关信号。

检测的各种模拟信号，由相应类型的传感器转换成电信号，经过多路模拟转换开关送入A/D（模/数）转换器，将模拟信号转换成计算机能接收的数字信号，然后通过端口送入计算机。

待测的某些数字量，通过传感器转换成二进制信号，经放大（或衰减）与接口电路的要求相适配，再经端口送入计算机。

当行程开关或限位接点接通时产生的突变电压称为开关量。待测的各种开关信号，首先将其转换成直流电压，且大小要与接口电路相适配，然后经端口送入计算机。

（2）输入。

输入部分包括输入通道和输入接口等，是用来将模拟量、数字量、开关量按要求传输给计算机。

（3）计算机及外围设备。

计算机的内部设备包括微处理器（CPU），组成内存的只读存储器（ROM）和可读写存储器（RAM）。外围设备有打印机（PR）、键盘（KB）、显示屏、磁盘驱动器或磁带机、绘图机等。外围设备均须通过相应的接口才能与计算机的内部总线相连。

检测的各种信号，经过适当变换后，在程序控制下由相应端口送入计算机。各端口的启动及其工作顺序在程序控制下自动进行。键盘可以输入有关操作命令，并能监视各传感器与通道的工作。检测与处理的有关信息可以在显示设备上显示出来，或通过记录装置（如 x-y 记录仪）记录被测参数随时间的变化历程。

计算机用来完成数据采集、分析处理、识别报警、监测控制等功能。

（4）输出。

计算机输出的控制信号有模拟量、数字量和开关量。

计算机产生的数字控制信号经输出端口送入 D/A（数/模）转换器，还原成模拟信号，通过多路切换开关驱动执行器，调节被控对象的有关参数。

计算机产生的数字量控制信号经端口后进入放大电路，然后作为数字量输出并驱动执行器动作。数字量输出分为串行与并行两种，串行方式用于远距离数据传输和信息交换；并行方式传输速度快，但所需导线条数多，适合于近距离传输。

计算机产生的开关量控制信号经端口输出，并进行电压转换后，可驱动有关设备（如马达的启停、加热器的通电与断电等）。

（5）接口。

接口在智能检测与控制中占有十分重要的地位。许多情况下，接口问题往往成为系统成功与否的关键。接口主要有以下功能。

①传送控制信号和数据　接口可使计算机与外设之间的操作同步，请求数据并使数据按照正确的程序出现，以形成控制信号；监视计算机与外设之间的通信。提供串行或并行的数据传输方式。

②编码、译码与数据缓冲　有的情况下需要进行代码转换，以便了解信息的含义或便于进一步处理，如二进制与十进制的转换和设备译码等。实现数据缓冲，协调计算机与外围设备速度上的差异。

③计数器　计数器可以用来产生一定的时序控制信号，或作为脉冲数目的累计。

④逻辑与运算操作　逻辑与运算操作可以用来产生适当的控制信号，或执行接口的某些控制功能。

⑤信号整形　对出现相位或幅值上畸变的信号，进行必要的整形，以便于后续处理。

（6）执行器。

可用于完成执行动作的器件称为执行器，如电气开关（继电器、操作开关），电磁式执行机构（电磁铁、电磁离合器），执行电动机（直流伺服电动机、交流伺服电动机、步进电动机），气动或电动执行器件（气动阀、电动阀），液压执行器（液压缸、液压马达）等。

从以上分析可以看出，智能检测与控制系统是以计算机为核心部件，检测仪表所检测的信号经放大、转换，再通过输入端口送入计算机进行分析、比较、识别和处理。输出控制指令，通过执行器改变被控对象的参数，保证正常运行。一般情况下，计算机自动进行巡回监测，并将监测结果在显示屏上以图形和数字方式进行实时显示。如果发现异常情况，计算机立即进行报警并发出处理指令，维护监测对象安全。

2. 智能检测与控制技术发展趋势

在信息化时代，信息的获取与利用成为各学科关注的热点。随着仪器仪表高度自动化和信息管理的现代化，工业领域已大量涌现出以计算机为核心的，信息处理与过程控制相结合的实用系统。伴随着这些系统的发展，各种先进技术，如信息传感技术、数据处理技术及计算机控制技术正在飞速进步并不断完善。综合分析，智能检测与控制技术主要有以下发展趋势。

（1）综合化。

电子测量仪器、自动化仪表及检测系统、数据采集和控制系统，过去从属于不同学科。由于生产自动化的需求，使它们在发展中内容相互渗透，功能相互覆盖，体现为一种“信息流”综合管理与控制系统（信息流可以是物理参数的过程信息流，也可以是自动测试参数的信息流，或者是管理生产的信息流），其目的是提高人们对生产过程的监视、检测、控制与管理等综合能力。与此同时，对检测与控制本身提出更高的技术要求，如高灵敏度、高精度、高分辨率、高响应速度、高可靠性、高稳定性及高度自动化等，这就要求系统向综合功能更强，层次更高的方向发展。

(2)智能化。

现代检测与控制系统，趋向于智能化。所谓智能，是指随外界条件的变化，具有确定正确行动的能力，即具有人的思维能力，进行推理并做出决策。智能化仪表或系统，可以在个别部件上、也可以在局部或整体系统上，具有智能特征。例如智能化检测仪表，能在被测参数变化时，自动选择测量方案，进行自校正、自补偿、自检测、自诊断，还具有远程设定、状态组合、信息存储、网络接入等功能，以获取最佳测试结果。为了更有效地利用被测数据，检测时往往需要附加分析与控制功能，如实时动态建模技术、在线辨识技术等，以获得实时最优控制、自适应控制等效果。有的系统则直接利用人工智能、专家系统技术设计智能控制器，通过对误差及其变化率的检测，判断被测量的现状和变化趋势，根据专家系统中的知识库、决策控制模式和控制策略，取得优良的控制性能，解决常规控制中的难题。

(3)系统化及标准化。

现代检测与控制系统，由若干个相互间具有内在关联的要素构成一个整体，完成规定的功能，达到某一特定目标。因而在系统内部，有时需要设立多台计算机，相互联系，协同工作，形成多计算机系统。即使是利用单台计算机进行集中控制，也要通过标准总线和各个部件发生联络，例如作为采集检测与控制用的前端机或仪表，它需要与生产设备的主机、辅机合成整体，相互建立通信联系，有时还需要以一个车间、一个工厂作为系统的整体，形成各种集散式、分布式数据采集与控制，以适应系统开放、复杂工程及大系统的需要。在研究集散式与分布式控制系统时，要涉及数据通信、计算机网络技术及系统分层递阶控制技术等。在向系统化发展的同时，还需要系统部件接口的标准化、系列化与模块化，以便提高通用性。

(4)仪器虚拟化。

虚拟仪器VI(virtual instrument)是随着计算机技术和现代测量技术的发展而产生的一种新型高科技产品，代表仪器发展的新方向。VI利用现行的PC计算机，加上特殊设计的仪器硬件和专用软件，形成既有普通仪器的基本功能，又有一般仪器所没有的特殊功能的新型计算机仪器系统。VI的主要工作是把传统仪器的控制面板移植到普通计算机上，利用计算机的资源，实现相关的测控需求。由于VI技术给用户提供了一个充分发挥自己才能和想象力的空间，用户可以根据自己的需要来设计所需的仪器系统，满足多种多样的应用要求，具有极好的性能价格比。它可广泛地应用于试验、科研、生产、军工领域的检测与控制。

(5)网络化。

智能检测和控制，可以用一台计算机作为核心机，也可以由多台计算机共同实现。尤其在计算机网络技术迅速发展和普及的今天，将一个智能检测和控制系统接入计算机网络，无疑会进一步增强其功能和活力。实现异地诊断、控制，多种资源共享。因此，网络化也是智能检测与控制技术的一个重要发展方向。

3. 在线、离线和实时控制

智能检测与控制系统根据监控对象的不同，可分为在线控制和实时控制两类。在线和实时是两个不同的概念。在线不一定是实时，而实时必定是在线。如果计算机与监控对象直接连接，这种方式叫联机方式或在线方式。在线方式不一定要求实时。实时是指信号的输入、计算、分析、处理和输出都必须在一定时间内完成，即及时实现，如果超出了这个时限，就失去了控制的时机，控制也就失去了意义。实时的概念与被控过程(对象)状态的变化速率密切相关，如炼钢炉的炉温，变化较慢，如果延迟 1 s，仍然可以认为是实时；而一个火炮控制系统，因目标状态量变化迅速，一般必须在数毫秒之内及时跟踪，否则就不能击中目标。

计算机数据采集与处理系统有离线与在线之分。

图 1-20 所示为离线数据采集与处理系统。首先，仪表监视人员必须在规定的时间间隔内反复地读出一个或多个测量数值，并把这些数据记录在有关表格上(或者再将这些数据存放到某种数据载体上，例如磁盘等)，然后输入计算机进行处理，得出计算结果并获得测量数据的记录。

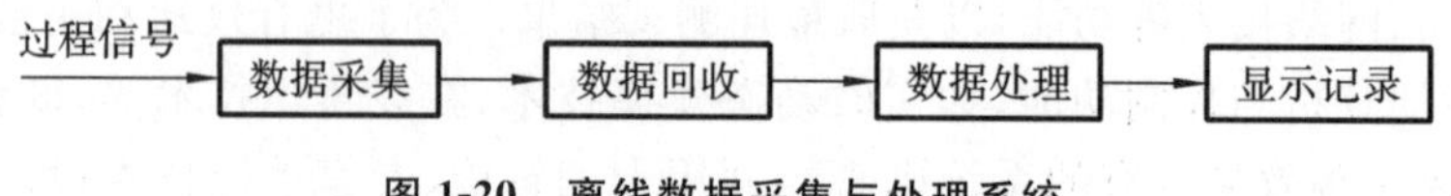

图 1-20 离线数据采集与处理系统

离线采集与处理系统的缺点在于：数据收集需要大量人力，而从读出测量值到算出结果需要较长时间，因此，测量数据收集的速度和范围自然受到极大的限制。

采用在线采集与处理，可以把测量仪表所提供的信号直接送入计算机进行处理、识别并给出检测结果。这样，运行费用可大大减少。图 1-21 为在线数据采集与处理系统框图。

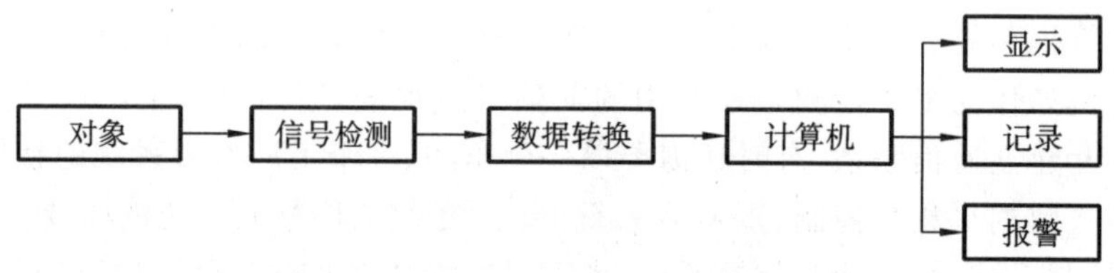

图 1-21 在线数据采集与处理系统

在线采集与处理系统，在过程参数的测量和记录中，可以用计算机代替大量的常规显示和记录仪表，并对整个生产过程进行在线监视；由于计算机具有运算、推理、逻辑判断能力，可以对大量的输入数据进行必要的集中、加工和处理，并能以有利于指导生产过程控制的方式表示出来，结合生产过程的控制可以发挥更大的作用；计算机有存储信息的能力，可预先存入各种工艺参数的极限值，处理过程中能越限报警，以确保生产过程的安全。这种方式可以得到大量的统计数据，有利于模型的建立。

1.3.2 动力机械电子控制系统的原理及组成

1. 动力机械电子控制系统的工作原理

早期的动力机械控制，采取操作人员调节与机械系统控制相结合，主要的控制目标为转速和负荷。通过离心式、气动式感应元件，获取转速或负荷信号，由机械或(和)液压机构放大，驱动燃油或工质流量计量装置，控制动力机械的运行状态。以经典控制理论为基础，忽略系统中的非线性环节，用小信号方法，分析工况平衡点附近转速或负荷发生有限变化时的调速性能。随着人类社会的进步，能源供需矛盾日益尖锐，环保要求日益严格，使动力机械面临新的挑战。多参数、多目标函数控制，负荷和转速大范围快速变化导致的非线性特性，全工况综合优化，动力系统整体优化，使机械式、线性控制系统难以适应新的要求。现代控制、人工智能控制理论的发展，电子技术的进步，计算机的应用，为新一代控制系统奠定了坚实的基础。

以计算机为核心的电控系统具有一系列特点及优点：

①可通过软件，采用先进的控制理论，实现复杂的控制算法，如非线性控制、最优控制、自适应控制、模糊神经网络控制等。

②很大的通用性和灵活性。修改或更换控制软件，可适应不同的机型或不同的场合。一台计算机可控制数台机组或系统，便于协调。

③响应速度快，控制参数多，可以反映各气缸、各工作循环的变化，实施调控；可以采集多部位的压力、温度、流量、应变、振动等参数，全面评判发动机性能，实现综合优化控制。

④数字元器件的工作可靠性高，数字信号的传输可靠性高于模拟信号。

动力机械电控系统与机械调控系统相比，其工作原理、构成元器件、控制方法和策略均发生了根本性变革。在信息获取、处理、转换和控制功能方面引入电子技术，将机械装置、执行部件、计算机等硬件与软件有机结合而构成的控制系统，显著提高了控制精度和响应速度，大幅度扩展了系统功能，有力促进了动力机械技术的进步，而动力机械水平的不断提高，又使电控系统和理论面临新的机遇和挑战。

动力机械是一个抽象的概念，涵盖了往复或旋转运动、工质间断流动的活塞式发动机，工质连续流动的旋转叶片式涡轮机。汽油机、柴油机、气体燃料发动机、燃气轮机等发动机的结构各异，功率和转速范围相差很大，但工作原理和控制方面存在许多共性：

①都是热能动力机械，通过工质的热力循环，完成热能到机械能的连续转换；

②通常以空气作氧化剂，空气与燃料的混合、燃烧过程中燃料的化学能转变为热能，经传热、传质，提高工质的压力、温度和流速；

③工质的状态变化驱动机件运动，输出机械能；

④动力性、经济性(能量利用率)、有害气体和 CO_2 排放、振动和噪声强度等为主要的性能指标；

⑤调节空气和燃料的流量、质量(喷射参数、运动形态)、着火时间，控制运行工况。

动力机械工作过程复杂，涉及流动、换热、混合、燃烧等过程，其交叉性、时变性给控制带来诸多困难。机械控制、液压控制系统受多种因素制约，难以实现全工况综合优化的要求。电子控制系统融合计算机、传感器、执行器技术成果，运用控制论、优化理论，提出创新性的设计思路和方法。由传感器获取运行工况的相关信号，并进行预处理后，输送给控制装置；作为控制装置的计算机完成计算、分析、判断，由于现代计算机越来越快的运算速度，强大的储存能力，丰富的功能，足以支持复杂的控制策略、控制模型、优化运算，最后传送指令到执行器，调节动力机械相关系统的参数，改变运行工况。控制系统以计算机为核心，以电子元器件和电信号为基础，响应速度快，处理信息能力强，发展迅速，应用广泛，开辟了动力机械的新局面。以强化船舶柴油机电子控制系统为例，传感器提供的各种信号近两百个，涵盖柴油机运行工况、热状态、性能、燃料、工作环境等方面，兼有报警、故障诊断、意外事件处理功能，显著提高了柴油机的适应性和可靠性。

动力机械输出机械能给从动机械如车辆、船舶，需要配备变速器、变扭器、功率分配装置、传动轴等，运行工况也要按从动机械的特性和环境随时调节，对动力机械及其传动系统相关的装置进行整体电子控制，称为系统电子控制。系统电控更有利于发挥电控的优势，改善动力机械性能。

车辆、船舶上除动力系统外，还有悬挂、导航、通信、安全等系统，通常也采用电子控制，将相关系统用计算机集中控制，既便于协调，又可充分利用信息，节约资源，称为集中控制。

现代集中控制系统，采用信息-系统-控制模式，将整体系统的多个控制功能集中，由一个

ECU进行控制,使局部优化转变为整体最佳。系统可随时响应外界环境的变化,寻求整体资源的最佳使用效果。集中控制系统在设计阶段就应按照人、控制对象、环境的整体最佳的原则和目标,进行总体规划与设计,运用系统-信息-控制模式,根据整体性、动态性、开放性的控制准则,采用计算机网络信息技术,实现控制集成化。

现代集中控制系统与传统控制系统的区别在于:集中控制系统不再是仅为提高机械系统的功能而增加的装置,而是以控制系统为主的装置,通过信息、指令的传感和传输,传统机械系统的执行,实现终极功能的智能化、网络化和信息化。

图1-22表示汽车电子集中控制系统的组成。现代汽车是典型的智能化、信息化的人-机-环境大系统。该系统由信息传递和处理、指令执行、数据传输等分系统组成,形成以中央信息处理为核心,由网络和总线技术支持,资源共享、互为冗余的有机整体。系统首先监控、搜集车辆环境的变化,车辆本身状态,驾驶员的操作意图等信息,并通过网络数据总线传输给计算机,按预设程序进行处理,再发出指令,控制执行系统实现预期功能。

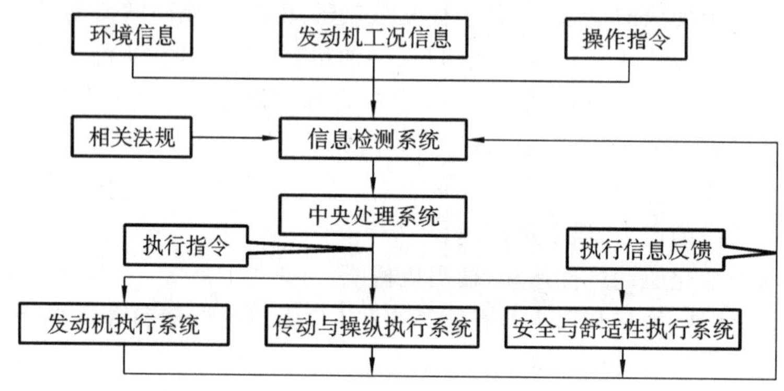

图1-22 汽车电子集中控制系统的组成

(1)柴油机电控系统。

某轿车柴油机的电子控制系统的基本组成如图1-23所示,为满足现代车辆动力性、经济性、排放性能的要求,采用直喷燃烧、涡轮增压、排气再循环、电子控制等技术措施。柴油机及其相关系统配备有各种传感器,监测其工况参数和状态参数,如转速、负荷、增压压力、排气再循环率、冷却剂温度、润滑油压力和温度、环境温度等,将这些参数转换为电信号,经滤波、放大后输入控制装置。控制装置对输入信号进行识别、运算,根据控制策略、控制模型和存储的试验数据,求得当前工况的理想参数值,与实时运行的参数值进行比较,如偏差超过允许范围,即向相应的执行器发出指令,改变系统参数,如喷油量、喷油压力、喷油正时、进气涡流强度、增压器流通面积、排气再循环控制阀开度等,控制柴油机的运行。柴油机的燃油品质、工作环境(如海拔、气温)变化,喷油器、活塞组件长期运行后产生磨损,都会影响油气混合及燃烧,使柴油机性能恶化。图1-23所示的电控系统中设置有光电传感器,检测缸内混合气燃烧时的闪光信号,判断燃烧始点,控制装置据此对喷油(或供油)始点进行补偿调节,保证燃烧过程及时、正常,提高了柴油机的适应性。

柴油机在特殊工况,如冷启动、预热、怠速、加速条件下运行时,其工作过程、机件的热力状态、性能参数的变化规律和运行特性有别于正常工况,需要特定的控制模式。通常依据理论分析和实验研究结果,将各特殊工况的控制模型或控制策略,分别存储在控制计算机中,根据相关参数判别实时运行工况,用开关实现控制模式的转换。

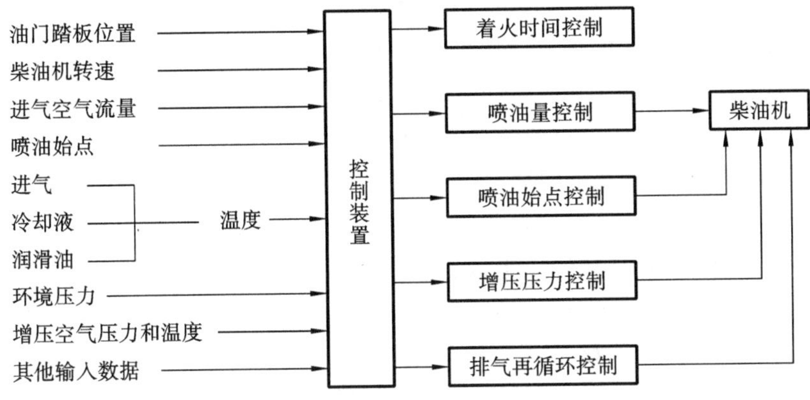

图 1-23　柴油机电子控制系统框图

柴油机作为动力机械，总是与车辆、船舶、发电机等相匹配，负载设备的运行特征对柴油机的控制性能有重要影响，有时将负载设备的某些参数，如车速、变速器传动比、发电机电流频率等送回控制装置，作为反馈信号，提高电控系统的响应速度和控制精度。

图 1-24 为柴油机车辆巡航式电子控制系统框图，将车辆行驶、柴油机运行一起考虑，进行整体控制，可充分发挥电控系统的优势，获得更好的效果。

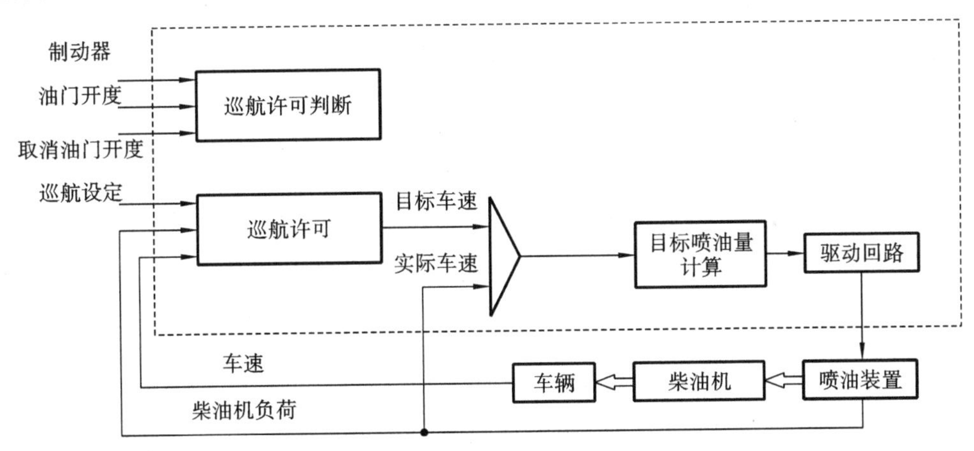

图 1-24　柴油机车辆巡航时电子控制系统框图

(2)汽油机电控系统。

汽油机多数在缸外实现油气混合，通过节气门变量调节进入气缸的混合气充量，在压缩上止点前的适当时刻由电火花点火，混合气燃烧，推动活塞运动，膨胀做功。在汽油机电子控制系统中，流量计将进气空气流量信号输入电控装置，根据汽油机转速、环境条件、热力状态等传感器信号，确定喷油量、点火正时、增压压力等控制参数，电控装置处理输入信号，按存储的控制模型和图谱，确定实时工况的特征参数，经过运算比较，输出指令到执行器，调节供油、点火、进气等系统，控制汽油机的动力性、经济性、排放性能。为了更精确地控制空燃比，减小有害排放，也可将部分信号如排气中的氧含量反馈回电控装置，进行闭环控制，提高系统精度和响应速度。

进一步提高汽油机的经济性，减少有害排放，缸内直接喷射、稀混合气燃烧、可变气门正时和升程、排气再循环等技术发展迅速，使汽油机电控系统面临新的挑战。多参数、多目标优化，更高的控制精度和响应速度，运行中多模式控制及适时的模式转换，都促进了汽油机电控系统硬件和软件的不断创新。电磁和/或液压驱动的电控可变气门系统，汽油机电控共轨喷油系统，旋流式、掺气式喷油器，现代控制、智能控制软件，均为新一代汽油机研发的关键技术，也使汽油机以全新的面貌迎接能源和环保的挑战。

2. 动力机械电子控制系统的组成

(1)传感器和开关。

传感器是一种提取，转换和传送能量的器件，在电控系统中的主要作用是及时、准确地获取相关信息，输送给控制计算机，信号尽可能用电量，便于传输和处理。各种传感器采集的电信号，可分为模拟信号和数字信号两大类。信号电压(或电流)随时间连续变化的为模拟信号，信号电压(或电流)随时间不连续变化的为数字信号。对传感器的基本要求是：工作范围(量程)足够宽，有一定的过载能力；线性度好，灵敏度高，与测量系统和控制系统匹配合理；响应快、精度高、稳定性好；内部噪声小，抗干扰能力强；易于校准维修，成本低、寿命长；工作可靠，消耗能量少。

动力机械电控系统中，传感器主要用来检测：

①工作循环参数。如曲轴转速、涡轮增压器转速、曲轴转角和上止点、凸轮轴位置、进排气温度和压力、气缸压力和温度、进气量、喷油量和喷油压力、点火或喷油正时、排气再循环率等。

②状态特征参数。如冷却剂温度、润滑油压力和温度、关键零部件的温度、振动特征量。

③性能参数。如功率、排放量、负荷、转速等。

动力机械运行条件恶劣，振动严重，零件温度高；工作环境多灰尘，温差变化大，有雨露侵蚀；本身及周围环境中，有难以避免的电磁干扰。电控系统所采用的传感器必须在上述条件下正常工作，才能保证控制系统效能的有效发挥。实践表明，传感器技术的进步，在动力机械电控系统不断改进和完善中发挥了重要作用。例如，微型化的压力传感器，用于测量气缸压力，可减少或消除通道效应，防止信号失真；用于测量喷油压力，可尽量保持喷油系统高压容积和燃油通道的原始状况，将传感器安装对喷油参数的干扰降到最低程度。光电传感器的分辨率和抗污染能力的提高，使其可以安装在气缸盖上，直接传输燃烧室中混合气发火信号，显著提高燃烧过程的控制精度。传感器技术仍在快速发展，智能化的传感器，信号采集和处理一体化传感器，多功能传感器等的不断成熟和应用，会对动力机械电控技术做出更大的贡献。

动力机械除正常运行状态外，还存在冷启动、暖机、怠速、加速、拖动等特殊工况。它们的控制模式不同，当运行状态改变时，控制计算机依据相关参数进行判别，由开关实现控制模式的转换。

(2)控制装置。

动力机械电控系统的控制装置以计算机为核心，含硬件和软件两部分，硬件如控制器、运算器、存储器，信号输入输出及转换器件、外围设备等。软件包括系统软件和工程应用软件。硬件是电控系统的躯体，软件是电控系统的灵魂，架起人类思维与系统硬件间的桥梁，软件品质关系到电控系统能否正常运行，影响硬件功能的充分发挥，决定控制系统及动力机械性能的优劣。

系统软件是计算机操作、运行、维护的相关程序，用于文件和数据管理，人机交流，支持系统正常运行，具有通用性，一般由软件公司开发，计算机厂家提供。

工程应用软件是用户根据控制对象的特点和控制要求，进行理论分析、实验研究、参数标定等，获得数学模型、控制规律、控制目标和功能，包括被控动力机械的特征值、图谱、控制模式、优化规则等，是电控系统的关键技术之一。工程应用软件的研发，工作量大，技术难度高，其质量优劣直接影响电控系统的控制功能、控制精度和工作效率。

电子控制装置的信息存储量大，运算速度高，控制功能强，兼容性好，为动力机械的最佳匹配、全工况优化创造了良好的条件。控制软件修改和更新方便，可随机型的改进和发展不断完善，并且可实现智能化控制，可显著提高控制水平和适应性。

(3)执行器。

控制装置发出的指令，通过各种控制阀、继电器、驱动器等执行器件提高能量水平，转换运动形式，作用于动力机械的燃油系统、点火系统、进排气系统等，改变相应的控制参数，使动力机械的工作过程或工况发生变化，实现预期控制的目的。执行器的功率、控制特性，主要零件的强度、刚度和运动精度直接影响电控系统的性能，需要认真选配或设计。

按工作原理分，动力机械常用的执行器有机械式、液压式、电磁式、电子式等类型，如杠杆电磁铁、螺线管、直流电动机、步进电动机等。执行器可根据动力机械的类型、功率、使用要求，电控系统的精度、响应特性，进行选用或设计。

执行器是动力机械电控系统的关键部件，新型、先进的执行器研发，会有效促进电控技术水平的提高。例如，电致伸缩和磁致伸缩的功能材料器件的响应速度、控制精度、作用力等远优于常规执行器，可用作高速电磁阀、喷油器的驱动元件。采用先进的执行器不仅可改善系统的性能，而且会显著提高动力机械的技术水平。功能材料在动力机械电控系统中的应用，还有巨大的发展潜力。

(4)供油、进气及点火装置。

改变喷油量、喷油率、喷油压力、喷油或点火正时，调节进气量、进气压力、进气流动状态等参数，即可控制动力机械的运行工况。燃油的压力、油量、喷射速率、雾化等参数有严格的定量要求；进气空气量需要计量，进气压力和流动状态需要控制；涡轮增压器的流通面积、排气再循环率需要调整。这些功能由燃油泵、喷油器、节气门、点火装置、增压器、控制阀等器件，按照控制计算机发来的指令分别实现。动力机械品种多，用途广，生产批量大，这些特有的执行器由专业研发机构、制造企业设计和生产，供主机厂选配，并有国际、国家技术规范保证其通用性和产品质量。

思　考　题

1. 简述控制模型的类型、特点和建模方法。
2. 什么是计算机仿真？仿真的要点在哪里？有哪些常见的仿真软件？
3. 简述经典控制、现代控制和人工智能控制的联系、区别及特点。
4. 什么是神经网络控制和模糊控制系统？各自适用的场合是什么？
5. 列举并学习 PID、MPC 等其他的控制策略及其控制要点。
6. 简述动力机械电子控制系统的组成、工作原理及特点。
7. 什么是在线控制、离线控制和实时控制？

汽车动力电控系统开发及测试

2.1 汽车电子工程化开发思路

嵌入式控制系统在各种工业产品中,已经越来越普及。一辆现代车辆的嵌入式控制器数量一般为20～30个,高端车上已突破150个,其价值已经占汽车总成本的30%。随着汽车电子控制技术的日益发展,控制器开发方法的研究和应用变得越来越重要。很多情况下,要缩短控制器开发时间,就要求多个开发任务同时进行,例如并行工程。软件开发中,并行工程意味着对一个软件功能的分析、说明、设计、实现和集成之后进行测试和校准工作,同时还需进行其他的软件功能开发工作。不仅如此,还要针对不同的开发环境进行适当调整。控制器V形开发模式便能适应上述需求,使得软硬件开发能并行进行,大大提高了效率。

控制器V形开发模式解决了传统开发的诸多问题,已成为汽车行业广泛采用的控制器开发模式。因此,控制器V形开发模式是控制器(动力机械电子控制系统)设计领域的先进方式和方法,对于从事动力机械电子控制技术及系统开发的工程师来说,具有越来越重要的意义。V形开发模式的基本内容如图2-1所示。

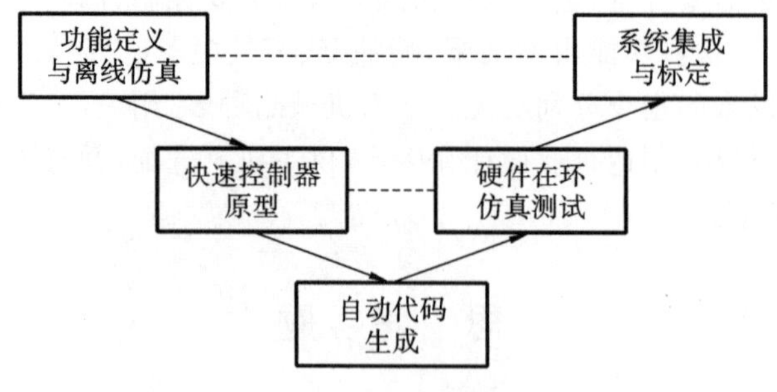

图2-1　V形开发模式

V形开发模式分为如下5个阶段:

(1)功能定义与离线仿真。

根据系统的功能要求,对系统的性能进行定义,包括传感器和执行器信号接口、控制目标和控制精度等,并在数字仿真软件(如MATLAB/Simulink等)中进行建模,建立控制器模型和被控对象模型,并进行离线仿真,开发符合系统功能要求的控制器和被控对象模型。

(2)快速控制器原型。

移除离线仿真模型的被控对象模型,接入快速控制器原型(RCP),建立实时仿真模型。所谓快速控制器原型是一类通用控制器硬件系统(如Vector公司的Dspace系统,国内恒润科技的产品，基于 Labview 自主构建的计算机系统等），包含丰富的 I/O 通道、AD/DA 通道和相应的 PWM 通道等嵌入式控制器外围接口电路，并具有类似于嵌入式控制器的 CPU 工作环境，能模拟控制器在嵌入式控制器中的运行和接口输入输出，利用快速控制器原型机替代最终的目标电子控制单元，能实现对控制器算法的快速在线验证，并验证控制系统软硬件方案的可行性；该阶段也被称为软件在环（SIL）仿真测试。

（3）自动代码生成。

自动代码生成是将离线仿真设计通过快速控制器原型验证过的图形化控制器代码自动生成嵌入式目标系统的代码，这种代码不需要进行手工修改，便可直接通过编译器编译下载到最终的目标系统；该阶段需要进行相应的硬件电路设计及制作，常见的工具软件有 Protel、Altium Designer Protel 等常用来进行电路板的原理图、PCB 板设计及分析，再完成实际控制器硬件的焊接、成型及代码烧写、调试等工作。

（4）硬件在环仿真测试。

被控对象或者系统运行环境部分采用实际物体，部分采用仿真模型来模拟，进行整个系统的仿真测试。这种测试主要利用已经测试验证过的控制器软件算法，针对电子控制单元的硬件进行测试；硬件在环（HIL）表明控制器是真实的，但运行环境部分是模拟的，非真实的工作运行环境。

（5）系统集成与标定。

标定系统允许用户对电子控制单元（ECU）进行所有的标定和测试，可在最便利的情况下及最短的时间内对控制器的参数进行最后的调整。该阶段一般需要进行大量的台架试验、实车路试试验等。一款优秀的动力机械电子控制系统（常指 ECU）需要的标定工作量是大量甚至惊人的，该阶段是优化控制系统开发的关键，可以返回到前面几个阶段，反复进行优化验证，直到控制器满足真正实车的环境使用需要，满足既定的指标要求。

控制系统 V 形开发模式的整个过程，控制对象和控制算法设计及仿真是关键。整个开发过程的完整性，即从 V 形开发模式的离线仿真到在线标定过程的完整性，正确理解有助于在实际开发中选择合理的技术路线和流程，提高动力机械电子控制系统的开发成功率和效率。

在 20 世纪 60 年代中期，人们就发现软件的生产出现了“问题”，主要表现为生产流程不规范，缺乏管理，此后人们在软件开发中引入了工程的概念、原理、技术和方法，这种思想在一定程度上解决了软件生产流程中遇到的问题，但直至 80 年代还没有提出一套管理软件开发的通用原则，软件开发中的问题依旧大范围存在。随着软件开发的深入，人们越来越意识到软件流程管理的重要性，因此，管理学的思想逐渐融入软件开发流程中，只有这样才能有效地控制项目的进度和软件质量，从而起到提高效率，同时降低成本的目的。目前国际流行的电控项目遵循 V 形开发模式，即如图 2-1 所示。在这个 V 形开发模式中，每个节点都需要不同的工具和软件支持，且整个开发流程遵循科学合理的流程体系，项目组人员分工合理，对于项目中出现问题的解决方案有规范流程，具体来说要保证软件开发的质量，必须利用规范的管理模型，例如 CMMI、六西格玛、TS16949、ISO9000 或者统一开发流程（RUP）等，利用规范化的管理模型进行全过程的质量管理。目前在软件行业普遍使用的流程为 CMMI，例如 UAES 公司、BOSCH 公司、Motorola 公司等在软件开发方面都通过了这方面的体系认证。可以看出，软件是控制系统的思想和灵魂，控制器硬件系统是控制系统的支撑和载体平台，相互依存和支持，其中软件及算法的设计与开发，是控制系统开发的核心及水平体现。

本书后续章节中，所介绍的诸多动力机械电子控制系统（柴油机的控制、电动汽车的控制等），实际开发中都涉及软件算法及硬件设计，后续更多的是介绍原理、系统建模分析及控制策略，至于后续具体的硬件、软件开发需要遵循该V形开发模式流程，但不再具体介绍实际的硬软件技术及实现细节。

2.2 软件规范开发体系建设

在软件开发体系中，目前比较流行的是CMMI模型，CMMI最早由美国卡内基-梅隆大学所提出，在1990年后软件工程协会（SEI）在大量工程项目经验的基础上对模型进行了扩展和修改，从而形成目前使用的成熟模型，模型共分5个级别，即初始（initial）、可重复（repeatable）、可定义（defined）、可定量管理（managed）、可优化（optimizing），CMMI对各级别主要特征进行了总结，软件组织机构处于能力成熟度各等级的主要特征如下：

①初始：组织一般不能提供稳定的开发环境，缺乏健全的管理实践，软件过程定义随意性较大，甚至有些过程比较混乱，项目工作主要依靠个人完成。

②可重复：建立了基本的项目管理过程，可以进行成本、进程和功能跟踪，软件项目的有效管理过程已制度化，能重复以前类似项目的成功实践。

③可定义：软件过程管理和工程文档化、标准化，并集成到组织的标准开发流程中形成有机整体，组织中有专门负责软件过程的活动组。

④可定量管理：组织对软件产品和过程都设置定量的质量目标；对所有项目都测量其生产率和质量，收集和分析从项目定义软件过程中得到的数据，软件流程和产品质量可以定量分析和控制。

⑤可优化：通过从流程和事前的概念设计的定量反馈能实现可持续的流程改进及提高，能利用有关软件过程的有效数据，识别出最佳技术创新，并应用到整个软件组织中。

根据SEI定义，除初始级外，CMMI模型每级别又分为若干关键实践域，关键过程域（KPA）列举了软件组织为改进软件流程必须完成的关键行为，从而确保能实现各级目标，对于不同的项目和组织，KPA的实现方式可以不一致，但它们的目标一致。表2-1给出了CMMI各级KPA定义。

表2-1 CMMI各级别KPA定义

级别	名称	关键实践域
5	可优化	错误预防，技术更新管理，过程更新管理
4	可定量管理	定量过程管理，软件质量管理
3	可定义	团队过程关注，团队过程定义，培训计划，软件集成管理，软件产品工程组间合作，成员回顾及讨论
2	可重复	需求管理，软件项目计划，软件项目跟踪和错误排查，软件子项目管理，软件质量保证，软件配置管理

软件是控制系统的核心所在，其复杂度及工程量越来越大，因此，人们提出面向对象的程序设计思维，以此来提高软件开发的效率、可移植性及代码共享。在结构化开发方法中，利用数据流图模型对系统进行层层分解，将一个大的系统分解为多个程序模块，数据流图中

需要存储的信息通过ER图建立数据模型，其功能模型和数据模型是分离的，也就是说在结构化开发方法中，程序和数据是分离的。另外，程序的结构要遵循每个程序模块只有一个入口和一个出口的形式，在程序模块内部只能采用顺序、选择、重复三种基本的控制结构。当前主流的软件开发方法除了前面讨论的结构化开发方法外，还有面向对象开发方法。面向对象开发方法尽可能模拟人类习惯的思维方式来分析软件项目，按照现实世界的问题来构建解决现实问题的系统。面向对象开发方法把系统看作是一起工作来完成某项任务的相互作用的事务集合，事务也称为对象。面向对象开发方法主要有面向对象分析、面向对象设计、面向对象编程三个阶段，分别对应软件开发生命周期的系统分析、系统设计、系统实施三个阶段。面向对象分析识别出系统中的所有对象以及对象之间的关系，在面向对象分析中主要使用的图形模型有用例图和类图；面向对象设计对已识别的对象进行细化，并定义出其全部属性和方法，在面向对象设计中主要使用的图形模型是类图、顺序图；面向对象编程使用具体的语言或环境来实现这些对象。面向对象开发方法与结构化开发方法完全不同，在面向对象方法中，既没有程序和过程，也没有数据实体和文件，系统只是由对象组成。也可以这么说，面向对象开发方法中的对象是结构化开发方法中的实体、数据和程序模块的组合体，它具有属性和行为，同时可以对系统发出的消息进行响应。

面向对象方法采用的模型主要运用的是UML建模语言，UML从系统的不同角度出发，定义了用例图、类图、对象图、状态图、活动图、顺序图、协作图、构件图、部署图等九种图。这些图形模型从不同的侧面对系统进行描述。在实际分析和设计中，这九种图形模型不一定全部用到，常用的图形包括用例图、类图、顺序图、部署图。在面向对象编程的过程中，面向对象的封装、继承、多态、抽象等特征已经在设计阶段完成，因此在编程阶段无须考虑对象的封装、继承、多态、抽象等特征的实现。

2.3　汽车动力电控系统核心技术

无论是为了汽车安全性和节能减排，还是为了舒适便捷性和加强汽车性能，电子控制系统就其基本结构而言都是一样的，主要由传感器、电子控制单元（简称电控单元，ECU）和执行器三个部分组成。电控系统的核心技术主要反映在电控单元-硬件技术，电控单元-控制算法和软件技术，系统集成技术（汽车总线系统、汽车电子操作系统），电控执行机构和传感器技术共五个方面。因此，掌握这几方面的关键核心技术是我们具备汽车电控系统开发能力，并最终达到实现产业化目的的关键所在。

2.3.1　电控单元-硬件技术

具备开发和制造性能强、耐久可靠、质量高、成本低并能在复杂和恶劣环境下工作的汽车嵌入式电子芯片和集成电路（PCB）的能力，是汽车电控系统对电控单元的基本要求。微处理机技术是电控单元的关键。微处理机的内存和计算速度的要求越来越高。由于汽车用ECU对可靠性、信息处理能力、实时控制能力及成本上的特殊要求，基于通用芯片开发出的ECU已经很难满足汽车电子控制系统的要求，因此，开发出具有多路同步实时控制、自带A/D与D/A、自我诊断、高输入/输出等功能的汽车专用ECU系统具有很高的现实意义。随着汽车电子控制日趋集中化，ECU需要处理的信息量不断增加，因此，32位和64位ECU

将成为未来汽车用ECU的首选，逐步成为车用ECU的主流。半导体硬件芯片是开发动力机械电子控制系统的基础和前提，也是该行业核心技术需要国产化以提高自主创新能力的核心所在。

车用电子元器件的基本技术要求(结合表2-2、表2-3所示)：

①汽车运行的条件决定了ECU必须承受复杂工作环境的考验。

②大范围温度变化。

③路面颠簸机械振动、冲击：2～25g。

④湿度，防水及防腐蚀。

⑤复杂电子干扰。

⑥高能量(强电、高电压、高热)。

⑦密集元器件-空间限制(小型、精细线、细孔、大量元件，复杂的线路连接)。

⑧高速(微波、超高频等传输信号/网络/数据通信/数字广播/……信号损失严重)。

⑨遵循绿色环保。

⑩接近100%零缺陷，汽车电子厂商通常要求元器件生产商提供100%无缺陷的产品。

⑪使用寿命，汽车的生命周期长达10～15年。

因此，车用电子元器件的使用寿命须保证在15年以上。此外，还要求车用电子元器件的失效率在运行15年中为零故障。

表2-2　车用电子元器件的工作环境技术要求

项目	应用环境	技术要求
运行	驾驶舱内	−40 ℃～+85 ℃
	车盖下	−40 ℃～+125 ℃
	发动机	−40 ℃～+150 ℃
	排气管	−40 ℃～+600 ℃
机械冲击	组装器件(跌落测试)	3000g
	车辆之上	50～5000g
机械振动		25g，100 Hz～2 kHz
电磁脉冲		100～200 V/m
暴露	一般情况	潮湿、盐雾
	特殊情况	燃油、机油、制动液、传动液、乙二醇、废气

表2-3　汽车电子元器件与家电、测量仪器及飞机电子元器件使用环境的比较

使用场合	汽车	家电	测量仪器	飞机
误差/(%)	1～5	1～5	0.1～1.0	0.1～1.0
温度范围/℃	−40～125	−10～50	0～40	−55～70
耐冲击性/g	2～25	5	−1	0.1～1.0
电源波动/(%)	±10	±10	±10	±10
电磁干扰	恶劣	普通	普通	普通
其他	耐湿、耐腐蚀、耐尘、耐盐雾	耐湿	耐湿	耐盐雾

汽车用半导体及其他元器件应用情况，如图2-2所示。

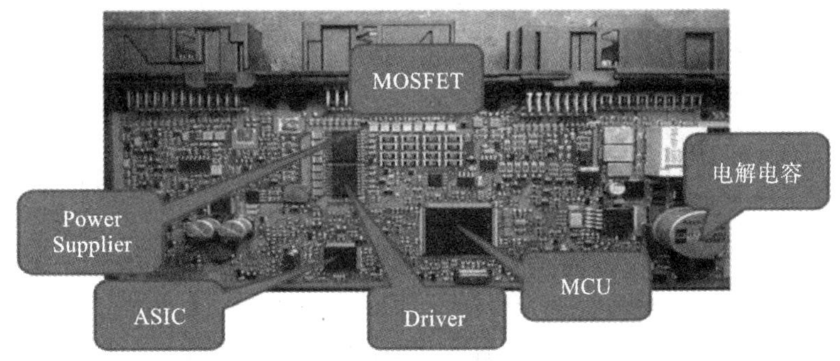

图 2-2　汽车用半导体及其他元器件应用情况

1. MCU

供应商：英飞凌(Infineon)、飞思卡尔、NXP、瑞萨、TI，这些国际巨头占据了全球超过90%的市场。技术：采用 90 nm 或更高工艺的 32/16 位微控制器(MCU)，应用具有高可靠性、高处理能力，MCU 要有丰富的外围接口和高集成度。

成本：MCU 数量使用较多，一些高端车甚至达到了 250 个以上。MCU 占 PCBA 总成本的 1/4 以上。外资企业和本土企业采购成本存在巨大差别，如表 2-4 所示。

表 2-4　外资企业和本土企业采购成本存在巨大差别

厂商	芯片	外资企业价格/元	本土企业价格/元	差价/元
TI	470/32 bit	18.60	28.00	－9.40
TI	570/32 bit	32.80	41.00	－8.20
Infineon	XC2000 系列 16 bit	21.40	27.00	－5.60

2. ASIC

开发 ASIC 需要国际 IC 大厂的研发及生产的有力支持，需要汽车零配件厂有较强的横向信息支持，如芯片产品技术需求规范，测试规范，并共同承担设计问题。国内芯片制造商还没有真正开始在汽车领域有大量应用芯片的案例，再加上基本上所有专用芯片都有专利限制，因此，国内零配件厂购买的 ASIC 主要是国际大厂的超时应用或正在应用的简化版，国内零配件厂商基本没有选择余地，也丧失了价格等商务谈判余地。在成本方面，如 ABS(防抱死刹车系统)的一个专有芯片，外资零配件厂的采购价大概为 11 元左右，但本土企业采购相类似芯片的价格会在 20 元以上。国内汽车电子产业的发展与核心竞争力的提高，有赖于上游半导体产品和集成模块的开发和产业化发展。中国汽车电子芯片刚刚起步，核心技术有待突破。关键电子系统的芯片和核心零部件大多被外资企业垄断。本土企业基本是靠进口这些核心零部件，在此基础上进行二次开发，在技术和成本上不具有优势，如表 2-5 所示。

表 2-5　其他元器件采购成本的差别

	厂商	芯片	外资企业价格/元	本土企业价格/元	差价/元
电源模块	Infineon	TLE427XX 5 V	4.00	5.00	－1.00
	Infineon	TLE 42XX-5 V	3.00	4.50	－1.50
	Infineon	TLE44XX3.3 V	8.50	11.00	－2.50
	Allegro	A4402	5.50	7.00	－1.50

汽车半导体的技术门槛高，研发周期长，研发及产业化的时间与资金投入相当巨大，我们在汽车半导体研发上的投入还需加大。国产芯片质量需要提高。国外芯片不仅价格太贵，使国内汽车电子技术没有竞争优势，而且产品优先保证国外大公司，往往采购困难。这种状态是国内汽车电子企业供货安全，甚至国家安全的隐患，需要重视并改变。

国内半导体技术和产业的现状制约着本土电子技术和产业的发展，需要追赶。汽车电子芯片和核心零部件的技术和产业的突破，是实现汽车电子技术发展和市场突破的基础和保障，是汽车强国的必由之路。国内半导体核心技术在发力，也将为国内动力机械电子控制系统的发展提供性能高、质量可靠、成本具有优势的半导体产品来。

2.3.2 电控单元-控制算法和软件技术

电控系统控制算法和嵌入式软件是汽车电子技术发展的最关键部分，也是国内企业遇到的最大最艰难的技术瓶颈。软件既要实现核心的控制算法功能，也要确保对系统的故障诊断和故障安全性保护(尤其是影响安全性的控制系统)，系统还需要实现与整车和其他系统的联网和通信。控制算法和软件的开发需要很多方面的知识和经验，开发人员不仅需要懂得控制理论，还要求对电控系统和/或整车动力学具有深刻的理解，具有建立动力学模型和分析的能力，还需要具有在系统层面对控制算法进行调试、匹配和验证的能力。

更为复杂的是，经典控制理论往往在一些复杂系统的控制算法设计中无法直接应用，在整个开发设计过程中，长期的经验积累起着至关重要的作用，如 ABS/ESC 系统控制算法的设计。工作环境的不确定性、多变性和非线性使得控制算法的实现非常复杂，匹配验证的工作也十分烦琐。在电控系统中，软件不仅需要实现核心的控制功能，而且需要有可靠的故障诊断和故障安全性保护的能力，尤其是对于那些影响汽车安全性的电子系统。要实现以上这些功能，设计人员必须精通掌握汽车和子系统的动力学特性，熟练掌握和运用控制理论，对系统和零部件的性能特点和故障模式具有深刻的理解。国内多数技术开发人员，往往只注重系统的功能和性能，而忽视了对系统可靠性和安全性起到致命作用的故障安全性。所以，这一领域是动力机械电子控制系统开发需要加强的部分。

除了实现控制算法、故障诊断和故障保护等功能外，电控软件的另一大主要关键功能是满足电子系统的网络化要求。电控系统在汽车上的应用越来越多，电子设备间的数据通信变得越来越重要。因此，系统与系统之间的通信、数据快速交换和共享是对汽车电子系统的基本要求。现在的通信主要通过总线技术(CAN)来实现。

国外在电控软件技术领域踏踏实实地积累了好几十年的经验，比我们起步要早。软件相对无形，所以也许比开发电控硬件难度更大。为了实现控制算法和软件领域的突破，需要多学科交叉的综合素养和全面的专业经验积累，也需要产业链条合作、分工协同及完善。

2.3.3 汽车总线系统

随着电子技术的发展，现代社会对汽车的要求不断提高，这些要求包括车辆的驾驶性能、舒适性、主动安全与被动安全性能、便捷性能、个性化等方面。微控制器技术在车辆上的应用极好地满足了现代社会的需求，并且微控制器技术在车辆上得到了广泛的应用，例如发动机管理系统、ABS 系统、自动空调系统、导航系统、防盗系统等。如果仍按照传统的点对点的布线方式连接各微控制器，则会导致以下后果：

线束会越来越长，越来越粗；汽车成本越来越高；故障概率越来越高；故障检修难度越来越大。所以传统的布线方法已不能够满足汽车电子技术的发展。汽车总线技术就是在这样的背景下发展起来的。采用总线技术后，车辆上的电子设备与装置相互连接形成一个网络，称为车载网络，实现了信息的共享。这样既减少了线束，又可以更好地控制和协调汽车的各个系统，使车辆性能达到最佳。总结起来，总线系统具有以下优点：①减少线束，部分线束变细，节省车内空间，并节约了制造成本；②车辆传感器共享，可以实现控制器和执行器的就近原则，减少线束长度，单个线束所承载的功能增加；③减少了车辆的装配时间；④车辆功能增加或减少，可以通过软件来改变，增加了车辆的开发余地；⑤提高了车辆的可靠性。车门控制很好地体现了总线系统的优点，如图 2-3 所示。

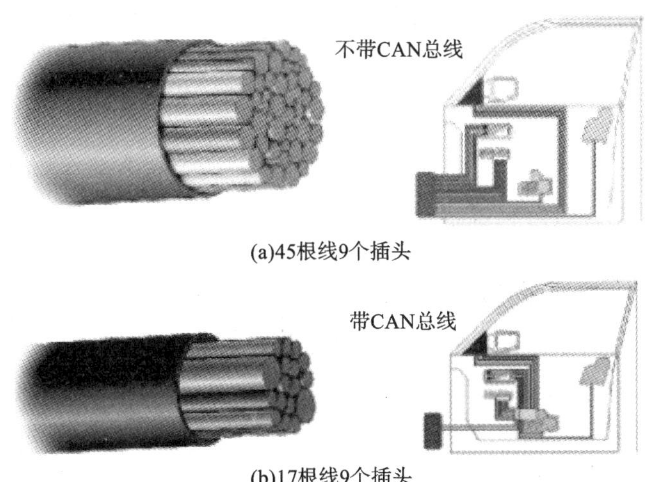

(a)45根线9个插头

(b)17根线9个插头

图 2-3　车门控制线

1. 汽车总线系统类型

为了方便研究和设计应用，美国汽车工程师学会 SAE 车辆网络委员会按系统的复杂程度、信息量、必要的动作响应速度、可靠性要求等，将汽车车载网络划分为 A、B、C、D、E 五类。各类网络所采用的总线是有所不同的，主要的总线类型有 LIN 总线、CAN 总线、MOST 总线等。

(1)LIN 总线。

LIN 总线主要用在 A 类网络中，用于智能传感器与执行器的控制，比如雨刮电动机挡位控制，空调鼓风机转速控制，制冷剂温度与压力传感器信息的检测等。LIN 总线主要有以下特点：①传输速度较低，最高传输速度不超过 20 Kbit/s；②单线传递，信息传输采用一根传输线；③主从控制，LIN 总线中控制单元有主控制单元与从控制单元之分；④成本较低。

(2)CAN 总线。

CAN 总线主要用在 B 类、C 类、E 类网络中，用于车辆舒适系统控制、动力系统控制、安全系统等系统。比如说中控门锁系统、发动机电控系统、安全气囊系统等。CAN 总线主要有以下特点：①传输速度较高，舒适系统中的信息传递速度可以达到 100 Kbit/s，动力系统中的信息传输速度可以达到 500 Kbit/s；②双绞线传递，由于车辆上的电子设备较多，电磁干扰较强，CAN 总线采用双绞线传递信息，可以有效地降低信息传输中的干扰；③广播原理，在 CAN 总线系统中，控制单元无主从之分，一个控制单元发出信息其余控制单元均可接受该信息。

(3)MOST 总线。

MOST 总线主要用在 D 类网络中，用于多媒体信息系统。比如收音机、导航、车载电视等电子设备的信息传递。MOST 总线主要有以下特点：①传输速度较快，传输的信息一般为音频信息、文本信息、视频信息等；②光缆传输，传输信号的形式为光波，受电磁干扰影响小，信号抗干扰的能力较强；③环形结构，控制单元首尾相连，环状结构连接，结构简单，信息传输时效性好。

(4)FlexRay 总线。

随着汽车控制技术向智能化方向发展，智能网联汽车、无人驾驶汽车的兴起，车载控制元件不断增加。通过 CAN 总线、LIN 总线实现联网的方式接收、发送并处理大量的数据已经难以满足要求，而传输速率更高、容错功能更强、拓扑选择更全面、同时具备事件触发和时间触发的新型数据总线——FlexRay 总线应运而生。FlexRay 总线是 FlexRay 联盟(戴姆勒-克莱斯勒等诸多加盟公司)推出的车载总线标准，由于卓越的性能，FlexRay 总线已逐渐成为汽车网络系统的标杆。

FlexRay 总线采用快速以太网(100 Mbit/s，IEEE803.3u 标准)作为编程接口，应用双芯双绞电缆线进行传输，最大数据传输速率为每通道 10 Mbit/s，主要应用在线控转向、线控动力、线控制动系统方面，用来进行车距控制、行驶动态控制和图像处理。

FlexRay 总线支持同步数据传输(时间触发通信)和异步数据传输(事件驱动通信)，既满足总线系统工作的可靠性，又具有较高的故障容错能力，是汽车安全及行驶动态管理系统控制单元的理想总线。

2. 汽车总线系统拓扑结构

总线系统中微控制器之间相互连接的方式，称为拓扑结构。常见的拓扑结构如图 2-4 所示。

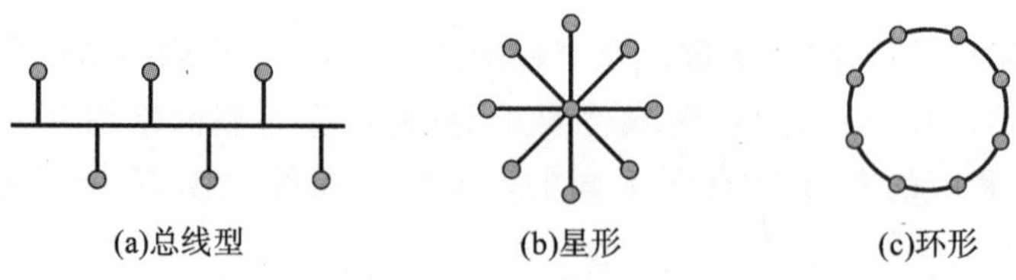

图 2-4　常见拓扑结构

总线结构适合短距离的传输，应用较为广泛，例如速腾轿车；星形结构较为简单，一般用在局部系统中，例如宝马安全系统；环形结构采用了光纤传递，典型代表为奥迪信息娱乐系统。

2.3.4　汽车电子操作系统

传统汽车电子产品可归纳为两类：一类是车载电子设备，如仪表，娱乐音响、导航系统、抬头显示、车载通信、无线上网等，这类系统不直接参与汽车行驶的控制决策，不会对车辆行驶性能和安全产生影响，通常统称为车载娱乐信息系统(in-Vehicle infotainment，IVI)。另一类是汽车电子控制装置，它们是车辆运动和安全防护的控制“大脑”，通过直接向执行机构(如电子阀门、继电器开关、执行马达等)发送指令以控制车辆关键部件(如发动机、变速箱、动力电池等）的协同工作，这类系统可以统称为电子控制单元，常见的电子控制单元包括 EMS 发动机电控系统，ABS 制动防抱死控制、变速箱牵引力控制 TCU、电子稳定控制 EPS、电子动力转向 EPS，新能源汽车整车控制 VCU，电池管理系统 BMS 等。

1. 为什么需要操作系统？

汽车操作系统是汽车电子软件的重要组成部分，但不是所有的汽车电子产品都需要操作系统。从 20 世纪 90 年代开始，随着车载和电控系统功能的日益丰富以及汽车电子产品外部交互/接口标准的种类增加，这类基于微控制芯片的嵌入式电子产品逐渐需要采用类似个人电脑的软件架构以实现分层化，平台化和模块化，提高开发效率的同时降低开发成本。因此，汽车电子产品才逐步开始采用了嵌入式操作系统（embedded operating system）。

以车载娱乐信息系统为例，最早的数字收音机/CD 播放器采用专用的音频解码芯片就能实现，后来实现数字化将可触摸液晶屏代替播放器开关、调节按钮，后来又增加了蓝牙电话功能，接着又集成了地图导航、倒车雷达影像，相应的实现这些功能的 IVI 嵌入式系统主 CPU 的数据处理能力也逐步增强，从最早的 4 位、8 位发展到 16 位、32 位到后来的多核，引入嵌入式操作系统，就是有效分配 CPU 资源，对以上各种任务功能进行协同管理，并控制各项任务的优先级别。

相比车载电子产品，电控系统通常需要闭环控制，这样就意味着需要响应更多的输入/输出信号，任务调度更加复杂；另外，由于电控系统直接参与车辆行驶的管理，系统的可靠性要求要更高，因此应用于电控单元的嵌入式操作系统比车载电子产品的操作系统有更严苛的技术指标。

2. 车载操作系统 IVI-OS

早在 2011 年，咨询机构 StrategyAnalytics 对中国当时主流汽车主机厂和车载信息娱乐系统供应商进行了调研，报道了当时车载操作系统的生态圈。随着中国汽车市场的持续增长带来的变化，目前市场上用于车载系统的操作系统包括如下几种。

Android：开源操作系统，无授权费用对很多中低端车载电子产品开发商是有很大的吸引，但因版本升级过于频繁，开机启动时间长，系统稳定性不强而饱受诟病。

Microsoft：从定位工业应用 WinCE 到移动通信的 Windows Embedded 操作系统，由于相对稳定的性能和平价授权费用，深受从消费电子转型到后装导航市场的众多公司推崇，但市场份额持续下降。

QNX：曾经占据接近 60%的市场份额，优惠的单机授权费用和良好的开发支持是主流国际汽车电子供应商愿意合作的原因，但随着其母公司 Blackberry 的凋落和其他免费竞争对手的挑战，风光已不敌当年。

Wind River：功能强大覆盖多行业的硬实时操作系统，但授权和开发定制成本非常高，市场份额有限。

MicroItron：日资车型的主流汽车操作系统，但日系供应商也逐渐采用其他操作系统以满足不同市场的需要。

Linux：基于开源代码，稳定和易于裁剪，很多研发能力强的汽车主机厂和供应商在 Linux 基础上定制了自有的操作系统。

GENIVI：准确来说是一个标准联盟。以宝马为首的知名企业建立的应用于车载系统的开放式软件平台和操作系统，基于 Linux 平台，形成从研发到应用的闭环生态。

3. 电控实时操作系统 ECU-OS

前面提到过，汽车电控系统属于复杂测控系统，如果系统任务的响应不及时或有延迟过大，就可能导致严重的损失。例如，汽车安全气囊控制，在车辆发生碰撞的很短时间内（毫秒级）如果不能快速打开，就无法对乘车人员起到保护作用。可见，汽车电控单元必须是高稳定性的嵌入式实时性操作系统，实时性的含义是系统保证在一定时间限制内完成特定功能。目前主流的电控操作系统基本都兼容 OSEK/VDX 和 AUTOSAR 这两类汽车电子软件标准。

OSEK/VDX：这个标准旨在制定汽车电子标准化接口，主要定义了三个组件：实时操作系统（OSEK-OS），通信系统（OSEK-COM）和网络管理系统（OSEK-NM）。OSEK 操作系统始于 20 世纪 90 年代，第一个商业化的 OSEK 操作系统由德国 3Soft 公司开发，最早应用于奥迪 A8 的仪表控制器。

AUTOSAR：AUTOSAR 的全称是 automotive open system architecture，直译为汽车开放式系统架构，发起于 2003 年，由全球汽车制造商，汽车电子部件供应商，汽车软件和工具服务商、半导体制造商联合成立的一个标准联盟组织，致力于为汽车工业开发一个开放的、标准化的软件架构。AUTOSAR 兼容 OSEK/VDX 标准，增加了新的系统模块同时隐含地提出了“软件定义电控系统”的概念。完整的 AUTOSAR 系统架构从下向上分为硬件层 HW，硬件抽象层 MCAL，基础软件层 BSW，运行时环境 RTE 和应用软件 SWC，其中操作系统被包含在 BSW 层中。

不管是 OSEK 还是 AUTOSAR 操作系统，它们仅仅作为标准定义了操作系统的技术规范，各家软件和工具服务商开发了各自符合标准的操作系统产品，然后提供给供应商广泛应用于各类电控系统。目前 AUTOSAR 已逐步成为主流，市场上知名的拥有完整解决方案的企业包括 Vector、KPIT、ETAS、DS 以及被收购的 EB(Continental)和 MentorGraphics(Siemens)。在国内，依托国家“核高基”课题，i-Soft 公司也开发了符合 AUTOSAR 标准的操作系统和基础软件，并成功应用于自主品牌和新能源量产车型。

4. 智能网联对操作系统的新要求

智能网联汽车的特点是增加更多的智能传感器（高清摄像头、激光雷达、毫米波雷达等），并且需要对海量数据进行采集、处理和共享。要实现智能网联，两个基本问题需要解决：一是控制器芯片处理能力，二是信息安全。为此，以博世、大陆、德尔福为首的一级供应商提出了域控制器（domain control unit，DCU）的概念，根据汽车电子部件功能将整车划分为动力总成、车辆安全、车身电子，智能座舱和智能驾驶等几个域，利用处理能力更强的多核 CPU/GPU 芯片相对集中地去控制每个域，以取代目前的分布式汽车电子电气架构（EEA）。虽然这样的设计简化了汽车电子网络拓扑结构，但各种数据的相互融合也带来了安全隐患。例如，智能座舱系统 ECU 将原有的车载信息娱乐系统与 V2X、HMI、仪表等数据融合在一起处理，但根据功能安全 ISO26262 标准定义，仪表的某些关键数据和代码与 HMI 的代码属于不同等级要求（ASIL），从安全角度应该进行物理上的隔绝。因而这样的设计又与汽车电子功能安全标准背道而驰。

如何解决呢？随着汽车电子安全件（如 IVI 系统）和其他非安全件的融合在智能网联汽车上是必然趋势，汽车电子专家引入了航电设备中虚拟机管理的概念，基于 AUTOSAR 标准之上提出了 AUTOSAR Hypervisor 虚拟机，新的 AUTOSAR Adaptive Platform 版本也拓展到了智能网联和自动驾驶汽车的应用。引入虚拟机管理的关键意义在于虚拟机可以提供一个同时运行两个独立操作系统的环境，比如在智能座舱 ECU 中同时运行 Android（车载功能）和 QNX（电控功能），为智能网联的应用提供了高性价比且符合安全要求的平台。

目前面向汽车的虚拟机管理程序已商用的产品包括 Blackberry QNX Hypervisor，Wind River VxWorks，Green Hills INTEGRITY Muitivisor，Mentor Graphics Embedded Hypervisor，以及被松下汽车电子收购的 OpenSynergy。

2.3.5 电控执行机构

执行机构用来精确无误地执行 ECU 发出的指令，是电控系统的关键部件。执行器工作的精度、性能和可靠性直接决定了控制系统的性能和质量。对执行机构的基本要求是：精度高，反应快，功率密度大（体积小、重量轻），噪声低，耐久可靠，质量高，成本低。汽车电控系统的执行器类型繁多，主要有电磁式、电动式和气动/ 液动式。电磁和电动式的执行器是以电为动力的操作机构，具有体积小、重量轻、响应速度快、耗能小的特点，但是，与气动/液动式执行器相比，输出驱动能力相对小，无法满足大驱动输出的需要。但是，随着新材料、新工艺、新机构设计的采用，电磁和电动式执行器将逐渐取代气动/液动执行器，尤其是在未来汽车普遍更换 42V 新型电源系统之后，输出驱动能力将大幅度提升，完全可以取代传统的气动/液动系统。

电控执行机构的两个典型的例子是：液压控制单元（HCU）和电机。HCU 被广泛用于 ABS/ESC 等系统，EPS（电子辅助转向）等系统对电机的要求比较高。HCU 通过来自电控单元的电信号的变化控制电磁阀的开度来调节制动器中制动液压，涉及电磁阀设计和精密机械加工。控制电机目前正从有刷到无刷进行升级换代。对于 HCU 的开发和生产，目前国内还没有真正成功的企业。国内企业还有待突破液压阀设计、精密制造技术和检测测试等难关。控制电机领域也类似，国内电机生产企业不少，但还缺乏能力做出高性能、高可靠性的用于精密控制的电机。

2.3.6 传感器技术

随着汽车电子化的发展，汽车的自动化和智能化程度越高，对传感器的依赖程度也就越大，使其所需要的传感器种类和数量不断增加。尤其是汽车电子系统智能化的发展趋势，要求系统具有“感知”能力，系统的“感知”能力就是通过各种传感器来实现的。同时，传感器技术也正朝着多功能化、集成化、智能化和微型化方向发展。

高精度、高可靠性、高质量和低成本的传感器是系统应用的基本要求。未来的智能化集成传感器不仅能提供用于模拟和处理的信号，而且还能对信号作放大处理，同时它还能自动进行时漂、温漂和非线性的自校正，具有较强的抵抗外部电磁干扰的能力，保证传感器信号的质量不受影响，即使在特别严酷的使用条件下仍能保持较高的精度和故障诊断；另外，智能化集成传感器还具有结构紧凑、安装方便的优点，从而免受机械特性的影响。

思 考 题

1. 阐述 V 形开发模式的各个环节的核心任务及要点。
2. 列举常见的汽车电子开发硬软件平台及仿真平台。

3. 列举常见的汽车电子控制器核心芯片，了解其性能特点。
4. ECU 电子控制器对硬软件的严格要求有哪些？
5. 汽车电子嵌入式操作系统有哪些类型？列举其特点。
6. 常见的汽车总线类型有哪些？各有何特点？
7. 了解 CAN 总线的特点、应用场合及实际应用要点。
8. 列举若干汽车电子领域常见关键传感器的特点、性能及作用。

汽油机电子控制技术

3.1 汽油机电子控制系统

3.1.1 概述

汽油机电子控制(简称电控)技术的发展脉络如图 3-1 所示。

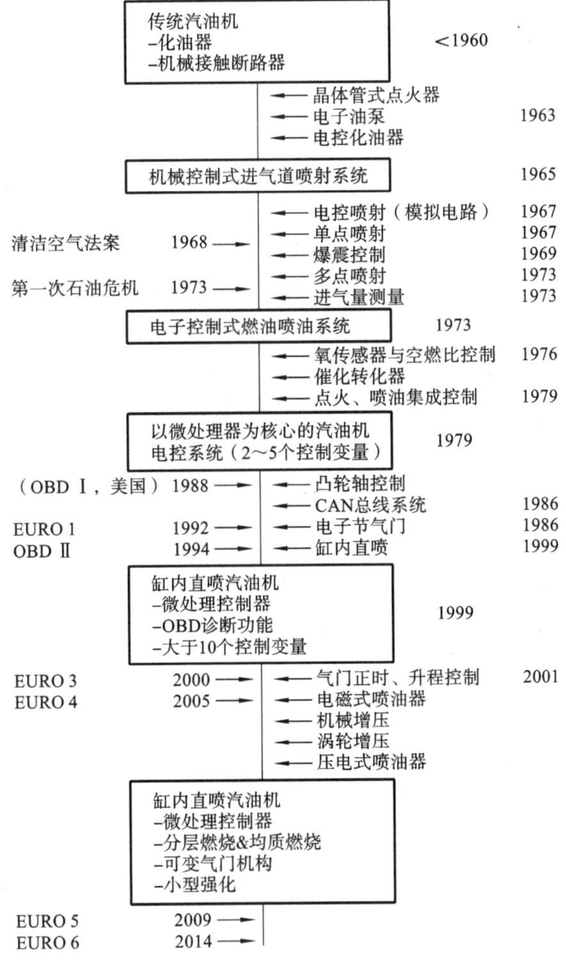

图 3-1　汽油机电控技术的发展脉络

早期的汽油机一般是化油器式的汽油机，其点火正时是通过机械接触断路器来控制的。直到 20 世纪 60 年代，功率晶体管开始在发动机上应用，晶体管触发的机电线圈开始取代机械接触断路器来控制点火。带有电子模拟控制的进气歧管的燃油喷射系统（主要还是单点喷射）开始取代化油器。进入 20 世纪 70 年代，随着晶体管技术的发展，汽油机上越来越多的部件和功能被电气化、电子化。燃油喷射系统也由单点喷射发展到多点喷射。电控系统的功能越来越完善，包括喷油控制、点火控制、空燃比控制、爆震控制、排放控制等。电控系统执行所述功能所需要的传感器、执行器也大幅增加，如图 3-2 所示，包括爆震传感器、进气温度传感器、进气压力传感器等，以及电子节气门、可变气门机构（如可变气门正时系统，VVT），喷油器等。1983 年，美国颁布加州清洁空气法案。之后从 1993 年开始，美国各州又陆续颁布了一系列汽车排放法规。基本与美国同时，欧盟也陆续颁布了相关法规，包括欧Ⅰ（1992 年），欧Ⅱ（1996 年），欧Ⅲ（2000 年），欧Ⅳ（2005 年），欧Ⅴ（2009 年），以及欧Ⅵ（2014）标准。中国、日本等主要国家也先后不等地出台了各相关法规。排放法规的提出和不断升级，极大地推动了发动机电控系统逐渐升级，电控技术不断成熟。根据德国博世公司的产品数据，从 1990 年到 2008 年，汽油机电控单元的数据总线宽度从 8 位增加到了 32 位，时钟频率从 12 MHz 增加到了 40～150 MHz，程序存储器（EPROM）大小从 0 MB 增加到了 2～8 MB，引脚数量从 60 增加到了 87～204。目前，一台汽油机的主要技术特征包括：电磁或压电式喷油器，高压油泵（120 bar，1 bar＝0.1 MPa），均质或分层燃烧，机械以及涡轮增压等；拥有 15～25 个传感器，6～8 个主要执行器，80～120 张控制 MAP（脉谱，控制变量的对应图），具备多种先进的控制算法，并通过一个强大的电控单元来管理和控制。

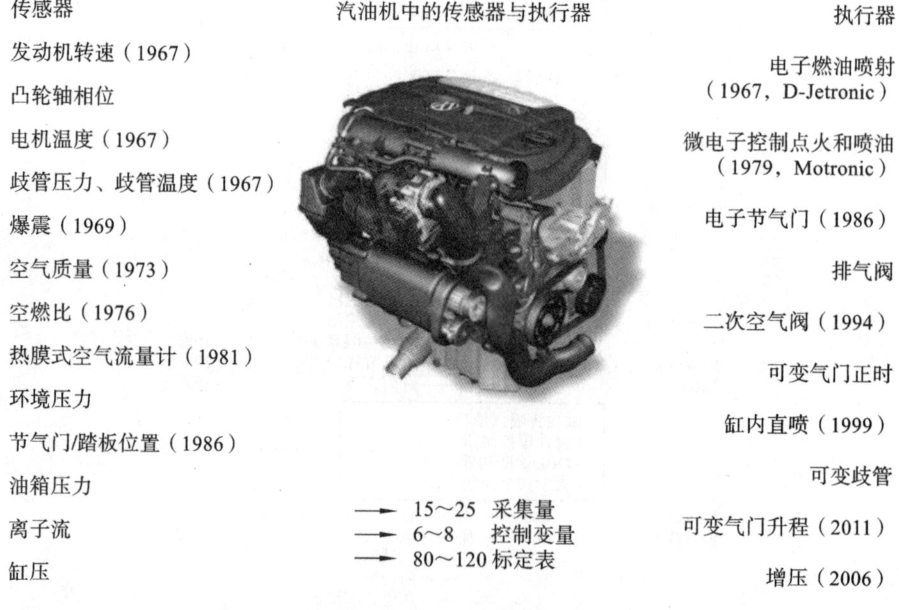

图 3-2　汽油机电控系统中的传感器与执行器

控制变量由传感器测量，输送给电控单元，电控单元根据控制变量判断发动机的运行工况、热力状态、性能特征、工作环境等，再按照控制模型、控制规律确定策略，发出指令到执行器进行调控。

转速和负荷是汽油机的主控制变量。在汽油机中，每缸循环进气量代表了负荷的大小。而在已知发动机转速的情况下，可以根据整机单位时间的进气量算出每循环进气量。所以通常也将进入发动机的空气流量当作负荷信息。

汽油机电控系统的基本工作次序是：首先由传感器提供主控制变量，即转速和负荷，确定基本喷油量和基本点火提前角；然后根据其他辅助控制变量如冷却液温度、进气温度等对基本喷油量和基本点火提前角进行修正，得出最终的喷油量和点火提前角等数据，并据此发出指令给执行器，对发动机实施控制。主要的控制变量如下：

①曲轴转速，用于确定喷油频率和喷油量；

②进气流量，用于测定汽油机负荷，确定喷油量和空燃比；

③节气门位置和变化速度，反映负荷大小，用于确定进气流量，修正瞬时工况的供油和油气混合；

④进气温度，用于修正进气密度；

⑤冷却剂温度，用于修正雾化不良和湿壁效应、确定发动机热状态；

⑥排气氧含量，用于测量实际空燃比，控制有害气体排放；

⑦蓄电池电压，用于修正控制单元和喷油器的供电线路电压。

模拟式电控系统和数字式电控系统中信息处理的方式有所区别，在具体组成上也会有所差异，但信息流动过程大体上如图 3-3 所示。传感器将汽油机的运行工况、热状态、环境、燃料等各种信息传递给 ECU，ECU 对这些数据进行处理，然后发出指令给执行器，如执行燃油定量的电动燃油泵、电磁喷油器或冷启动喷油器，执行点火正时的点火线圈等，调控相关系统的参数，改变汽油机的运行状态。这一过程是开环控制，如图 3-3 中的实线所示。

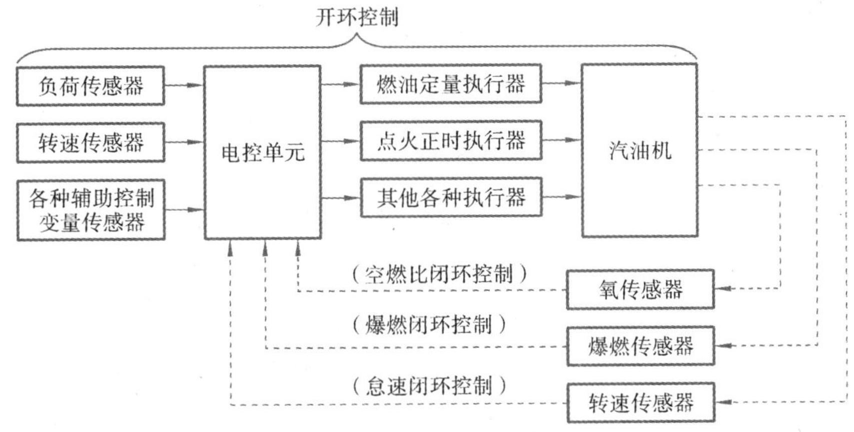

图 3-3 常见汽油机电控系统中的信息流动过程

有些汽油机还会设置传感器来监测相关参数。例如，用氧传感器来监测混合气的实际空燃比，用爆震传感器来监测是否发生了爆震。将监测信息反馈给 ECU，ECU 将这些参数的实际值与期望值相比较，若二者不一致，则调整发送给执行器的指令，以控制汽油机在最佳状态下运行。这部分的信息流动过程用虚线表示，与实线表示的部分组成一个封闭的回路，故称闭环控制。

汽油机的工况是由负荷、转速及一系列辅助控制变量确定的。如图 3-3 所示，电控系统的作用是根据工况，通过执行器来调节各种控制对象，诸如燃油量、点火正时，废气再循环(exhaust gas recirculation，EGR)率、二次空气控制阀开度及气门正时等，以便汽油机在该工况下的经济性能、排放性能等得到优化。

汽油机工况变化的规律和范围与配套机械类型(如车辆、船艇、发电机)、运行环境(如大气压力、温度和道路状况)、操作人员的意愿等因素相关,有相当的不确定性。如果要求在所有工况下均能实现汽油机综合性能最佳,需要优化理论、控制模型和控制系统等方面有新的突破。

控制过程中考虑辅助控制变量的主要目的如下所述。

(1)提高控制精度。例如,冷却液温度表示发动机的热状态,它会影响燃烧过程和摩擦损失;进气温度、压力会影响进气密度和进气量;蓄电池电压与喷油器工作电流相关,它会影响喷油器的响应速度。考虑这些因素可提高空燃比的控制精度。

(2)通过闭环控制实现某个预定的目标。例如,在排气管上设置氧传感器,提供排气中氧含量的信息,以确定实际空燃比,将其反馈给控制微机,与给定的空燃比进行比较,按偏差控制工作过程,可以有效降低排放,提高经济性能。严重的爆震会恶化燃烧过程,引发零部件振动和过热;轻微的爆震可加速混合气燃烧,有利于性能改善。利用传感器提供的爆震信息,将爆震控制在临界状态,是汽油机设计者长期追求的目标。由于爆震现象发生的时间和位置具有很强的随机性,增加了检测和控制的难度。通过合理选择传感器的数量及布置,接受并处理爆震信息,电控系统可以判断爆震程度,作出正确决策,使汽油机水平显著提高。

(3)实现过渡工况控制。例如,节气门位置可以反映负荷大小,节气门的变化速度与汽油机的加速和减速相关。在转速变化的过渡工况下,燃烧过程优劣对排放和运行的稳定性影响较大。将节气门的变化速度作为辅助控制变量,可以提高过渡工况的控制质量。

(4)与集中电控系统相衔接。汽油机常作为车辆、船艇的动力机械,其运行工况、控制目标、综合性能,需要与环境、动力系统、操纵装置相协调。输出某些辅助控制变量,与车船集中电控系统共享,有利于系统优化。

以一台现代缸内直喷汽油机为例,其系统组成包括传感器、执行器,如图 3-4 所示。

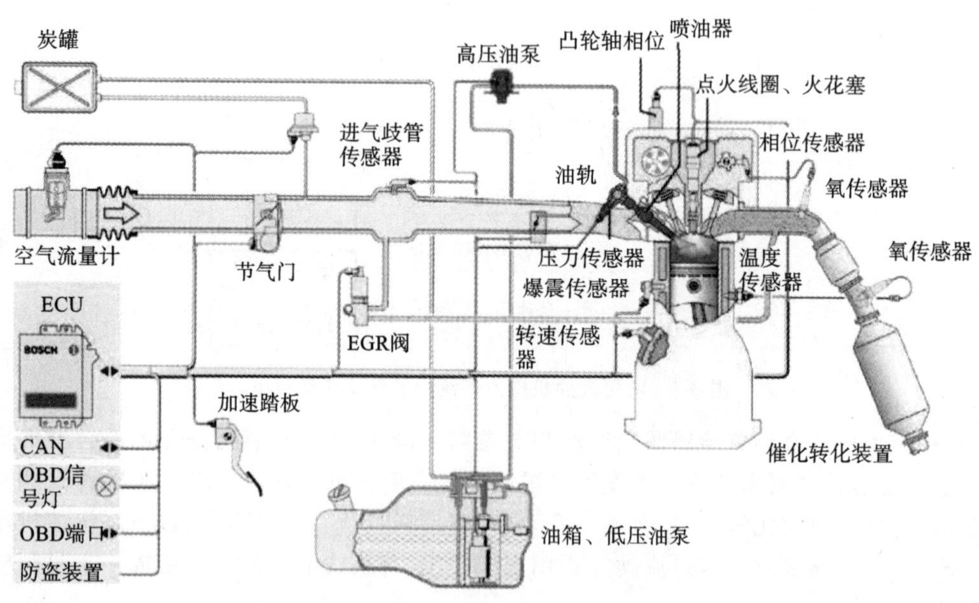

图 3-4　现代缸内直喷汽油机的系统组成

汽油机一般采用的是预混燃烧方式,空气和燃油在进气、压缩过程中充分混合,然后在接近上止点(top Dead center,TDC)的位置被火花塞跳火点燃。为了获得最佳的燃烧效果,过量空气系数一般需要控制为 0.8~1.4。但对汽油机排放控制而言,三效催化转化器的转化效率对过量空气系数非常敏感,仅在化学当量比附近非常狭窄的区域内具有高的转化效率。换句话说，汽油机属于近当量比燃烧。在调节发动机负荷的时候，是通过改变节气门的开度，进而控制发动机的进气量(喷油量也相应确定)，从而达到控制发动机负荷的目的。此调节过程就是工程上常说的“量”调节。发动机的实际进气量可以通过流量传感器直接获得，也可以通过安装在歧管上的压力传感器和歧管温度传感器间接计算获得。负荷控制的执行逻辑为：首先，ECU 接收到驾驶员操作油门踏板的位置信息，并将油门踏板的位置信息转化为负荷(或扭矩)需求；其次，ECU 通过使用各种校正函数，计算得到新鲜空气量、每缸的燃油喷射量，以及最佳的点火角度；再次，ECU 根据这些控制需求，查找前馈控制表，查出节气门角度、喷油角度、喷油脉宽，以及点火线圈的跳火角度，并执行；此外，为了实现三效催化转化器中 CO、HC 和 NO_x 的最佳转化，燃油喷射量还需要根据三效催化转化器前馈测量得到的过量空气系数 λ 的信息，经由 λ 控制器进行反馈校正，并使用低压(4～6 bar)油泵将燃油喷射到进气门上游的进气歧管中，或者使用高压(120～200 bar)油泵将燃油直接喷射到燃烧室中。

传统汽油机在中低负荷下，节气门的开度变小，节流作用明显。这种“量”调节的负荷控制方式所引起的节流损失是影响汽油机效率的主要因素。为了解决这一问题，提出了分层燃烧策略：通过合理组织气流运动，结合缸内直喷策略，在火花塞附近区域形成容易着火的油气混合气，而在远离火花塞的区域形成稀薄充量。火花塞附近区域的充量被火花塞点燃以后，“顺序”传播到远离火花塞的区域。这种分层燃烧策略可在一定程度上将汽油机负荷控制的“量”调节转变为“质”调节。也就是说，在负荷调节的过程中，可以一直打开节气门，避免节气门开度较小而导致的节流损失，从而提高发动机效率。但是，在稀薄燃烧策略下，传统的三效催化转化器无法使用，需要针对 CO、UHC、NO_x 排放采用相应的后处理装置和技术。并且，在高转速大负荷工况下，无法实现理想的充量分层，发动机必须回到传统的预混、均质燃烧模式。这种多模式切换的燃烧策略需要更为精确的控制功能。图 3-5 为一台现代进气道喷射汽油机的控制结构图，其控制任务为扭矩控制(M_{eng})、排放控制、空燃比控制(λ)、爆震控制(y_{knock})、热管理(T_{cool})等。根据每个控制对象和控制任务的特点，可以采用不同的控制方法，包括前馈控制和反馈控制。扭矩控制和排放控制多为前馈控制，而空燃比控制、爆震控制、热管理等多为反馈控制。从严格意义上讲，扭矩控制也是反馈控制，只不过反馈控制的“大脑”是驾驶员，而不是 ECU。各个前馈和反馈的控制功能呈现出一定的分层结构。更高级别的控制功能可以分解到不同的子系统或模块中。图 3-5 显示了 6 个主要操纵变量(或指令)，包括节气门开度(α_{thr})、喷油量($m_{inj}+\Delta m_{inj}$)、喷油正时(φ_{inj})、喷油压力(p_{inj})、点火正时($\varphi_{ign}+\Delta\varphi_{ign}$)，冷却系统操纵变量($U_{cool}$)等。变速器的控制大多是通过安装

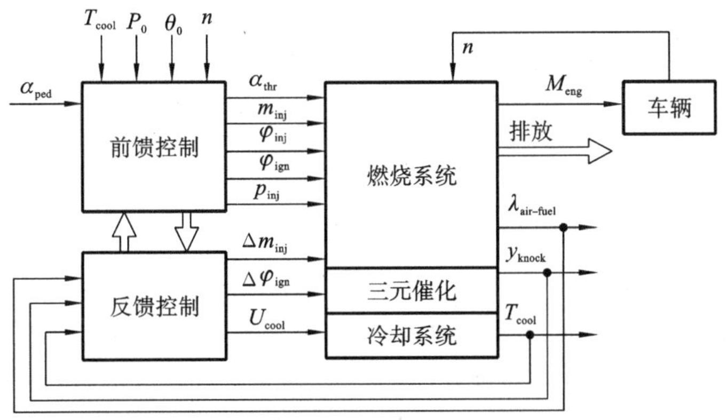

图 3-5　一台现代进气道喷射汽油机的控制结构(5～8 个输出变量，6～8 个操纵变量)

在变速箱壳体上的电控单元实现的。发动机的速度是由发动机的速度特性和变速器、车辆等负载的功耗特性一起确定的。

空燃比或者过量空气系数是影响汽油机燃烧的核心变量，在很大程度上决定了汽油机的效率和排放指标。一般可以分为以下三种情况。

(1)$\lambda=1$：所供应的空气量等于理论(化学计量)所需的空气量。

(2)$\lambda>1$：所供应的空气量大于理论(化学计量)所需的空气量，也称为稀薄燃烧。在进气道喷射情况下，过量空气系数λ为1.2～1.5时，效率最高，油耗最低。

(3)$\lambda<1$：所供应的空气量大于理论(化学计量)所需的空气量，也称为富油燃烧。过量空气系数λ为0.85～0.95时，功率最大。

针对不同的喷油方式、不同的燃烧策略，以及不同的运行工况，λ的最优取值存在差异。在预混均质燃烧策略中，无论是进气道喷射，还是缸内直喷，λ的控制范围为0.9～1.1。而在分层燃烧策略中，一般是稀燃($1<\lambda<4$)。很明显，在这种情况下，不能使用三效催化转化器，而必须针对CO、UHC，特别是NO_x排放采用相应的后处理装置和技术。在NO_x催化转化器再生的过程中，需要采用富油燃烧策略，过量空气系数$\lambda<0.8$。λ的控制策略较为复杂，且精度需求较高。

早期的化油器，以及单点喷射的供油方式，其供油量，特别是每缸、每循环供油量的精度比较差，无法满足国Ⅳ及以上的排放法规，逐渐被多点喷射系统取代。多点喷射又称为多气门喷射(multi point injection，MPI)，或顺序燃油喷射(single point injection，SFI)，或单独燃油喷射，或进气道喷射，与单点喷射方式相对应。多点喷射系统是在每缸进气口处装有一个喷油器，由ECU控制进行分缸单独喷射或分组喷射，汽油直接喷射到各缸进气前方，再与空气一起进入气缸形成混合气。多点喷射的喷油压力相对降低，一般控制在6 bar左右。但汽油毕竟是喷射在进气道以及气阀的背面，仍然存在油膜效应等问题，影响λ在动态过程中的控制精度，由此发展了缸内直喷(gasoline direct injection，GDI)技术。缸内直喷，就是直接将燃油喷入气缸与进气进行混合的技术，其喷油量控制更为精确；喷油压力也进一步提高(120～200 bar)，燃油雾化更加细致，油气混合效率和质量也更为优异；汽油喷到缸内、蒸发、吸热，可以降低充量温度，有助于提高压缩比，配合分层、稀薄燃烧策略，压缩比可以提高到12～16。因此，缸内直喷技术可以提高发动机效率、升功率等指标。

总体而言，电控系统相对于传统的机械控制系统具有明显的优势，使汽油机的综合性能获得以下突破性进展。

(1)控制误差小，可靠性好。

在机械控制系统中，机械控制元件的加工和装配带来的尺寸误差及受力后的变形会造成控制误差，使用过程中的磨损会加大误差，影响控制精度和工作可靠性。电控元件的性能偏差相对较小，信号传递精度高，不存在磨损，对环境和系统本身所产生的不利因素可以进行补偿，有利于减小控制误差，提高系统可靠性。

(2)控制自由度大，参数分辨率高。

机械控制系统受机械结构的限制，其匹配或优化只能在标定点附近较窄的范围内实现。用离心式元件感应转速，流量调节元件计量负荷，其分辨率较低，很难满足汽油机工况大范围变化的需求。电控系统用传感器将非电量转换为电信号，信号数量不受限制，其分辨率远高于机械元件的分辨率，相关参数的匹配和优化由计算机软件实施，自由度大，可以在任何工况和环境下使用。

化油器的性能参数是连续变化的，选择化油器结构参数时难以同时照顾到汽油机的低速性能和高速性能。化油器在各种工况下实际能达到的空燃比不可能实现最佳控制。机械控制汽油喷射系统也存在同样的问题。在数字式电控系统中，不同工况下的控制数据储存在计算机的存储单元，它们是独立的、离散的，便于采用功能分离的原则进行优化，实现全工况最佳控制。

(3)控制变量多，控制功能强。

除主要控制变量如负荷、转速外，机械控制系统受感应器件、信号处理能力的制约，控制变量不能过多，因此爆震、空燃比的精确控制难以实现。在电控系统中，传感器可以从汽油机中提取几乎全部的状态信息，ECU 的运算速度、信息存储和处理能力远远超过机械控制系统。电控执行器形式多样、功能丰富，独立接受 ECU 指令，可以执行机械执行机构很难甚至无法执行的许多任务，如怠速转速控制、爆震控制、可变进气系统控制等。因此，汽油机电控系统的控制变量更多，控制功能更强。

(4)可以实现闭环控制。

汽油机控制的任务就是根据当时的工况来调节一系列参数，以优化性能。闭环控制则是在汽油机运行过程中监测某参数(如空燃比)的实际值，并反馈到控制器，然后与该参数的目标值进行比较，对偏差量进行调节，使之不断逼近目标值，从而提高控制精度。电控系统借助传感器，容易将执行器的执行结果反馈给控制装置，实现闭环控制。

(5)响应速度高。

任何机械装置都有间隙和惯性，流体流动都有摩擦，气体还有可压缩性等问题。机械和(或)液压控制系统往往会产生信息传递和处理的迟延，限制了系统响应速度的提高。例如，化油器中的泡沫管可以抑制汽油机从怠速工况进入部分负荷工况时混合气过浓的情况，但当负荷突然加大时，系统往往来不及响应，造成混合气浓度失调。只要尽可能减少流动惯性和热惯性(由热容量引起)造成的信号转换延迟，电子信息的传递过程就几乎可以在瞬间完成。电控系统的响应速度大大高于机械系统，这为提高汽油机的适应能力、改善过渡过程创造了良好的条件。

3.1.2 扭矩架构

在早期的电控系统中，发动机各操纵变量如节气门、喷油量、喷油正时、点火正时等都是通过二维 MAP 的形式进行控制的，即通过台架实验标定的方法，确定好各操纵变量的控制 MAP。各输入、输出变量之间存在许多相互作用和交叉联结。比如：空燃比不同，最佳的点火相位必然不同；点火相位不同，要发出相同功率所需的喷油量也会不同，其控制结构是不透明的。直到 1997 年，Gerhardt 等人提出了基于扭矩的控制架构，在扭矩架构中，扭矩作为中心变量，参与运算。汽油机基础扭矩模型如图 3-6 所示，M_i 是一个理想的扭矩值，记为内扭矩，表示在最优的点火提前角，以及当量比($\lambda=1$)燃烧情况下，给定转速 n_{eng} 和给定进气质量 m_{air} 所对应的扭矩输出。$\overline{M}_i$ 为一个工作循环的平均扭矩，可表示为

$$\overline{M}_i = f_{M_i}(m_{air}, n_{eng}) \tag{3-1}$$

考虑到实际车用发动机的运行工况是瞬态变化的，且从低转速到高转速，从低负荷到高负荷的运行范围较宽，难以保证实际的点火提前角一直最优，实际的当量比总等于化学当量比。为了描述实际的点火提前角偏离其最优值，以及实际的当量比不等于化学当量比对燃烧过程，以及扭矩输出的影响，定义修正系数 η_λ 和 $\eta_{\varphi_{ign}}$ 对 $\overline{M}_i$ 进行修正，得到 $\overline{M}_{icorr}$

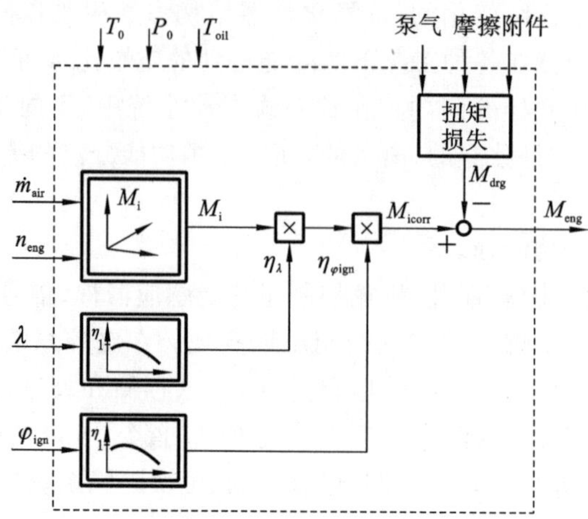

图 3-6　汽油机基础扭矩模型(Gerhardt 等,1997)

$$\eta_\lambda = \frac{M_i(\lambda)}{M_i} \tag{3-2}$$

$$\eta_{\varphi_{ign}} = \frac{M_i(\varphi_{ign})}{M_i} \tag{3-3}$$

$$\overline{M}_{icorr}(\lambda,\varphi_{ign}) = \eta_\lambda \eta_{\varphi_{ign}} \overline{M}_i = \overline{M}_{eng} + \overline{M}_{drg} \tag{3-4}$$

其中,$\overline{M}_{eng}$为发动机实际输出的有效扭矩,即离合器输入端的有效扭矩,而阻力矩 $\overline{M}_{drg}$

$$\overline{M}_{drg} = \overline{M}_{g,drag} + \overline{M}_f + \overline{M}_{aux1} + \overline{M}_{aux2} + \cdots \tag{3-5}$$

阻力矩中包括换气过程损失的扭矩 $\overline{M}_{g,drag}$、摩擦扭矩 $\overline{M}_f$,以及驱动附件所需的扭矩 $\overline{M}_{aux}$(包括油泵、水泵、风扇、启动电动机、空调压缩机等)。

在图 3-6 所示的扭矩模型中,发动机扭矩控制的基本逻辑为:ECU 接收到司机的踏板信号,解析出司机的需求扭矩 $\overline{M}_{eng}$,并计算阻力矩 $\overline{M}_{drg}$,以及修正系数 η_λ 和 $\eta_{\varphi_{ign}}$,得出平均扭矩 $\overline{M}_i$

$$\overline{M}_i = \frac{1}{\eta_\lambda \eta_{\varphi_{ign}}}(\overline{M}_{eng} + \overline{M}_{drg}) \tag{3-6}$$

并根据式(3-1)所示 MAP,求解所需的进气量 m_{air}

$$m_{air} = f_{M_i}^{-1}(\overline{M}_i, n_{eng}) \tag{3-7}$$

根据过量空气系数 λ,求解所需的喷油量 m_{fuel}

$$m_{fuel} = \frac{1}{L_{st}\lambda} m_{air} \tag{3-8}$$

上述扭矩控制的基础是一系列模型(或者通过台架实验标定得到 MAP 表),包括平均扭矩模型 $\overline{M}_i(m_{air}, n_{eng})$,阻力矩模型 $\overline{M}_{drg}(m_{air}, n_{eng}, T_{oil})$,最优点火提前角模型 $\varphi_{ign}(m_{air}, n_{eng}, \lambda)$,点火提前角修正模型 $\eta_{\varphi_{ign}}(\varphi_{ign})$,过量空气系数修正模型 $\eta_\lambda(\lambda)$。如果是缸内直喷汽油机,还需要最优喷油正时模型 $\varphi_{fuel}(m_{air}, n_{eng}, \lambda)$等。所述模型一般是在发动机性能开发过程中,通过台架标定获得。现代汽油机的控制系统中有 80～120 这样的模型(或者 MAP 表)。因此,标定在发动机控制系统开发中起到了举足轻重的作用,最为耗时,也最为耗资。

Gerhardt 等人提出的扭矩模型较为简化。更常见的情况是,汽油机基于扭矩的控制架构按信号处理过程可分解为扭矩需求、扭矩协调、扭矩转换,以及执行器控制四个模块,如图 3-7 所示。

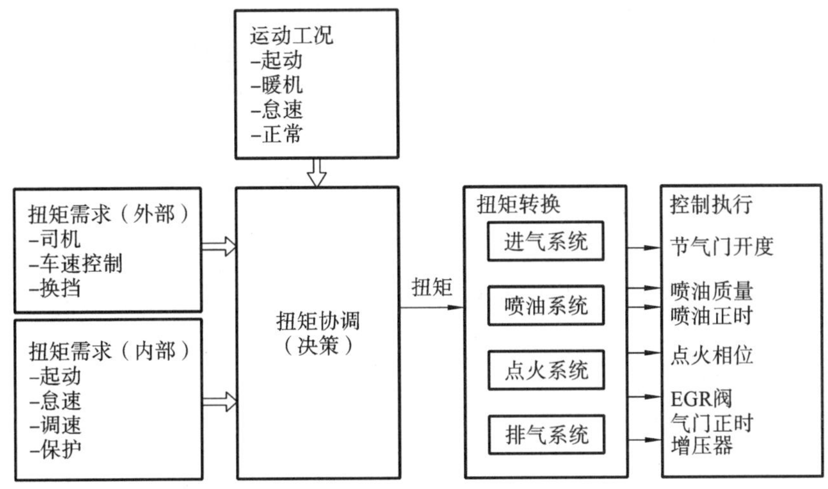

图 3-7　汽油机扭矩控制的一般架构

(1)扭矩需求：根据行驶情况确定扭矩需求。扭矩需求主要包括外部需求和内部需求。外部需求包括车辆行驶的动力需求 $\overline{M}_{eng}$，以及车辆和发动机外设附件的扭矩需求 $\overline{M}_{drg}$。在换挡，以及牵引力控制(traction control system，TCS)等动态控制过程中，需要对发动机的输出扭矩进行快速调节。而内部需求多指发动机不同的运行模式，包括启动、暖机、怠速、调速等，维持其安全、稳定运转的扭矩需求。

(2)扭矩协调：综合考虑所有的扭矩需求，决策出发动机实际要执行的扭矩，以及相应的调节措施。既要最大程度地满足车辆及其发动机外设附件的动力需求，又要维持发动机自身运转的安全性、可靠性，不能超过发动机和变速箱等总成设备的扭矩限值。在换挡和 TCS 等动态控制过程中，往往需要快速降低发动机的输出扭矩。一般地，可通过减小节气门或者喷油量，以及断缸、提前或推迟点火提前角等措施来实现。但这些措施调节发动机的扭矩的动态响应有差异。通过节气门控制发动机输出扭矩存在响应延迟，大概 100 ms，在低速时会更长。这主要是因为进气歧管存在容积效应，节气门的调节速度也有限。而调节喷油量，以及提前或推迟点火提前角会直接影响当前循环的燃烧情况。可在 10 ms 以内实现输出扭矩的调节。一般地，点火提前角增大 20～30°CA(相对于最优的点火提前角)，输出扭矩会立即降低 20%～50%。因此，针对大尺度，缓慢的扭矩变化，一般通过调节节气门来实现；而针对小尺度、快速的扭矩变化，一般通过调节喷油量，提前或推迟点火提前角来实现。

(3)扭矩转换：根据发动机的扭矩模型(MAP)将待执行的扭矩转化为各执行单元的控制输入，比如进气量 m_{air}、喷油量 m_{fuel}、喷油正时 φ_{fuel}、点火提前角 φ_{ign}，等等。

(4)执行器控制：根据给定的控制目标，比如进气量 m_{air}、喷油量 m_{fuel} 等，确定执行器的控制输入，比如节气门开度、喷油脉宽等。举个例子：

根据进气量 m_{air}，在给定发动机转速下，可以计算出平均进气流量 $\dot{m}_{air}$；并利用节气门的节流公式，计算节气门的开度 α_{th}

$$\dot{m}_{air} = c_{th}A(\alpha_{th})P_a\sqrt{\frac{2}{RT_a}}\psi(\frac{P_{int}}{P_a})$$

$$\psi = \left(\frac{P_{int}}{P_a}\right)^{\frac{1}{\kappa}}\sqrt{\frac{\kappa}{\kappa-1}\left(1-\left(\frac{P_{int}}{P_a}\right)^{\frac{\kappa-1}{\kappa}}\right)} \tag{3-9}$$

式中：P_a、T_a 为环境压力和环境温度；P_{int} 为进气歧管的压力；κ 为进气比热比。之后，节气门控制器将节气门调节到给定开度 α_{th}。考虑到公式(3-9)并不能完全精确地描述节气门的流量特性，并且进气系统存在响应滞后等动态问题，故进气量的精确控制仍存在一些技术难点。

3.1.3 电控单元(ECU)

以单片机(或微型计算机，简称微机)为核心的发动机电控装置，各生产厂家所称呼的名称有所不同，有的称微处理机控制装置 MCU，有的称电控组件 ECM，较多的是称为发动机电控单元 ECU。

ECU 的基本功能如下所述。

(1)接收传感器、操作开关或其他装置输入的信息，并将其转换为微机所能接受的数字信号；给传感器提供参考电压。

(2)储存该机型的特征参数以及运算所需的有关数据。

(3)存储、处理、分析输入信息，调用相应的软件程序，运算并输出指令信号；根据需要放大指令信号以驱动相应的执行器。

(4)将输入信息和输出指令信息与标准值进行比较，确定并存储和输出相应的故障信息。

(5)具有自我修正功能，即学习功能。

(6)在具有车载网络的系统中，所有 ECU 都具有通信功能，相互间能够进行数据交换。

ECU 主要包括信号输入，信号处理(微机)，信号输出三个部分。

1)信号输入

输入电路的功能是接收来自传感器、操作开关或其他装置输入的信息，并将其转换为微机所能接受的数字信号，传递给微机。ECU 的输入信号主要有三种形式，模拟信号、数字信号(包括开关信号)，以及脉冲信号。

(1)模拟信号是指用连续变化的物理量所表达的信息，比如进气流量、电池电压、增压压力、冷却液和进气温度等。特定的传感器将相应的流量、压力、温度等信号转换为在特定范围内连续变化的电压信号。经过放大、滤波、以及 A/D 转换成微机所需要的数字形式，传递给微机。目前，部分 A/D 转换功能已经集成到了微机当中。

(2)数字信号只有高电平和低电平两种状态。数字信号包括数字传感器信号，如霍尔传感器的转速脉冲，和开关信号。开关控制信号又包括操纵开关信号和自动开关信号。操作开关信号是驾驶人操纵各种开关、手柄、踏板等产生的信号，如启动发动机时启动开关所产生的启动信号；自动开关信号是汽车内自动装置产生的开关信号，如制冷温度达到确定的温度时，温度控制内部的开关触点所产生的开关信号。数字信号经过电平转换、滤波整形后可直接传递给微机。但对超过电源电压、带有较高振荡或噪声、波形畸变、以及电涌电压等输入信号，也需要在转换之后再输入微机。

(3)脉冲信号在 ECU 中一般转换为数字方波信号进行处理。转速信号就是一系列的脉冲信号。

2)信号处理(微机)

微机是 ECU 的中心组件，包括中央处理单元(central processing unit，CPU)外，还包括存储器(read-only memory，ROM 和 random access memory，RAM)，输入/输出通道(I/O)，

计时器单元，串口以及其他外围组件。微机根据输入信号，调用相应的程序和数据进行运算处理，并把计算结果，即指令信号(如点火控制信号、燃油喷射的控制信号等)送至输出电路。

CPU是由进行数据算术运算和逻辑运算的运算器，暂时存储数据的寄存器，按照程序在各装置之间进行信号传送及控制任务的控制器等组成。其功能是读出和解释指令并调用程序、执行数据处理任务。

ROM是读出专用存储器，存储内容一次写入后就不能改变。ECU中固化的程序，一些非可变的特征参数、特性曲线，以及控制用的MAP数据都存储在ROM中。ROM存储器存储的内容，即使切断电源，其记忆的内容也不会丢失，故其中的程序和数据可以长期保留。在发动机电控单元中，可编程只读存储器(EPROM)可由紫外线将其数据消除，并改写存储内容。内置在微机中的ROM的容量是有限的，而现在的控制系统和控制程序越来越复杂，往往也需要外置ROM。

RAM是随机存取存储器，也叫主存，是与CPU直接交换数据的内部存储器。它可以随时读写，而且速度很快，通常作为操作系统或其他正在运行中的程序的临时数据存储介质。断电时，RAM中存储的所有数据都将丢失。微机中的信号值以及计算值等可变数据一般存储在RAM中。当微机中内置的RAM容量不够时，也可采用外置RAM。

当市场上的标准微处理器的计算能力不足以满足某发动机的控制需求时，也可采用特殊应用集成电路方案(application specific integrated circuit，ASIC)。ASIC是一种为专门目的而设计的集成电路，是指应特定用户要求和特定电子系统的需要而设计、制造的集成电路。ASIC在批量生产时与通用集成电路相比具有体积更小、功耗更低、可靠性提高、性能提高、保密性增强、成本降低等优点。

ECU中还可以配置一些监视模块。通过“问答”循环、微机模块和监视模块相互监视，并且一旦检测到故障，它们中的一个就会触发适当的备份功能，彼此独立。

3)信号输出

由微机输出的一般是电压很低的数字信号，用这种信号一般是不能直接驱动执行元件的。输出电路的功能就是将微机输出的数字信号转换成可以驱动执行元件的输出信号。因此，输出电路是根据所控制的执行器的类型而设计的，汽车发动机上的执行器按负载类型可分为电阻类，如信号灯等；电磁线圈类，如继电器、电磁阀、喷油器等；电动机类，如步进电动机等。

按控制类型可将信号输出部分分为模拟量输出通道和数字量输出通道。模拟量输出通道的任务是把微机I/O接口输出的数字量转换为模拟量输出，以控制执行机构；而数字量输出通道则是将其转换成相应执行机构(如继电器、电磁阀、步进电动机等)需要的脉冲信号，包括开关信号和脉冲宽度调制(pulse width modulation，PWM)信号。数字量输出通道有三种形式，包括由微机I/O出口直接控制执行机构，通过半导体开关管控制执行机构，以及通过继电器控制执行机构。

3.2　汽油机燃油系统及控制

3.2.1　燃油喷射系统

燃油系统的主要功能是根据发动机当前的运行工况，提供最佳的油气混合气，具有燃油计量、雾化并形成可燃混合气、以及控制发动机负荷三个功能。在汽油机发明初期,以及之后相当长的一段时间内,使用的都是以化油器为核心的供油系统。化油器经长期改进对汽油机性能的不断提高做出了应有的贡献。特别是20世纪60年代以来,随着社会对汽车燃油经济性、行驶性、特别是尾气排放要求的日益严格,化油器厂商不断地寻找改进化油器性能的新材料、新结构、新工艺,增加多种附加装置,直至发展为电控化油器。这些措施虽然能在一定程度上达到降低排气污染与燃油消耗率的目的,但由于其自身结构上的局限性,改进的功效相当有限,且成本也大幅度上升。面对日益严格的汽车排放标准,汽油喷射系统是简单而有效的改善装置。从机械式化油器到电控化油器、再到电控喷射系统,这是汽油机燃油供给系统的进化历程。

汽油喷射系统的应用是汽油机技术的重大进步。围绕着混合气的形成和分配、空燃比的精确控制、系统功能及工作可靠性的提高,汽油喷射系统在不断改进和完善,相继出现了机械控制、机械-电子联合控制、电子控制汽油喷射系统,采用了各种结构的喷油器以及不同的布置方式,用户可根据汽油机的特征和使用条件进行选择。

缸内直接喷射、稀混合气燃烧汽油机对油气混合、空燃比的分布和控制等提出了更高的要求,汽油喷射系统还在不断发展之中。

与化油器燃油供给系统相比,汽油喷射系统具有以下优点。

(1)取消了化油器的喉管,减小了进气阻力;无须进气加热,提高了进气充量密度,可获得较高的充气效率,有利于增加汽油机功率和扭矩;采用可变配气机构后,通过进气门调节进气充量,取消节气门,可进一步降低进气阻力,提高汽油机的强化程度和经济性。

(2)提高了喷油的雾化质量,合理选择布置方案,可减少或消除燃油在进气管壁面的凝结,增加进气管设计的自由度,充分利用进气充量的惯性作用增加进气量,可显著改善汽油机的加速响应能力。从单点喷射、多点喷射到缸内直接喷射,不同工况时各个气缸充量的空气/燃油比的控制精度逐步提高,有利于减少排放。

(3)缸内直接喷射时,进气充量为空气,可有效组织扫气,降低燃烧室周围零件的热负荷,有利于汽油机增压。

(4)进气计量、喷射燃油计量功能分离,提高了计量和控制精度,可保证不同转速和负荷下的燃油雾化和混合状况良好,便于实现全工况优化。

(5)各缸充量分配在质和量两方面的均匀性都得到改善,减少了爆震倾向,可采用较高的压缩比,提高经济性能。

(6)与排气后处理系统配合,可显著改进汽油机的排放性能。

汽油喷射系统的功能就是监测汽油机运行参数,并将其传递给控制计量单元,然后将适量的汽油雾化,喷入进气充量中或其缸内。喷油器的位置、喷射时间明显影响混合气形成过程和空气/燃油比分布。按喷油器的位置不同,汽油喷射系统可分为缸内直接喷射系统(GDI)和进气管喷射系统(port fuel injection,PFI)两种。进气管喷射系统又可分为单点喷射系统(SPI)和多点喷射系统(MPI)。

1)进气管喷射系统

进气管喷射系统的喷油器安装在进气总管或者进气支管(进气道)上,进气系统内的气体压力较低,较低的供油压力就可以满足燃油喷射和雾化的要求。进气系统的温度较低,有利于喷油器的设计和制造,可提高工作可靠性和性价比,成为目前在汽油机上应用最广泛的燃油系统。

单点喷射系统就是在进气总管上装一个喷油器，将燃油雾化并与空气混合后，经进气总管、进气支管进入气缸的喷射系统。它的结构和控制较简单、成本低，在经济型车用汽油机上时有采用。该系统燃油容易在进气管壁上形成油膜，影响各缸空燃比的均匀性和汽油机加速响应的能力。

多点喷射系统就是在每一个进气支管或进气道靠近进气门的位置装一个喷油器的喷射系统。汽油机运行时根据工况将各缸所需要的燃油量喷入，利用油束雾化和进气门开启时气流的流动来促进油气混合。多点喷射时，进气系统的设计可以充分利用充量的动态效应来增加进气充量。各缸燃油分别在进气门前喷入，各缸充量和空燃比的均匀性易于控制，有利于改善汽油机运转的稳定性，减少爆震倾向和有害气体排放。多点喷射系统可以按各缸点火顺序依次将燃油喷入各缸进气支管，称为顺序喷射；也可以采用同时喷射或分组喷射，同时将燃油喷入各缸或同组的气缸。具体方法要根据汽油机设计和控制系统要求来确定。

2)缸内直接喷射系统

缸内直接喷射系统的喷油器安装在气缸盖上，油束直接喷入燃烧室内，需要较高的喷油压力以加强雾化，并提高缸内充量的湍流强度，促进混合。油束、缸内气体运动、火花塞位置和点火系统的有效配合，可保证稳定快速的燃烧过程。

采用缸内直接喷射可以实现稀混合气燃烧，减少爆震限制，采用高压缩比；允许较大的进排气门重叠角，组织扫气过程；能更精确地控制各缸空燃比，提高动态响应能力；在工况变化时允许采用可变气门正时系统控制负荷，进行“质”调节，取消节气门，减少泵气损失，改善部分工况性能；可使用较大的 EGR 率，使冷启动迅速；可合理运用各项措施，提高热效率，减少有害排放。汽油机实现稀混合气燃烧时，燃烧速率和温度较低，过程不稳定，循环变动率大。在变工况运行时，为保证工作过程稳定、工况转换平滑，对喷油、换气、燃烧系统的设计、匹配及控制提出了更高的要求。

3.2.2 燃油供给系统

燃油供应系统的功能是在给定的目标压力下将燃油输送到喷油器。喷油器将燃油喷入进气管或进气道或直接喷入燃烧室。进气管喷射系统所需的喷射压力一般较低(4 ~ 6 bar)，电动燃油泵可直接将燃油从油箱输送到喷油器。而缸内直接喷射系统所需的喷射压力较高，为 120 ~ 200 bar；在这种情况下，一般需要两级油泵，低压油泵将燃油从油箱中抽出，输送到高压油泵，经高压油泵将燃油压缩至较高压力后，供给到喷油器。因此，进气管喷射型汽油机和缸内直接喷射型汽油机的燃油供应系统略有差异。

1. 进气管喷射型汽油机的燃油供给系统

电动燃油泵输送燃油并产生喷射压力。对于进气管喷射系统而言，该压力通常为 4～6 bar。提升燃油压力在很大程度上可以防止气泡在燃油系统中形成。在燃油泵中一般集成有止回阀，阻止燃油直接从燃油泵流回油箱，即使在关闭燃油泵之后，也可以在一段时间内保持系统压力。这样可以防止在关闭发动机后燃油加热时气泡在燃油系统中形成。

图 3-8 为三种常见的进气管喷射型汽油机的燃油供给系统。图 3-8(a)所示燃油供给系统带回油管。燃油从油箱中抽出，经过燃油滤清器进入高压管路，流至安装在发动机上的油轨，将燃料供给到喷油器。在油轨上，一般安装有机械压力调节器，使喷油器和进气歧管之间的压差保持恒定，可以适应发动机负载的变化。如果燃油的供给量大于喷射量，为维持轨压稳定，多余的燃油经由连接到压力调节器的回油管路，流回油箱。回流的高温燃油会导致

油箱中的燃油温度升高，从而产生燃油蒸气。为使汽车排放合规，燃油蒸气通过罐式通风系统进行输送，经由进气歧管进入发动机中燃烧。

图 3-8(b)所示压力调节器位于油箱内或其附近，因此，不再需要回流管路。但由于压力调节器不能参考进气歧管的压力，此时的相对喷射压力与发动机负载无关，需要在计算燃油喷射持续时间时考虑到这一点。仅将需要喷射的燃油输送到油轨中，由燃油泵输送的多余燃油直接返回到油箱。油箱的回油加热以及因此产生的燃油蒸气显著减少。由于这些优点，该系统是当今主流使用的燃油供给系统。

为了更精确地控制轨压，适应发动机的工况范围，减小燃油泵的功消，发展出了图 3-8(c)所示的供油系统。该系统取消了机械压力调节器。轨压控制通过发动机 ECU 中的闭环控制来实现。燃油泵仅输送发动机当前工况所需的燃料量。该系统配有泄压阀，即使在燃油超速切断或发动机关闭后，也可以防止过压。该系统的优势来源于燃油压力可变。在热启动期间可以快速建立轨压，防止形成气泡；对于涡轮增压发动机，通过在大负荷工况下提升轨压，而在小负荷工况下降低轨压，扩展燃油喷射器的计量范围；此外，在计算燃油喷射持续时间时，参考当前轨压，可以提高燃油的计量精度。

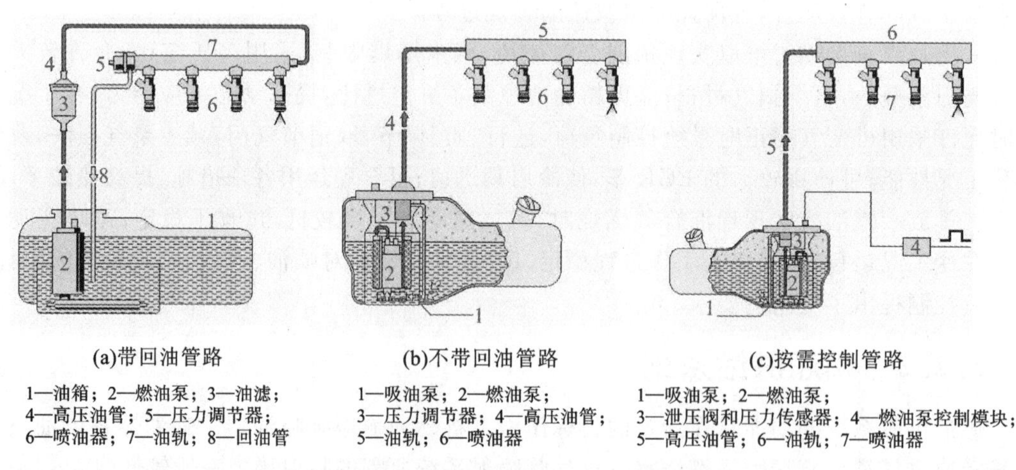

(a)带回油管路

1—油箱；2—燃油泵；3—油滤；4—高压油管；5—压力调节器；6—喷油器；7—油轨；8—回油管

(b)不带回油管路

1—吸油泵；2—燃油泵；3—压力调节器；4—高压油管；5—油轨；6—喷油器

(c)按需控制管路

1—吸油泵；2—燃油泵；3—泄压阀和压力传感器；4—燃油泵控制模块；5—高压油管；6—油轨；7—喷油器

图 3-8 进气管喷射型汽油机的燃油供给系统

2. 缸内直接喷射型汽油机的燃油供应系统

缸内直接喷射是指在有限的时间窗口内将燃油直接喷射到燃烧室中，雾化，卷吸，混合，以及燃烧。相比进气道喷射而言，缸内直接喷射的燃油温度更高，混合时间更短，油气混合的要求更苛刻，故需要建立更好的喷射压力，一般为 120～200 bar。燃油供给系统可分为低压回路和高压回路。

缸内直接燃油系统的低压回路基本上可以使用进气道喷射燃油系统的已知组件。低压回路的作用是为高压油泵建立起一定的入口压力，防止在热启动或高温运行过程中形成气泡。图 3-8(c)所示系统可以根据发动机的运行工况，灵活调节燃油压力，非常适合用作缸内直接燃油系统的低压回路。当然，也可以使用图 3-8(b)所示系统，通过控制截止阀，建立高压油泵的入口压力，只是该压力是一个定值，不能随着发动机的运行工况而改变。

高压回路包括高压油泵、高压油轨、轨压传感器，以及调压阀或者限压阀。根据高压油泵结构及其控制方式的不同，又可分为连续输送系统和按需输送系统，如图 3-9 所示。

在如图 3-9(a)所示连续输送系统中，高压油泵通常为三柱塞径向柱塞泵，由发动机的凸

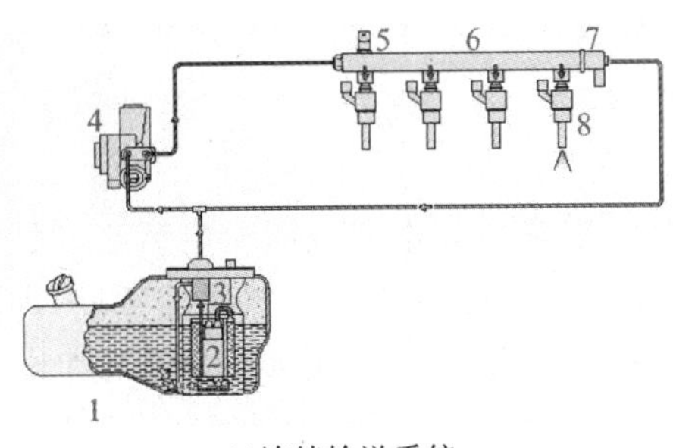

(a)连续输送系统

1—吸油泵；2—燃油泵；3—压力调节器；
4—高压油泵；5—轨压传感器；6—高压油轨；
7—调压器；8—喷油器

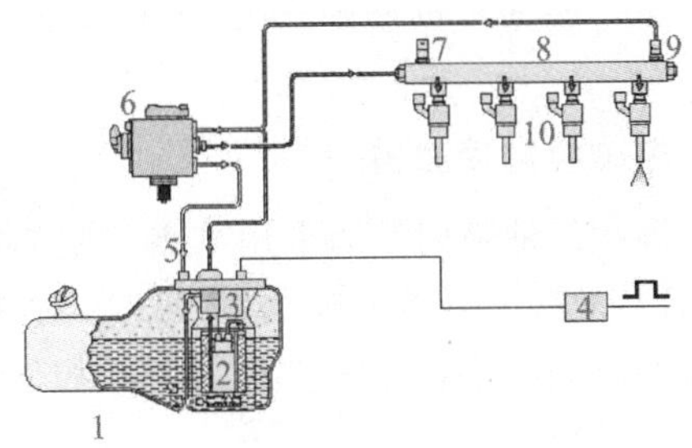

(b)按需输送系统

1—吸油泵；2—燃油泵；3—泄压阀和压力传感器；
4—燃油泵控制模块；5—回油管路；6—高压油泵；
7—轨压传感器；8—高压油轨；9—调压阀；10—喷油器

图 3-9　缸内直接喷射型汽油机的燃油供给系统

轮轴驱动，将燃油压入油轨中。此油泵的输送量不可调节，除了满足喷油和维持轨压所需的燃油量之外，多余的燃油通过调压阀降压并回流至低压回路。调压阀由发动机的 ECU 控制，以便建立给定工况所需的喷射压力。该系统在大多数工况下，输送到高压油轨的燃油量会大于喷油和维持轨压所需的燃油量，增加了高压油泵的功耗；并且回流的过量燃油温度较高，增加了供油系统的温度。鉴于这些技术缺点，目前常选用按需输送系统，如图 3-9(b)所示。

在按需输送系统中，高压油泵通常为单柱塞径向柱塞泵，仅将实际需要喷射和维持压力所需的燃油量输送到油轨。ECU 通过控制集成在高压油泵中的油量控制阀，调节高压油泵供油量，建立给定工况所需的喷射压力。出于安全原因，高压回路具有一个集成的机械限压阀。在第一代的汽油直喷系统中，该阀安装在油轨上；在第二代的汽油直喷系统中，该阀直接集成在高压油泵中。如果压力超过一定的阈值，燃油将通过限压阀回流至低压回路。

3.2.3　喷油器及其计量原理

1. 喷油器的计量原理

喷油器是喷油系统的重要部件。在汽油机、柴油机、燃气轮机等动力机械中均采用喷油器将燃油喷入进气管或燃烧室，经雾化后与空气混合。汽油机和柴油机均采用燃油间断喷射的喷射方案。前者的喷油压力低，由电磁力控制喷油器开关；后者的喷油压力高，由燃油压力控制喷油器的开关。在燃气轮机中，喷油器连续喷射燃油进入燃烧室。各种喷油器的燃油计量原理相同，均按照流过小孔的液体流量进行计算，基本方程为

$$\dot{m}_{\mathrm{f}} = C_{\mathrm{f}} F_{\mathrm{f}} \sqrt{2\rho_{\mathrm{f}} \Delta P_{\mathrm{f}}} \tag{3-10}$$

式中：$\dot{m}_{\mathrm{f}}$ 为燃油质量流率(kg/s)；ρ_{f} 为燃油密度(kg/m^3)；C_{f} 为喷孔的流量系数；F_{f} 为喷孔的截面积(m^2)；ΔP_{f} 为喷孔上下侧的压力差(Pa)。

在间断喷射的情况下，每循环喷入的燃油质量为

$$m_i = \dot{m}_f \times \Delta t \tag{3-11}$$

式中：Δt 为流动持续时间(s)。

燃油通过喷孔的流速一般较高，因此，C_{f} 可看作常数。当喷射压力较低时，ρ_{f} 变化很小，可忽略。所以间断喷射时，每循环喷入的燃油质量流率取决于 F_{f}、ΔP_{f} 和 Δt 三个参数。汽油机和柴油机的燃油喷射系统一般采用稳定压力差、固定喷孔面积、改变喷油持续时间来控

制喷油量。燃气轮机的喷油器为连续喷射，一般采用改变喷油压力的方法来控制燃油喷射率。

2. 电磁控制喷油器

大多数汽油喷射系统采用电磁控制喷油器，其特点是依靠电磁线圈通电后吸动针阀开启喷油器，故称电磁控制喷油器。ECU 通过调节提供给电磁线圈的电脉冲的宽度，即喷油器开启的时间，来控制喷油量。电磁控制喷油器只能用于间歇喷射，具体构造如图 3-10 所示。

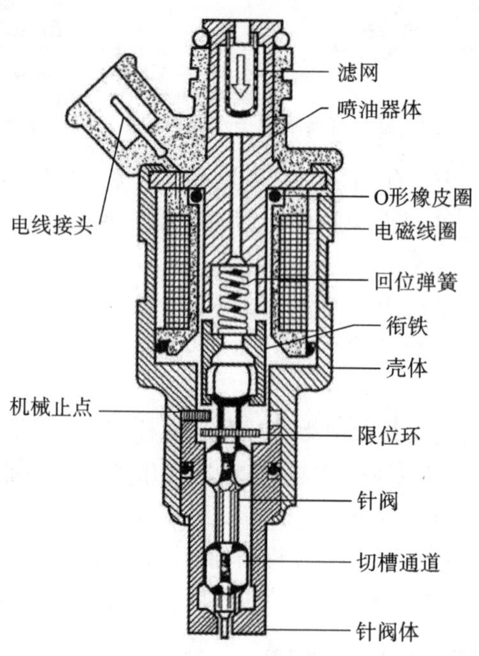

图 3-10　电磁控制喷油器

喷油器的主要零件有电磁线圈、回位弹簧、衔铁、针阀和针阀体等，所有零件安装在壳体内作为一个部件总成。电流流入电磁线圈产生电磁力，克服回位弹簧的阻力使衔铁升起，打开针阀，针阀上升到限位环上部接触到机械止点，升程为 0.06～0.1 mm。针阀只有升起与落座两个稳定状态。针阀的升程无法调节。针阀前部为轴针形，开启时与针阀体上的喷孔形成一个精确的环形通道，燃油成空心锥体形喷出并雾化。燃油流过喷油器的压力差恒定，喷孔的流通面积不变，只要控制针阀的开启持续时间，即可改变喷油量。喷油结束后，回位弹簧的作用力使针阀落座。喷油器中设置有 O 形橡皮圈进行密封，并防止周围的热量传入产生气阻，同时也可隔离振动的传递。

电磁线圈刚开始通电时，针阀不会立即响应，而是有一个过渡过程。电磁线圈通电前，针阀在重力、回位弹簧作用力及燃油压力作用下，压紧在阀座上；通电后，电磁线圈的磁场是逐步建立的，它对衔铁的吸引力逐步增大，当吸引力超过衔铁与针阀的重力、回位弹簧的作用力、燃油压力以及摩擦力的合力时，针阀才开始升起并加速，所以喷油器的开启滞后于电脉冲。断电后磁场逐步减弱，吸引力逐渐减小，最后当重力、弹簧力和燃油压力的合力超过电磁线圈对衔铁的吸引力和摩擦力的合力时，针阀才开始复位并加速落座，所以喷油器的关闭同样滞后于电脉冲。为了缩短过渡过程、提高燃油计量的精度，要求喷油器针阀的质量越小越好，例如，博世 EV1.1 型喷油器的针阀质量为 4.0 g，EV1.4 型喷油器的针阀质量已降低到 2.7 g，降低了 30%以上。球形针阀的质量甚至只有 1.8 g。

图 3-11 所示为电磁喷油器的喷油量与电脉冲宽度之间的关系。理想流量特性曲线的斜率反映了喷油器流量的大小。喷油器是间歇喷油的，每次启闭都存在一个过渡过程。由图 3-11 可知，实际的喷油起点比理想的喷油起点（即电脉冲起点）滞后，使得实际喷油量低于理想喷油量。实际的喷油终点也比理想的喷油终点（即电脉冲终点）滞后，这段时间内按 ECU 的指令已停止喷油，但实际上还在喷油。两者相抵的结果是尚需延长喷油电脉冲以补偿差额。升高蓄电池电压能较多地缩短喷油器开启的过渡过程，但对关闭过渡过程的影响较小，所以蓄电池电压较高时喷油电脉冲需要的延长量较小。由图 3-11 还可看出，针阀质量减小，过渡过程缩短。

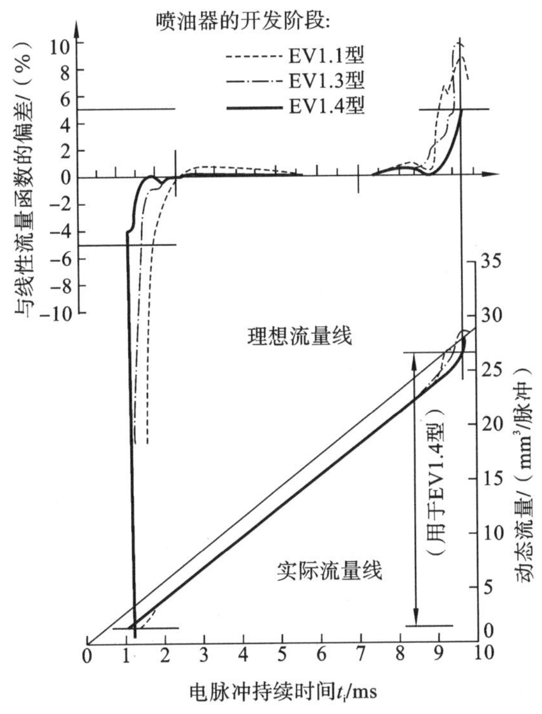

图 3-11 电磁喷油器的喷油量与脉冲宽度

喷油器流量应既能满足怠速时最小值的要求，又能满足全负荷时最大值的要求，而且其工作点应落在如图 3-11 所示的线性范围内。

一方面，由于喷油器流量特性曲线在喷油器开启和关闭阶段是非线性的，并且在非线性区域的流量特性很不一致，所以喷油持续时间不能太短，否则在同样的软件控制下，不同喷油器提供的燃油量会有很大差别。另一方面，喷油持续时间又不能太长，因为它受到汽油机转速的限制。通常要求在同样的发动机转速下，最大和最小许用喷油量之比应为 10∶1 左右。

3. 喷油器定量孔和油束类型

喷油器定量孔有四种类型，相应地有四种油束，如图 3-12 所示。

（1）轴针式喷油器：该喷油器针阀端部有一个细小的轴针。轴针与阀体前端的小孔同心，形成一个环形孔隙，故又称环隙式喷油器。环形孔隙构成喷油器出油孔。小孔下端加工

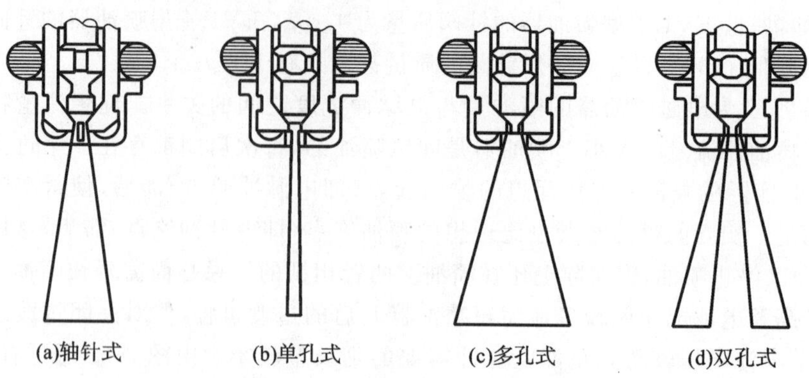

图 3-12 喷油器定量孔和油束类型

成脱流缘，使得燃油在此处得到良好的雾化，并且以锥形油束喷出，锥角为 10°～30°。

(2)单孔式喷油器。该喷油器针阀端部没有轴针，针阀体下部有一块很薄的喷孔板，板上有一个经过核准的小孔。喷出的油束成线状，锥角非常小，雾化质量最差。

(3)多孔式喷油器。该喷油器针阀体下部也有一块很薄的喷孔板。与单孔式喷油器不同的是，这块喷孔板上有多个(例如 4 个)经过校准的小孔。喷出的油束组合成一个锥形，与轴针式喷油器差不多，其雾化质量中等。

(4)双孔式喷油器。在单孔式喷油器的前面装一个分流元件，形成两个锥形油束，称为双孔式喷油器。多气门汽油机一般采用这种喷油器将燃油同时喷到同一气缸的两个进气门前面，控制进入两个相应进气道的空气量，使两个进气道中生成的混合气具有不同的浓度，借此实现分层进气和稀混合气燃烧。

四种类型定量孔和油束的喷油器各有特色，可根据机型、进气和燃烧系统、油气混合等情况选用。从减少进气系统油膜凝结的角度出发，单孔式喷油器喷出的线状油束最为有利；从提高雾化质量的角度来看，轴针式喷油器最好，多孔式其次，单孔式最差；为了满足多气门汽油机同时向两个进气门喷油的要求，双孔式喷油器最合适。

4. 气罩式喷油器

如果将空气通过喷油器与燃油同时喷出，并且让空气从周围将燃油束罩住，如图 3-13(a)所示，那么燃油和空气分子的相互作用将使燃油彻底雾化。空气从节气门的前面引出，以声速进入喷油器，如图 3-13(b)所示。

气罩式喷油器可降低油耗和有害气体排放，怠速时效果特别明显。气罩式喷油器用于间歇喷射时，不能充分利用由进气歧管真空吸入的雾化空气，因为汽油机低负荷时喷油持续时间太短，低转速时喷油间隔太长。

5. 冷启动喷油器

汽油机冷启动时气缸壁温度很低，混合气中的一部分燃油会凝结在缸壁上，所以要额外地多喷燃油使启动容易。在电子控制的间断喷射系统中，冷启动时额外的燃油由专门的冷启动喷油器喷射，它能利用旋转流动提高燃油雾化能力，改善混合气质量。

3.2.4 喷油持续时间的控制

根据汽油机的曲轴转速、点火线圈的点火脉冲信号可得到喷油器的工作频率。ECU 根

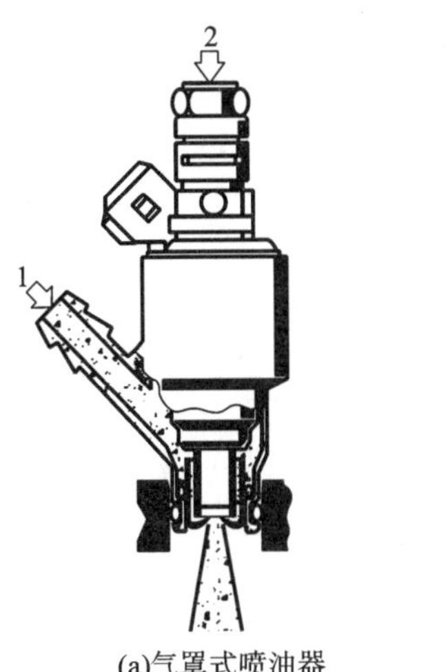

(a)气罩式喷油器

1—空气进口；2—燃油进口

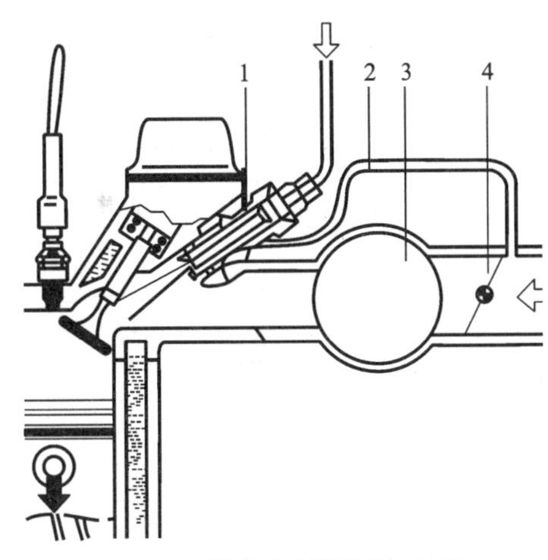

(b)气罩式喷油器的供气方式

1—喷油器；2—供气管；3—进气管；4—节气门

图 3-13　气罩式喷油器及其供气方式

据测定的进气量、过量空气系数和曲轴转速计算喷嘴开启的基本喷油持续时间；再考虑冷却剂温度、环境温度、节气门开度等因素，对其进行修正，得到校正喷油持续时间。车用汽油机由蓄电池作供电电源，在使用中，电压会发生变化，从而使喷油器电磁线圈的开启响应延迟随之变化，驱动电压降低，响应延迟时间增长。因此，控制时应按照蓄电池电压信号，对喷油器电磁线圈响应延迟进行修正。综合考虑上述因素，最终确定有效喷油持续时间，提供相应的脉宽信号给喷油器，实现喷油量控制。

1. 基本喷油持续时间

根据不同的电控系统方案，进气量可以用质量流量、速度密度或节流速度方式获得。

针对汽油机不同的工况，按照动力性、经济性、排放和平顺性要求，可利用台架试验获得过量空气系数(λ)MAP，储存在 ROM 中供程序调试用，如图 3-14(a)所示。

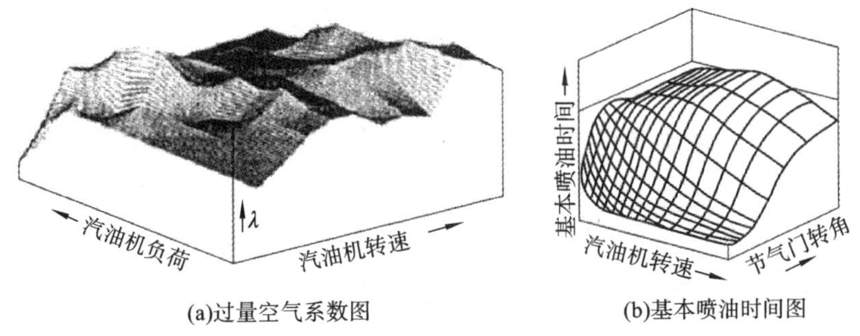

(a)过量空气系数图　　(b)基本喷油时间图

图 3-14　过量空气系数的确定

汽油机除了启动工况外，其他工况均可取 $\lambda=1$，得出基本喷油持续时间 MAP，也存储在 ROM 中，如图 3-14(b)所示。然后按图 3-15 所示框图计算有效喷油持续时间。

我们也可用负荷、转速两个坐标决定一个工况点。该点称为分割点。将每个分割点对应一个 λ 或基本喷油持续时间数值。这些数值通过匹配试验优化后确定，并存储在 ROM 中以负荷和转速为地址确定的存储单元内。分割点数目可为 82、122、152、162 甚至 322。分

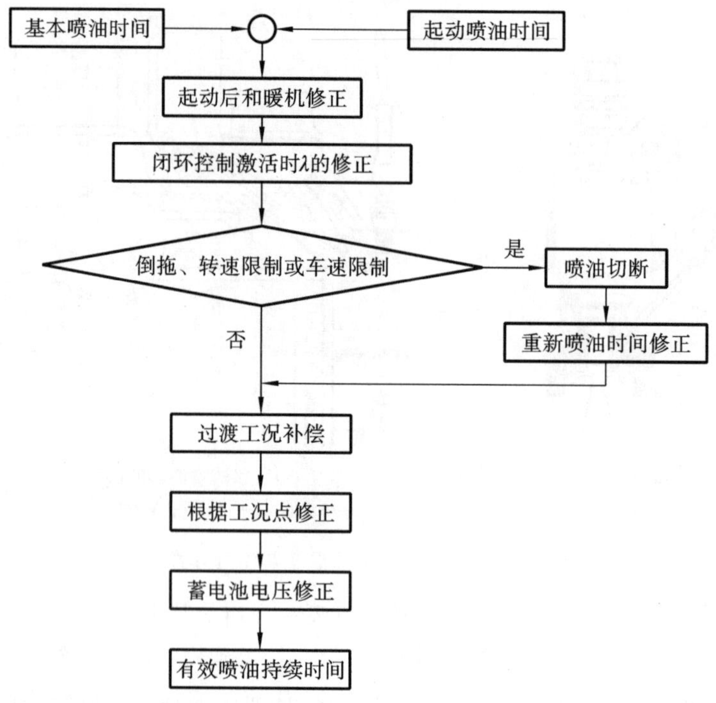

图 3-15　有效喷油持续时间计算框图

割得越细，控制精度越高，但标定匹配工作量越大。实际工况点落在两个分割点之间时，可采用插值法求取基本喷油持续时间值。

2. 喷油持续时间计算框图

喷油持续时间计算框图如图 3-15 所示。电控单元先根据负荷和转速信息从 ROM 中存储的基本喷油持续时间 MAP 中查找基本喷油持续时间（启动工况，则按另一程序计算出启动喷油持续时间）。

基本喷油持续时间或启动喷油持续时间按环境参数（进气温度和进气压力）进行修正后，再根据汽油机温度进行启动后和暖机修正。

如果 λ 闭环控制已被激活，便进行闭环控制的 λ 修正。

若此时正处在需要切断燃油供应的工况（如倒拖、超速等），便切断燃油。否则，需对过渡工况进行补偿，并根据实际工况进行修正。

最终根据蓄电池电压修正喷油持续时间，得出有效喷油持续时间。

3. 环境参数修正、蓄电池电压修正和超速断油控制

(1)进气温度修正。

进气温度信号用进气温度传感器来测定。通常用进气温度加浓系数来表征随进气温度变化而增减的喷油量。假定取 20 ℃的进气温度作为参照标准，那么 20 ℃时进气温度加浓系数定为 1.00，−20 ℃时进气温度加浓系数则为 1.06，40 ℃时为 0.97，如图 3-16(a)所示。装有 λ 闭环控制的系统可对其进行自适应补偿。

(2)进气压力修正。

在海拔较高的高山和高原地区，空气压力较低，用转角-转速式、阻流板式和卡门涡式空气流量传感器测定的体积空气流量换算成质量空气流量时会产生较大的误差。为了补偿这类误差，一些采用上述负荷信息传感方法的汽油机控制系统会使用压力传感器来测量空气绝对压力。当测到的空气绝对压力达到某一个限值时，ECU 就根据该传感器发出的信号对喷油持续时间进行修正，以避免混合气过浓。装有 λ 闭环控制的系统也能对其进行自适应补偿。

(3)蓄电池电压修正。

电磁控制喷油器中，电磁线圈吸动和释放针阀的过渡过程与蓄电池电压有关，故蓄电池电压不同，喷油持续时间的延长量也需不同。电压低时，喷油持续时间延长量大；电压高时，喷油持续时间延长量小。蓄电池电压与其补偿系数关系曲线如图 3-16(b)所示。

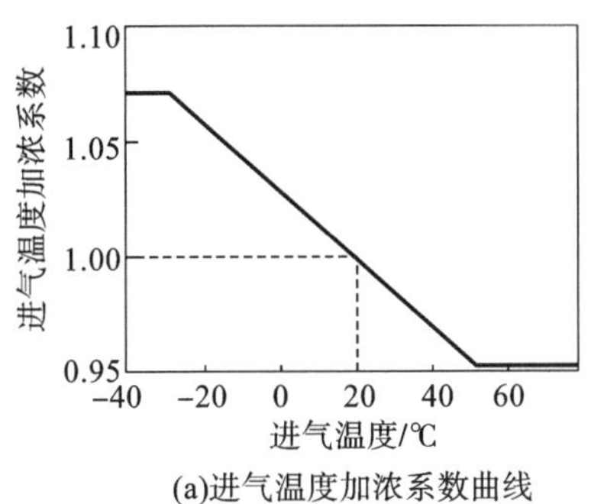

(a)进气温度加浓系数曲线

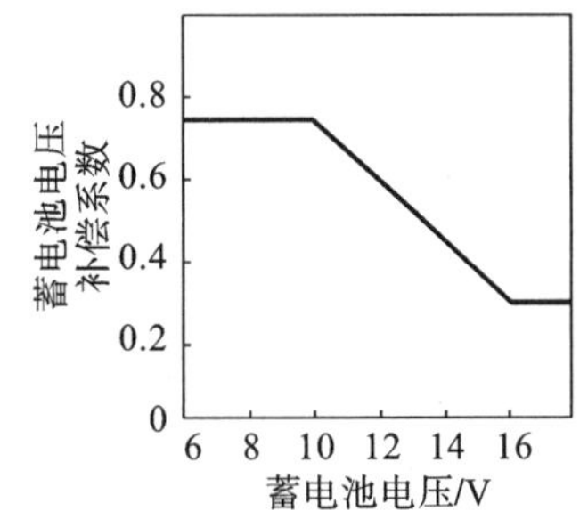

(b)喷油时间延长量与蓄电池电压的关系

图 3-16　喷油持续时间修正系数关系图

(4)超速断油控制。

当汽油机突然失去阻力矩而油门又没来得及关小，或汽车阻力不大而油门踏板却过度地踩下时，转速会急剧上升，超过许可限值的水平，这需要采取限速措施来防范汽油机的损坏。迄今常见的限速措施是，用带限速装置和离心块的断电-分电器，在达到最高转速时将点火装置开路，使火花塞停止打火，从而使汽油机降速。如果此时燃油继续进入气缸，接着又从气缸排出而未经燃烧，则会造成环境污染和燃油浪费；如果燃油在后接的催化转化器内燃烧，则会使催化转化器因过热而损坏。

在电控汽油机中，ECU 不断地将实际转速与程序中设定的最高转速限值进行比较。当超过转速限值时，ECU 就抑制喷油脉冲；一旦转速降到限值以下则恢复正常喷油。

3.3　汽油机点火系统及控制

汽油机是一种点燃式发动机，它需要依靠点火系统汲取(从蓄电池)和储存能量，依靠互感原理，在压缩上止点前给定相位，通过次级线圈感应出高电压，并施加在火花塞的电极两端，放电，形成火花，从而点燃可燃混合气，实现稳定的着火和燃烧。汽油机点火及其控制系统的主要功能是在发动机各种工况和使用条件下，在气缸内适时、准确、可靠地产生电火花，以点燃可燃混合气。汽油机点火系统工作原理简图如图 3-17 所示。

在空燃比适当，混合气均匀的理想条件下，混合气只需要 1～5 mJ 的点火能量和几微秒的点火持续期就足以着火。而在实际汽油机的运行过程中，进气充量在各个气缸之间的分

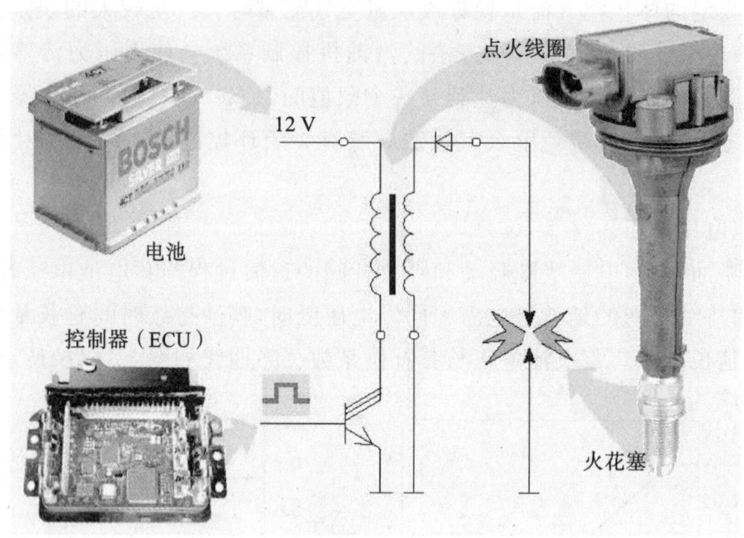

图 3-17　汽油机点火系统工作原理简图

配存在差异，缸内的空气、燃油、残余废气混合也不均匀，因此，火花塞附近的混合气并非时常处于理想状态。此外，火花发生时，在火花塞电极之间，混合气的密度、压力和温度以及火花塞电极间隙和形状对产生火花所需的电压和能量也有影响。火花塞电极腐蚀会使间隙增大，火花塞绝缘体上的沉积物会使电流旁通，造成有效输出电压下降，使火花塞需要更高的击穿电压。因此，火花塞的点火能量应有充分的储备。在汽油机的运转过程中，这些因素是随机变化的，火花的点火能量及持续时间应保证在可能预期的最不利条件下，在火花塞附近的混合气能够顺利着火，引发燃烧过程。实机测试和实践显示，火花能量超过 50～80 mJ，则能可靠点火。随着汽油机的强化度不断提高，稀混合气燃烧、分层进气、EGR 等技术的应用，对点火能量提出了更高的要求，现在高能点火系统的点火能量已超过 80～100 mJ。

发动机点火系统都必须具备电能量转换和储存、点火时刻和点火参数控制、高压电分配、缸内混合气点火实施等功能。

点火系统将蓄电池的低压电能转换成磁能(或电能)储存在线圈(或电容器)内，待触发装置在恰当的时刻发出控制信号，再将磁能转换成高压电能，分配单元按照汽油机的点火顺序，使相应的火花塞释放能量形成火花，点燃混合气。

点火系统的主要部件有：蓄电池、点火线圈(或电容)、触发单元、分电器、火花塞等。蓄电池、点火线圈(或电容)及火花塞，为点火系统的基本部件。不同点火系统的区别在于点火触发、高压电分配、点火参数控制等的不同。

点火触发装置有机械式、机械-电子式、电子式(无触点)等。不同点火触发装置的响应速度、控制性能、可靠性和耐久性不同。机械式触点易磨损和腐蚀，限制了通过它的初级电流和闭合角。机械-电子式触发器，以晶体管控制初级电流，其机械触点仅完成晶体管电路的导通和截止，有效地改进了点火系统的性能。电子式触发装置不使用机械触点，而是利用霍尔效应、磁电、光电等原理产生脉冲来控制点火。

高压电分配功能通常由高压分电器完成，可以实现由一个点火线圈按顺序向不同气缸的火花塞提供点火能量。有的系统已开始采用多个点火线圈分别向火花塞供应能量实施点火，不再需要高压分电器，这就是无分电器点火系统。

点火参数的控制，早期是通过机械装置来实现的，如离心转速提前器、真空负荷提前器等，其控制参数少，控制特性也难以满足要求。后来，电子技术的运用使点火能量、闭合角的控制得以实现，显著提高了点火性能。微机控制系统的信息处理能力、响应速度、控制精度和自由度均大幅度提高，微机控制点火系统已极大改善了汽油机的综合性能。

点火能量与电压、电流、火花持续时间有关。增加点火线圈的能量储备，减少点火线圈、分电器、高压电路电阻的电能损失，提高点火系统的能量转换效率，均有利于增大点火能量。火花持续时间与缸内混合气着火核心的生成、燃烧、热交换和膨胀做功过程有关。一般汽油机约 1.4 ms。对于高转速、稀混合气、EGR 的汽油机，火花持续时间应在 2 ms 以上。

汽油机在所有运行环境和工况下，点火系统必须向火花塞提供足够的电压，以供给能量点燃火花塞电极附近的可燃混合气。点火应有适当的正时，点火时刻到压缩上止点之间的曲轴转角称为点火提前角。一般按给定运行条件下发出最大有效转矩的原则确定点火提前角，并考虑排放或爆震控制的要求。在给定设计的汽油机中，最佳的点火提前角随汽油机的转速、进气管压力、热状态及混合气组分的不同而改变。因此，大多数汽油机，特别是车用汽油机，当其转速、负荷、热状态和运行环境发生变化时，点火提前角应能自动地随之变化。

3.3.1　点火系统的类型

1. 机械点火系统

机械点火系统又称为传统点火系统，在汽油机上已经应用多年。图 3-18 所示的为机械点火系统，系统包括蓄电池、断电器、点火线圈、分电器、火花塞及必要的线路。当断电器的凸轮旋转，使触点闭合时，电流从蓄电池、触点、点火线圈的初级线圈，经地线回到蓄电池。这时电流在点火线圈的铁芯中建立了一个磁场。需要点火的时候，触点由断电器的凸轮打开，切断点火线圈中初级线圈的电流，线圈内磁通量的衰减在初级和次级线圈中感应产生电压，因初级和次级线圈的匝数存在差异，次级线圈中感应出高电压，并由分电器送至相应的火花塞产生火花。

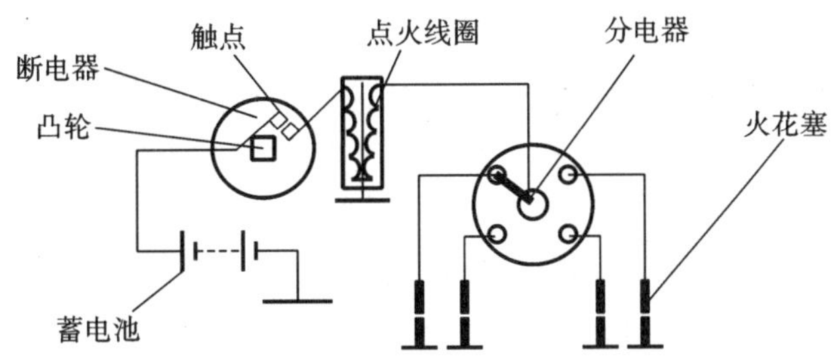

图 3-18　机械点火系统

在给定的触点关闭时刻 t，初级电流为

$$I_{\mathrm{p}}=\frac{U_0}{R_{\mathrm{t}}}(1-\mathrm{e}^{-R_{\mathrm{t}}/L_{\mathrm{p}}}) \tag{3-12}$$

式中：I_{p} 为初级电流；U_0 为供给的电压；R_{t} 为初级电路的总电阻；L_{p} 为初级电路的电感。

从式(3-12)可看出，建立初级电流需要一定的时间。机械点火系统闭合角不变的情况下：低转速时，触点闭合时间足以使初级电流在电路的许可范围内达到最大值；高转速时，由于触点闭合时间减小，可能在初级电流还未达到最大值触点即打开，此时的初级电压立即降为零，影响次级电压的值。从点火能量考虑，次级线圈中感应电压的最大值约为 15～30 KV。电压

的峰值，即系统可产生的最大电压，称为系统可用电压 U_a。传给次级线圈的最大能量为

$$E_{s,max} = \frac{1}{2}C_s U_a^2 \tag{3-13}$$

式中：C_s 为次级电路中的总电容。因此，系统可用电压为

$$U_a = \left(\frac{2E_{s,max}}{C_s}\right)^{1/2} \tag{3-14}$$

如果在初级电路中所贮存的全部能量 $\frac{1}{2}LI_p^2$，都传输给次级电路，则

$$U_a = I_p\left(\frac{L_p}{C_s}\right)^{1/2} \tag{3-15}$$

当点火线圈与火花塞相连接时，次级电压超过火花塞的击穿电压并在火花塞电极之间发生放电。火花发生以后，电压降至一个较低值，直到所有的能量被耗散，电弧消失为止。产生击穿的电压值称为火花塞的击穿电压。火花保持的持续时间称为火花持续期。点火系统的可用电压必须超过火花塞的击穿电压，以确保击穿放电。在所有运行条件下火花都必须具有足够的能量和持续时间以引发燃烧。

机械触点点火系统的主要缺点是：当汽油机转速升高时，触点系统电路开关能力的限制及其在初级线圈中可用于能量存储的时间减少会导致可用电压下降。同时电源阻抗很高（大约 500 kΩ），会使系统对火花塞的积炭和污染很敏感。此外，由于电流负荷很高，触点除受到机械磨损以外还有电腐蚀，从而导致维修间隔期的缩短。触点的寿命取决于开关时的电流大小。当 $I_p \approx 4$ A 时，可得到较为合适的寿命；电流增大时会使触点寿命缩短及系统的可靠性变差。

2. 电子点火系统

针对车用汽油机，为减少点火系统的维修，延长火花塞寿命，改善稀薄混合气的点火性能及提高可靠性，开发出电子点火或称为高能量电子点火系统。虽然火花塞的间隙较大（约为 1 mm），但电子点火系统的电压较高，在较宽的汽油机运行范围内均能点燃混合气。另外，延长更换火花塞的期限也使间隙进一步增大，故需要更高的点火电压。

电子点火系统按照有无机械触点，可分为有触点电子点火系统和无触点电子点火系统；按照点火线圈的储能形式，可分为电感式电子点火系统和电容式电子点火系统。

1）有触点电子点火系统

电容式有触点电子点火系统将点火能量储存在电容器的电场里，电容器充电电压的高低，决定了能量储存的多少。该系统中的点火线圈不再作为储能元件，而只起到变压器作用。电感式有触点电子点火系统将点火能量储存在点火线圈的磁场里。

电容式有触点电子点火系统主要由蓄电池、直流升压器、储能电容、晶闸管开关元件、触发器及点火线圈、火花塞、分电器等部分组成，如图 3-19 所示。直流升压器通常由振荡器、变压器和整流器三部分组成，其作用是将蓄电池输出的低压直流电转换为 300～500 V 的高压直流电，向储能电容充电，再由储能电容存储起来，作为产生火花的能量。晶闸管起开关作用，它由触发器在规定的点火时刻触发。当触发器触发，晶闸管导通时，储能电容向点火线圈初级绕组放电，因而在次级绕组上感应出高压电动势。触发器可以用机械触点，这里的机械触点通过晶闸管开关元件控制储能电容和点火线圈，其电流小，工作条件有所改善。

电容式有触点电子点火系统的工作过程可分为两个阶段。

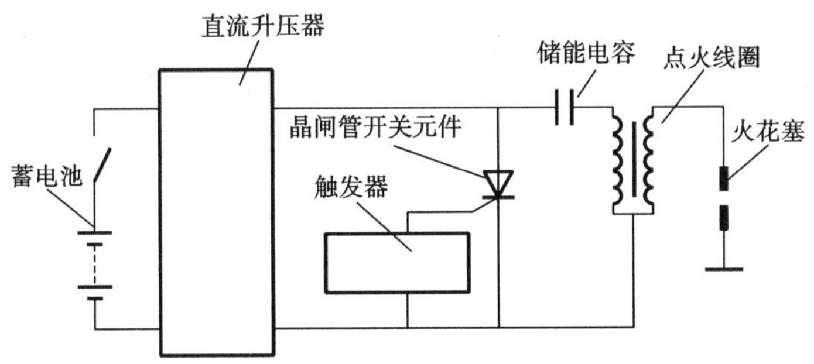

图 3-19　电容式有触点电子点火系统

①电容充电过程。当断电器触点闭合时，触发器中无触发电流，此时晶闸管是截止的，其等效电路如图 3-20 所示，储能电容接受充电。

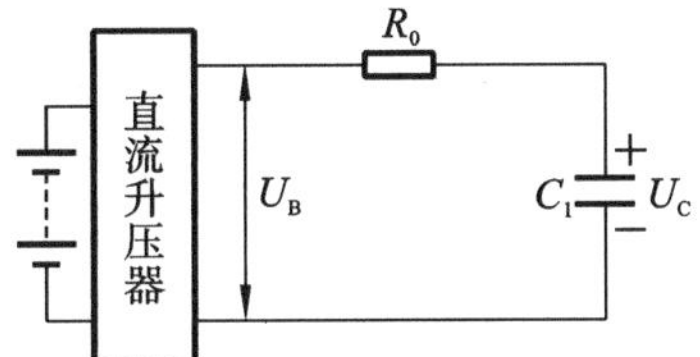

图 3-20　储能电容充电等效电路

储能电容充电时，其端电压 U_C 按指数规律增长

$$U_C = U_B(1 - e^{-\frac{t}{R_0C_1}}) \tag{3-16}$$

式中：U_B 为直流升压器输出电压；R_0 为直流升压器内阻；C_1 为储能电容的电容量；t 为充电时间。

R_0C_1 称为充电电路的时间常数。当 $t=3R_0C_1$ 时，储能电容的端电压接近于直流升压器输出电压 U_B，此时电容 C_1 存储的电场能 W_C 为

$$W_C = 0.5C_1U_B^{2} \tag{3-17}$$

当汽油机以最高转速运转时，其充电时间 t 较短。为保证充足的火花能量，储能电容在两次火花时间间隔内，其充电电压应达到 U_B 值，则时间常数应满足：

$$R_0C_1 \leqslant 20K_C/Zn_{max} \tag{3-18}$$

式中：Z 为发动机气缸数；n_{max} 为发动机的最高转速；K_C 为冲程系数，二冲程发动机取 $K_C=1$，四冲程发动机取 $K_C=2$。

②电容放电过程：断电器触点断开时，触发器中有触发电流产生，使得晶闸管导通。这时，储能电容向外放电，其等效电路如图 3-21 所示。这里可假设点火线圈的初、次级绕组间是直接耦合，并设其耦合系数为 1。次级电路分布电容用 C_2 表示，则将 C_2 折算到初级电路的电容为 $C_2(N_2/N_1)^2$（N_1、N_2 分别为初、次级绕组匝数）。L_1 为初级绕组电感，R_1 为初级电路电阻。

由等效电路可知，当晶闸管导通时，电容 C_1、$C_2(N_2/N_1)^2$ 与 L_1 构成振荡回路，在初级电路中产生衰减振荡。设 $R_1=0$，并忽略次级电路的影响，则初级电路振荡频率 f 为

$$f = 1/\sqrt{L_1[C_1 + C_2(N_2/N_1)^2]} \tag{3-19}$$

在晶闸管导通的瞬间，储能电容储存电荷为

$$Q = C_1U_B \tag{3-20}$$

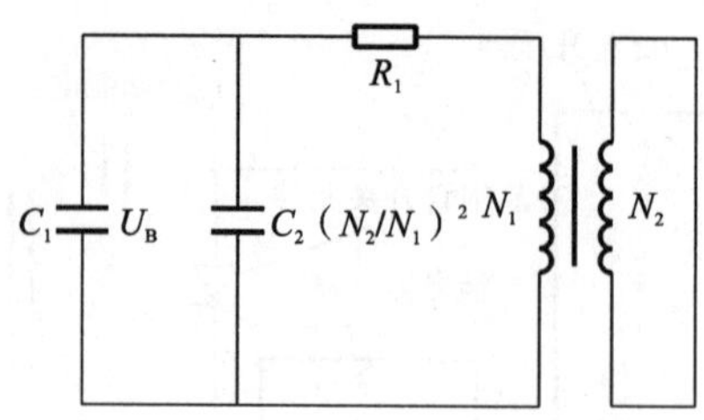

图 3-21　储能电容放电等效电路

在晶闸管导通后，附加电容 $C_2(N_2/N_1)^2$ 与 C_1 并联，则 C_1 的电压有所下降，其最大值为

$$U_{1\max}=Q/[C_1+C_2(N_2/N_1)^2] \tag{3-21}$$

次级电压最大值为

$$U_{2\max}=U_{1\max}\frac{N_2}{N_1} \tag{3-22}$$

通常有

$$C_1\gg C_2(N_2/N_1)^2$$

因此，次级电压最大值为

$$U_{2\max}\approx\frac{N_2}{N_1}U_B \tag{3-23}$$

由以上分析得到，只要适当选择储能电容的值 C_1，则次级分布电容的值 C_2 对次级电压最大值的影响就很小，且不会受到汽油机转速的干扰。

由图 3-22 可知，电容式有触点电子点火系统的次级电压上升十分迅速，通常上升时间不超过 30 μs。即使当火花塞有污染时，仍有高的上升速度。机械触点式点火系统和电感式有触点电子点火系统的次级电压上升较慢，但放电持续时间相对较长，一般可达 1 ms。

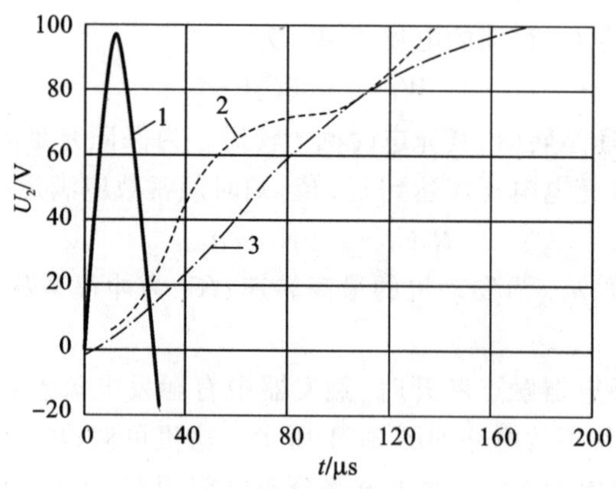

图 3-22　次级电压上升速度比较

1—电容式；2—机械触点式；3—电感式

电容式有触点电子点火系统的火花能量高于电感式有触点电子点火系统及机械触点式点火系统的火花能量，且其火花能量容易控制。

机械触点式点火系统和电感式有触点电子点火系统都需要较大的初级电流，对蓄电池缺电反应比较灵敏。而电容式电子点火系统固定地消耗 1 A 的电流，因而对蓄电池缺电反应不灵敏。对 12 V 蓄电池来说，电压降至 6 V 时，输出的火花能量与正常电压时的基本相同。

机械触点式点火系统的断电器触点上通过的电流即点火线圈的初级电流，电流较大，触点开合时易产生电火花，使触点表面烧蚀，因而可靠性降低，使用寿命短。而电容式有触点电子点火系统的断电器触点通过的电流很小(约 250 mA)，因而触点寿命长，可靠性高。

点火频率与汽油机曲轴转速及缸数成正比。当缸数一定时，转速越高，点火频率越高。随着点火频率的升高，机械触点式点火系统的次级电压逐渐下降，而电感式有触点电子点火系统在点火频率很高时仍有较高的次级电压，电容式有触点电子点火系统即使在极高的点火频率下，其输出的次级电压基本没有什么变化，如图 3-23 所示。

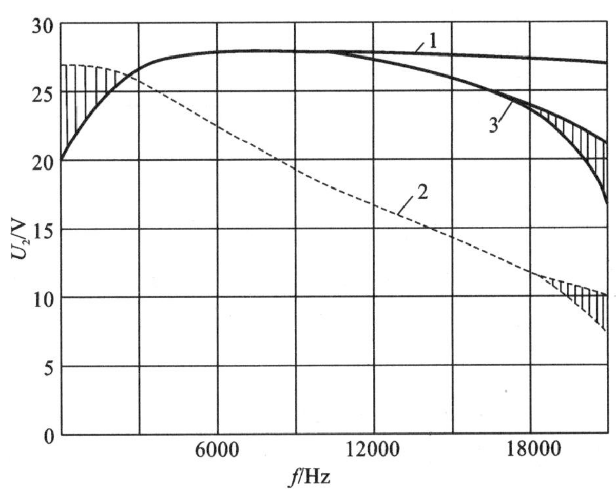

图 3-23　点火系统次级电压与点火频率之间的关系

1—电容式有触点电子点火系统；2—机械触点式点火系统；3—电感式有触点电子点火系统

电子点火系统具有较大的点火能量，因而所需功率也大于机械触点点火系统。理论上，如果每次点火具有相同的能量，则点火频率升高，所需功率也需增加，电容式有触点点火系统符合这种特性，如图 3-24 所示。但电感式有触点电子点火系统和机械触点式点火系统则相反，所需功率随着点火频率的升高而减小，这是由于它们在高速时储能不足，导致点火能量减小的缘故。

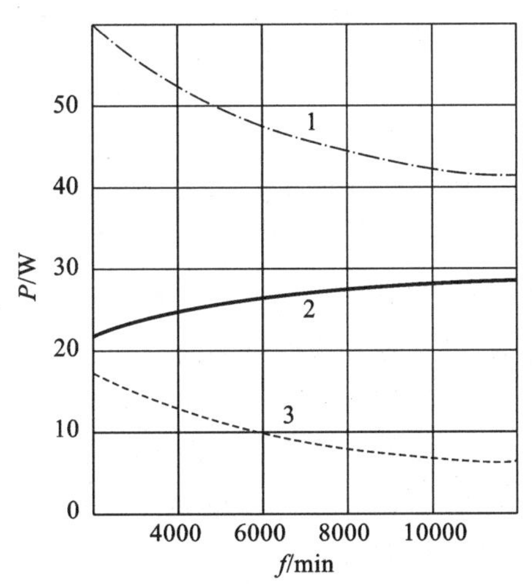

图 3-24　点火系统所需功率与点火频率之间的关系

1—电感式有触点电子点火系统；2—电容式有触点电子点火系统；3—机械触点式点火系统

当火花塞间隙严重积炭，使分路电阻减小时，机械触点点火系统与电感有接触电子点火系统的绕组电压会大幅下降，而电容式有接触电子点火系统下降的幅度较小，如图 3-25 所示。

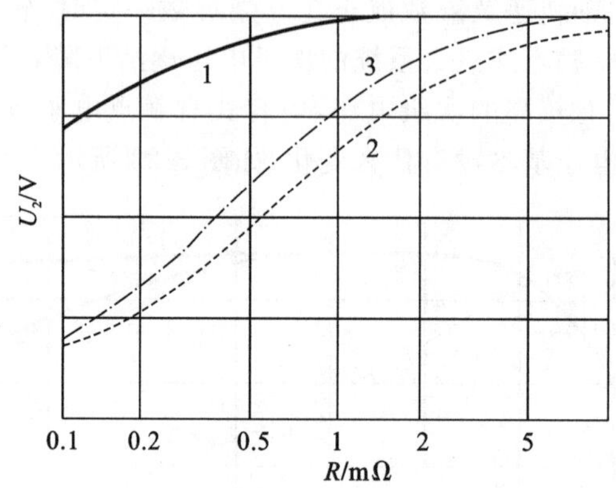

图 3-25　火花塞积炭对次级电压影响

1—电容式有触点电子点火系统；2—机械触点式点火系统；3—电感式有触点电子点火系统

2）无触点电子点火系统

无触点电子点火系统去掉了断电器机械触点，使用脉冲信号发生器接通或切断电子控制的放大器电路，使功率晶体管导通或截止，从而在点火线圈的初级绕组中产生和切断电流。

无触点电子点火系统主要由脉冲信号发生器、电子点火控制器、分电器、点火线圈、火花塞等构成，如图 3-26 所示。其中分电器、点火线圈、火花塞与机械触点式点火系统基本相似。脉冲信号发生器一般都安装在分电器总成中。

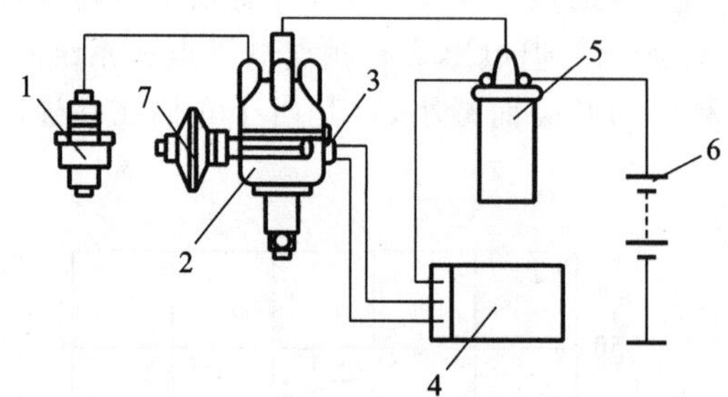

图 3-26　无触点电子点火系统组成

1—火花塞；2—分电器；3—脉冲信号发生器；4—电子点火控制器；5—点火线圈；6—蓄电池；7—真空提前调节机构

脉冲信号发生器将非电量转变为电量，通过一定的转换方式，将汽油机曲轴所转过的角度或活塞在气缸中所处的位置，转换成相应的脉冲信号，并输送到电子点火控制器中。

无触点电子点火系统根据其脉冲信号发生器的方式和原理，可分为磁电式、光电式、霍尔式、电磁振荡式和磁敏电阻式系统等。其中应用最多的是磁电式和霍尔式系统。

电子点火控制器也称为电控组件，其作用是按脉冲信号发生器传输的脉冲信号来控制点火线圈初级电路的通断，其主要控制功能有：

①初级电流的闭环控制电路可限制点火线圈初级电流，保护点火线圈和点火控制器中输出级开关管不因过载而损坏，并且在低电源电压下也有较大的初级电流，从而保证启动时

的点火能量。

②闭合角的闭环控制电路使电流控制电路在控制范围内的工作时间缩短，将点火控制器内部的功率消耗减小到最低限度。

③停机电流切断电路的作用是在当汽油机不转动而点火开关又处于接通位置时，切断点火初级电流，保护点火线圈及点火控制器中输出级开关管不至于损坏。

点火控制器类型较多，其内部功能也有差异。较为先进的点火控制器除具有放大和处理来自信号发生器的信号功能，以及开关基本功能外，还具有一些附加功能。例如，具有闭合角控制、恒流控制、停车断电保护，过压保护等功能。

与机械触点式点火系统相比，无触点电子点火系统有以下优点：

①采用脉冲信号发生器，消除了机械触点引起的磨损、腐蚀，有利于提高动态响应速度和发火频率。

②采用闭合角和恒流控制，在所有的转速范围内都具有可靠的点火性能。

③火花能量大，可用于稀混合气燃烧，有利于提高汽油机的经济性能和排放性能。

虽然无触点电子点火系统可使汽油机工作可靠，启动容易，并能显著节约能源、减少排放污染，但是，由于其点火提前角仍采用真空和离心机械触点式点火提前机构进行控制（见图 3-27），这不利于提高点火正时的控制精度。

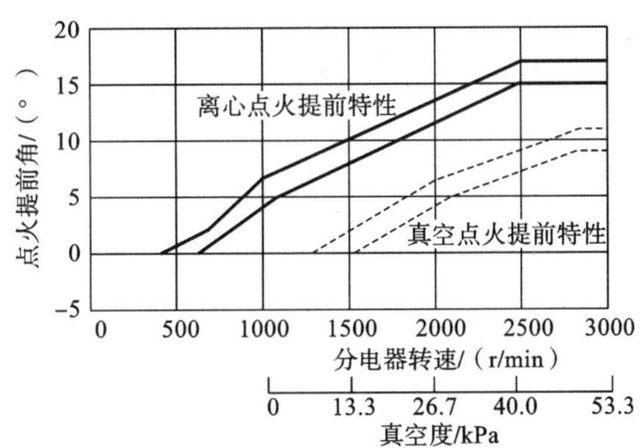

图 3-27 机械触点式点火提前机构特性

闭合角的概念来源于机械触点式点火系统，是指断电器触点闭合时间，即初级电流接通期间分电器转过的角度，如图 3-28 所示。在电子点火系统中，闭合角则指末级大功率晶体管导通期间分电器转过的角度。

机械触点式点火系统中，触点间隙及凸轮外形尺寸是一定的，因此其闭合角也是一定的，不随转速变化而变化。汽油机在低转速时，触点闭合时间较长，点火线圈易过热；而在高转速时，触点闭合时间较短，由于初级电流从零上升到饱和电流，需要一段时间，故通过初级线圈的电流减小，次级电压降低。最理想的闭合角应当随汽油机转速增加而增大。电子点火系统能轻而易举地控制闭合角，闭合角控制电路简图如图 3-29 所示。

此外，电子点火系统可采用恒能或恒流控制。恒能点火系统采用闭环点火控制器，在蓄电池电压和线圈电阻变化的情况下可保证所要求的初级电流不变。系统的电阻器连在线圈中，作为初级电流的电流监视器。当线圈初级电流接通时，监视器电阻的电压上升，正比于流过初级线圈的电流。这使线圈初级电阻对最大电流的影响很小，这种设计很紧凑，有很低的电阻和较高的效率，点火可靠。

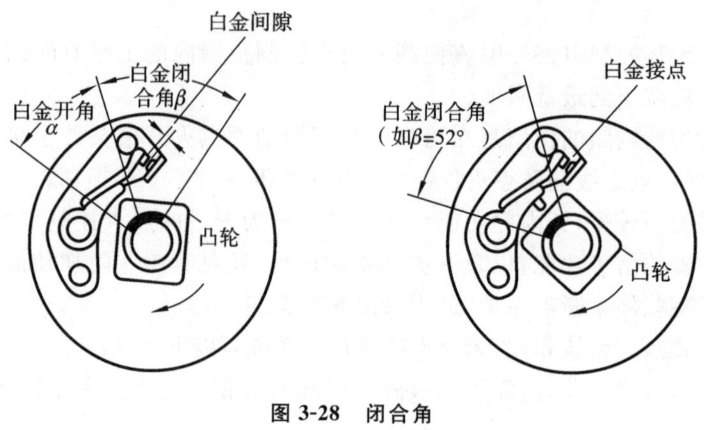

图 3-28　闭合角

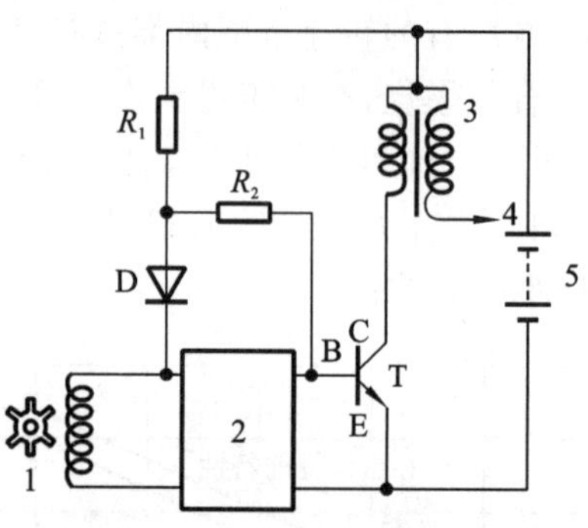

图 3-29　闭合角控制电路简图

1—信号发生器；2—闭合角控制；3—点火线圈；4—至火花塞；5—蓄电池

恒流控制点火系统采用特殊的高能点火线圈。通过降低初级线圈电阻来提高初级电流，其饱和电流可高达 30A，如此大的电流势必会烧坏大功率晶体管和电路，因此必须加以控制，使其电流不超过一定值（如 6.5A），如图 3-30(a)所示。将初级线圈中的电流控制在一定值，则次级电压就为一定值，不论汽油机处于高速或低速状态都能获得相同的次级电压，从而提高了性能。恒流控制电路原理图如图 3-30(b)所示，其中 R_S 为采样电阻。

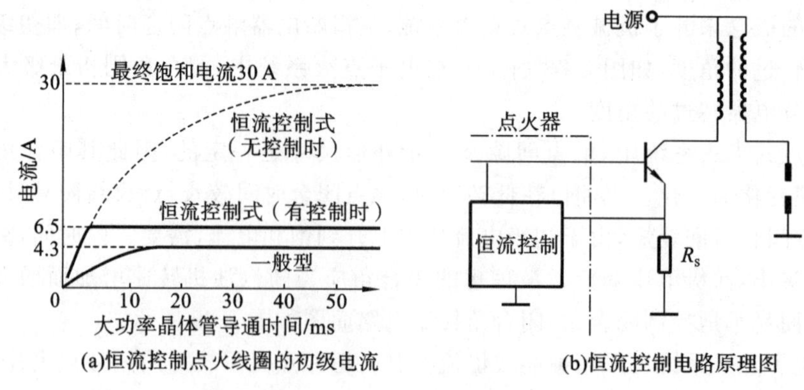

(a)恒流控制点火线圈的初级电流　(b)恒流控制电路原理图

图 3-30　恒流控制点火系统的控制原理

3）微机控制点火系统

微机控制点火系统由控制微机、传感器、执行器组成。各种传感器将汽油机的运行参数和状态信号输入控制微机，控制微机对信息处理后发出指令到执行器如点火器、点火线圈等，控制点火正时、点火能量，使汽油机的动力性能、经济性能、加速性能、排放性能达到最优。该系统不需要点火提前装置，彻底摆脱机械控制系统的局限，实现了点火正时柔性可控，有助于全工况优化。

汽油机的最佳点火正时随汽油机负荷与转速变化而变化，如图 3-31 所示。机械控制点火系统的点火正时由分电器的断电器触点或相应的脉冲信号发生器来控制，并且随汽油机转速和负荷变化而变化，由离心式或真空式点火提前调节装置来实现，其调节特性并不理想。例如，离心式点火提前调节装置中，离心块的位移与点火提前角的调节近似为线性关系，但离心力与转速的变化却是二次的非线性关系，因而点火提前角对转速的调节呈二次非线性关系，它并不完全符合图 3-31(a)所示的关系。因此，在分电器中用机械式点火提前装置，实际上会存在误差，影响点火正时的控制精度，从而影响汽油机的动力性能和经济性能。

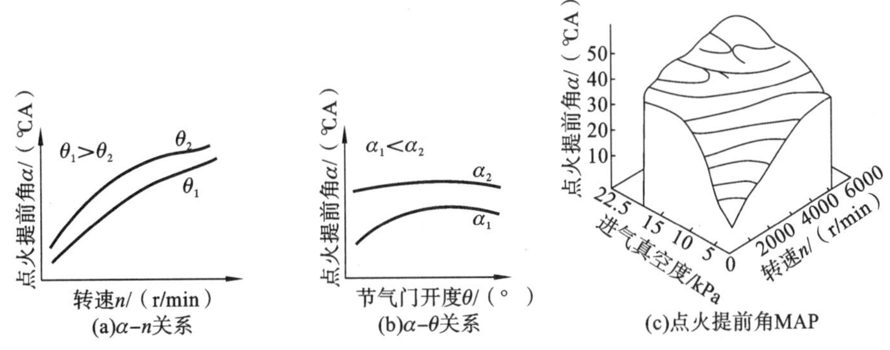

图 3-31　点火提前角与汽油机转速和负荷的关系

微机控制点火系统控制精度高，还可以根据其他参数如空燃比、进气压力和温度、EGR 率、润滑油压力和温度、冷却剂温度等调整点火正时，有利于改善汽油机的综合性能。

点火正时控制根据控制电路的形式不同可分为模拟电路点火正时控制和数字电路点火正时控制。

①模拟电路调节点火正时。

模拟电路调节点火正时是利用两只功能发生器分别模拟出图 3-31(a)和(b)所示的曲线，并通过加法电路和大电路，合成图 3-31(c)所示的 MAP 图，来控制点火线圈初级电流的通断，实现最佳点火正时控制的。

图 3-32 为德国博世公司的点火时间模拟调节器功能电路。该系统利用无触点传感器产生的方波脉冲获取转速信息，经放大后输入电容器 6 中，形成与转速成比例的电压；利用真空传感器获取负荷信息，通过与其连接的分压电路产生与负荷成比例的电压。将这两个电压信号分别送入转速调节功能发生器 5 和负荷调节功能发生器 3 中，并通过加法器 10 合成与点火提前角对应的电压信号 MAP 图。该信号由或门 11 输入到断路时间调节器 8，最后使转换初级线圈电流的功率开关 9 截止，从而在次级线圈中感应出高电压。在该系统中，汽油机转速及负荷的变化以模拟方式引入系统中。点火提前角的初始状态可由启动电路 7 调节，它的输出信号也传给或门 11，最终控制功率开关 9 的导通和截止。

②数字电路调节点火正时。

用数字电路调节点火正时，其精度和时间的稳定性要优于模拟电路调节。它能根据汽油机曲轴转速、负荷、进气温度、冷却剂温度等参数，实时地调整点火正时。

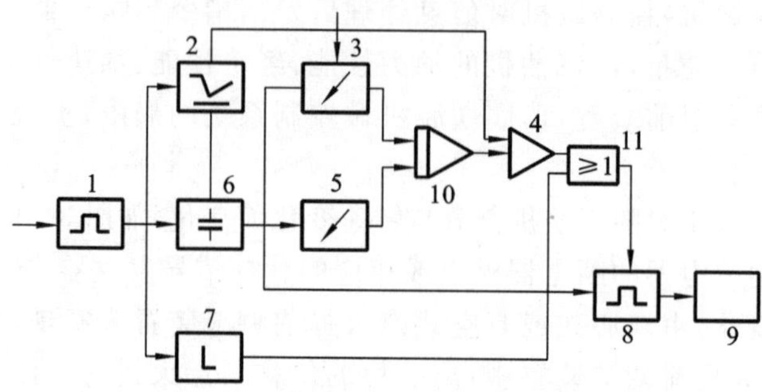

图 3-32　点火时间模拟调节器功能电路图

1—无触点传感器；2—方波脉冲电压发生器；3—负荷调节功能发生器；4—比较器；
5—转速调节功能发生器；6—电容器；7—启动电路；8—断路时间调节器；9—功率开关；10—加法器；11—或门

图 3-33 为数字电路控制的电子点火系统功能电路图。该系统采用正时转子齿圈 1 和计数脉冲传感器 4 产生一组脉冲信号，此外正时转子上还有一齿(位于上止点前 90°内的某一角度)与标准脉冲传感器 3 共同产生基准信号(第一缸的基本点火正时信号)。在一个周期内，每隔 1/4 周期(对四缸汽油机)便产生一个基本点火信号。

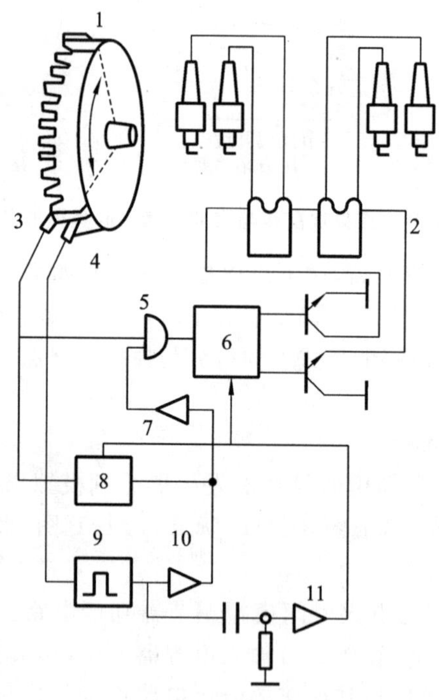

图 3-33　数字电路控制电子点火系统功能电路图

1—正时转子齿圈；2—点火线圈；3—标准脉冲传感器；4—计数脉冲传感器；
5—选通部件；6—主计数器；7、10、11—变换器；8—辅助计数器；9—时间传感器

当传感器产生标准脉冲时，并使主计数器置零，开始下一轮的控制周期。主计数器除接收脉冲传感器的脉冲信号外，同时还接收由其他传感器产生的校正脉冲。该控制部分由主计数器 6、辅助计数器 8、选通部件 5、变换器 7、10、11 和时间传感器 9 等组成。开始时，基准脉冲触发具有稳态触发级的时间传感器 9，在输出端产生的矩形脉冲，该脉冲经变换器 11 作相位变换后，形成计数器置零脉冲，使主计数器 6 和辅助计数器 8 置零。计数脉冲传感器 4

的脉冲信号输入给辅助计数器 8，在指定的时间内，计数器计数到一个事先规定的数值 N_1，这时辅助计数器 8 经变换器 7 更新，开启选通部件 5，计数脉冲传感器 4 输出的脉冲信号输入到主计数器 6。当主计数器 6 接收的脉冲信号数达 N_2 时，切断初级电路，产生点火电压。汽油机转速越高，则在第一个计数时间里计取的脉冲数也越多，经辅助计数器 8 传输的脉冲校正后，这个过程便发生得越早，从而实现依转速变化调节点火正时的目标。脉冲信号传感器的结构简图如图 3-34 所示。

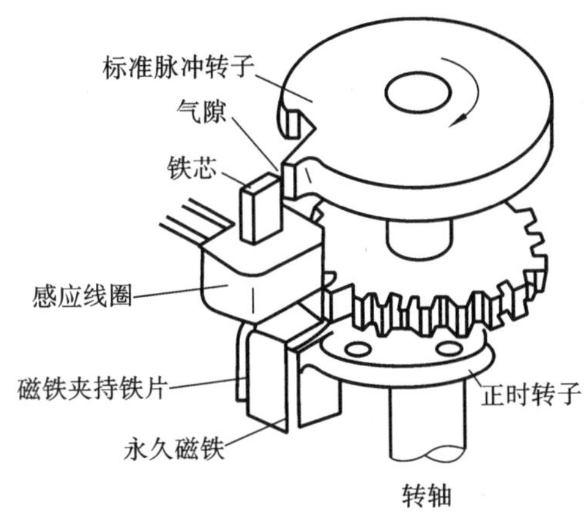

图 3-34　脉冲信号传感器结构

数字点火系统的调节特性比较容易改变。例如，主要改变预置脉冲数 N_1，就可以调节初始点火提前角，还可以很方便地接入不同元器件对其他参数进行控制，如接入普通真空调节器和信号变换器，便可以按负荷进行调节，其中信号变换器的作用是把膜片的位移量转换为电信号。数字点火正时调节系统能使点火提前角的精度及点火时间的稳定性得到改善。但是，由于数字电路控制电子点火调节系统所用电子元器件数目繁多，成本较高，单纯的电子点火正时调节系统应用并不普遍，而往往将其与空燃比、排气再循环等的控制结合在一起，形成对供油和燃烧系统的集成控制，可大大提高性能，降低成本。

前面介绍的各种点火系统都只有一个点火线圈，该线圈的次级绕组通过分电器，按气缸点火顺序向不同气缸的火花塞提供高压电动势。无论该分电器是有触点的还是无触点的，分电器中都有一个高压分电臂随分电器轴旋转。这种高压分电方式有以下缺点：

①分电器有旋转零件，因而结构复杂，易产生噪声。

②高压分电臂断续地与各个火花塞的高压触头闭合与断开，既会产生火花、带来电磁干扰，又有电压降、引起触点烧损。

③点火线圈按顺序给各个气缸提供点火能量。每次火花塞点火释放出的能量都依靠点火线圈的初级线圈在闭合角所限定的时间内从蓄电池获取，而初级线圈每次充电最大可能利用的时间与汽油机转速和缸数成反比。现代汽油机的额定转速已高达 7000～9000 r/min，初级线圈每次能用于充电的时间过短，制约了点火能量的提高。

④分电器的存在和布置增加了汽油机设计和制造的工作量。

产生上述缺点的根本原因是一个点火线圈向多个火花塞提供高压电动势。若各缸火花塞均能配以专用的点火线圈，去除分电器，系统性能会有较大的改善。这就是无分电器点火系统，又称全电子点火系统。该类系统必须以电子方式进行点火正时调节，所以需用脉冲盘感应传感器获取曲轴位置信息。无分电器点火系统可有以下实现方式。

①单火花点火线圈无分电器点火系统。这种点火系统为每缸各自配备一个单火花点火线圈，直接装在火花塞上，不需要分电器就能将高压电输送到火花塞。

②双火花点火线圈无分点器点火系统。气缸总数为偶数的汽油机可用双火花点火线圈，同时给两个缸的火花塞供电，以减少点火线圈数量。双火花塞点火线圈可储存足够的能量，使火花瞬时击穿两火花塞间隙。每一次级线圈的两端可连接一个火花塞，火花同时出现在1、4缸或3、2缸的火花塞上，一个火花有负极性，另一个火花有正极性。只有一个火花实际上用来引起燃烧，另一火花发生在另一缸的排气行程，因而被称为"无用火花"。双火花点火线圈省去了分配器，但因为有"无用火花"，易于加速火花塞的腐蚀。

3.3.2　火花塞

1. 火花塞的点火原理与性能要求

火花塞的主要功能是将点火能量引入汽油机的燃烧室，并在压缩上止点前给定角度，放电产生火花，点燃可燃混合气，从而实现稳定着火与燃烧，如图3-35所示。

在给定的点火时刻，点火线圈的初级线圈断开，次级线圈感应出高电压，火花塞两电极之间的电压开始升高，一般为10～15 kV(见图3-36)，从而将其间的可燃混合气击穿，形成一个直径很小(约40μm)的圆柱形电离气体通道。这个等离子柱体的压力、温度迅速升高，可达数十兆帕和60000 K的高温，峰值电流可达数百安，柱体膨胀，产生强烈的冲击波。而后，因为两电极处于导通状态，电压迅速下降，达到一个较为稳定的点火电压，一般为几百伏到1 kV，主要与电极间隙以及电极间混合气的流场相关。点火线圈中所存储的能量主要在这段时间中被释放出来，持续时间一般为100 μs到2 ms。在此期间，如果电流过大，会产生电弧，使电极腐蚀，因此应对电流值有所限制。最后，随着点火过程的结束，电极间的电压随之衰减。

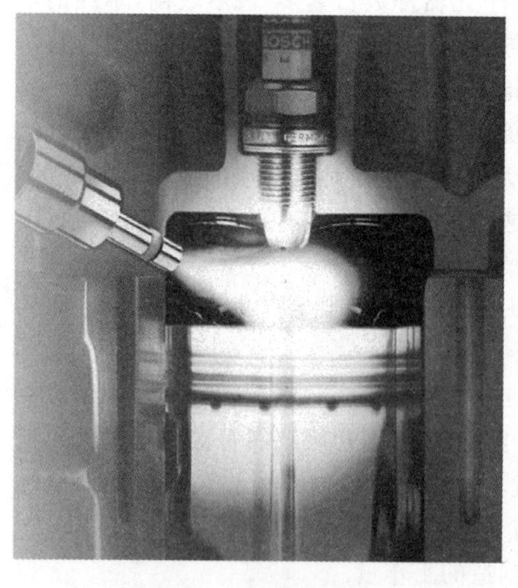

图3-35　火花塞(气缸内)

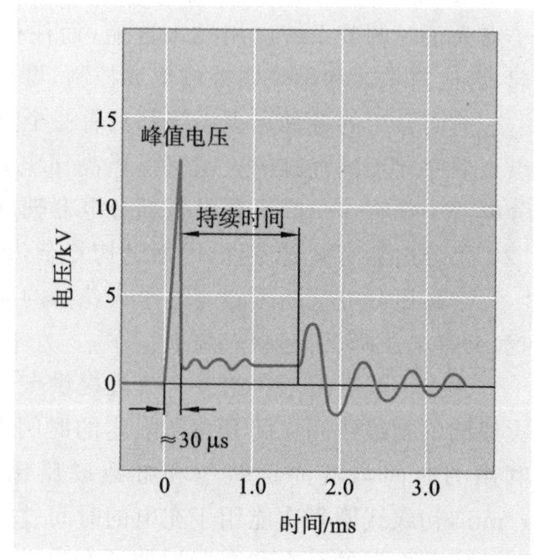

图3-36　火花塞跳火期间的电压变化

火花塞跳火，产生火花后几微秒以内，利用光谱可观察到化学反应。该反应是由电击穿离子体中高密度原子团所促成的，此时所有的重微粒都是高度激发的原子和离子。由于局部高温，混合物分子被激活，具有快速化学活性反应的良好条件，燃烧反应从等离子体外表面开始向周围传播。

点燃混合气的火花能量与混合气的组成和状态有关。汽油机在正常条件下，用火花点燃静止的化学当量比的油气混合气，大约需要0.2 mJ的能量。流动的较浓或较稀的混合气通过电极时，需要的点燃能量约为3 mJ。常用的点火系统，其电火花可释放30～50 mJ的能量。

火花塞的工作条件非常恶劣，对其电气、机械、化学，以及传热等方面的性能都有一定的要求：

(1)在火花塞跳火时，电极两端的瞬时电压值可高达10～30 kV。因此，要求火花塞能够耐10～30 kV的电压，要求其绝缘体必须在1000 ℃的温度下仍保持足够高的绝缘性，且在全寿命周期内其绝缘性不得发生明显降低。

(2)在燃烧过程中，火花塞头部容易积炭(包括炭烟、灰分等)，要求火花塞在积炭条件下也不能产生不正常放电。

(3)火花塞必须能够承受燃烧室中周期性的压力峰值(最高约100 bar)，同时仍要保持足够的气密性。要求陶瓷绝缘体能够承受较高的机械应力，还要求外壳在安装过程中(施加扭矩)不能有变形。

(4)火花塞头部伸入燃烧室，暴露在剧烈燃烧的化学反应中，受到高温燃气的冲刷，并且燃油燃烧的生成物会在火花塞上形成侵蚀性的沉积物，从而影响其性能，要求火花塞(特别是电极)能够耐磨损、抗侵蚀，如图3-37为电极被磨损后的图片。

(5)火花塞处于剧烈交变的温度场之中，燃烧温度最高约2800 K，进气温度为320～370 K，要求绝缘体具有极高的耐热冲击性能。

(6)要求火花塞头部具有较好的传热特性，在压缩冲程进行到一定程度之前，火花塞头部温度必须降低到一定水平，否则容易形成局部热点，产生早燃(超级爆震)或爆震，对发动机造成损坏，图3-38为爆震对接地电极的损坏。

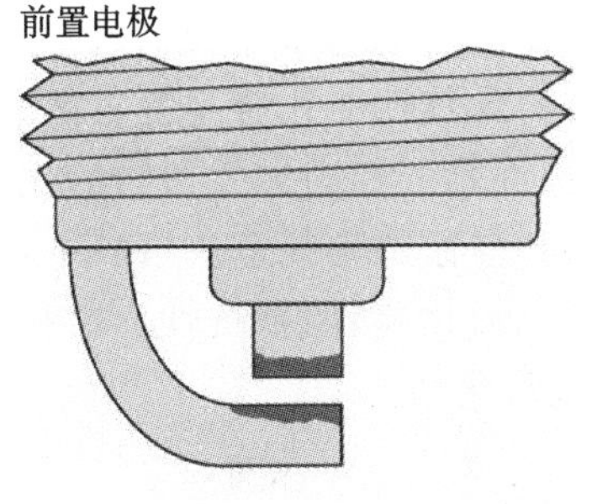

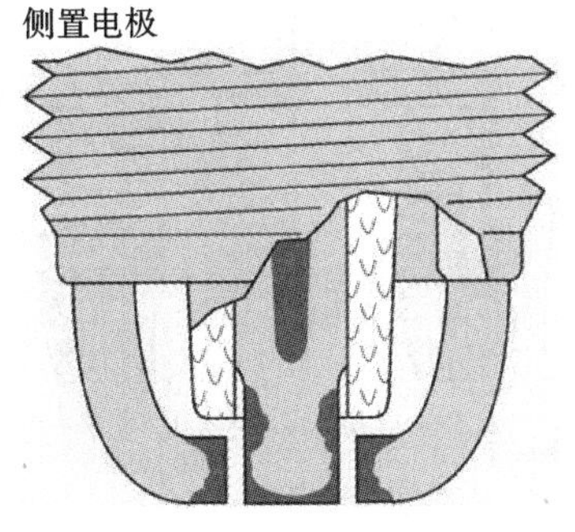

图3-37　电极磨损

图3-38　爆震对接地电极的损坏

2. 火花塞的结构与材料

火花塞的典型结构如图 3-39 所示，主要包括绝缘体，内部导体(接线柱、导电体、中心电极等)，接地电极和外壳等部分。

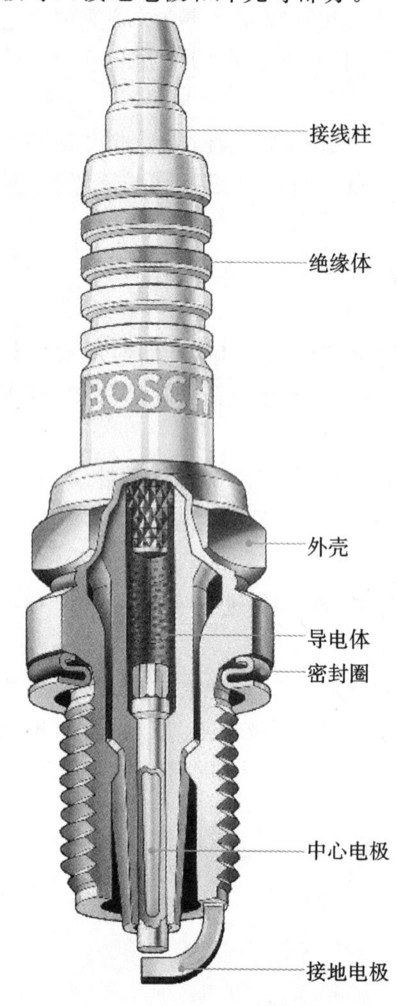

图 3-39　火花塞的典型结构

绝缘体采用特殊的陶瓷材料铸造(比如 Al_2O_3)，其功能是使内部导体与外壳绝缘。绝缘体具有低渗透特性，限制其对燃烧物质的吸附，保持较高化学耐久性；具有高电阻特性，防止高压电荷的泄漏；具有致密的微观结构，有很高的抗破坏性放电的能力；有足够的抗热冲击和抗拉、抗压强度，承受机械负荷和安装应力；外表面上釉，防止灰尘黏附。

火花塞的电极一般包含一个中心电极，一个或多个接地电极。中心电极(见图 3-39)的一端固定在导电玻璃密封件中。中心电极中常包含一根用于散热的铜芯。接地电极(见图 3-39)固定在外壳上，其疲劳强度取决于材料的导热特性。与中心电极一样，复合材料可用于增强其导热特性。此外，长度和断面面积对接地电极的耐磨性有很大的影响，可通过增大其端面面积和使用多个接地电极，来延长火花塞的使用寿命。

在放电和高温燃烧过程中，电极材料在承受高热负荷的同时，经受高温燃烧的冲刷，逐渐磨损，两电极之间的距离逐渐增大。因为，为了延长火花塞的使用寿命，减少火花塞的更换频次，要求电极材料能够有效抵抗由高温燃气冲刷以及侵蚀性化学反应而导致的磨损。

一般来讲，纯金属的导热性能比合金好。然而，纯金属(例如镍)对来自高温燃气和固体残留物的化学腐蚀更为敏感，可以将锰和硅添加到纯金属(镍)中，以增加对化学腐蚀(特别是二氧化硫)的抵抗性。铝和钇等元素可增强抗结垢和抗氧化性。

如今，耐腐蚀镍合金在火花塞制造中应用最为普遍。铜芯可用于进一步增加散热，从而生产出满足高导热性和高耐腐蚀性的严格要求的复合电极，如图 3-40 所示。接地电极必须具有足够的柔韧性，也可以由镍基合金或复合材料制成。

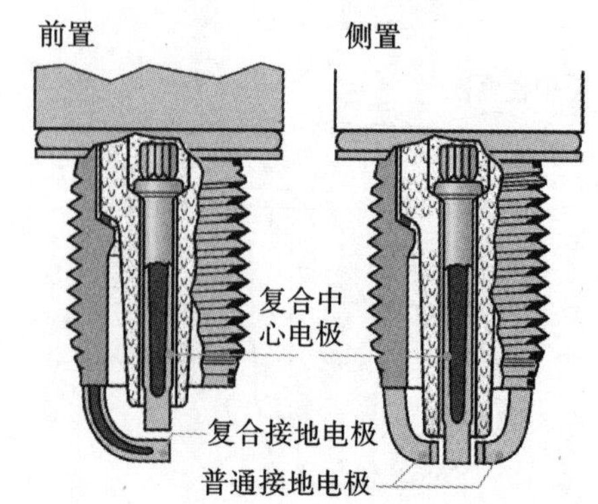

图 3-40　复合电极以及两种常见的火花塞电极形式

银具有最佳的导电性和导热性，且在不含铅的燃料或非还原性气氛中的高温下，它还具有极强的耐化学腐蚀性能。因此，以银为基本物质的复合材料可以显著提高电极的耐热性。

金属铂以及铂合金都具有很高的抗腐蚀、抗氧化和抗热蚀能力，是“长寿命”火花塞电极的首选材料。在某些火花塞类型中，铂引脚在制造早期就被浇铸在陶瓷体内。在随后的烧结过程中，陶瓷材料收缩到铂引脚上。在其他类型的火花塞中，将细的铂引脚焊接到中心电极上。

电极间隙表示中心电极和接地电极之间的最短距离(见图3-41)，是火花塞的重要特征参数。电极间隙越小，产生火花所需的电压越低，如图3-42所示。当电极间隙过小，仅在电极区域中产生较小的火焰核心，且由于火焰核心通过电极接触表面向外传热，从而导致熄火或者火焰传播的速度非常慢。随着电极间隙的增加，较低的传热损失可改善点火条件，但较大的电极间隙也会增加对点火电压的需求。

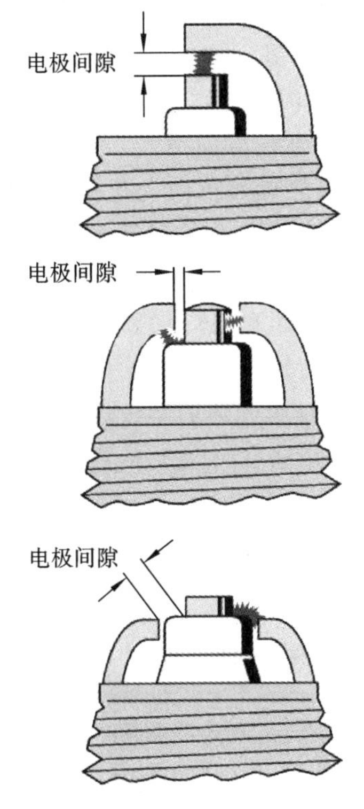

图3-41　多种电极类型的电极间隙

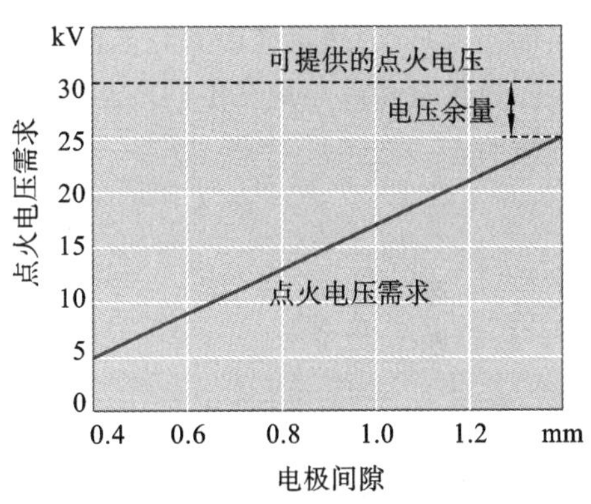

图3-42　点火电压的需求与电极间隙之间的关系

发动机制造商需要通过各种测试程序来确定每个发动机的理想电极间隙。一般情况，中心电极和接地极之间的间隙为0.8～1.0 mm；对难以点火的稀混合气，间隙增大到1.2～1.5 mm；高压缩比赛车汽油机火花塞的间隙可到0.4～0.6 mm。

火花跳过电极间隙(即产生火花)所需要的最小电压不仅与电极间隙有关，还受到缸内压缩压力、燃烧室内火花塞前端附近的混合气浓度，以及电极尖端温度的影响。压缩比增加时，火花塞电极间隙之间的气体密度增大，需要更高的电压才能跳火。具有理论当量空燃比的混合气的阻尼(潮湿)有利于导电，电压需求最低；稀混合气太干燥，需要较高的电压；浓混合气一定程度上也需要较高的电压才能产生火花。当中心电极尖端温度升高，在473～873 K时，产生火花所需要的电压值会很快下降；一旦超过这一范围，随着电极温度升高，所需跳火的电压将继续下降，但速度大大减小。

壳体一般通过钢的冷成型加工而成，底端包含螺纹，与气缸盖连接。壳体末端可以焊接多个接地电极。壳体表面镀有镍，可防止外壳腐蚀。壳体内特殊的导热填料分布对火花塞的热状态有重要影响，改变从绝缘鼻到壳体的传热路线长度，可以控制绝缘体外露部分的温度。在汽油机正常运转时，希望尖端部位温度高于 500 ℃，以防止低转速时受到污染，这使火花塞有一定的自洁作用。在高速、高负荷时，尖端部位温度必须保持在 900 ℃以下，以防止形成局部热点，诱发早燃(见图 3-43)。这就提出了“冷”“热”型火花塞的概念，可通过改变火花塞前端设计，以满足不同类型发动机的需要。

火花塞是通过不同的绝缘鼻长度来决定中心电极前端到内部金属壳的散热速度，以满足气缸尺寸、压缩比、转速范围、混合气浓度、汽油机强化程度和运转工况变化对火花塞的要求。高强化汽油机火花塞需要更快的散热，因而要求较短的绝缘鼻长度，称为“冷”或“硬”火花塞。比功率较低的汽油机需要火花塞的散热能力较弱，以保持火花塞必要的温度，因而采用较长的传热路线，选用较长的绝缘鼻，称为“热”或“软”的火花塞。

混合气点火后燃烧过程所产生的热量通过燃烧室壁面、气门头部、气缸盖、活塞顶、火花塞传入冷却系统，散入周围大气，缸内燃烧气体温度可达 2273 K～2773 K。

暴露在燃烧室部分的火花塞吸收的热量大约有 80％通过热传导传向火花塞，其余 20％在进气行程中被扫过火花塞端部的新鲜混合气带走。传向火花塞部分的热量大约有 2/3 经安装螺套和火花塞壳体的肩部密封面传出，其余部分从绝缘鼻和中心电极传出，如图 3-44 所示。火花塞下端暴露部分的典型热量分配为：67％的热量到螺套(体)，8％的热量经过接地电极，21％的热量经过绝缘体，只有 4％的热量沿中心电极传输。火花塞的散热形式主要是热传导：34％的热量经由火花塞的密封面散出，30％的热量经由壳体的螺纹区散出。火花塞实际吸热量和散热量在不同的运转工况下是变化的，受火花塞在缸盖上布置的火花塞类型的影响。

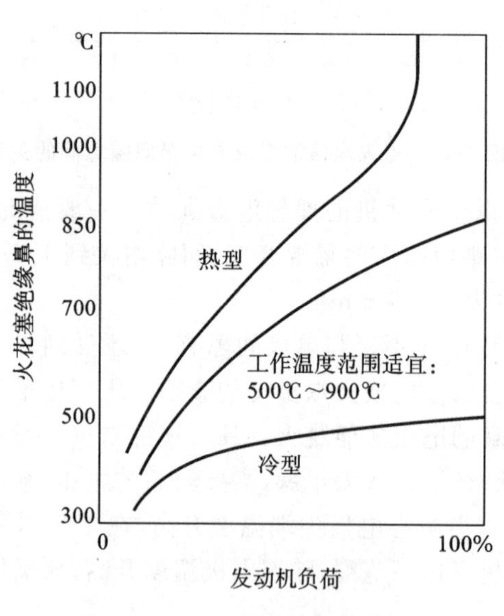

图 3-43　火花塞工作的温度范围

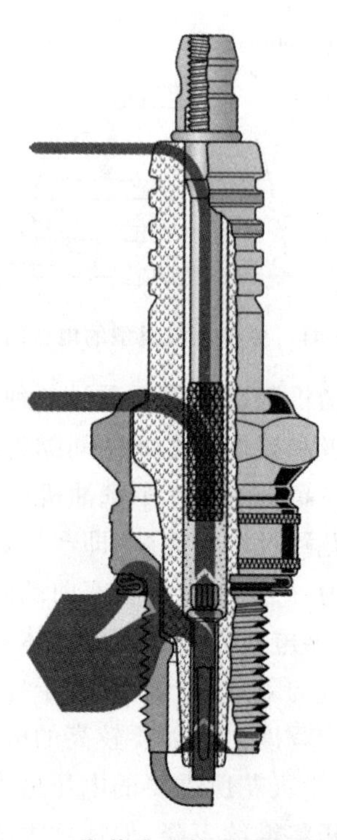

图 3-44　火花塞中的热量传输路径

3. 火花塞在燃烧室中的位置

如图 3-45(a)所示，火花塞在燃烧室中的位置，即形成火花的位置常用凸出量 f 来表征，是指中心电极尖端相对于燃烧室壁面(多指气缸盖底面)的距离。火花塞在燃烧室中的位置直接决定了着火核心的位置，对汽油机(特别是直喷汽油机)的燃烧品质影响较大。燃烧过程在各循环间的一致性和稳定性是衡量汽油机燃烧品质的重要参数，常用循环变动系数来表征。以平均指示压力 Pi 为例，平均指示压力的循环变动系数(coefficient of variation，COV)为

$$\mathrm{COV}_{Pi}=\frac{\sigma}{Pi_{\mathrm{mean}}} \tag{3-24}$$

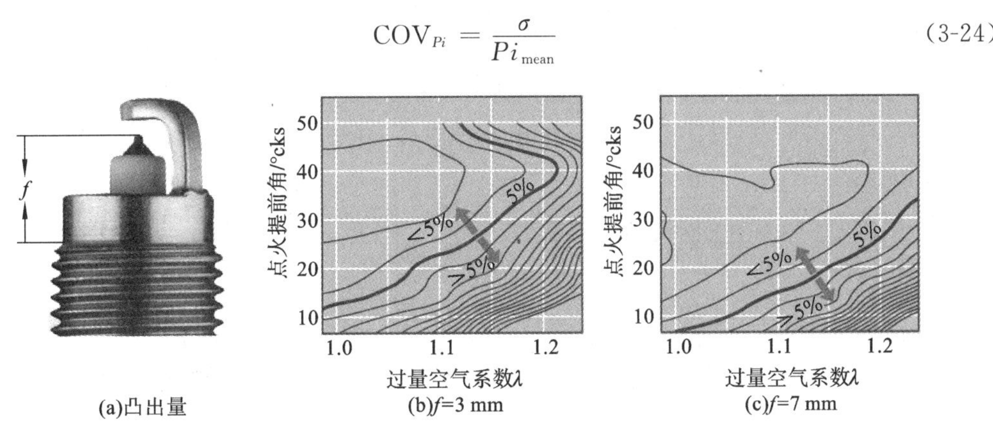

图 3-45　火花塞凸出量及其对燃烧稳定性(循环变动)的影响

将 COV＝5％定义为汽油机正常运行所能允许的最大循环变动量。COV＞5％表示燃烧恶化，甚至是燃烧延迟或失火。图 3-45(b)(c)分别表示某型号汽油机中火花塞凸出量 f＝3 mm和 f＝7 mm 两种参数下的循环变动情况，横坐标表示过量空气系数，纵坐标表示点火提前角。图中 COV＝5％用粗实线表示。根据图 3-45(b)(c)所示结果，对于该发动机，采用更大的火花塞凸出量 f＝7 mm，有利于稳定点火和燃烧，可以适应更宽的点火提前角范围，以及更大的过量空气系数。但是，如果进一步增大 f 值，则接地电极的长度将会增加，从而导致电极温度升高以及加速磨损。因此，当火花塞进一步伸入燃烧室，需要配合采取一系列措施来确保足够的使用寿命。措施包括：将火花塞壳延伸到燃烧室壁之外，其肩部结构可减少电极破裂的危险；在接地电极中置入铜芯，增强散热。将铜芯与火花塞壳体直接接触可以使温度降低 70 ℃左右；使用高度耐热的电极材料。

3.3.3　点火正时控制

从火花塞跳火、形成火焰核心、产生火焰传播到完全燃烧，需要一定的时间。但由于发动机的转速很高，在这样短的时间内曲轴却可以转过很大的角度。若活塞恰好运动到压缩上止点时点火，当混合气开始燃烧时，活塞已经开始向下运动，导致发动机的功率下降。因此，为了使可燃混合气燃烧所释放的能量能够充分地膨胀做功，提高发动机的输出功率，通常需要在活塞运动到压缩上止点之前就开始点火。点火时刻相对于压缩上止点的提前量为点火提前角。点火正时控制即点火提前角控制。

点火提前角对汽油机的诸性能参数，例如扭矩、油耗、污染物排放等都有非常显著的影响。如图 3-46(a)所示，增大点火提前角，即点火正时向远离上止点方向移动，其结果是，缸内爆发压力相应增大，峰值压力所对应的曲轴相位随之提前，输出功率先增加，而后因为压

缩负功，输出功率逐渐下降；相反，减小点火提前角，即点火正时向上止点靠近，其结果是，爆发压力降低，燃烧相位滞后，甚至燃烧恶化，循环变动增加，此外，排气温度也会相应升高。一般地，要使发动机输出功率最大，峰值压力应出现在上止点后 12°CA 左右，最迟不大于 16°CA；或者燃烧重心 CA50 或 MFB50，即燃料燃烧 50%对应的曲轴相位，应为上止点后 8°CA。现代发动机的机体强度在逐渐增加，所能承受的最大爆发压力也在逐渐升高，且由于燃烧模式的改进，峰值压力所对应的相位或者燃烧重心也可以适当提前。因此，不难看出，对于一款发动机，应存在一个最佳的点火提前角，使得输出功率最大、燃油消耗率最低，或者尾气污染物排放最少。在图 3-46(b)中，缸压曲线 a 对应了一个适当的点火提前角；缸压曲线 b 对应了一个过大的点火提前角，发生了爆震和敲缸现象；缸压曲线 c 对应了一个过小的点火提前角，燃烧恶化，排温过高。由此可以看出，合理的点火提前角是有范围的，过大会受爆震、敲缸的限制，过小会受燃烧恶化、排温过高的限制。

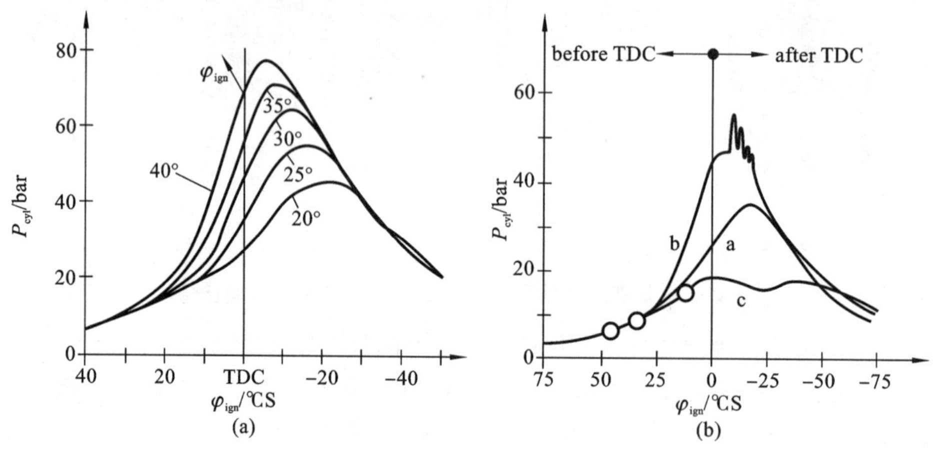

图 3-46　点火提前角对缸内燃烧过程的影响

从本质上讲，以发动机的曲轴转角作为时钟，最佳点火提前角与燃烧速率(或者说从点火到 CA50 所需要的曲轴时间)有关。燃烧速度越快，从点火到 CA50 所需要的曲轴时间越短，那么最佳的点火提前角越小，点火正时越靠近上止点。影响燃烧速度(或者点火提前角)的主要因素包括：

(1)燃烧室的形状。现代汽油机燃烧室的设计原则是结构紧凑、缩短火焰传播时间。

(2)进气混合气的空燃比。理论空燃比混合气燃烧速度最高，浓或稀混合气的燃烧速度较低。

(3)进气管中的气体压力。压力低，缸内混合气的密度小，燃烧慢；压力高，混合气的密度大，燃烧快。

(4)缸内混合气的湍流程度。湍流程度高可加快燃烧过程。

(5)燃油的化学成分、辛烷值。燃油的组分和特性(如辛烷值)会影响混合气着火、燃烧及排放，质量差的燃油燃烧慢且容易爆震。

(6)混合气中的再循环排气量。进气混合气中的再循环排气量增大，火焰传播速度下降。

此外，汽油机的运转参数如转速、负荷、冷却剂温度，以及环境条件如大气压力、温度、湿度也影响点火提前角。当转速升高时，气缸中的湍流强度会增加，火焰传播速度快，燃烧过程所需要的自然时间缩短，但转速升高使工作循环时间减少，与燃烧过程相应的曲轴时间增大，相应地应加大点火提前角。

多数汽油机采用的是"量"调节的方法，当负荷减小时，节气门开度小，进气阻力增大，进入气缸的油气混合气充量减小，残余燃气相对比例增大，火焰传播速度下降。为使燃烧过程有效进行，需要供应较浓的混合气，并加大点火提前角。

直喷式汽油机采用的是"量"调节和"质"调节相结合的方法，全负荷时采用均质充量，部分负荷时采用分层充量，点火正时及点火能量的控制更为复杂。

较早的点火正时由分电器中的离心式或真空式提前调节装置控制，难以实现汽油机最佳效率和最低排放所要求的点火正时匹配。为克服这一缺点，电子点火提前系统(electronic spark advance，ESA)应运而生，这种系统可以精确控制点火正时、闭合时间、初级线圈电流等参数，现在几乎是所有新型车辆上的标准装置，通常是汽油机信息管理系统的固有部分。

点火提前角的控制方法包括前馈控制和反馈控制两种类型，前馈控制又称开环控制；相对应的，反馈控制又称闭环控制。

1. 前馈控制(开环控制)

前馈控制的基本思想是：首先，根据传感器采集到工况数据，一般转速和负荷，查表得到基本的点火提前角；然后，考虑当前特殊的运行条件，根据提前标定的修正值或修正曲线，对基本的点火提前角进行修正，从而确定点火提前角的执行量。前馈控制主要包括确定基本的点火提前角，以及基本点火提前角的修正值或修正曲线。

1)基本的点火提前角

在电控点火系统中，发动机转速和负荷(在汽油机中常使用进气量代表负荷)信息所定义的每一个工况点，按照发动机在经济性、动力性和排放性方面的开发目标，都可以通过台架试验标定得到一个最佳的点火提前角，作为基本的点火提前角。将发动机的工况平面离散化，比如取16个转速点，每个转速下对应16个负荷点，在每个工况点都执行最佳点火提前角的标定程序，则可获得256个点火提前角信息，构成如图3-47所示的基本点火提前角MAP。

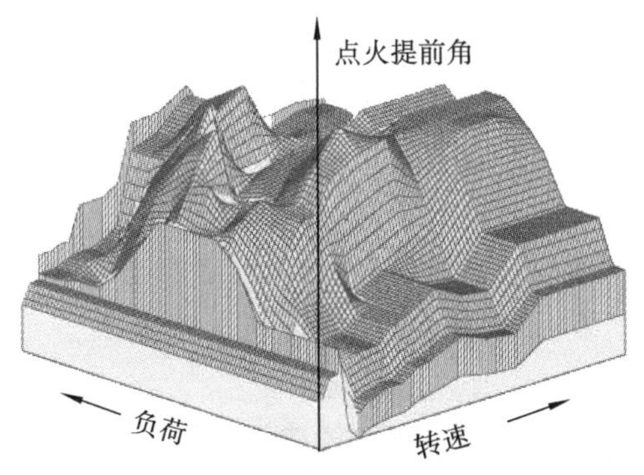

图3-47　基本点火提前角MAP

对于启动工况，上述基本点火提前角则用启动点火提前角代替。启动点火提前角取决于启动电动机的转速和汽油机的热状态。冷机低转速启动时，理想的点火提前角接近零。如果点火提前角过大，比如超过10°CA，且启动转速很低，则可能产生逆向扭矩，损坏启动电动机。

2)基本点火提前角的修正

除了发动机转速和负荷以外,最佳的点火提前角还与诸多因素有关,例如空燃比、进气温度、冷却水温度等。因此,也需要确定这些因素所对应的点火提前角修正值或修正曲线,并存储在ECU中。

(1)温度修正。

汽油机温度和进气温度对点火提前角有重要影响。一方面,随着汽油机温度和进气温度升高,在其他条件不变的情况下,火焰传播速度提高,点火提前角应相应减小。另一方面,汽油机温度和进气温度升高会使爆震倾向加剧,这就必须减小点火提前角。

(2)启动后和暖机修正。

启动结束后,ECU便将基本点火提前角MAP调出并加以修正,在加浓混合气的同时,也适当增大点火提前角,使汽油机平稳运转。增大点火提前角可以降低混合气加浓的程度,因而可以减小燃油消耗率。汽油机温度越低,启动后点火提前角增大的程度越大。经过短暂的时间后就恢复到正常的点火提前角,具体恢复要根据运行状况来确定。

暖机阶段跨越怠速、部分负荷和全负荷各工况,具体情况应根据汽油机的温度来确定。当汽油机温度处于暖机温度范围内,点火提前角需根据汽油机温度进行修正。但这种修正的数学模型分别依照怠速、部分负荷和全负荷各工况而定。

(3)倒拖修正。

进入倒拖工况时,如果立即停止喷油,汽油机扭矩会突然降至零,对汽车产生相当于突然制动的效果,影响驱动性和平稳性。为使转矩逐步降低,要在进入倒拖工况前先逐步减小点火提前角,然后再切断喷油。

退出倒拖工况,并恢复喷油时,应先采用较小的点火提前角,然后逐步将点火提前角增加到正常值,使扭矩逐步增大。

(4)过渡工况修正。

负荷变化量和变化速度会影响汽油机的过渡工况,在调整点火提前角时,应该避免发生强烈的加速爆震,同时减少加速时过高的NO_x排放。

在某些情况下,点火提前角的阶跃式改变会使汽车突然制动或急冲,这时,点火提前角应逐步改变。

在另一些情况下,例如从部分负荷过渡到全负荷时,点火提前角应急速减小以避免爆震。

(5)工况点修正。

部分负荷工况匹配的主要目标是经济性,兼顾排放和爆震。采用略稀的混合气的同时,使排放达到标准,并且在不发生爆震的前提下,应尽量增大点火提前角以获得高的经济性能。

全负荷工况时,汽油机应发出最大功率,经济性则退居次要地位。所以,在混合气加浓、不发生爆震的前提下,应将点火提前角调整到最大转矩对应的值。与机械控制系统相比,点火提前角电控系统可完全自由地优化点火提前角,且最大转矩的实现不受零部件磨损的影响。

汽油机在全负荷时潜伏着较大的爆震危险,且爆震极限与汽油机温度和进气温度有关。在点火提前角电控系统中,ECU可在有爆震危险的负荷范围内,根据温度修正点火提前角,并通过爆震闭环控制缩短爆震安全距离,从而提高功率,降低燃油消耗率。

(6)怠速修正。

怠速工况参数匹配的目标是保证运转稳定的前提下尽量降低怠速转速,以便减少燃油消耗率和有害气体排放。怠速时增大点火提前角可提高转矩,有利于汽油机运转稳定,为降低怠速转速提供了可能性;或者,在相同的怠速转速下可减少喷油量。

点火提前角机械控制系统由真空式或离心式提前装置决定点火正时。怠速时节气门全闭,与启动时相同,进气管的真空度与启动时相近;怠速时转速虽然比启动时高一些,但差别不大。所以,怠速时的点火提前角只比启动时的点火提前角略大一点,限制了怠速时点火提前角的增大。这种系统中的怠速混合气必须加浓,保持$\lambda<1$,才能保证发动机稳定运转。

在点火提前角电控系统中,怠速与启动时的点火提前角是分别控制的。怠速的点火提前角可以大幅度增加,而混合气可保持$\lambda=1$,不仅节省了燃油,也为采用λ闭环控制、提高三效催化转化器的转化效率创造了条件。

(7)换挡修正。

电子变速箱在调整传动比时,以电子方式减小点火提前角,使汽油机转矩下降。

全负荷时调整传动比特别不利,此时汽油机转矩大,调整传动比的操作不平稳。减小点火提前角后,全负荷的传动比调整可与部分负荷时的相同,实现平稳操作。调整传动比完成后,点火提前角再恢复正常值。

(8)点火提前角限值。

点火提前角不得超出规定的最大值和最小值,太大,即点火太早,会产生爆震或逆向转矩;太小,即点火太迟,甚至在上止点后,会使燃烧过程恶化。两种情况均影响汽油机的经济性和动力性。

2. 反馈控制(闭环控制)

汽油机点火控制的目标是为每缸、每循环的燃烧过程寻求并实施最佳的点火提前角,从而获得最佳的经济性能、动力性能和排放性能。一般来说,最佳的点火提前角不仅与发动机燃烧系统的设计和匹配有关,更是受到运行条件(包括转速、负载、温度、空燃比、老化等)和环境条件(包括大气压力(海拔)、温度和湿度等)的影响。

在点火正时前馈(开环)控制中,点火提前角的控制逻辑是:首先,根据传感器采集到工况数据(一般转速和负荷),查表得到基本的点火提前角;然后,考虑当前特殊的运行条件,根据提前标定的修正值或修正曲线,对基本的点火提前角进行修正,从而确定点火提前角的执行量。所述点火提前角的确定过程依赖于一系列提前标定好的表或者数据,而这些数据是在实验室条件下通过发动机标定试验确定下来的。所述标定试验不能考虑油品的差异、发动机的制造误差、发动机的老化,以及发动机在实际运行过程中多变的环境条件,然而,这些因素都会影响最佳的点火提前角。因此,前馈控制或者开环控制不能在上述不确定条件中获得最佳的燃烧性能,从而提出了对反馈控制或者闭环控制的需求。

要实施点火正时的闭环控制,首先要解决的问题是确定被控变量(反馈变量)Y。被控变量Y必须是能表征燃烧品质的特征变量。最常选择的两个控制变量Y分别为:缸内峰值压力对应的相位($\varphi_{P\max}$),燃烧重心CA50(φ_{Q50})。对于$\varphi_{P\max}$,选其控制目标通常选为$\varphi_{P\max}=12°\sim16°$CA ATDC;而对于$\varphi_{Q50}$,其控制目标通常选为$8°\sim10°$CA ATDC。相较而言,选$\varphi_{Q50}$作为被控变量更为普遍一些。

其次要解决的问题是在燃烧过程中在线测量和计算被控变量φ_{Q50}的值。可行的方法包括：利用离子流信号估计 φ_{Q50}，利用爆震信号估计 φ_{Q50}，利用缸内压力信号计算 φ_{Q50} 等。相比于离子流信号和爆震信号，缸内压力信号更能直接地反映缸内燃烧过程，计算 φ_{Q50} 的精度最高，是最理想的控制信号。基于缸压信号开发燃烧信息反馈系统，进而实现燃烧过程的闭环控制能够获得最佳的控制效果，但在工程应用层面仍存在难点：

(1)缸压传感器价格昂贵，且需要配合高精度的角标系统，无法满足大批量工业应用的成本需求。因此，开发低成本的燃烧信息反馈系统显得尤为重要。

(2)发动机燃烧控制是基于循环的控制系统，即控制步长是一个发动机循环。控制系统的信息流一般为：对缸压传感器采集的包括当前循环在内的连续 N 个循环的缸压数据进行移动平均，根据平均后的缸压数据计算被控变量 φ_{Q50} 的值，并将此值作为反馈量，与控制目标（比如 8°CA ATDC）进行比较，基于偏差进行运算，确定下一工作循环的点火提前角 φ_{ign}。其中，对缸压数据进行移动平均处理的目的是考虑发动机的循环波动问题，调节移动平均窗口的长度 N，一般取 10，兼顾控制系统的稳定性和跟随性。这就意味着，需要在发动机 ECU 中开发一个固定的内存空间，通过堆栈操作，存储 N 个循环的缸压数据，并且需要在一个工作循环的时长内，对 N 个循环的缸压数据求平均值，且计算出 φ_{Q50}，这对 ECU 的内存以及计算能力都提出了很大的挑战。

最后要解决的问题是控制算法的设计。分解来看主要是如下几个问题：

(1)控制目标的给定。φ_{Q50} 的最佳取值对于不同的机型，不同的燃烧模式，以及不同的运行工况应该有所不同，一般可通过台架标定试验确定下来。在工程上，常常简化处理为一个固定值，8～10°CA ATDC。除此之外，也可采用最优控制，以发动机热效率或功率最大化为控制目标，应对发动机老化，以及实际运行过程中环境条件多变等问题。

(2)燃烧过程的建模。面向控制的燃烧模型（$\varphi_{ign} \rightarrow \varphi_{Q50}$）不能太过复杂，否则无法在 ECU 中进行计算。从 φ_{ign} 到 φ_{Q50}，涉及非常复杂的流动、燃烧和传热过程，影响因素众多，且存在一定的随机性，因此，要在机理层面上建立足够精度的、面向控制的燃烧模型是非常困难的。必须在模型的预测精度和计算复杂度之间寻求平衡，建立合理的经验模型；且把模型所体现的确定性规律之外的影响因素及其规律视为不确定成分，放在控制算法中进行解决。也可设计适当的自适应规则或学习过程，在不影响计算复杂度的情况下，不断地对模型进行修正，减少不确定成分的比例。

(3)控制器算法设计。基于给定的控制目标，以及所建立的燃烧模型，设计合适的控制算法，包括 PI 控制、模糊控制、预测控制等，通过运算确定 φ_{ign}，由点火系统执行。

3.3.4 爆震及控制

1. 爆震（敲缸）现象及原因

在汽油机压缩形成末期，给定的点火提前角位置，火花塞跳火，并形成火焰核心，而后，火焰锋面开始向周围发展，产生火焰传播。火焰锋面将整个燃烧室区域大致分为两个部分，已燃区域和未燃区域。未燃区域油气混合气通常又被称为末端混合气。燃油燃烧所释放的能量是已燃区域（特别是锋面位置）的压力和温度急剧升高，压缩末端混合气，加之燃烧火焰会产生热辐射，以及未燃区域高温部件的传热作用，从而使得末端混合气的温度和压力升高。在一定的条件下，部分末端混合气会在火焰锋面形成之前自发着火，生成一个或多个火焰核心，如图 3-48 所示。末端混合气的燃烧准备过程充分，属容积式发火，燃烧强度高，其火焰传播速度是正常燃烧时火焰传播速度（约 20 m/s）的 10～100 倍，压力以激波形式在燃烧室内传播,产生剧烈的压力振荡,激发零件振动发出金属敲击声。这种现象称为爆震或者敲缸。爆震会破坏润滑油膜和零件的流体附面层,使汽油机热负荷增大,热效率下降,零件过热甚至损坏。爆震是汽油机强化,以及效率、功率等性能提升的限制性因素。

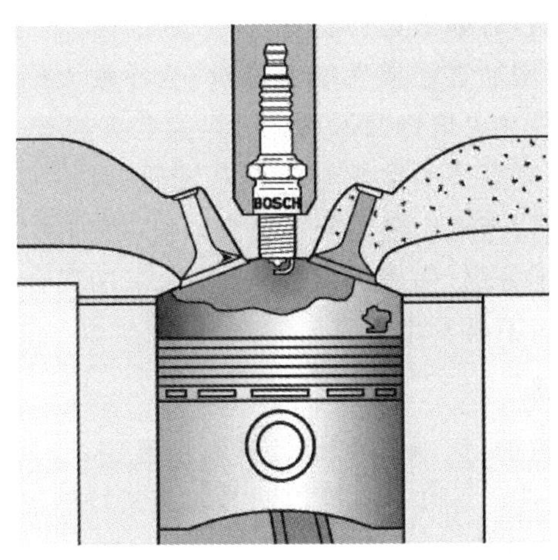

图 3-48 汽油机爆震现象

此外,早燃也会导致汽油机工作不稳定,压力振荡,并且伴随沉闷的敲缸声,这种现象又被称为超级爆震。早燃是指汽油机缸内混合气在火花塞点火之前,被燃烧室内局部炽热点点燃的现象。造成这种反常现象的主要原因是,发动机在重负荷下工作过久或因某种原因而造成温度过高,使燃烧室内火花塞两电极、排气门顶部、活塞顶部的炭渣,以及燃烧室内的某些尖凸之处受热过高,散热不良而形成热点。这些局部热点相当于点火火源,起了与电火花相似的作用,但是其点燃的时刻毫无规律,无法控制。如果早燃的时间比正常点火时间提前很多,就会诱发超级爆震,使发动机的功率显著下降,损坏发动机部件。

后面我们主要讨论第一种爆震情况。爆震发生时气缸内的压力分布不均匀,在同一时刻安装在燃烧室不同位置的传感器所测得的压力值及波动过程也不一样。爆震有一定的随机性。一个气缸的各个工作循环之间,由于进气混合气的组成、缸内气体流场、点火核心以及燃烧速率的差异,因此并不是每一个循环都发生爆震。多缸机各气缸之间的压缩比、进气条件、燃烧室冷却等因素也存在差异,某些气缸发生爆震时,另外一些气缸不一定爆震。

加速爆震发生在大负荷情况下由低转速向高转速过渡时,例如重载车辆在路口交通信号由红灯转为绿灯、驾驶员急欲通过而突然加大油门,此时汽油机转速较低,能听见爆震响声;高速爆震发生在大负荷、高转速时,这种爆震的响声被发动机高转速下的强烈噪声所淹没,不易听见。

轻微爆震发生在燃烧过程后期,压力波动的振幅很小,有助于激活燃烧;严重爆震发生在燃烧过程早期,此时气缸压力较高,大的压力波动幅值会激励结构振动产生刺耳的噪声。

汽油机爆震的影响因素包括:

(1)点火提前角。过大的点火提前角会使得末端混合气的压力和温度快速升高,从而提前自发着火。

(2)充量密度。发动机负荷增加,以及发动机强化程度增大,都会导致缸内充量密度增大,压缩末期的缸内压力和温度也会相应增加,有利于末端混合气自发着火。

(3)燃油品质。燃油的辛烷值表征了燃油的抗爆性能,辛烷值越高,越不容易爆震。

(4)压缩比。压缩比增大,会导致压缩终了时缸内混合气的温度和压力升高,有利于末端混合气自发着火。

(5)散热性能。发动机缸内的散热性能会直接影响末端混合气的温度,散热能力降低会导致末端混合气的温度升高,有利于其自发着火。

(6)燃烧室结构。比如增加缸径或者增大排量,会导致火焰传播的时间增长(因为距离增加了),增大了末端混合气在火焰锋面形成之前自发着火的概率。

(7)喷射系统类型。直喷系统的爆震倾向相对较低,因此可以采用更大的压缩比,从而提高发动机效率。对于均质、当量比燃烧的直喷汽油机,燃油的蒸发潜热会降低混合气的温度,从而降低爆震倾向;对于分层、稀燃的直喷汽油机,末端混合气的当量比较低,着火所需的能量较大,难以自燃,从而不易发生爆震。

2. 爆震极限与安全距离

对于确定的汽油机和燃油,影响爆震的诸多因素已定,负荷和转速需要随运转要求而变,不能为避免爆震而任意选择。唯一能加以调节并用来控制爆震的因素只有点火提前角。

在实际的点火提前角范围内,增大点火提前角可提高动力性能和经济性能,但增大到某一数值会发生爆震。因此,定义不发生爆震的最大可能的点火提前角为爆震极限。显然,对于确定的汽油机和燃油,爆震极限由工况确定。为了避免爆震,实际实施的点火提前角必须小于爆震极限。由于爆震及影响因素都具有一定的随机性,所以,实际的点火提前角与爆震极限的距离必须大于一定值,定义该值为爆震安全距离,以曲轴转角的度数表示。

为了获得最大的动力性能和经济性能,同时又不发生爆震,应当尽可能缩小爆震安全距离。

机械式点火正时控制系统无法根据爆震信息调节点火正时,只能选用较大的爆震安全距离,通常需要 5°～8°CA。微机点火正时控制系统中通常带有爆震监测和闭环控制功能,可以最大限度地缩小爆震安全距离,甚至可以缩小到零,使之处于爆震的临界状态,从而最大化热力学效率,降低燃油消耗率,同时增大输出转矩。其实,这种轻微的、有限次数的爆震还有助于溶解燃烧室壁面特别是气门上的沉积物,使它们燃烧后与废气一起排出。此外,带有爆震监测和闭环控制的发动机,还可以使用较大的压缩比,适应多种品质的燃油。

3. 爆震控制

汽油机发生爆震时,其燃烧过程会变得不正常,缸压曲线出现高频、大幅波动。振荡的压力波传给缸体,使其金属质点产生振动加速度。爆震传感器就是通过测量测点位置的振动加速度来检测爆震的强弱。爆震传感器安装在缸体的适当位置。对于四缸发动机,安装 1 到 2 个爆震传感器;对于六缸发动机,一般安装 2 个爆震传感器。

爆震控制的信号流如图 3-49 所示。爆震传感器的输出信息经过带通滤波处理,在给定的时间窗口上对信号振动幅值的平方积分,计算振动强度 E_k,当振动强度 E_k 超过给定阈值 E_{th},则认为发生爆震,其阈值 E_{th} 一般是通过台架试验利用缸压曲线标定得到。如果判定该缸发生了爆震,便将该缸的下个工作循环的点火提前角在点火正时 MAP 数据的基础上推迟一个固定的量,例如 1.5 °CA 或 3.0 °CA。如果该缸下个工作循环仍发生爆震,便将该缸下下个工作循环的点火提前角继续推迟一个相同的量。如果不发生爆震,便以比推迟点火时小得多的步幅慢慢地增大点火提前角,直至恢复到 MAP 中的数据(见图 3-50)。采用这种方式可将爆燃安全距离缩减到最小,从而使汽油机得到最佳热效率。

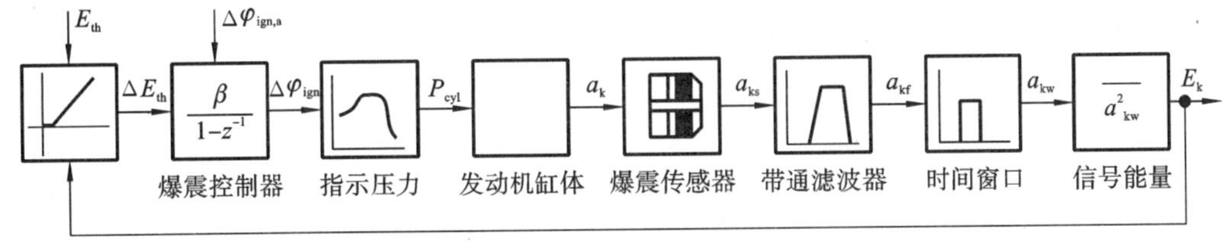

图 3-49 爆震控制的信号流

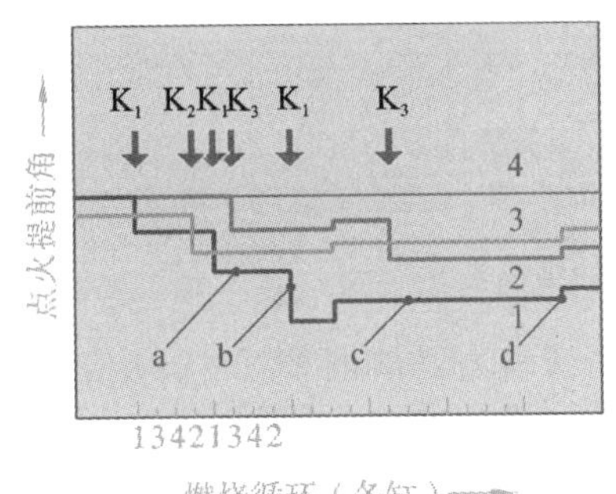

说明：
K_1、K_2、K_3：对应编号的缸发生了爆震
a：推迟点火正时延迟执行的时间
b：推迟点火正时的单次调节幅度
c：恢复点火正时延迟执行的时间
d：恢复点火正时的单次调节幅度

图 3-50 爆震控制中点火提前角的调节过程

爆震控制的目的并不是使汽油机完全不发生爆震，而是一种统计上的行为，避免爆震现象的连续发生。轻微、有限次数的爆震对提高发动机效率，以及功率输出等都是有利的。即使在单个工作循环，爆震控制的最佳状态是使发动机处于爆震的临界状态，可以获得最大的热效率。

必须指出，同一汽油机，由于制造、控制上的偏差和结构因素，各缸的爆震倾向不完全相同，所以爆震的识别和控制是分缸进行的，各缸的爆震极限和门槛值也可以不同。

ECU 可以存储不止一种点火提前角 MAP，根据使用的汽油不同进行切换。

汽油机发生爆震时，气缸压力出现较大幅度的波动，激励结构产生振动，在燃烧气体出现强烈闪光的同时，气体也会产生电离现象。检测这些信号，也可以判断爆燃的发生。

3.4 汽油机排放及控制

3.4.1 汽油机尾气中的主要污染物

图 3-51 为当量比燃烧（$\lambda=1$）时，汽油机尾气的组成成分。其中，水（H_2O）、二氧化碳（CO_2）和氮气（N_2）为主要成分，相应的体积占比分别为 13%、14%和 71%；而污染物的体积占比约为 1%，包括 0.1%的氮氧化合物（NO_x）、0.2%的碳氢化合物（HC）、0.7%的一氧化碳（CO）以及 0.005%的颗粒物（Soot）。NO_x、HC 和 CO 是汽油机尾气中的主要污染物，是汽油机排放控制的主要内容。汽油加颗粒物的质量排放（particulate matter，PM）一般很低，可以忽略。但颗粒物的数量排放（particulate number，PN），特别是对于直喷汽油机，在最新的排放法规中（如国Ⅵ、欧Ⅵ等）不能忽略。

CO 是烃基燃料燃烧不完全的产物，主要是在缺氧或过低温度下形成。CO 是一种无色

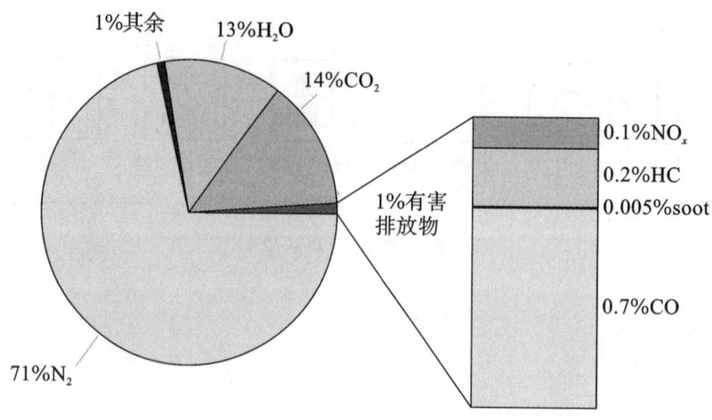

图 3-51　汽油机尾气的组成成分($\lambda=1$)

无味的气体，它和血液中输氧的载体血红蛋白的亲和力是氧的 200～250 倍。CO 和血红蛋白结合生成羰基血红蛋白，相对减少了血红蛋白的量，削弱了血液对人体组织的供氧能力。空气中 CO 的体积分数超过 0.1%时，就会出现头痛、心慌等中毒症状；超过 0.3%，则会在 30 分钟内致人死亡。

HC 包括碳氢燃料及其不完全燃烧产物、润滑油及其裂解和部分氧化产物，烷烃、烯烃、芳香烃、醛、酮、酸等数百种成分。烷烃基本上无味，它在空气中可能存在的含量对人体健康不产生直接影响。烯烃略带甜味，有麻醉作用，对黏膜有刺激，经新陈代谢转化会变成对基因有毒的环氧衍生物；烯烃有很强的光化作用，与 NO_x 一起在紫外线作用下会形成有很强毒性的“光化学烟雾”。芳香烃有芳香味，对血液、肝脏和神经系统有害。多环芳烃及其衍生物有致癌作用。醛类是刺激性物质，对眼黏膜、呼吸道和血液有害。

NO_x 是空气中的 O_2 与 N_2 在缸内燃烧所产生的高温条件下反应而生成的，其生成量取决于缸内燃烧温度、氧浓度和及反应时间。NO_x 本身毒性不大，但会在大气中缓慢氧化成 NO_2。NO_2 是褐色气体，具有强烈的刺激气味，被吸入人体后与水结合成硝酸，引起咳嗽、气喘，甚至肺气肿和心肌损伤。NO_x 是在地面附近形成含有毒臭氧的光化学烟雾的主要因素之一。

对于给定的发动机工况，过量空气系数和点火提前角是影响尾气中主要污染物排放量的主要因素，如图 3-52 所示。当过量空气系数 $\lambda<1$，空气量不足，进入缸内的燃油无法得到充分燃烧，生成了大量 HC 和 CO。过量空气系数越小，HC 和 CO 排放越多。当过量空气系数 $\lambda\geqslant1$，空气量比较充足，CO 可以充分被氧化，排放量很小。而在过量空气系数为 1.1～1.2时 HC 排放达到最小，随着过量空气系数进一步增大，会导致燃烧速度降低，燃烧温度降低，以及末端混合气不完全燃烧，甚至失火，从而使得 HC 排放急剧升高。在过量空气系数略大于 1，即 $\lambda=1.05\sim1.1$ 时 NO_x 排放达到最大；在此基础上，油气混合气无论是变稀($\lambda\geqslant1$)还是变浓($\lambda<1$)，NO_x 排放均降低。

一般来讲，增大点火提前角，会导致燃烧温度升高，从而使得 NO_x 增加；膨胀冲程后期以及排气过程中的燃气温度降低，HC 的二次氧化减弱，HC 排放相应增加。但在过量空气系数较大的时候，HC 排放随点火提前角的变化会出现相反的规律，因为在混合气极稀的条件下，燃烧速度较慢，推迟点火提前角会导致后燃比例升高，HC 排放增加。点火提前角对 CO 排放的影响不大。

从图 3-52 可知，调节过量空气系数和点火提前角，很难同时降低 HC、CO 和 NO_x 的排放，并且在调节过量空气系数和点火提前角时，还需要兼顾发动机的动力性能和经济性能。因此，要满足越来越严格的排放法规，仅靠缸内净化技术是不够的，还需要对发动机尾气中的污染物进行催化转化。三效催化转化器（three way catalyst，TWC）因为可以同时净化 HC、CO 和 NO_x 而在汽油机中被广泛使用。

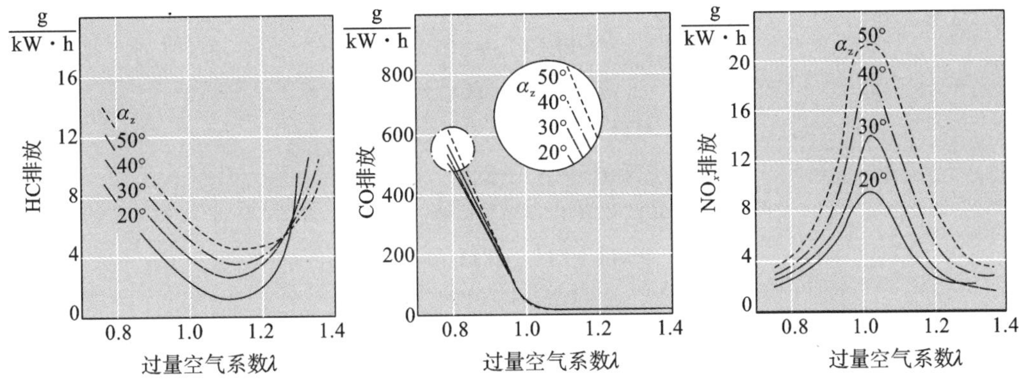

图 3-52　汽油机尾气中主要污染物随过量空气系数和点火提前角的变化规律

3.4.2　三效催化转化器

目前，无论是歧管喷射汽油机、还是缸内直喷汽油机，三效催化转化器都是实现其排放控制最有效的后处理装置，也是应用最为普遍的后处理装置，如图 3-53 所示。

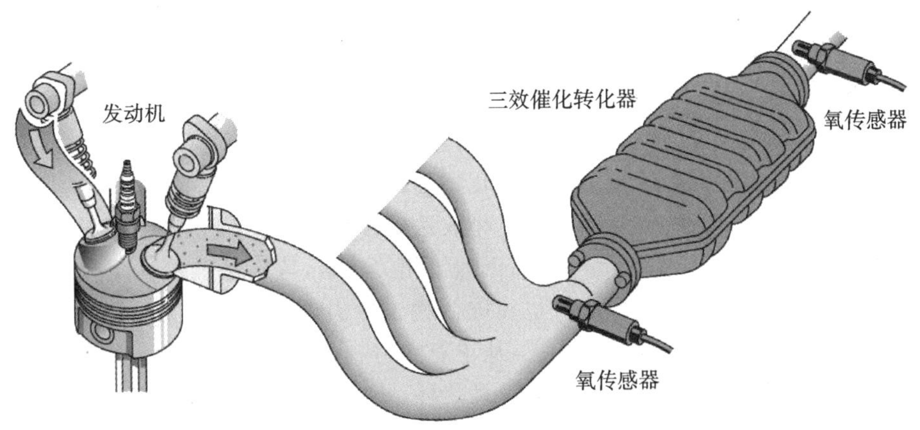

图 3-53　三效催化转化器在汽油机后处理系统中的应用

对于均质充量的汽油机，在当量比燃烧策略下（$\lambda=1$），如果工作温度适宜，三效催化转化器几乎可以完全净化掉尾气中的 HC、CO 和 NO_x。但三效催化转化器的净化效果对过量空气系数非常敏感，仅在化学当量比附近非常狭窄的区域内才能保持高的转化效率。

1. 工作原理

在汽油机尾气流经三效催化转化器载体（涂层）表面，且载体（涂层）表面的温度达到特定的温度范围时，尾气中的有害气体 HC、CO 和 NO_x 将会在催化剂的作用下发生表面化学反应，从而转化为无害的 CO_2、H_2O 和 N_2。

三效催化转化器的工作过程包括吸附、表面反应以及脱附等过程。其中，吸附过程是指反应物分子被吸附到载体(涂层)表面,准备参与表面反应的过程;表面反应过程是指反应物分子在催化剂表面的活性中心发生氧化、还原反应的化学动力学过程;脱附过程是指在表面反应结束后,生成物从催化剂表面的活性中心脱离出来,为表面反应的继续进行空出活性位的过程。

三效催化转化器中所发生的化学反应包括 HC、CO 的氧化反应,以及 NO_x 的还原反应。主要反应如下:

$$2CO+O_2 \rightarrow 2CO_2$$

$$CO+H_2O \rightarrow CO_2+H_2$$

$$4CH+5O_2 \rightarrow 2CO_2+2H_2O$$

$$2NO+2CO \rightarrow 2CO_2+2N_2$$

$$2NO_2+2CO \rightarrow 2CO_2+2N_2+O_2$$

$$2NO+2H_2 \rightarrow 2H_2O+N_2$$

$$2\ H_2+O_2 \rightarrow 2H_2O$$

从总量反应来看,HC、CO 为还原剂,NO_x 以及尾气中残余的 O_2 为氧化剂。当过量空气系数 $\lambda=1$ 时,尾气中的 O_2 含量很少,约 0.5%;微量的 O_2 以及 NO_x 中的 O 恰好能够将 HC、CO 氧化成 CO_2 和 H_2O,彼此平衡,达到同时净化的目的。当 $\lambda>1$ 时,尾气中存在着富余的 O_2,HC、CO 首先被 O_2 氧化,剩余的 HC、CO 不足以将 NO_x 全部还原成 N_2,从而会有部分 NO_x 流出三效催化转化器。相反的,当 $\lambda<1$ 时,由于未完全燃烧,会产生大量的 HC、CO,且因为燃烧温度降低,NO_x 的生成量会减小,从而不足以将所有的 HC、CO 氧化成 CO_2 和 H_2O,未完全氧化的 HC、CO 则会流出三效催化转化器。

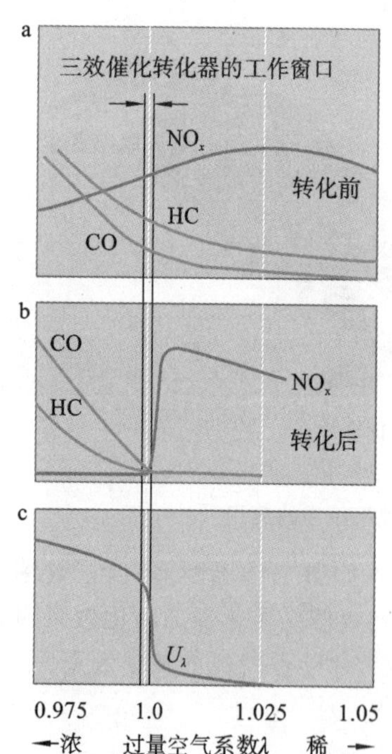

图 3-54 三效催化转化器的净化效果与过量空气系数之间的关系

如图 3-54 所示,三效催化转化器对过量空气系数非常敏感,仅在 $\lambda=1$ 附近非常窄的范围内(称为空燃比窗口),才能起到好的净化效果,这对 λ 的控制精度提出了很高的要求。不同阶段的排放法规,对三效催化转化器的转化效率以及 λ 的控制精度的要求是不同的。排放法规日渐严格,对 λ 控制精度的要求越来越高;汽油机相关技术,特别是燃油系统和 λ 控制系统,也在进行相应的升级:燃油系统从化油器到电控喷射,从单点喷射、多点喷射到缸内直喷;λ 控制系统从开环到闭环,从一级闭环到两级闭环等。

目前,车用汽油机的电控系统基本上都有 λ 闭环控制功能。在 λ 闭环控制系统中,由于系统迟滞等,λ 的控制结果一般是在 1 附近一定误差范围内振荡。振荡频率和幅值的变化(表征了 λ 的控制精度)对三效催化转化器的性能有很大影响。通过向催化剂中添加稀土元素铈 Ce,则可使三效催化转化器具有一定的储氧能力。Ce 有两种氧化态,Ce^{3+} 和 Ce^{4+},氧化还原反应 $Ce^{3+} \leftrightarrow Ce^{4+}$ 赋予了 Ce 元素的储放氧功能。具有储氧功能的三效催化转化器在 $\lambda>1$ 时存储 O_2,在 λ

<1时释放 O_2，从而能够在一定程度上适应 λ 的波动。三效催化转化器的储氧能力受载体(涂层)中Ce元素含量及其分布状况的影响。提高三效催化转化器的储氧能力，则可以适当降低 λ 的控制精度，反之亦然。

2. 温度特性

三效催化转化器中的各化学反应的进行需要一定的能量，所需能量阈值称为该化学反应的活化能。图3-55示意了HC氧化反应所需的活化能。在三效催化转化器中，这些化学反应所需的能量是由尾气中的热能提供的，因此，对温度也就有了要求。将三效催化转化器转化效率为50%所对应的温度称为起燃温度。三效催化转化器载体(涂层)中的催化剂，包括铂(Pt)、钯(Pd)、铑(Rh)，可以起到降低活化能的作用，即降低了相应的起燃温度。具体某反应的活化能，或者起燃温度，在很大程度上取决于各自的反应物。在三效催化转化器中，一般只有当工作温度超过300 ℃，HC、CO和 NO_x 的氧化、还原反应才会开始进行。当工作温度在400 ℃ ～ 800 ℃范围时，HC、CO和 NO_x 的转化效率达到最大，且在此温度范围内工作，三效催化转化器的寿命也长。

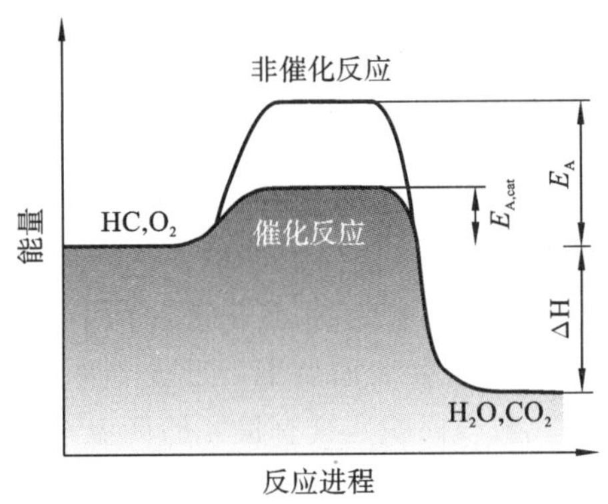

图3-55　HC氧化反应所需的活化能

当工作温度超过800 ℃，三效催化转化器涂层晶相开始发生变化，比表面积骤降，活性贵金属颗粒烧结，产生高温劣化。三效催化转化器不能长时间处于这一工作状态。当工作温度超过1000 ℃，高温劣化会急剧增加，从而导致三效催化转化器严重失效。如果汽油机出现故障，例如失火，而这部分未燃烧的燃油又在排气管中被点燃，则三效催化转化器中的温度可能瞬间升高至1400 ℃，会导致载体完全融化，从而堵塞排气管。

3. 材料与结构

三效催化转化器总成主要由壳体、垫层、载体、涂层等组成，如图3-56所示。

壳体是整个三效催化转化器的支承件。壳体的材料和形状是影响三效催化转化器转化效率和使用寿命的重要因素。目前用得最多的壳体材料是含铬、镍等金属的不锈钢，这种材料具有热膨胀系数小、耐腐蚀性强等特点，适用于三效催化转化器恶劣的工作环境。壳体材料一般为409不锈钢。壳体型腔与载体尺寸匹配，过渡部分要适当引导气流的运动，优化气流的分布。体积较大的壳体在结构上设加强筋以提高刚度。

垫层是载体与壳体之间的一块儿软质耐热材料。垫层具有特殊的热膨胀性能，可以避免载体在壳体内部发生窜动而导致载体破碎。此外，载体还具有隔热性，减小散热，加快催化剂起活；同时可减小载体内部的温度梯度，从而减小载体的热应力和壳体的热变形。此

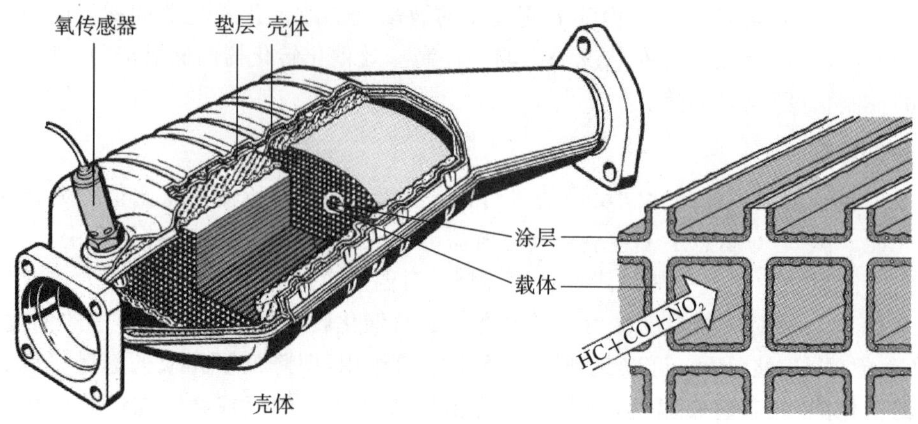

图 3-56　三效催化转化器总成

外，垫层还可以补偿陶瓷与金属之间热膨胀性的差异，保证载体周围的气密性。常见的垫层有金属网和陶瓷密封垫层两种形式。

载体有陶瓷蜂窝载体（90%）和金属蜂窝载体（10%）两种形式。陶瓷蜂窝载体多采用堇青石，具有快速起燃、耐热性好、机械耐久性好等优点，可通过减薄壁厚、增加孔密度等方式增加载体的几何表面积。金属蜂窝载体是由 0.03～0.05 mm 的波纹状薄片卷绕和焊接而成的。相比陶瓷蜂窝载体，金属蜂窝载体具有更大的几何表面积（大 40%），且其流动阻力更小，耐振动性更好；但其耐热性差，费用也高（高 50%）。

涂层又称为第二载体，主要成分是氧化铝、氧化锆和稀土氧化物（氧化铈），氧化铈具有储放氧的功能。浆状涂层材料涂在载体表面烘干后形成非常疏松的多孔结构，可以极大地催化反应的表面积（7000 倍于几何表面积），具有良好的高温水热稳定性。在涂层表面散布着活性组分。活性组分一般为贵金属，如铂（Pt）、钯（Pd）、铑（Rh）等。铂（Pt）和钯（Pd）用于催化 CO 和 HC 的完全氧化反应；铑（Rh）用于控制 NO_x 的还原反应。催化剂的配方应根据实际应用场景进行选择和匹配，其中空燃比窗口和起燃温度是两个重要的参考因素。

4. 失效形式

三效催化转化器的失效形式主要包括高温失活、化学中毒，以及沉积物覆盖和堵塞。

（1）高温失活。

发动机排气温度的变化范围很大，在怠速工况运行时的温度一般为 300 ℃～400 ℃，在低速、中速常用工况运行时的温度为 400 ℃～600 ℃，在高速全负荷工况运行时的温度为 900 ℃，在冷启动过程中会低于 300 ℃，当失火等异常情况下产生的未燃混合气在排气管中被点燃时的瞬时温度会超过 1400 ℃。如果三效催化转化器长时间暴露在 800 ℃以上的环境下，催化剂的活性组分易挥发，涂层易剥落，载体氧化铝也会发生相变，使贵金属活性组分和助剂氧化铈晶粒长大、烧结和聚集，催化剂的比表面积快速下降，而使催化剂失活，且在高温环境下，铈助剂等储放氧的能力也会降低。

（2）化学中毒。

燃油和润滑油中的硫、磷，抗爆剂中的锰、铅等元素及其氧化物会吸附在催化剂的活性表面，并形成一种化学络合物，造成催化剂中毒失效。其中，铅中毒往往是不可逆的，催化剂在含铅气氛中工作几十小时就会完全丧失活性。而对于硫、磷中毒，催化剂的活性在一定条件下可以得到恢复。

(3)沉积物覆盖和堵塞。

三效催化转化器因沉积物覆盖和堵塞失效造成发动机工作不正常是目前低排放汽油机很普遍的问题，最常见的形式为燃油胶质和积炭覆盖在催化剂表面而造成的失效或堵塞。极端情况下，尾气温度超过 1400 ℃，陶瓷载体会被融化，从而堵塞排气管。

3.4.3　氧传感器

氧传感器是 λ 闭环控制系统中的关键部件，其作用在于检测发动机尾气中的氧浓度，获得空燃比数据，将其转换为电压信号，反馈给 ECU；比较空燃比的测量值与目标值($\lambda=1$)，根据偏差控制喷油量的大小，将空燃比稳定在理论值附近，保证三效催化转化器的转化效率。

根据传感元件材料，氧传感器有氧化锆型和氧化钛型 2 种，氧化钛型也称为电阻型热电偶。目前，市场上主要的氧传感器都是锆系氧传感器，因为锆系氧传感器寿命较长，也相对稳定。

根据是否集成加热元件，可以分为非加热型氧传感器(1 线/2 线)和加热型氧传感器(3 线/4 线)。非加热型传感器主要利用废气的余热进行加热，一般装配在离发动机排气口较近的排气管上。而加热型氧传感器内部集成有加热器件，可利用系统供电电压强制使氧传感器加速预热，促使其快速反应，及早进入 λ 闭环控制模式；可以装配在发动机排气管的远端。

根据功能或安装位置，可以分为控制用氧传感器和诊断用氧传感器。控制用氧传感器俗称前氧，安装在三效催化器的上游位置，可单独测量发动机废气中的氧浓度，生成电压信号反馈给 ECU，实现 λ 闭环。诊断用氧传感器俗称后氧，安装在三效催化转化器的下游端，用以监测前氧、三效催化转化器是否仍然处于最佳工作状态，并根据偏移情况确定喷油量的补偿值。

按输出信号与空燃比的关系，可以分为开关型(也称浓差型)和连续型，连续型氧传感器包括界限电流型氧传感器和宽域氧传感器等。开关型氧传感器只能显示浓或稀两种状态而不能显示浓或稀的程度。界限电流型氧传感器和宽域氧传感器均可以连续检测出空燃比的值，只是测量范围有所不同。界限电流型氧传感器主要应用于稀薄燃烧；而宽域氧传感器的测量范围一般是 $\lambda=0.7\sim\infty$。

目前，在汽油机的 λ 闭环控制系统中，多用开关型氧传感器和宽域氧传感器。

1. 开关型氧传感器

开关型氧传感器的核心元件是氧化锆陶瓷管，亦称锆管(见图 3-57)。锆管是一种能传导氧离子的固体电解质，固定在带有安装螺纹的固定套中，内外表面均覆盖有多孔铂膜，其内表面与大气相通，外表面与尾气接触。

锆管的陶瓷体是多孔的，在高温和铂催化剂的作用下，渗入其中的 O_2 会发生电离，变成氧离子。由于锆管内、外侧的氧含量不一致，存在浓度差，因而氧离子从内侧(大气侧)向外侧(尾气侧)扩散，从而使锆管成为一个微电池，在两个铂电极间产生电压。浓差电势的大小可以根据能斯特公式进行计算，与内、外侧氧分压的比值相关。氧传感器的工作特性如图 3-58所示。

锆管表面的铂膜既起到电极的作用，又起到催化剂的作用。当 $\lambda<1$ 时，尾气中的 O_2 含

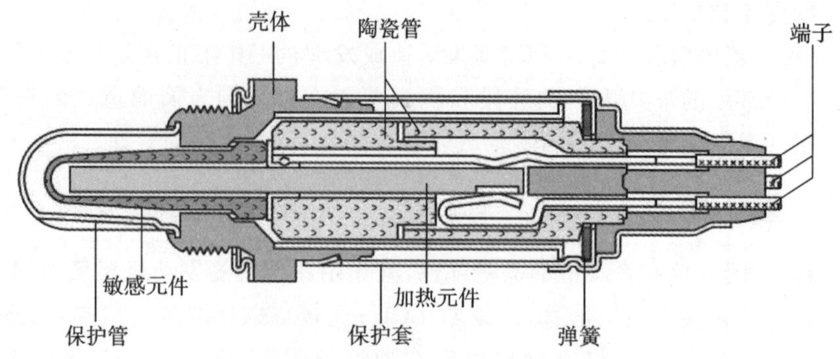

图 3-57　开关型(管式)氧传感器

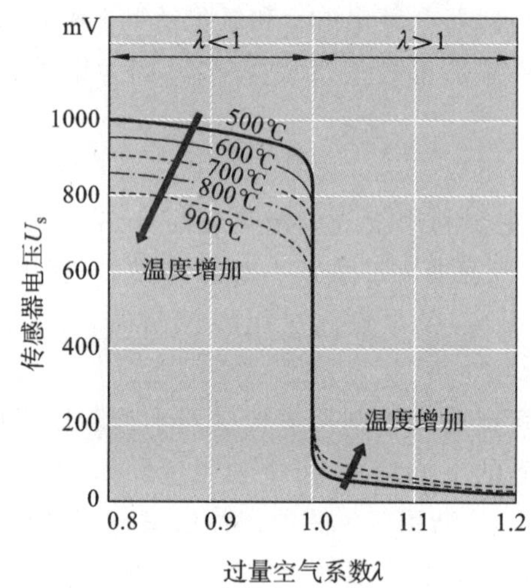

图 3-58　开关型氧传感器的工作特性

量较少，CO 浓度较大，在铂膜的催化作用下，O_2 几乎全部与 CO 反应生成 CO_2，使得锆管外表面的氧离子浓度为 0，增大了内、外侧氧浓度差(严格来说是比值)，两个铂电极之间的电位差较高，为 800～1000 mV。

当 λ>1 时，尾气中的 O_2 含量较多，CO 浓度较小，CO 不足以将 O_2 完全消耗，锆管外表面还是有多余的氧离子存在。这时，锆管内、外侧氧离子浓度的比值较小，两个铂电极之间的电位差较低，为 100 mV。

当 λ 接近于 1 时，尾气中的 O_2 和 CO 都很少。在催化剂铂的作用下，O_2 与 CO 的化学反应在缺氧和富氧之间急剧变化。因为锆管外侧的氧离子浓度在能斯特公式中处于分母的位置，因此在接近零时，浓差电势会发生急剧变化。

锆管的工作温度会影响其传导氧离子的能力。因此，氧传感器的输出电压，及其随 λ 变化的曲线形状均会受到工作温度的影响。此外，锆管的工作温度还会影响氧传感器的响应时间。在低于 350 ℃时，氧传感器的响应时间大致为几秒；而在 600 ℃的最佳工作温度下，氧传感器的响应时间不到 50 ms。350 ℃是 λ 开环控制和闭环控制的一个判据。从发动机启动开始，直到尾气温度达到 350 ℃，λ 控制才进入闭环模式，此前一直处于开环控制模式。

早期的氧传感器是非加热式的，靠废气加热，这种传感器必须在发动机启动运转数分钟之后才能开始工作。现在，大部分车用氧传感器都是加热式的，这种传感器内集成有一个电加热元件，可在发动机启动后的 20～30 s 内迅速将氧传感器加热至工作温度，λ 控制才进入闭环模式。

2. 宽域型氧传感器

宽域型氧传感器的结构和工作原理如图 3-59 所示。宽域型氧传感器包含一个能斯特单元、一个泵氧单元和一个控制单元。能斯特单元即开关型氧传感器中的锆管。能斯特单元一侧为大气室，一侧为检测室。尾气通过小孔和扩散障碍层进入到检测室。扩散障碍层的作用是为了限制尾气进入检测室的速率和流量。控制单元通过调节泵氧单元两电极之间的泵氧电流的大小和方向，从而以一定的速率将氧离子从尾气中泵入检测室，或者从检测室中泵出，控制检测室中的氧含量，使得能斯特单元的输出电压一直保持为 450 mV，即理论空燃比对应的浓差电压。集成加热器对传感器进行加热，使其快速达到 650～900 ℃的工作温度，降低废气温度对传感器的影响。

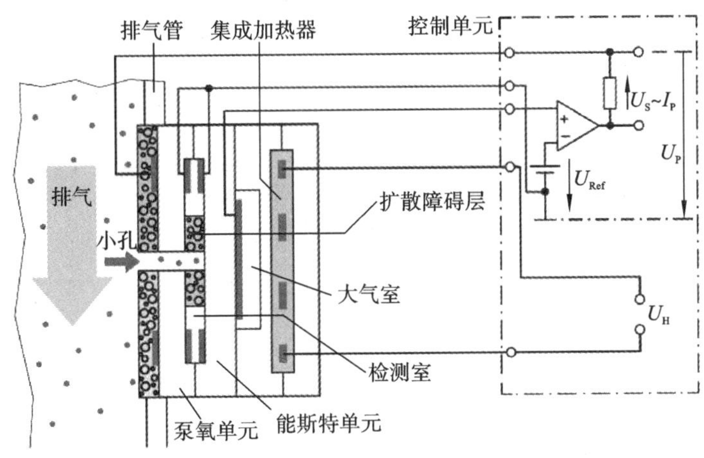

图 3-59 宽域氧传感器

当 λ<1 时，混合气太浓，尾气中的氧含量下降，扩散到检测室的氧含量也相应下降，能斯特单元的输出电压升高，大于 450 mV；控制单元检测到能斯特单元的输出电压>450 mV，则会调节作用在泵氧单元两电极上的泵氧电流，将氧离子从尾气侧泵入检测室，使检测室的氧含量升高，直至能斯特单元的输出电压恢复到 450 mV。

相反的，当 λ>1，尾气扩散到检测室的氧含量较高，能斯特单元的输出电压低于 450 mV，控制单元调节相应的泵氧电流，将氧离子从检测室中泵出，使检测室中的氧含量降低，直至能斯特单元的输出电压恢复到 450 mV。

泵氧电流与尾气中的氧浓度成一定的比例关系，所以通过检测泵氧电流就可以测定出相应的空燃比。宽域型氧传感器的工作特性如图 3-60 所示。

宽域型氧传感器的特性曲线比较平滑，能够连续检测出过量空气系数在 λ=0.7～4(∞)范围内的任意值。因此，λ 闭环不再是针对一个点(λ=1)进行控制，而是针对该范围内的任意值进行控制。

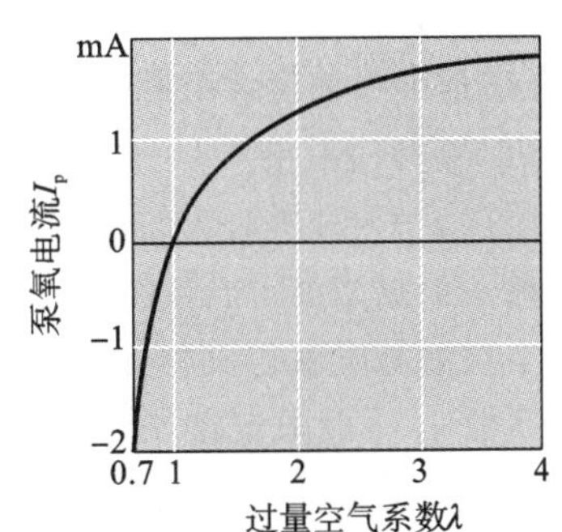

图 3-60 宽域型氧传感器的工作特性

3.4.4 λ 闭环控制

λ 开环控制是根据进气量的测量值或预测值，以及 λ 的目标值，计算出目标喷油量，然后查表确定出喷油持续时间。λ 开环控制比较简单，容易实施，但它不能自动补偿传感器的测量误差，发动机的制造误差，以及发动机老化所引起的一系列误差，无法满足现代汽油机排放的要求。三效催化转化器对 λ 控制精度有严格要求，因此，需要引入 λ 闭环控制。

在 λ 闭环控制系统中，如图 3-61 所示，3a 为控制用氧传感器，布置在三效催化转化器上游的排气管上，也称前氧，可以选用开关型氧传感器，也可选用宽域氧传感器。必要时，为了进一步提高 λ 的控制精度，或者出于诊断需要，在三效催化转化器下游的排气管上再布置一支氧传感器 3b。根据所需满足的排放法规，以及具体的后处理策略，在排气管上可以布置一个三效催化转化器，也可以拆分布置两个较小的三效催化转化器（见图 3-61 中的 4 和 5），实现更快地起活。当然，在稀燃策略下，图 3-61 中的 5 也可以指代一个 NO_x 催化转化装置，如 NO_x 储存-还原催化器（NO_x storage reduction，NSR）。

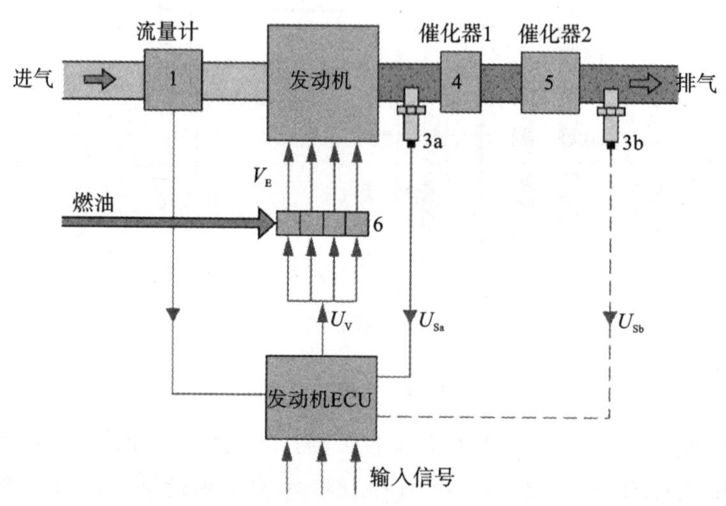

图 3-61 λ 闭环控制框图

1. 基于开关型氧传感器的 λ 闭环控制

ECU 从节气门位置传感器获得发动机的负荷信息，从转速传感器获得发动机的转速信息，查找基本喷油持续时间 MAP 得到基本喷油脉宽值。另一方面，比较氧传感器（3a）的输出电压 U_{Sa} 与门槛电压 U_{th} 的大小，来判定当前混合气是浓还是稀。门槛电压 U_{th} 是开关型氧传感器在 $\lambda=1$ 时所对应的跳变电压，通常取 450 mV。U_{Sa} 大于 U_{th} 表示当前混合气过浓，反之过稀。根据当前混合气是过浓还是过稀，确定出一个 λ 修正系数 η_λ。用 λ 修正系数 η_λ 乘以基本喷油脉宽就得到修正后的喷油脉宽，控制喷油器减少或增加喷油，使 λ 接近于 1。λ 修正系数 η_λ 一般限定在 0.95～1.05 之间。

从喷油器喷油生成混合气，到氧传感器测得这部分混合气的 λ 值，需要一定的时间，这段时间称为死时间。死时间的长短明显取决于发动机的转速和负荷，由 4 个部分组成：混合气从喷油器到气缸的流动时间，从进气到排气所经历的循环时间，从排气到氧传感器测点位置的流动时间，以及氧传感器的响应时间。由于死时间的存在，即使喷油量可使 $\lambda=1$，ECU

也无法立即知道；且开关型氧传感器无法知道 λ 偏离 1 的程度，因此无法直接给出准确的 λ 修正系数 η_λ，通过一步调节使 λ 回到 1 并一直保持下去。通常是按照一定的匹配函数，逐步调节 λ 修正系数 η_λ，其结果是 λ 只能在 1 附近的一定范围内波动，而无法一直等于 1。

图 3-62 示意了一种 λ 修正系数的调整曲线(匹配函数)。当氧传感器的输出电压 U_{Sa} 出现阶跃时(大于或小于 U_{th})，λ 修正系数 η_λ 立刻改变一个确定的数值，以便尽可能快地发挥修正混合气成分的作用。如果 $U_{Sa}>U_{th}$，则减小一个确定的数值，反之则增大一个确定的数值。紧接着，再按照给定的匹配函数以一定的斜率继续往同一个方向慢慢改变，直到 U_{Sa} 等于并超过 U_{th}；这时氧传感器的输出 U_{Sa} 再次出现阶跃，λ 修正系数 η_λ 再向相反的方向调整，如此循环往复进行。

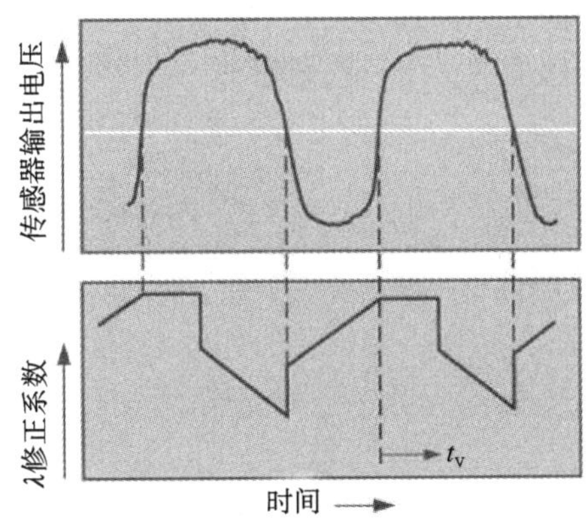

图 3-62　氧传感器的输出电压与 λ 修正系数曲线

如果 λ 的控制目标关于氧传感器阶跃点不对称，例如氧传感器的阶跃点为 $\lambda=1$，而三效催化转化器空燃比窗口是 $\lambda=0.9\sim1$，即 λ 闭环控制的调节范围并非对称分布于氧传感器电压阶跃点 $\lambda=1$ 的两侧，需要将 λ 调节范围的中心向 $\lambda<1$ 的方向偏移一点，这称为 λ 的不对称调节。实现 λ 不对称调节一般有两种方式。

(1)当氧传感器的输出电压 U_{Sa} 出现跃升(大于 U_{th})时，λ 修正系数 η_λ 先保持一定时间 t_v，再开始调低，如图 3-62 所示。不对称量可通过改变时间 t_v 进行调整。

(2)λ 修正系数不对称阶跃，即从稀到浓和从浓到稀时阶跃的高度不同。

2. 基于宽域型氧传感器的 λ 闭环控制

宽域型氧传感器能够连续检测出过量空气系数在 $\lambda=0.7\sim4(\infty)$ 范围内的任意值。因此，根据宽域型氧传感器的输出电压 U_{Sa} 可以准确测定 λ 的值，及其与控制目标(如 $\lambda=1$)的偏差量。这样，控制器可以对 λ 偏差做出更快、更准确的反应。因此，基于宽域型氧传感器的 λ 闭环控制系统具有更快地响应速度，以及更小的稳态误差。

此外，发动机怠速、启动、暖机、加速，以及全负荷等工况都需要做不同程度的加浓处理，即 $\lambda<1$，且取值各有不同。宽域型氧传感器可以在 $\lambda\neq1$ 的运行工况下，实现 λ 的闭环控制。

对于缸内直喷发动机，可以通过稀燃或分层燃烧的方式来提高燃油经济性，此时的 $\lambda>1$，甚至可以达到 10。对于稀薄燃烧的发动机，三效催化转化器本质上类似于一个氧化型催化转化器，可以净化 HC 和 CO，而不能执行 NO_x 的还原反应。因此，在三效催化转化器的下游还需要布置一个 NO_x 的转化装置，多采用 NO_x 储存-还原催化器(NSR)。氧传感器为宽域型氧传感器，用于监测和控制混合气的化学计量组成。

思　考　题

1. 简述汽油机控制技术的发展历程。
2. 简述汽油机燃油喷射系统的类型和特点。
3. 汽油机电控喷油系统的喷油持续时间是如何确定的?
4. 简述汽油机点火系统的主要类型和特点。
5. 简述点火正时开环控制原理。
6. 简述汽油机爆震现象产生的原因与控制方法。
7. 简述三效催化转化器的工作原理与失效形式。
8. 简述基于开关型氧传感器的 λ 闭环控制原理。

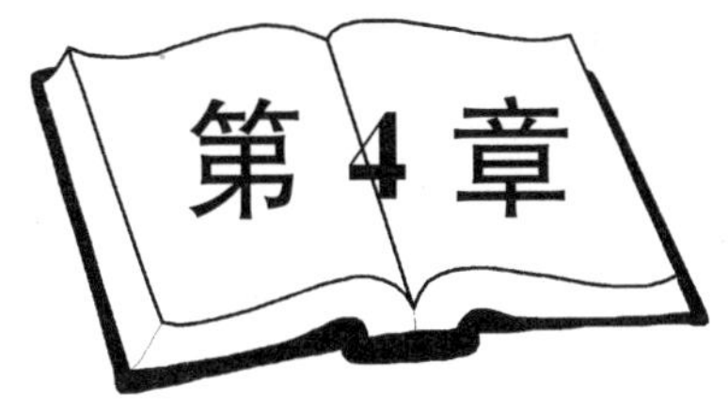

第4章 柴油机电子控制技术

4.1 柴油机电子控制系统

4.1.1 概述

柴油机具有高的动力输出和燃油经济性，是应用最为广泛的动力机械，涵盖了固定式动力装置（含固定式发电机组），乘用车，轻、重型商用车，工程机械，农用机械，铁路机车，船舶等诸多领域。早期的柴油机都是纯机械式的，但这种纯机械式的柴油机越来越不能满足各领域对柴油机性能的要求。20 世纪 80 年代，柴油机燃油系统的部分部件和功能开始被电气化、电子化，从而发展衍生出了具有不同电子化程度的电控燃油系统，标志着柴油机开始进入以电控技术为核心的发展阶段。1983 年，美国颁布加州清洁空气法案。而后，美国、欧盟、中国、日本等主要国家和组织陆续颁布了一系列的排放法规。排放法规的提出和不断升级，极大地推动了柴油机电控系统的发展（见图 4-1）。燃油喷射压力逐渐提高，从 900 bar（1989 年）逐渐提高到 1500 bar（1997 年）、2000 bar（2008 年）；燃油泵送、升压、计量、喷射等功能逐渐分离，燃油计量精度不断提高，喷油控制的灵活性不断增强，可实现早喷、预喷、主喷、后喷等多次喷射，以及喷油压力和喷油量的闭环控制。空气系统的功能逐渐增加，包括增压、EGR 等，其中，EGR 是控制柴油机 NO_x 生成量的主要手段；增压系统的构型越来越复杂，且柔性化程度越来越高，包括可变涡轮增压，双涡轮增压，以及两级涡轮增压等；通过 EGR 和增压协同控制，可以按需精确控制发动机的进气量和进气组分。自实行国Ⅳ及同等标准的排放法规以来，后处理系统已经不可或缺，且随着排放法规的升级而变得越来越复杂。电控系统协调发动机各部件或子系统工作，优化和控制发动机的工作过程，降低发动机油耗、排放和噪声，改善发动机的扭矩特性。电控系统执行所述功能所需要的传感器、执行器也大幅增加，如图 4-2 所示。根据博世公司的产品数据，从 1997 年到 2007 年，柴油机电控单元的相关性能大幅提升，数据总线宽度从 16 位增加到了 32 位，时钟频率从 20 MHz 增加到了 80～180 MHz，程序存储器大小从 0.256 MB 增加到了 2～8 MB，计算能力从 10 MIPS 增加到了 90～200 MIPS，引脚数量从 112～134 增加到了 94～222，标定参数从 4500 增加到了 15000～20000。电控系统的涉及面越来越宽，功能越来越强，电子器件的数量越来越多，质量越来越高，据统计，先进柴油机电控系统的成本已占整机成本的 50%以上。目前，国Ⅵ柴油机的主要技术特征包括：压电式喷油器，高压共轨（>2000 bar），多次喷射，双涡轮增压或可变涡轮增压，高 EGR 率，催化氧化（diesel oxidation catalyst，DOC），NO_x 选择性催化还原（selective catalytic reduction，SCR），碳烟颗粒捕集（diesel particulate filter，DPF）；拥有大约 15～20 个传感器，5～9 个主要执行器，100 张以上的控制 MAP 表，具备多种先进的控制算法，并通过一个强大的电控单元来管理和控制，如图 4-2 所示。

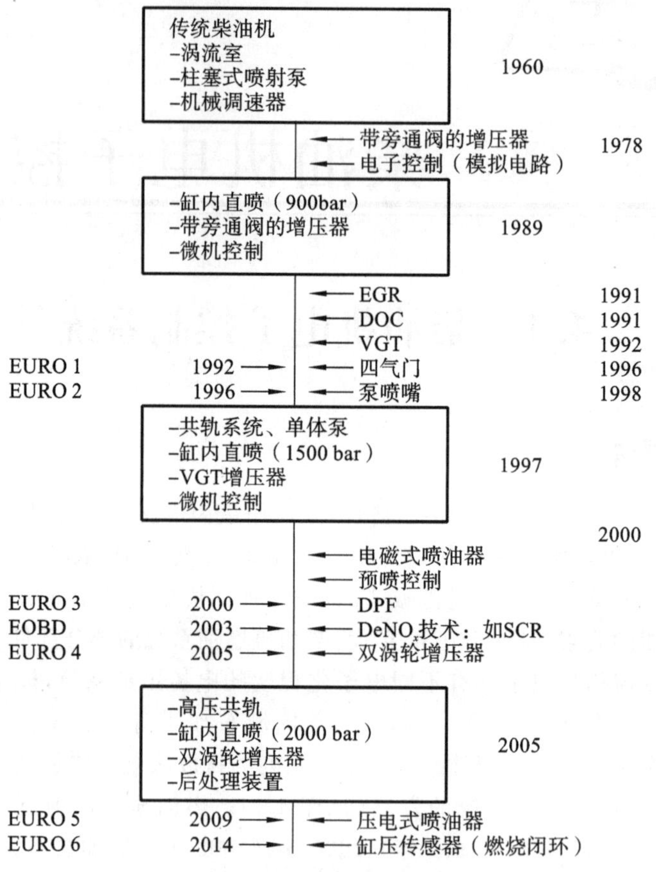

图 4-1　柴油机电控技术的发展脉络

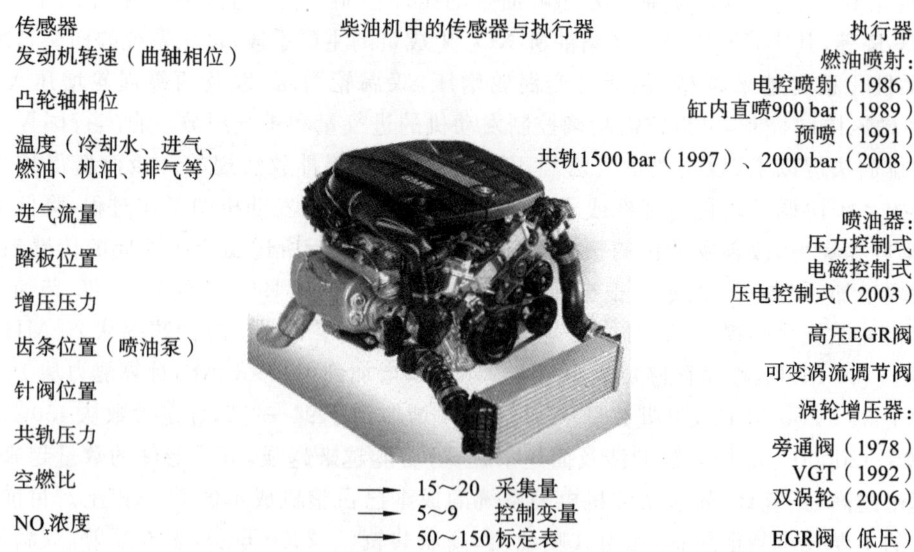

图 4-2　柴油机电控系统中的传感器与执行器

图 4-3 所示为一台增压柴油机的系统组成，包括传感器、执行器和控制器，不含后处理系统。早期的柴油机中没有增压系统，每缸、每循环的进气量基本保持不变，通过控制发动机每缸、每循环的喷油量来调节负荷，此调节过程在工程上常称为“质”调节，与汽油机的“量”调节相对。如今，绝大多数的柴油机都配有增压系统。通过增压提高发动机的进气密度，实现多进气、多喷油，从而提高发动机的功率输出，改善发动机的扭矩特性，并在一定程度上降低发动机的油耗和排放。涡轮增压器分为废气阀增压器(waste-gate turbocharger，WGT)和可变截面增压器(variable geometry turbocharger，VGT)。根据发动机的运行工况，控制涡轮旁通阀或者流通截面，可以按需调节增压压力和进气量。在部分负荷时，柴油机基本上都是稀燃运行；只有在大负荷时，过量空气系数 λ 才趋于 1。当柴油机的负荷突增时，喷油量增加，而进气量存在响应延迟，导致 λ 减小，产生冒烟。有研究表明，柴油机加速冒烟所产生的碳烟排放可占其碳烟排放总量的 50%～60%。因此，在柴油机的喷油控制中，需要设置合理的冒烟限值(λ_{min})。λ_{min} 不能太大，否则会影响加速过程中的扭矩响应，产生动力不足的驾驶感觉；λ_{min} 也不能太大，否则起不到冒烟控制的效果。一般地，$\lambda_{min}=1.1\sim1.3$，可根据发动机的运行工况进行适当的调节。

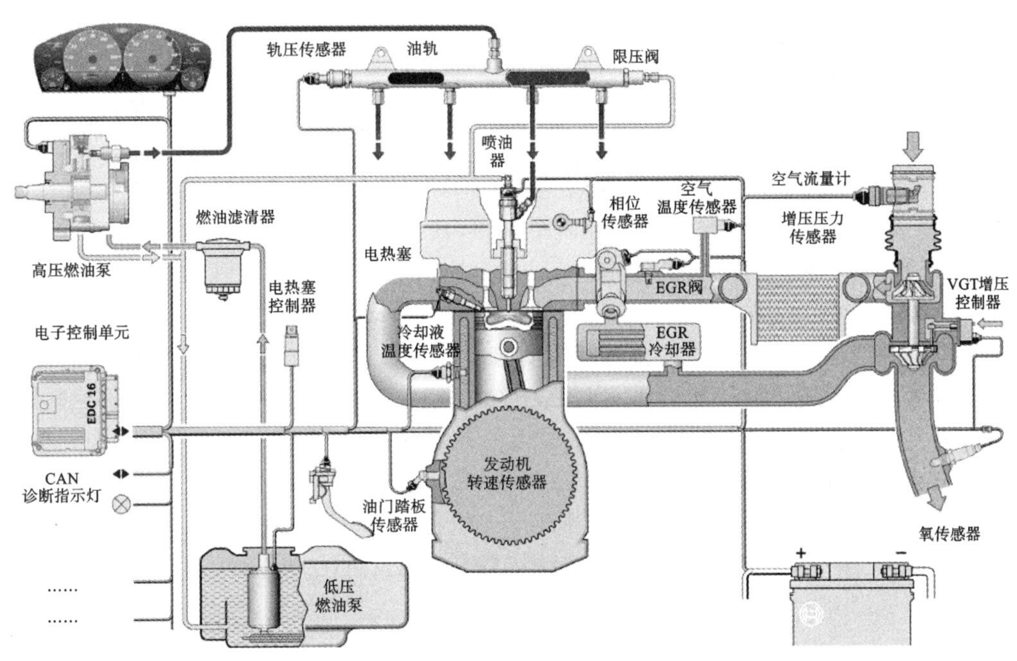

图 4-3　一台增压柴油机的系统组成，不含后处理系统

相比于汽油机，柴油机的泵气损失更小，且可采用更大的压缩比，故柴油机通常具有更好的燃油经济性能。但柴油机采用的是富氧燃烧，且燃烧温度高，会生成更多的 NO_x。为了控制柴油机 NO_x 的生成量，通常会引入 EGR。在增压压力一定的情况下，进气量不变，增大 EGR 量则会减少新鲜进气量，从而导致 λ 减小。通过调节 EGR 阀来控制新鲜进气量或者 λ，是柴油机 EGR/增压协同控制的其中一种控制方法。引入 EGR 对废气进行分流，则会减少涡轮增压器可利用的废气能量，从而影响增压压力。通过控制涡轮增压器中的涡轮旁通阀或者流通截面来稳定增压压力，是柴油机 EGR/增压协同控制的另一个控制方法。这两

种控制方法存在强耦合作用，且动态响应特性存在差异，因此，EGR/增压协同控制器的设计有一定的困难。在国Ⅵ柴油机中，EGR 和 VGT 增压器的标定需要非常有经验的工程师才能完成。

柴油机的负荷控制方式是“质调节”，即通过控制喷油量来调节负荷。ECU 根据油门踏板信号，查表、计算获得需要的喷油量。除了喷油量的控制，现代电控柴油机还会采用早喷、预喷、主喷、后喷等复杂的喷射策略，优化相应的喷油量、喷油正时、喷油压力等，从而改善油耗、排放、噪声等指标，实现综合性能最优。喷油控制的复杂度，以及标定的工作量也相应增加。

柴油机的冷却系统的控制一般是通过节温器来完成的。在发动机冷启动或暖机工况下，节温器关闭，冷却液在发动机内循环，减少热量损失，加快暖机；当冷却液温度上升超过一定阈值，节温器中的蜡制元件就会开始融化，节温器开启，冷却液流经散热器降温，达到控制温度的目的。但是，基于蜡制节温器的冷却系统，其温控目标单一，无法根据发动机工况，有差别地调节冷却液温度。为了改善冷却系统的温控能力，发展了电子节温器，进一步采用电子水泵、电子风扇灯等，发展智能热管理，对发动机甚至整车各部分温度进行精确控制，提高热管理系统效率，降低热管理系统的能量消耗。

电控柴油机中因为没有节气门，当转速超过一定的阈值，必须通过减小油量来控制柴油机的转速，防止超速飞车，损坏发动机，即所谓的调速控制。当然，车用柴油机和船用柴油机以及柴油发电机组的调速要求是不一样的，在调速控制的设计上也存在差异。柴油机的怠速稳定性也是重要的调速目标，在怠速工况时，一般需要闭环调节喷油量，以稳定怠速转速。对于车用柴油机，发动机或车辆的功率附件越来越多，在怠速时开关附件均可造成怠速波动，甚至熄火，因此，现在对车用柴油机怠速转速闭环控制性能的要求也越来越高。

图 4-4 所示为一台增压柴油机的控制结构图，其控制任务包括扭矩控制（M_{eng}），原始排放控制（即缸内净化），新鲜进气量控制（$\dot{m}_{air}$）或 λ 控制，增压压力控制（P_2），冷却液温度控制（T_{cool}）等。根据每个控制对象和控制任务的特点，可以采用不同的控制方法，包括前馈控制和反馈控制。柴油机的输出扭矩和原排量多为前馈控制，而新鲜进气量、增压压力、冷却液温度等多为反馈控制。但从严格意义上讲，扭矩控制也是反馈控制，只不过反馈控制的“大脑”是驾驶员，而不是 ECU。各个前馈和反馈的控制功能呈现出一定的分层结构。更高级别的控制功能可以分解到不同的子系统或模块中。图 4-4 显示了 7 个主要操纵变量（或指令），包括喷油量（m_{inj}）、喷油正时（φ_{inj}）、喷油压力（P_{inj}）、多喷射脉冲（U_{inj}），EGR 电磁阀的开度（U_{egr}），VGT 增压器的控制变量（U_{vgt}），冷却系统操纵变量（U_{cool}）等。

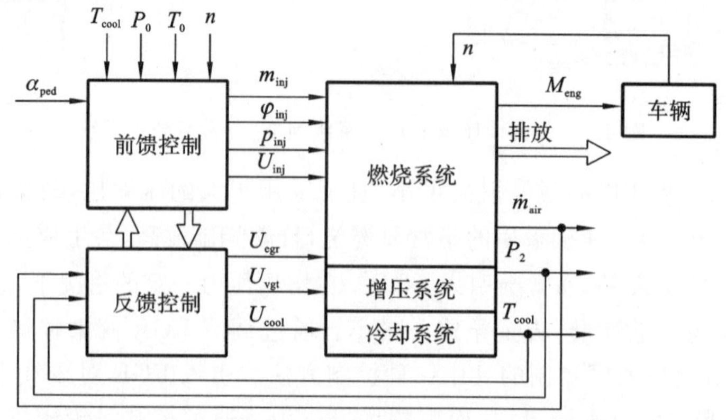

图 4-4　增压柴油机的控制结构（5～8 个输出变量，6～8 个操纵变量，不含后处理系统）

随着排放法规日趋严格，仅仅采用缸内净化技术已不能满足排放法规的要求。对于国Ⅳ及以上法规，一般都需要采用相应的后处理技术。后处理系统随着排放法规的升级而变得越来越复杂。催化氧化(DOC)是柴油机后处理过程的第一步，在DOC中，HC、CO以及部分碳烟会发生氧化反应，生成CO_2和H_2O。未被氧化的碳烟颗粒会经颗粒捕集器(DPF)进一步过滤，过滤效率可达到90%，但沉积在DPF上的Soot会堵塞DPF，导致排气背压升高。当排气背压达到16～20 kPa，柴油机的动力性能和经济性能就会明显恶化，因此，必须及时清除DPF上沉积的Soot，使DPF恢复到原来的工作状态，即再生。在DPF再生控制中，需要实时监测DPF上下游的压差，估计DPF中的碳载量，并据此判断DPF的再生时刻。当DPF符合再生条件，则通过推迟主喷、增加晚喷、进气节流等措施，将排气温度提升至600℃，使DPF中的Soot氧化，生成CO_2。再生过程一般需要持续10～20分钟。DPF再生控制需要一支压差传感器、一支温度传感器。

NO_x后处理技术一般包括储存-还原技术(NSR)和选择性催化还原技术(selective catalytic reduction，SCR)两种。NSR的工作过程可分为存储和还原再生两个阶段。当稀燃条件下($\lambda>1$)，尾气中NO在催化剂的作用下与O_2反应生成NO_2，并转化为硝酸盐(如$Ba(NO_3)_2$)，吸附在催化剂表面，吸附过程一般可持续30～300 s。当NSR趋于饱和状态时，对NO_2的吸附能力则会减弱，导致NO_x排放增加，需要及时控制NSR进行还原再生。NSR还原再生，即通过进气节流以及推迟喷油等措施，使$\lambda<1$，从而降低尾气中的氧含量，并提高尾气温度；在这种情况下，催化剂表面的硝酸盐会分解释放NO_2，并在催化剂的作用下与HC、CO反应，生成CO_2、H_2O和N_2，使NSR恢复到原来的工作状态，该过程一般持续2～10 s。NSR再生控制需要一支NO_x传感器，一支λ传感器。NSR对燃油中的S含量比较敏感，因为燃烧生成的SO_2容易转化成硫酸盐覆盖在催化剂表面，导致NSR中毒。NSR多用于轻型发动机。重型柴油机一般都采用SCR。SCR即通过向排气中喷入还原剂(一般为尿素水溶液，也称天蓝)，并在催化剂的作用下使NH_3与NO_x反应生成N_2和H_2O的技术。在SCR系统中，需要精确控制天蓝的喷射量，如果过量，则会造成NH_3逃逸；反之，会降低NO_x的转化效率。因此，需要实时监测尾气中NO_x和NH_3的含量，对天蓝喷射进行闭环控制。

未来，柴油机发展的主要驱动力是继续降低NO_x、Soot和CO_2的排放。其中，降低CO_2的排放会更难，更具挑战性，需要对发动机喷油、进气、燃烧以及后处理等过程进行更加精确的管理和控制，包括：

(1)提高喷射压力到2200～2800 bar，增强雾化，提高油气混合速度，缩短喷油持续期。

(2)采用快速压电喷油器，对早喷、预喷、主喷、后喷等进行更加灵活、更加精确的控制。

(3)采用两级涡轮增压，改善涡轮增压系统的动态响应，并在尽可能宽的转速范围内获得较高的增压比，改善发动机的扭矩特性，提高加速响应。

(4)综合使用高压EGR和低压EGR，获得高的EGR率，降低NO_x的生成量；并与涡轮增压系统匹配，通过协调控制，对进气量和进气组分进行管理。

(5)对燃烧过程进行优化，甚至创新，包括均质压燃(HCCI)、部分预混压燃(PCI)、活性控制压燃(RCCI)、低温燃烧(LTC)等，这些新型的燃烧方式可同时降低NO_x和Soot的生成量，以及CO_2排放。

(6)对后处理系统实施主动热管理，使后处理装置能够快速起活，并持续处于高效运行的温度窗口；对 SCR 进行闭环控制，使 SCR 的综合转化效率达到 95%以上。

(7)对热管理系统进行电气化和电子化，发展智能热管理；对发动机、甚至整车各部分温度进行精确控制，提高热管理系统效率，降低热管理系统的能量消耗。

4.1.2 扭矩架构

现代柴油机的电控系统采用的也是基于扭矩的控制架构，其中柴油机基础扭矩模型如图 4-5 所示。M_i 是一个理想的扭矩值，记为内扭矩，表示在最优燃烧工况下，给定转速 n_{eng} 和给定喷油量 m_f 所对应的扭矩输出。$\overline{M}_i$ 为一个工作循环的平均扭矩，可表示为即

$$\overline{M}_i = f_{M_i}(m_f, n_{eng}) \tag{4-1}$$

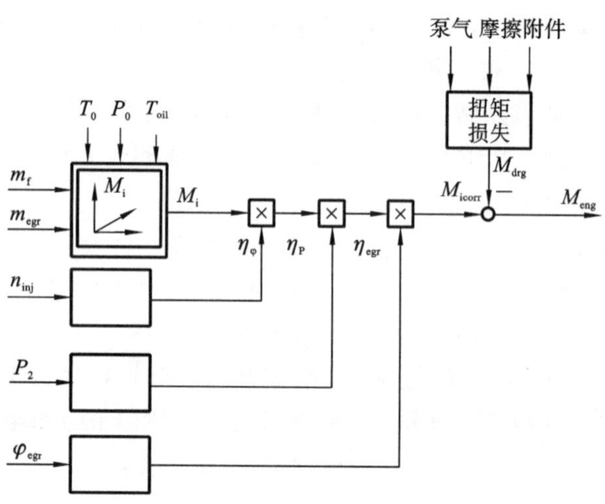

图 4-5 柴油机基础扭矩模型

$\overline{M}_i$ 为一个工作循环的平均扭矩。引入系数 $\eta_\varphi, \eta_P, \eta_{egr}$ 表示喷油正时(φ_{ing})、增压压力(P_2)，以及 EGR 量($\dot{m}_{egr}$)偏移最优燃烧工况对输出扭矩影响，得到修正后的内扭矩 $\overline{M}_{icorr}$

$$\eta_\varphi = \frac{M_i(\varphi_{ing})}{M_i} \tag{4-2}$$

$$\eta_P = \frac{M_i(P_2)}{M_i} \tag{4-3}$$

$$\eta_{egr} = \frac{M_i(\dot{m}_{egr})}{M_i} \tag{4-4}$$

$$\overline{M}_{icorr}(m_f, n_{eng}, \varphi_{ing}, P_2, \dot{m}_{egr}) = \eta_\varphi \eta_P \eta_{egr} \overline{M}_i = \overline{M}_{eng} + \overline{M}_{drg} \tag{4-5}$$

式中：$\overline{M}_{eng}$ 为发动机实际输出的有效扭矩，即离合器输入端的有效扭矩，而阻力矩 $\overline{M}_{drg}$ 为

$$\overline{M}_{drg} = \overline{M}_{g,drag} + \overline{M}_f + \overline{M}_{aux1} + \overline{M}_{aux2} + \cdots \tag{4-6}$$

阻力矩包括换气过程损失的扭矩 $\overline{M}_{g,drag}$、摩擦扭矩 $\overline{M}_f$，以及驱动附件(包括油泵、水泵、风扇、启动电动机、空调压缩机等)所需的扭矩 $\overline{M}_{aux}$。

柴油机扭矩控制的基本逻辑为：ECU 根据油门踏板信号解析出司机的需求扭矩 $\overline{M}_{eng}$，并计算阻力矩 $\overline{M}_{drg}$，以及修正系数 $\eta_\varphi, \eta_P, \eta_{egr}$，得出平均扭矩

$$\overline{M}_i = \frac{1}{\eta_\varphi \eta_P \eta_{egr}}(\overline{M}_{eng} + \overline{M}_{drg}) \tag{4-7}$$

并根据(4-1)所示 MAP，求解所需的喷油量 m_f

$$m_f = f_{M_i}^{-1}(M_i, n_{eng}) \tag{4-8}$$

上述扭矩控制的基础是一系列模型（或者通过台架试验标定得到 MAP 表），包括平均扭矩 $\overline{M}_i(m_f, n_{eng})$，阻力矩模型 $\overline{M}_{drg}(n_{eng}, m_f, T_{oil})$，喷油正时 $\varphi_{ing}(m_f, n_{eng})$，空气量模型 $m_{air}(m_f, n_{eng})$，增压压力模型 $P_2(m_f, n_{eng})$，EGR 量模型 $\dot{m}_{egr}(m_f, n_{eng})$，轨压模型 $P_{rail}(m_f, n_{eng})$ 等。

更一般地，柴油机扭矩架构中的信号处理流程与汽油机基本一致，都可分解为扭矩需求、扭矩协调、扭矩转换，以及执行器控制四个模块。在扭矩架构下，一台增压共轨柴油机的实际控制结构如图 4-6 所示。

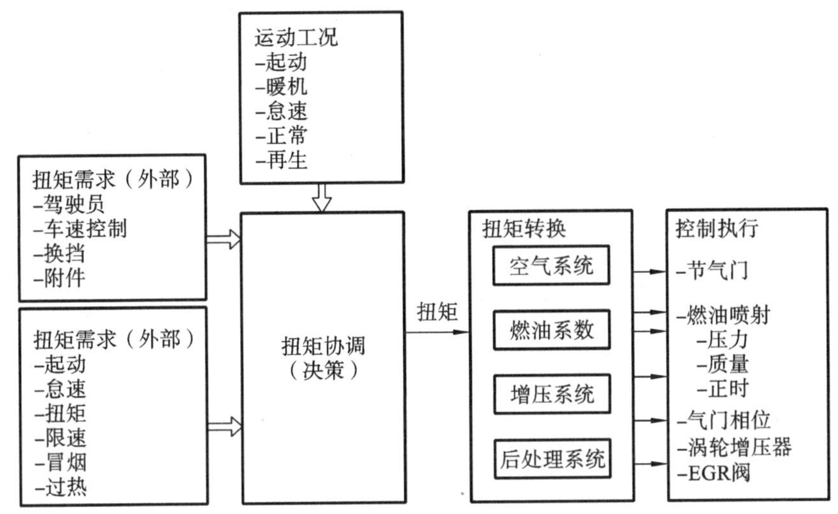

图 4-6　柴油机扭矩控制的一般架构

（1）确定扭矩需求　包括驱动车辆或有效负载的扭矩需求 $\overline{M}_{eng}(\alpha, n_{eng})$，克服摩擦、换气，以及驱动外设附件的扭矩需求 $\overline{M}_{drg}$，换挡控制过程中的扭矩需求，以及发动机在不同的运行模式下，包括启动、暖机、怠速、调速等，维持其安全、稳定运转的扭矩需求。此外，还需要柴油机调速控制、冒烟控制等所产生的扭矩限值。

（2）确定执行扭矩　综合考虑所有的扭矩需求，决策出发动机实际要执行的扭矩，以及相应的调节措施。首先要满足发动机自身运转的安全性、可靠性，不能超过发动机以及变速箱等总成设备的扭矩限值；其次要满足柴油机调速控制、冒烟控制等所产生的扭矩限值；在此基础上，要最大限度地满足车辆，及其发动机外设附件的动力需求。此外，还需要考虑增压迟滞等动态特性，避免扭矩大幅度阶跃变化。

（3）确定控制指令　根据所需扭矩，经一系列稳态模型转换，得出控制指令的值，如喷射压力、喷射油量、喷油正时、增压压力，EGR 量等。

一般地，首先根据需求扭矩 $\overline{M}_{i,d}(m_f, n_{eng})$ 确定喷油量 $m_{f,d}$，并根据燃烧优化需求确定预喷、主喷或后喷油量；其次，根据空燃比需求，确定新鲜进气量 $m_{air,d}$；根据台架试验标定的最优控制 MAP，确定喷油压力、喷油正时、增压压力等。

（4）控制各执行器　通过开环或闭环控制，调节执行机构以实现喷射压力、喷射油量、喷油正时、增压压力、新鲜进气量等。例如：

因为增压器的惯性，以及进气管路的容积效应，增压压力和进气量存在动态迟滞。在增压压力（P_2）一定的情况下，进气流量（$\dot{m}_{gas}$）不变，增大 EGR 的流量（$\dot{m}_{egr}$）则会减少新鲜进气

流量($\dot{m}_{air}$),即

$$\dot{m}_{air}=\dot{m}_{gas}(P_2,T_2,n_{eng})-\dot{m}_{egr}(u_{egr},P_3,P_2,T_2) \tag{4-9}$$

因此,第一个控制回路为:调节 EGR 阀(u_{egr}),来控制新鲜进气流量($\dot{m}_{air}$)。此外,第二个控制回路为:调节涡轮增压器中涡轮的旁通阀或者流通截面(u_{vgt})来控制增压压力(P_2)。两个控制回路相互耦合,相互影响,即调节 EGR 阀(u_{egr})会影响增压压力(P_2);调节涡轮增压器(u_{vgt})也会影响新鲜进气流量($\dot{m}_{air}$)。且两个控制的动态响应特性还存在差异,一般的高压 EGR 回路($u_{egr}\rightarrow\dot{m}_{air}$)的响应速度比涡轮增压-进气回路($u_{vgt}\rightarrow P_2$)的响应速度快。

在满负荷或突然加速等工况下,还需要考虑冒烟限值($\lambda_{smoking}$)。根据新鲜进气流量($\dot{m}_{air}$)和冒烟限值($\lambda_{smoking}$)即可计算出最大喷油量($m_{f,max}$),作为 λ 闭环控制中的前馈限值。

此外,在发动机的控制过程中,还需要满足驾驶平顺性的要求。首先需要对油门踏板信号做低通滤波处理;其次,对发动机转速振荡进行监测,并通过一定的控制算法,校正各缸的燃油喷射量。

4.2 柴油机燃油系统及控制

4.2.1 燃油喷射参数

柴油机的燃烧是以油气混合过程为主导的扩散燃烧。在柴油机中,油气混合包括射流、雾化、蒸发、卷吸等物理过程,主要与燃油喷射参数包括喷油量、喷油压力、喷油正时、喷油速率等有关。

1. 喷油量

柴油机基本上都是稀燃运行的,λ 总是大于 1。在满负荷工况下,λ 一般为 1.15~2.0,受冒烟限制;在小负荷或怠速工况下,λ 会超过 10。

为了降低柴油机的重量和成本,提高发动机的升功率,则需要提高发动机的空气利用率,让 λ 在大于 1 的范围内尽可能小。λ 是反应混合气形成和燃烧完善程度及整机性能的一个指标。但减少 λ,会增加柴油机的碳烟排放,甚至冒烟;也会导致发动机热负荷增大。

柴油机中,λ 的分布是极不均匀的。图 4-7 所示为油滴周围空间的 λ 分布情况:在油束(或油滴)中心,$\lambda=0$;在油束(或油滴)远端,$\lambda=\infty$;燃烧区域的 $\lambda=0.3\sim1.5$。因此,柴油机中,尽管整体的 λ 是大于 1 的,但局部 λ 却可能小于 1,越靠近喷雾中心,λ 越小,甚至为 0。λ 小于 1,特别是小于 0.6 的局部区域会产生大量的炭烟。增大 λ,增强缸内湍流,提高喷雾质量是促进油气混合,改善缸内燃油分布的主要技术手段。

为了提高燃油雾化质量,现代柴油机通常采用高压或超高压喷射,喷射压力可以达到 2200 bar。

喷油量的确定需要满足冒烟控制、调速控制、怠速控制等需求;在常规运行工况中,则根据需求扭矩或者需求功率,计算所需喷油量

$$m_e=\frac{P_e\cdot b_e\cdot 1000}{30\cdot n\cdot z}[\mathrm{mg/stroke}] \tag{4-10}$$

式中:P_e 为有效功率(kW);b_e 为有效燃油消耗率(g/kW · h),n 为发动机转速 r/min,z 为气缸数。

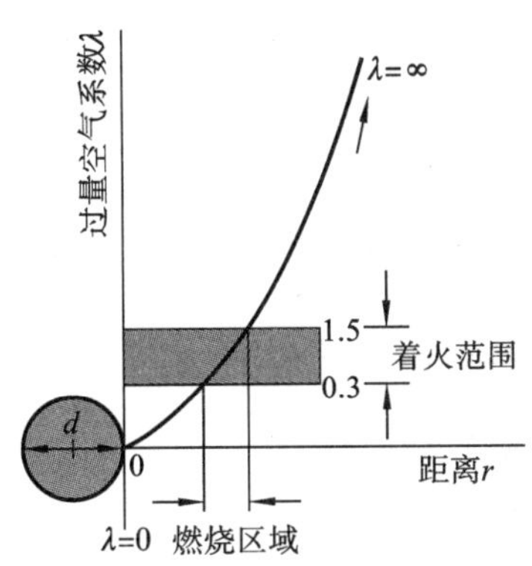

图 4-7　油滴周围空间的 λ 分布情况

在 λ 闭环控制模式中，喷油量的前馈值可根据新鲜进气流量($\dot{m}_{air}$)和目标 λ 计算得到。

经喷油器喷入气缸的实际喷油量与喷油器定量孔的流通截面积、喷油持续期、喷油器定量孔前后压差、燃油密度有关。在高压情况下，柴油是可压缩的，柴油的密度会有一定程度的变动；且喷油压力也不稳定，因此，实际喷油量与目标喷油量之间存在差值。差值的大小，即燃油计量精度，对柴油机的动力性能、经济性能、排放性能、噪声等都会有影响。

确定待喷油量之后，根据喷油系统的特性参数(主要是压力、持续期和喷油量的关系)，转换得到喷油持续期。在此期间，喷嘴打开，燃油喷入气缸。喷油持续期通常用曲轴转角进行计量。

喷油持续期对有效燃油消耗率 b_e，以及 NO_x、HC 和 Soot 排放都有显著的影响，如图4-8所示。一般而言，增大喷油持续期，会降低燃烧速度，减少 NO_x 排放量，增加 Soot 排放量，b_e 先减小后增大，HC 排放量先增大后减小。同时优化喷油正时和喷油持续期可获得理想的油耗和排放性能。

额定工况下的喷油持续期是评价喷油系统供油能力的重要参数，是为发动机匹配喷油系统时重要的评价依据。不同的发动机对喷油持续期的需求是不同的，与转速和最大爆发压力有关，比如直喷柴油机(乘用车)为 32～38°CA，直喷柴油机(商用车)为 25～36°CA。

2. 喷油正时

喷油始点是指喷嘴开始打开，燃油开始喷入气缸所对应的曲轴相位，喷油始点与压缩上止点(TDC)的相对值称为喷油正时。燃油喷入气缸后，经雾化、蒸发、混合形成可燃混合气，在满足着火条件后开始着火燃烧。从喷油始点与燃烧始点所经历的时间称为滞燃期。柴油机中，滞燃期相对稳定，因此，喷油正时可直接控制燃烧相位，从而影响油耗、排放、噪声等性能指标。

最佳喷油正时受发动机转速、负荷和温度影响。在给定的发动机工况，基于台架试验，综合油耗、排放、噪声等指标，标定得到最佳的喷油正时，如图 4-9 所示。最佳喷油正时随转速升高而提前。在冷启动过程中，喷油正时是逐渐提前的。

基于台架试验，最佳燃烧消耗所对应的燃烧始点为 0°～8°CA BTDC。因此，喷油正时一般分布如下。

(1)乘用车用直喷柴油机：怠速工况，2°CA BTDC～4°CA ATDC；部分负荷工况，6°CA BTDC～4°CA ATDC；全负荷工况，6°～15°CA BTDC。

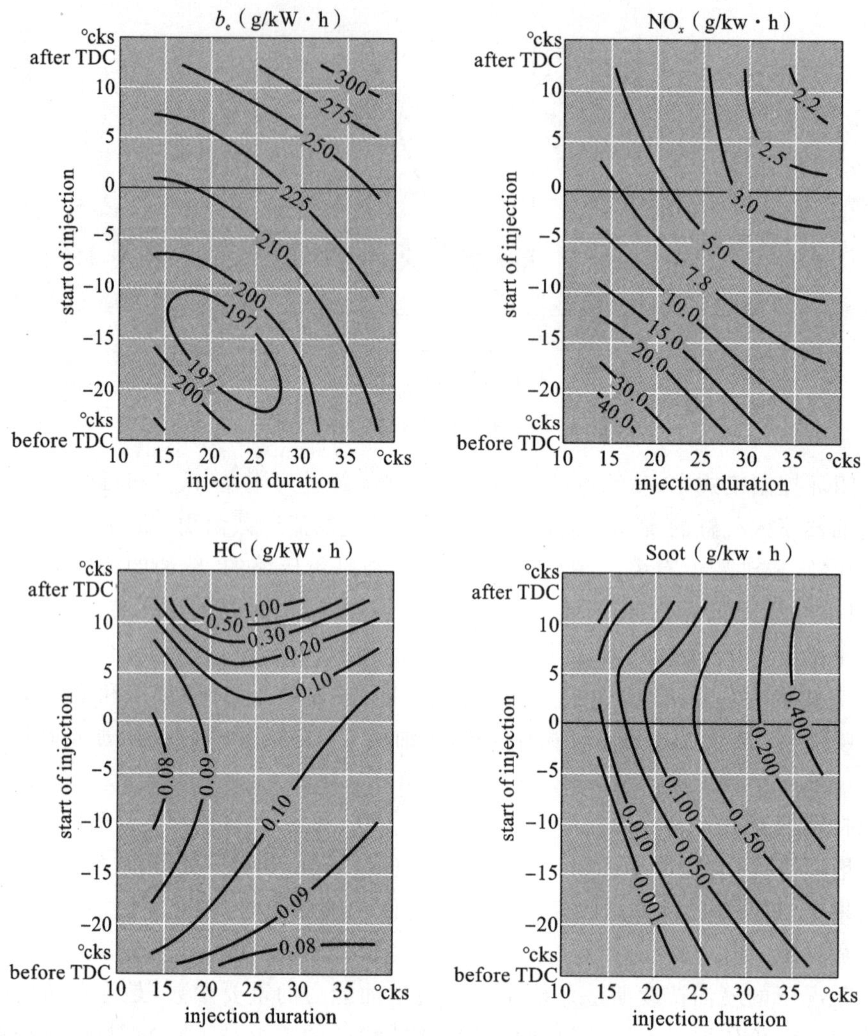

图 4-8　喷油持续期对 b_e、NO$_x$、HC、Soot 的影响(某 6 缸商用车柴油机,1400 r/min,50%负荷)

(2)商用车用直喷柴油机(No EGR):怠速工况,4°～12°CA BTDC;全负荷工况,3°～6° CA BTDC～2°CA ATDC。

(3)冷启动工况,一般需要提前喷油,或增加预喷,从而抑制蓝烟和白烟的生成。

如果喷油正时过于提前,燃烧始点也会相应提前,缸内压力在压缩上止点前急剧升高,导致压缩负功,使得燃烧消耗增加;同时会导致缸内燃烧温度增加,使得 NO$_x$ 排放增加,如图 4-10 所示。相反,如果推迟喷油正时,燃烧相位后移,燃烧温度在膨胀过程中快速下降,则可能导致燃烧不完全,从而使 HC、CO 排放升高。

在传统凸轮驱动的燃油系统中,从燃油泵开始供油,升压,到打开喷嘴开始喷油,会有一定的滞后。喷油滞后(供油→喷油)的时间取决于高压油管的长度。因此,泵-喷嘴燃油系统比泵-管-嘴燃油系统具有更快的动态响应。喷油滞后的角度还与发动机转速有关,在高转速下,喷油滞后的角度更大。在控制喷油正时时,需要对所述喷油滞后的角度进行补偿。

与凸轮驱动的燃油系统相比,电控共轨燃油系统在喷射压力、喷射正时,以及多次喷射方面提供了更大的自由度。喷射压力,即共轨压力是通过一个单独的高压泵建立的,在喷射

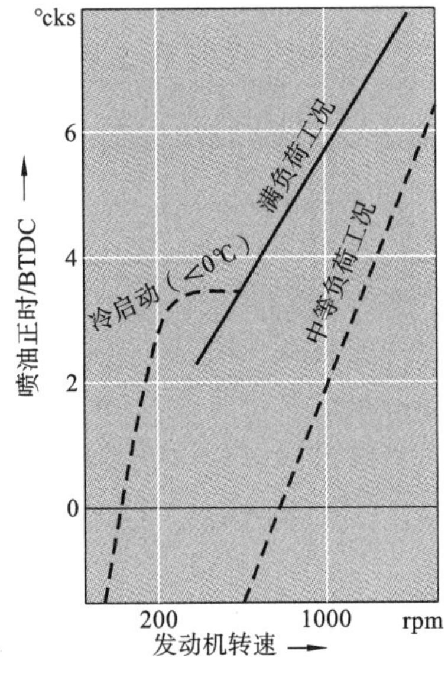

图 4-9　轿车柴油机的喷油正时 MAP

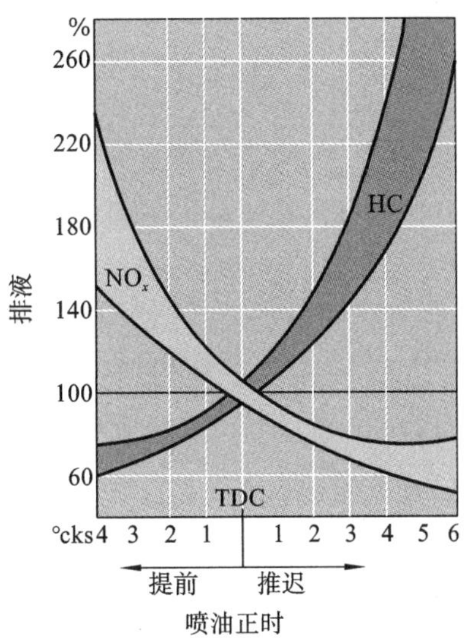

图 4-10　喷油正时对 NO_x 和 HC 排放的影响（商用车，不带 EGR）

过程中基本上是恒定的；喷射正时和喷油量是由喷油器中的电磁阀或压电元件控制的，与发动机转速无关。

3. 喷油压力

根据小孔流量方程可知，喷油压力越大，喷油速率越高，从喷嘴喷出的燃油具有更高的速度。湍流射流与缸内空气碰撞使燃油快速雾化。燃油与缸内空气的相对速度越大，燃油雾化效果越好。因此，高压喷射可提高雾化质量，使油滴细小且均匀度好、油束具有的动量增加、卷入油束的相对空气量和有效混合率显著提高，能生成较均匀的混合气。此外，高压喷射还可以增加着火核心，优化燃烧模式。这些都会显著改善燃烧状况，对于降低燃油消耗率，同时降低 NO_x 和 Soot 排放是十分有效的。例如，美国 Cummins 公司采用 PT 喷油系统，喷孔直径小于 0.2 mm，喷孔数 7～10 个，喷油压力高达 1200～1400 bar，缸内不需要空气涡流，燃烧效率可达 99.9%，燃油消耗率及排放均得到较满意的控制。德国 Bosch 公司针对美国 1991 年的排放法规，开发了喷油峰值压力可达 1200 bar 的 P7100 直列式喷油泵，应用于德国戴姆勒-奔驰公司的 OM442A 和 OM442LA 型柴油机上，取得了低排放、低燃油消耗率和低噪声的良好效果。Lucas 公司于 1993 年开发了喷射压力达 2000 bar 的电控泵-喷嘴燃油系统，应用到柴油机上，试验结果表明，不仅其排放品质好，而且燃油消耗率也低。20 世纪 90 年代，电控共轨燃油系统的发明和发展更是促进了柴油机里程碑式的发展。

对于传统凸轮驱动的燃油系统，燃油压力是由燃油泵的供油速率控制的，而燃油泵是由凸轮驱动的。因此，燃油压力是逐渐、连续上升的，且与发动机转速有关（见图 4-11(a)）。喷油压力低时，喷油率也低。喷油率曲线呈斜三角形。柴油机全负荷工况下的喷油压力为 1000～2000 bar（乘用车），1000～2200 bar（商用车），喷油压力在发动机转速最高时达到最大。共轨燃油系统的喷油压力可独立控制。喷油过程中，喷油压力基本保持恒定（见图 4-11(b)），喷油控制更为灵活。

在低速低负荷工况下，缸内充量密度相对降低，如果喷油压力太高，则会使燃油撞壁，导致燃烧恶化，Soot、HC 等有害气体排放增加。只有当发动机转速和负荷升高到一定值，喷油

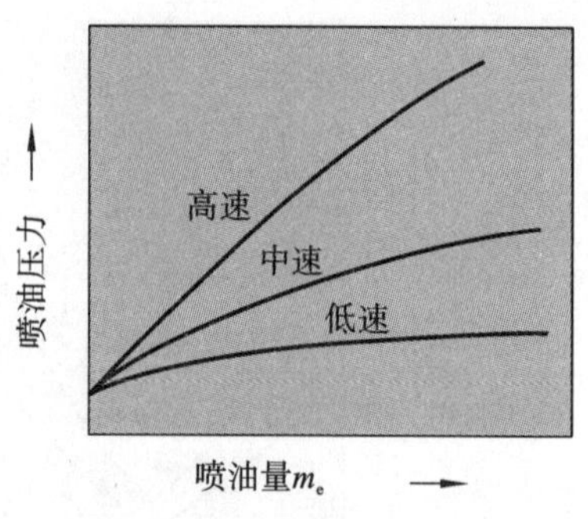

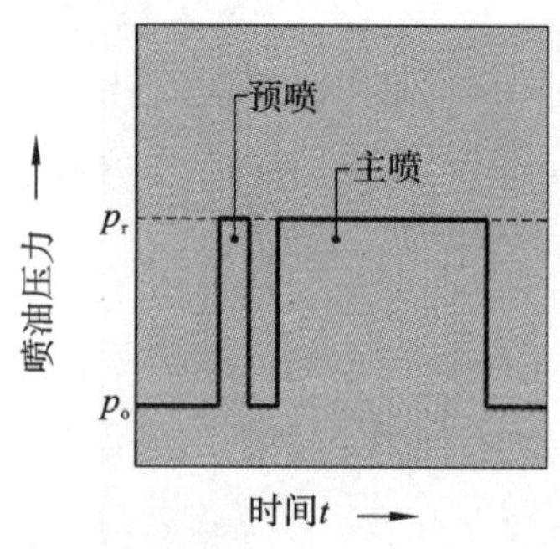

图 4-11　喷油过程中喷油压力的变化规律

时刻缸内充量的压力足够高时，喷油压力才逐渐升高到最大值。

为了保证燃烧速度，喷油持续期一般不能太长。当转速升高时，需要提高喷油压力，以缩短喷油持续时间。

4. 喷油规律

一般认为，NO_x 是在缸内初始燃烧时的局部高温区中形成的。缸内温度和压力接近最高值时，在柴油机非均质的油气混合气燃烧过程中，火焰激烈反应区中过量的 O_2 与 N_2 相结合形成 NO_x，燃烧中后期因混合气中 O_2 的急剧减少，NO_x 生成率迅速下降；同时大部分已经形成的 NO_x 则因活塞膨胀行程中的缸内气体温度下降而“冻结”。燃烧火焰富油区中的燃油因为 O_2 不足在高温下裂解形成 Soot。因此，最佳的喷油规律是在喷油初期有较低的喷油率或少量的预喷射，以控制 NO_x 的排放，在喷油中期采用较高的喷油率以控制 Soot 排放。

降低初期喷油率的方法有两种：初期喷油率控制和预喷射控制。初期喷油率控制即适当减小喷油初期的喷油速率，以减少着火延迟期内的喷油量，形成斜三角形或靴形喷油规律。在斜三角形喷油规律中，初期喷油率逐渐增大。靴形喷油规律可分为两个阶段：第一阶段的喷油压力和喷油率较低，第二阶段的喷油压力和喷油率较高，整个喷油规律呈靴形。初期喷油率与喷油泵的初期供油率和喷嘴的有效流通面积密切相关。降低初期供油率、控制喷油初期喷嘴的有效流通面积是控制初期喷油率的有效途径。控制喷油初期喷嘴的有效流通面积一般采用抑制喷油初期针阀升程的方法来实现，该方法受结构和调整参数的影响，油束的一致性较差。

预喷射控制是在主喷射之前喷入少量的燃油。预喷压力和主喷压力的波形分离，形成两次喷油。预喷压力较低，油量较小（总喷油量的5%以内）；预喷燃油燃烧使缸内温度升高，从而使主喷燃油的着火延迟期缩短；同时改善了主喷燃油与空气的混合，使得 HC、NO_x 及噪声均减小。预喷压力、预喷油量、预喷正时及其与主喷射正时的关系都会影响柴油机的工作过程和性能。试验表明，预喷燃油具有明显的放热过程，预喷正时对缸内燃气温度和 NO_x 排放的影响较大。柴油机性能对预喷正时、预喷压力和预喷油量敏感：预喷正时应尽可能靠近主喷，防止预喷燃油燃烧时形成过量的 NO_x；预喷压力应足够高，保证油气混合充分，减少 Soot 生成；预喷油量应适当，以形成足量的燃烧产物，既降低主燃烧期间的火焰温度，又避免形成过量的 Soot。

图 4-12 所示为控制喷油率的效果。当喷射压力增大时喷油率也提高，但是滞燃期难以缩短。因此，提高喷射压力导致着火前喷入燃油增加（图 4-12 中的涂黑部分），从而增大了

着火后的速燃量，相应会增大噪声和 NO_x 排放。为此，必须减少初始喷油率，从而减小着火前的油量，例如斜三角形（逐渐增大初期喷油率）、靴形（两阶段喷油率）或预喷型（在主喷前先喷入少量燃油）的喷油规律。不论哪种形式，为了减小 Soot 和 HC 排放以及燃油消耗率，都要对喷油率进行控制。

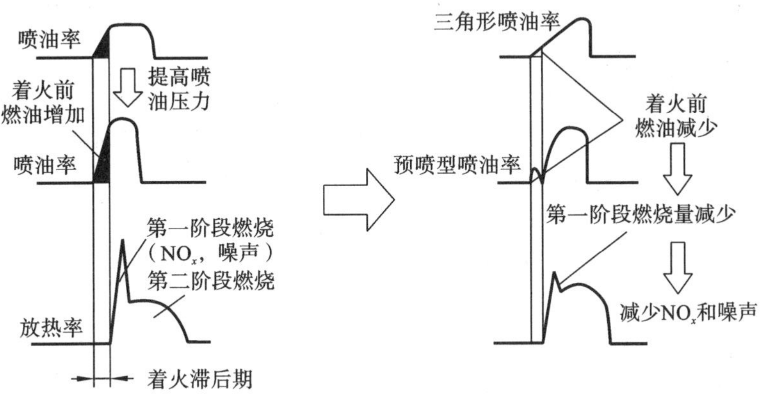

图 4-12　控制喷油率的效果

最佳的喷油规律除了具有低的初始喷油率、高的主喷油率之外，还要求具有快的卸载速率，这对于减少后燃，改善燃烧是不言而喻的。

一般情况下，喷油率可表示为

$$\frac{\mathrm{d}q}{\mathrm{d}\theta}=\frac{\mu f\ \sqrt{2\Delta P/\rho}}{6n} \tag{4-11}$$

式中：ΔP 为喷孔前燃油压力和缸内气体压力之差；μ 为喷孔流量系数；f 为喷油的几何流通面积；ρ 为燃油密度；n 为凸轮轴转速。

从式(4-11)可以看出，喷油率由喷孔前燃油压力与缸内气体压力之差、喷孔的流量系数、喷孔的几何流通面积、燃油密度、喷油泵凸轮轴转速决定。喷孔的几何流通面积、燃油密度是由设计确定的，喷油泵凸轮轴转速取决于柴油机的运转工况，运行中无法改变。因此，只有通过调节喷孔前的燃油压力和喷孔的流量系数来控制喷油率。实际上，柴油机喷油器的流动与通过小孔的流动并不完全相同。以长型多孔喷嘴为例，针阀升程、压力室大小、喷孔的尺寸和分布、燃油的可压缩性等，均会影响喷嘴内部燃油的压力场和速度场，必然与喷孔的流动有关。

柴油机运行时，每循环喷油持续期内，喷油率是变化的，这种喷油率随曲轴转角（或时间）而变化的规律，称为喷油规律。为改善柴油机性能，希望初始喷油率小，以减少滞燃期内形成的可燃混合气量，拟制预混合燃烧强度；缸内着火后用高喷油率，加强扩散燃烧，减少后燃，控制 Soot 排放。柴油机转速提高时，也需要增大喷油率。

控制喷油率、喷油规律是提高柴油机性能的重要措施，在其长期发展过程中，出现了多种方案和装置，其工作原理、结构、可控性各异，这些方案主要有如下几种。

(1)从喷油压力着手，用供油率控制喷油率。这种方案可通过选配喷油泵凸轮型线、柱塞直径、高压油管和喷嘴参数，来达到较好的喷油率和喷油规律。该方法在低速柴油机喷油系统匹配中应用较多。对变工况运行的柴油机，只能折中处理，以常用工况为主进行匹配。电控直列喷油泵可通过改变柱塞偶件的结构，增加控制滑套，控制柱塞预行程，来实现预喷射，有利于柴油机性能的提高。高速柴油机喷油系统内燃油压力波的传播过程复杂，供油率对喷油率的控制能力有限。

(2)采用阀盖孔(VCO)型喷嘴。这种喷嘴取消了压力室,将喷孔的入口布置在针阀体座面处。当针阀刚升起时,喷孔入口处的流通面积受到限制,喷油率小,可拟制预混合燃烧,而且没有压力室有利于减少 HC 排放。该型喷嘴已批量生产,但这种喷嘴的针阀对喷孔入口处的燃油流动影响较大,加工误差、针阀在压力作用下的偏心,均会使各喷孔的油束离散度增大。故又推出改进型喷嘴,它采用了尽可能小的压力室,既能改善燃油流场和工艺性,又能减少初期喷油率和 HC 的排放,已广泛用于柴油机。多孔喷嘴可控制的是各个喷孔的平均喷油率,在喷孔总流通面积不变的条件下,增加喷孔数量,减小喷孔的直径,有利于拟制初始喷油率,改善油气混合,这种方法在柴油机设计中普遍采用。

(3)同一燃烧室安装两套喷油系统,或者两台喷油泵给到一个喷油器供油,进行两级喷油。这种方法调节简便,但系统结构复杂,仅限于研究工作中使用。利用机械溢流完成双泵油行程或附加机构限制针阀运动,使喷嘴两次或两级开启,这种系统相对较简单,但可控性和喷射油束一致性难尽如人意。

(4)用电子控制喷油系统控制喷油率。其中:通过改变预行程来达到控制喷油率的典型代表是日本 ZEXEL 公司的 TICS 系统;用蓄压式电控喷油系统来实现喷油率控制的有日本电装公司的 ECD-U2 系统等;用高压溢流式电控喷油系统来实现喷油率控制的有 ZEXEL 公司的 Model-1 系统。

4.2.2　燃油系统概述

1. 燃油喷射系统

在柴油机中,燃油喷射系统(简称喷油系统)承担了燃油泵送、升压、计量、喷射等功能,其任务是根据发动机的运行工况,将适量燃油在适当时刻,以适当的喷射压力喷入气缸,主要包括产生高压的喷油泵,以及通过高压油管与喷油泵相连的喷嘴,喷嘴会伸入每个气缸的燃烧室中。也可取消高压油管,直接将喷油泵与喷嘴集成在一起,构成泵-喷嘴系统。喷油系统的分类如图 4-13 所示。

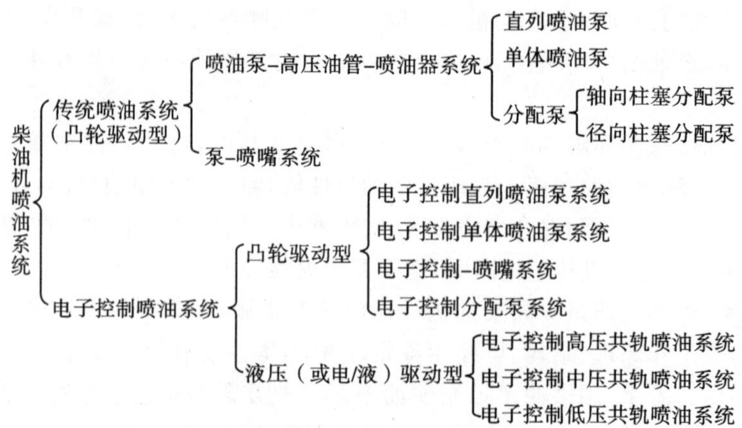

图 4-13　柴油机喷油系统分类

传统喷油系统的工作原理为凸轮驱动,柱塞副泵油、计量,针阀副在供油压力和调压弹簧的作用下开/关,完成燃油喷射。其中,喷油泵-高压油管-喷嘴系统(简称泵-管-嘴系统)应用最广。在这类喷油系统中:直列泵多用于中型、重型车辆柴油机,最高喷油压力可达1450 bar;分配泵多用于轻型、中型车辆柴油机,最高喷油压力可达1400 bar;单体泵多用于缸径和功率较大的机车、船舶、发电机组柴油机,也可用于小型单缸柴油机,最高喷油压力已超过2000 bar。泵-喷嘴系统具有高压容积小、结构紧凑的特点,最高喷油压力可达2200 bar,但在柴油机上布置困难,成本较高,多用于重型和特种车辆柴油机。

柴油机电控喷油系统按驱动形式分为凸轮驱动型和液压驱动型。其中,凸轮驱动型喷油系统又分为两种:一种是在传统喷油系统的基础上,保留或改进柱塞副结构,用电子调速器取代机械调速器,称为电控直列喷油泵系统;另一种是将柱塞副的功能适当分离,采用高速电磁阀来控制喷油量、喷油正时的系统,称为电控单体泵和电控泵-喷嘴系统。这两种系统均需要凸轮进行驱动,凸轮轴与曲轴之间的转速比固定,驱动转矩有脉冲性,这对喷油系统在柴油机上的布置及相关零部件的刚度具有较高要求。这两种喷油系统可达到的最高喷油压力略高于相应传统喷油系统的最高喷油压力。

液压(或电/液)驱动型电控喷油系统采用共轨和蓄压的设计概念,将燃油泵送、升压、计量、喷射等功能完全分离开来,使供油泵的驱动扭矩平稳,在柴油机上的布置自由度大,供油效率高,有利于传动系统工作条件的改善。它由高速电磁阀、控制零部件、针阀偶件等构成整体式喷油器,最大限度地减小了燃油高压容积和流动损失,为提高喷油压力、控制喷油率创造了有利条件。目前,电控高压共轨喷油系统的最高喷油压力已达2200 bar,实验室条件下可达2800 bar。

电控喷油系统,特别是共轨系统的特点是喷油率、喷油量、喷油正时等参数控制的柔性和精度很高,喷油压力可调,其高速电磁阀(或压电元件)的响应速度、分辨率、精度远非机械装置可比,而且可实现预喷射、靴形喷射、多次喷射等喷油形式,柴油机运转中可进行实时控制,实现全工况优化等。

上述诸多喷油系统之间的主要区别在于高压生成系统,以及喷油参数(喷油压力、喷油正时、喷油规律)的控制方式。据此,又可将喷油系统分为直列泵系统、分配泵系统、单体泵系统、泵-喷嘴系统和共轨式喷油系统。

(1)直列泵系统。

在该系统中,多缸柴油机各缸供油单元安装在同一个油泵壳体中。直列泵的工作过程如图4-14所示。柱塞4由凸轮7驱动,并在弹簧5的作用下在柱塞套1中做上下往复运动。柱塞上有两个控制棱边,一个为柱塞顶面,另一个为柱塞上的螺旋槽或斜槽3。柱塞上行时,当柱塞顶面关闭了进油孔2以后,便在顶部空间建立高压并开始供油;柱塞继续上行,直到螺旋槽棱边打开回油孔(这里,回油孔可与进油孔是一个孔,也可以是分开的两个孔),此时,柱塞顶部的高压腔通过柱塞上的油槽和回油孔与进油腔相通,压力下降,供油结束。柱塞上行供油的有效行程为x。有效行程x越大,供油量和喷油量也越大。通过机械或电子调节机构,调节齿杆,可使柱塞旋转一定角度,改变螺旋槽的位置,从而控制有效行程x,达到控制喷油量的目的。在此基础上,增置一个控制滑套8。通过控制滑套的上下移动,即可改变柱塞与进油孔(回油孔)的相对位置,从而控制柱塞顶面关闭进油孔开始供油的时刻,实现供油时刻、喷油时刻的控制。

(2)分配泵系统。

在该系统中,采用一个或少量柱塞实现对多缸(4～6缸)柴油机各缸的供油,分配泵的

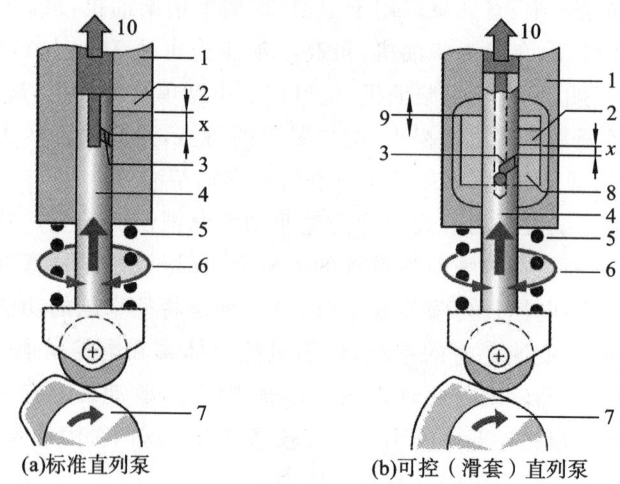

图 4-14　直列泵工作过程的示意图

1—柱塞套；2—进油孔；3—斜槽；4—柱塞；5—弹簧；6—齿条调节机构；7—凸轮；8—控制滑套；9—滑套调节结构；10—出口；x 为有效行程

体积小，结构紧凑，成本低，主要用在小型高速车用柴油机中，特别是轿车柴油机。根据柱塞结构和运动方式分为轴线柱塞分配泵和径向柱塞分配泵。

图 4-15(a)所示为轴向柱塞分配泵(VE 泵)的工作原理。它只有一个轴向柱塞 4。柱塞与凸轮盘 3 是固定在一起的，随凸轮盘一起旋转。凸轮盘上的凸轮数与发动机缸数相同。柱塞和凸轮盘在滚轮 2 上滚动，完成往复与旋转运动。通过往复运动将燃油压入高压腔 6；通过旋转运动，在柱塞上分配油槽周期性地打开和关闭分配油道 8，对各缸进行配油。通过移动油量调节滑套 5，可以调节柱塞往复运动的有效行程 x，从而实现对供油量(或喷油量)的控制。此外，还可以调节喷油正时调节机构 1，改变供油(或喷油)正时。

图 4-15(b)所示为径向柱塞分配泵(VR 或 VP 泵)的工作原理。它采用 2 个、3 个或 4 个柱塞，柱塞相应成 180°、120°、90°对称布置。在内凸轮环 3 和滚轮 2 的作用下，柱塞一边做旋转运动，一边做径向运动。通过径向运动将燃油压入高压腔 6 中。由于内凸轮环 3 受力平衡，内凸轮型线与滚轮之间的接触应力小，且可以采用多个柱塞来减小柱塞直径与相应的载荷，因此，可以产生较高的喷油压力。在径向柱塞分配泵系统中，常采用高压电磁阀 5 来控制喷油正时和喷油量。当电磁阀关闭，高压腔中快速升压，打开喷嘴开始喷油；当电磁阀打开时，高压腔中的油压迅速下降，喷嘴关闭，喷油停止。

(3)单体泵系统。

单体泵系统(unit pump system，UPS)，即发动机每缸单独配一个喷油泵。多用于缸径和功率较大的机车、船舶、发电机组柴油机，也可用于小型单缸柴油机。单体泵系统由于是一缸一泵，喷油泵可以布置在离气缸不远的地方，可以缩短高压油管的长度，增大整个系统的液力刚度。单体泵系统不需要专门的油泵凸轮轴，在配气凸轮轴上增加一个油泵凸轮即可。单体泵系统的工作原理与直列泵系统的工作原理基本一致，其喷油正时和喷油量的控制可采用图 4-14 所示的控制方法，也可以采用电磁阀来控制(见图 4-16)，通过电磁阀的开闭来控制喷油正时和喷油量。

(4)泵-喷嘴系统。

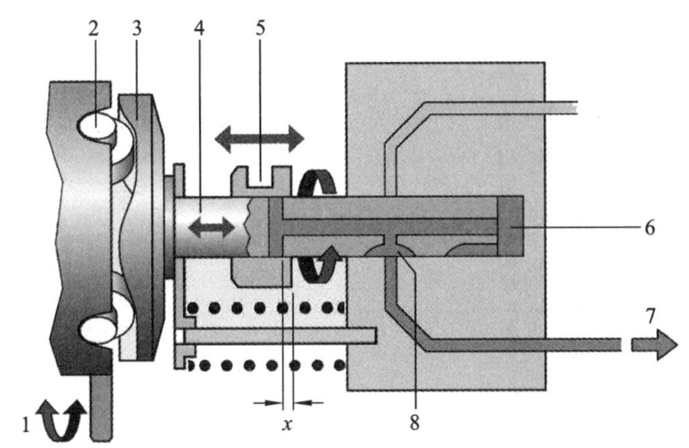

(a)轴向柱塞分配泵

1—喷油正时调节机构；2—滚轮；3—凸轮盘；4—轴向活塞；5—油量调节滑套；6—高压腔；7—燃油出口；8—分配油道；x为有效行程

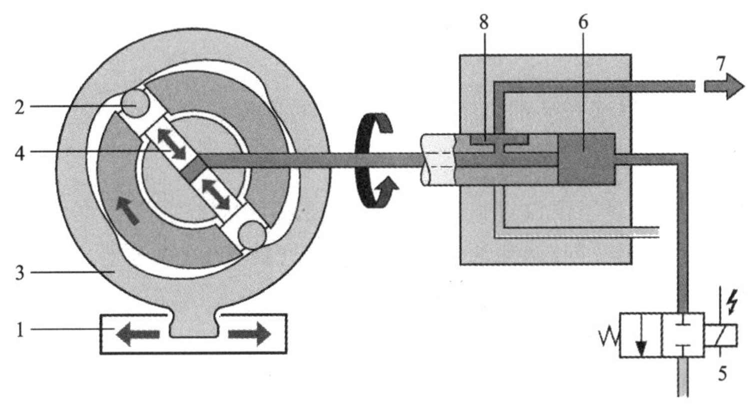

(b)径向柱塞分配泵

1—喷油正时调节机构；2—滚轮；3—内凸轮环；4—径向活塞；5—高压电磁阀；6—高压腔；7—燃油出口；8—分配油道

图 4-15　分配泵工作过程的示意图

在泵-喷嘴系统(unit injector system，UIS)中，喷油泵和喷嘴形成一个整体，安装在气缸盖中，可由挺杆直接驱动，也可由配气凸轮轴驱动的摇臂间接驱动(见图 4-17)。由于省去了高压油管，UIS 系统高压部分的液力刚度大大增加，因此，可实现很高的喷油压力(2000～2200 bar)，但和前述泵-管-嘴(直列泵、分配泵、单体泵)系统一样，存在低速、低负荷时喷油压力降低的问题。

(5)共轨式喷油系统。

在共轨式喷油系统(common rail system，CRS)中，压力产生和燃油喷射在功能上是独立的、分开的。高压油泵将燃油泵入共轨管中，各缸喷油器通过高压油管与共轨管相连。共轨管中的燃油压力(简称轨压)在很大程度上与发动机转速无关。且共轨管具有一定的蓄压作用，通过合理设计共轨管容积等参数，可以使轨压在喷油过程中保持不变。该系统为喷油控制提供高度的灵活性，通过控制喷油器中的电磁阀或压电元件，打开和关闭喷嘴，控制喷油正时、喷油量，以及复杂喷油规律。该系统也可实现较高的喷油压力(1600～2000 bar)，且

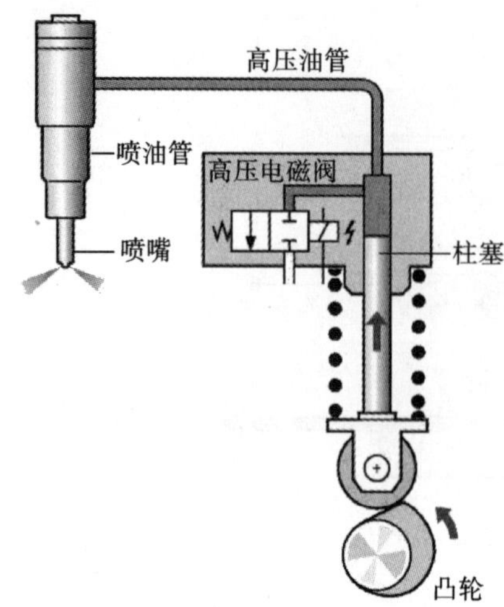

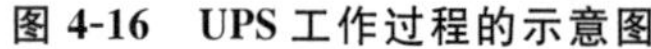

图 4-16 UPS 工作过程的示意图

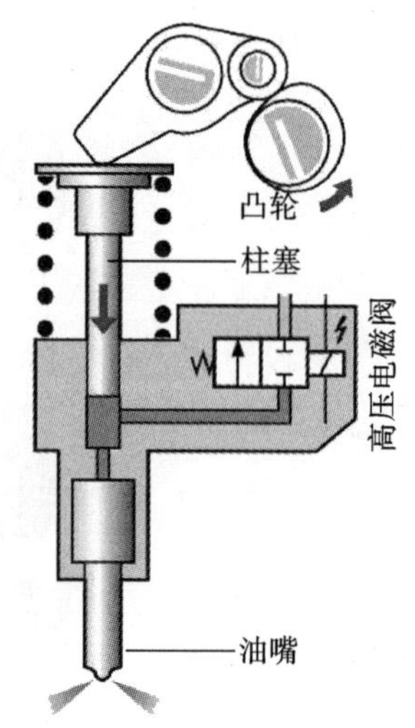

图 4-17 UIS 工作过程的示意图

压力可按柴油机转速和负荷进行调节，以解决上述泵-管-嘴系统和泵-喷嘴系统在低速低负荷时喷油压力不足的问题。

共轨式喷油系统是目前在柴油机上应用最广泛的喷油系统。

2. 喷油器

在柴油机中，喷油器对于喷油过程、喷雾质量、油束与燃烧室配合，乃至整个混合气的形成与燃烧有着重要的影响。同时，喷油器直接安装在气缸盖上，喷油器头部与高温燃气直接接触，工作条件极为恶劣，因此它又是影响柴油机可靠性的关键部件之一。

(1)喷油器的结构和工作原理。

喷嘴是喷油器中的关键部件。喷嘴的结构及相关参数对燃油雾化质量，燃油空间分布，以及油束与燃烧室配合等有着重要的影响。在发动机设计过程中，喷嘴必须和相应的喷油系统以及发动机相匹配。目前，柴油机绝大多数都采用针阀向内开启的闭式喷嘴。图 4-18(a)所示为用于直喷式柴油机的孔式喷嘴；图 4-18(b)所示为用于分隔式燃烧室的轴针式喷嘴。喷嘴装入喷油器后，针阀就被弹簧压紧在针阀体的密封锥面上。当压力室中的燃油压力高于针阀弹簧预先调定的开启压力时，针阀升起，燃油经喷嘴喷射到燃烧室中。为了保证针阀偶件的密封性，针阀与针阀体之间的间隙为 1.5～3 μm，其头部与高温燃气直接接触。为了防止针阀偶件受热而卡死，常采用长形孔式喷嘴结构，使导向部分远离燃烧室。此外，对喷嘴的材料、热处理和加工工艺均有严格的要求。

泵-管-嘴系统、泵-喷嘴系统和共轨式喷油系统中使用的喷油器在喷嘴打开和关闭的控制方式上略有不同。泵-管-嘴系统和泵-喷嘴系统中，喷嘴的打开和关闭对应于喷嘴前燃油压力的升高和降低。喷嘴打开，压力升高；喷嘴关闭，压力降低。而在共轨式喷油系统中，喷嘴的打开和关闭与燃油压力无关，是由电磁阀或压电元件控制的。考虑到目前共轨式喷油系统在柴油机中的普及程度，这里主要介绍电控喷油器的结构和工作原理，如图 4-19 所示。

在电控喷油器中，针阀下端为压力室 9，上端为阀门控制室 6。压力室与高压油管连通，一直处于高压状态。电磁线圈 2 通过控制衔铁 4 的升降，打开和关闭出油限流孔 12，以及进油限流孔 14，使阀门控制室 6 中的燃油压力升高或降低，从而控制作用在针阀下锥面和上端

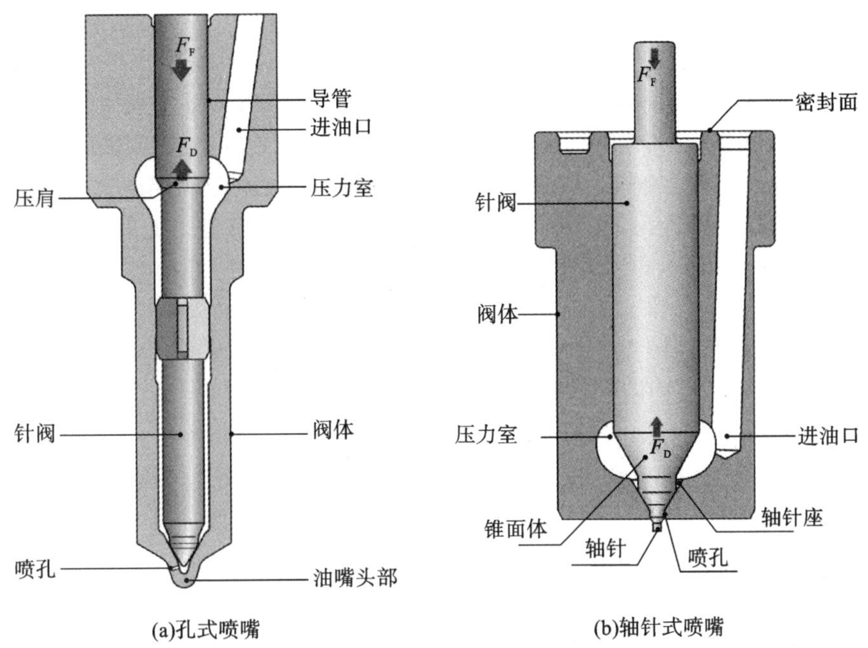

(a)孔式喷嘴　(b)轴针式喷嘴

图 4-18　针阀式喷嘴偶件

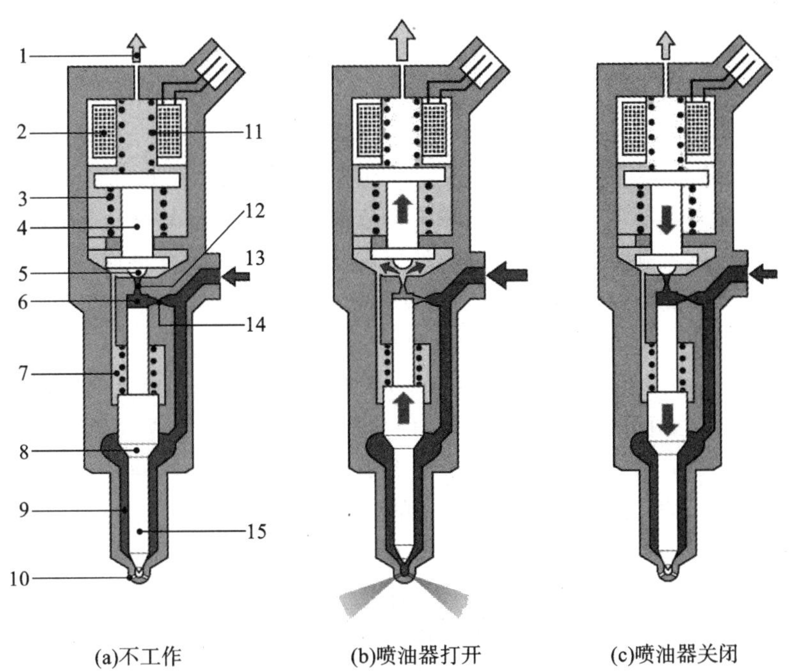

(a)不工作　(b)喷油器打开　(c)喷油器关闭

图 4-19　电控喷油器的结构和工作原理

1—回油；2—电磁线圈；3—衔铁弹簧；4—衔铁；5—球阀；6—阀门控制室；
7—针阀弹簧；8—压肩；9—压力室；10—喷油孔；11—电磁阀弹簧；
12—出油限流孔；13—高压油管进口；14—进油限流孔；15—针阀

面的燃油压力差，实现喷嘴的打开/关闭控制。

喷油前，电磁线圈未通电。衔铁在电磁阀弹簧 11 的作用下，克服衔铁弹簧 3 的弹力，使球阀 5 关闭出油限流孔。这时，阀门控制室虽有很高的燃油压力，但出油限流孔的孔径不大，作用在球阀上的压力很小，无法推开球阀，球阀呈关闭状态。压力室与阀门控制室均与高压油管连通，因此作用在针阀下锥面和上端面的燃油压力差较小，喷嘴关闭。

开始喷油时，电磁线圈通电，电磁力克服电磁阀弹簧的预紧力，使衔铁快速上移，打开球阀，控制室中的高压燃油经出油限流孔流向回油管，燃油压力降低。此时，作用在针阀下锥面上的燃油压力仍然很高，在压差的作用下针阀升起，喷嘴打开，开始喷油。针阀升起的速度影响着喷油量和喷油规律。而针阀升起的速度取决于进、出油限流孔的设计。一般要求出得快、进得慢，因此出油限流孔的直径一般大于进油限流孔的直径。从针阀升起开始喷油到针阀落座结束喷油，喷油压力始终与共轨管中的燃油压力保持一致(忽略流动损失)。

当喷油量满足要求后，电磁线圈在 ECU 的控制下断电，球阀关闭，出油节流孔被堵住，控制室中的燃油压力上升，很快超过了针阀锥面上向上的燃油压力，针阀在弹簧作用下快速落座，喷嘴关闭，喷油结束。

(2)喷嘴内的燃油流动。

燃油喷射技术应用很广。柴油机、汽油机、气体燃料发动机、燃气轮机、燃油锅炉和窑炉均采用喷油器喷射燃油来组织油气混合及燃烧。人类研究燃油喷射技术的历史也十分悠久，从稳态到瞬态，从低压喷射到高压喷射，从连续喷射到间断喷射，认识逐渐深入，并取得了丰硕成果。柴油机中高压、瞬态、间断喷射是最复杂、难度最大的技术。近来，将喷嘴内的燃油流动、喷射油束、压力分布、结构参数、环境条件结合起来，以控制燃油喷射，优化混合及燃烧。这方面的研究进展迅速，为柴油机技术进步提供了潜在动力。

①燃油喷射及破碎。

燃油喷射及雾化过程非常复杂，其中包括喷嘴内燃油流动，气穴、射流的首次破碎、二次破碎等，涉及喷嘴结构、燃油流体动力学及空气动力学等因素。早期对射流破碎(喷雾)的研究仅仅局限于射流与环境气流的相互作用。随着喷嘴作用的日益突出，喷雾模型已考虑了喷嘴的影响。由于气流和喷嘴对射流破碎的影响机制均未被研究透彻，很难确定到底是哪个因素更重要一些。此外，喷嘴内部的流动异常复杂，湍流和气穴主导着高压流体流动。燃油从喷射到雾化经历了一系列复杂的物理过程。射流离开喷孔后立即受到周围气流的影响，空气动力作用于射流边界引起不稳定波动，使射流在离开喷孔出口的某段距离后开始破碎和雾化。由于射流表面的波动及空气动力的影响，喷孔出口形成的圆形射流截面逐渐变形，空气卷入射流内部，射流由完整的纯液体状态变成液滴与空气的混合状态。然而，射流总能量是由刚刚离开喷孔出口的纯液体状态的射流传递的，空气卷入将改变传递的规律，也将引起初始射流破碎。

射流的破碎受到诸多因素的影响，主要包括流体动力学因素(表面张力、内力、黏性、初始扰动)、空气动力因素和喷孔内部流动因素(气穴现象、流体速度分布及喷孔出口处的湍流流动)等。此外，射流破碎机制还被归类于射流破碎长度(即离开喷孔出口后完整的、未破碎的射流长度)与喷孔出口射流速度的关系，如图 4-20 所示。

图中 A 点代表射流从液滴流动转换成层流状态，在层流区射流破碎长度随射流速度线性增大到最大值。该区内的射流破碎是由内部作用和表面张力造成的。图中 B 点代表由空气动力载荷影响造成的破碎机制的转变，由曲张(varicose)到波状(sinuous)破碎。Littaye

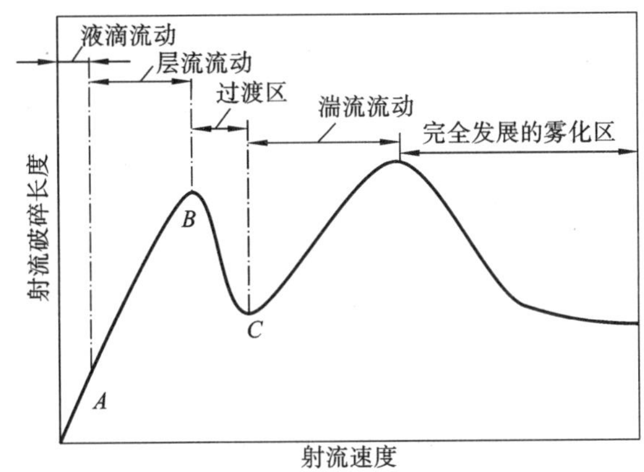

图 4-20　射流速度与射流破碎长度的关系

根据自己的研究提出，空气动力载荷不是影响 B 点的唯一因素。另外一些学者提出，B 点是湍流流动的起始点。这样看来空气动力载荷与湍流是共同作用的，B 点代表层流到湍流的转变。随着射流速度（雷诺数）的增加，破碎长度变短。从 C 点之后到射流破碎长度最大值的区域是完全湍流区，该区内的射流表面主要受剪切力的作用，破碎长度及湍流强度随射流速度的增大而增大。从 C 点之后，各位学者关于射流破碎长度的解释出现分歧。Haenlein 认为，随着雷诺数的增大，破碎长度增加，然后突然变成零。而 Newman、McCarthy 则认为，在该区内尽管射流速度很高，但破碎长度不会为零。导致学者出现分歧的原因是气穴使喷孔内部的流动状态发生了改变。

②湍流及速度分布对射流破碎的影响。

喷孔内的流动状态与喷嘴的几何结构、流动的雷诺数有关，并将影响到喷孔出口射流的流动状态。刚刚离开喷孔出口的射流可以是层流、准湍流和湍流状态。层流具有抛物线形状的速度矢量分布，紧贴壁面的流体速度为零，轴线上的速度最大。湍流的速度矢量分布为扁平的形状。

射流的破碎很大程度上依赖于喷孔出口处的湍流和速度分布。如果喷孔出口的射流是层流流动状态，则射流表面与周围空气的速度差异很小（射流表面的速度接近于零），空气动力的作用就很小，射流破碎长度较长。离开喷孔出口一段距离之后，在空气剪切力与射流表面张力的共同作用下，射流表面才出现扰动并最终导致射流破碎。

如果喷孔出口的射流是湍流流动状态，则射流会立即破碎。在湍流情况下，即使射流被射入真空环境，没有空气动力的作用，它自身的湍流作用也会导致射流的破碎。

如果喷孔出口的射流是准湍流流动状态（即射流核心为湍流流动，外围为层流流动），则射流外围的层流层会阻碍湍流核心向外围扩散。由于射流表面与周围空气的速度差异很小，射流不会立即破碎。在喷孔出口下游，湍流主导层流。湍流与层流间动量的转换使得射流的速度矢量分布形状变得扁平，最后使射流破碎。

一旦射流离开喷孔，即失去喷孔壁面的约束，射流截面的速度重新分布。动能的重新分布使原来抛物线形状的速度矢量分布变成扁平状，射流截面半径方向的湍流增强。该速度场的重新分布称为速度分布松弛（velocity profile relaxation），无论喷孔出口射流是层流还是湍流，速度分布松弛都可以导致射流的扰动和变形。湍流时，由于速度矢量分布形状为扁平形，速度分布松弛的影响较小。因此，表面张力与速度分布松弛引起的内力是造成射流表面波动的主要原因。

综上所述，射流内部因素（表面张力、速度分布松弛、湍流）和空气动力均能导致射流的破碎。其中：空气动力是最直接的原因，它在射流表面产生剪切力，导致其破碎；表面张力、速度分布松弛及湍流可以造成射流表面波动，使射流更容易受空气动力影响；当空气动力作用不明显的时候，这些内部因素是造成射流破碎的主要原因；当空气动力作用较强，比如环境压力高的时候，即使内部因素不明显，空气摩擦力仍然可以造成射流破碎。在空气动力因素一定时，喷孔出口处射流的流动状态决定射流破碎所需的时间长短。可以推断，表面波动更强烈的射流破碎得更快，比如湍流射流会比层流射流破碎得快。

实际上，空气动力、湍流流动、速度分布松弛及液体压力波动均不能单独解释射流破碎机制。只有综合考虑空气动力因素及喷嘴几何结构造成的流动特性才能较完整地分析射流破碎现象。

③喷嘴几何结构对射流破碎长度的影响。

射流破碎是各因素综合作用的结果，需要着重考虑喷嘴几何结构对射流破碎的影响。

喷嘴的作用是将流体的势能转换为动能，因此喷嘴的几何结构（比如喷孔入口的形状，喷孔长径比，壁面粗糙度等）对射流的破碎长度、喷射速度起关键作用。

根据伯努利方程，喷孔入口处流体静压大、流速低，进入喷孔后由于流动截面收缩，流速增大，静压向动压转化的速率受喷嘴几何结构的影响。

喷孔内燃油流动存在压力损失，包括流体与流道壁面之间的摩擦以及湍流和气穴现象导致的压力损失。其中，壁面摩擦力对压力损失的影响取决于喷孔长径比、壁面加工质量和流体雷诺数。这些因素会影响喷孔内流体重新附着壁面，即影响摩擦力，同时也会影响喷孔入口处湍流对出口流体的扰动能力。

入口为尖角的喷孔（简称尖角喷孔，类似地有圆角喷孔），在入口处由于流体与流道壁面分离，会出现低压区。如果低压区的压力低于流体的蒸发压力，则溶入流体的空气会释放出来，同时，部分流体会蒸发，产生气穴，如图 4-21 所示。流体中夹杂的气泡会改变流体的密度和黏度，进而改变流量大小。如果气泡在喷孔壁面破灭，还会侵蚀喷孔壁表面。

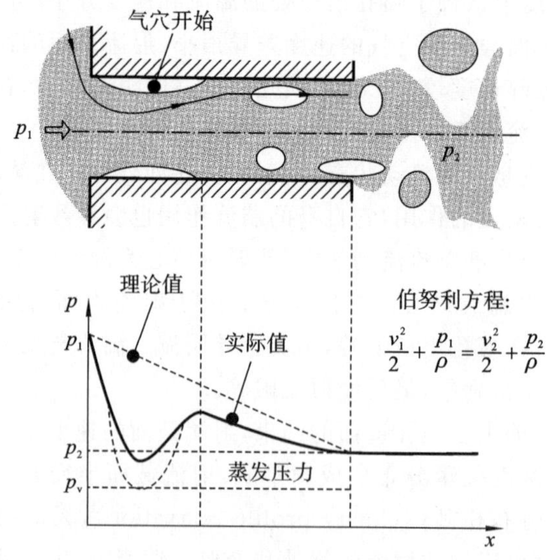

图 4-21　气穴现象及流体压力变化

气穴的强度取决于喷嘴的几何形状和喷射速度。射流速度增大到一定值后，就会出现气穴现象，喷孔入口流通截面收缩，如图4-22(c)所示。气穴的产生增强了流体内部的湍流强度，气穴区内流体与壁面分离，内部充满了气穴气泡。当气穴气泡在喷孔内部破灭的时候，射流速度将进一步增大，气穴产生的湍流流动也将加剧。在喷孔下游，流体重新附着壁面，壁面的摩擦力会增强，如图4-22(d)所示。在外界空气的摩擦下射流快速破碎，破碎长度变短。

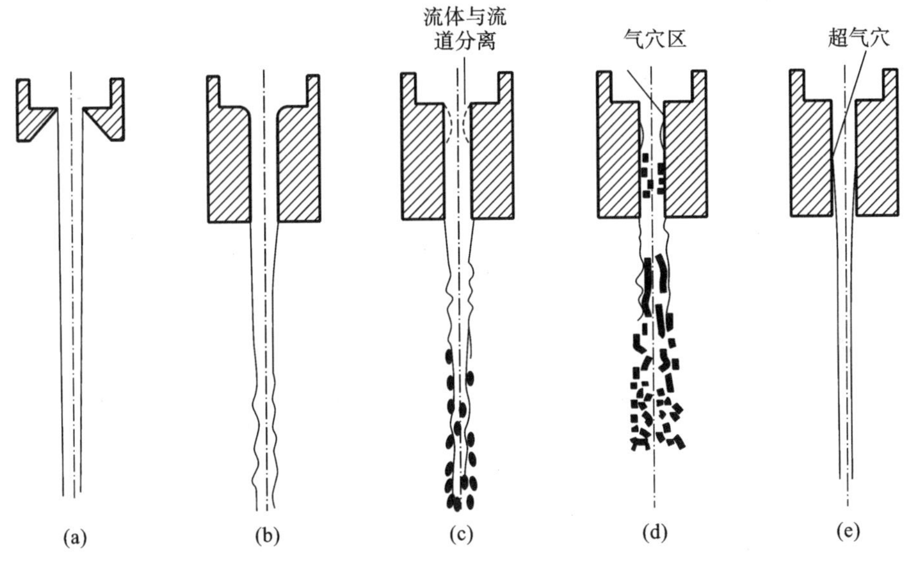

图4-22　射流形式示意图

射流速度进一步提高，附着点位置向喷孔出口移动，射流破碎长度变化不连续。附着点越接近喷孔出口，射流破碎长度越短。但是，当射流速度足够大的时候，气穴强度高，从而抑制了流体重新附着壁面，出现液力倒灌现象，如图4-22(e)所示，射流截面变小。此时，由于气穴区与外界空气联通，喷孔内部的射流不再出现气穴现象，射流破碎长度变长，射流表面变得更加光滑。

圆角喷孔无气穴现象产生，也就没有气泡破灭带来的强烈湍流扰动。然而由于流体始终受到壁面摩擦力的作用，如图4-22(b)所示，湍流强度也会随着射流速度的增大而增大。不过圆角喷孔中壁面摩擦力引起的湍流强度小于气泡破灭引起的湍流强度，圆角喷孔的射流破碎长度较尖角喷孔的要长。对于尖角喷孔，由于液力倒灌时射流既无气穴气泡破灭带来的湍流扰动，也无壁面摩擦力带来的扰动，因此尖角喷孔的射流破碎长度比圆角喷孔的射流破碎长度还要长一些。

④喷嘴内部的气穴流动。

喷嘴内部的流动包含湍流和气穴流动。气穴的开始是指刚刚可以观测到气穴的时刻，此时气穴发生区域非常小。随着压力、速度等条件的改变，气穴增大，这个阶段称为气穴发展阶段。气穴的开始与发展不仅与流体的情况，如流体的温度，所含杂质的种类和数量有关，还与壁面粗糙度和压力分布相关。

气穴参数 K、空穴数 CN 和雷诺数 Re 是评价喷孔内部气穴流动的主要参数，定义如下：

$$K = \frac{P_1 - P_v}{P_1 - P_2} \tag{4-12}$$

$$CN = \frac{P_1 - P_2}{P_2 - P_v} \tag{4-13}$$

$$Re = \frac{\rho_1 UD}{\mu_1} \tag{4-14}$$

式中：P_1 为喷孔上游压力；P_2 为喷孔下游压力；P_v 为流体蒸发压力；U 为流体平均速度；D 为喷孔直径；μ_1 为流体黏性系数；ρ_1 为流体密度。

根据 Nurick 模型以及 Knox-Kelecy 等人的试验研究(见图 4-23)，流量系数 C_d 是气穴参数 K 的函数。

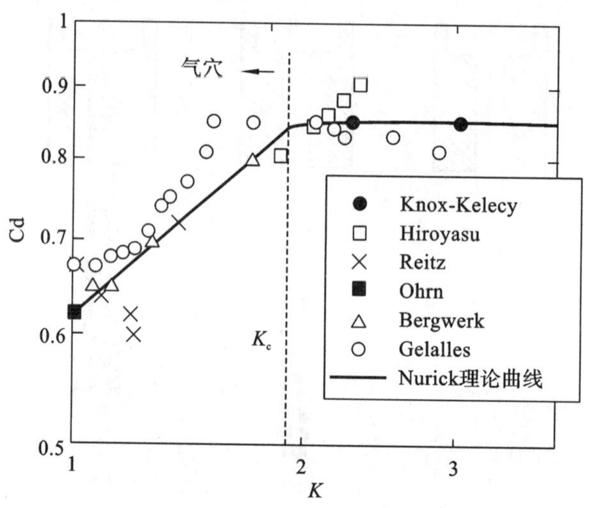

图 4-23　气穴参数与流量系数

$$C_d = \frac{\dot{m}}{A\sqrt{2\rho(P_1 - P_2)}} \tag{4-15}$$

式中：$\dot{m}$ 为质量流量；A 为喷孔流通截面积；ρ 为流体密度。

⑤气穴流动与喷雾异常。

这里指的喷雾现象包括以下两个方面：油束的不对称性和多孔喷嘴中各喷孔之间流量的不均匀性。它们与喷嘴内部的气穴流动密切相关。

喷孔内气穴分布的不对称，以及气穴中气体与气穴外燃油可压缩性的差异，使喷孔出口燃油速度和方向不对称，油束的实际轴线与喷孔的几何轴线不重合，这将影响油束在柴油机燃烧室中的分布。

喷嘴的针阀座面、压力室、喷孔内均可能出现气穴，其位置、强度和形态又随时间和条件的变化而变化，影响多孔喷嘴各喷孔的燃油流动均匀性。喷嘴的设计以及喷孔的加工误差也会增大各油束特性的离散性，恶化柴油机的燃烧性能。

4.2.3　电控喷油系统

1. 电控喷油系统发展概述

经过长期发展和改进，喷油系统伴随着柴油机技术水平的提高而不断提高。20 世纪早期，因柴油机压缩压力较高，燃油升压后如何喷入气缸成为技术难题，当时将压缩空气与燃油一起喷入缸内，称为掺气喷射。先后出现过蓄压式、共轨式喷油系统，利用柴油机工作循环中喷油脉冲以外的时间，积蓄燃油能量，在压缩上止点前喷入缸内。20 世纪 30 年代，德国 Bosch 公司由柱塞式喷油泵、高压油管、喷油器组成的喷油系统研制成功，使柴油机摆脱了附属压气机，迅速得到推广应用，这种喷射方式称为无气喷射，是柴油机发展史上的第一个里程碑。为满足各种用途、各种类型柴油机的匹配需求，出现了多种形式的喷油泵、喷油器，但绝大部分的工作原理仍沿用 Bosch 公司的设计。因技术要求高，配套数量大，世界各主要国家均有专业厂商批量生产喷油系统，并陆续制定了国际技术标准和规范。

与喷油泵、喷油器配合，调速器、离心式提前器等可以对柴油机的喷油过程进行一定程度的调控。它们早期均为机械式，但随着排放法规的提出和日益严格，所需的喷油压力越来越高，所需的喷油规律越来越复杂，传统机械式的喷油系统难以满足要求。

涡轮增压器的出现是柴油机发展史上的第二个里程碑。电控喷油系统的出现，突破了机械系统的局限，为柴油机性能的提高创造了优良条件，被称为柴油机发展史上的第三个里程碑。各公司推出的柴油机电控喷油系统各具特色，在市场竞争和实践考验中不断淘汰、改进和完善。

电控喷油系统的发展可分为三个阶段：位置控制式阶段，时间控制式阶段，压力时间控制式阶段。

位置控制式电控喷油系统是在传统喷油泵-高压油管-喷油器系统的基础上，保持燃油泵送和计量机构不变或适当改进，由电子调速器取代机械调速器的系统。运行时，传感器将柴油机相关信息输送到电控单元，电控单元经运算、处理后发出指令到执行器，执行器通过齿条（拉杆）、滑套的位置变化改变喷油量和喷油正时，实现燃油喷射控制的目的。因为该系统以位置变化作为典型控制环节，所以称为位置控制式电控喷油系统。与机械调速器相比，电子调速器的信息处理能力、控制精度、响应速度均具有显著优势，有利于柴油机综合性能的改善。该系统中喷油泵、喷油器的结构及其在柴油机上的布置保持不变，使喷油装置生产企业长期积累的技术、经验和生产设备能继续使用，只需更换调速器和驱动器，增加部分传感器即可实现电子控制，继承性好，容易为柴油机生产企业和用户所接受。因为燃油泵送和计量机构基本不变，所以该系统喷油参数受柴油机转速和负荷影响较大，难以实现理想的喷油规律，而且凸轮机构、柱塞套的应力和变形限制了喷油压力的提高。电控直列泵喷油系统是典型的位置控制式电控喷油系统。

时间控制式电控喷油系统由柱塞式喷油泵或泵油元件承担燃油泵送和压力升高任务。运行时，传感器将柴油机相关信息传输给电控单元，运算处理后向执行器发出指令，由电磁阀控制喷油量、喷油率和喷油正时。该系统实现喷油功能适当分离，有利于提高计量精度，增加系统功能和控制的灵活性。因为该系统以电磁阀的开闭时间为典型控制环节，故称为时间控制式电控喷油系统。该系统在结构、布置上与传统的单体泵和泵-喷嘴系统相类似，有一定的继承性。引入传感器、执行器、控制微机后，信息处理、控制精度和能力大幅提高，柴油机性能明显改善。这种系统发展潜力大，已批量生产，并广泛应用。由于凸轮通过挺柱、滚轮等随动件推动柱塞运动来泵送燃油，喷油压力随柴油机的转速变化而变化，难以满足改善部分工况性能的要求，此外，凸轮运动副的磨损和变形，也限制了喷油压力的提高。电控单体泵喷油系统、电控泵-喷嘴喷油系统是典型的时间控制式电控喷油系统。

电控共轨喷油系统是最具有代表性的压力时间控制式电控喷油系统。该系统改变了传统喷油系统的工作原理和结构，实现燃油泵送、压力升高、燃油计量功能分离；喷油压力与柴油机转速无关，可独立调控；由高速电磁阀在电子控制单元驱动下实现喷油量、喷油压力、喷油规律、喷油正时的最佳控制。目前的电控共轨喷油系统是柴油机中应用最普遍的喷油系统，可实现 2000～2200 bar 的喷射压力，5～6 次燃油喷射。由于喷油压力可自由调控，故称为压力时间控制式电控喷油系统。

2. 电控共轨喷油系统

实现柴油机全工况综合性能优化，是国内外研究者长期研究和奋斗的目标。但新燃烧过程、涡轮增压、排气再循环和后处理技术的逐步实施，大大增加了喷油系统的复杂性和技术难度。改革传统喷油系统的工作原理和结构，提出创新方案，充分分离燃油压力升高、喷油量计量、喷油率和正时控制等功能，实现柴油机所有运行工况下喷油参数自由控制，才能利用现代控制、智能控制的成果，全面提升喷油系统技术水平。压力时间控制式电控喷油系统的问世是形势发展的必然结果，电控共轨喷油系统是其中最有代表性的一种类型。

柴油机发展的早期已使用过共轨蓄压技术。对于柴油机来说：首先，喷油时间短，四行程柴油机喷油持续期只占工作循环的 2%～4%；其次，喷油压力高，最高喷油压力需超过气缸最大压缩压力的两倍以上；再次，喷油量小且要求计量精度高。因此，喷油控制比较困难。早期的设计方案之一就是采用共轨蓄压式喷油系统，供油泵连续输送高压燃油到柴油机各缸公用的共轨油道中，再利用机械弹簧或燃油的可压缩性积蓄能量（压力），由共轨油道与喷油器之间的机械或电磁装置控制喷油量和喷油正时，按发火顺序向各缸喷油。当时，该系统已用于某些机型，后因高压燃油密封、喷油参数控制精度等问题而逐渐放弃。技术的发展与其他事物一样，呈波浪式前进，具有螺旋式上升的规律。在新的条件下，对共轨、蓄压的概念进行再创新，吸取其合理成分，融合相关学科的先进技术，逐步研发出电控共轨喷油系统。现在所讲的共轨，包括电子信息传输共轨和高压燃油共轨两层含义，即在系统中电控指令和高压燃油分别由公用的通道送往柴油机各缸喷油器，不同于传统喷油系统中喷油泵（或泵油单元）、高压油管和喷油器按缸数一一对应的布置。

电控共轨喷油系统舍弃传统喷油系统的工作原理，将供油、喷油、燃油计量、正时控制、压力调节等功能分离。在供油泵和喷油器之间设置共轨油道部件，积蓄燃油能量（压力），控制燃油压力，将系统的供油和喷油职能分开，供油泵不受柴油机气缸数和工作循环的约束，由布置在喷油器中的高速电磁阀控制喷油参数，其结构紧凑，高压容积小，燃油压力传播畸变和寄生损失下降，可充分发挥电控元件响应速度快、分辨率高、控制自由度大的优势。

柴油机电控共轨喷油系统按共轨油道中油压的高低，可分为低压共轨、中压共轨和高压共轨等三类。所谓压力高低只是相对而言，并没有明确的界限。一般，低压共轨喷油系统对供油泵、共轨油道的密封性要求低，但喷油器必须有增压装置，使燃油升压后再喷入燃烧室。喷油器结构复杂，安装尺寸大，在安装空间有限的条件下，最大喷油量受到制约。高压共轨喷油系统，其供油泵能供应高压燃油，需要共轨油道密封性好，结构强度高，控制阀需要耐受高压，但喷油器中不需要燃油增压装置，结构相对简单，外形尺寸小，在缸盖上较易布置。中压共轨喷油系统介于上述二者之间。如何处理，要根据喷油系统的设计目标、柴油机的安装要求、生产厂家的工艺水平综合分析确定。

配有电控共轨燃油系统的直喷柴油机常称为电控共轨柴油机，其应用广泛，可应用于乘用车中，范围从 3 缸（排量 0.8 L、额定功率 30 kW、额定扭矩 100 N·m）到 8 缸（排量 4 L、额定功率 180 kW、额定扭矩 560 N·m）；也可应用于载重车、船舶柴油机中，从每缸功率 30 kW到每缸功率 200 kW。最高喷油压力为 1600～2000 bar，将来可能达到 2200～2800 bar。该系统还在不断发展和完善。

(1)系统组成及工作原理。

图 4-24 所示为某型电控高压共轨喷油系统(日本电装公司的 ECD-U2 系统)。电控高压共轨系统可对喷油压力、喷油量、喷油率、喷油正时等参数进行柔性控制,响应速度快、计量精度高。高压供油泵体积小,工作效率高,驱动扭矩平稳,传动和布置无特殊要求。该系统中的许多部件工作在高压环境中,受燃油高压的持续作用,只有可靠密封才能保证系统正常运行。高速电磁阀的安装空间受到限制,工作条件恶劣,综合性能要求高,是系统的关键部件。

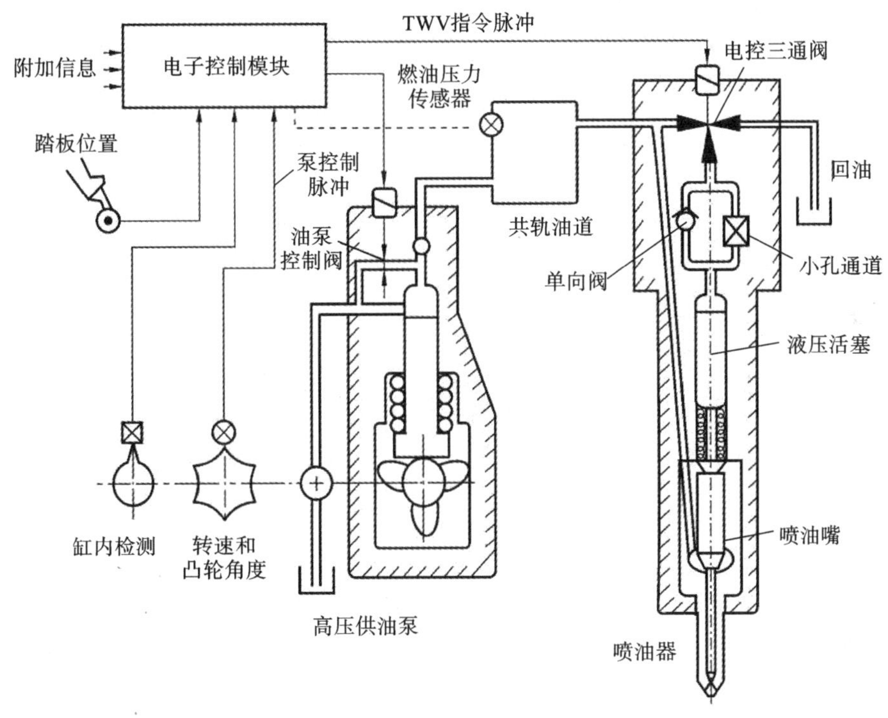

图 4-24　电控高压共轨喷油系统

高压供油泵将燃油输送到共轨油道,共轨油道的燃油压力信号通过燃油压力传感器输送到 ECU,根据 ECU 的指令,供油泵控制阀改变供油量,控制共轨油道的燃油压力。喷油器上方的电控三通阀用于控制喷油量和喷油正时,如图 4-25 所示。共轨油道的燃油进入喷油器后,一部分燃油通向三通电磁阀,油路通时进入到液压活塞腔,使液压活塞下行压住针阀,此时不喷油;另一部分燃油直接进入针阀腔。电磁阀通电时,三通阀的外阀向上运动,阻止共轨油道的燃油进入液压活塞腔,同时又打开泄油道,使液压活塞腔的燃油泄压,针阀在共轨油道的高压燃油作用下升起,开始喷油。为使喷油率符合柴油机性能的要求,针阀不宜开启太快,为此在液压活塞腔上方专门设置了一个单向阀和一个小孔通道,两者并联。泄压时单向阀关闭,小孔通道的节流作用使液压活塞腔油压逐步下降,控制针阀开启速度,即控制开始喷射的喷油率。

三通阀断电时,在弹簧力作用下外阀向下运动关闭泄油道,共轨油压通过并联的单向阀和小孔通道,很快进入液压活塞上方。由于活塞面积比针阀的面积大很多倍,所以针阀迅速关闭,快速停止喷油。该系统可实现多次喷油、靴形喷油规律等。高压供油泵的凸轮近似三角形,凸轮每转一圈柱塞往复三次,启动时共轨油压上升很快,保证柴油机快速启动,可实现

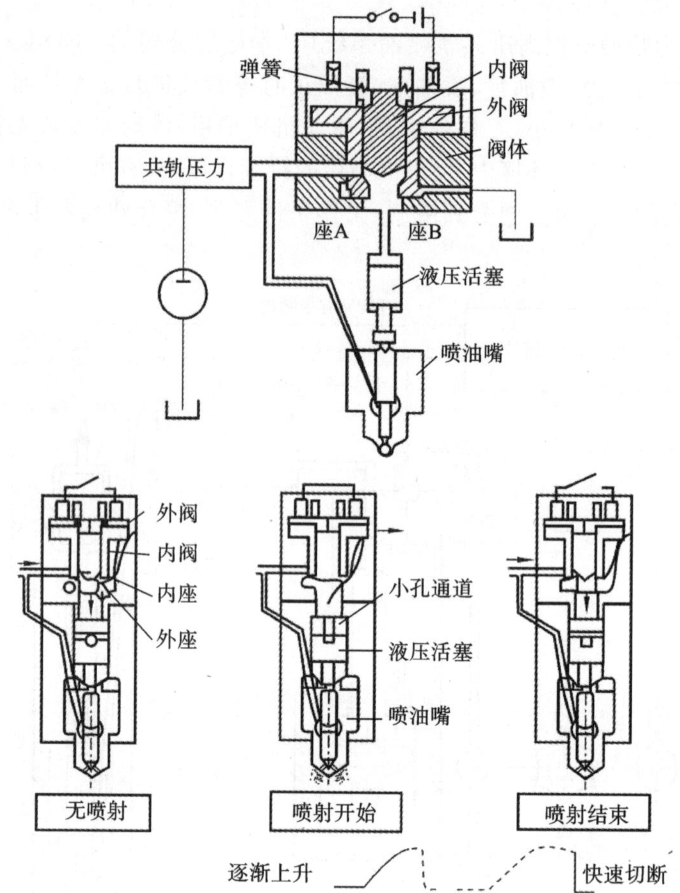

图 4-25　电控三通阀的工作原理

任何转速、任何工况下的高压喷射，有利于改进低速、低负荷工况性能。

三通阀由阀体、外阀、内阀组成，两两相配实现三通，靠电磁力和弹簧力运动，按压力平衡的原则设计，响应速度很快，可以按设计控制喷油规律，实现多次喷射，但设计和制造工艺要求高、密封性不易保证，在实际使用中燃油泄漏量较大。改进设计的系统采用二通阀、节流孔板方案，通过二通阀的开启和关闭控制喷油量、喷油正时和喷油率。当二通阀开启时，液压活塞腔内的高压燃油经节流孔板流入低压腔，使燃油压力降低，此时喷油嘴针阀腔中的燃油压力仍为高压，使针阀开启，向气缸内喷射燃油，节流孔板的泄油速度可控制喷油率；当二通阀关闭时，高压燃油进入液压活塞腔，压迫液压活塞，使针阀下降，喷油结束。二通阀的通电时刻确定了喷油始点，通电时间确定了喷油量。这些基本喷油参数都是通过电子脉冲控制的。

不同公司生产的，或者同一公司生产的不同电控共轨喷油系统产品，在系统组成上一般会存在差异，但其工作原理基本是一致的，可由此及彼、举一反三。

(2)高压供油泵。

高压供油泵的结构和工作原理与柱塞式喷油泵的类似，如图 4-26 所示。柱塞上无螺旋控制槽，更有利于燃油密封，提高喷油压力。供油泵的喷油量计量和正时功能分离出去后，可采用多凸起凸轮，减少供油泵的体积和成本。六缸柴油机使用两缸三凸起凸轮的供油泵，

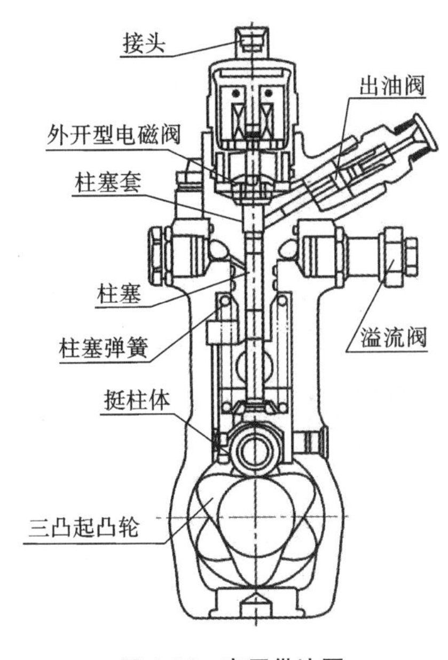

图 4-26　高压供油泵

其外形尺寸和质量只有常规六缸直列喷油泵的 1/3。用外开型的电磁阀控制供油泵进油，柱塞腔的高压燃油作用有利于阀的密封。高压供油泵采用低压溢流进油计量，与常规柱塞式喷油泵相比，消除了高压溢流损失，提高了油泵工作效率。计量原理为：柱塞下行，低压燃油经过电磁阀流入柱塞腔；柱塞上行，柱塞腔内的低压燃油通过没有关闭的电磁阀溢流，直到电磁阀被激励后关闭；柱塞继续上行，柱塞腔内的燃油压力升高，压力燃油通过单向阀进入共轨油道。电磁阀的关闭时刻及柱塞的预行程决定了供油量，改变电磁阀的正时可直接控制供油量，并保证共轨油道内的燃油达到所需压力值。供油泵的最高供油压力，即最高共轨压力，随供油泵转速的变化较小，甚至在 500 r/min 的低转速下，也可以达到 1000 bar。

图 4-27(a)所示为共轨油道的燃油最高压力随柴油机转速变化的特性。共轨油道压力可在最高压力和喷油嘴开启压力之间自由设定。柴油机启动时，共轨油道燃油压力必须迅速上升，以超过喷油嘴的开启压力，保证油束的喷射和雾化，改善启动性能。共轨油道燃油压力的上升梯度取决于燃油的容积弹性模量 E、供油泵的供油量 Q_p、共轨油道和管路的容积 V。显然，Q_p 越大，V 越小，共轨油道压力提高越快。图 4-27(b)所示为启动时燃油压力响应曲线，启动 0.5 s 后，共轨油道压力达到喷油器开启压力 20 MPa，0.6 s 后柴油机转速达到怠速，可见，启动性能良好。

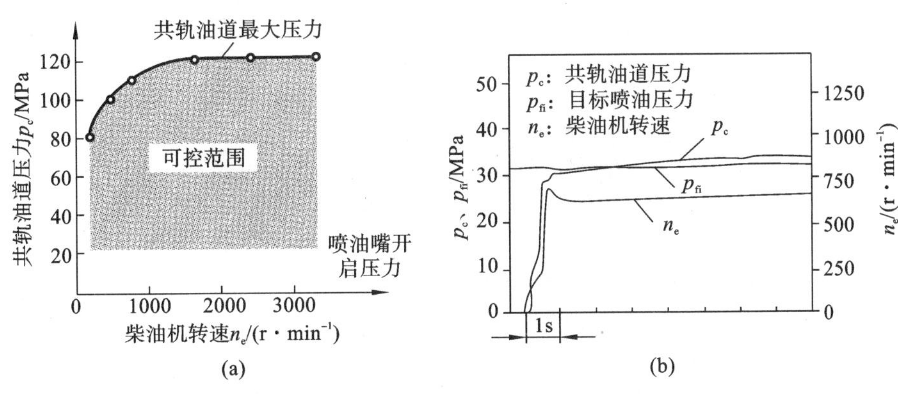

图 4-27　共轨系统的压力特性

高压供油泵除了图 4-26 所示的多凸起凸轮形式柱塞泵，应用比较广泛的还有离心式柱塞泵(见图 4-28(a))，直列式柱塞泵(见图 4-28(b))。

(3)喷油压力的控制。

图 4-29 所示为喷油压力控制的三种方式：即控制泄油量(见图 4-29(a))，控制供油量(见图 4-29(b))，以及供油量、泄油量协调控制(见图 4-29(c))。在图 4-29(a)中，压力控制阀 4 安装在共轨油道端面，根据轨压传感器 6 测量得到的轨压值，调节压力控制阀开度，从而控制泄油量，达到控制轨压，即喷油压力的目的。这种控制方式的优点是可以根据运行工况的

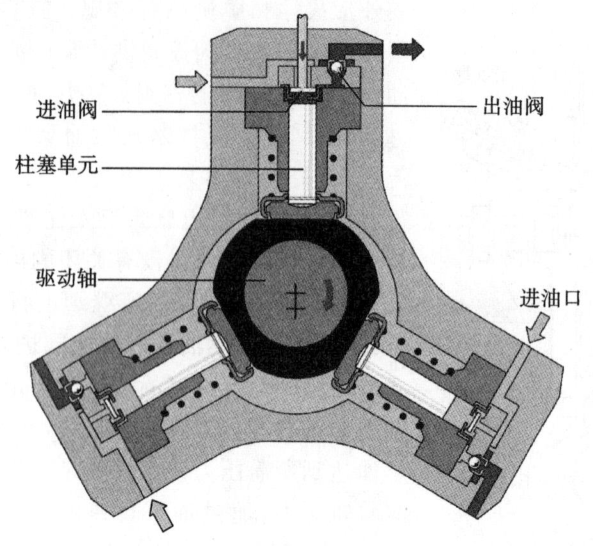

(a)离心式柱塞泵

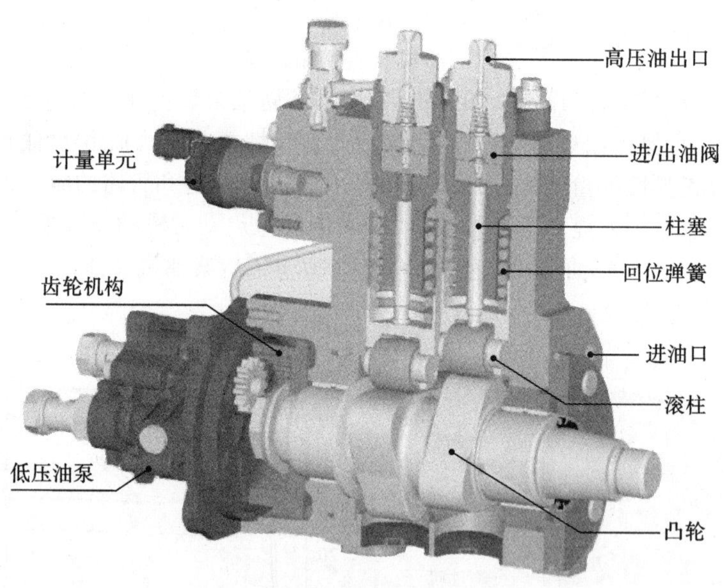

(b)直列式柱塞泵

图 4-28　其他形式的高压供油泵

变化快速调节轨压，而缺点是高压泄油导致高压供油泵的工作效率低。在图 4-29(b)中，压力控制阀集成在高压供油泵中，通过控制高压供油泵的供油量，从而控制轨压。这种控制方式的优缺点正好与第一种控制方式相反。在图 4-29(c)中，有两个执行器，可根据运行工况所需，对供油量、泄油量进行协调控制。这种控制方式兼具前两种控制方式的优点，但也增加了控制系统的复杂度。

以图 4-29(b)所示控制方式为例，喷油压力的控制框图如图 4-30 所示，喷油压力或共轨油道压力靠改变高压供油泵的溢油量来控制，根据压力传感器的反馈信号，确定接通油泵控制阀的脉冲时间，可以精确控制高压供油泵的供油量。在电控单元内要进行两级计算：第一级是由各种传感器信号确定目标喷油压力 p_{fi}；第二级是为实现 p_{fi}，确定接通油泵控制阀的

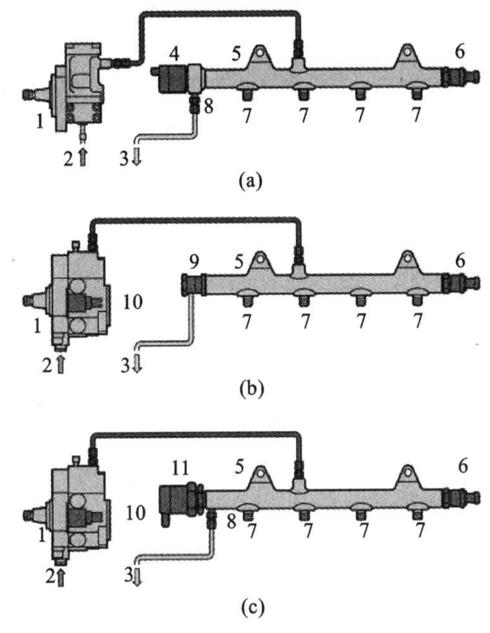

图 4-29　喷油压力的三种控制方式

1—高压泵；2—进油口；3—回油口；4—压力控制阀；5—油轨；6—轨压传感器；
7—喷油器接口；8—回油接口；9—卸压阀；10—计量单元；11—压力控制阀

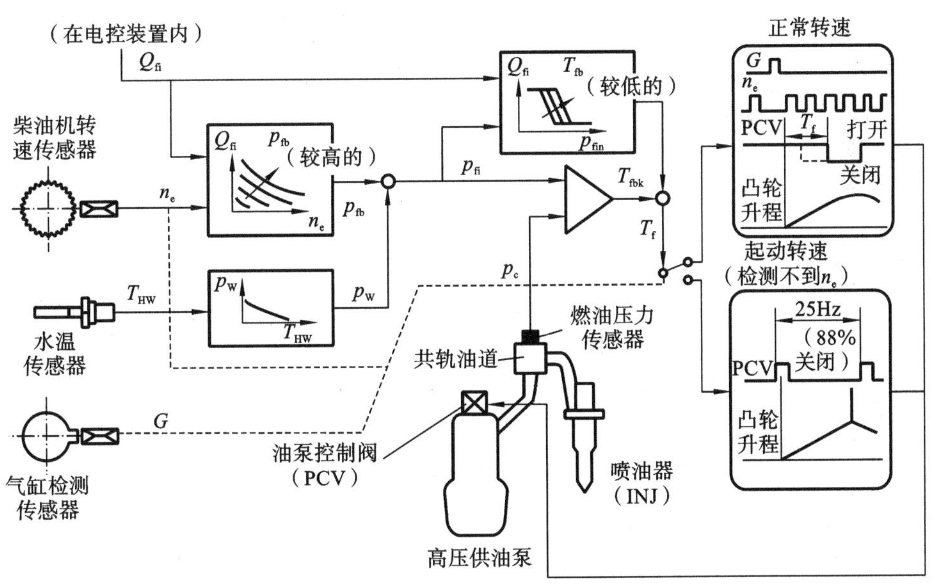

图 4-30　喷油压力控制系统框图

脉冲启动时间 T_f。p_{fi}是在基本目标喷油压力 p_{fb}的基础上，对冷却水温进行补偿(p_w)而确定下来的，其中基本目标喷油压力 p_{fb}由柴油机转速 n_e 和负荷 Q_{fi}来确定的。将由轨压传感器测量得到的实际轨压 p_c 反馈给电控单元，与目标喷油压力 p_{fi}进行比较，根据两者的偏差值调节油泵控制阀的脉冲启动时间进行反馈补偿。反馈补偿量 T_{fbk}与基本脉冲启动时间 T_{fb}共同确定出油泵控制阀的控制值 T_f。最后，经过时间间隔 T，以气缸检测传感器的信号作为计时标准的开始，将脉冲输送到油泵控制阀。

根据目标喷油压力 p_{fi} 与由轨压传感器测量所得实际轨压 p_c 的差值，可以得到反馈补偿。因而根据反馈补偿和基本接通启动时间 T_{fb}，可以得到控制值 T_f。最后，经过时间间隔 T_f（以气缸检测传感器的信号作为计时标准的开始），脉冲输送到供油泵控制阀。

柴油机启动时，应使用不同的控制规则，作为系统运行基础的燃油压力必须提前建立。当转速很低，还检测不到气缸信号时，来自高压供油泵的燃油量可达到最高值，而它与柴油机的转速无关。来自高压供油泵的供油正时与喷油同步，因而不会有供求过度或不足的情况，共轨油道压力是稳定的。另外，驱动转矩损失较小，系统可高精度地控制供求平衡。

(4)喷油量的控制。

电控单元可在柴油机运行工况（由各种传感器检测）中计算最佳喷油量，再由三通阀的脉冲宽度来控制喷油器的喷油量。喷油量控制系统框图如图 4-31 所示。在电控单元内进行两级计算：第一级是计算喷油量，在传感器提供的信息基础上，确定每次喷油的目标喷油量 Q_{fi}；第二级是计算脉冲宽度，为实现目标喷油量，确定控制脉冲宽度 T_q。计算喷油量时，要分别检测 Q_b 和 Q_{fu}，其中 Q_b 取决于柴油机转速 n_e 和油门踏板位置 A_{CCP}；Q_{fu} 为允许的最大喷油量，取决于柴油机转速 n_e、进气管压力 p_{IM} 和进气温度 T_{HA}，从 Q_b 和 Q_{fu} 中选择最小值，作为目标喷射量。电控系统的优越性在于 Q_b 和 Q_{fu} 两者均能作为可变模式自由地输入程序。另外，柴油机怠速的反馈控制和其他附加功能均可简单地由程序输入系统，而不必另外设置硬件。

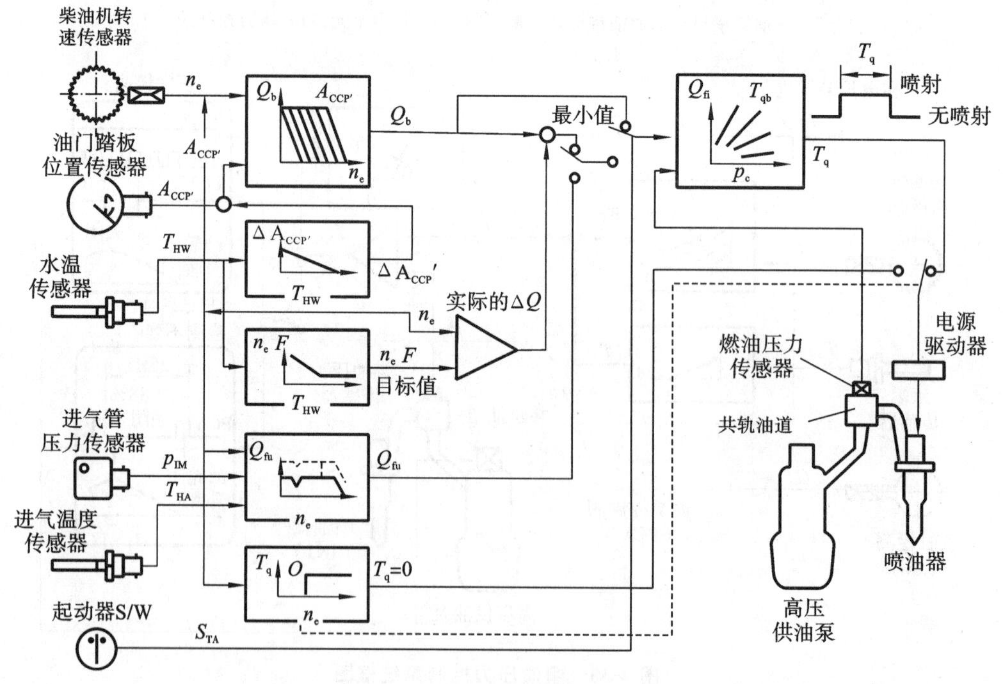

图 4-31 喷油量控制系统框图

脉冲宽度 T_q 的计算是系统的独特功能，喷油量 Q 为 T_q 和共轨油道压力 p_c 的函数，即 $Q=f(T_q,p_c)$，它是一个准确的“时间-压力计算系统”。因而，根据喷油量 Q_{fi} 和共轨油道压力 p_c，就不难求出脉冲宽度。可见该喷油系统具有控制反应能力，原则上可为每次喷油检测柴油机的最新运转工况，并把检测的数据转化为控制喷油量的信息。

图 4-32 所示为喷油控制方法示意图，图中的实线和虚线分别表示最大和最小喷油量。

该系统能精确地计量燃油，可计量到 1 mm^3 或更小量级。三通阀的快速响应和小孔通道的节流抑制作用，对于非常小的喷嘴开启面积也能精确地进行控制。在柴油机全部工作范围内可得到良好的调速特性，如图 4-33 所示。图中虚线所示为由柴油机转速和油门踏板位置确定的目标喷油量，实线所示为实际喷油量，喷油量计量十分精确。

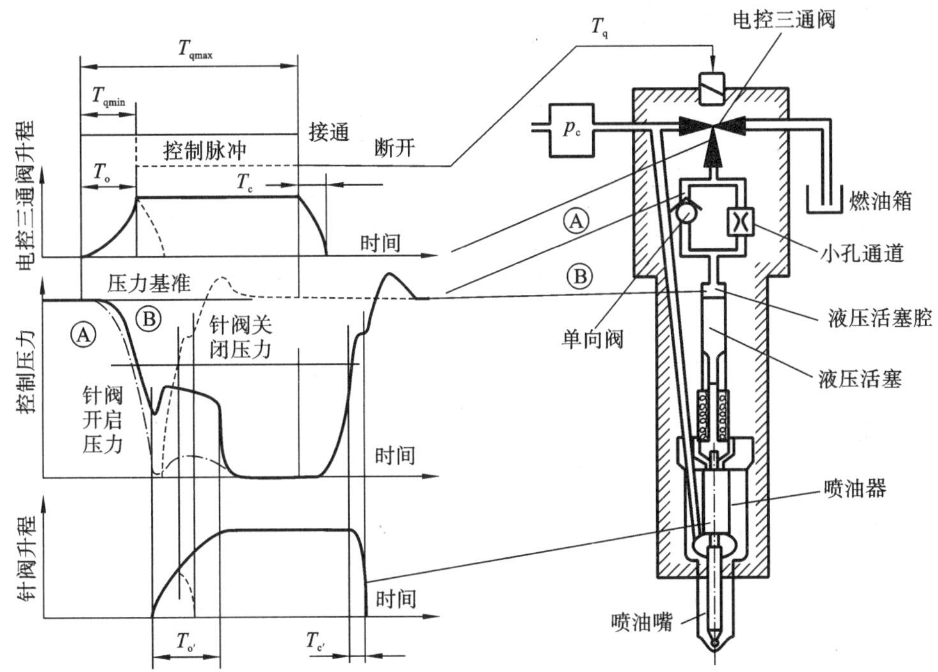

图 4-32　喷油量控制方法示意图

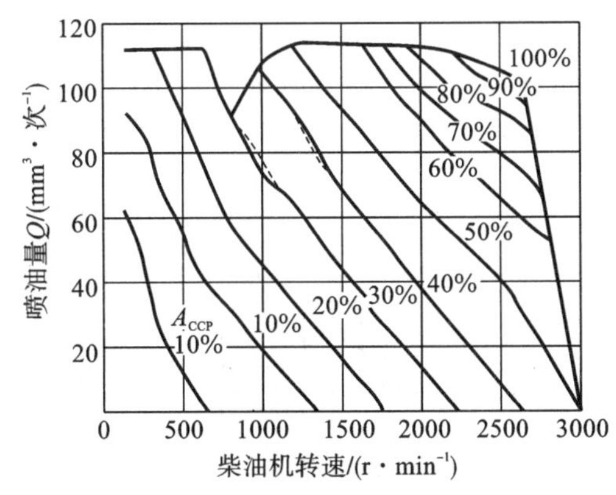

图 4-33　喷油量与柴油机转速的关系曲线

此外，这种电控式的压力-时间计算系统，可以准确地实现柴油机所要求的怠速喷油量控制。这种控制方法不存在传统喷油系统的某些问题，例如：由于喷油系统内的压力传递而出现的难以控制或失控的区域；由于调速器的控制能力不佳而出现的低速无效控制等。

(5)喷射正时的控制。

图 4-34 所示为喷油正时控制系统框图。类似喷油量控制系统，在电控单元内进行两级计算：第一级是根据各种传感器的信号，确定目标喷油始点时刻 θ_{fi}；第二级是为了实现目标喷油始点时刻 θ_{fi}，确定三通阀通电启动时刻 T_c。图中 θ_b 是由柴油机转速和负荷确定的基本

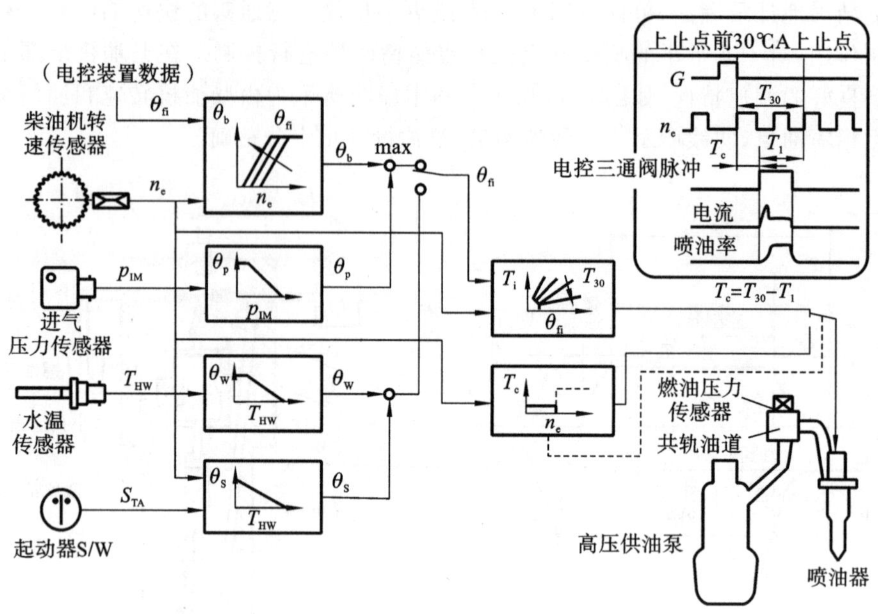

图 4-34　喷油正时控制系统框图

喷油正时，在此基础上，还要加上进气压力补偿值 θ_p 和水温补偿值 θ_w，从而确定出目标喷油正时 θ_{fi}。因为 θ_{fi} 是以曲轴转角（上止点前）值表示的，所以要根据柴油机转速换算成时间，然后再得到从计时标准上止点前 30°CA 信号算起的时间间隔 T_c，最终得到三通阀通电始点。

（6）喷油率的控制。

控制喷油率可有效改善燃油经济性，降低排放与噪声。电控共轨喷油系统通过设计和控制可以得到斜梯形喷油、靴形喷油、预喷油等规律。

液压活塞腔的燃油压力下降速度可由小孔通道的节流作用来控制。不同的小孔通道和共轨油道压力相匹配，可以得到不同的斜梯形喷油规律，从而影响柴油机的燃烧过程，如图 4-35 所示。

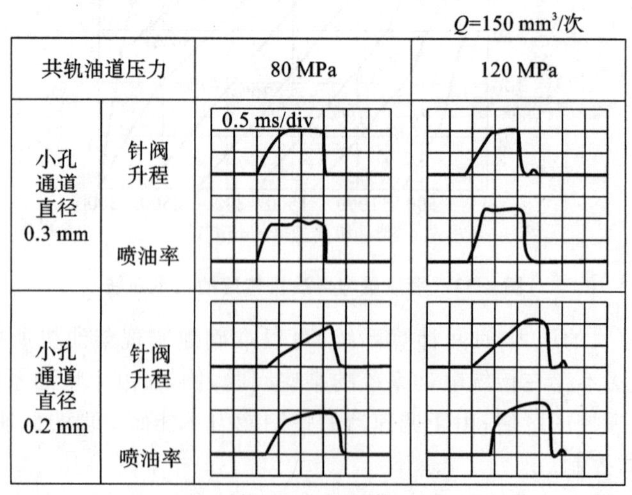

图 4-35　斜梯形喷油规律

将喷嘴针阀的升程分为两个阶段，首先进行预升程，短暂停留后，再实现全升程，可获得靴形喷油规律。电控整体式喷油器内有小孔通道，三通阀下游装有台阶阀，改变台阶阀和液压活塞之间的间隙，就可调节针阀预升程。当三通阀通电时，台阶阀和液压活塞之间的高压燃油流回燃油箱，而与液压活塞相连的针阀则可上升一段距离，即形成预升程，这时喷油率较低。针阀预升程的状态一直保持到台阶阀附近的高压燃油的压力降低为止，然后，实现全升程，这时喷油率最大。换言之，依靠预升程量和台阶孔径的合理组合，可以得到各种靴形喷油规律，如图 4-36 所示。1000 bar 时的靴形喷油的初期喷射率大致和 400 bar 时的斜梯形喷油的初期喷油率相同；喷油压力都为 1000 bar 时，靴形喷油和斜梯形喷油的最大喷油率相同。

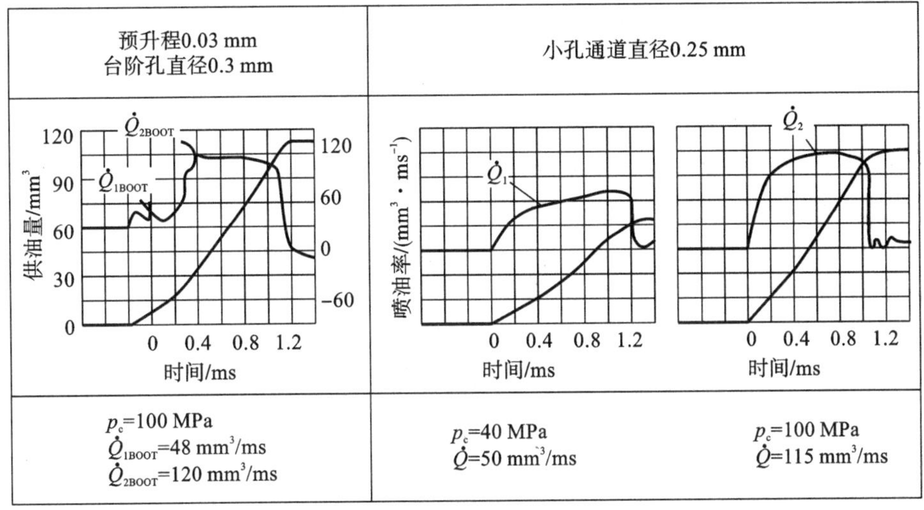

图 4-36　靴形喷油规律

在主喷射之前，给三通阀一个小宽度的电脉冲，可以得到预喷油。因此，在柴油机每一循环的喷油过程中，针阀均开启两次。该系统可实现预喷油量每次小于 1 mm³，而预喷和主喷之间的间隔时间大于 0.1 ms。试验柴油机转速为 1200 r/min、共轨油道压力为 600 bar 时，喷油器的预喷油量为 1 mm³/次，喷油量为 60 mm³/次，预喷型喷油规律如图 4-37 所示。图中 q_p 表示预喷油量，Q 为主喷油量。

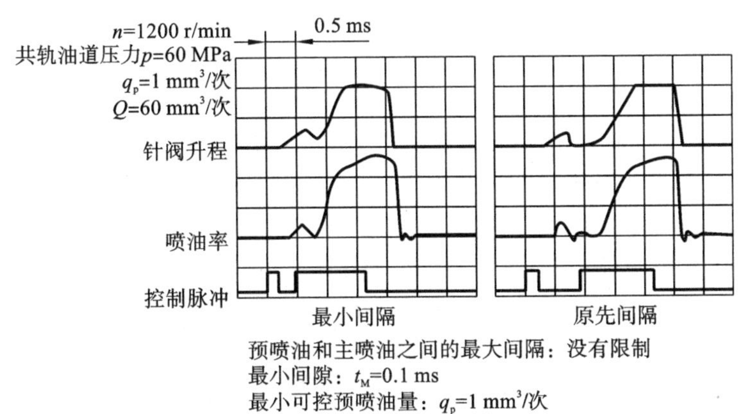

图 4-37　预喷型喷油规律

现代电控共轨喷油系统中，通过高速电磁阀的快速动作，可实现多次喷射，包括预喷（降

低 NO_x 和噪声)、主喷(保证输出功率和燃油经济性)、后喷(降低 Soot)、晚喷(排气温度管理)等。

4.3 柴油机空气系统及控制

4.3.1 涡轮增压

从发展趋势来看,提高增压度、改善变工况性能、降低燃油消耗率、控制排放仍为当前研发的重点。现在高增压柴油机的平均有效压力已经超过 3.0MPa。这样高的平均有效压力,使高增压柴油机的机械负荷和热负荷大大增加、低工况性能和瞬态特性变差,因此对增压系统提出了越来越高的要求:具有良好的全工况性能,有利于改善低工况特性;较高的排气能量利用率;完善的扫气过程;有害排放物少;瞬态特性好;排气管系统结构尽可能简单,易于实现系列化生产;涡轮尽量采用单进口。

涡轮增压器是由发动机的废气进行驱动的。涡轮增压器的工作效率和增压能力都依赖于发动机的转速和负荷。为了涡轮增压器在发动机全工况范围内都具有较高的工作效率和灵活可控的增压能力,实现增压压力的柔性控制,可变涡轮增压系统应运而生,包括带废气旁通阀的涡轮增压系统(WGT)、可变截面的涡轮增压系统(如 VGT),相继涡轮增压系统等。

1. 涡轮增压柴油机的变工况性能

1)废气旁通阀控制

带废气旁通阀的涡轮增压系统能改善增压柴油机的低速转矩特性,同时能协调低速响应和高速功率之间的矛盾。由于涡轮的工作范围远小于压气机的工作范围,所以涡轮增压器与柴油机的匹配主要取决于涡轮的工作范围。若将涡轮增压器的最佳工作范围设定在柴油机的低速区,则高速时的涡轮增压器可能因超速而产生过度增压,造成增压器或柴油机的损坏。若采用较大的蜗壳面积比 A/R(A 为蜗壳曲率半径 R 处的流通截面积),虽不会在高速时引起涡轮超速,但却会使低速响应能力变差。为了解决这个矛盾,通常在涡轮增压器匹配时,将匹配点下移,使柴油机在低于中等转速时获得最大转矩,而在高速时,为了将增压压力、最高燃烧压力和增压器的最高转速限制在许可的范围内,柴油机的部分排气通过涡轮前的放气阀旁通至涡轮后的排气管中。这样,可以使用较小蜗壳面积比的涡轮增压器,在柴油机低速时能提高增压压力,在高速时可放掉部分排气,从而保持所需的增压压力。旁通阀的开启或关闭,由电控单元根据增压压力和其他有关信息进行控制。

图 4-38 所示为废气旁通阀控制增压压力的系统示意图。旁通阀由弹簧、膜片、空气室组成,弹簧作用于膜片左侧,空气室的气体压力作用于膜片的右侧。压气机出口有管道连接释压电磁阀,来控制进入空气室的气体压力。电控单元根据柴油机负荷和转速信号。按预存的增压压力 MAP 查得该工况的增压压力,将其与增压压力传感器检测到的实际值进行比较:若实际增压压力低于预定值,则电控单元控制释压电磁阀关闭,此时,从增压器压气机出口引入的增压压力经释压电磁阀进入空气室,而膜片在气体压力作用下克服膜片左侧的弹簧力,推动旁通阀将进入涡轮的排气通道打开,同时将旁通通道关闭,此时,排气流经涡轮做功带动压气机使进气压力提高;若实际增压压力高于预定值,电控单元控制释压电磁阀打

开，通往空气室的压力空气被切断，膜片在左侧弹簧力作用下，驱动旁通阀关闭进入涡轮的通道，同时开启旁通管路，排气不经涡轮而直接排出，这时增压器失去能量来源，进气压力下降；当增压压力降到规定压力时，电控单元又将释压电磁阀关闭，旁通阀打开进入涡轮的通道，增压器重新获得能量供给。也可采用脉冲占空比(PWM)控制的电磁阀来代替释压电磁阀，这时电控单元根据柴油机工况的变化，改变控制电磁阀开闭电压脉冲的占空比，从而改变排气旁通的截面积，控制排气旁通量，更精确地控制增压压力。

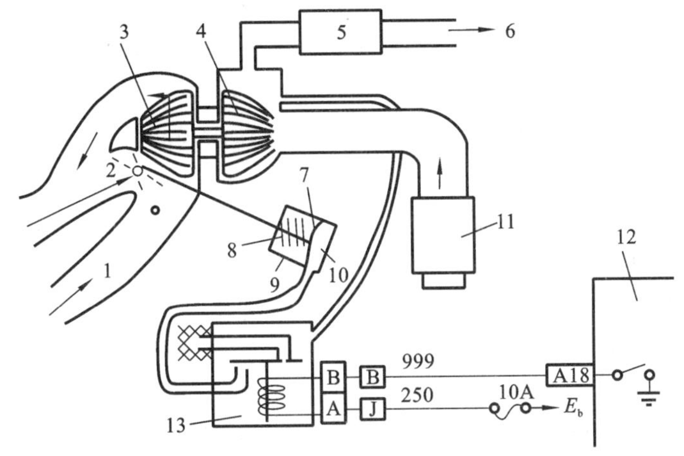

图 4-38　废气旁通阀控制增压压力示意图

1—排气；2—旁通阀；3—涡轮；4—压气机；5—中冷器；6—至进气管；
7—膜片；8—弹簧；9—控制阀；10—空气室；11—空气滤清器；12—电控单元；13—释压电磁阀

采用废气旁通阀控制后，可用蜗壳面积比较小的涡轮增压器，但其工作范围相应会变窄，要同时兼顾低速喘振线和高速阻塞线比较困难。因此，不能把涡轮最佳转速定得太低。由此可见，它对车用增压柴油机低速性能的改善是有限的。此外，高速时放气会使排气利用率降低，造成全负荷工况燃油消耗率增加，影响柴油机的经济性能，所以，尽管配备该系统是改善涡轮增压柴油机低速扭矩和瞬态响应性能最简单和成本最低的方案之一，但在大排量重型车用增压柴油机上应用较少。

2)涡轮流通截面积控制

为了克服带废气旁通阀的涡轮增压系统的缺点，可采用能改变涡轮流通截面积的增压系统，该系统在低工况时减小涡轮的流通面积，而在高工况时增大涡轮的流通面积。这样就可在提高高工况经济性能的前提下，扩大低燃油消耗率的运行区域，增大低速转矩，改善加速性能，降低有害排放(柴油机的烟度)和噪声。

(1)可变涡轮进口截面。

改变涡轮流通面积的方法较多，其中之一是改变涡轮的进口截面，如在蜗壳中插入一块可移动的板以改变排气的流通面积，或将蜗壳排气通道分成几个，分别控制，以改变流通面积等。图 4-39 所示为轿车柴油机上用的可变涡轮进口截面的涡轮增压器(VI)，这种增压器在涡轮进口处有一个可转动的掠翼，它的转动支点固定在涡轮壳上，转动掠翼，即可改变涡轮的进口截面积，掠翼在其转动范围内可连续调节，由电控单元根据柴油机的转速信号控制。

(2)可变涡轮喷嘴截面。

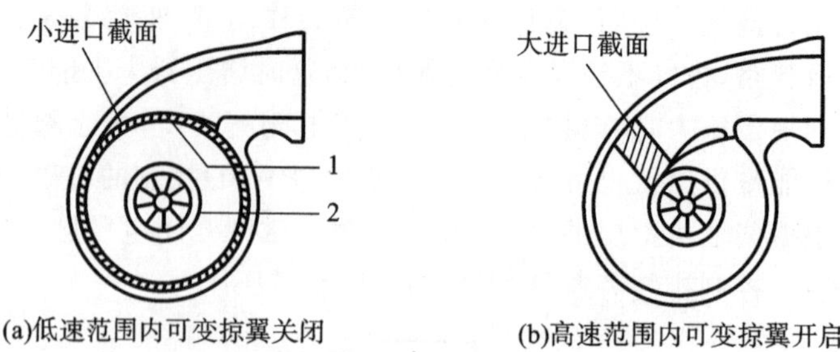

图 4-39　涡轮进口具有可变掠翼的增压器的工作原理

1—可变掠翼;2—转子

车用涡轮增压柴油机中,比较成熟的改变涡轮流通面积的方法是采用可变涡轮喷嘴截面的涡轮增压器,该方法是根据柴油机负荷和转速的变化来调控涡轮喷嘴角度、改变喷嘴有效流通截面积和叶轮进气角。柴油机低工况时,喷嘴有效截面积缩小,可改善涡轮对排气能量的利用;柴油机高工况时,喷嘴有效截面积增大,不会导致涡轮超速或增压压力过高。车用涡轮增压柴油机中,大多采用径流式涡轮增压器,这样便于采用可变涡轮喷嘴截面的方法。有叶径流式涡轮增压器可以采用转动喷嘴叶片的方法来改变喷嘴有效截面积和叶轮进气角;无叶径流式涡轮增压器则可在喷嘴出口处用滑动挡板来调节喷嘴出口面积。图 4-40 所示为大型载重车柴油机的电控可变涡轮喷嘴截面涡轮增压器的连续反馈控制系统示意图。在涡轮增压器内有 19 个可调的喷嘴环叶片,最大与最小涡轮流量之比为 5∶1。可调叶片通过控制杆同外曲柄相连。外曲柄由电动机带动的膜片式真空泵驱动。电控单元根据柴油机转速、负荷、冷却液温度和增压压力等信号,从 MAP 图中得到控制目标压力,把它与增压压力传感器测得的实际增压压力进行比较,从而确定比例调节的调节量,改变压力调节阀

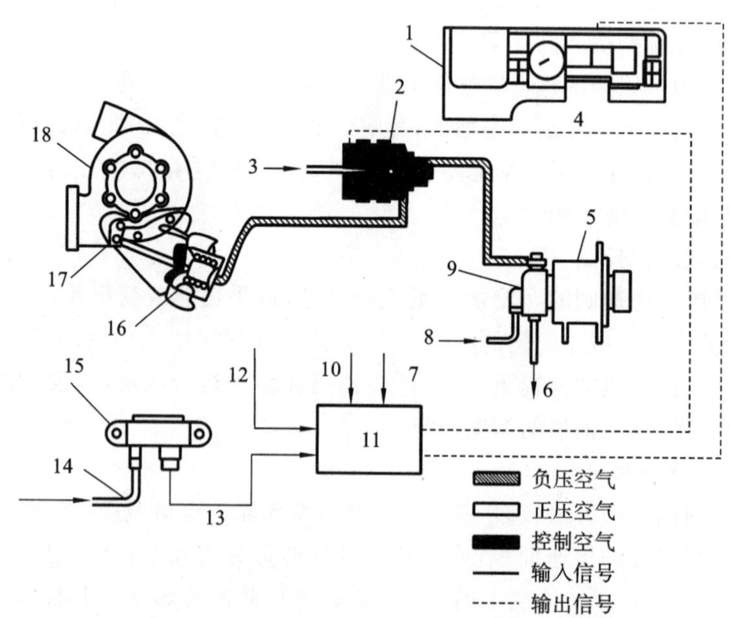

图 4-40　可变喷嘴截面涡轮增压器的连续反馈控制系统示意图

1—各种仪表;2—PCM 阀;3—进口;4—24 V 控制信号;5—电动机;6—空气和润滑油出口;7—节气门齿杆位置信号;8—润滑油入口;9—真空泵;10—曲轴转速信号;11—ECU;12—增压器转速信号;13—增压压力信号;14—进气管;15—增压压力传感器;16—喷嘴叶片执行器;17—外曲柄;18—涡轮增压器

的开启和关闭时间比(负载比,即占空比)来调节膜片式真空泵产生的真空度。可调叶片系统的控制是无级的,也就是连续、平滑的。

2. 可变截面涡轮增压器的特点和工作原理

增压柴油机的转矩特性不仅受供油特性的制约,而且还受涡轮增压器压气机供气量的限制。从供油系统考虑,为获得合理的转矩特性,高速时采用正校正措施,低速时采用冒烟限制器,即负校正措施。

从压气机供气特性考虑,增压压力随柴油机转速升高而增加。如果满足低速时的供气量,则高速时就可能增压过度;如果高速时增压适量,则低速时可能供气不足。

驱动压气机的涡轮功率为

$$P_{\mathrm{T}}=G_{\mathrm{T}}\frac{K_{\mathrm{T}}}{K_{\mathrm{T}}-1}RT_{\mathrm{T}}\eta_{\mathrm{T}}\left[1-\frac{1}{(\pi_{\mathrm{T}})^{\frac{K_{\mathrm{T}}-1}{K_{\mathrm{T}}}}}\right] \tag{4-16}$$

式中:P_{T} 为涡轮功率(kW);G_{T} 为经涡轮的流量(kg/s);T_{T} 为涡轮进口温度(K);π_{T} 为涡轮膨胀比;η_{T} 为涡轮效率;R、K_{T} 分别为排气常数和定熵指数。

从式(4-16)可以看出,采用增压补燃措施提高涡轮进口温度 T_{T} 可提高涡轮功率,从而解决柴油机低速时供气不足的问题;采用放气法放掉柴油机高速时的部分排气,即减少流量 G_{T} 可以降低高速时涡轮的功率,从而降低增压器转速,减小增压压力,解决增压过量的问题。

以上两法均行之有效,而且都有应用实例。增压补燃法,不仅结构复杂,而且经济性能欠佳,除特殊场合外难以全面推广。高速放气法,将增压系统匹配工况移至低速,可获得较大转矩,但高速时经济性受损。

可变截面涡轮增压是解决柴油机低速供气不足,高速增压过量的最佳措施。涡轮喷嘴环出口面积可由下式计算:

$$f_{\mathrm{c}}=2\pi R_{\mathrm{c}}b_{\mathrm{c}}\cos\alpha_{1} \tag{4-17}$$

式中:f_{c} 为喷嘴环出口面积;R_{c} 为喷嘴环截面形心半径;b_{c} 为喷嘴环出口处高度;α_{1} 为喷嘴环出口气流角。

对于有叶涡轮,调控叶片安装角,可以改变气流出口角 α_{1},从而改变 f_{c};对于无叶涡轮,可采取在涡壳内设置辅助装置的方法来改变喷嘴环流出的气流速度,以控制流量。当柴油机低速时,f_{c} 减小,流出速度相应提高,增压器转速上升,压气机出口压力增大,供气量加大;当柴油机高速时,f_{c} 增大,增压器转速相对减小,增压压力降低,可避免增压过量。

可变截面涡轮增压柴油机可依据外部负荷的变化来改变喷嘴环叶片的角度、调节进入涡轮的气流参数、改变涡轮焓降和涡轮功率,使压气机出口的压力发生变化,从而使涡轮增压器与柴油机在各工况下均能良好匹配,在整个工作范围内可调整涡轮流通截面积的大小,使增压器工作在高效率区域,从而提高柴油机的燃油经济性。

在常规增压柴油机中,随着转速的下降,压气机的增压比会下降,造成进气不足。要想保持压气机的增压比不变,在压气机和涡轮的效率及机械效率变化不大时,涡轮膨胀比应保持不变,即柴油机排气量减少时,要相应减小涡轮流通截面,从而实现涡轮膨胀比基本不变,使柴油机在整个工作范围内具有良好的性能。

在改善柴油机的瞬态响应性方面,可变截面涡轮增压器相对于固定截面涡轮增压器更具优势,因为可变截面涡轮增压器在加、减速等瞬态工况下可以通过迅速改变涡轮喷嘴流通截面积而改变增压压力、调整进气流量，从而最大限度地满足增压器与柴油机的匹配要求，提高柴油机的瞬态响应能力，降低瞬时排放量。

3. 可变截面涡轮增压器的类型

可变截面涡轮增压器有多种类型，如可变喷嘴涡轮增压器、舌形变截面涡轮增压器等。其中，可变喷嘴涡轮增压器是可变截面涡轮增压器的一种主要类型。

1）可变喷嘴涡轮增压器

可变喷嘴涡轮增压器结构如图 4-41 所示，喷嘴环由许多能绕轴转动的喷嘴环叶片组成，喷嘴环叶片之间的通道决定流通截面积的大小。喷嘴环叶片均匀地排成环状并与齿轮相连，齿轮受到喷嘴控制环的控制，当执行机构的喷嘴拉杆来回移动时，喷嘴控制环往复摆动，啮合的齿轮使各喷嘴环叶片改变角度，从而实现改变喷嘴环流通截面积的目的。随着喷嘴环叶片角度的改变，涡轮最小流通截面积及排气进入涡轮的角度和速度都将发生变化，从而改变涡轮的转速和压气机出口端的压力。柴油机低转速运转时，喷嘴环叶片逆时针旋转，减小喷嘴环截面积，使涡轮转速上升、增压压力提高，以保证低转速时的增压压力和进气量；当柴油机高转速运转时，喷嘴环叶片顺时针旋转，增大喷嘴环截面积，使涡轮转速下降，以防止增压器超速。当柴油机加速时，为了提高增压器的响应速度，可通过减少喷嘴环截面积来提高增压器转速，从而提高增压压力和进气量，满足瞬态工作时的进气要求。可变喷嘴涡轮增压器在涡轮流速比、增压器工作效率等方面明显优于其他类型的可变截面涡轮增压器。

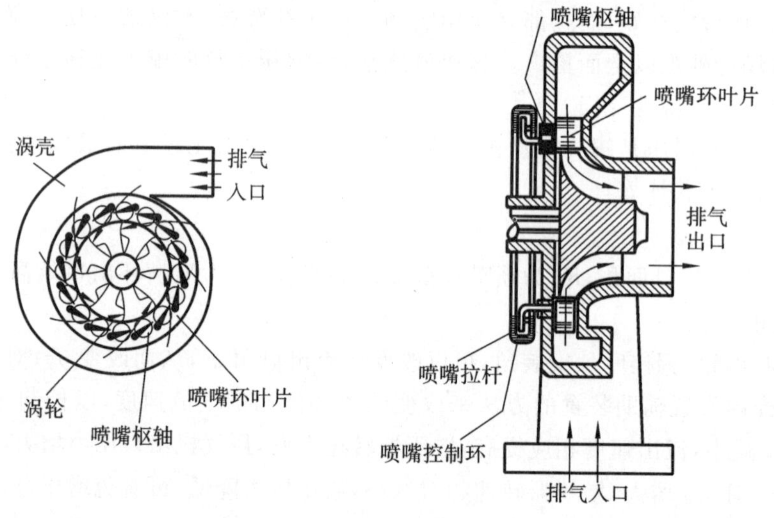

图 4-41　可变喷嘴涡轮增压器结构示意图

2）舌形变截面涡轮增压器

在涡轮进气零截面后加一舌形可调叶片，舌形叶片的摆动可改变涡壳的 A/R 值，使柴油机低速时 A/R 值减小，提高涡轮转速，增加增压压力。在高速时，有较大的 A/R 值，可减小流动阻力，使柴油机背压降低，充气效率提高。舌形变截面增压器的 A/R 值变化可达 4 倍。这种变截面方案的主要特点是结构简单，便于推广应用。但其涡壳内的气流特性不如全周调节的理想。英国帝国理工学院采用呈弧形的可动元件的增压器，如图 4-42 所示。用这种方法获得的截面积变化，在很大程度上受可动元件的弧形形状控制。另外，在各调节位置中，元件不能扭曲，也不能被卡住。

舌形变截面涡轮增压器有单舌形挡板和双舌形挡板两种结构。单舌形挡板可变截面涡轮增压器结构简单、易于控制，但其单一元件的调节限制了零开度时设计工况的选择。也就是说，若挡板零开度工况设在车辆柴油机外特性最大转矩工况，则转速高于最大转矩转速时无法实现可变截面涡轮的功能；若挡板零开度工况设在柴油机额定工况，虽在外特性全工况时起作用，却牺牲了增压器的响应性。为使这一矛盾统一，提出了双舌形挡板可变截面涡轮增压器，图4-43所示为其示意图，其中，舌形挡板 A 调节低速区，舌形挡板 B 调节高速区。

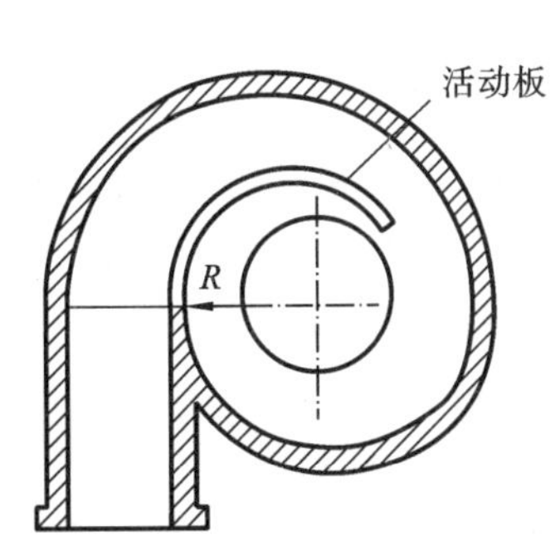

图4-42　舌形变截面增压器结构图

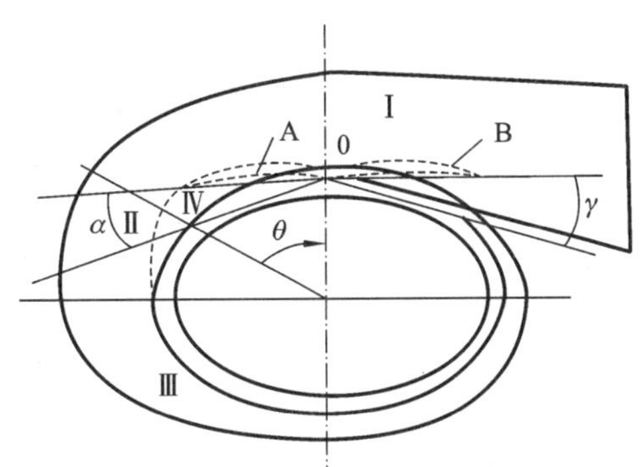

图4-43　双舌形挡板变截面涡轮增压器示意图

双舌形挡板可变截面涡轮增压器与柴油机匹配时，其工作及调控过程简述如下。

(1)将涡轮增压器与柴油机最佳匹配点(设计工况)设在60%额定转速附近，即最大转矩工况时，舌形挡板A、B均处于零开度位置。此时，可变截面涡轮增压器与普通涡轮增压器的功能相同，匹配点处于增压器的最高效率区。

(2)柴油机转速下降时，挡板B全关，挡板A逐渐打开，蜗壳内气体的流动情况与单舌形挡板可变截面涡轮增压器相同，挡板A的开度角 α 有一个最佳的调节范围。

(3)当挡板A开度较大时，将适度打开挡板B，将蜗壳入口区气流分为两股：主气流由挡板B外侧进入蜗壳，小股气流由挡板B内侧进入涡壳的Ⅳ区，改善了Ⅳ区的流动状况。

(4)当柴油机转速大于设计工况转速时，关闭挡板A，进一步打开挡板B。此时，主气流从挡板A、B外侧通过零截面射向叶轮，由于喷嘴截面与上述第二种工况相比相对增大，因此气流动能减少，而且分流会导致通过Ⅲ区的气流减少，有一小股气流冲向Ⅳ区，来不及充分膨胀并转变为动能。以上结果会使喷嘴流出动能减少，增压器转速降低，限制了增压压力增长的势头。随着挡板B开度角 γ 的增大，这种限制增压过量的效果会越来越明显。当开度角 γ 过大时，挡板B附近流动损失过多，其内侧的气流过大，动能损失增加，增压压力损失过大，对燃烧十分不利，故开度角 γ 也有一个最佳的调节范围。

4. 相继涡轮增压系统

舰船对动力有特殊的要求，主要体现在：安装空间小，比功率大，工况范围广；部分负荷运行时间所占比例大，希望降低运行成本；要求在任何运行状态下都能实现快速响应。所以，对于舰船柴油机来说，提高平均有效压力、改善低工况性能、降低燃油消耗率和排放是其重要的发展趋势。

提高柴油机升功率最有效的手段之一是提高增压度。但是高增压柴油机会带来一系列问题。

(1)喘振裕度将越来越小，部分工况时涡轮增压器运行过于靠近喘振线，甚至越过喘振线。平均有效压力提高,使增压比大大增加。当柴油机按螺旋桨推进特性工作时,部分工况的运行点更接近喘振线。为提高柴油机的经济性能,一般要求高的涡轮增压器效率,当前增压器的最高效率点比较靠近喘振线。舰船柴油机运行范围广、负荷(平均有效压力)和转速变化幅度大,因此喘振对柴油机的威胁较大。

(2)部分工况时,进气空气量少,燃烧室热负荷增加。平均有效压力提高使涡轮增压器匹配难度增加。高、低工况对涡轮增压器的要求相互矛盾:高工况时,出于改进增压器效率的需要,要求较大的涡轮进口面积;低工况时,正好相反。高增压柴油机为了有效利用高工况排气能量,一般采用定压增压或模件式脉冲转换器(MPC)增压系统,这使得低工况时的脉冲能量难以利用。

相继涡轮增压(sequential turbocharging compression,STC)系统是解决高增压柴油机变工况问题的有效技术。相继涡轮增压柴油机和增压器的匹配点与传统增压方式不同:在标定工况下,相继涡轮增压柴油机的每台增压器都匹配在高压区,最大幅度地降低了标定工况的燃油消耗率;在部分负荷工况下,相继涡轮增压柴油机通过减少投入使用的涡轮增压器的数量,使得投入运行的增压器仍在高效率区附近工作,改善了燃油经济性,减少了有害物排放。

涡轮增压柴油机的增压压力和空气流量不仅受柴油机转速的影响,也与负荷有关。一般增压柴油机在低速低负荷工况下运转时,增压压力和空气流量迅速降低,涡轮增压器在低效率区工作。柴油机的增压度越高,上述缺点越严重,这是高增压柴油机在低转速时转矩较小、低负荷时燃油消耗率较高的主要原因。

由图 4-44 所示可知,相继涡轮增压系统采用多个增压器,并对所有(或部分)增压器进行控制。随着柴油机转速和负荷的增长,增压器按次序相继投入运行。当柴油机转速和负荷不断减小时,相继切除一台或多台增压器,使参与运行的涡轮增压器随之减少。这样可以使工作的每台涡轮增压器都始终在高效率区运行,柴油机的燃油消耗率在整个运转区域均较低。因此,相继涡轮增压系统常在一台柴油机上采用个数较多的涡轮增压器,使增压器相继投入运转时的分段更精细,并且增压器的响应速度高,一经投入运行可更快加速。

实质上,相继涡轮增压系统也属于增压器调节的范畴,不过它是宏观上的调节,接入或切除一台增压器,流量和能量的变化范围远大于一般的可变截面涡轮增压器,后者只是调节其中部分流通截面积。

为使柴油机满负荷时的燃油消耗较低,并简化增压系统的结构,相继涡轮增压系统一般采用定压增压或 MPC 增压模式。

法国热机协会有限公司用简单的方式将相继涡轮增压的原理应用于 PA6 柴油机,如图 4-45 所示。该柴油机使用两台涡轮增压器,在低于额定功率 50%时,关闭其中一台涡轮增压器的压气机出口和涡轮进口处的两个止回阀。试验结果表明,相继涡轮增压有利于扩大柴油机功率范围,提高抗喘振能力,改善船舶适配性。

在 PA6 STC 柴油机上进行 48h 低负荷(转速 300 r/min、平均有效压力 0.3 MPa)积垢试验,试验后,零部件十分干净,仅在排气口、排气总管和涡轮喷嘴上发现有一层很薄的黑色积炭层,喷油嘴有少量松软的积炭;再以 50%负荷运行 0.5 h 后上述轻度积垢已完全消除掉。

试验中对螺旋桨特性运行工况的排气烟度、排气温度进行了测量,发现采用相继涡轮增压后这些指标均有改善,特别在部分负荷和低负荷时燃烧室周围零件的热负荷均有所降低。

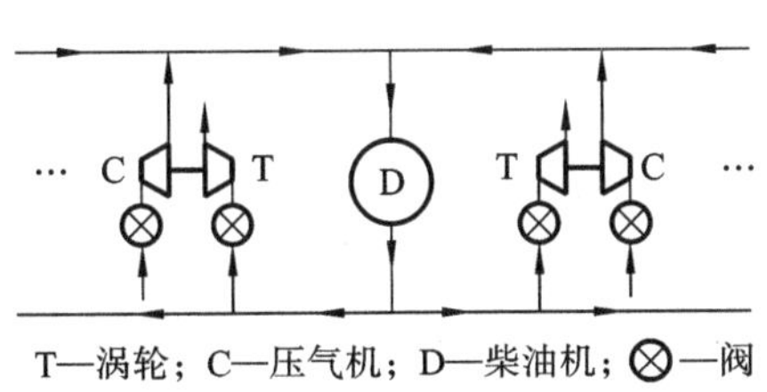

图 4-44　相继涡轮增压系统原理示意图

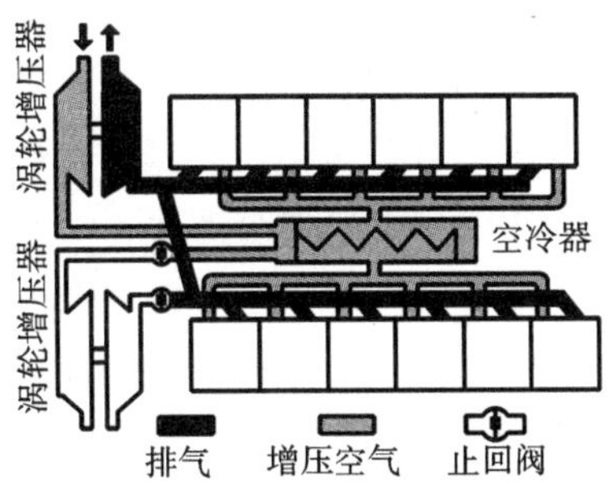

图 4-45　PA6 STC 柴油机相继涡轮增压系统示意图

4.3.2　排气再循环(EGR)

排气再循环(EGR)系统是将柴油机排出的部分燃后气体，经控制阀回送到进气歧管，并与新鲜空气一起再次进入气缸，可有效降低缸内混合气的氧浓度和燃烧温度，减弱 NO_x"高温、富氧"的生成条件，从而降低 NO_x 的生成量，是控制 NO_x 排放的主要措施之一。

引入 EGR 会影响柴油机的燃烧过程，以及功率、油耗、排放等宏观性能，其作用机制较为复杂，包括：

(1)加热作用　EGR(特别是内部 EGR)的温度通常比进气温度高，对进气有加热作用，使得进气充量的温度升高，密度降低。

(2)稀释作用　增压压力一定时，引入一部分 EGR 会相应减少一部分新鲜空气，使得进气充量的氧浓度降低。

(3)热容作用　EGR 中的主要成分是 N_2、CO_2、H_2O，其中 CO_2、H_2O 是三原子分子。相比于 N_2、O_2 等双原子分子，CO_2、H_2O 具有更高的比热容，可吸收大量的热量，从而使得缸内混合气的燃烧温度有所降低。

(4)化学作用　EGR 中的未完全反应的产物会参与到化学反应中，影响燃烧过程。

EGR 对滞燃期有双重影响：由于 EGR 的加热作用，使得进气温度，以及缸内混合气温度升高，有利于滞燃期的缩短；由于 EGR 的稀释作用，使得缸内混合气空燃比减小，混合气中的氧浓度降低，因而滞燃期将延长。当柴油机在低负荷时，进入气缸的燃油量少，混合气中的氧浓度相对较大，前一因素的影响起主要作用，而后者的影响甚微(在一定的 EGR 率范围内)，所以滞燃期随 EGR 率增加而缩短。当柴油机负荷增大时，循环喷油量增加，空燃比减小，EGR 的引入对着火的不利影响增大，滞燃期将随着 EGR 率的增加有所延长。

引入 EGR 会使柴油机的最大爆发压力以及最大压力升高率有所下降。由于 EGR 的加热作用，进气温度，以及缸内混合气温度将升高，滞燃期缩短；EGR 的稀释作用和热容作用会降低混合气的燃烧速度，导致压力升高率和最大爆发压力降低，有利于改善柴油机的工作粗暴性。

EGR 对功率的影响与负荷(由喷油量表征)有关，引入 EGR 后，柴油机标定负荷工况的功率有所下降，低负荷工况的功率保持不变。随着 EGR 率的增加，缸内燃后气体量增加，空燃比减小，燃烧速度降低，使得柴油机的功率下降。负荷高，EGR 对燃烧的阻滞效应大，功率下降多；负荷低，EGR 对功率的影响相对减小。

EGR 对油耗的影响也与负荷有关。部分负荷时，适量地引入 EGR 虽然使气缸内的燃后气体量有所增加，但因空燃比变化不大，加上进气温度相应提高，引入 EGR 在一定程度上有改善燃烧的作用，能稍微降低柴油机的燃油消耗率，提高经济性能；在较大负荷时，引入部分 EGR 将使气缸内混合气的空燃比降低，且高负荷时引入的 EGR 烟度较高，不仅抑制了混合气的正常燃烧，而且增加了不完全燃烧的因素，可导致燃油消耗率增加。

EGR 可有效抑制 NO_x 的生成。柴油机的 NO_x 排放随 EGR 率的增加而大幅度下降，在较高负荷时更明显。这主要是因为 EGR 的引入使气缸内混合气的氧浓度降低，阻滞燃烧反应，缸内最高燃烧温度下降。这时尽管燃烧持续期有所延长，但"高温、富氧"的条件已经减弱，使得 NO_x 的生成量减少。

随着 EGR 率的增加，HC 排放量呈现缓慢增加的趋势，CO 的排放量增大，并且高负荷比低负荷时增加的幅度大。这主要是 EGR 的引入降低了缸内混合气的氧浓度和燃烧反应温度，使氧化不充分所致。

在 EGR 率超过一定值后，随着 EGR 率的增加，微粒排放量将增加。当 EGR 率较小时，随着 EGR 率的增加，也会出现微粒排放量下降的趋势。但在小负荷时，这种小 EGR 率对 NO_x 的降低作用十分有限，所以实际 EGR 控制系统在小负荷时必须采用大 EGR 率来降低 NO_x 的排放，这就需要考虑颗粒物排放和 NO_x 排放之间的折中关系。

由上可见，直喷式增压柴油机应用 EGR 技术，可有效降低 NO_x 排放，但必须根据机型、运行工况精确控制，兼顾动力性能和经济性能。

1. 增压柴油机实现排气再循环的困难

增压柴油机在较高负荷时，进气压力比排气压力高，使得 EGR 不能通过简单的连接管将部分排气从排气管引入进气管。小型高速增压柴油机增压器的总效率低于重型增压柴油机增压器的总效率，在一定程度上减小了进气压力(即增压压力)比排气压力高的工况范围。但是，由于小型高速增压柴油机的工作范围广、工况变化大且频繁，使得进、排气压力逆差的困难并不比重型增压柴油机的小。因此，需采取各种克服进气和排气压力之间的压力逆差的措施，例如，采用进排气节流、文杜利管、排气加(增)压，可变喷嘴截面涡轮增压器、EGR 涡轮增压器以及利用进、排气压力波动等。

内部排气再循环是控制配气机构和配气相位，使部分燃后气体留在气缸内或从排气系统倒流入气缸来影响工作过程的。在增压柴油机上实施，则不存在上述压力逆差问题。

必须对不同工况下的 EGR 率进行调控，才能达到既降低 NO_x 生成量，又保证柴油机动力性能、经济性能的目的。NO_x 主要产生于柴油机最大转矩工况和额定负荷工况，从理论上讲，降低这两个工况的 NO_x 排放量对于降低整机的 NO_x 排放水平有着重要意义。但是，实际应用时，在上述两个工况下，过量空气系数都很小，EGR 对柴油机的油耗、颗粒和 HC 排放的影响极大，因此全负荷工况不宜采用 EGR，高负荷工况时宜采用较低的 EGR 率，中小负荷工况时可采用较大的 EGR 率，且 EGR 率要随着负荷的变化而变化。小型车辆高速增压柴油机大多数时间都在中低负荷下工作，所以采用 EGR 降低 NO_x 排放水平的效果很明显。

2. 排气再循环系统的类型及特点

(1)进气节流式 EGR 系统。

在进气管中安装节流阀，通过节流使进气压力降低，有助于将部分排气吸入进气管。大负荷时，为了保证柴油机的动力性能，要求节流阀开度大、增压后进气压力高，所以流经

EGR 阀的排气量少，EGR 率低；小负荷时，缸内混合气的空燃比大，要求节流阀开度小，以保证较大的 EGR 量。进气节流式 EGR 系统结构简单，具有很高的实用性。但是节流阀的节流作用会产生较大的进气阻力，使进气压力下降，影响充气效率，损失柴油机动力。然而，对于某些小型高速直喷式增压柴油机，采用增压的主要目的是改善燃烧，减少碳烟及颗粒物排放，其次才是提高功率，这时可以应用简单的进气节流式 EGR 系统。图 4-46 为日本五十铃汽车公司 4JX1TC 涡轮增压柴油机应用的进气节流式 EGR 系统。

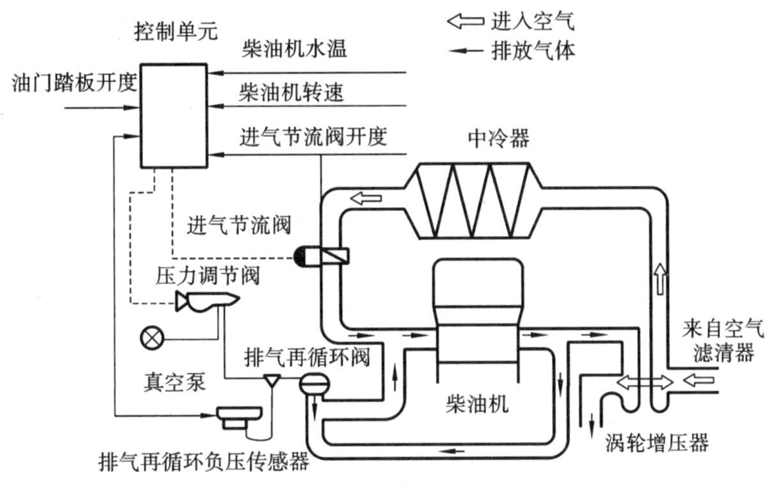

图 4-46　进气节流式 EGR 系统

为了克服进气节流式 EGR 系统进气阻力大、充气效率低的问题，可将涡轮进口与压气机叶轮出口之后（即扩压器进口处）用 EGR 通道连接起来。由于压气机叶轮将涡轮输出的功率转变成空气动能，随后在扩压器和压气机壳之间的通道内逐渐降低空气的流速，从而将空气的动能转变成压力能，可见压气机叶轮出口静压力要比压气机出口的静压力低，而且随着负荷增大，该压力差也越大。在较小负荷时，压气机叶轮出口的静压力就已经小于排气管压力，在此处加工一狭窄切槽并通过压气机侧面的 EGR 通道与排气管相连接，就可以在较宽的工况范围内实现排气再循环。这种 EGR 系统无额外损失。为优化各种柴油机工况的 EGR 率，在必要时可加装排气节流阀，与 EGR 阀相配合，效果将更佳。

(2)排气节流式 EGR 系统。

在增压器涡轮进口或出口处安装节流阀，其节流作用可提高涡轮出口的背压，增大排气管的平均压力，迫使部分排气流入进气管。改变节流阀开度，可调节不同工况的 EGR 率，但节流会使排气过程的能量损失明显增加。而且，通过改变涡轮进出口背压来调控 EGR 率，会使涡轮做功减小、增压压力下降，再加上 EGR 挤占新鲜空气的空间，导致缸内混合气的过量空气系数减小，碳烟排放和燃油消耗率增大。

为了克服这一缺点，需要改进涡轮增压器，使其在实现排气再循环的同时，保证有足够的增压压力和过量空气系数，这就推出了基于可变喷嘴截面涡轮增压器的 EGR 系统。可变喷嘴截面涡轮增压器通过调小涡轮喷嘴的流通面积，可提高涡轮进口的排气压力，使部分排气流入进气管，效果与排气节流阀相同。但是可变喷嘴截面涡轮采用调整喷嘴流通面积和叶轮进口角的方法，在提高涡轮进口压力的同时，还能使涡轮的工作效率提高。另外，因为涡轮的出口背压不变而进口压力增大会使膨胀比增大，所以涡轮所做的功并没有明显减小，有的工况甚至还会增大，因此增压压力下降不明显。与排气节流式 EGR 系统相比，这种方法的过量空气系数损失小，可以在较高负荷下实现足够大的 EGR 率。当然，泵气损失还是存在的，但是由于进气压力比排气节流式 EGR 系统（增压压力减小）大，故泵气损失较小。

（3）文杜利管 EGR 系统。

利用文杜利管喉口的局部压力降来吸引排气、实现排气再循环的系统，称为文杜利管 EGR 系统。与排气节流式 EGR 系统相比，这种系统可减少泵气损失。文杜利管与进气管的连接有串联（全流式）与并联（分流式）两种方式，如图 4-47(a)(b)所示。小型高速车用增压柴油机的工作转速范围宽、标定转速高，而串联式文杜利管 EGR 系统的新鲜空气和 EGR 都要经过文曲利管的喉部，因此，喉部流量大，喉部的气体流速容易超过当地音速，造成文杜利管扩压管出口压力与背压不等，在扩压管内产生激波，降低扩压能力并引发振动。而并联式文杜利管 EGR 系统可控制通过文杜利管的进气流量，这样不仅可调节 EGR 率，还能够避免由于文杜利管喉部直径过小而造成的阻塞现象。文杜利管 EGR 系统可在所有工况范围内将排气引入喉口，实现排气再循环。

文杜利管 EGR 系统装置布置简单。文杜利管制造成本低，适于大批量生产。其关键技术是合理设计文杜利管的喉口直径、收缩角、扩压角和引射管，避免喉口直径过小及引射流存在而造成涡轮增压器的增压比下降，影响柴油机的动力性能和经济性能。

（4）利用进、排气管压力波动的 EGR 系统。

高速车用增压柴油机的排气管较小，排气压力波的峰值压力较高，在每个排气周期中，

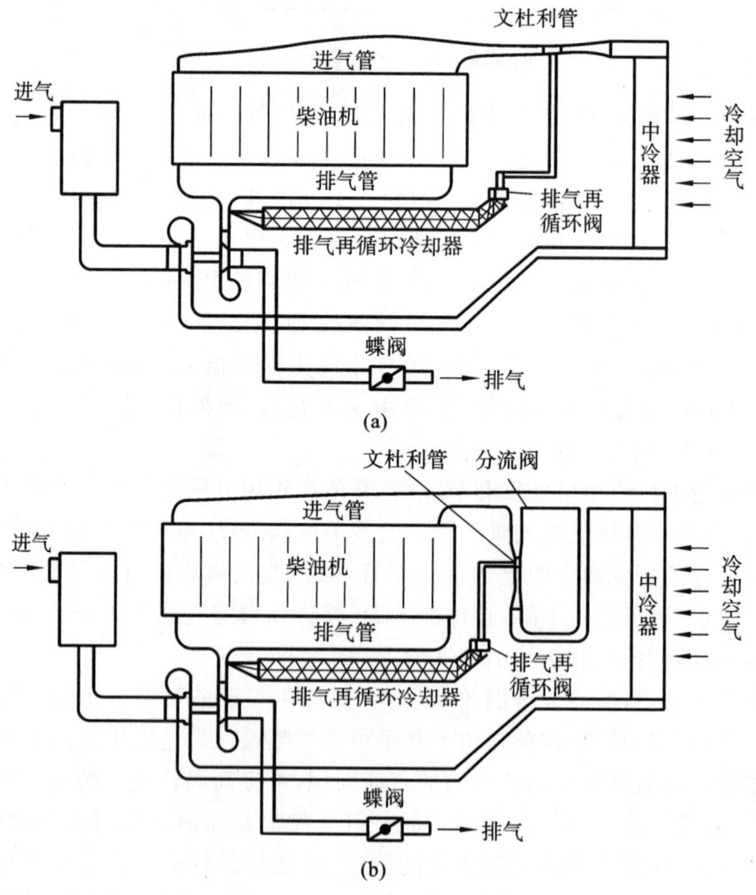

图 4-47　文杜利管 EGR 系统

有相当的时段排气压力高于进气压力。可通过单向阀、旋转阀和短管等，利用压力波动来实现排气再循环，如图 4-48 所示。

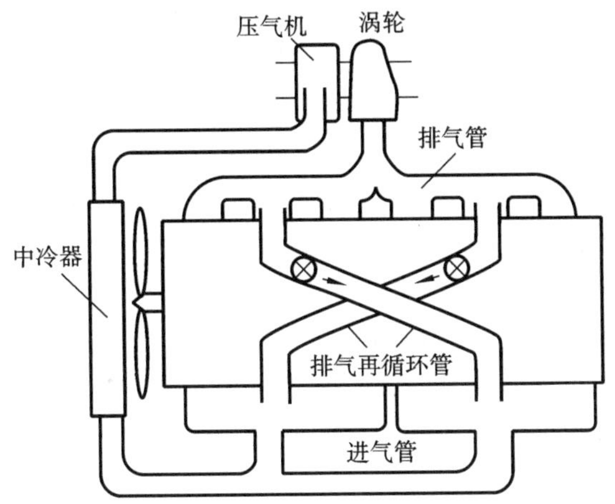

图 4-48　利用进、排气压力波动的 EGR 系统

如果用管道将排气管与进气管直接连接起来（对于多缸机，可用数根管道连接并考虑进、排气相位）：在柴油机负荷超过一定值（如 80%）时，排气不仅不能够通过连接管进入进气管，而且还可能出现回流（新鲜空气由进气管流入排气管），无法实现排气再循环；中等负荷（如 60%）时，可以实现较低的 EGR 率，虽然仍不足以满足降低 NO_x 排放的需要，但回流已很小或消除；在小负荷时，排气压力比进气压力高，可以实现较大的 EGR 率。由于进、排气管内的气体压力是波动的，连接管道内的气体流动也相应地波动（流动方向和质量流量都在变化），如果能将其中的回流减弱或者消除，则可控制 EGR 率。

在连接管道中加装单向阀就可以阻止回流，但是每个柴油机循环中，进、排气压力都有多次波动，致使单向阀必须以很高的频率开和关，容易失效。为了提高 EGR 系统的可靠性和耐久性，可用旋转阀代替单向阀。使旋转阀的转速与柴油机的转速成比例，旋转阀转动一圈就关闭和开启管道各一次，只要旋转阀开、关的时刻适当，就能有效抑制回流，充分利用正向流动（即充分利用排气压力大于进气压力的波动时段），实现排气再循环，并控制 EGR 率。由于旋转阀的工作只能根据柴油机转速和负荷调节，不能完全适应进、排气管的压力波动，旋转阀的转速也不能太高，所以总会有一定程度的回流，但与单纯的自然管道连接相比，回流已经受到很大抑制，而且在高负荷下可实现较高的 EGR 率。

在没有单向阀和旋转阀的情况下，采用足够短的连接管道也可以实现排气再循环。但连接管的布置、直径、长度等参数，必须根据柴油机的特点、工况认真设计，才能实现 EGR 率的调节。

综上所述，采用单向阀、旋转阀和短管连接的方法，可以利用柴油机进、排气管内的压力波动实现排气再循环，但 EGR 率只能由进、排气管两端的压差自然调节，无法主动地进行控制。对柴油机不同工况下的进、排气压力波动进行理论分析和测试，探求其规律，再对旋转阀的转速进行电子控制，或者采用可变长度的连接管，这样的系统在高速车用增压柴油机上很有应用前途。

（5）增压柴油机内部 EGR 系统。

内部 EGR 系统通过改变配气机构和配气相位，使部分排气滞留在气缸中或者从排气管倒流回气缸内，影响燃烧过程。直接滞留在气缸中的排气的温度较高，对进气充量有较强的加热作用，使缸内混合气的温度升高，对 NO_x 排放不利，因而实际上很少应用。

利用排气压力脉冲使部分排气回流入气缸，从而实现排气再循环，这种系统成为脉冲式内部 EGR 系统。图 4-49 所示为脉冲式内部 EGR 与传统外部 EGR 系统的比较。脉冲式内部 EGR 系统在进气过程中使排气门稍有开启，利用压力波动使排气回流，排气门的这个作用可通过修改排气门凸轮的形状（即附加一个专用于排气再循环的升程型线）来实现。由于进气过程中排气再循环凸轮升程型线起作用时，气缸内的压力低于排气压力，这样排气在各种转速和负荷范围内都能再循环。脉冲式内部 EGR 系统不需要外设任何管道或者排气再循环通道，也不需要排气再循环阀，但只能在某一特定工况范围内获得最优的 EGR 率，而不能在所有可实现排气再循环的工况范围内，将 EGR 率调节到最佳。此外，在瞬态工况如车辆加速时，柴油机的转速和负荷不稳定，进、排气压力波动异于稳定工况，排气再循环失常，可能会导致排烟量增加。

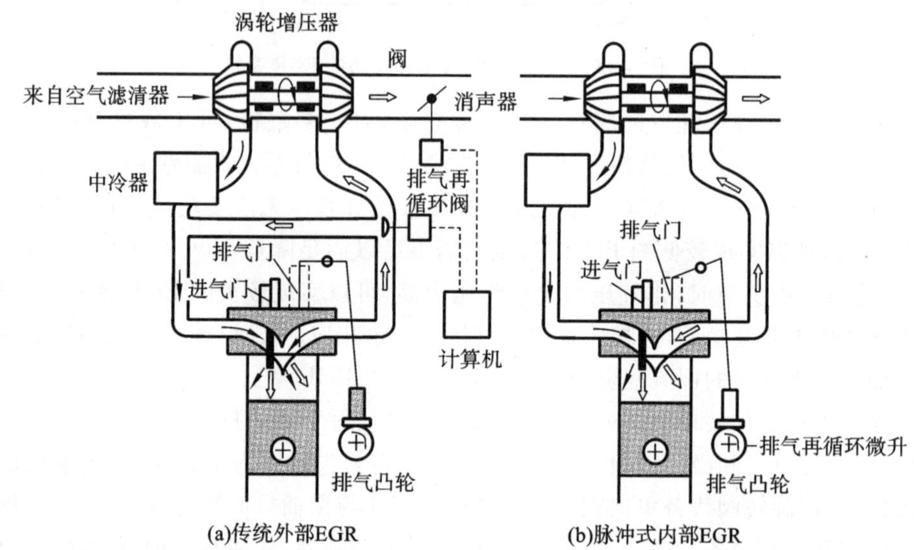

图 4-49　传统外部 EGR 系统与脉冲式内部 EGR 系统的比较

(6)排气加(增)压的 EGR 系统。

将排气与新鲜空气一起引入涡轮增压器压气机进行增压的 EGR 系统，其再循环排气需要通过压气机和中冷器到达进气管，因此，排气中的颗粒物、硫分等会造成压气机和中冷器的污染，增加流动阻力，导致增压压力下降。此外，为了减小惯性矩，提高响应性及效率，通常用铝合金制造压气机叶轮，需要限制压气机进气温度，将温度较高的排气引入，对压气机增压是不利的。采用双压气机结构，即涡轮机同时驱动两个压气机，分别对新鲜空气和再循环排气进行增压，这对增压器的设计和制造有特殊的要求，由于结构太复杂，成本太高，难以实用化。

将低压排气冷却后用压气泵送入带放气阀的储气箱中，因 EGR 阀和中冷器后的进气管相连接，故只要储气箱的容积和压力适当，就可获得任意的 EGR 量。该方式虽然不消耗排气能量，但需要一个额外的压气泵和储气箱，在结构紧凑的小型高速增压柴油机上布置较困难，而且要消耗一定的功率，影响柴油机的经济性能。

EGR 技术应用于增压柴油机时，增压系统与 EGR 系统会相互影响：EGR 系统把一部分排气在进入涡轮做功之前输入进气管，减少了涡轮可利用的排气能量；增压系统改善了空气与燃油的混合，使滞燃期缩短，部分抵消了 EGR 系统的负面影响。可见增压系统和 EGR 系统相互作用，共同影响着柴油机的各项性能。无论何种 EGR 系统，只要能够与增压系统良好配合，综合控制 EGR 率和增压压力，均能很好地用于车用增压柴油机，在明显降低 NO_x 排放的同时保持优良的动力性能、经济性能和碳烟排放性能。

利用电控技术对 EGR 系统与增压系统进行协调控制，有利于实现最佳综合性能。配合电控燃油喷射系统，推迟喷油正时还可进一步减少预混合燃烧而降低 NO_x 排放。利用电控共轨喷油系统，优化控制燃油喷射量和喷射压力，可强化扩散燃烧，降低颗粒物和碳烟排放。此外，将 EGR 系统与低压电除尘器结合使用，可以实现更高的 EGR 率，以进一步降低 NO_x 排放。同时，低压电除尘器可以有效吸收 Soot，积累于除尘器过滤网中的 Soot 很容易进一步燃烧成为 CO_2。

4.3.3　VGT/EGR 协调控制

1. VGT/EGR 控制概述

EGR 可有效抑制 NO_x 的生成，是目前柴油机中控制 NO_x 排放的主流技术。但增大 EGR 率会导致新鲜进气量减少，过量空气系数 λ 降低，油耗和 Soot 排放增加。为了解决 NO_x 与 Soot 以及油耗之间这种矛盾的关系，则需要在增大 EGR 率的同时，也增大增压压力，以保证足够的新鲜进气量。柴油机中，常采用可变截面的涡轮增压器（VGT）来实现上述调控目标。此外，VGT 还可以调节涡轮前的排气压力，为获得足够的 EGR 量提供条件。图 4-50 所示为 VGT/EGR 柴油机空气系统示意图。

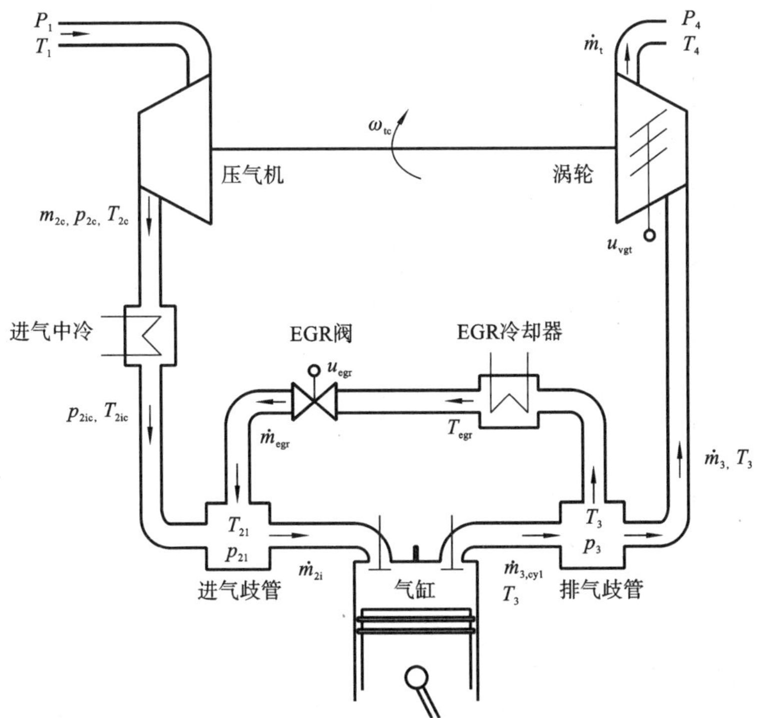

图 4-50　VGT/EGR 柴油机空气系统示意图

VGT/EGR 系统中，操纵变量为 EGR 阀的开度以及 VGT 可变喷嘴环叶片的位置，相应的控制信号计为 u_{egr} 和 u_{vgt}。被控变量可以有多种选择，包括增压压力（p_{2i}）、EGR 流量（$\dot{m}_{egr}$），新鲜空气流量（$\dot{m}_{air}$），空燃比（λ）等。p_{2i}、$\dot{m}_{egr}$、$\dot{m}_{air}$、λ 并非独立变量，已知其中任意两个变量，其余变量均可根据式(4-18)～式(4-20)求出。

$$\dot{m}_{air} = \dot{m}_{2i} - \dot{m}_{egr} \tag{4-18}$$

$$\dot{m}_{2i} = \eta_v \frac{P_{2i}}{4\pi R_{gas} T_{2i}} V_D \omega_{eng} \tag{4-19}$$

$$\lambda = \frac{\dot{m}_{air}}{\dot{m}_{air,0}} \eta_v \tag{4-20}$$

式中：η_v 为发动机的充气效率（即充量系数）；V_D 为发动机的工作容积（即排量），ω_{eng} 为发动机曲轴的平均角速度，$\dot{m}_{air,0}$ 为化学当量比燃烧所需的新鲜空气流量。

其中，$\dot{m}_{egr}$ 难以直接测量，在 VGT/EGR 控制器的设计中，很少会选择 $\dot{m}_{egr}$ 作为被控变量。此外，如果选择 λ 为被控变量，则要求发动机配置相应的氧传感器，并且 λ 相比于 $\dot{m}_{air}$ 的动态响应更为滞后。因此，一般会选择 p_{2i} 和 $\dot{m}_{air}$ 作为被控变量。故 VGT/EGR 控制系统的控制任务可表述为：根据发动机运行工况，调节 EGR 阀的开度（u_{egr}）和 VGT 可变喷嘴环叶片的位置（u_{vgt}），精确控制新鲜空气质量流量（$\dot{m}_{air}$）和增压压力（p_{2i}）。图 4-51 所示为典型 VGT/EGR 控制系统（包含喷油、燃烧部分）的信息流动示意图。

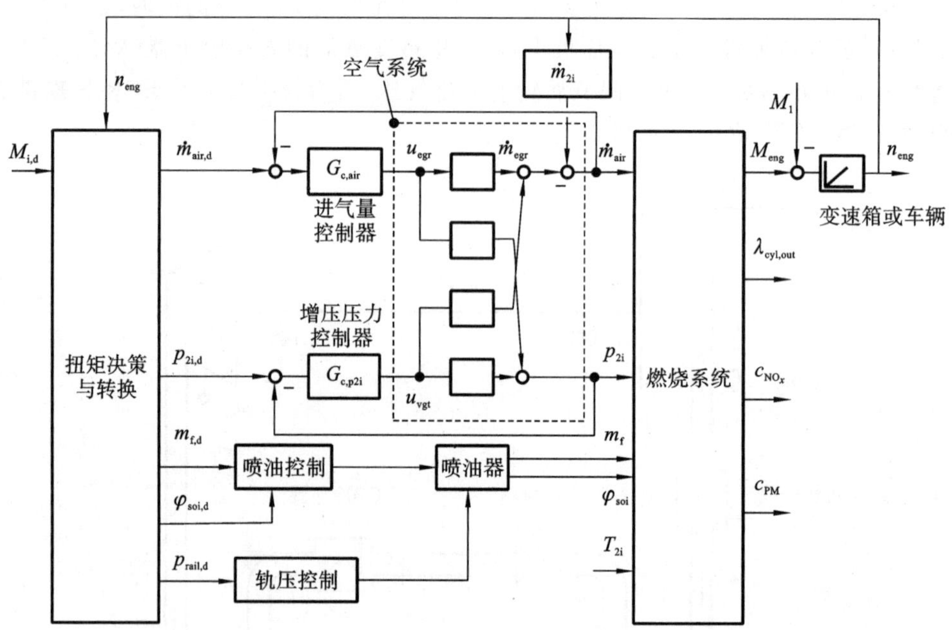

图 4-51 VGT/EGR 控制系统（包含喷油、燃烧部分）的信息流动示意图

图 4-51 中，控制器 $G_{c,air}$ 和控制器 $G_{c,p2i}$ 分别执行 $\dot{m}_{air}$ 和 p_{2i} 的控制任务。控制器 $G_{c,air}$ 通过调节 u_{egr} 来控制 $\dot{m}_{air}$；控制器 $G_{c,p2i}$ 通过调节 u_{vgt} 来控制 P_{2i}。$G_{c,air}$ 和 $G_{c,p2i}$ 可以采用简单的 PI(D)控制，也可以采用复杂的预测控制等。

但 VGT/EGR 系统控制的难点在于控制回路 $u_{egr}\rightarrow\dot{m}_{air}$ 与 $u_{vgt}\rightarrow p_{2i}$ 之间会交叉影响。调节 u_{egr} 不仅会影响 $\dot{m}_{air}$，并且因为 EGR 对排气的分流作用，还会改变涡轮前可用的排气能量，从而影响涡轮功率以及 p_{2i}；调节 u_{vgt} 不仅会影响 p_{2i}，还会改变 EGR 管路两端的压差（p_3-p_{2i}），从而影响 $\dot{m}_{egr}$ 和 $\dot{m}_{air}$。并且，$u_{egr}\rightarrow\dot{m}_{air}$、$u_{vgt}\rightarrow p_{2i}$、$u_{egr}\rightarrow p_{2i}$、$u_{vgt}\rightarrow\dot{m}_{air}$ 的动态响应特性

也存在差异。图 4-51 所示控制结构忽视了这种耦合特性，难以获得理想的控制效果，需要对 VGT 和 EGR 进行协调控制。

VGT/EGR 控制系统是典型的 TITO(two-input two-output)非线性控制系统，控制复杂度较高。针对 VGT/EGR 协调控制问题，Isermann 等人在 1991 年提出了如图 4-52 所示控制结构。

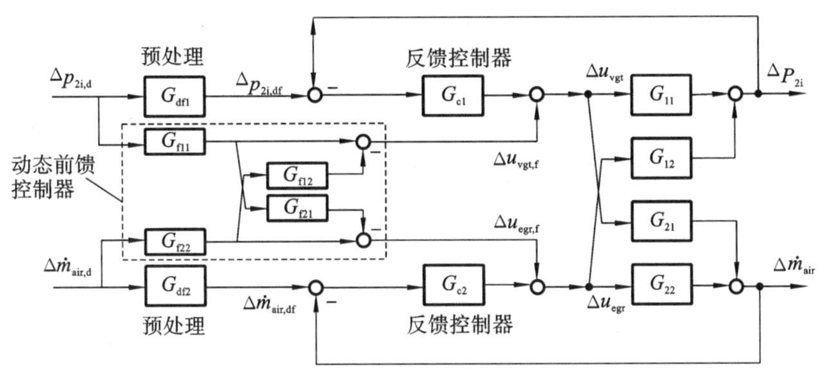

图 4-52　VGT/EGR 协调控制结构

图 4-52 中：G_{c1}、G_{c2} 为反馈校正环节；G_{f11}、G_{f22}、G_{f12}、G_{f21} 为前馈校正环节。G_{c1}、G_{c2} 可采用 PI(D)控制器。G_{f11}、G_{f22}、G_{f12}、G_{f21} 的设计需要知道 $u_{vgt}\rightarrow p_{2i}$、$u_{egr}\rightarrow \dot{m}_{air}$、$u_{vgt}\rightarrow \dot{m}_{air}$、$u_{egr}\rightarrow p_{2i}$ 的传递函数 G_{11}、G_{22}、G_{12}、G_{21}。前馈校正的性能直接依赖于传递函数的精度。

2. VGT/EGR 系统的物理模型

图 4-53 所示为 VGT/EGR 系统动态过程的信息流动示意图，包括 VGT 执行器和 EGR 阀的非线性模型，进、排气管的动力学模型，涡轮和压缩机的非线性模型，及其转动动力学模型。

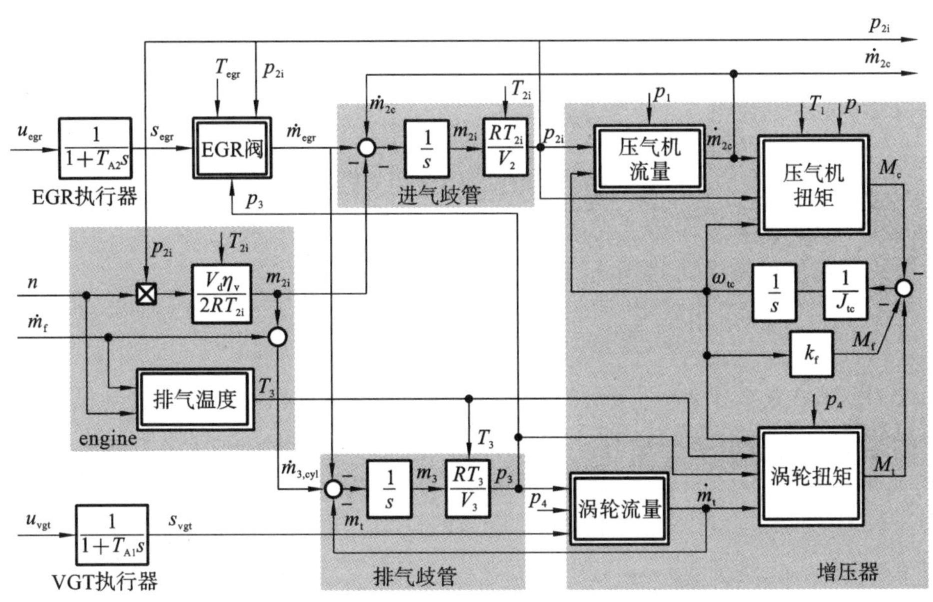

图 4-53　VGT/EGR 系统动态过程的信息流动示意图

将进、排气动态过程简化为一个集总容积上的充、排效应，根据能量守恒定律得

$$\frac{\mathrm{d}p_{2\mathrm{i}}}{\mathrm{d}t}=\frac{R_{2\mathrm{i}}T_{2\mathrm{i}}}{V_2}(\dot{m}_{2\mathrm{c}}+\dot{m}_{\mathrm{egr}}-\dot{m}_{2\mathrm{i}}) \tag{4-21}$$

$$\frac{\mathrm{d}p_3}{\mathrm{d}t}=\frac{R_3T_3}{V_3}(\dot{m}_{3,\mathrm{cyl}}-\dot{m}_{\mathrm{egr}}-\dot{m}_t) \tag{4-22}$$

式中：$R_{2\mathrm{i}}$、R_3 为对应气体的气体常数，$\dot{m}_{2\mathrm{i}}$可根据式(4-19)求解，$\dot{m}_{\mathrm{egr}}$可根据式(4-23)求解。

$$\dot{m}_{\mathrm{egr}}=c_{\mathrm{D,egr}}A_{\mathrm{egr}}\sqrt{\frac{2}{R_{\mathrm{egr}}T_{\mathrm{egr}}}}\psi\left(\frac{p_{2\mathrm{i}}}{p_3}\right)p_3 \tag{4-23}$$

式中：$c_{\mathrm{D,egr}}$为 EGR 阀的流量系数，A_{egr}为 EGR 的有效流通面积，$\psi\left(\frac{p_{2\mathrm{i}}}{p_3}\right)$为

$$\psi\left(\frac{p_{2\mathrm{i}}}{p_3}\right)=\left(\frac{p_{2\mathrm{i}}}{p_3}\right)^{\frac{1}{k}}\sqrt{\frac{k}{k-1}\left(1-\left(\frac{p_{2\mathrm{i}}}{p_3}\right)^{\frac{k-1}{k}}\right)} \tag{4-24}$$

当 EGR 阀前后压差不大时，可以将流经 EGR 阀的气体视为不可压缩流体，从而$\psi\left(\frac{p_{2\mathrm{i}}}{p_3}\right)$可简化为

$$\psi\left(\frac{p_{2\mathrm{i}}}{p_3}\right)=\sqrt{\left(1-\frac{p_{2\mathrm{i}}}{p_3}\right)} \tag{4-25}$$

涡轮增压器的转速变化满足转动动力学方程

$$J_{\mathrm{tc}}\frac{\mathrm{d}\omega_{\mathrm{tc}}}{\mathrm{d}t}=M_{\mathrm{t}}-M_{\mathrm{c}}-M_{\mathrm{f}} \tag{4-26}$$

式中：摩擦力矩 M_{f} 为

$$M_{\mathrm{f}}=c_{\mathrm{f,tc}}\omega_{\mathrm{tc}} \tag{4-27}$$

式中：$c_{\mathrm{f,tc}}$为黏性摩擦系数。涡轮的输出扭矩 M_{t} 为

$$M_{\mathrm{t}}=\eta_{t,\mathrm{is}}\dot{m}_t\frac{c_pT_3^*}{\omega_{\mathrm{tc}}}\left(1-\left(\frac{p_4}{p_3}\right)^{\frac{k-1}{k}}\right) \tag{4-28}$$

式中：$\eta_{\mathrm{t,is}}$为涡轮机的效率，可通过查找涡轮机的特性曲线(MAP)求得。涡轮喷嘴中的流动可视为理想的一维等熵流动，其质量流量为

$$\dot{m}_{\mathrm{egr}}=A_{\mathrm{t,eff}}p_3\sqrt{\frac{2}{R_3T_3}}\psi\left(\frac{p_4}{p_3}\right) \tag{4-29}$$

式中：ψ 函数与式(4-24)所示形式相同。

压气机压缩气体做功，所需扭矩 M_{c} 为

$$M_{\mathrm{c}}=\dot{m}_{2\mathrm{c}}\frac{c_{\mathrm{p}}T_1^*}{\omega_{\mathrm{tc}}\eta_{\mathrm{c,is}}}\left(\left(\frac{p_2}{p_1}\right)^{\frac{k-1}{k}}-1\right) \tag{4-30}$$

式中：$\eta_{\mathrm{c,is}}$为压气机的效率，与压气机的质量流量 $\dot{m}_{2\mathrm{c}}$和转速 ω_{tc}有关，可通过查找压气机的特性曲线(MAP)求得。$\dot{m}_{2\mathrm{c}}$与转速 ω_{tc} 和压比($p_{2\mathrm{c}}/p_1$)有关，也可通过查找压气机的特性曲线(MAP)求得。

图 4-53 中没有包含进气中冷和 EGR 冷却的模型。进气中冷和 EGR 冷却的效率分别为 $\varepsilon_{\mathrm{ic}}$和 $\varepsilon_{\mathrm{egr}}$，则

$$T_{2\mathrm{ic}}=T_{2\mathrm{c}}-\varepsilon_{\mathrm{ic}}(T_{2\mathrm{c}}-T_1) \tag{4-31}$$

$$T_{\mathrm{egr}}=T_3-\varepsilon_{\mathrm{egr}}(T_3-T_{\mathrm{c}}) \tag{4-32}$$

式(4-21)～式(4-32)所示为 VGT/EGR 系统的物理模型。

4.4　柴油机后处理系统及控制

柴油机尾气中的有害排放物包括 NO_x、CO、HC、Soot 和 SO_2 等。其中，SO_2 的生成量与燃油中的硫含量有关。随着低硫、甚至无硫燃油的使用，SO_2 的排放量已经得到了有效控制。柴油机的燃烧一般为富氧燃烧，且为扩散燃烧，燃油与壁面(狭缝)接触的概率小、时间短，淬熄作用不明显，因此，柴油机尾气中的 CO 和 HC 排放相对(汽油机)较少。此外，由于喷雾和空气的混合时间短，燃料与空气不能均匀混合，因此燃烧时混合气分为高温火焰区和高温过浓区。高温火焰区的温度在 2200 K 以上，促进 NO_x 的生成。在高温过浓区，又因缺氧生成 Soot。这种喷雾扩散燃烧固有的特性，导致传统柴油机排气中必然存在一定数量的 NO_x 和 Soot。NO_x 和 Soot 是柴油机尾气中两种最主要的排放物。

从 NO_x 和 Soot 的生成机理来看，促进缸内油气混合、改善缸内燃烧的过程有利于降低 Soot 的排放量，但与此同时，扩大的高温火焰区有利于 N_2 和 O_2 的化学反应，促使 NO_x 的生成量增加。为了减少 NO_x 的生成量，通常会延迟喷油定时，从而降低缸内燃烧温度；但同时也会降低 Soot 的二次氧化，导致 Soot 的排放量增加，并且还会使内燃机的热效率下降。实验结果表明，若要 NO_x 降低 10%，则比油耗将升高 2%。此外，EGR 可有效降低缸内混合气的氧浓度和燃烧温度，减弱 NO_x“高温、富氧”的生成条件，从而降低 NO_x 的生成量。有资料显示，当 EGR 率达到 15%时，可使 NO_x 排放降低 80%以上，但是，这也是以牺牲内燃机的经济性以及 Soot 排放为代价的折中措施。可见，NO_x 排放、Soot 排放和燃油消耗率三者之间存在着此消彼长的矛盾，难以同时兼顾。随着排放法规的加严，仅靠缸内净化技术，包括 EGR、增压中冷、喷射参数优化、燃烧优化等，已不足以满足排放法规的要求。自实行国Ⅳ及同等标准的排放法规以来，后处理系统已经不可或缺，且随着排放法规的升级而变得越来越复杂。目前，在满足国Ⅵ及同等标准的排放法规的柴油机中，一般会包括 NSR 或 SCR 用于转化 NO_x，DPF 用于捕集和氧化 Soot，DOC 用于氧化 CO、HC 等。

4.4.1　NO_x 储存-还原(NSR)及控制

1. 概述

日本丰田公司的研究人员于 20 世纪 90 年代初提出 NO_x 储存-还原新催化概念，开发出第一代 NSR 催化剂，并投入商业应用。NSR 技术是将三效催化剂和 NO_x 储存材料(lean NO_x trap) 结合起来，其工作原理是：在稀燃条件下($\lambda>1$)，NO_x 无法通过三效催化剂脱除，催化剂中的活性组分先将 NO 捕获并将其氧化成 NO_2，然后转移到碱性的存储组分中以硝酸盐(如 $Ba(NO_3)_2$)的形式储存起来。此硝酸盐在化学计量气氛($\lambda=1$)或富燃气氛($\lambda<1$)下是热力学不稳定的，容易分解并释放出 NO_x，在此气氛下，CO、HC 和 NO_x 可以在催化剂上同时被催化消除，并使催化剂再生。

之后，美国福特公司、德国戴姆勒公司等相继在 NSR 技术上发力。经过几十年的发展，NSR 技术已经成为柴油机主流的 De-NO_x 技术之一。典型的 NSR 催化剂由高比表面积的底层材料 γ- Al_2O_3、催化氧化-还原反应的贵金属(如 Pt)以及 NO_x 储存组分(如 BaO)。其中，由活性组分 Pt，储存组分 Ba 和载体 Al_2O_3 三部分组成的 $Pt/Ba/Al_2O_3$ 体系，简称为

PBA 型 NSR 催化剂。后来，贵金属组分扩展到 Pd、Rh 等，储存组分扩展到多种碱土金属和碱金属，而载体也多样化，如 SiO_2、CeO_2、ZrO_2 以及改性的 Al_2O_3 等。

NSR 的工作过程可分为储存（加载）和还原（再生）两个阶段。根据发动机的运行工况不同，储存过程一般可持续 30～300 s。当 NSR 趋于饱和状态时，对 NO_2 的吸附能力则会减弱，导致 NO_x 排放增加，需要及时控制 NSR 进行还原再生。NSR 还原再生，即通过进气节流以及推迟喷油等措施，使 $\lambda<1$，从而降低尾气中的氧含量，并提高尾气温度；在这种情况下，催化剂表面的硝酸盐会分解释放 NO_x，并在催化剂的作用下与 HC、CO 反应，生成 CO_2、H_2O 和 N_2，使 NSR 恢复到原来的工作状态，该过程一般持续 2～10s。柴油机在稀燃（储存）、富燃（还原）工况下交替运行，NO_x 的脱除效率可达到 90%以上，但 NSR 在还原再生过程中会牺牲一定的燃油经济性，油耗会增加约 1%。NSR 再生控制需要一支 NO_x 传感器，一支 λ 传感器，图 4-54 为某柴油机 NSR 系统示意图。

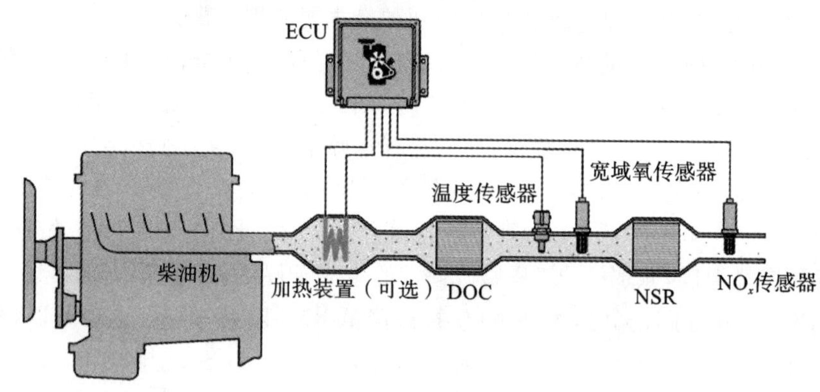

图 4-54　柴油机 NSR 系统示意图

2. NO_x 的储存过程

目前，大多数 NSR 催化剂是以碱土金属 Ba 的化合物（如 BaO、$Ba(OH)_2$、$BaCO_3$ 等）作为储存组分。NSR 中 NO_x 的储存机理较为复杂，但一般认为，储存组分主要与 NO_2 发生作用，而不直接与 NO 发生作用。NO_2 与储存组分反应生成亚硝酸钡 $Ba(NO_2)_2$ 和硝酸钡 $Ba(NO_3)_2$，吸附在催化剂表面。NO 需要先在 Pt 的催化作用下氧化成 NO_2，然后再与储存组分发生反应。主要的总包反应如下：

$$NO+0.5\,O_2 \rightarrow NO_2 \tag{4-33}$$

$$BaO+2NO_2+0.5O_2 \rightarrow Ba(NO_3)_2 \tag{4-34}$$

$$BaO+2NO_2 \rightarrow Ba(NO_2)_2 \tag{4-35}$$

$$Ba(OH)_2+2NO_2+0.5O_2 \rightarrow Ba(NO_3)_2+H_2O \tag{4-36}$$

$$Ba(OH)_2+2NO_2 \rightarrow Ba(NO_2)_2+H_2O \tag{4-37}$$

$$BaCO_3+2NO_2+0.5O_2 \rightarrow Ba(NO_3)_2+CO_2 \tag{4-38}$$

$$BaCO_3+2NO_2 \rightarrow Ba(NO_2)_2+CO_2 \tag{4-39}$$

NO_x 的储存效果与氧浓度有关，氧浓度越大，NO_x 的储存效果越好。因此，在 NO_x 储存过程中要求 $\lambda>1$，甚至可以超过 2。

NO_x 的储存效果还与温度有关，NO_x 储存反应的最佳工作温度窗口为 250～450 ℃，在 350 ℃时，NO_x 的储存量达到最大。当温度过低（<250 ℃），催化剂活性降低，NO 的氧化速

度非常缓慢；当温度过高（>450 ℃），NO_2 不稳定。当温度进一步升高（>600 ℃），$Ba(NO_3)_2$ 会发生分解。受工作温度限制，NSR 不能太靠近发动机。采用电加热或者改进 NSR 的储存组分，可以使 NSR 在冷启动等低温工况下也具有一定的 NO_x 储存能力。

随着 NO_x 储存过程的持续进行，NSR 催化剂表面 NO_x 的饱和度逐渐增加，对 NO_2 的吸附能力则会减弱，导致 NO_x 排放增加，需要及时控制 NSR 进行还原再生。判断 NSR 是否符合再生条件的方法有两种。一种是直接监测 NSR 下游的 NO_x 浓度，当 NO_x 浓度超过某一阈值，则控制 NSR 进行再生程序；另一种是建立 NO_x 储存量模型，实时判断催化剂表面剩余的 NO_x 储存容量，当剩余的 NO_x 储存容量小于某一阈值时，则控制 NSR 进行再生程序。

3. NO_x 的还原过程

当 ECU 判断 NSR 需要进行再生程序时，会通过进气节流、推迟喷油等措施，使 $\lambda<1$，从而降低尾气中的氧含量，并提高尾气温度；在这种情况下，NSR 中的反应气氛转为还原性，催化剂表面的亚硝酸盐和硝酸盐会分解释放 NO_x，并在催化剂的作用下与 HC、CO 反应，生成 CO_2、H_2O 和 N_2，催化剂的储存中心得到再生。只有催化剂的储存中心得到充分再生，储存-还原反应才能够持续、交替进行。以 CO 作为还原剂为例，主要的总包反应如下：

$$Ba(NO_3)_2+5CO \rightarrow BaO+N_2+5CO_2 \tag{4-40}$$

$$Ba(NO_2)_2+3CO \rightarrow BaO+N_2+3CO_2 \tag{4-41}$$

$$BaO + CO_2 \rightarrow BaCO_3 \tag{4-42}$$

尾气中含有多种还原剂，如 CO、H_2，HC 化合物等。不同的还原剂对 NO_x 的还原效率不同。H_2 的还原效率最高，CO 的还原效率其次，HC 的还原效率最低。

NO_x 的还原效率还与温度有关。以 C_3H_6 作为还原剂为例，当温度超过 225 ℃，还原过程才开始发生；温度在 225～300 ℃时，还原产物是 NO，说明低温时还原剂的存在只是促进了硝酸盐的分解；温度高于 300 ℃时，还原产物才是 N_2。一般认为 NO 在金属铂(Pt)表面才可能被有效还原；低温时，催化剂为 Pt-O 表面，NO 不能在 Pt-O 表面被有效还原；随着温度升高，Pt-O 表面被 C_3H_6 还原为 Pt，此时还原产物主要是 N_2。当 H_2 作为还原剂时，温度在 200～400 ℃时都可以有效还原 NO_x，N_2 是主要的还原产物，生成 N_2 的选择性高于 95%。

在 NO_x 的还原过程中，因为采用了进气节流或推迟喷油等措施，会牺牲一定的燃油经济性，因此要求还原过程尽可能短，一般为 2～10 s。判断 NO_x 还原过程结束有两种方法。一种是基于 NO_x 储存量模型，实时判断催化剂表面的 NO_x 储量，当 NO_x 储量低于某一阈值时，则退出再生程序；另一种是利用 λ 传感器监测 NSR 下游尾气中的氧浓度，当检测值出现由“稀”向“浓”的转变时，则可退出再生程序。

4. NSR 催化剂失活

发动机尾气中含有的 CO_2 和 H_2O 蒸气对催化剂的储存-还原反应性能具有一定的影响。低温时(200 ℃)，反应气氛中的 CO_2 会使催化剂的储存性能下降；随着温度的升高，CO_2 对 NO_x 储存的抑制作用逐渐减小，继续增加 CO_2 的浓度对 NO_x 的储存性能影响不大。低温时(200 ℃)，H_2O 的存在可以使催化剂的 NO_x 的储存容量稍有增加，高温时稍有减少。当反应气氛中同时存在 CO_2 和 H_2O 时，催化剂的 NO_x 储存容量下降了 20%～40%。CO_2 降低催化剂储存性能的原因在于 CO_2 可以和 BaO 生成体相 $BaCO_3$，$BaCO_3$ 与 NO_2 的反应活性低于 BaO。

CO_2 和 H_2O 只是使催化剂的活性稍有下降，而尾气中的 SO_2 则使得 NSR 催化剂完全失活。目前，NSR 技术存在的问题就是 NSR 催化剂对硫十分敏感，尾气中的 SO_2 可以被部分氧化为 SO_3；SO_2、SO_3 和 NO_x 与 BaO 间存在平行竞争反应，SO_2、SO_3 易与 BaO 反应生成 $BaSO_3$ 和 $BaSO_4$。这两种化合物都是热力学上非常稳定的物质，在排气温度范围内很难分解或被还原。随着反应的进行，它们逐渐在催化剂表面累积，覆盖了储存中心使催化剂失去储存 NO_x 的能力，必须定期对催化剂进行脱硫（硫再生）。如果燃油中包含 10 mg/kg 的硫，则每行驶约 5000 km 就必须进行一次脱硫处理。在脱硫过程中，需要将催化剂加热到超过 650 ℃，持续 5 min 以上；同时控制发动机进入富燃模式（$\lambda<1$），消除尾气中的 O_2 含量，在这些条件下，硫酸钡可转换为碳酸钡，完成脱硫。

在脱硫过程中，必须确保所排出的 SO_2 不会因为持续缺氧而还原为硫化氢（H_2S）。H_2S 在浓度很低时有硫黄味，有剧毒。此外，还需要避免催化剂因温度过高而过度老化。尽管高温（>750 ℃）会加速脱硫过程，但也会加速催化剂的老化，导致热失活。热失活的主要原因包括：贵金属烧结，表面分散性降低，NO 氧化活性降低；NO_x 储存组分 Ba 与载体 γ-Al_2O_3 发生反应，生成尖晶石结构的 $BaAl_2O_4$，导致 NO_x 吸附活性位损失。因此，必须优化脱硫工艺和控制流程，在有限的温度和过量空气系数范围内完成脱硫，并且不能对驾驶性能产生明显的影响。

4.4.2　选择性催化还原(SCR)及控制

1. 概述

NO_x 选择性催化还原技术作为有效的排气后处理措施最初应用在锅炉、焚烧炉和发电厂等固定污染源上以降低 NO_x 的排放，其后逐渐应用到交通领域，作为降低柴油机 NO_x 排放的有效措施之一。“选择性还原”是指所采用的还原剂会选择性被 NO_x 氧化，而不是被尾气中的 O_2 氧化。NH_3 是一种高度选择性的还原剂，在催化剂的作用下优先与尾气中的 NO_x 发生反应生成 N_2 和 H_2O。NH_3 本身虽然无毒，但它是一种刺激味很强的气体，不适合直接在汽车上使用。采用质量分数为 32.5%的尿素水溶液（称为添蓝）为 SCR 反应提供还原剂 NH_3 是目前最为成熟的还原剂供给方法。SCR 技术的主要优点在于对 NO_x 有很高的转化效率，最高可达 95%以上；相比于 NSR 技术，SCR 技术不会对发动机的燃烧过程产生影响，匹配 SCR 系统的发动机可以工作在燃烧条件更好的状态下，因而能够提高燃油经济性；同时 SCR 系统的可靠性和耐久性俱佳，对硫不甚敏感。但是，该技术需要外界提供还原剂，并且系统体积较大，成本较高，同时有可能产生额外的 NH_3 排放。

SCR 技术对 NO_x 的转化效率有赖于添蓝分解后产生的 NH_3 与 NO_x 的反应效率，SCR 催化剂提供了这一反应的载体，并通过其优异的催化能力，大大提高了反应程度和反应速率。目前主流的 SCR 催化剂有两类：钒基催化剂和分子筛催化剂。通常分子筛催化剂分为铜基和铁基两种。钒基催化剂可以在较宽的温度范围内具有良好的催化效果，并且对燃油中的硫含量不甚敏感，因此可以在现有条件下实现较高的转化效率，在欧洲实行欧Ⅳ/Ⅴ阶段排放法规时，钒基催化剂一度成为最主流的 SCR 催化剂，也是目前国内应用最为广泛的商业催化剂。

图 4-55 为柴油机 SCR 系统示意图，包括添蓝喷射系统（添蓝计量控制单元（AdBlue dosing control unit，缩写 DCU)、添蓝泵、添蓝喷嘴等)，SCR 催化转化器(载体、催化剂及其封装)，传感器(上游温度传感器、环境温度传感器、NO_x 传感器等)及其他附件(添蓝罐集成、添蓝管、滤清器等)。DCU 通过 CAN 总线从发动机 ECU 中获取添蓝喷射相关的参数(如发动机转速、负荷、进气量、原机 NO_x 浓度等)，实现添蓝喷射信息的判断和决策。

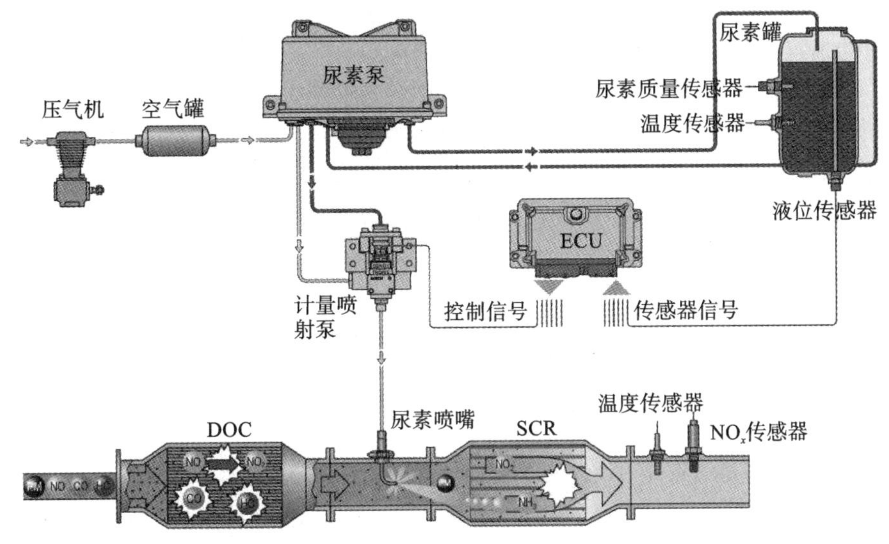

图 4-55　柴油机 SCR 系统示意图

当发动机排气管温度上升到一定温度范围后(通常是 190～200 ℃)，添蓝喷射系统开始将尿素水溶液喷射到排气管中。当排气温度大于 180 ℃时，尿素发生热解和水解反应，生成 NH_3 和其他产物。随后，NH_3 随着排气进入钒基催化剂表面，和 NO_x 发生选择性催化还原反应，生成 N_2 和 H_2O。在温度条件合适的情况下，该反应几乎能完全进行并且十分迅速。有时为了防止多余的 NH_3 逃逸造成二次污染，还需要在 SCR 催化剂后方设置促使 NH_3 氧化成 N_2 的催化剂。

2. 主要化学反应

由于 NH_3 在常温下呈气态，在车辆内不易储存。目前，一般是采用质量分数为 32.5% 的尿素水溶液(称为添蓝)，通过一定的化学反应，产生 NH_3 以供 SCR 反应所需。

添蓝分解生成 NH_3 的反应过程可分为三个步骤。首先，将添蓝喷入高温的排气管中，蒸发出水蒸气，而后尿素汽化

$$(NH_2)_2CO\cdot 7H_2O\ (aq) \rightarrow (NH_2)_2CO\ (s/l) + 7H_2O(g) \tag{4-43}$$

$$(NH_2)_2CO(s/l) \rightarrow (NH_2)_2CO(g) \tag{4-44}$$

其次，当排气温度超过 140 ℃，尿素蒸气发生热解反应，生成等摩尔的 NH_3 和 HNCO

$$(NH_2)_2CO\ (g) \rightarrow NH_3 + HNCO \tag{4-45}$$

再次，当排气温度超过 180 ℃，HNCO 进一步吸热水解，生成 NH_3 和 CO_2

$$HNCO + H_2O \rightarrow NH_3 + CO_2 \tag{4-46}$$

HNCO 水解反应必须足够快，否则容易在排气管壁上结晶，形成沉积物，甚至会堵塞催化器。有实验表明，当排气温度低于 250 ℃时，在排气管壁上会有明显的沉积物。一般来说，排气温度高于 250 ℃是开始喷射添蓝的一个必要条件。

添蓝分解生成的 NH_3 随排气进入催化器中，在催化剂表面发生吸附和解吸附反应：

$$NH_3+\theta\leftrightarrow NH_3^* \tag{4-47}$$

式中：θ表示催化剂中的活性位，NH_3^* 表示处于吸附态的 NH_3。有研究表明，只有处于吸附态的 NH_3 才会与 NO_x 发生反应。NH_3 解吸附是吸附的 NH_3 从催化剂表面解析的物理过程。在催化剂低温时，NH_3 的吸附速率很快，以至于相当数量的 NH_3 吸附储存在催化器中，但是在高温时，解吸附的速率要大于吸附的速率。因此在排气升温过程中，容易产生 NH_3 泄漏的情况。

NO_x 在催化剂的作用下与吸附态的 NH_3 发生还原反应，主要化学反应为

$$4NH_3^*+4NO+O_2\rightarrow 4N_2+6H_2O\text{(标准 SCR)} \tag{4-48}$$

$$2NH_3^*+NO+NO_2\rightarrow 2N_2+3H_2O\text{(快速 SCR)} \tag{4-49}$$

$$8NH_3^*+6NO_2\rightarrow 7N_2+6H_2O\text{(慢速 SCR)} \tag{4-50}$$

通常，柴油机排放的 NO_x 中，NO 的含量占 85%～90%。因此，式(4-48)所示为催化剂载体上发生的最主要反应，一般也称为标准 SCR 反应。在 250～450 ℃范围内，这一反应的效率随温度的升高而升高。但当温度超过 450 ℃时，NH_3 将发生直接氧化反应，生成 NO，导致 NO_x 的转化效率急剧下降。

$$4NH_3^*+5O_2\rightarrow 4NO+6H_2O\text{(在催化剂表面反应)} \tag{4-51}$$

$$4NH_3+5O_2\rightarrow 4NO+6H_2O\text{(在排气中反应)} \tag{4-52}$$

当 NO 与 NO_2 浓度之比为 1∶1 时，会发生式(4-49)所示的快速 SCR 反应，此时 NO_x 能实现最佳的转化效率，并且该反应的发生条件也不如标准 SCR 反应苛刻，能够在温度比较低的情况下进行。因此快速 SCR 反应的优先级远远高于标准 SCR 反应。为了在 SCR 系统中扩大这一反应的概率，有人提出了在 SCR 催化剂上游增置 DOC 的方法，目的是将部分 NO 氧化成 NO_2，提高排气中 NO_2 的比例，如：

$$2NO+O_2\rightarrow 2NO_2 \tag{4-53}$$

但是，快速 SCR 反应中 NO_2 和 NO 的摩尔比不能超过 1∶1，否则就会有剩余的不能参与快速反应的 NO_2，这些多余 NO_2 只能发生式(4-50)所示的反应。此反应速度很慢，很难完全发生，后果是多余的 NO_2 不能及时反应，随排气进入大气造成污染。

当反应温度低于 200 ℃时，NH_3 和反应活性更强的 NO_2 发生反应，生成的 NH_4NO_3 是固体，会沉积在催化剂表面，造成催化器堵塞，因此冷启动时应避免过早喷入 NH_3。

3. 影响 SCR 转化效率的主要因素

(1)温度。

温度包括排气温度和催化剂温度。排气温度主要是影响尿素水溶液的热解和水解反应，并且通过影响催化剂温度从而影响 NH_3 的吸、脱附反应，以及 NO_x 的选择性还原反应。

喷射到排气管中的添蓝一般不能完全转化为 NH_3，部分添蓝会以尿素结晶的形式沉积在排气管中。尿素结晶包括因水分蒸发过快而形成的尿素固体，这些尿素结晶体易溶于水、易受热分解，对 SCR 及发动机的影响较小；还包括热解、水解反应过程中生成的不具备还原能力的、不易分解的副产物，这些副产物会沉积在排气管中，堵塞排气管，使得排气背压升高。添蓝分解产生 NH_3 与喷射添蓝中所含 NH_3 的摩尔比反映了添蓝的有效分解程度。排气温度是影响添蓝有效分解程度的重要因素。一般地，排气温度超过 250～300 ℃，添蓝会完全分解为 NH_3。当排气温度低于 250 ℃或 180 ℃时，不宜喷射添蓝。

催化剂温度对 SCR 转化效率的影响主要有两个方面。首先，温度会影响 NH_3 的储存

能力，以及吸、脱附速率。只有处于吸附态的 NH_3 才会与 NO_x 发生反应。随着催化剂温度的升高，虽然 NH_3 的储存能力在下降，但 NH_3 的效率大大增加，使得单位时间内可参与 SCR 反应的 NH_3 数量增多，对 NO_x 的转化效率有促进作用，如图 4-56 所示。其次，温度会影响 SCR 反应的速率，温度提高能够使更多的反应物分子达到活化能，活化后的分子迅速反应，使得 SCR 的反应速率呈指数增长。

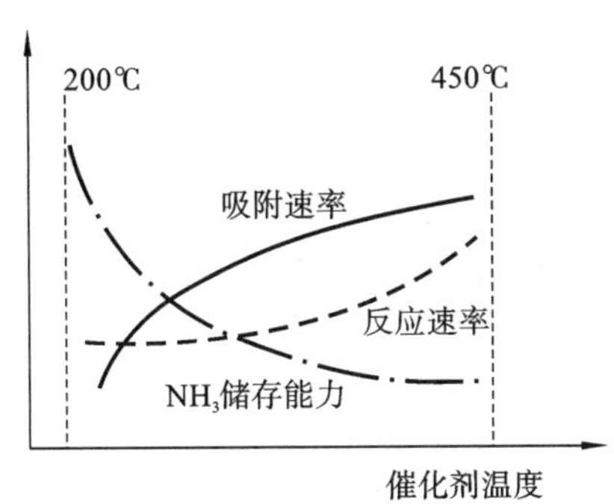

图 4-56　温度对 NH_3 储存能力、吸附速率和反应速度的影响

起燃温度是 SCR 催化器的关键指标，是指达到 50%转化效率时对应的催化剂温度。起燃温度低则催化剂的低温性能优异，意味着在较低排气温度条件下，SCR 系统便可以开始工作，从而使得系统在更广的工况范围内起到降低 NO_x 排放的效果。钒基 SCR 的起燃温度一般为 250 ℃左右。

低温条件下，NH_3 的吸附速率低于 SCR 的反应速率，此时，增大 NH_3 的储存量能够直接促进 NO_x 转化效率的提高；高温条件下，NH_3 的储存能力下降，研究表明沸石催化剂的储存 NH_3 的能力可从 200 ℃的 1.4 g/L 变化到 400 ℃的 0.05 g/L，相差 28 倍，这时，NH_3 储存量的变化几乎不会对 SCR 的反应速率产生影响。

NH_3 储存环节是 SCR 中重要的非线性环节。如果 NH_3 储存量过低，当温度突然降低时，势必会影响 NO_x 的转化效率；但如果 NH_3 储存量过高，当温度突然升高时，由于 NH_3 储存能力下降，会造成 NH_3 逃逸，产生二次污染。

当温度超过 400 ℃时，钒基 SCR 的 NO_x 转化效率随着温度的升高明显下降，原因是 NH_3 脱氢反应被加强，形成的吸附产物反应活性低或不具备 SCR 反应活性，还会降低 SCR 反应的选择性，使得高温时的 NH_3 不仅仅和 NO_x 发生反应，还会同其他排气产物发生副反应。当温度超过 450 ℃后，NH_3 的直接氧化还有可能进一步生成 NO_x，使得 NO_x 的转化效率迅速下降。

(2)空速。

空速是 SCR 催化器设计的一个重要参数，也是评价催化器性能的重要指标。空速的计算公式为

$$SV=\frac{Q_{ex}^{V}}{V_R} \tag{4-54}$$

式中：SV 为空速，单位为 h^{-1}；Q_{ex}^{V}为发动机排气的体积流量，单位为 L/h；V_R 为催化器容积，单位为 L。

首先，空速实际上反映了排气通过催化剂载体的时间，如果排气中的 NO_x 在催化剂载体上的停留时间小于其发生反应的时间，即存在一部分 NO_x 来不及发生反应就被排气带

走，那么此时空速的增加无疑会降低 NO_x 的转化效率。但是，对一般的发动机而言，空速不会很高；而且 SCR 的反应时间与温度有关，当温度为 350 ℃时，其完全反应仅需 0.02 s 的时间。并且重型柴油机自身的工作特性也决定了其很少工作在高转速、低负荷的状态下，而高空速、低排温的情况只有在这种极端的条件下才会出现，所以，就此而言，空速对 NO_x 的转化效率影响不大。

其次，空速会通过影响 NH_3 的储存量而间接影响 NO_x 的转化效率。高空速情况下，催化器储存 NH_3 的能力较差，而影响 SCR 反应最重要的因素就是吸附在催化剂表面活性位的 NH_3 量的大小。因此，在高空速下，NO_x 的转化效率就低。但是，由于高排温时 NH_3 的储存量会逐渐下降，从而会削弱空速对 NH_3 储存量的影响。有试验结果显示，催化剂问题高于 350 ℃以后，空速对于 NO_x 的转化效率基本没有影响；只有在催化剂温度低于 250 ℃时，空速对 NO_x 转化效率的影响才较为明显。

(3)添蓝喷射量。

添蓝喷射量直接影响了 NH_3 的供应量。氨氮比(C_{NH_3}/C_{NO_x})是 SCR 系统中重要的控制参数。

高温条件下，尿素水解、热解反应比较充分，添蓝的有效分解程度接近 100%；催化剂表面发生的 SCR 反应基本上能够完全进行，反应速率快、效率高；NH_3 储存量很少，且对 NO_x 的转化效率影响很小，因此，当 NH_3 和 NO_x 的配比合适时(SCR 反应中的 NH_3 和 NO_x 标准摩尔配比约为 1∶1)，两者基本上都能反应完全。当氨氮比小于 1∶1 时，随着添蓝喷射量的增加，NO_x 的转化效率增加；当氨氮比大于 1∶1 后，NO_x 的转化效率不会随着添蓝喷射量的增多而提高，而此时，多喷添蓝必然造成 NH_3 的泄漏。

低温条件下，SCR 反应效率低，不能完全进行，无论 NH_3 和 NO_x 的比例如何，反应物 NH_3 和反应物 NO_x 都会有一定程度的剩余。此时，增大反应物 NH_3 的浓度，NO_x 的转化效率还能进一步提高。比较好的是，低温条件下 NH_3 的储存能力强，多余的 NH_3 可以储存在催化剂的表面，提供一个高 NH_3 的浓度氛围，有利于 NO_x 的反应。但此时，尿素水解、热解反应不能完全发生，虽然多喷添蓝的策略能够提高 NH_3 的生成总量，但过喷的添蓝会由于分解不充分，形成结晶而沉积在催化剂载体入口或排气管的管壁上，造成堵塞催化剂载体等问题。

因此，有必要根据发动机的运行工况和排气温度确定出一个合理的氨氮比及其调节范围。

4. 添蓝喷射控制策略

添蓝喷射控制主要是根据发动机的运行工况、热状态、排气温度、老化情况等确定出合理的添蓝喷射量，使 NO_x 转化效率最大化，同时使 NH_3 逃逸量最小化。控制方法分为开环控制和闭环控制。在实施国Ⅴ及同等排放法规后，SCR 系统基本上都会采用闭环控制。

(1)开环控制。

图 4-57 为添蓝喷射量开环控制框图。首先，在发动机转速和负荷信息所定义的每一个工况点，按照 NO_x 转化效率最大化、NH_3 逃逸量最小化的开发目标，都可以通过台架试验，标定得到一个最佳、最基础的添蓝喷射量。将发动机的工况平面离散化，比如取 16 个转速点，每个转速下对应 16 个负荷点，在每个工况点都执行最佳添蓝喷射量的标定程序，则可获得 256 个添蓝喷射量信息，构成基础的添蓝喷射量 MAP，储存在 ECU 中。除了通过台架试验标定以外，基础的添蓝喷射量也可以通过前馈模型计算获得。

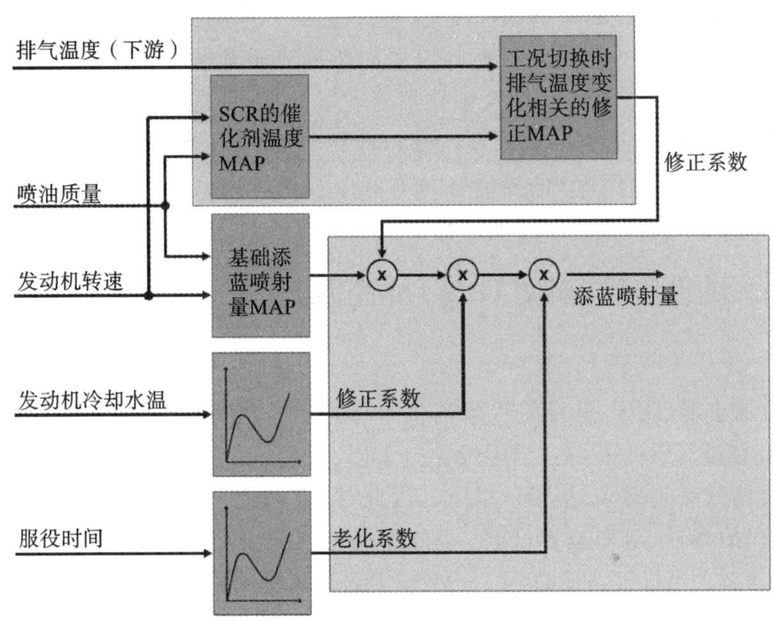

图 4-57　添蓝喷射量开环控制框图

在此基础上，进一步考虑发动机冷却水温、发动机及 SCR 系统老化，以及发动机排气温度动态变化等因素对 NO_x 生成量，以及添蓝喷射量的影响，标定或确定出相应的修正系数、曲线或 MAP，储存在 ECU 中。

在实际运行过程中，ECU 根据发动机的工况信息，查找基础添蓝喷射量 MAP，获得基础的添蓝喷射量；根据发动机的冷却水温、发动机及 SCR 系统的服役时间、排气温度的动态变化等信息，调用相应的修正系数和修正曲线，修正基础的添蓝喷射量，确定出最终需执行的添蓝喷射量。

此外，NH_3 储存环节是 SCR 中重要的非线性环节。因此，有必要对 NH_3 储存量进行监测和控制，使 NH_3 储存量维持在一个合理的水平。但目前尚没有可用的物理传感器能够直接测量催化器表面的 NH_3 储存量，故实际工程中多采用模型（算法）对 NH_3 储存量进行预测，如：

$$C_{NH_3,sup} = C_{NH_3,inj}\eta_{pyr} \tag{4-55}$$

$$C_{NO_x,up} = f(n_{eng}, m_f) \tag{4-56}$$

$$C_{NH_3,rea} \approx C_{NO_x,rea} = C_{NO_x,up}\eta_{SCR} \tag{4-57}$$

$$\eta_{SCR} = f(T_{cat}, C_{NH_3,str}) \tag{4-58}$$

$$C_{NH_3,str} \approx C_{NH_3,sup} - C_{NH_3,rea} \tag{4-59}$$

其中：$C_{NH_3,inj}$表示喷射添蓝中含有 NH_3 的摩尔数；η_{pyr}表示添蓝的分解效率；$C_{NO_x,up}$表示 SCR 入口段 NO_x 的摩尔数（发动机原始排放）；η_{SCR}表示 NO_x 的转化效率；$C_{NH_3,rea}$、$C_{NO_x,rea}$表示 SCR 反应中消耗的 NH_3 和 NO_x 的摩尔数；$C_{NH_3,str}$表示催化器中储存 NH_3 的摩尔数。

当 NH_3 储存量高于该催化剂温度所对应的某一阈值时，则可适当减小添蓝喷射量；反之，当 NH_3 储存量低于该催化剂温度所对应的某一阈值时，则可适当增加添蓝喷射量。

(2)闭环控制简介。

SCR 系统闭环控制系统中，需要增设 NO_x 传感器。如果只有一个 NO_x 传感器，一般布置在 SCR 转换器的下游。通过 NO_x 传感器实时监测 NO_x 的排放值，判断 NO_x 的排放值是否满足设计目标，并根据其与设计目标的偏差动态调节添蓝的喷射量。这种控制方法的好处是稳态时可消除系统带来的误差及催化器老化的影响，不足之处是控制困难，因为 SCR 系统可以储存一定量的 NH_3，一旦 NH_3 饱和，容易导致 NH_3 泄漏；控制不好，容易超调，导致 NH_3 泄漏量更大。基于模型的控制方式有利于控制标定，提高控制品质，减少开发时间和费用，但计算量相对较大，且对模型的精度要求很高。

4.4.3 碳烟颗粒捕集(DPF)及控制

1. 概述

碳烟颗粒捕集器(DPF)是目前在柴油机中应用最广泛的煤烟子(Soot)排放控制技术。DPF 通常安装在排气管的下游。当尾气流过 DPF 时，Soot 会被 DPF 中蜂窝状的过滤体捕获、截留，其过滤效率通常可达 90%以上。因此，DPF 可有效降低尾气中的 Soot 排放。随着 DPF 中沉积的 Soot 越来越多，DPF 中的流通阻力势必会相应增大，使得发动机排气不畅、排气背压升高。当排气背压达到 16～20 kPa，柴油机的性能开始恶化。因此，必须实时地去除掉沉积在 DPF 过滤体中的 Soot，使 DPF 恢复到原来的工作状态，即再生。DPF 的过滤效果和可控再生是其高效稳定工作的关键。DPF 的主要功能应包括：

(1)有效捕集和过滤通过其中的 Soot，过滤效率高于 90%；排放法规越严格，对过滤效率的要求也越高。

(2)最小化尾气通过 DPF 前后的压力损失，以及 Soot 沉积对压力损失的影响。

(3)通过燃烧等方式去除掉沉积在 DPF 过滤体中的 Soot，使 DPF 再生。

(4)存储和清除 DPF 再生后残留的灰分。

(5)尾气中碳烟颗粒数(PN)在通过 DPF 后不会增加。

(6)机械强度高、热膨胀系数低、抗热冲击性能好，温度可高达 1600 ℃。

(7)捕集有效里程超过 20 万千米，且劣化系数不超过 20%。

2. 过滤体

过滤体是 DPF 中的核心组件，而蜂窝陶瓷是应用最早的一种过滤体，主要包括壁流式和泡沫式，其中壁流式蜂窝陶瓷过滤体是目前国内外研究和使用最多的过滤体。壁流式蜂窝陶瓷过滤体的单位表面积大、耐高温、机械强度高，且过滤壁面多孔结构的孔径通常在微米级，所以在背压、气流速度都较低的情况下也可以得到很高的过滤效果，通常可高达 90%以上。

(1)结构。

蜂窝陶瓷过滤体中具有大量的平行通道，如图 4-58 所示。通道形状通常为方形，通道壁的厚度为 300～400 μm，截面上通道孔的密度一般为 100～300 cpsi(每平方英寸)。

将蜂窝陶瓷载体相邻通道两段进行交替堵孔得到壁流式蜂窝陶瓷过滤体。尾气从过滤体的入口通道进入，由于入口通道的末端被堵住，气流必须先通过多孔结构壁面进入相邻通道，然后从相邻通道的出口排出。在气流通过多孔结构壁面的过程中，Soot 被捕获、截留，从而达到降低 Soot 排放，净化尾气的目的。

随着 DPF 通道壁中沉积的 Soot 越来越多，其流通阻力势必会相应增大，使得排气背压升高，从而影响发动机的动力性能和经济性能。但由于被捕集的 Soot 本身也起到过滤的作用，因此 Soot 捕集效率是提高的。

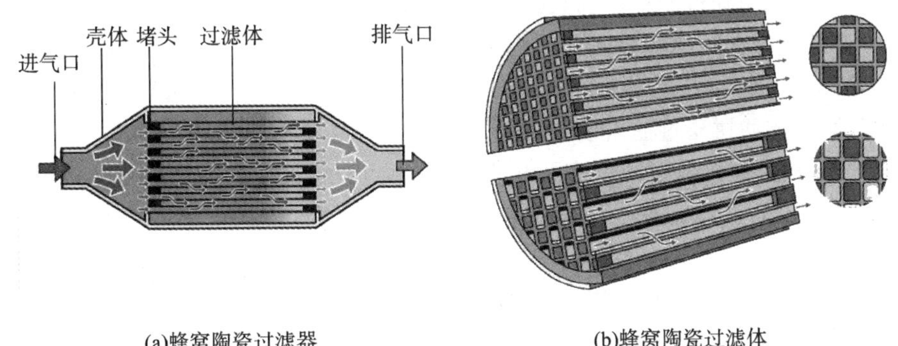

(a)蜂窝陶瓷过滤器　(b)蜂窝陶瓷过滤体

图 4-58　蜂窝陶瓷过滤结构

如果要降低背压，可以适当增大 DPF 的尺寸，减小壁厚，增加孔隙率或优化基材的几何形状和微观结构。通过优化平均孔径、孔径分布和孔道连通性可提高孔隙率，且不影响捕集效率。DPF 的典型孔隙率为 50%，平均孔径一般小于 15 μm。尾气流过 DPF 前后的压差与通道的 BPI(back pressure index，背压指数)值正相关。BPI 的定义式为

$$\mathrm{BPI}=\frac{L}{D_{\mathrm{h}}^{2}} \tag{4-60}$$

式中：L 为过滤体的长度；D_{h} 为当量直径(等于 $1-t$)；l 为通道间距；t 为壁厚。

由此可知：增大过滤体的直径，减小过滤体的长度、壁厚和通道数密度均有助于降低背压。随着 Soot 在过滤体通道壁面逐渐沉积，通道壁厚 t 逐渐增加，使得当量直径 D_{h} 减小，BPI 值增大，排气背压升高。在过滤体中，压力损失和过滤效率往往是一对矛盾的关系。

(2)材料。

目前，制备蜂窝陶瓷过滤体的材料有碳化硅、堇青石、莫来石、钛酸铝等，其中碳化硅和堇青石应用更为广泛，是制备蜂窝陶瓷过滤体的主要材料。

碳化硅是目前唯一能通过人工合成方式大量获得的一种无机材料，具有十分优异的物理性能。碳化硅陶瓷材料的机械强度高(是堇青石的 3 倍)，化学稳定性好，耐热性好(碳化硅 2200 ℃，堇青石 1430 ℃)，比热容高(比堇青石高 20%)，抗热震性好，比重大，导热率高(比堇青石高 90%)，过滤效率高。相比于堇青石，碳化硅陶瓷材料具有更多优势，是 DPF 中过滤体的主要材料。目前，碳化硅陶瓷是乘用车 DPF 过滤体中的首选材料，但碳化硅陶瓷的热膨胀系数较高，一般在 4.8×10^{-6}/℃左右，使用过程中易开裂。并且，碳化硅陶瓷不能整体生产，需要通过拼接的方式生产，大大增加了生产成本。

堇青石陶瓷材料具有较低的热膨胀系数和比重，适合大尺寸、快速起燃等应用场合。相比于乘用车，商用车的发动机排量更大，排气温度更低，因此，在商用车 DPF 中，多采用堇青石陶瓷作为过滤体材料。但堇青石陶瓷材料的比热容和导热系数低，使得过滤体通道壁面 Soot 再生氧化所释放的热量不能及时散走，导致过滤体温度较高，影响过滤体及 DPF 的可靠性和耐久性。

(3)过滤机理。

Soot 在 DPF 过滤体通道壁面中的过滤过程可分为深层过滤型和表面过滤型。当排气中 Soot 的平均直径小于过滤体多孔结构的平均直径时，Soot 会沉积在过滤体的多孔介质中，属于深层过滤型；而对于表面过滤型的过滤体，其多孔结构的平均直径比颗粒物小，颗粒物通过筛分的方式被捕集。

在壁流式蜂窝陶瓷过滤体的捕集过程中，初期一般属于深层过滤型，Soot 流过过滤体通道壁面后，多被截留在过滤体的多孔结构中。随着过滤时间的增加，过滤体多孔结构中捕集的 Soot 逐渐饱和，Soot 开始沉积在过滤体的壁面，形成过滤层，即开始表面过滤，也称为滤饼层过滤阶段。在滤饼层过滤阶段，过滤体自身的多孔结构的作用不大，起主要过滤作用的是 Soot 在过滤体壁面沉积形成的多孔介质层，此时过滤体的捕集效率通常会接近 100%。

DPF 对 Soot 的捕集机理根据粒子的粒径不同而不同，通常包括惯性碰撞、扩散沉积和流动拦截三种机理。

惯性碰撞机理是将 Soot 理想化为只有质量的质点，在 Soot 运动过程中，质量较大或者速度较快的 Soot 经过捕集体时，Soot 来不及绕过捕集体而被截留下来。

柴油机排气温度一般较高，排气中的热分子容易受到排气温度影响而做无规则热运动，对于粒径<200 nm 的粒子会与气体热分子发生碰撞，致使粒子做无规则的布朗扩散偏离了气流的运动流线而向任意方向运动。部分粒子在运动过程中与捕集体碰撞而被截留下来。

流动拦截机理是将 Soot 理想化为只有大小的球体，当 Soot 接近过滤体表面，不同尺寸的 Soot 都将随着流线轨迹流动，当 Soot 粒径等于或者大于过滤体孔道直径时，过滤体将这些 Soot 截留下来。

3. DPF 再生及系统组成

随着 DPF 中沉积的 Soot 越来越多，DPF 中的流通阻力势必会相应增大，使得发动机排气不畅、排气背压升高，从而影响发动机的动力性能和经济性能。因此，必须定期清除 DPF 中的 Soot，使 DPF 适时再生。一般地，大约每 500 km 就需要对 DPF 进行一次再生，再生过程大约需要持续 10～15 min。DPF 再生的里程数与发动机原排水平以及过滤体尺寸有关，一般为 300～800 km。

DPF 再生的主要原理是 Soot 氧化，而 Soot 氧化的要素是高温、富氧和氧化时间。当排气温度达到 600～620 ℃，DPF 中的 Soot 与排气中过量的 O_2 发生氧化反应，形成 CO_2。但发动机在实际的运转过程中，很少会出现这样的高温，实际柴油机的排气温度一般低于 500 ℃，特别是一些在城市工况下运行的公交车，其排气温度甚至在 300 ℃以下。实现 DPF 再生的技术方法通常有两类：一是在柴油中使用添加剂或使用 NO_2 作为氧化剂来降低 Soot 的反应温度；二是采用进、排气节流，燃油晚喷，或者在排气管中喷射少量燃油等措施，从而提高发动机的排气温度。前者仅依靠正常排气进行再生，称为被动再生；后者需要额外提供或补充热源以提高排气温度进行再生，称为主动再生。

在柴油中使用添加剂（通常是铈或铁化合物）可以将 Soot 的反应温度降低到 450～500 ℃。但 450～500 ℃的反应温度也比较高，只有当发动机在大负荷运行的时候才能够达到。因此，DPF 也不能连续地或及时地进行被动再生。当 DPF 中的碳载量或饱和度达到给定阈值时，将会触发主动再生程序。再生后，燃油中的添加剂作为残留物（灰烬）会滞留在 DPF 中。这些灰烬以及来自机油/燃油残渣中的灰烬会逐渐阻塞 DPF，从而导致排气背压升高。因此，DPF 必须具有良好的耐灰性能。对于以陶瓷过滤体为核心的 DPF，在燃油中使用添加剂时，大约每 12 万千里就需要停车，拆除 DPF，并进行机械清洁。

利用 O_2 做氧化剂对 DPF 进行再生时，所需的反应温度较高；且一旦满足再生条件，再生过程会迅速发生，可能产生较高的局部温度，导致过滤体损坏。和 O_2 相比，NO_2 具有更高的氧化活性。利用 NO_2 做氧化剂对 DPF 进行再生时，反应温度可以降低到 300 ℃。但由

于排气中 NO_2 的浓度降低，再生反应的速率通常较为缓慢，但不会产生过高的局部温度，更为安全。NO_x 在柴油机尾气中的含量为 0.01%～0.1%，其中 NO 占 80%～95%，NO_2 占 5%～20%。为了将尾气中的 NO 转化为 NO_2，再与 Soot 发生反应，通常需要在 DPF 上游增置 DOC，或者在过滤体表面涂覆氧化型催化剂，如图 4-59 所示。在排气温度超过 200 ℃时，DOC 或氧化型催化剂被起活，CO 和 HC 几乎全部被氧化为 CO_2 和 H_2O，NO 被转化为 NO_2。NO_2 在过滤体表面与 Soot 反应生成 CO_2 和 NO。

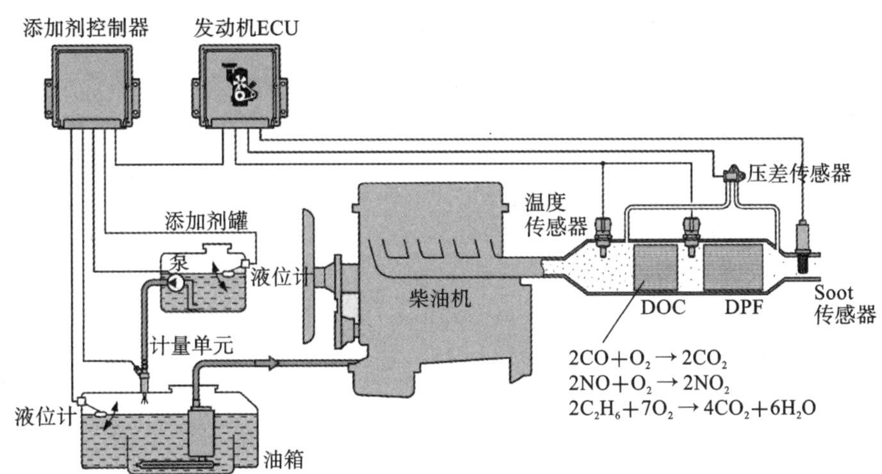

图 4-59　燃油添加剂和催化型 DPF 系统示意图

DOC 与 DPF(不带氧化型催化涂层)组合构成连续再生过滤器(continuously regenerating trap，CRT)系统。CRT 系统对燃油中的硫含量比较敏感，因为氧化催化剂可以使硫氧化而增加了颗粒的数量。同时，CRT 被动再生也需要合适的排气温度。排气温度太低，NO_2 与 Soot 的反应速度太慢；而排气温度太高，NO_2 不稳定，容易分解，不能够形成足够的 NO_2。CRT 系统适宜的工作温度一般为 300～450 ℃。有研究表明，当排气中的 NO_2 与 Soot 质量分数的比值大于 8∶1，CRT 系统就可以可靠地、稳定地运行。长途运行的商用车为 CRT 系统提供理想的应用场景。

更进一步，DOC 可与催化型 CDPF(带氧化型催化涂层)组合构成催化型连续再生过滤器(CCRT)系统。在 CCRT 系统中，未完全转化的 NO 在 CDPF 中进一步转化为 NO_2。相比于 CRT 系统，CCRT 系统的再生条件更加宽松，在更低的排气温度和更低的 NO_2/Soot 质量分数比就可以进行再生。

需要说明的是，被动再生过程是不受控的，且是有条件限制的，因此在车辆实际运行过程中，被动再生策略往往无法完全满足 DPF 的再生需求。在 DPF 运行过程中，需要实时监测碳载量或者饱和程度。当碳载量或者饱和程度超过某给定的阈值，则会触发主动再生程序，通过进排气节流、推迟喷油等策略提高排气温度，满足 O_2与 Soot 的反应条件。

一般地，除了 DPF 自身以外，DPF 系统的硬件配置至少还应包括：

(1)DOC　DOC 的主要功能是氧化 HC 和 CO。在 DPF 主动再生程序中，DOC 相当于一个催化燃烧器，使缸内晚喷或排气管中喷射的少量燃油得以快速燃烧，从而提高排气温度，满足再生温度的需求。此外，DOC 还可以将 NO 氧化为 NO_2，根据实际运行条件，在一定程度上实现 DPF 被动再生。

(2)压差传感器　通过监测排气通过 DPF 所产生的压差，可以估计 DPF 的碳载量或饱和程度;也可以直观计算发动机的排气背压,以便将其限制在允许的范围之内。压差传感器信号是 DPF 再生控制中最重要的反馈信号之一。

(3)温度传感器　DPF 系统中,最少需要配置 2 支温度传感器。一支安装在 DOC 的上游,用于判断 DOC 的工作状态,包括是否起活,以及转换效率等;一支安装在 DPF 的上游,用于判断 DPF 的工作状态,并为排气温度控制程序反馈温度信号。

4. DPF 再生过程控制

DPF 再生控制主要是指 DPF 主动再生过程的控制,其核心是再生时机的判断,以及排气温度的控制两个方面。

(1)再生时机的判断。

如前所述,DPF 需要定期进行再生。当执行 DPF 再生程序时,无论是采用进排气节流、缸内晚喷,抑或是在排气管中喷射少量燃油,均会增加油耗,因此,DPF 再生不能过于频繁。另一方面,DPF 再生周期也不能过长,否则会导致排气背压明显升高,恶化发动机性能;并且,DPF 再生时,Soot 被氧化,所释放的热量会在 DPF 中产生局部高温,DPF 中沉积的 Soot 越多,再生时所释放的热量就会越多,甚至会使得 DPF 烧裂。一般地,根据不同的过滤体材料,DPF 的临界饱和碳载量为 5～10 g/L。因此,选择合适的再生时机,既节油又安全,是 DPF 再生控制的关键。

简单来说,DPF 的再生时机可以根据运行里程数来进行判断。一般地,大约每 500 km 就需要对 DPF 进行一次再生,再生过程需要持续 10～15 min。DPF 再生的里程数与发动机原排水平以及过滤体尺寸有关,一般为 300～800 km。

其次,DPF 的再生时机也可以根据发动机排气背压的变化来进行判断。当排气背压达到 16～20 kPa 时,柴油机的性能开始恶化。因此,当监测到的排气背压(通过 DPF 压差信号计算得到)达到某给定阈值时,则会触发相应的主动再生程序。

再次,DPF 的再生时机也可以根据 PDF 碳载量的变化来进行判断。显然,PDF 碳载量不能通过测量直接得到,需要建立 PDF 碳载量模型。当预测的碳载量达到某给定的临界值,则应对 DPF 进行再生。DPF 碳载量模型包括经验模型和理论模型两种。

①经验模型:通过 DPF 前后压差与碳载量、排气流量之间的关系标定得到相应的碳载量模型。这种经验模型在排气流量较低时误差较大。

②理论模型:对发动机的 Soot 排放(原排),DPF 的过滤效率,Soot 与 O_2、NO_2 的被动再生反应,以及主动再生反应等物理过程分别建模,对各子模型进行集成得到碳载量的理论模型。

此外,好的再生策略还需要充分考虑发动机当前的运行工况和运行环境,在条件适宜时(比如在高速行驶等)促进再生,在条件不利时(比如在市区运行,或在特殊的易燃环境中运行等)推迟再生。再生策略根据 DPF 碳载量,以及车辆和发动机的运行工况和运行环境确定何时以何种方式执行再生程序。

(2)排气温度控制。

当 ECU 接到 DPF 再生请求时,且车辆和发动机的运行条件许可,则会调用相应的排气温度控制程序。排气温度的控制逻辑一般采用级联结构,如图 4-60 所示。通过采用进气节流、推迟主喷正时、增加后喷或晚喷等措施,分级控制 DOC 和 DPF 的入口温度。在 DPF 再生期间,一般会关闭 EGR,避免大量未完全燃烧的碳氢化合物进入缸内,影响 DOC 氧化碳氢化合物提高排气温度的效果。并且,关闭 EGR 可以简化空气系统,便于排气温度的控制,提高排气温度的控制响应。

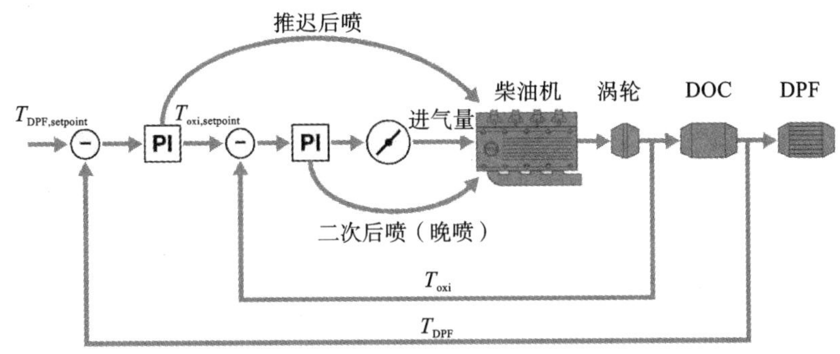

图 4-60　排气温度控制的逻辑结构

①进气节流：柴油机一般是稀燃，其过量空气系数通常大于 1.4。过量的空气会吸收燃油燃烧所释放的热量，使得排气温度降低。因此，采用适当程度的进气节流，减小过量空气系数，可以有效并快速地提高排气温度。但过量空气系数不可太低，应保证 DPF 前排气中的残余的氧含量大于 5%。残余的氧含量过低会显著降低 DPF 再生的速度。

②推迟主喷正时：柴油机的燃烧相位与主喷正时直接相关，推迟主喷正时，燃烧相位滞后，后燃比例增加，排气温度升高。此外，推迟主喷正时可有效降低缸内的最高燃烧温度，对降低 NO_x 排放非常有效。

③推迟后喷或增加晚喷：在活塞膨胀行程的中后期喷射少量燃油，其燃烧所释放的热量具有以下特点：第一，不能产生有效膨胀，对外输出做功；第二，缸内燃气温度相对较低，散热损失也比较小；因此，这部分热量将主要转化为内能，提高排气温度。如果进一步推迟晚喷正时到排气行程，甚至排气形成后期，此时，缸内温度已经比较低了，燃烧条件比较恶劣，难以充分燃烧。未完全燃烧的碳氢化合物在 DOC 中再次被氧化，起到加热排气的作用。

此外，部分 DPF 再生策略还会采用进气管喷射燃油、电加热等控制措施。这些控制措施都能够在一定范围内实现排气温度的调控，但其调控能力、调控效果，以及油耗等方面的代价是不同的，与发动机的运行工况相关联。

图 4-61 为某型柴油机的排气温度分布云图。由此可知，该型柴油机仅在高速满负荷工况下，其排气温度才能够达到 600 ℃，但实际柴油机很少会运行在这样的工况下。发动机运

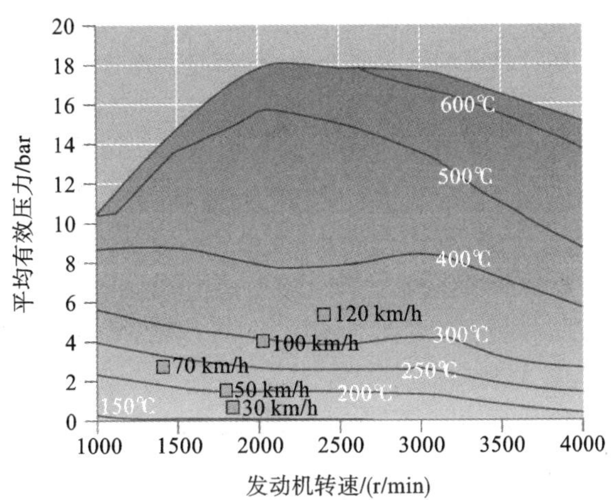

图 4-61　某型柴油机的排气温度分布云图

行工况不同，排气温度差异很大，其空气系统和燃油系统的运行状态也不同。因此，排气温度的控制措施应该充分考虑发动机运行工况的特点，并进行分区决策。例如，可将该型发动机的运行工况划分为 6 个区域，如图 4-62 所示。

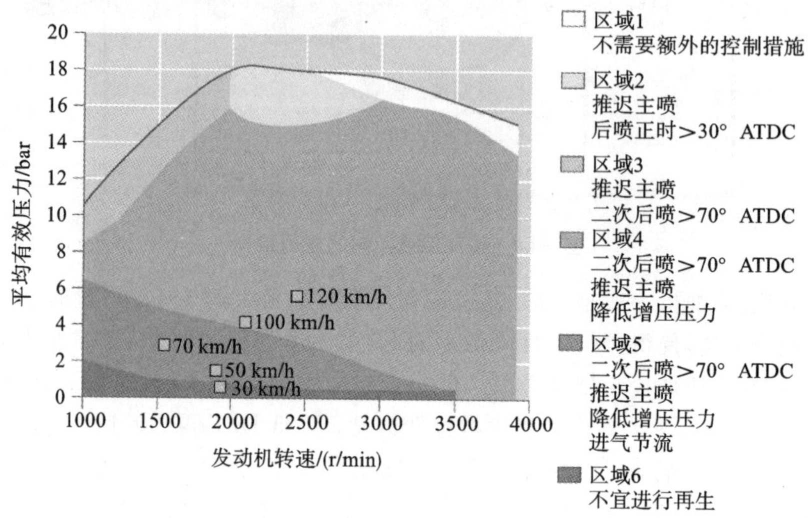

图 4-62　排气温度分区控制示意图

①区域 1：高转速满负荷工况，排气温度可以达到 600 ℃，因此，不需要采取额外的控制措施。

②区域 2：中转速满负荷工况，排气温度一般大于 500 ℃。首先，可适当推迟主喷正时。其次，如果排气温度不能达到 600 ℃，则可在主喷结束后，增加一次后喷（喷射正时＞30°CA ATDC），通过调节后喷的量或正时使排气温度达到 600 ℃。

③区域 3：低转速满负荷工况，排气温度约为 500 ℃。此时，增压压力不足，过量空气系数较低，可能会低于 1.4。在该工况下，后喷正时不宜过早，否则会因为过量空气系数过低而导致冒烟，增加 Soot 排放。可通过推迟主喷正时，或采用晚喷（喷射正时＞70°CA ATDC），使排气温度达到 600 ℃。

④区域 4：中大负荷工况，排气温度一般大于 300 ℃。在此工况下，排气温度升高的幅度比较大，通常需要组合采用多种控制措施，包括降低进气压力、推迟主喷正时、增加后喷或晚喷等。当然，这并不是说要同时采用这些控制措施，而是要考虑到排气、油耗和噪声等，进行适当的组合优化。

⑤区域 5：中低转速中低负荷，排气温度一般为 200 ℃～300 ℃。此时，提高排气温度到再生温度的代价是比较大的，且涉及燃烧稳定性的问题，也需要对多种控制措施进行组合优化，包括降低进气压力、进气节流、推迟主喷正时、增加后喷或晚喷等。如果条件允许，建议推迟再生，或采用缸外的控制措施，包括进气管喷射燃油、电加热等。

⑥区域 6：小负荷工况，排气温度一般低于 200 ℃。该工况条件下不宜进行再生，等待再生时机。

根据再生条件、控制和处理方式不同，主动再生又可分为行车再生、驻车再生和服务再生。

行车再生，即行车过程中，当 DPF 碳载量达到某给定阈值且行车条件允许 DPF 再生时，在不影响车辆正常行驶的情况下由 ECU 控制 DPF 再生。这个过程是由 ECU 自动控制执行的，驾驶员无须干预。当行车再生不能满足DPF再生的需要，碳载量进一步增大，趋于临界饱和碳载量，且对发动机的性能产生明显影响时，则需要寻找开阔的场地停车，进行驻车再生。当DPF堵塞，发动机出现限扭时，则需要进行服务再生。DPF堵塞主要是因燃油添加剂、烧机油或燃烧不完全形成的灰分沉积所致。服务再生需要将DPF拆除，由专业人员用专业设备进行清灰。一般情况下，DPF清灰的周期为20万～30万千米。

4.4.4　氧化型催化转化器(DOC)

DOC的工作原理较为简单，其在柴油机后处理系统中主要有如下功能。

(1)降低HC和CO排放。

当排气温度达到DOC的起活温度之后，排气中的HC和CO几乎可以完全被氧化为CO_2和H_2O，从而降低HC和CO排放。HC和CO的转化效率与DOC的催化剂温度直接相关，如图4-63所示，其中，DOC的起活温度与排气成分、流速、催化剂成分等有关，一般为170 ℃～200 ℃。

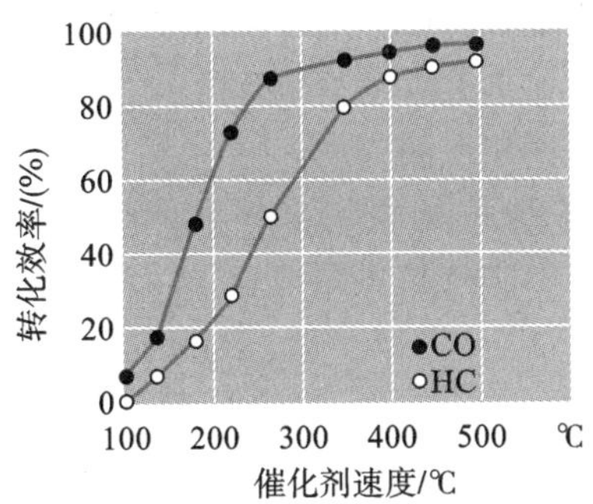

图4-63　HC和CO的转化效率

(2)降低PM排放。

柴油机排放的颗粒物的成分比较复杂，在Soot表面一般会吸附一些可溶性有机物(SOF)。SOF本质上是碳氢化合物，在DOC中可被氧化为CO_2和H_2O。通过在DOC中氧化脱出SOF，PM排放一般可降低15%～30%。

(3)将NO转化为NO_2。

提高NO_x中NO_2的比例对NSR、SCR或DPF的工作过程均有显著的影响。在NSR中，储存组分主要与NO_2发生作用，而不直接与NO发生作用；在SCR中，当NO_2/NO之比为1∶1时，SCR反应速率最高；在DPF中，NO_2可显著降低DPF的再生温度，促进DPF被动再生。

一般情况下，在柴油机排放的NO_x中，NO_2仅占约10%，其主要成分是NO。在O_2存在的条件下，NO_2和NO的平衡浓度与温度有关，温度越高，NO_2的平衡浓度越低。DOC的功能实际上是利用催化剂来影响NO_2和NO的热力学平衡，提高NO_2在低温下的平衡浓度，其起活温度一般为180 ℃～230 ℃。当排气温度超过450 ℃后，会加速NO_2分解，NO_2浓度降低。

(4)催化燃烧器。

在DPF主动再生期间，DOC实际上起到了催化燃烧器的作用，通过氧化HC和CO释放反应热加热排气。由于DOC可作为催化燃烧器存在，则可以通过推迟喷油正时、增加晚喷，或在排气管中安装专用喷油器，从而提高 DOC 中 HC 和 CO 的浓度，控制 DOC 下游的排气温度。每燃烧 1%体积浓度的 CO，排气温度约升高 90 ℃。在 DOC 中，由于反应放热非常快，因此其局部温度较高，温度梯度较大。极端情况下，反应放热仅发生在其前部区域。考虑到 DOC 的应力限制，DOC 中的排气温升不应超过 200 ℃～250 ℃。

思　考　题

1. 简述柴油机电控系统的扭矩架构。
2. 简述柴油机电控喷油系统的主要控制参数及其对缸内燃烧和排放的影响。
3. 简述柴油机燃油喷射系统的类型和特点。
4. 简述柴油机电控高压共轨系统的组成及其主要喷射参数的控制原理。
5. 简述涡轮增压柴油机全工况性能优化的难点和技术措施。
6. 简述排气再循环的作用原理和控制要点。
7. 简述 VGT/EGR 协调控制的原理和方法。
8. 简述 NSR 系统的工作原理和控制要点。
9. 简述 SCR 系统的工作原理和控制要点。
10. 简述 DPF 系统的工作原理和控制要点。
11. 简述满足国Ⅵ排放法规的主要技术路线。

第5章 电动汽车及其电子控制技术

5.1 电动汽车动力源

20世纪70年代的能源危机和石油短缺使现代电动汽车获得生机，世界上许多国家如中国、美国、英国、法国、德国、意大利和日本都在大力研究和发展电动汽车。社会日益关注空气质量和温室效应对环境的影响，电动汽车更加受到重视。1990年，美国加利福尼亚州（加州）大气资源管理局（CARB）颁布法规，规定1998年在加州出售的汽车中，2%必须是零排放车辆（ZEVs），到2003年零排放车辆应达到10%。受加州法规的影响，美国其他州以及世界其他国家开始制定类似的法规。电动汽车技术被认为是可行的符合零排放标准的技术，获得迅速发展。

电动汽车能量管理系统的研究和开发主要依赖于实验技术，进行动力电池性能实验和实际行驶工况模拟，为电动汽车的研究与开发提供平台。发达国家都已投入大量的资金和人力开发电动汽车（含混合动力电动汽车）。如美国能源部和三大汽车公司共同出资支持国家再生能源实验室、阿贡实验室开展电动汽车的实验研究。各汽车公司也纷纷建立自己的实验室。再生能源实验室开发了实验仿真评价软件ADVISOR，阿贡实验室也开发出基于实验台架的动态仿真实验系统软件PSAT，供美国三大汽车公司开发电动汽车使用。

电动汽车具有能源利用效率高、能源多样性和环保的特点，能源和环保机构也积极促进电动汽车技术的发展及其商业化。一些研究所和大学不断有新成果问世，使电动汽车与燃油汽车相竞争。

汽车制造商将电动汽车商品化，促进电动汽车技术的发展，一些电力公司、电池生产商和汽车生产商合作提高质量，降低成本。

电动汽车由机械子系统、电力和电子子系统以及信息子系统组成。机械子系统有底盘和车身、驱动装置、变速器以及电源箱体等，与之相关的因素包括道路特性、防撞性、汽车的内部空间、装配空间、舒适性。电力和电子子系统有动力网、电动机、功率转换器、控制器和能源装置，与之相关的因素有安全性、驱动性、能量效率、能量密度、可靠性、质量和体积。信息子系统用于处理驾驶员的意愿，监控汽车的运行，识别电源、电动机、控制器和充电器的状态，相关的因素有通信网络、数据处理以及故障诊断和控制。图5-1为电动汽车工作原理框图。

电动汽车不仅是车辆，也是清洁、高效、舒适、全新的道路运输系统，便于实现智能化，与现代交通网络相衔接。电动汽车异于常规汽车，其设计是工程和艺术的结合，必须重新定义

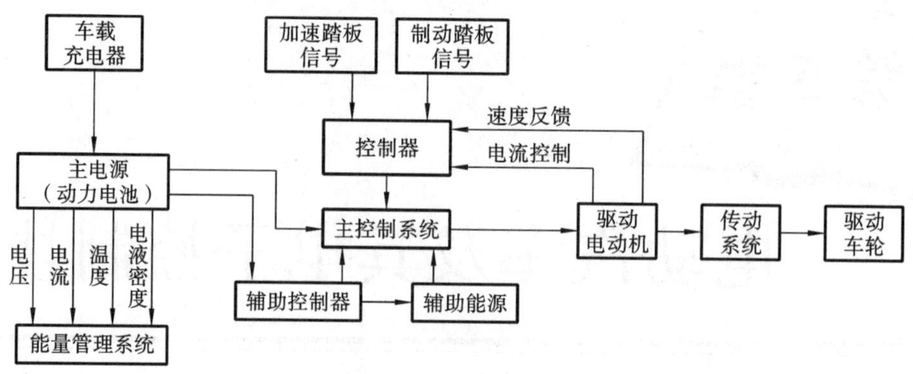

图 5-1　电动汽车工作原理框图

其工作条件和工况。图 5-2 为电动汽车与汽油车能源利用效率的比较。

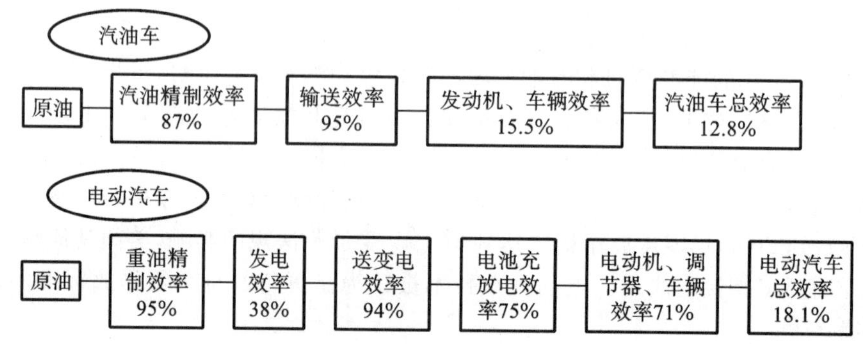

图 5-2　电动汽车与汽油车能源利用效率比较

能源是电动汽车的重要组成部分，也是与传统汽车最大的相异之处，其主要的要求是：具有高的比能量和能量密度；快速充电和深放电的能力强；比功率高，功率密度大；工作寿命长，自放电率小，充电效率高；使用安全，生产和维护成本低廉；对环境污染小，易回收。

传统的内燃机汽车用液态的汽油、柴油或气态的天然气作燃料，通过内燃机缸内燃烧和机构运动，完成化学能到热能，热能到机械能的转变，输出转矩，驱动传动系统和车轮，使汽车行驶，由于机械能传递的单向性，制动能量难以回收。电动汽车用蓄电池、燃料电池、超级电容或高速飞轮作能源，利用储存的或燃料化学反应生成的电能，通过电动机将电能变为机械能，驱动传动系统和车轮。电能可以双向转换，制动能量可以回收再利用。混合电动汽车中的内燃机也是驱动机械之一，它带动发电机产生电能，与电池、电动机联合工作，在工况和运行时间的选择和优化上有更大的自由度。电动汽车与常规内燃机汽车能量转换过程的主要区别为研发工作带来一系列机遇和挑战。储存电能或燃料化学能可直接转变为电能，突破了热力循环和燃烧过程的限制，为大幅提高能量利用率，减少和消除有害排放奠定了基础。多能源、多驱动系统提供了更宽广的选择余地，使车辆在各种运行工况下有最合理的能源和驱动配置，便于实现总体优化。能量的双向转换，使车辆制动和减速时的能量可大部分回收利用，减少能量损失，延长机件寿命。电动汽车系统复杂，控制参数和目标多，提高了研发工作的技术难度，需要学科交叉，实现理论和方法上的创新。图 5-3 为电动汽车的动力装置和有关控制系统。

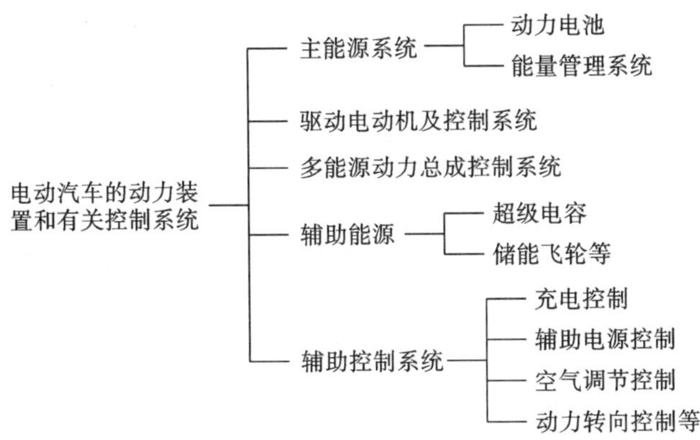

图5-3　电动汽车的动力装置和有关控制系统

5.1.1　电动汽车的主要类型

电动汽车在广义上可分为三类：纯电动汽车(BEV)、混合动力电动汽车(HEV)、燃料电池电动汽车(FCEV)。

目前，这三类电动汽车都处于不同的发展阶段，面临着不同的困难和挑战。纯电动汽车多适用于低速短距离运输，但这是相对的，实际产业发展日新月异，我国大力倡导纯电动汽车的产业化及推广应用。混合动力电动汽车的性能既能满足用户的需求，又可实现低油耗、低排放，在目前的技术水平和应用条件下，是比较理想的交通工具，但它必须具备两个动力源及相关的传动控制系统，因此价格较高。燃料电池电动汽车具有很大的发展潜力，可望在不久的将来实用化。

1.纯电动汽车

纯电动汽车(BEV)由蓄电池供电，电动机驱动行驶，可实现零排放，同时具有低噪声、易维修、可利用供电低谷时的电能充电等优点，是理想的交通运输工具。纯电动汽车技术基本成熟，但在动力性能、续航里程、制造成本和可靠性等方面还无法与传统汽车相匹敌。作为动力源的各类蓄电池(主要包括镍镉型、铅酸型、镍锌型、锂型、钠镍型、钠硫型、镍氢型等)不同程度地存在着成本高、寿命短、比能量低、比功率小、体积和质量大、充电时间长等问题。目前，要全面发展和普及纯电动汽车，蓄电池是关键。此外，配套装置包括电动机及其控制系统、充电站基础设施等也需完善。

与传统汽车相比，电动汽车的特点是灵活性。首先，电动汽车的能量主要通过柔性的电线而不是通过刚性联轴器和转轴传递的，因此，各部件的布置具有很大的灵活性；其次，电动汽车驱动系统的布置不同(如独立的四轮驱动系统和轮毂电动机驱动系统等)会使系统结构区别很大；采用不同类型的电动机(如直流电动机和交流电动机)、不同类型的储能装置(如蓄电池和燃料电池)会影响到电动汽车的质量、尺寸和形状。另外，不同的补充能源装置具有不同的硬件和机构，例如蓄电池可通过感应式和接触式的充电机充电，或者采用替换蓄电池的方式，将替换下来的蓄电池再进行集中充电。

如图5-4所示，电动汽车系统可分为三个子系统，即电力驱动子系统、能源子系统和辅助子系统。其中，电力驱动子系统由电子控制器、功率转换器、电动机、机械传动装置和车轮组成；能源子系统由能量源、能量管理系统和充电系统构成；辅助子系统具有动力转向、温度控制和辅助动力供给等功能。在图 5-4 中,双线表示机械连接,粗实线表示电气连接,细线表示控制信号连接,线上的箭头表示电功率和控制信号流动的方向。根据制动踏板或加速踏板输入的信号,电子控制器发出相应的控制指令,控制功率转换器的功率装置的通断,功率转换器的功能是调节电动机和电源之间的功率流。当电动汽车制动时,再生制动的动能被电源吸收,此时功率流的方向要反向。能量管理系统和电控系统一起控制再生制动及其能量的回收,能量管理系统和充电系统共同控制充电并监测电源的使用情况,辅助动力源供给电动汽车辅助系统不同等级的电压并提供必要的电能,它主要为动力转向、空调、制动及其他辅助装置提供动力。除制动踏板、加速踏板输入信号外,转向盘状态也是一个很重要的输入信号,动力转向系统根据转向盘的角位置控制汽车灵活转向。

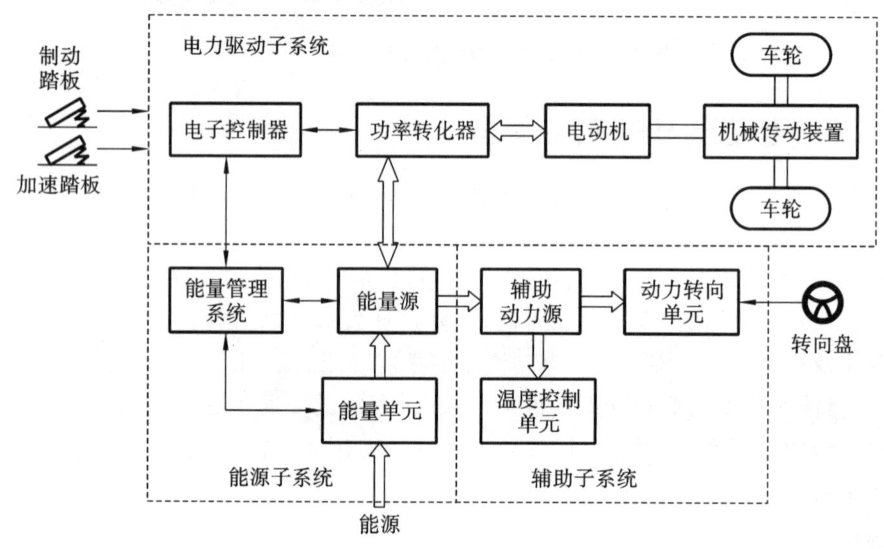

图 5-4　电动汽车的基本结构

现代电动汽车多采用三相电流感应电动机,相应的功率转换器采用脉宽调制逆变器。机械变速传动系统一般采用固定速比的减速器或变速器与差速器。

采用不同的电力驱动系统,可构成不同结构形式的电动汽车。根据电力驱动系统的不同可将电动汽车分为六种。

图 5-5(a)所示的电动汽车驱动系统由发动机前置、前轮驱动的传统汽车发展而来,由电动机、离合器、齿轮箱和差速器组成。离合器用来切断或接通电动机到车轮之间的动力传递,变速器是一套具有不同速比的齿轮机构,驾驶员可选择不同的变速比,调节转速和转矩,并将动力传给车轮。在低速挡时,车轮获得大转矩低转速;在高速挡时,车轮获得小转矩高转速。汽车转弯时,内侧车轮的转弯半径小,外侧车轮的转弯半径大,差速器使内外车轮以不同转速行驶。

如果采用固定速比的减速器,去掉离合器,可减轻机械传动装置的质量、缩小其体积。图 5-5(b)所示为由电动机、固定速比减速器和差速器组成的电力驱动系统。注意:这种结构的电动汽车由于没有离合器和可选的变速挡位,不能提供理想的转矩/转速特性,因而不适合常规使用的汽车。

图 5-5(c)所示的驱动系统的传动系统与发动机横向前置,前轮驱动。它把电动机、固定速比减速器和差速器集合成一个整体,通过两根半轴连接驱动车轮,这种结构在小型电动汽

车上获得普遍应用。

图5-5(d)所示的双电动机结构采用两个电动机通过固定速比的减速器分别驱动两个车轮，每个电动机的转速可以单独调节控制，便于实现电子差速。因此，这种电动汽车驱动系统不必选用机械差速器。电动机也可以装在车轮里面，称为轮毂电动机，进一步缩短从电动机到驱动车轮的传递路径。

图5-5(e)所示驱动系统可将电动机转速降低到理想的车轮转速，采用固定减速比的行星齿轮变速器，它能提供大的减速比，而且输入轴和输出轴布置在同一条轴线上。

图5-5(f)表示另一种使用轮毂电动机的电动汽车驱动系统，该系统采用低速外转子电动机，彻底去掉了机械减速齿轮箱。电动机的外转子直接安装在车轮的轮缘上，车轮转速和电动汽车的车速完全取决于电动机的转速控制。

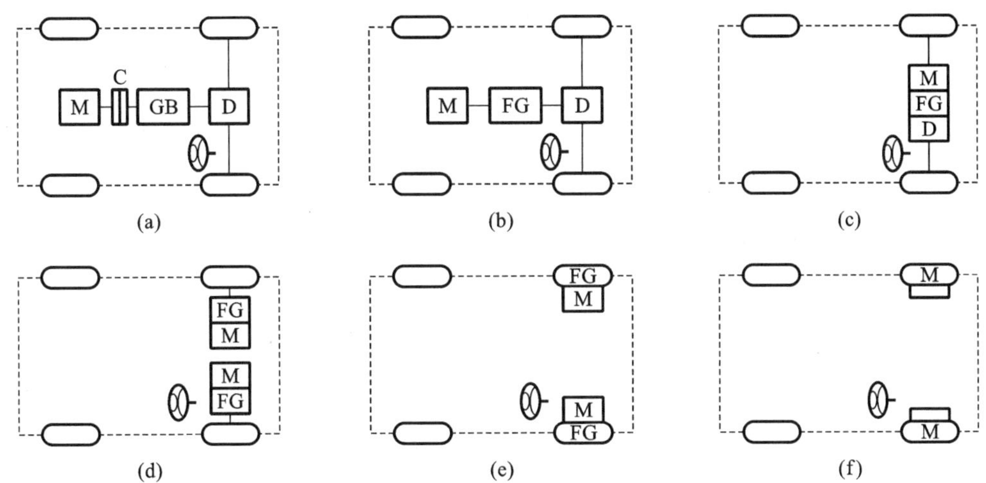

图5-5　电力驱动系统的结构形式

C—离合器；D—差速器；FG—固定速比减速器；GB—变速器；M—电动机

2. 混合动力电动汽车

混合动力电动汽车(HEV)是指装有两个及两个以上动力源，其中至少有一个为电力的汽车。混合动力汽车的动力一般由一台燃油发动机和一台电动机“混合”而成。正常行驶中，若发动机的输出功率超过汽车需求(如下坡、制动时)，则多余的动力可以通过发电机转化为电能储存到蓄电池；若发动机的输出功率低于汽车需求(如加速、超车、爬坡时)，则欠缺的部分动力由蓄电池的电能通过电动机转化为动能来补充。发动机和电动机之间的转换、发动机和电动机的转速和功率，以及蓄电池的充电和放电均由计算机控制。混合动力电动汽车根据电力驱动系统、内燃机动力系统的布置形式可以分为以下四类：串联式、并联式、混联式和复合式。

(1)串联式混合动力电动汽车。

串联式混合动力电动汽车的动力系统由电动机、发电机、发动机、燃油箱、蓄电池等组成。发动机带动发电机发电，产生的电力一部分直接驱动电动机，继而输出转矩，经传动系统驱动车轮；另一部分电力可储存到蓄电池，用以提供其他工况下的动力，如图5-6所示。发动机带动发电机供应电能，不直接参加车辆驱动，转速不受车辆运行状况限制，有利于提高效率、降低油耗和排放。结构和控制系统较简单，只有电动机驱动模式，动力特性近似于纯电动汽车。发动机、发电机、电动机功率接近于车辆最大驱动功率，体积较大，质量较重，多用于大型客车或者发动机与驱动轴直接连接比较困难的情况。串联式混合动力电动汽车的驱动模式和控制策略如表 5-1 所示。

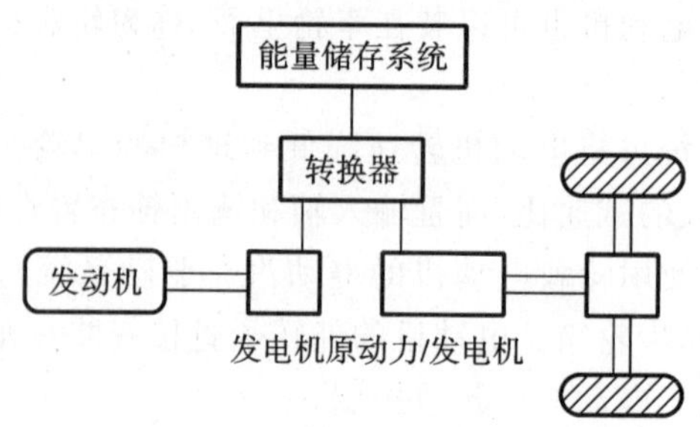

图 5-6　串联式混合动力系统

表 5-1　串联式混合动力电动汽车的驱动模式和控制策略

供电模式	适用的行驶工况
动力电池组供电	1. 在平坦道路上行驶 2. 低速行驶 3. 城市道路行驶
发动机-发电机供电	1. 起步 2. 高速行驶 3. 城市间道路行驶
动力电池组、发动机-发电机供电	1. 起步、爬坡 2. 高速爬坡
制动能量反馈	1. 滑行 2. 下坡 3. 制动(不包括紧急制动)

(2)并联式混合动力电动汽车。

并联式混合动力电动汽车有两套动力系统：一套是传统的发动机驱动系统，另一套是电动驱动系统。它既可由发动机、电动机分别单独驱动，也可由两者联合驱动，电动机可用来平衡发动机载荷，使发动机总在高效区运行，如图 5-7 所示。并联式混合动力电动汽车中的电动机同时也是发电机，行驶中富余的动力由发电机转变为电能储存起来，当发动机动力不足时这些电能又由电动机转变为转矩进行补充。与串联式混合动力电动汽车相比，并联式混合动力电动汽车具有效率高、能量损失小的特点，因此，所有处在研发阶段和批量生产的混合动力电动汽车基本多采用这种系统。

并联式混合动力电动汽车有驱动力合成、转矩合成、转速合成等驱动方式。

采用小功率发动机单独驱动车辆前轮，另一套电动机系统单独驱动后轮，两套驱动系统可以独立驱动，也可以联合驱动，称为驱动力合成，在汽车起步、爬坡或加速时，能够提高驱动力。

转矩合成时，发动机通过传动系统直接驱动车辆，并直接(单轴式)或间接(双轴式)带动电动机/发电机向蓄电池充电。蓄电池也可向电动机/发电机提供电能，电动机/发电机以电动机方式工作。

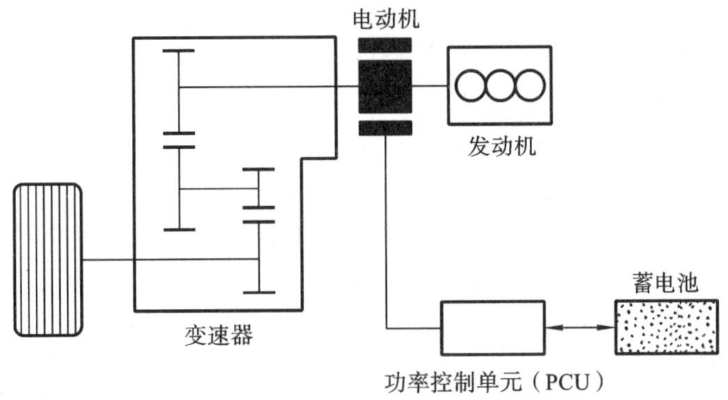

图 5-7　并联式混合动力系统

转速合成驱动是指发动机通过离合器和动力合成器驱动汽车，电动机也通过动力合成器驱动汽车。常用的动力合成器为行星齿轮装置，可在发动机和电动机之间灵活分配转速，使转矩适应汽车的需求。

(3)串并联(混联)式混合动力电动汽车。

串并联(混联)式混合动力电动汽车的动力系统由发动机、电动机/发电机、驱动电动机等三大动力总成组成，是串联式和并联式混合动力系统的结合，如图 5-8 所示，图中双线表示机械联系，单线表示电力联系，虚线表示液力联系。

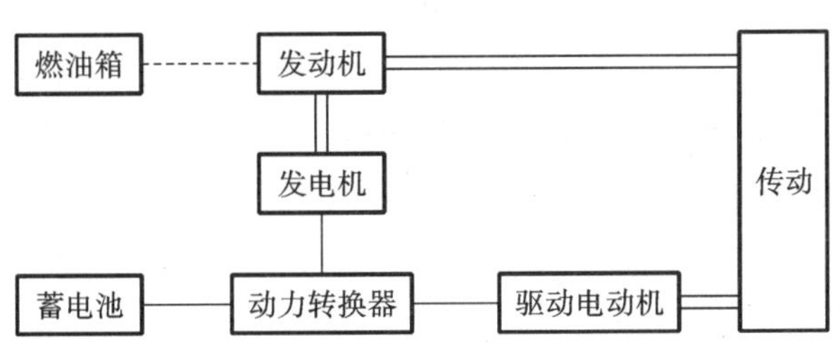

图 5-8　串并联式混合动力系统

串并联式混合动力电动汽车常用驱动轴合成、驱动轮合成的驱动方式。

驱动轴合成是发动机输出轴上装电动机/发电机，并传递动力给变速器；驱动电动机的动力经减速器，在动力合成器上汇合，再通过差速器、半轴驱动车辆。发动机是第一动力源，其功率接近于车辆的设计驱动功率。发动机经传动系统和动力合成器驱动车辆，并带动电动机/发电机发电，在多能源动力控制模块控制下，实现启动-关闭模式操作，通过电动机/发电机调控，平衡和调节发动机输出功率，使其高效、平稳运行。驱动电动机是辅助动力源，其功率与发动机相近，通过减速器(或减速齿轮组)将动力输入动力合成器，然后经差速器、半轴驱动车轮。有时驱动电动机需独立驱动车辆。电动机/发电机产生的电能一般能满足驱动电动机的需求，由电池组管理模块控制动力电池。

驱动轮合成是指发动机动力和驱动电动机动力在驱动轮上汇合，带动车轮行驶的方式。发动机是主要动力源，可单独驱动前驱动轮或后驱动轮，其功率小于同类常规车辆的发动机功率。发动机还要带动一个电动机/发电机，用于调节发动机输出功率，保证其高效、稳定运行，减少有害排放。驱动电动机也可驱动前驱动轮或后驱动轮，提高车辆的机动灵活性，驱动电动机系统与发动机传动系统无任何机械联系。车辆加速或爬坡时，发动机大负荷、高功率运行，驱动电动机提供辅助动力，车辆采用混合驱动模式，四轮同时驱动，驱动力最大。滑行、下坡或制动时，回收再生能量。

该系统设计自由度大，有利于提高效率，优化匹配，但结构复杂，制造成本较高。低速低载荷下由电动机提供动力，而高速重载条件下由发动机提供动力。多数情况下，需加装一个混合变速器。传动系统的设计和控制是串并联（混联）式混合动力电动汽车成功的关键。

(4)复合式混合动力电动汽车。

复合式混合动力电动汽车的动力系统如图 5-9 所示，结构上与串并联式动力系统相似，但电动机允许功率双向流动，燃油箱、发动机组成一次动力源，提供稳定的主动力，蓄电池、电动机组成二次动力源，提供动态的辅助动力。发动机可由燃料电池取代，蓄电池可由超级电容、高速飞轮取代，或者结合起来运用，有更大的选择和设计自由度。

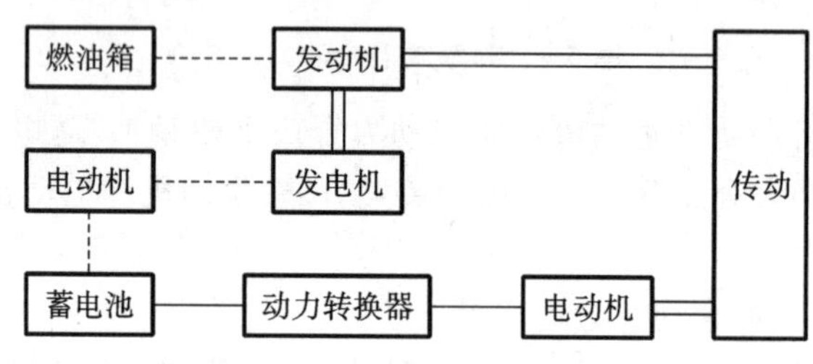

图 5-9　复合式混合动力系统

(5)混合动力电动汽车所面临的挑战。

混合动力电动汽车的动力系统包括内燃机和电池组，兼有内燃机汽车和电动汽车的优点，它将内燃机、电动机与一定容量的储能器件通过控制系统有机组合，电动机可补充或提供车辆起步、加速时所需的转矩，又可以存储吸收内燃机富余功率和车辆制动能量；可采用高功率的能量储存装置（高速飞轮、超级电容或蓄电池）向汽车提供瞬时能量，有利于提高效率、节省能源、降低排放。续航里程和动力性可达到内燃机汽车的水平；空调、真空助力、转向助力及其他辅助电器，借助发动机动力，无须消耗电池组有限的电能，从而保证乘坐舒适性；而且混合动力电动汽车的技术难度相对较小，成本也相对较低。混合动力电动汽车与传统汽车、纯电动汽车、燃料电池电动汽车有所不同也有所关联，是一种承前启后的，在经济和技术方面都趋于成熟的产品。

混合动力电动汽车目前也存在一些技术难题：

①汽车上需装备两套动力系统，导致车重增加，经济性变差；

②发动机需要频繁启动和停机，按常规设计和生产的发动机-发电机系统无法满足要求；

③将车辆制动时损失的能量有效回收，充分再利用，需要技术和工程应用方面的创新。

3. 燃料电池电动汽车

燃料电池电动汽车（FCEV）是燃料在燃料电池中发生化学反应后产生电能，然后由电动机将电能转变为机械能，继而驱动车轮旋转的汽车。

化学电池是电能储存装置，只能有限输出能量，需要反复充电。燃料电池将燃料氧化的化学能直接转化为电能，工作原理完全不同于化学电池，参与反应的化学物质氢和氧，分别由燃料电池外部的燃料储存系统提供，可以采用石油燃料、有机燃料、再生燃料等多种含氢元素的燃料，因而只要保证氢氧反应物的供给，燃料电池就可以连续不断地输出电能，从这个意义上说，燃料电池是一个氢氧发电装置。燃料电池按工作温度可分为低温型（＜200

℃)、中温型(200～750 ℃)、高温型(>750 ℃)。按电解质分，燃料电池可分为：碱性燃料电池(AFC)、磷酸燃料电池(PAFC)、固体氧化物燃料电池(SOFC)、熔融碳酸盐燃料电池(MCFC)和质子交换膜燃料电池(PEMFC)。燃料电池中氢和氧不需要经历热机的工作过程，就可将燃料的化学能直接转化为电能，实际效率达60%～80%。能量转化效率高，为内燃机的2～3倍；生成物是水，不污染环境；缺点是造价高。燃料电池的主要类型如表5-2所示。

表5-2　燃料电池的主要类型

类型	磷酸燃料电池(PAFC)	熔融碳酸盐燃料电池(MCFC)	固体氧化物燃料电池(SOFC)	质子交换膜燃料电池(PEMFC)
燃料	煤气，天然气，甲醇等	煤气，天然气，甲醇等	煤气，天然气，甲醇等	纯 H_2
电解质	磷酸水溶液	$KLiCO_3$ 溶盐	ZrO_2-Y_2O_3(8 YSZ)	离子(Na离子)
阳极	多孔质石墨(Pt催化剂)	多孔质镍(不要Pt催化剂)	Ni-ZrO_2 金属陶瓷(不要Pt催化剂)	多孔质石墨或Ni(Pt催化剂)
阴极	含Pt催化剂+多孔质石墨	多孔 NiO(掺锂)	La_xSr_1-xMn(Co)O_3	多孔质石墨或Ni(Pt催化剂)
工作温度	－200 ℃	－650 ℃	800～1000 ℃	－100 ℃

燃料电池电动汽车摆脱了充电补充能源的工作模式，而采用加注燃料的方式，使电动汽车不受充电设施的限制。但燃料电池不能提供车辆起步、加速所需要的瞬时大功率，且无法吸收车辆的制动能量，因此需与其他储能元件一起组成燃料电池汽车的动力源。与纯电动汽车相比，燃料电池电动汽车在加注燃料后，一次行驶的里程、热效率和充分利用现有服务设施等方面显示出较大优势，已成为各国电动汽车公司优先发展的重点。联合国开发计划署(UNDP)出资在全球5个国家6个城市进行燃料电池公共汽车的示范运行。目前日本等国的少数汽车制造商开发的燃料电池汽车已投入正式商业使用，将来大规模生产和投放市场后，配合政府优惠政策，可与内燃机汽车相竞争。

(1)燃料电池电动汽车构造。

燃料电池电动汽车(FCEV)上主要装载着燃料电池发动机系统的全套装置，其中燃料电池组、氢气储存器或甲醇重整器，占据了车辆很大一部分有效空间。图5-10为燃料电池电动汽车的布置图。图5-10(a)所示为以氢气作为燃料的FCEV，图5-10(b)所示为以甲醇作为燃料的FCEV。

燃料电池组的结构有矩形、圆形等形状。在FCEV上，可以用一个燃料电池，或多个燃料电池串联成燃料电池组。围绕燃料电池组有压缩机、水泵、各种管道与阀门、水处理器和热管理系统等。

以氢气作为燃料的燃料电池电动汽车上，氢气储存器要能够承受高压气体的作用，用双层保温罐或增强纤维缠绕储氢罐使其保持低温。储氢罐一般装在行李舱中，以便于充氢或更换。

福特公司的P2000燃料电池电动轿车动力系统的结构示意图如图5-11所示。三台25 kW质子膜燃料电池置于轿车后部行李舱底层。电池燃料为高压(24.82 MPa)纯氢，两个41 L碳纤维增强的储氢罐置于轿车后部行李舱上层，携带的氢气可确保轿车行驶里程超过

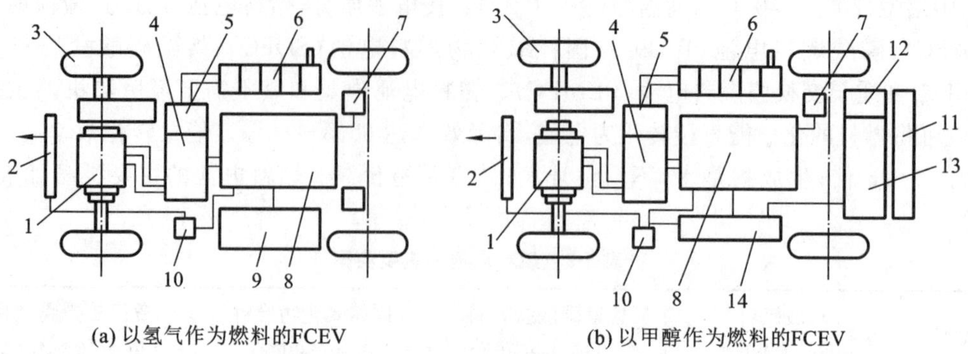

(a) 以氢气作为燃料的FCEV　　(b) 以甲醇作为燃料的FCEV

图 5-10　燃料电池电动汽车布置

1—电动机与驱动系统；2—微热器；3—车轮；4—中央控制器；5—动力 DC/DC 转换器；6—辅助电池组；7—空气压缩机；8—燃料电池组；9—氢气储存器；10—水箱；11—甲醇储存罐；12—燃烧器；13—重整器；14—CO 处理器

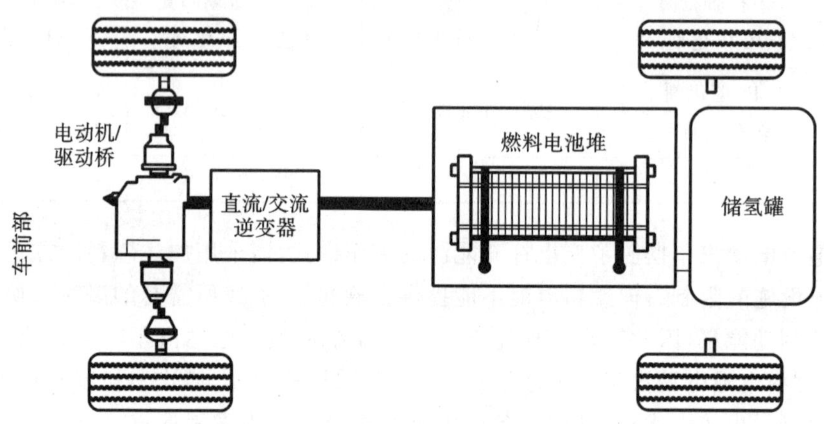

图 5-11　P2000 燃料电池电动轿车的动力系统

100 km。若要再延长行驶里程则需增加储氢罐数量或增大储氢罐容积。空气过滤和增压部分置于轿车前部。质子膜燃料电池动力系统的流程如图 5-12 所示，整个系统重 295 kg。轿车采用前轮驱动，整个驱动部分由电动机、逆变器、场矢量控制器组成。电动机为 56 kW 三相异步电动机，最高转速为 1500 r/min，其可达到的最大转矩为 190 N · m。还配有 DC/DC 转

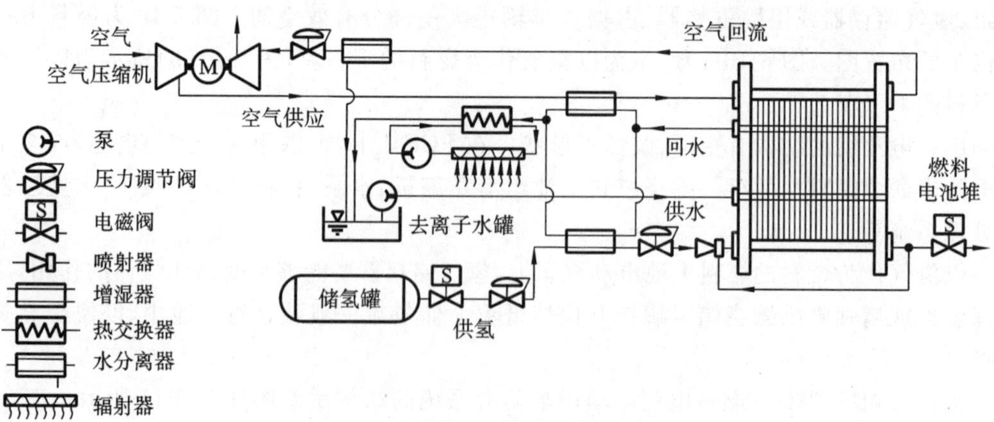

图 5-12　P2000 燃料电池电动轿车的质子膜燃料电池动力系统流程

换器，它将质子膜燃料电池组所提供的高直流电压转变为直流 12 V，并可提供 1.5 kW 的动力，同时具有为车载 12 V 辅助蓄电池充电的功能。这些部件均置于轿车前部，总重 114 kg。

(2)燃料电池电动汽车的优缺点。

燃料电池电动汽车与内燃机汽车相比，有许多优点。

①节约能源、综合效率高、可不用石油燃料。

除汽油重整产生氢气外，其他(甲醇、碳氢化合物等)燃料基本脱离石油原料。由发动机经驱动系统到车轮的综合效率，内燃机汽车为 11%左右。以氢气为燃料，或用甲醇为燃料，经过重整产生氢气的燃料电池电动汽车实际效率分别达到 50%～70%，或 34%，高于内燃机汽车。

内燃机在额定功率附近运行才有最高效率，部分功率条件下运转，效率迅速降低。燃料电池在额定功率时的效率可以达到 60%，部分功率条件下的效率可以达到 70%，过载功率条件下的效率可以达到 50%～55%，高效率的运行范围很宽，而低功率时的运转效率高，特别适合汽车动力的要求。

内燃机过载能力低，燃料电池短时间的过载能力可以达到额定功率的 200%，非常有利于汽车的加速和爬坡。

②可实现零排放。

排气中的有害气体污染环境是内燃机汽车的致命缺点，尽管采取了各种各样的机内和机外净化措施，只能达到“低污染”的水平。由于内燃机汽车的数量庞大，即使是“低污染”，也会给地球环境带来巨大影响。用氢气作燃料的燃料电池发动机的主要生成物质为水，对环境无害，属于零排放。用碳氢化合物作燃料的燃料电池发动机的主要生成物质为水、二氧化碳和一氧化碳等，属于“超低污染”。考虑到对地球环境的保护和为了寻求新的能源，燃料电池发动机是比较理想的动力装置。

③车辆性能接近内燃机汽车。

车用内燃机的比功率约为 300 W/kg，目前燃料电池发动机本体的比功率为 700 W/kg，功率密度为 1000 W/L。如果包括燃料电池的重整器、净化器和附属装置在内，比功率为 300～350 W/kg，功率密度为 280 W/L，与内燃机相近，因此其车辆动力性能可以达到内燃机汽车的水平。

④结构简单，运行平稳。

燃料电池发动机的能量转换在静态下进行，零件构造简单，加工精度要求比内燃机零件低。质子交换膜燃料电池能量转换效率高，能够在 800 ℃条件下启动和运转，对零件的耐热性能要求不高。零件大多数为板件和管件，没有运动零部件和摩擦副，不会因零部件磨损引起故障，维修、保养方便。

燃料电池发动机由多个单体燃料电池串联组成，可以配置成各种不同规格的系列燃料电池发动机组，装配在不同用途和不同型号的车辆上。可以根据车辆的轴载荷分配、有效空间的利用等具体情况，灵活、机动地进行总体布置。

燃料电池发动机运行过程中的噪声和振动小，散热系统及热管理系统简单；排出物不需要进行净化和消声处理，容易实现自动化管理。

燃料电池电动汽车的缺点如下所述。

①燃料种类单一。

目前，不论是液态氢、气态氢、储氢金属储存的氢，还是碳水化合物经过重整后转换的氢,是燃料电池的唯一燃料。燃料种类单一,易于建立标准化、统一的供给系统,但氢气的产生、储存、保管、运输、灌装或重整,都比较复杂,对安全性要求很高,系统投资大。

②要求高质量、高水平的密封技术。

不同种类燃料电池的单体电池所能产生的电压略有不同,大约为 1 V。通常将多个单体电池按使用电压和电流的要求,组合成燃料电池发动机组。组合时,单体电池间的电极连接必须严格密封。密封不良的燃料电池会导致氢气泄漏,氢气泄漏不仅会降低氢的利用率,严重影响燃料电池发动机的效率,还会引起氢气燃烧爆炸事故。这使燃料电池发动机的制造工艺复杂,并给使用和维护带来困难。

③成本太高。

目前质子交换膜燃料电池是最有发展前途的燃料电池之一,但该燃料电池需要用贵金属铂(Pt)作催化剂,目前用量为 0.5 mg/cm^3,而且铂(Pt)在反应过程中受 CO 的作用会"中毒"失效。铂(Pt)的使用和铂(Pt)的失效使质子交换膜燃料电池的成本居高不下。

④燃料电池需要配备辅助系统。

燃料电池可以持续发电,但不能充电,难以回收车辆制动能量。通常燃料电池电动汽车上还要增加辅助电池,用来储存燃料电池富裕的电能,并在车辆制动减速时回收能量。

5.1.2 电动汽车的动力蓄电池

电池是电动汽车的动力源,也一直是制约电动汽车发展的关键因素。电动汽车用电池的主要性能指标是比能量、能量密度、比功率、循环寿命和成本等。电动汽车车载电源可接受的最低指标为:能量密度 160 W·h/kg、功率密度 150 W/kg、循环寿命 600 次、一次充电行驶里程 200 km。要使电动汽车具有竞争力,就要开发出比能量高、比功率大、使用寿命长的高效电池。

目前电池的能量密度很低。汽油的能量密度是 12 kW·h/kg,而通常使用的铅酸蓄电池能量密度不足 40 W·h/kg。近年来,其他类型电池,如空气电池等的开发有进展,在性能价格比、工艺性等方面问题不断改进,有望实现批量生产。

电池组质量过大。尽管在车身设计方面采取诸如玻璃钢材料、轻型构件等技术,减轻整车质量,但是,电池组的自身质量过大仍会显著增加电动汽车的总质量,影响续航里程与汽车动力性能。再加上电池的能量密度较低,即使电动汽车动力系统的效率很高,使用铅酸蓄电池的电动汽车一次充电的续航里程也只有 100 km 左右。但其他电池性能比铅酸电池优越,电动汽车的动力性能逐渐达到当前内燃机汽车的水平。

电池组的初始成本和运行成本均较高,循环寿命需要增加,才能适应市场竞争的形式要求。由于电动汽车所能携带的电能有限,考虑续航里程,车内空调和暖风、动力转向、真空助力器、主动(半主动)悬架以及其他一些车载电器的使用也均需要消耗电能,所以电量必须有所保障,否则会影响舒适性。

蓄电池要不断充电,蓄电池充电器会影响充电时间和效率,是电动汽车的重要装置,对其基本要求是:输出的电压和电流与蓄电池匹配,避免充电时产生气泡和过热;充电方法不受蓄电池充电状态、温度和使用时间制约;充电快速、高效,功率充足,确保在给定时间内充满蓄电池;能补偿蓄电池自放电的能量损失,而不影响其功能和寿命;输入电压和电流中无高次谐波分量。常用的充电方法有:恒电流、恒电压、恒功率、电流逐渐减小、脉冲或点滴式等,依蓄电池的化学性能而定。关于充电规律需要依据电池使用加以优化。

能量源是电动汽车发展的制约因素之一。电动汽车通常要求其具有高的比能量和比功率，满足车辆动力性和续航里程的要求；还要求具有与车辆使用寿命相当的循环寿命，高低能量效率，良好的性能价格比以及免维护特性。

有多种能量源可用于电动汽车，目前，主要考虑的几种类型为：可充电的电化学蓄电池（简称为蓄电池）、燃料电池、超级电容和超高速飞轮。其中，蓄电池、超级电容和超高速飞轮为能量存储系统，通过外界的充电过程实现储能，而燃料电池为能量生成装置，电能通过化学反应产生。由于技术成熟、价格合理，蓄电池仍是近期电动汽车能量源的主要选择。燃料电池和超级电容已引起足够重视，显示出良好的应用前景，成为电动汽车能量源选用的中期目标。就长远来看，使用超高速飞轮作为电动汽车能量源也将成为可能。

能量源的能量密度定义为单位质量或单位体积所具有的能量。通常将质量能量密度定义为蓄电池的比能量（W·h/kg）；体积能量密度定义为蓄电池的能量密度（W·h/L）。蓄电池的比能量参数比能量密度参数更为重要，因为蓄电池的比能量直接影响电动汽车的整车质量和续航里程；而能量密度只影响到蓄电池的布置空间。蓄电池的可利用容量是蓄电池充放电率的函数，蓄电池的比能量和能量密度也必然与蓄电池的充放电率有关。

能量源的功率密度表示单位质量或单位体积的蓄电池所具有的输出能量的速率，称为比功率[质量比功率（W/kg）]和功率密度[体积比功率（W/L）]。对电动汽车而言，重点考虑比功率参数。比功率是评价能量源可否满足电动汽车加速性和爬坡能力的重要指标，对电化学蓄电池而言，比功率与蓄电池的放电深度（DOD）密切相关，因此，描述蓄电池比功率时还要指出其放电深度。

电动汽车能量源的主要任务是提供驱动电能，能量源的能量 E_C 的单位通常用 W·h 来表示，定义如下：

$$E_C = \int_0^t u(t)i(t)\mathrm{d}t \tag{5-1}$$

式中：$u(t)$为工作电压（V）；$i(t)$为放电电流（A）；t 为放电时间（h）。

除电化学蓄电池外，以 W·h 数表示的理论容量可实际代表电动汽车能量源的容量，这是因为电化学蓄电池工作电压不能降低到 0 V，否则，蓄电池就会受到损坏。蓄电池截止工作电压之前的放电总能量和总容量称为蓄电池的可利用能量和可利用容量。对电动汽车的能量源而言，放电能量是比放电库仑容量更加有用的指标。不过，库仑容量已被广泛用来表示蓄电池的容量，有时，库仑容量就称为蓄电池的容量。

蓄电池的功率决定电动汽车的加速性和爬坡能力，能量密度给出潜在的运行范围，循环寿命与充电次数有关，质量和体积在一定程度上影响整个系统效率。

蓄电池的可利用容量和可利用能量通常是放电电流、工作环境温度、电池老化程度的函数。蓄电池的充/放电电流通常用充/放电率表示：

$$I = kCn \tag{5-2}$$

式中：I 为蓄电池的充/放电电流（A）；n 为与蓄电池额定容量对应的标定放电时间（h）；C 为蓄电池的额定容量（A·h）；k 为充/放电率。

例如，额定容量 5 A·h 的蓄电池以 1/5 的放电率放电，则每小时的放电电流为 $kCn=[(1/5)\times5\times1]$ A=1 A；额定容量 10 A·h 的蓄电池每小时的放电电流如果为 2 A，则放电率为 $I/(Cn)=2/(10\times1)=0.2$，即 1/5。因此，在表示蓄电池的可利用能量或容量时，一定要指出充/放电率，随着充/放电率的提高，蓄电池的可利用能量和容量降低。

与蓄电池放电深度的定义相对应，采用荷电状态(SOC)来描述蓄电池的剩余容量。荷电状态定义为剩余容量与总容量的百分比。与蓄电池的容量相似，荷电状态也是蓄电池放电率、工作环境温度和蓄电池老化程度的函数。

蓄电池的基本组成为电池单体，多个电池单体串联组成蓄电池，电化学电池单体的电池正极和负极都浸在电解液中。放电时，负极发生氧化反应向外电路释放电子，正极发生还原反应，从外电路得到电子；充电时，过程正好相反，负极得到电子发生还原反应、正极失去电子发生氧化反应。

可用于电动汽车的蓄电池包括阀控铅酸电池(VRLA)、镍-镉(Ni-Cd)电池、镍-锌(Ni-Zn)电池、镍基(Ni-MH)电池、锌空气(Zn/Air)电池、铝空气(Al/Air)电池、钠硫(Na/S)电池、钠镍氯化物电池($Na/NiCl_2$)、锂聚合物电池(Li-Polymer)和锂离子(Li-ion)电池等多种类型。这些电池被归类为铅酸电池、镍基电池、金属空气电池、钠硫电池和常温锂电池等。

1. 铅酸蓄电池

铅酸蓄电池单体的额定电压为 2 V，比能量为 35 W·h/kg，能量密度为 70 W·h/L，比功率为 200 W/kg。采用金属铅作负电极，二氧化铅作正电极，用硫酸作电解液，其电化学反应式为

$$Pb + PbO_2 + 2H_2SO_4 \Longrightarrow 2PbSO_4 + 2H_2O$$

放电时，铅和二氧化铅都与电解液反应生成硫酸铅；充电时，反应过程相反。值得注意的是参加电化学反应的电解液即硫酸的浓度随电池荷电状态的变化而变化。电池单体电压 E_0 由能斯特方程得到：$E_0=(0.84+\rho)$V，式中的 ρ 为硫酸浓度(kg/L)。值得指出的是铅酸蓄电池开路电压与硫酸浓度存在着密切关系，而与电池中的铅、二氧化铅以及硫酸铅的量无关，即使以很低的放电率放电，放电电压也难以保持为常数。另外，电池开路电压也受环境温度的影响。

铅酸蓄电池以中等放电率放电时，截止电压取为 1.75 V；以极高放电率放电时，截止电压可取为 1.0 V。充电时，应适当控制充电电流，以维持电池充电电压低于冒气电压(约为 2.4 V)，否则，就会出现过充电反应，电解水生成氢和氧气，使电解液失去水分。

在密封的铅酸蓄电池中，采用特殊的微孔隔板，使电池负极析出的氧气能够到达电池正极，与氢气反应生成水，实现免维护。凝胶电解液的不流动性和吸附式超细玻璃纤维毡隔板的使用，使电池的安装位置更自由，且不会出现漏液现象。广泛使用的密封铅酸电池为阀控铅酸蓄电池(VRLA)。

铅酸蓄电池已经历了一个多世纪的使用和改进，具有许多显著的优点：技术可靠，生产工艺成熟，成本低(低于所有其他的二次电池)，单体电池电压高(高于所有其他液体电解液电池)，具有适合电动汽车使用的良好的大电流输出特性，良好的高温和低温性能，高的能量效率(75%～80%)，以及多种多样的型号和尺寸。铅酸蓄电池也有一些缺点需要进一步完善，比如，比能量和能量密度均较低(通常为 35 W·h/kg 和 70 W·h/L)，自放电率较高(环境温度 25 ℃下每天降低 1%)。循环寿命相对较短(约为 500 次)，由于硫酸腐蚀电极不便于长期储存等。

性能得到改进的多种类型的铅酸蓄电池正不断地被应用到电动汽车上。其中阀控铅酸蓄电池的比能量已超过 40 W·h/kg，能量密度超过 80 W·h/L，并且可实现快速充电。目前，铅酸蓄电池也是电动汽车上具有吸引力的能量源，在电动汽车上广泛使用已有 25 年以上的历史。

2. 钠硫蓄电池

钠硫蓄电池技术包括基于 Na/S 和 Na/$NiCl_2$化合物的研究设计，即液态钠反应物和陶瓷 β-Al_2O_3电解液。Na/S 蓄电池之后，又研发了 Na/$NiCl_2$电池，后者可解决 Na/S 蓄电池的难题，有较大的发展潜力。

Na/S 蓄电池的工作温度范围为 300～350 ℃，单体电池的额定电压为 2.0 V，比能量为 170 W·h/kg，能量密度为 250 W·h/L，比功率为 390 W/kg。对于不同的电池结构，性能指标不同，上述性能参数可分别降低为 100 W·h/kg、150 W·h/L 和 200 W/kg。活性物质为熔铸钠负电极和熔铸钠多硫化合物正电极。陶瓷 β-Al_2O_3电解液作为离子传导媒介和熔铸电极的隔离物，可避免电池的自放电。该电池的电化学反应方程式为

$$2Na+xS=\!=\!=Na_2S_x(x=5\sim2.7)$$

放电时，Na 原子被氧化成钠离子，钠离子通过电解液的传递与硫结合生成五硫化钠化合物。五硫化钠化合物又逐渐形成多硫化钠化合物（Na_2S_x，其中 $x=5\sim2.7$），充电过程正好相反。

Na/S 蓄电池极具吸引力的特点在于：可以获得高的比能量（100 W·h/kg）、能量密度（150 W·h/L）、比功率（200 W/kg），80％的能量效率，灵活的工作特性，对环境条件改变不敏感。但是，Na/S 蓄电池实现商业化还需要解决许多实际问题，比如安全问题（熔铸活性物质具有腐蚀性并且反应活跃），冻结-解冻耐久力技术未得到解决（陶瓷电解液力学强度不够），需要热管理（多余能量和发热的隔离）系统等。

到目前为止，电动汽车车用动力电池经过三代的发展，已取得了突破性的进展。第Ⅰ代是铅酸蓄电池，主要应用阀控铅酸蓄电池（VRLA），由于其比能量较高、价格低和放电速率高，因此是当前唯一能大批量生产的电动汽车用蓄电池。第Ⅱ代是碱性电池，主要有镍镉、镍氢、钠硫、锂离子和锌空气等多种蓄电池，其比能量和比功率都比铅酸电池高，因此可大大提高电动汽车的动力性能和续航里程，但其价格较高。只要能采用廉价材料，电动汽车用锂离子电池将会获得长足的发展，关键是可降低批量化生产的成本，提高电池的可靠性、一致性及寿命。从未来发展来看，镍氢电池性能稳定，其比质量、比功率、电池寿命和重复充放电次数均已达到 USABC（美国先进电池联合会）性能指标。从产品规模化生产程度看，有可能成为电动汽车电池的潜在竞争者，其容量大、体积质量小的优点正符合现代电动汽车的要求。第Ⅲ代产品是以燃料电池为主的电池。燃料电池直接将燃料的化学能转变为电能，能量转变效率、比能量和比功率均高，并且可以控制反应过程，能量转化过程连续进行，因此是理想的电动汽车用电池。随着电化学技术的进一步发展，燃料电池可能成为电动汽车的主要能源之一。其他尚在实验阶段的电池如超高速飞轮电池、太阳能电池，具有寿命长、环保等优点，在未来的车用电池中也必将占有一席之地。表 5-3 为各种电池的主要性能对比。

表 5-3　各种电池的性能比较

电池类型	比能量/（W·h/kg）	比功率/（W/kg）	能量密度/（W·h/L）	功率密度/（W/L）	循环寿命
铅酸电池	35	130	90	500	400～600 次
镍镉电池	55	170	94	278	500 次以上
镍氢电池	80	225	143	470	1000 次以上

续表

电池类型	比能量/（W·h/kg）	比功率/（W/kg）	能量密度/（W·h/L）	功率密度/（W/L）	循环寿命
锂离子电池	100	300	215	778	2000 次
燃料电池	500	60			
飞轮电池	14	800			25 年

3. 锂离子动力电池

电动车的商品化和实用化长期受制于核心部件动力电池的发展，如图 5-13 所示，传统电池如铅酸电池、镍镉电池、镍氢电池均不足以满足高比能量、高比功率，循环寿命长且价格低的要求（图中 HE 是 high energy 的缩写，表示高能量密度电池；HP 是 high power 的缩写，表示高功率电池）。20 世纪末，锂离子电池的迅速发展，引起世界各国对发展电动车的极大兴趣。锂离子电池的科学研究和产业化不断深入，其作为核心技术指标的质量能量密度每年至少以 8%的速度增长，目前商品化的锂离子动力电池的能量密度已经能够做到 250 W·h/kg 以上，配套的纯电动车的续航里程已经能够达到 300 km 以上，基本满足日常出行的需求。在纯电动车领域，锂离子电池已经是目前动力电池技术的主流解决方案，并得到科学领域的广泛研究和产业链的协调发展。同时，纯电动车不断提高的技术要求，对锂离子动力电池的发展也是一种挑战，图 5-14 展示了未来电动车对动力电池的关键技术要求指标。为了电池技术的持续发展，其正负极原材料、设计和工艺从实验室研究到实现产业化的转换速度仍需要进一步提高。

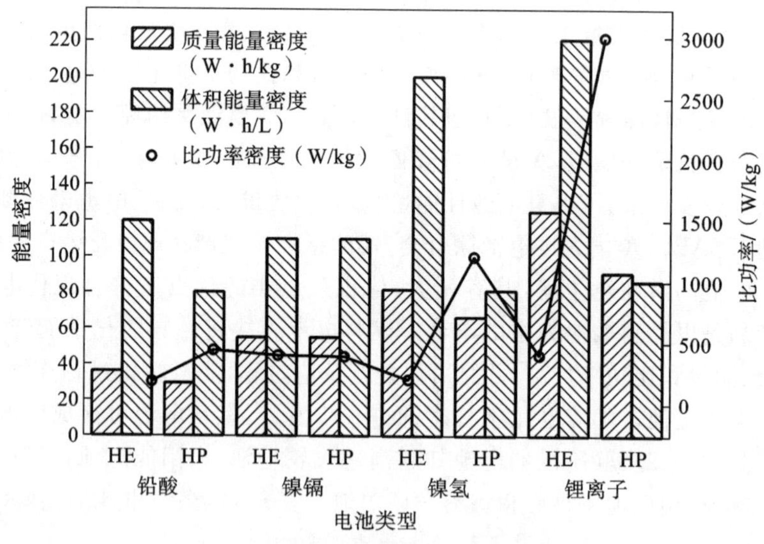

图 5-13　不同类型电池的比功率/比能量图

产业化程度和市场规模化程度最高的锂离子动力电池是目前纯电动车最主要的选择。不同国家的产业机构或政府部门纷纷出台纯电动用动力电池的发展规划，对动力电池中最为核心的技术指标即能量密度提出了明确的方向。图 5-15(a)为不同国家纯电动车动力电池的发展规划，以理论创新和基础技术突破为特点但产业化程度较低的美国，其先进电池联合会（USABC）只提出了电池能量密度到 2020 年达到 350 W·h/kg 的目标，而新材料和自

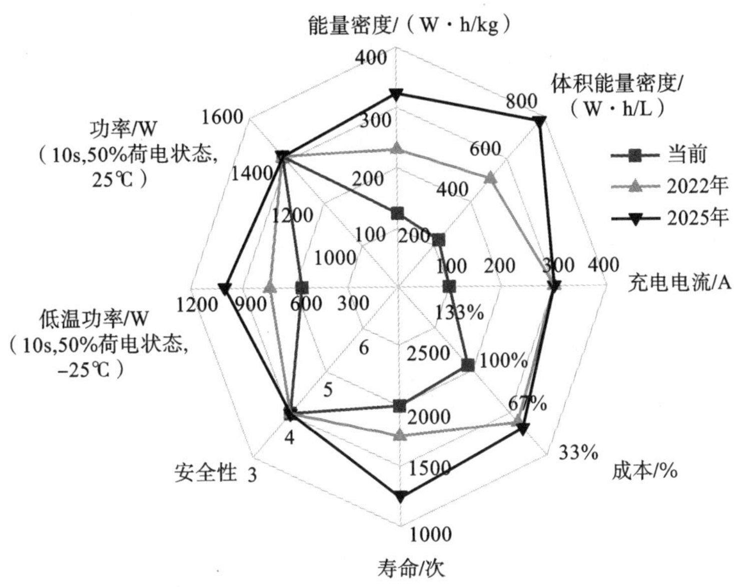

图 5-14　电动车用动力电池技术指标发展目标

动化设备先进但产业化速度较慢的日本，其新能源产业的技术综合开发机构（NEDO）则制定了 2020 年和 2030 年分别达到 250 W·h/kg 和 500 W·h/kg 的目标。具有产业集中度高和低成本优势的韩国，提出的规划则激进得多。韩国提出到 2030 年能量密度最终要达到 600 W·h/kg 的目标。

中国则是技术跟随但产业化速度最快和市场规模最大的国家，为促进动力电池产业的发展，我国政府出台了一系列保障措施，主要表现为宏观政策支持，管理规范，相关标准和技术研发支持项目。图 5-15(b)为能量密度与成本控制的规划图，国家战略体现在要求动力电池的能量密度上升与成本的进一步下降。2020 年、2025 年、到最终的 2030 年，我国的电池单体的能量密度计划从 300～350 W·h/kg、400 W·h/kg 最终达到 500 W·h/kg，进行三步走。最终单体电池的成本则需要从 0.6～1.0 元·W/h、0.5～0.8 元·W/h 到 0.4～0.6 元·W/h。

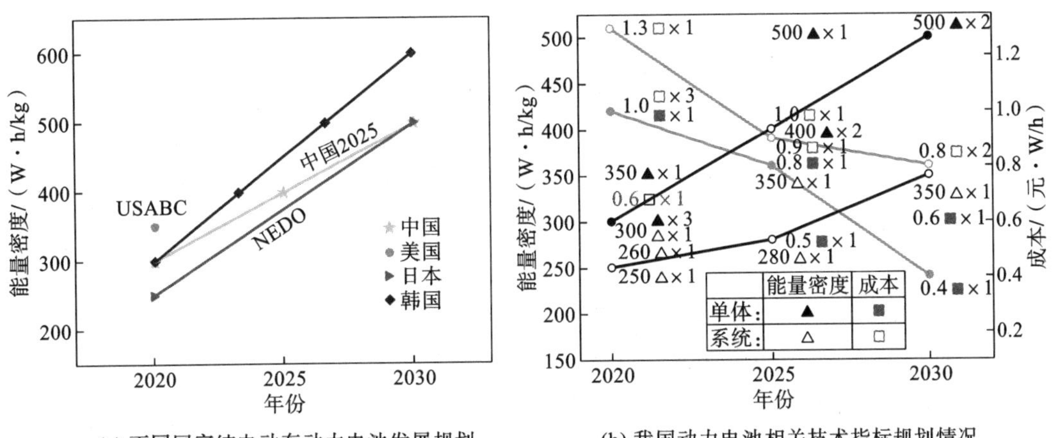

(a) 不同国家纯电动车动力电池发展规划　　(b) 我国动力电池相关技术指标规划情况

图 5-15　动力电池发展规划

在动力电池技术开发创新过程中，国内外的企业和科研院所都在进行研究，电池的性能指标不断提高，其中首要的因素就是电池材料的技术进步。电池的原材料主要包括正负极材料、隔膜、电解液、电极辅材（箔材、导电剂和黏结剂）和电池辅料（胶带、极耳、铝塑膜/铝壳等壳体）。目前，动力电池的主要关键材料比如正负极材料、隔膜和电解液产业化程度很高，前沿的研究开发比较广泛，其中对于动力电池质量能量密度影响最大的材料为电池正负极材料。

1）正极材料的发展现状及产业化进展

一般认为到目前为止，动力电池的商业化材料主要有钴酸锂（LCO）、锰酸锂（LMO）、磷酸铁锂（LFP）和三元材料（镍钴锰 NCM/镍钴铝 NCA），从发展趋势来看存在三代路线，各代材料的主要性能对比如图 5-16 所示，不同正极材料在电动汽车上的典型应用见表 5-4。

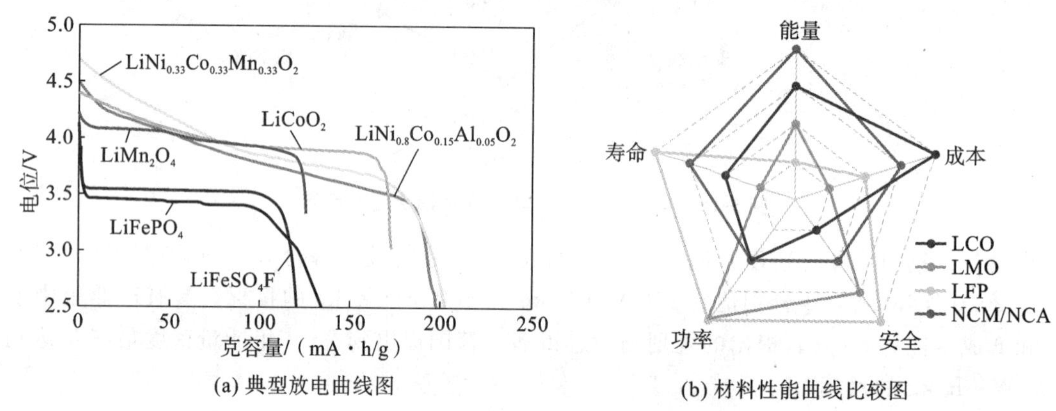

(a) 典型放电曲线图　　(b) 材料性能曲线比较图

图 5-16　不同正极材料的性能特点

表 5-4　不同正极材料在电动汽车上的典型应用

汽车厂商	正极材料	电池供应商	电池总容量/（kW·h）	续航里程/km
特斯拉 Model S	NCA	松下	85.0	480
现代 Kona	NCM	LG 化学	64.0	470
宝马 i3	NCM	三星 SDI	33.2	277
比亚迪 e6	LFP	比亚迪	60.0	300
日产 Leaf	LMO＋NCA	AESC	24.0	160

第一代动力电池正极材料是钴酸锂 $LiCoO_2$（LCO）材料，$LiCoO_2$ 材料具有很高的能量密度，由于其应用在 18650 型圆柱电池中，产业成熟度较高且在数码领域中得到广泛应用，因此很快在电动车上得到转换应用。但很快人们就发现 $LiCoO_2$ 本身具有很多先天缺陷，比如材料成本很高、寿命较短、安全性差，这也限制了其在电动车领域的应用。

第二代动力电池的正极材料为锰酸锂 $LiMn_2O_4$（LMO）和磷酸铁锂 $LiFePO_4$（LFP）。锰酸锂具有原材料成本低，功率性很好且材料安全性优良等特点，但材料克容量较低，高温循环性能差，这也限制了其在纯电动汽车中的应用。

目前，锰酸锂基本只应用在混动电动汽车或者市内短途公交大巴上，纯电动车上的典型案例为日产 Leaf 的第一代产品上，其续航里程只能达到 160 km。磷酸铁锂在材料安全性和寿命方面具有更大的优势，使得该材料在国内动力电池上得到广泛迅速的应用。国内绝大部分企业均采用该材料路线，但磷酸铁锂体积能量密度较低，目前大都应用在公交大巴和储能领域中。LFP 电池在纯电动车上应用最典型的案例为我国的比亚迪 e6，该车型在 60 kW · h 装机电量下，续航里程能到 300 km。

第三代动力电池的正极材料则为三元材料 $Li\text{-}Ni_xCo_yM_zO_2$（M=Mn，Al；$x+y+z=1$）（NCM/NCA）。三元材料具有能量密度高、电压平台高、循环性能好等优势，在动力电池市场中占据了重要的地位。不同正极材料在电动汽车领域的市场份额如图 5-17(a)所示（图中两个标识数据分别标识装机量和装机占比），正极材料的应用形成三元材料和磷酸铁锂两种材料并存的局面，且三元材料市场份额逐年增加，于 2017 年迎来爆发期，激增至 44.6%。国内各动力电池厂对不同正极材料体系的布局如图 5-17(b)所示，高能量密度要求促进了三元材料的快速发展，国内企业纷纷开始布局三元材料。三元材料最大的问题是安全性差，随着能量密度要求的不断提高与动力电池安全技术的逐步成熟，三元材料逐渐取代磷酸铁锂成为动力电池的主流材料。

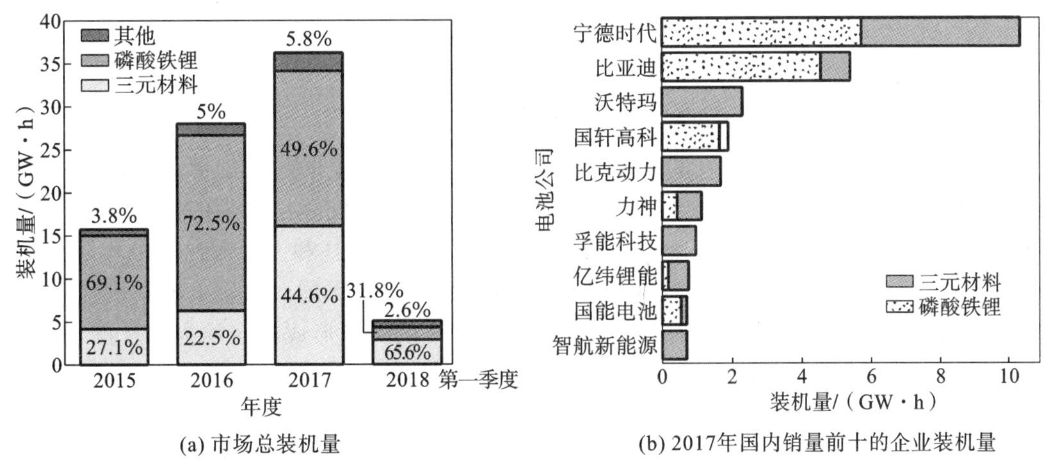

图 5-17　不同正极材料电池的装机量

2）三元材料的产业化进展

三元正极材料 $LiNi_xCo_yMn_zO_2$（$x+y+z=1$）中 Ni、Co 和 Mn 之间存在明显的协同作用，其综合性能优于 $LiCoO_2$、$LiNiO_2$ 和 $LiMnO_2$。三元正极材料与 $LiCoO_2$ 一样属于层状材料，如图 5-18(a)所示，具有六方 $\alpha\text{-}NaFeO_2$ 岩盐晶体结构。在三元镍钴锰正极材料中，Ni 为 +2/+3 价，Co 为 +3 价，Mn 为 +4 价，在充电过程中，$Ni^{2+/3+}$ 和 Co^{3+} 发生氧化反应，当充电电压小于 4.4 V 时，只有 $Ni^{2+/3+}$ 参与电化学反应，形成 Ni^{4+}；Co^{3+} 可以抑制 Li^+/Ni^{2+} 混排，改善材料的倍率和循环性能；Mn^{4+} 不变化，作为非活性物质，既降低了材料的成本又增强了材料的结构稳定性，提高了电池的安全性能。如图 5-18(b)所示，当三元材料中的镍含量提高时，材料的比容量增加，然而随着镍含量的增加，材料的循环性能、热稳定性和安全性逐渐降低。

随着电动汽车续航里程不断增加，动力电池的能量密度要求越来越高，高镍三元材料（NCM622、NCM811 和 NCA）逐渐兴起，成为近些年正极材料研究的热点。目前，国内低镍的三元材料（NCM111、NCM424 和 NCM523）已经产业化，高镍三元材料在合成工艺、热稳定性、安全性等方面存在问题，尚未大规模产业化，而日韩企业已经走在了高镍正极材料产业化的前列，日本化学产业株式会社、户田化学和住友金属，韩国 Ecopro 是 NCA 材料的主

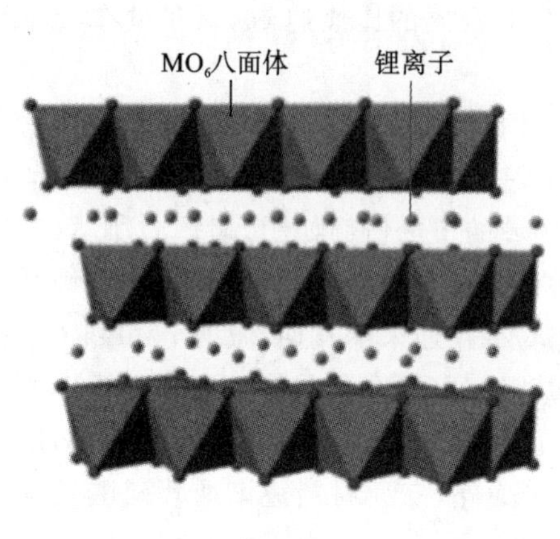

(a) 三元正极材料晶体结构

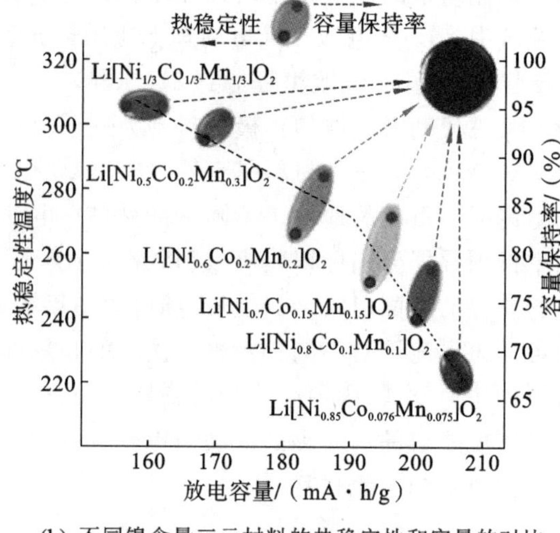

(b) 不同镍含量三元材料的热稳定性和容量的对比

图 5-18　三元材料的特点

要供应商。

值得注意的是，从产品开发的角度来看电池的比例设计，电芯尺寸的部分参数既需要满足客户要求，也需要遵循相关的电芯规格尺寸行业标准，比如国际上常用的德国汽车工业联合会(VDA)标准和我国的 GB/T 34013—2017 标准。由于圆柱和方形电池的极耳处于电池的内部，与极柱进行焊接，所以这类电池的极耳设计比较容易实施。软包电池的极耳则处于电池的外部，其尺寸和布置位置需要厂家结合客户群体的需求形成自己的内部标准，从而有利于软包电池的规模化生产，降低成本。

高比能量电池设计根据 2017 年工信部发布的《中国汽车产业中长期发展规划》，2020 年动力电池单体比能量需达到 300 W·h/kg。该指标对动力电池设计提出了具体的方向和要求。提升单体电池比能量的途径很多，可从微观电极和宏观结构两方面，活性组分、非活性组分、容量、电极涂层等多个角度进行设计优化，表 5-5 为高比能量电池的相关设计思路。

表 5-5　高比能量电池设计思路

电池设计	途径		实现方法
微观电极	材料配方	高克容量	高镍三元材料＋硅碳材料
		高主材占比	高导电性导电剂、高黏度黏结剂
		高电压	单晶材料、特殊电解液
	面密度	提高料区面密度	提高料区涂覆量，降低箔材面密度
	孔隙率	高压实	单晶或粒径分布范围合理的三元材料
宏观结构	构型	极片组装和封装方式	软包叠片式
	极片总面积	单位面积/电极数量	增加电极面积、卷绕圈数或叠片数
	比例	箔材、隔膜和极耳	箔材和隔膜减薄，极耳结构优化

结合市场需求和技术发展，在保证产品安全性和质量的前提下不断提高电池的能量密度，毋庸置疑是纯电动车动力电池的发展方向。高比能量电池对材料性能、电池设计和制造水平要求进一步提高，需要整个新能源汽车产业链的共同努力。国内动力电池厂家不仅要

紧跟市场和政策，也要注重科研实力和精益生产，才能做出真正高品质低价格的产品。为了达到政府的产业政策要求和新能源汽车的技术要求，即“动力电池需要继续提高能量密度和降低成本”，动力电池企业目前可以从材料选型、电池设计和工艺优化上开展工作。从材料选型上，目前动力锂离子电池普遍采用的正负极材料分别主要为三元材料与石墨材料，为了满足高能量密度电池的要求，正负极材料的比容量需要进一步提高。三元材料的高镍化和与石墨复合的硅基材料是目前产研领域公认的最为可行的发展方向。为了在 2020 年前电池的比能量尽快达到 300 W · h/kg 以上，正极需要采用镍摩尔分数达 80%以上的高镍 NCM 材料和 NCA 材料，而负极只能选择商业化的硅基材料，其中氧化硅/碳/石墨复合材料的体积膨胀率相对较低，目前采用该材料的电池企业较多。

从电池设计上看，与传统的常规三元材料相比，高镍三元材料的本体和表面的稳定性较差，而硅基材料本身的体积膨胀率高于传统石墨且导电性弱于传统石墨，这些都是电池设计需要优先考虑的。设计者可以通过黏结剂和导电剂的选型来进行电极配方设计，并优化电极的面密度和孔隙率，选择适用于三元-硅基负极的电解液来提高电池性能。最后需要选择耐热性更好的隔膜，提高高能量密度电池的安全性。

从生产工艺上看，为了提高产能和良率来进一步降低单体电池的成本，电池生产的两个关键工艺混料和涂布需要进行技术的迭代和配套设备的更新。干法混料和狭缝挤压式涂布是目前国内生产企业逐步采用的先进生产工艺，这些先进技术能够明显提高电池生产线的前段工序的产能和极片生产的良率。同时，高能量密度电池采用的高镍三元材料的表面稳定性较差，且材料也往粒径较小的单晶方向发展，采用效率更高且速度更快的生产工艺能够尽量减小材料受环境的影响，有利于材料性能的发挥。

针对动力电池更长远的比能量(400 W · h/kg 以上)的技术要求，企业的产品开发要更多关注一些符合政策导向且具有前瞻性的研究工作，比如富锂锰基材料的研究和产业化，半固态/固态电池的固态电解质材料研究等工作，结合企业自身的定位和规划，进行动力电池技术的更新换代。

3)新一代动力锂离子电池研究进展

(1)固态锂离子电池。

固态锂离子电池从 20 世纪 50 年代就开始研究，但受当时材料技术、制造技术的限制，其电性能和安全性不能达到实用化要求。智能电子产品、电动汽车产业要求配套电池性能不断提升，使固态锂离子电池成为近年来研究的重点。固态锂离子电池安全性好、比能量高(可达 400 W · h/kg 以上)、循环寿命长、工作温度范围宽、电化学窗口宽(可达 5 V)。

固态锂离子电池存在的主要问题是倍率性能和低温性能差，主要原因是固态电解质导电率与液态电解质相比差几个数量级，电池内阻大；其次固态电池电化学反应是发生在固-固界面，固-固界面浸润性差，电化学反应离子扩散速率低，造成浓差极化大(过电位高)；再者，电极在充放电过程中通常会发生膨胀/收缩，导致电极与电解质发生分离，严重时使电池失效。

解决固态电解质与正负极界面以及正负极内部等的传质过慢问题是研究的主要方向，研究内容主要包括电极/电解质界面结构解析、新型电解质开发、固态界面反应机理、电极成形技术等。目前研究的固态电解质主要分为四种，分别是硫化物电解质、聚合物电解质(PEO 类聚合物)、氧化物电解质和无机/有机复合物电解质，其中氧化物固态电解质是公认的最终发展方向。

现有的动力型固态电池大多是在不改变锂离子电池正负极材料的前提下，将电解液置换成固态电解质，特点是充电速度及安全性能得到改善，但比能量未有大的提升。依次将正负极材料替换成高电压或高容量密度的材料之后，电池的容量密度将得到大幅提升。据推测，到 2030 年，正极采用空气，负极采用金属锂，电解质采用氧化物材料的全固态锂空气电池可能问世，图 5-19 为全固态锂离子电池技术的进化趋势。

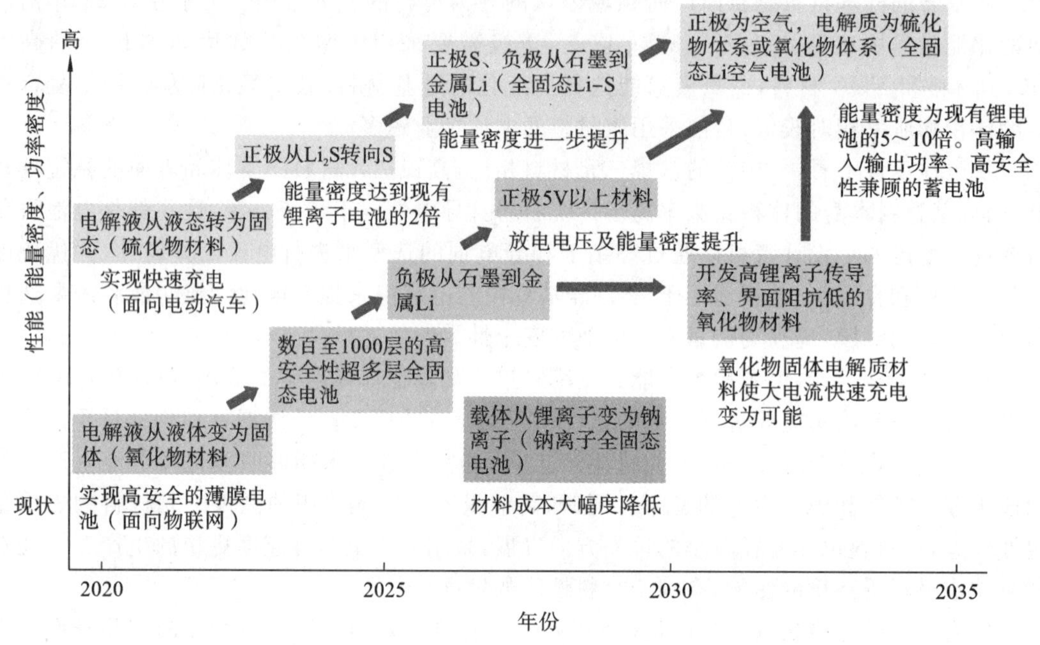

图 5-19　日经技术推测的全固态锂离子电池技术进化趋势

麻省理工学院与三星公司的研究发现，特定阴离子排列的拓扑结构是决定锂离子内在迁移率的关键因素，其采用锂、锗、磷和硫组成的化合物作为固态电解质材料，可以一次性解决传统锂电池在容量、体积、寿命和安全性上的多种问题。M. H. Braga 等使用钠取代锂的固体玻璃电解质，电池能量密度为现有锂离子电池的 3 倍，几分钟内可充满电，充电次数可达几千次。美国 Seeo 公司开发了双层固体电解质，一层传导锂离子，一层作为物理层，防止形成枝晶。Yulong Sun 等用锡与硅替代较贵的 Ge，开发的 SSPS[$Li_{10+\delta}(Sn_ySi_{1-y})_{1+\delta}P_{2-\delta}S_{12}$]材料，稳定性更强，室温下电导率接近含 Ge 的材料。Iek-Heng Chu 等以 $Na_{2.9375}PS_{3.9375}Cl_{0.0625}$作为传导 Na^+ 的电解质，与水接触不会产生 H_2S，并可吸收水分，离子传导率与液态电解质相同。ORIST 等采用 R2R 工艺，在聚酰亚胺膜中打开贯通孔，在孔中填充电解质材料，形成电解质薄片，聚酰亚胺起到支撑作用，厚度只有 20 mm，具有柔性，解决了电解质容易破裂的问题，制作的电池比能量约为 200 W·h/kg，太阳诱电和 TDK 借用制造多层陶瓷电容器的技术，开发出基于氧化物系电解质的全固态锂离子电池，已经可以将 1 层的厚度做到 1 mm 以下，实现约 1000 层左右的超多层化。

以法国 Bolloré、美国 Sakti3 和日本丰田三家为代表，固态电解质技术沉淀相对较深，也分别代表了以聚合物、氧化物和硫化物三大固态电解质的典型技术开发方向。未来对于全固态锂电池的研究重点有以下几个方面：①进一步增加固态电解质的离子电导率；②优化电解质的结构和成分；③分析电极界面及内部的传质机理并予以解决；④研发稳定的锂负极；⑤开发先进的电池制备技术。

(2)锂硫电池。

硫具有高的理论比容量(1675 mA·h/g),与金属锂构建的锂/硫二次电池理论比能量高达2600 W·h/kg,是最有前景的新一代动力电池之一。在锂硫电池走向实际应用过程中,存在以下问题:①放电过程中间产物聚硫化锂易溶于电解液,电池容量衰减快,循环稳定性差;②S和硫化锂都是绝缘体,导电性差;③充放电过程中正负极材料体积收缩和膨胀易导致电池损坏;④聚硫化锂在正、负极之间的"穿梭反应",降低了充电库仑效率;⑤金属锂电极充放电过程中易形成枝晶与"死锂",体积变化大,SEI膜反复形成、破裂,消耗电解液,导致电池失效。研究的关键是确保使用 Li_2S 作为正极的电池的长期可靠性以及提高 Li_2S 的利用率,并且负极材料需要与正极材料相匹配:Li_2S 可匹配石墨或硅(Si)的混合材料;S8匹配金属Li或其合金。研究的主要内容包括:①通过材料复合抑制穿梭效应,并减小电极膨胀,如硫/碳复合(包括碳纤维管、石墨烯等材料)、硫/聚合物复合、硫/金属氧化物复合等;②适于锂硫电池的电解质的研发;③通过溅射、表面包覆、合金化、钝化等方法对锂金属负极进行保护。

中科院金属研究所将有机硫聚合物填充到碳纳米管中,制备出有机硫化物/碳纳米管复合材料,限制了多硫化物溶解,同时利用碳-硫键的化学固硫作用,协同抑制了穿梭效应,但电导率较低,降低了硫的利用率和倍率性能。Jian Jiang 等利用薄层镍基氢氧化物包裹硫元素,进行物理保护,还可与锂反应生成有高离子透过性的保护层,电池的库仑效率接近100%。韩国汉阳大学使用高度可逆的双模硫正极和锂化 Si/SiO_x 纳米球负极,电池500次循环后,比容量仍达750 mA·h/g。Qi Fan 等将三元设计理念引入硫电极材料的构建中,将S8簇的纳米尺寸效应、氧化物纳米片的强吸附作用和碳管的高导电性有机结合在一起,0.1C和1C比容量分别达到1350 mA·h/g和900 mA·h/g,1C循环500次以上容量损失率每次约0.009%。有关文献发现超薄二氧化锰纳米片表面的化学活性可以固定硫正极。大阪府立大学将LiI作为锂离子导电剂,以 Li_2S-LiI 为正极、Li-In合金为负极,制作全固态锂离子电池,将 Li_2S 的利用率从30%提高到近100%,2C快速充电2000次循环未出现容量衰减。美国橡树岭国家实验室使用石油处理后的副产品,合成了富含硫的新物质,将其作为阴极,与金属锂阳极制作成固态电池,在60 ℃高温下300次循环比容量可维持在1200 mA·h/g。美国得克萨斯州大学的 John Goodenough 研究室制作出一种玻璃固态电解质,在25 ℃下 Li^+ 或者 Na^+ 传导率超过 10^{-2} S/cm,用其制成的电池可在几分钟内充满电,−20 ℃的低温下能正常工作,1200次循环无容量衰减,Li^+ 传导率为 2.5×10^{-2} S/cm。Braga 等用这种电解质试制了一款Li-S电池,放电容量约为正极硫容量的10倍,15000次循环后容量仍不断增加,没出现锂枝晶,Braga 等认为电池中的S本来就起不到正极的作用,Li从正极中的导电助剂碳材料上析出。

(3)水溶液体系锂离子电池。

水系锂离子电池的优点为电解质离子导电率高,生产环境要求低,生产成本、回收成本低,安全性好,无有机电解液污染。但水溶液体系需要避免水的分解,电池电化学窗口窄,很难突破2 V,性能优异的正负极材料也比较少,所以比能量不高,这一特点也导致对水系锂离子电池的研究相对较少,安全性也还达不到使用要求。研究的主要方向:一是阻止金属锂与水的接触反应;二是开发合适的材料或方法,扩大电化学电压窗口,提高电池比能量;三是降低活性材料在水溶液中的溶解,提高循环性能。

水系锂离子电池正极材料与常规锂离子电池相同,主要包括氧化物类($LiMn_2O_4$、

MnO_2、$LiCoO_2$、NCM 等)、多阴离子化合物($LiFePO_4$、$FePO_4$、$LiMnPO_4$ 等)、普鲁士蓝类似物等。正极材料放电容量有限,循环性能差,主要原因为:H^+ 插入结构中;Li^+/H^+ 在电池循环过程中互换;水进入结构中;活性材料在水电解液中溶解。负极材料包括氧化物、聚阴离子化合物和有机聚合物等。大部分负极材料容量衰减明显,主要原因是:活性物质溶解;H^+ 的插入导致材料发生不可逆的结构变化;水的分解等。主要研究内容:一是材料或电极包覆,降低材料在水溶液体系中的溶解以及改善电极反应界面;二是电解液 pH 值等的控制;三是加入一些添加剂。

W. Tang 等将金属锂用高分子材料和无机材料制成的复合膜包裹,在 pH 值为中性的水溶液中,与 $LiMn_2O_4$ 组装成电池,平均充电电压达到 4.2 V,放电电压达到 4.0 V,实际比能量大于 220 W·h/kg。有文献报道有人开发出一种非常疏水的胶体保护层材料,包覆在电极表面,在充放电循环中,保护层中的特定组分在负极表面形成致密疏水的固体电解液界面层,进一步钝化负极表面,并且这一界面层可在局部破损的情况下自我修复,避免锂金属或石墨电极直接接触水分子而导致还原产氢。以此原理制作的电池消除了爆炸风险,能量密度与传统锂离子电池相当,并保证了电池的循环寿命。

(4)锂空气电池。

锂空气电池是以 Li 为负极、O_2 为正极的电池,在水溶液体系中的放电产物为 LiOH,有机体系中的放电产物为 Li_2O 或 Li_2O_2,开路电压为 2.91 V。理论上 O_2 是无限供应的,金属锂比容量为 3860 mA·h/g,电池理论比能量达到 11140 W·h/kg,是现有研究电池中比能量最高的,也是锂离子电池研究的最终方向。空气电极一般使用多孔碳材料(如活性炭、碳纳米管等),可以产生较多的空气通道。锂空气电池的致命缺陷是反应生成物 Li_2O 或 Li_2O_2 不溶于有机电解液,会在多孔碳上堆积,阻塞气流通道,阻止电池放电;在有机体系中,电池的充电电压远大于放电电压,能量效率低。研究方向和内容主要包括:空气电极的研究和开发;电化学反应低成本催化剂的开发;金属锂的防护;水溶液体系、有机溶液体系以及混合体系的电解液的研究;空气中其他组分的毒化作用的防止和研究等。

在有的混合电解液体系中,锂电极一侧使用含锂盐的有机电解液,空气电极一侧使用碱性水溶性凝胶,在两种电解液之间用只有 Li^+ 能穿过的固体电解质膜隔开,避免电解液共混;反应产物为 LiOH,可溶于水中而不会堆积造成电池失效,水、氨等不会穿过固体电解质膜,不会与金属锂发生反应,配置充电专用正极,还可防止充电导致的空气电极的腐蚀与老化;以 0.1 A/g 放电,放电比容量约为 9000 mA·h/g。剑桥大学研究人员用大孔石墨烯作空气电极,用水和 KI 作电解液添加剂,反应生成物是 LiOH,而 LiI 还可保护锂金属,使电池对于过量的水有一定的免疫性,电池循环寿命超过 2000 次,模型电池比能量达到 3000 W·h/kg。美韩科学家合作研究表明,通过使用石墨烯基正极,可以使晶状 Li_2O 稳定存在于电池中而不产生 Li_2O_2,理论上能够创建一种"封闭系统",不需要从环境中输入氧气,使得电池的安全性更好、效率更高,能量密度是常规锂离子电池的 5 倍。美国加州大学的研究者证明,由能释放较多电子的阴离子和释放电子较少的有机溶剂组成的优化电解液可有效增加锂空气电池的容量,在其设计的电解液中,电池容量可增加 4 倍。

新能源汽车对动力电池的要求主要包括:高安全性下的高能量密度需求,体现在与燃油车相比较的一次加油续航里程;快充时间与常规车的加油时间相接近;宽温度范围的应用,全天候条件下电池的性能保障;长循环寿命,达到与整车同寿命。新一代锂离子动力电池的研究方向也脱离不了这个范畴,全固态电池是最接近实际应用的动力电池,除了导电率及界面问题的进一步深入研究外，应更多地对批量化生产工艺及实车应用测试数据进行分析。对于锂硫电池和锂空气电池等，应注重机理和电池材料方面的深入研究，首先应实现在小型电子设备上的应用，再向动力电池领域拓展。随着技术的发展和科研人员的努力，对新型动力电池机理的深入探索和新材料的不断涌现，将带动动力电池出现跨越式的发展。

5.1.3　燃料电池

同电化学电池相比，燃料电池的显著优点为燃料能量密度高，能量转换连续进行，使燃料电池电动汽车可达到与内燃机汽车同样的续航里程。

燃料电池电动汽车的续航里程与燃料箱中的燃料量、燃料电池尺寸及电动汽车的功率需求水平有关。燃料电池反应物的加料时间远远短于电化学电池的充电时间(机械充电式电池除外)，使用寿命长，维护工作量更小。

从1839年燃料电池问世以来，经历了180多年的发展。20世纪60年代，燃料电池作为航空器的动力源得到实际应用。同普通电池相比，燃料电池是一个能量生成装置，并能持续可靠地工作直至燃料用尽。燃料电池高效率地把燃料化学能转化为电能，工作安静，零排放或低排放，产生的剩余热量可以再利用，燃料易于获得，补充迅速。燃料电池能够使用多种燃料，如石油燃料、有机燃料，甚至包括再生燃料在内的几乎所有的含氢元素的燃料。燃料经过转化成为氢后，以氢作为燃料电池的燃料。燃料电池能量转换不受卡诺循环的限制，热效率高，可达到34%～40%。燃料电池在运行过程中，不需要复杂的机械传动机构，不需要润滑剂，没有振动与噪声。

氢气具有比其他任何燃料都高的比能量，是燃料电池理想的燃料，而且燃料电池的反应生成物为纯净的水，不会污染环境。氢气和氧气反应的化学方程式如下：

$$2H_2+O_2 \xlongequal{\text{点燃}} 2H_2O$$

氢气通常从初级燃料如碳氢化合物($CH_4 \sim C_{10}H_{22}$)、甲醛和煤中提取，可储藏使用。储氢方法主要有三种：采用压缩气体，即压缩氢气(CHG)，与压缩天然气相似，CHG可装在20～34.5 MPa的玻璃纤维加强的铝瓶中；冷冻氢气至－253 ℃以下，形成液态氢，并储存在低温容器中；使氢气与金属镁和钒反应形成储氢金属，储氢反应是可逆的并与分解温度有关(最高可达300 ℃)。压缩氢气具有质量轻、成本低、技术成熟以及燃料补充迅速等优点，但能量密度低、体积大、存在安全问题。液态氢比能量高、燃料易补充，但成本很高，有挥发损失。储氢金属具有尺寸紧凑、使用安全等优点，其缺点是氢气分离温度高(储氢镁分离温度为287 ℃)，以及比能量(储氢钒比能量为700 W·h/kg)相对较低。

除了使用氢气作燃料外，一氧化碳和甲醇也被某些电池用作燃料，但是，这些燃料电池的反应生成物为二氧化碳而非纯净水，会产生温室效应。

1. 燃料电池的工作原理

燃料电池是由电池负极侧的氢极(燃料极)输入氢气，由正极侧的氧化极(空气或氧气)输入空气或氧气。正极与负极之间的电解质将两极分开。根据种类的不同燃料电池采用不同的电解质，有酸性、碱性、熔融盐类或固体电解质。燃料电池中燃料与氧化剂在催化剂的作用下，经过电化学反应实现能量转换，生成电能和水(H_2O)，不会产生氮氧化物(NO_x)和碳氢化合物(HC)等而对大气环境造成污染。图5-20为燃料电池的基本组成单元。

燃料电池的基本工作原理是水在电解时的热动力可逆性反应，如图5-21所示。

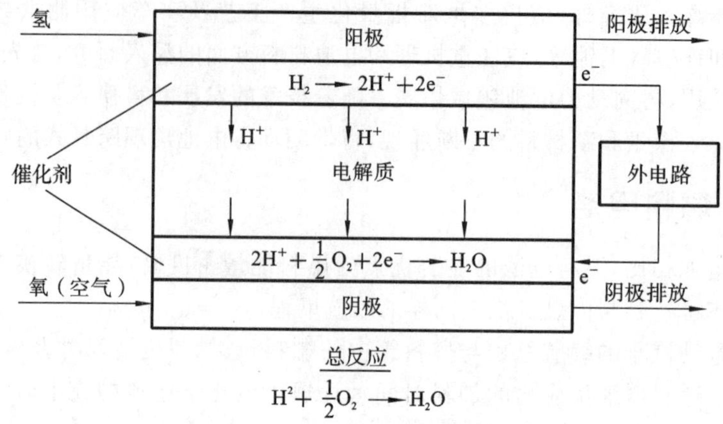

图 5-20　燃料电池基本组成单元示意图

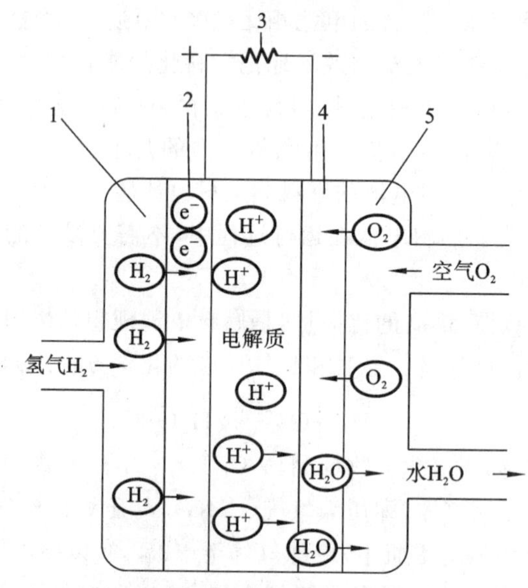

图 5-21　燃料电池的工作原理

1—多孔质燃料夹层；2—氢电极；3—负载；4—氧电极；5—多孔质空气夹层

$$2H_2O + 电流 \longrightarrow 2H_2 + O_2$$

向电池的正、负极输入 O_2 和 H_2 时，可在正、负极的外接电路上测量出电流。

$$2H_2 + O_2 \longrightarrow 2H_2O + 电流$$

负极反应：　$H_2 \longrightarrow 2H^+ + 2e$

正极反应：　$O_2 + 4H^+ + 4e \longrightarrow 2H_2O$

燃料电池的燃料不限于 H_2，也可扩大到其他燃料。其他燃料经过处理后发生的反应为

$$2H_2 + 氧化剂 \longrightarrow 2\ H_2O + 电流 + 其他产物$$

2. 燃料电池的种类和特征

燃料电池的电解质有酸性、碱性、熔融盐或固体类。燃料电池可采用氢气、甲醇、甲烷、乙烷、甲苯、丁烯等有机燃料，也可采用汽油、柴油和天然气等石油制品燃料。以上两类燃料必须经过重整器“重整”为氢气后，才能为燃料电池所用。

按工作温度区分，燃料电池可分为低温型（低于 2000 ℃）、中温型（2000～7500 ℃）和高温型（高于 7500 ℃）燃料电池。

按用途（或消费市场）不同，燃料电池可大体归为三类：用作燃料电池电动汽车电源，用作发电和供热电源，用作便携式（移动式）装置、器具等的电源。

燃料电池的主要技术特征见表 5-6。

表 5-6　燃料电池的主要技术特征

技术特征	碱性燃料电池（AFC）	质子交换膜燃料电池（PEMFC）	磷酸燃料电池（PAFC）	熔融碳酸盐燃料电池（MCFC）	固体氧化燃料电池（SOFC）
功率范围	1 W～10 W	（1～300）kW	（1～300）kW	（10～100）kW	（1～500） kW
比功率 /（W/kg）	35～105	340～1500	120～180	30～40	15～20
主要优缺点	效率高，对 CO_2 敏感	比功率高，运行灵活	效率有限，有腐蚀性	控制复杂，有腐蚀性	效率较高，但工作温度太高
技术发展成熟程度	已经应用	达到一定成熟程度，开始进行实际应用试验	初步商业化，成熟	处于场地实验阶段，不够成熟	处于试验阶段

燃料电池的特点和应用领域见表 5-7。其中 PEMFC 是一种应用前景广阔的新能源发电装置，广泛应用于移动电源、家用电源、电动汽车等领域，成为世界各国燃料电池研究的热点。PEMFC 燃料电池的特点：①能量转换效率高，实际达 40％～60％；②工作温度低；③启动时间短，可以在数秒内实现启动；④功率密度高、机动性好；⑤对氢的纯度要求高，需采用昂贵的催化剂铂，催化剂易中毒。PEMFC 工作温度低、体积小，很适于用作电动汽车的动力源，被业内公认为是电动汽车的未来发展方向。

表 5-7　各种电池的性能比较

燃料电池类型	电解质	电解质形态	阳极	阴极	工作温度 /℃	电化学效率/（％）	燃料/氧化剂	启动时间	功率输出 /kW	应用
AFC	氢氧化钾溶液	液态	Pt/Ni	Pt/Ag	70～100	60～70	氢气/氧气	几分钟	0.3～5.0	航天、机动车
PAFC	磷酸	液态	Pt/C	Pt/C	150～210	45～55	氢气、天然气/空气	几分钟	200	清洁电站、轻便电源
MCFC	碱金属碳酸盐熔融混合物	液态	Ni/Al，Ni/Cr	Li/NiO	620～660	50～66	氢气、天然气、沼气、煤气/空气	大于 10 分钟	2000～10000	清洁电站

续表

燃料电池类型	电解质	电解质形态	阳极	阴极	工作温度/℃	电化学效率/(%)	燃料/氧化剂	启动时间	功率输出/kW	应用
SOFC	氧离子导电陶瓷	固态	Ni/YSZ	$Sr/LaMnO_3$	1000～1100	45～50	氢气、天然气、沼气、煤气/空气	大于10分钟	1～100	清洁电站、联合循环发电
PEMFC	含氟质子膜	固态	Pt/C	Pt/C	60～80	40～60	氢气、甲醇、天然气/空气	小于5秒钟	0.5～300.0	机动车、清洁电站、潜艇、便携电源、航天

PEMFC单元构造如图5-22所示，包括质子交换膜(PEM)、催化层、气体扩散层(GDL)、双极板、端板等部件。其中，PEM、催化层和GDL集成在一起形成膜电极(MEA)，是保证电化学反应能高效进行的核心，直接影响电池性能，而且对降低电池成本、提高电池比功率与比能量至关重要；PEM是氢质子传导的介质，氢燃料电池的最核心部件，其性能直接影响整个电堆的性能；催化层是发生电化学反应的场所，用来加速电化学反应。扩散层是支撑催化层、并为电化学反应提供电子通道、气体通道和排水通道的隔层；双极板，又叫流场板，主要起输送和分配燃料及氧化剂、在电堆中隔离阳极与阴极气体及收集电流的作用。

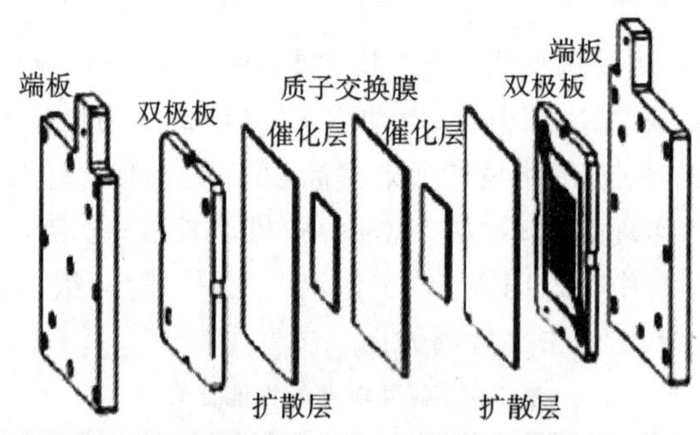

图5-22 PEMFC单元构造

燃料电池反应式如下：

阳极：
$$H_2 \longrightarrow 2H^+ + 2e^-$$

阴极：
$$\frac{1}{2}O_2 + 2H^+ + 2e^- \longrightarrow H_2O$$

总反应：
$$H_2 + \frac{1}{2}O_2 \longrightarrow H_2O$$

阳极为氢电极(负极)，阴极为氧电极(正极)，H_2通过扩散到达阳极，在催化剂作用下生成H^+和e^-，H^+直接穿过质子膜到达阴极，而电子由阳极通过外电路形成电流，带动负载做功后也到达阴极，H^+与阴极的O_2发生还原反应生成水排出，并放出热量。只要阳极不断输入氢气，阴极不断输入氧气，电化学反应就会连续不断地进行下去，从而持续形成电流带动负载工作。阳极和阴极上都需要含有一定量的催化剂Pt，用来加速电极上发生的电化学反应。反应机理如图 5-23 所示。

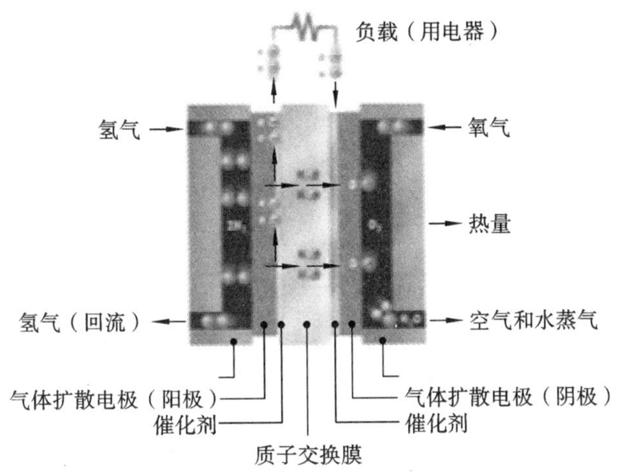

图 5-23　PEMFC 反应机理

当电子由阳极通过外电路流向阴极时将产生直流电，若以阳极为参考，则阴极电位为 1.23 V，即每一单电池的发电电压理论上限为 1.23 V。接有负载时的输出电压取决于输出电流密度，通常在 0.50～1.00 V 之间。为了满足一定的输出功率和输出电压的需求，通常将多个单体电池按照一定的方式组合在一起构成燃料电池堆，并配置相应的辅助系统，在电控单元的控制下，实现燃料电池的正常运行，共同构成燃料电池系统。用作车辆动力源的燃料电池系统称为燃料电池发动机。燃料电池发动机主要分为电堆、氢气供应、空气供应、水管理、热管理以及电子控制 6 个子系统，其组成结构如图 5-24、图 5-25 所示。

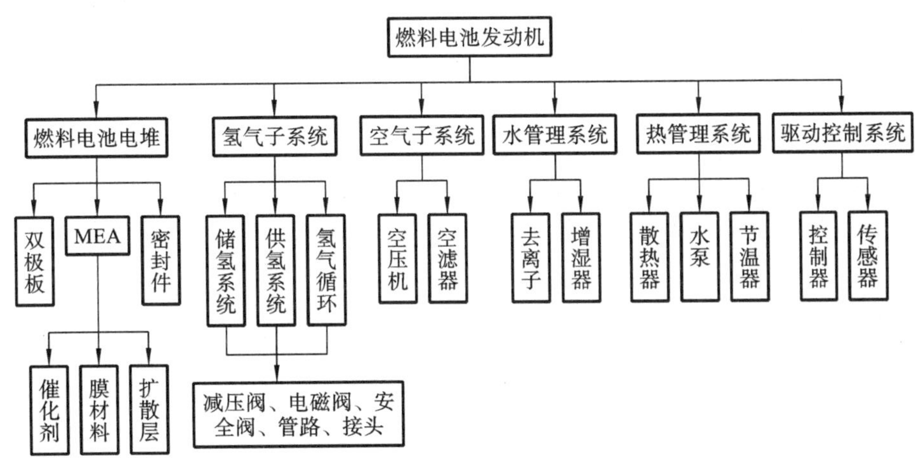

图 5-24　燃料电池发动机系统结构树

燃料电池的研究与开发已取得了重大进展，技术逐渐成熟，有效解决了燃料电池的可靠性、耐久性以及对车用工况的适应性问题，并在一定程度上实现了商业化，在乘用车及商用车上实现了示范运行。图 5-26 所示为本田燃料电池发动机，图 5-27 所示为丰田 Mirai 燃料电池车。早在 20 世纪 50 年代，中国就开展了燃料电池方面的研究，在燃料电池关键材料、关键技术的创新方面取得了许多突破。目前国产燃料电池的水平与国外尚有差距，主要在使用寿命和生产成本上，关键部件还依靠进口。

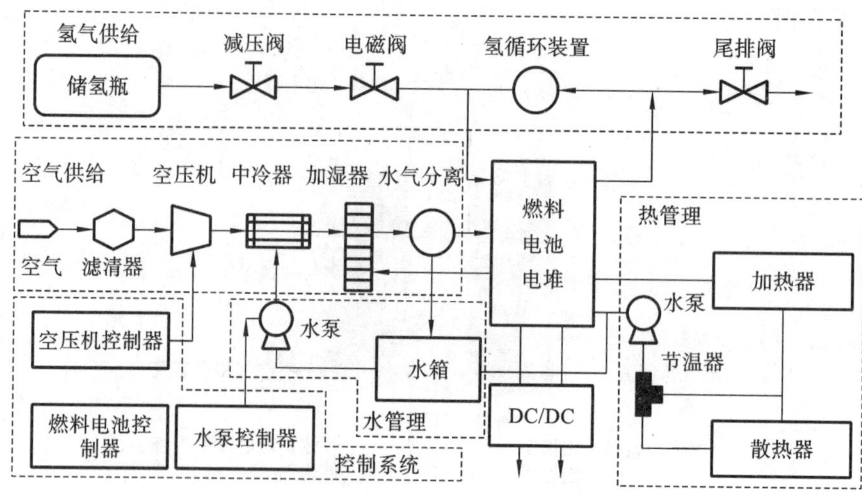

图 5-25　燃料电池发动机结构原理图

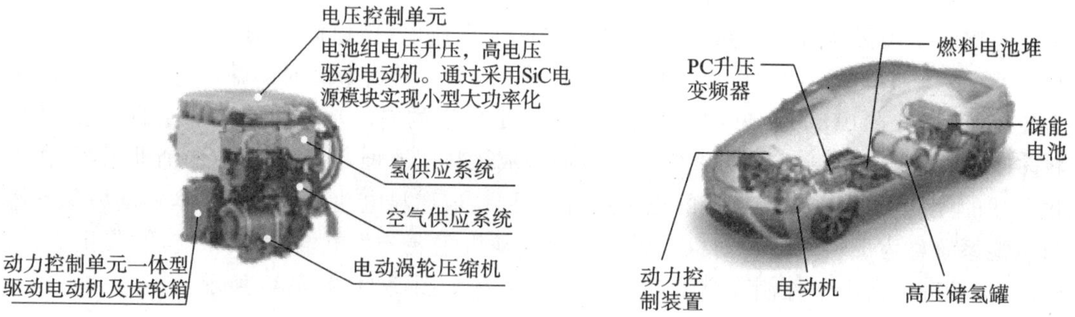

图 5-26　本田燃料电池发动机

图 5-27　丰田 Mirai 燃料电池车

3. 燃料电池发动机关键技术

(1)电堆关键材料技术。

电堆关键材料包括催化剂、质子交换膜、气体扩散层和双极板，关系到燃料电池的发电效率、使用寿命和安全性。催化剂促进氢、氧在电极上的氧化还原过程、提高反应速率，常用 Pt 作为催化剂。研究高稳定、高适应性的低 Pt 或非 Pt 催化剂，能够减少对资源的依赖度。另外，研究催化剂的抗毒性，能够提高燃料电池的抗衰减性能，降低其运行成本。质子交换膜隔离燃料与氧化剂、传递氢质子，要求有高的质子传导率和良好的化学与机械稳定性。研究增强复合膜，在保持燃料电池性能的同时，提高其耐久性；气体扩散层支撑催化层、稳定电极结构，具有热电的传递功能。研究重点是改善生产工艺，提高稳定性和耐久性；双极板传导电子、分配反应气体并带走反应生成的水，包括石墨碳板、复合双极板和金属双极板，研究以非贵金属为基材，辅以导电与耐腐蚀兼容的表面涂层材料的薄金属双极板，以提高燃料电池的功率密度。

(2)水管理技术。

燃料电池中的质子交换膜在工作时需要保持湿润的状态，否则很难传递氢离子，且会导致内阻增大，影响燃料电池效率。另外，氢氧反应生成的水如果管理不当会堵塞流道，阻止氧气和氢离子的进入，导致功率下降。水管理的目标就是保证膜湿润，并防止在阴极和阳极堵水。

(3)热管理技术。

①冷启动。燃料电池在低温下的性能比常温下的要差很多,温度在零下时水会结冰损坏膜。因此,如何在停机时将水分从燃料电池中排除掉,或在启动时加热,以减少结冰量,是提高低温启动性能和可靠性的关键。

②散热。PEMFC工作温度低、热负荷大,绝大部分热量需要冷却液带走,同时散热器中的冷却液与环境的温差小,如何有效散热,使燃料电池汽车正常运行,对其热管理系统提出了更高的要求。

(4)系统控制技术。

燃料电池的耐久性是很关键的指标。要提高耐久性,一方面要提高材料和关键部件的可靠性;另一方面则要提高控制技术,制定并优化燃料电池启停、怠速、动态工况、动力电池匹配及水/热管理的控制策略。

(5)燃料电池系统的关键部件。

①电堆。燃料电池发动机是燃料电动汽车的心脏,而电堆又是燃料电池系统的关键部件。空气系统输入的空气和氢气系统输入的氢气在电堆中进行化学反应产生电,其主要技术指标是体积比功率及寿命。

②氢气循环设备。采用过量氢气供给策略,将未反应的氢气再循环进入电堆,可带走反应水,防止淹水,并起到加湿氢气的作用。氢气循环设备有引射器和氢气循环泵,氢气循环泵要求无油、大流量、高响应、零泄漏,并有严格的防爆要求。

③加湿器。电堆中的电解质是一个质子交换膜,工作时膜要保持湿润状态,以利于质子传递和降低内阻。加湿器用于保持电堆内部的水动态平衡,提高电堆性能和耐久性。

④空气压缩机。为电堆提供一定温度、一定压力、一定流量的空气。燃料电池要求空压机无油、高速、体积小、质量轻,一般把高速电动机与空压机做成集成系统。

4. 中国燃料电池汽车发展技术路线

当前,国外燃料电池汽车基本完成了性能研发,整车性能已达到传统汽车水平,成熟度已接近产业化阶段。

①燃料电池发动机功率密度大幅提升,已经达到传统内燃机的水平;

②基于70 MPa储氢技术,续航里程达到传统车的水平(加氢时间小于5 min);

③燃料电池的寿命已经满足商用要求(轿车超过5000 h,大巴车已经达到了18000 h);

④低温环境适应性提高,可适应−30 ℃的气候条件,达到传统车水平;

⑤燃料电池发动机在体积上可以跟内燃机进行互换。

氢能是清洁环保能源,燃料电池是高效清洁利用氢能的最佳方式,相关技术在国际范围内已取得重大突破,并开始在多个应用领域进入商业化运营阶段。目前,多国政府都已出台氢能及燃料电池发展战略路线图,美日德等发达国家更是将氢能规划上升到国家能源战略的高度。在车用能源领域,氢能燃料电池被认为是实现车辆使用阶段零污染、全生命周期低污染的重要技术方案,是未来汽车产业技术竞争的制高点。2017年7月,中国汽车技术研究中心发布了《中国燃料电池汽车发展路线图》报告,对于2020—2030年中国燃料电池发展给出了总体思路,包括发展目标、技术路径和发展重点,如表5-8所示。中国燃料电池汽车发展策略是优先发展商用车,通过商用车发展,规模化降低燃料电池和氢气成本,同时带动加氢站配套设施建设,最后普及到乘用车领域。总体思路如下。

①近期以中等功率燃料电池与大容量动力电池的深度混合的动力构型为技术特征,实

现燃料电池汽车在特定地区的公共服务用车领域示范运行。

②中期以大功率燃料电池与中等容量动力电池的电-电混合为特征，实现燃料电池汽车的较大规模批量化商业应用。

③远期以全功率燃料电池为动力特征，在乘用车、商用车领域实现大规模的商业推广；建立并完善氢能供应体系，支撑燃料电池汽车规模化发展。

表 5-8 发展目标、路径和重点

发展目标	技术路径	发展重点
2020—2030 年逐步由示范运行向大规模推广应用发展。 ①燃料电池车发展规模： 2020 年，5000 辆；2025 年，5 万辆；2030 年，100 万辆。 ②燃料电池电堆质量比功率： 2020 年，2 kW/kg；2025 年，2.5 kW/kg；2030 年，3.0 kW/kg。 ③燃料电池电堆耐久性（乘用车/商用车）： 2020 年，5000 h/10000 h；2025 年，6000 h/20000 h；2030 年，8000 h/30000 h	①燃料电池关键材料技术； ②电堆技术； ③系统集成与控制技术； ④动力系统开发技术； ⑤燃料电池汽车设计与集成技术； ⑥提高功率密度； ⑦提高耐久性； ⑧降低成本； ⑨提高氢安全性能	①新型燃料电池核心材料； ②先进燃料电池电堆； ③关键辅助系统零部件技术； ④高性能燃料电池系统； ⑤混合型燃料电池动力系统； ⑥制氢、运氢、储氢及加氢基础设施

5.1.4 超高速飞轮

超高速飞轮是实现电动汽车储能要求的一种有效方式，它具有高比能量、高比功率、长循环寿命、高能量效率、能快速充电、免维护和良好的性能价格比等优点。先进的飞轮设计使用轻质复合材料转子，质量轻而转速可达每分钟上万转，因此被称为超高速飞轮。

在混合储能系统中，若将超高速飞轮用作辅助能量源，则在车辆匀速行驶和再生制动时能以机械形式实施充电储能，而在车辆启动、加速或爬坡时进行发电并输出峰值功率。

混合动力电动汽车用超高速飞轮作辅助能量源，可通过协调运行，缓解对蓄电池比能量和比功率的要求，有利于优化蓄电池的比能量密度和循环寿命设计。超高速飞轮的负载均衡作用，可降低蓄电池的输出功率和放电电流，提高蓄电池的可利用能量和使用寿命。车辆低功率行驶及再生制动时，超高速飞轮可高效率充电。除了可作为主能源的负载均衡装置外，超高速飞轮也可单独用作电动汽车的能量源。

车辆转弯或偏离直线行驶时，超高速飞轮会产生陀螺力矩，严重影响车辆的操纵性能；超高速飞轮出现故障时，以机械能形式储存其中的能量快速释放，会对车辆产生巨大的破坏。针对以上问题，研究了小飞轮、旋向成对配置、能量安全释放等措施，已取得相当大的进展。

5.1.5 超级电容

由于电动汽车频繁启动和停车，蓄电池的放电过程变化很大。正常行驶时，电动汽车从蓄电池中吸收的平均功率相当低，而加速和爬坡时的峰值功率又相当高，一辆高性能电动汽车的峰值功率与平均功率之比可达到 16∶1。事实上，电动汽车行驶中，用于加速和爬坡所消耗的能量占到总能耗的 2/3。在现有的技术条件下，蓄电池必须在比能量和比功率，以及比功率和循环寿命之间做出平衡，而难以在一套能源系统上同时追求高比能量、高比功率和长寿命。为了解决电动汽车续航里程与加速爬坡性能之间的矛盾，可以考虑采用两套能源系统，其中由主能源提供最佳的续航里程，而由辅助能源在加速和爬坡时提供短时的辅助动力。辅助能源系统的能量可以直接取自主能源，也可以取自电动汽车制动或下坡时回收的可再生动能。利用超级电容储存电能，选其作为电动汽车辅助能源已引起广泛关注。

5.2　电动汽车电动机与驱动系统及制动能量回收

5.2.1　电动机与驱动系统

电动机与驱动系统是电动汽车的核心，电动机特性对驱动系统、控制系统、功率转换装置的特性有决定性影响。要使电动汽车有良好的使用性能，电动机应具有调速范围宽、转速高、输出转矩与转动惯量比大、过载系数为 3～4、体积小、质量轻、效率高，且动态制动性强，可能量回馈等特性。

目前，电动汽车用电动机主要有直流电动机(DCM)、感应电动机(IM)、永磁无刷电动机(PMBLM)和开关磁阻电动机(SRM)四类，表 5-9 所示为电动汽车常用电动机的一般性能参数。目前，电动汽车用直流电动机基本上已被交流电动机、永磁电动机或开关磁阻电动机所取代。

表 5-9　电动机性能参数

	直流式	感应式	永磁式	开关式
峰值效率/(%)	85～89	94～95	95～97	<90
负荷效率/(%)	80～87	90～92	79～85	78～86
最高转速(r/min)	4000～6000	12000～15000	4000～10000	>15000
可靠性	中	优	好	好
相对成本	1.7	1.3～2.0	1.7～2.5	1.0～1.7

直流电动机结构简单，技术成熟，具有优良的电磁转矩控制特性，直到 20 世纪 80 年代中期，仍是国内外电动汽车用电动机的主要选择。但是，直流电动机价格高、体积和质量大，因此在电动汽车的应用中受到限制。

感应电动机也较早用于电动汽车驱动，它的调速控制技术比较成熟，具有结构简单、体积小、质量轻、成本低、运行可靠、转矩脉动小、噪声低、转速极限高和不用位置传感器等优点，其控制技术主要有 V/F(电压/频率)控制、转差频率控制、矢量控制和直接转矩控制(DTC)。20 世纪 90 年代以前，主要以 PWM(脉冲宽度调制)方式实现 V/F 控制和转差频率控制，但因转速控制范围小，转矩特性不理想，因此不适合频繁启动、频繁加减速的电动汽车。现阶段，由感应电动机驱动的电动汽车几乎都采用矢量控制和直接转矩控制。矢量控制又分为最大效率控制和无速度传感器矢量控制，前者是使励磁电流随着电动机参数和负载条件变化，从而使电动机的损耗最小、效率最大；后者是利用电动机电压、电流和电动机参数来估算出速度，不用速度传感器，从而达到简化系统、降低成本、提高可靠性的目的。直接转矩控制克服了矢量控制中解耦的困难，把转子磁通定向变换为定子磁通定向，通过控制定子磁链的幅值以及该矢量相对于转子磁链的夹角，达到控制转矩的目的。由于直接转矩控制结构简单、控制性能优良和动态响应迅速，因此非常适合电动汽车。美国以及欧洲研制的电动汽车多采用感应电动机。

永磁无刷电动机可以分为由方波驱动的无刷直流电动机(BLDCM)和由正弦波驱动的无刷直流电动机(PMSM)，它们都具有较高的功率密度，其控制方式与感应电动机的基本相同，因此在电动汽车上得到了广泛的应用，是当前电动汽车用电动机的研发热点。方波驱动无刷直流电动机不需要绝对位置传感器，一般采用霍尔元件或增量式码盘，也可以通过检测反电动势波形换相。正弦波驱动无刷直流电动机需要绝对式码盘或旋转变压器等转子位置传感器，这类电动机具有较高的能量密度和效率，其体积小、惯性低、响应快，非常适应于电动汽车的驱动系统，有极好的应用前景。目前由日本研制的电动汽车主要采用永磁无刷电动机。

开关磁阻电动机简单可靠，能在较宽的转速和转矩范围内高效运转，有控制灵活、可四象限运行、响应速度快和成本较低等优点。实际应用发现，SRM 存在着转矩波动大、噪声高、需要位置检测器等缺点，所以应用受到了限制。表 5-10 所示为电动汽车用电动机及驱动系统的主要性能比较。

表 5-10 电动汽车用电动机及驱动系统的性能比较

电动机类型	DCM	IM	PMBLM	SRM
电动机功率密度	差	一般	好	一般
转矩转速特性	一般	好	好	好
转速范围	小	一般	大	一般
效率	差	一般	高	一般
易操作性	最好	好	好	好
可靠性	差	好	一般	好
成本	高	低	高	较高
电动机尺寸	大	一般	小	小
电动机质量	重	一般	轻	轻
控制性	好	好	好	一般
综合性能	差	一般	最好	好

随着电动机及驱动系统的发展，控制系统趋于智能化和数字化。变结构控制、模糊控制、神经网络、自适应控制、专家系统、遗传算法等非线性智能控制技术，都将各自或相互结合起来应用于电动汽车的电动机控制系统。这将使电动汽车系统结构简单，响应迅速，抗干扰能力强，参数变化具有鲁棒性，有望大大提高整个系统的综合性能。

驱动电动机作为电动汽车的核心部件，其好坏对电动汽车的动力性、经济性、安全性都有重要影响。但汽车驱动电动机有别于其他工业电动机，汽车驱动电动机不仅受汽车结构尺寸的影响，同时还要满足复杂工况下的运行条件。因此，除了要求驱动电动机效率高、质量小、功率密度大、尺寸小、可靠性好及成本低外，还要求其能够适应汽车频繁启动、停车、爬坡、加减速等工况，这就要求驱动电动机具备较宽的转速范围和较高的过载系数，以满足汽车低速或爬坡时高转矩、高速低转矩的性能要求。

1. 驱动方式

根据电动汽车上驱动电动机安装位置的不同，电动汽车驱动方式可分为单电动机集中式驱动和多电动机分布式驱动 2 种。分布式驱动又可分为轮边电动机驱动与轮毂电动机驱动。

1）集中式驱动

集中式驱动与传统汽车结构接近，用电动机代替内燃机，通过传动系统将电动机的转矩传递到驱动轮上使汽车行驶，在传统汽车结构的基础上，稍加改动即可，具有操作技术成熟、安全可靠的优点。但其存在底盘结构相对复杂、车内空间狭小、体积较大、传动效率低、控制复杂等缺点。

集中式驱动的常见传动方式有 3 种，如图 5-28 所示。图 5-28(a)所示的为带有离合器的传动方式，采用该方式的纯电动汽车变速器一般设有 2～3 个挡位，换挡中离合器起中断动力、降低换挡冲击的作用；图 5-28(b)所示的传动方式取消了离合器，将驱动电动机通过传动轴与固定速比减速器相连，使传动系统质量和传动装置体积减小，利于增加车内空间；图 5-28(c)所示的传动方式则把驱动电动机、变速器和差速器集成一体，通过左、右半轴分别驱动对应侧车轮，结构紧凑，适合用于小型汽车。

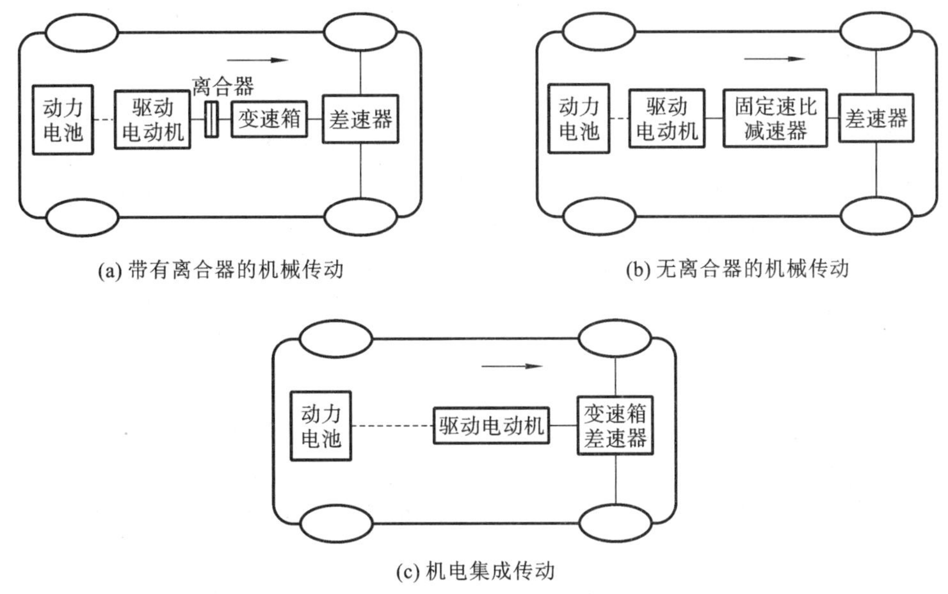

(a) 带有离合器的机械传动　(b) 无离合器的机械传动

(c) 机电集成传动

图 5-28　集中式驱动传动方式

2）分布式驱动

分布式驱动是将多个电动机集成在车轮附近或轮辋内，将动力传给相应车轮，具有驱动传动链短、传动效率高、结构紧凑等突出优点。电动机既是汽车信息单元，也是快速反应的控制执行单元，通过独立控制电动机驱/制动转矩容易实现多种动力学控制功能。按电动机位置和传动方式不同，分布式驱动可分为轮边电动机驱动和轮毂电动机驱动。

(1)轮边电动机驱动。

轮边电动机驱动是将驱动电动机安装在副车架上的驱动轮旁边，通过或不通过减速器直接驱动对应侧车轮，如图 5-29 所示。带减速器的驱动方式是将电动机与固定速比减速器连接，通过半轴实现对应侧车轮的驱动，它是从集中式驱动到轮毂电动机驱动之间的过渡

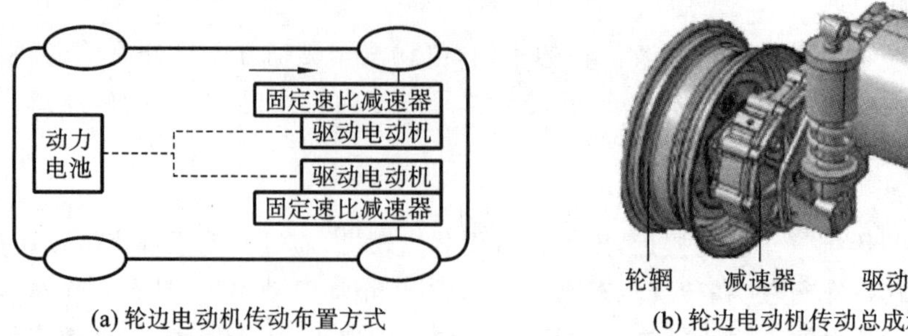

(a) 轮边电动机传动布置方式　　(b) 轮边电动机传动总成示意图

图 5-29　轮边电动机驱动

形式。

在图 5-29 中，2 个电动机通过对应侧减速器分别驱动相应侧车轮，可对每个电动机的转速进行独立调节控制，采用电子差速器实现左右半轴差速，对驱动轮有更加精准的控制力。轮边电动机驱动的汽车传动链和传动空间进一步减小，底盘机械结构更简单，整车质量减小且布置更合理，可使传动效率提高。在 2015 年日内瓦车展亮相的奥迪 R8e-tron 采用双永磁同步电动机驱动，在宽泛的转速范围内都能保持 95%的效率，峰值转矩为 920 N・m，0～100 km/h 的加速时间为 3.9 s，最高时速可超过 250 km/h。

(2)轮毂电动机驱动。

轮毂电动机驱动技术作为最先进的电动汽车驱动技术，是将 2 个、4 个或者多个电动机安装在车轮内部，直接驱动车轮的技术，特别适合于纯电动汽车。它的最大特点就是将动力、传动和制动装置都整合到轮毂内，因此可使电动汽车的机械部分大大简化。

图 5-30 所示为传统汽车与轮毂电动机驱动的电动汽车底盘比较。由图可见轮毂电动机驱动彻底取消了离合器、变速器、差速器和半轴等传动系统部件，使底盘结构简单，传动效率提高，车内空间更大，同时减轻了整车重量且驱动布置合理，便于实现底盘智能化和电气化控制。轮毂电动机驱动根据有无减速机构，可分为直接驱动和减速驱动。

(a) 传统汽车驱动　　(b) 轮毂电动机驱动电动汽车

图 5-30　传统汽车与轮毂电动机驱动电动汽车的底盘比较

①直接驱动的电动机外转子直接与轮毂机械连接，无减速结构，也称外转子式轮毂驱动，如图 5-31(a)所示。电动机最高转速一般在 1500 r/min 左右，车轮的转速与电动机相同，其优点是电动机体积小、质量轻、成本低、驱动结构紧凑、传递效率高。但在起步、爬坡等大负荷时需要大转矩、大电流，容易损坏电池和永磁体。因此，为了保证足够大的起步转矩和较好的动力性，对电动机的要求较高，一般用低速外转子永磁同步电动机。

②减速驱动是在电动机和车轮之间安装固定速比减速器，起减速增矩的作用，也称内转

子式轮毂驱动。减速装置通常采用传动比在 10∶1 左右的行星齿轮减速装置，可以保证汽车低速时获得足够大的转矩，如图 5-31(b)所示。随着更为紧凑的行星齿轮减速器的出现，内转子式轮毂电动机在功率密度方面比低速外转子式轮毂电动机将更具竞争力。

为获得较高的功率密度和适应现代高性能电动汽车的运行要求，所用电动机的工作最高转速可达 10000 r/min 以上，对电动机其他性能没有特殊要求，通常采用高速内转子永磁同步电动机，电动机输出动力减速增矩后驱动轮毂推动汽车行驶。电动机体积小、质量轻、高转速运转比功率高；减速增矩后汽车爬坡性好，并可保证汽车在低速运行时具有较大的平稳转矩，但其结构相对复杂，非簧载质量的增加会对车辆平顺性和其操纵稳定性产生影响。

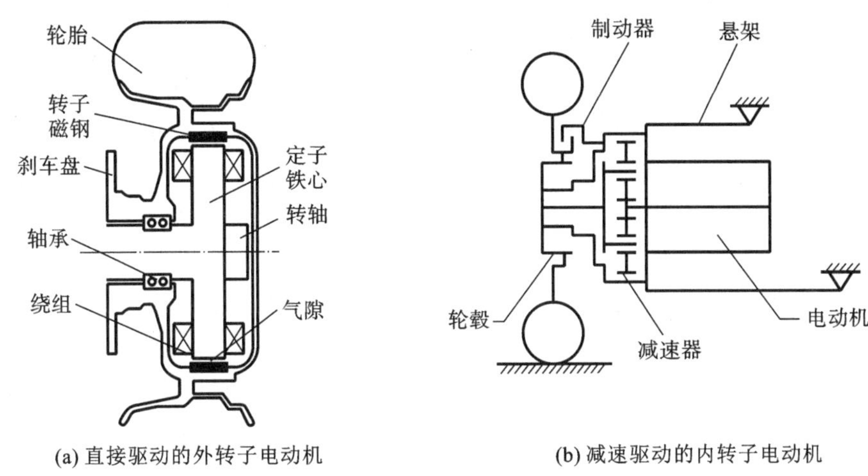

(a) 直接驱动的外转子电动机　　(b) 减速驱动的内转子电动机

图 5-31　轮毂电动机驱动布置形式

2. 驱动性能与应用分析

(1)驱动性能分析。

表 5-11 所示为电动汽车不同电动机驱动方式性能比较，它直观反映了不同驱动方式的电动汽车的传动效率、经济性和操纵稳定性等方面的情况。结合表 5-11 和上述电动机驱动方式可知：集中式驱动与传统内燃机汽车相似，具有传统内燃机汽车的传动系统零部件多、成本高、传动效率低、控制复杂等缺点。与集中式驱动相比，轮边电动机驱动方式传动链短、经济性好、车身内部空间利用率高、制动能量回馈损耗小，但传动效率不如轮毂电动机驱动的高。

表 5-11　电动汽车驱动方式性能比较

性能参数	集中式	分布式(轮边电动机)	分布式(轮毂电动机)
传动链长度	长	短	最短
车身内部空间利用率	一般	高	高
车身质心高度	一般	低	低
传动效率	中	较高	高
经济性	较好	好	好
动力学可控性	一般	好	好
能量回收(回馈制动)	能	能	能
噪声	小	小	小

续表

性能参数	集中式	分布式(轮边电动机)	分布式(轮毂电动机)
非簧载质量	小	大	大
车轮驱动力矩波动	小	大	大
涉水性能	好	一般	一般

轮毂电动机驱动完全取消了传动系统零部件,将电动机、悬架系统、制动系统同时放在轮辋里,使汽车结构紧凑,重心降低,行驶稳定性提高。轮毂电动机与动力电池及控制器间采用线束连接,如图 5-31(b)所示。车内空间布置更加灵活,车厢底板降低且底盘平整,空间增大,提高了乘坐舒适性。同时,每个车轮运动相互独立,无硬性机械连接,可通过计算机和电动机控制系统按汽车行驶状态对车轮驱动力和制动力进行快速优化、精确任意分配,便于实现线控转向、ABS、TCS 及 ESP 等功能,使得汽车转向灵活、动力学性能可靠、操纵稳定性好。此外,轮毂驱动还可实现电气制动、机电复合制动及制动能量回馈,能源消耗低、制动能量回收高,能量转化效率可达到 90%。

虽然轮毂电动机驱动的汽车性能优点突出,但轮毂电动机、制动系统甚至悬架系统同时集中在车轮上,导致汽车非簧载质量和车轮旋转部件的转动惯量显著增大,从而会增加汽车垂直方向的振动幅度,甚至影响轮胎的附着性,不利于汽车的控制,还会降低汽车的平顺性和舒适性。2008 年,米其林推出的主动车轮轮毂中设有 2 个电动机,其中一个向车轮输出转矩,另一个控制主动悬架系统,从而改善车辆的舒适性、操控性和稳定性。

(2)未来发展分析。

轮毂电动机驱动具有其他驱动方式无法比拟的性能优点,虽然现在还无成熟的轮毂驱动汽车产品应用,但轮毂驱动技术作为一种新的先进驱动方式,是当前国内外电动汽车研究的重点、热点技术之一。

现列举部分轮毂电动机驱动方面的研究,比如利用电动机质量构造吸振器对非簧载质量引发的垂向振动负效应进行控制;通过特殊电动机设计将电动机定子质量转化到簧载质量中去,使非簧载质量下降;通过设置与悬架系统并联的减振机构将轮毂电动机定子质量由簧下质量转化为簧上质量;提出将整个电动机质量作为簧载质量的方案,即在直接驱动轮毂电动机的电动系统中将电动机质量作为吸振器质量,不另外增加质量块;开发了一种适用于轮毂电动机驱动的电动汽车专用悬架和转向系统,该系统包括一种双节臂式前悬架系统、扭杆梁式后悬架系统和机械转向系统。

综上可见,科研人员正在针对轮毂电动机驱动存在的不足进行多方面的改进、研发,包括高转矩轮毂电动机的开发、智能化底盘的集成与控制、轻量化车身技术。相信消除非簧载质量对汽车性能的影响等关键技术,会逐步解决轮毂电动机直接驱动存在的各种缺陷与不足,并探索出合理的新手段,充分发挥轮毂电动机直接驱动的优点,从而使其成为电动汽车的最终驱动方式。

通过电动汽车不同驱动方式的性能分析,发现采用轮毂电动机驱动方式的电动汽车结构最紧凑、车身内部空间利用率最高、整车重心低、行驶稳定性好、便于智能控制,在维护成本、安全性、大转矩驱动等方面都有其他驱动方式所不具备的优势,符合当今电动汽车驱动电动机朝着小型化、高功率密度、高可靠性等方向发展的要求。轮毂电动机直接驱动虽然还有一定的不足之处,技术尚未成熟,但不能阻挡其成为未来电动汽车驱动方式的首选时代需求。

5.2.2　制动能量回收

制动能量回收技术不仅能够提高能量利用率，而且可以减少磨损和制动热量，降低噪声，缓解热衰退，从而优化汽车的制动性能，提高制动稳定性。研究表明，在城市工况中近34%的汽车驱动能量消耗在制动过程中，在有些城市更高达 80%；而在电动汽车中，这部分能量通过电气系统由驱动轮至蓄电池的转化效率可高达 68%，在城市路段，可增加续航里程超过 20%。下面从制动能量回收潜力、影响因素、驾驶意图和控制策略等方面，简述电动汽车制动能量回收技术的研究现状及存在的问题。

1. 制动能量回收潜力

制动能量回收潜力研究能为电动汽车的收益评估提供支撑，为制动能量回收技术提供指导。相关研究发现，制动能量回收能够提升续航里程约 24.4%。制动最大功率曲线与电动机制动时的外特性曲线基本吻合，但制动回收密集区与电动机的高效率区吻合不好。为了高效回收，提出在满足驱动的同时兼顾能量回收率的驱动系统设计建议，使电动机工作在制动能量分布密集区域，或调整系统传动比使二者尽量重合。节能潜力分析研究发现，工况对能量回收有很大影响，车型参数的影响程度随着制动力分配比例的增大而增大。能量回收潜力与驾驶员个人因素也有关系，这在标准循环下无法测得。一般情况下，城市路况的回收潜能最高。

2. 制动能量回收影响因素

除了路况等因素外，制动能量回收率还受到制动布置形式、电动机、储能系统、能量传递和整车质量等因素的影响，要发挥再生制动的最大潜力，就要对这些因素进行优化。

(1)制动布置。

制动布置涉及前后轴制动力分配、驱动轴再生制动与机械制动分配等方面。制动策略是针对制动布置形式制定的，制动布置对控制策略有着决定性的影响。电动汽车制动要满足：不出现后轮单独抱死或后轮比前轮先抱死的情况；尽量少出现只有前轮抱死或前后轮同时抱死的情况。回馈制动布置形式同样要考虑这两点，结合复合制动特点选择合适的制动布置形式。

(2)再生制动布置。

制动布置对应的驱动有后轴驱动、前轴驱动、双轴驱动和四轮驱动。只有电动机参与的驱动轮可以进行制动能量回收。为了能量回收效果，需要为驱动轮分配更多制动力。后轮单轴驱动，其再生制动潜能受到限制；而前轴单轴驱动在制动过程中比后轮的制动力分配更多，因此更适合采用前轮驱动；双轴驱动前后各 1 个电动机，避免了单轴驱动为回收更多能量使得前后轴制动力分配偏离制动力曲线而造成稳定性下降的情况，使得前后轴的制动力可以按照理想制动曲线进行分配，且都可进行再生制动，能量回收率得到了保障，且驱动性能较单轴提高；四轮各配 1 个电动机，简化了能量传递，传递效率提高，回收潜力提升，且在轻量化、空间利用率、轴荷分布、驱动布置和稳定性等方面优势明显，但存在簧下质量增大等负面影响。

(3)机械制动布置。

机械制动有 X 型和 H 型，X 型的前后制动力成比例关系，制动力无法自由调节以配合回馈制动力达到理想状态，且机械制动比例较大，所以能量回收空间小。H 型前后轮制动力独立控制，与制动回收系统高度匹配，可将电动机制动力调到理想值再配合摩擦制动，使总制动达到要求。

(4)机电耦合。

电动机制动转矩有时不满足制动需要，为保证能量回收率和制动安全，要将机械制动与再生制动耦合。机电制动耦合可分为叠加式耦合和协调式耦合。

叠加式耦合基于 X 型机械制动，机械制动与再生制动独立控制，根据制动强度，在踏板空行程范围内对再生制动进行调节，机械制动不调节。这种形式控制参数少、简单易实现、结构可靠性好，电动机与机械制动互不影响，再生制动失效不影响安全制动；缺点是制动感觉差，能量回收率低。对于前轴电驱动，原机械的制动系统制动力分配曲线为 β 线，在此基础上前轴施加再生制动，制动力分配曲线满足制动稳定性要求，但前轴施加的再生制动力少，回收率较低。

协调式耦合基于 H 型机械制动，需要对传统制动主缸与轮缸压力进行解耦，制动主缸提供制动压力源，再通过调压阀分配机械制动压力；或配备电液制动对各轮制动进行独立控制。因此可先进行再生制动力分配，再通过液压调节单元调节制动力，与再生制动配合达到制动要求。这种形式制动感觉好且能量回收率高，但控制参数多。

(5)电动机。

电动汽车使用直流、感应、永磁同步和开关磁阻电动机，其中永磁同步电动机应用最广泛。作为制动转矩输出端，电动机特性对再生制动影响很大，再生制动最大力矩受电动机外特性约束，且不同电动机转速转矩组合对应不同的转换效率，直接影响再生制动力和回收效率。

(6)储能系统。

制动要求储能装置高功率充放且快速切换。为保护电池，当荷电状态(SOC)较高时，应停止能量回收；当 SOC 过低时，也不应进行能量回收。

(7)能量传递系统。

能量回收路径按照转换形式分为：车轮-半轴-机械传动构成的机械能传递系统；电动机-电动机控制器-逆变器组成的电能传递系统；电池及充电装置构成的化学储能系统。机械传递效率、电能传递效率和电池充放电效率及能量转换效率都会对能量回收产生影响。

(8)其他因素。

整车质量大、滚动阻力小、迎风面积小、空气阻力小，则可回收能量高，回收潜能大。另外，制动载荷转移对单轴驱动车型能量回收率也有影响。

3. 制动意图识别研究

准确识别制动意图是制动稳定性的重要保障，也是控制策略开发的基础。仅通过油门和制动踏板开度识别的精度低，会导致能量管理和扭矩分配与预期有差别，性能下降。

驾驶意图常分为动力和经济两种模式，并细分为低速巡航、高速巡航、紧急加速、一般加速、平缓加速。引入汽车加速度均值与均值方差来进行驾驶模式选择，并通过油门开度与开度变化率识别加速程度，再通过汽车平均加速度与车速进行驾驶意图识别。建立 akagi-Sugeno 模型可很好地识别驾驶意图，基于此识别方法的控制策略可优化经济性，且此方法对于制动同样适用。

制动回馈按开启方式分为收起油门回馈和踩制动踏板回馈，对后者的研究较多。建立油门和制动踏板模型，采用模糊识别方法对驾驶员驾驶意图进行识别。将制动意图分为紧急、中强度和小强度制动；在制动意图基础上建立“仅考虑踩下制动踏板”和“同时考虑踩下制动踏板和收起油门”两种模式。研究表明，油门收起模拟发动机制动的控制策略较普通控制策略在能量回收率和续航里程方面均有优势。

4. 机电制动协调控制策略研究

电制动响应快，机械制动响应慢，如何协调是机电复合制动的关键。目前复合制动策略的研究主要集中在稳态协调控制策略和动态协调控制策略等方面。

(1)稳态协调控制策略。

稳态协调控制策略主要研究机电制动力协调分配，多针对制动器串联耦合方式。按照具体要求对前后轴制动力、机电制动力进行分配，以提高回收率与舒适性。制动强度＜0.1时，根据制动力曲线 I 分配制动力；制动强度≥0.1 时，采用根据 ECE 曲线分配制动力的增程式电动汽车串联制动能量回收控制策略，能量回收率明显提高。有研究人员充分考虑制动安全性和能量回收时的电池、电动机功率限制和车速等影响因素，以 ECE 的 M 曲线和 f 曲线分配前后轮制动力，根据制动强度确定前轮摩擦制动力，结果表明，能量回收率提高了163.4%。研究人员在制动能量回收过程中对电制动与机械制动采用模糊控制进行分配，在保证制动安全的前提下增大制动响应时间，使得减速变化率更加平缓，获得了更好的制动舒适性。有研究人员对自动挡混合动力汽车(HEV)的制动协调控制进行了研究，研究对象采用前轮再生制动与机械制动，后轮机械制动的模式。控制策略：当制动强度小于界定值时，制动只由前轮的再生制动或前轮再生制动与机械制动完成；当制动强度大于界定值时，由前轮再生制动和后轮机械制动或前轮机械制动加再生制动与后轮机械制动合作完成。仿真结果表明，其具有较好的能量回收率，但是过高的前轮制动力分配会造成舒适性下降。

(2)动态协调控制策略。

动态协调控制策略主要针对制动过程中的突变因素，协调机电制动力，获得较高的制动稳定性和理想的能量回收率，主要涉及制动能量回收与机械制动、ABS 动态协调控制。

针对热衰退对制动稳定性的影响，提出电动机制动力补偿算法，在车速为 120 km/h，附着系数为 0.8 的路面制动，对热衰退影响下的机械制动力进行补偿，使制动距离减少 3.6 m、回收率提高 2.2%。依据路面附着系数调整防抱死刹车系统(ABS)与再生制动的控制策略：低附路面，液压制动提供基础制动力矩；中附路面，电动机提供基础制动力矩；高附路面，退出电制动，完全由液压制动提供制动力矩。仿真结果表明，该控制策略兼顾制动稳定性与能量回收率。引入电子伺服制动，将再生制动与高精度的制动压力相协调，可在进行模式切换过程中保持良好的制动踏板感觉，在跟车行驶工况下也保持较低的燃油消耗，在坡道起步时防止反转，保持较好的驾驶感觉。

5. 电池保护

电池寿命短、回收难、价格高，但基于目前的技术水平，还难以找到电池的替代品，如何控制机电复合制动，保护蓄电池并延长使用寿命变得十分重要。有研究人员建立电池模型和车辆驱动模型，反映实时温度，对传动比进行模糊控制，并调整制动电流。研究表明，小电流有助于控制电池的温度并确保能量回收率，为电池的热安全性能研究提供了参考。

电动汽车的制动能量回收系统及机电复合制动技术已经取得了较快发展，且能量回收率及制动稳定性都已达到实用水平，但仍存在以下问题：增程式 HEV 的制动回收、SOC 的精确计算方法以及坡道对制动回收系统的影响有待深入研究；对无人驾驶汽车制动能量回收的研究较少；缺少准确的车辆制动数学模型。

5.2.3 制动能量回收实车分析案例

1. 研究对象的描述

以奇瑞 S18 纯电动轿车为基础车型进行制动能量回收系统的参数设计和控制策略研究。奇瑞 S18 纯电动轿车的结构如图 5-32 所示，实车图片如图 5-33 所示，主要参数见表 5-12。

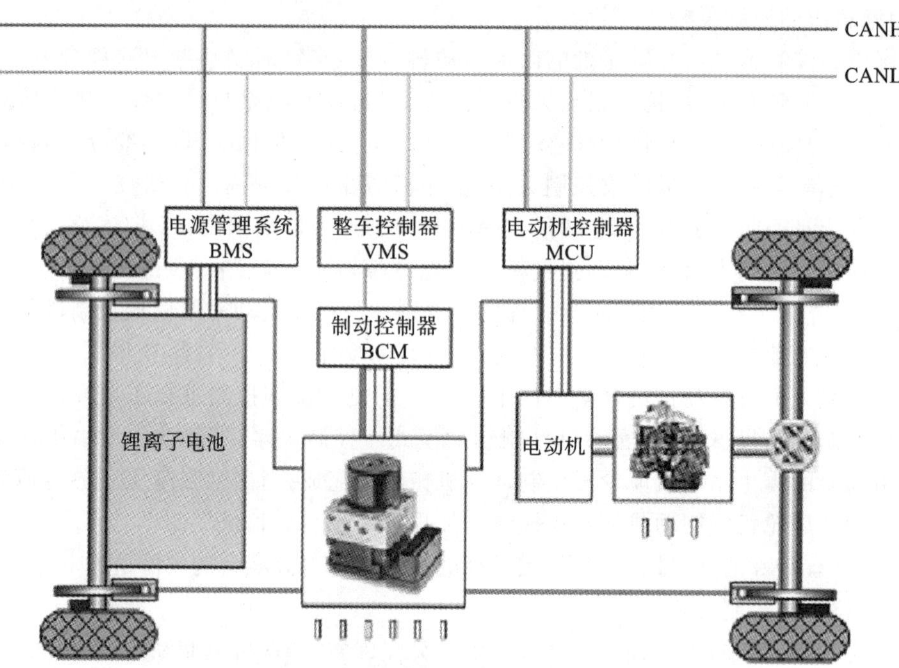

图 5-32 奇瑞 S18 纯电动轿车结构示意图

图 5-33 奇瑞 S18 纯电动轿车

表 5-12　奇瑞 S18 纯电动轿车主要参数

参数名称	参数值
车辆总质量	1360 kg
电动机类型	永磁同步电动机
电动机峰值功率	40 kW
电动机额定功率	29 kW
电池容量	45 A·h
总传动比	7.881

整车控制器负责维持车辆正常行驶必要的基本功能，例如根据油门踏板位置和电动机状态计算目标驱动力矩、仪表管理等。电动机控制器的主要作用是监控电动机状态，根据整车控制器发送的转矩命令对电动机进行控制。电池管理系统的主要作用是监控电池状态，计算 SOC。制动控制器中集成有制动防抱死控制算法和制动能量回收控制策略。上述四个控制器之间通过 CAN 总线通信。

作为电驱动乘用车节能减排、提高能耗的一项关键技术，制动能量回收系统对车辆的原有液压制动系统提出了新的要求。传统汽车的液压制动系统结构如图 5-34 所示，在正常制动时，制动压力完全由制动踏板控制。但是对于电动汽车来说，在进行制动能量回收时需根据电动机回馈制动力和驾驶员的制动需求对液压制动力进行调节，保证总的制动力与驾驶员的制动需求相符，因此需对传统液压制动系统进行改造或设计新型的液压制动系统以满足制动能量回收技术的要求。

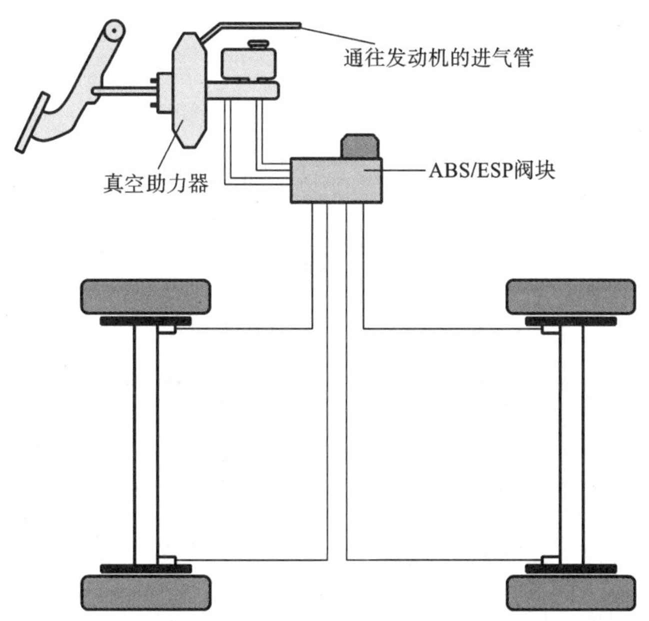

图 5-34　传统汽车的液压制动系统结构图

针对前轮驱动型纯电动轿车液压制动系统设计制动能量回收系统，基于车辆稳定性控制系统(ESP)执行机构，需重新设计控制软件架构实现制动能量回收功能和制动防抱死功能。由于 ESP 是目前应用于传统车辆的主动安全系统，设计的制动能量回收系统是在 ESP 的基础上改进的，因此对原车制动系统改造较小且便于实施。

图 5-35 给出了纯电动车辆制动能量回收系统工作过程中的能量、转矩、数据传递路线。与传统液压制动系统相比，此方案中增加了一个电动真空泵和六个压力传感器，如图5-36所示。

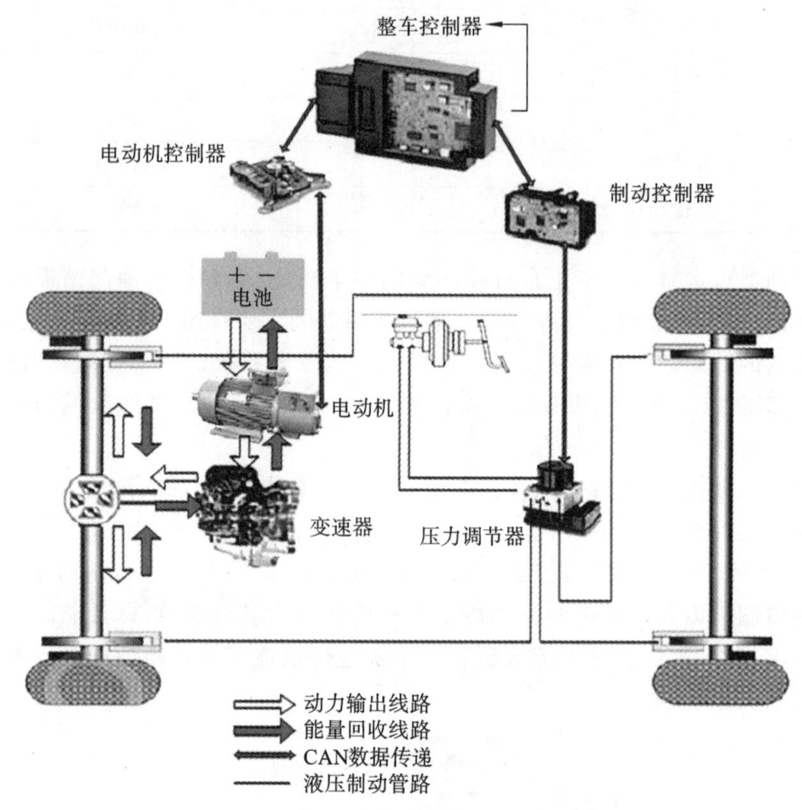

图 5-35　纯电动车辆制动能量回收系统示意图

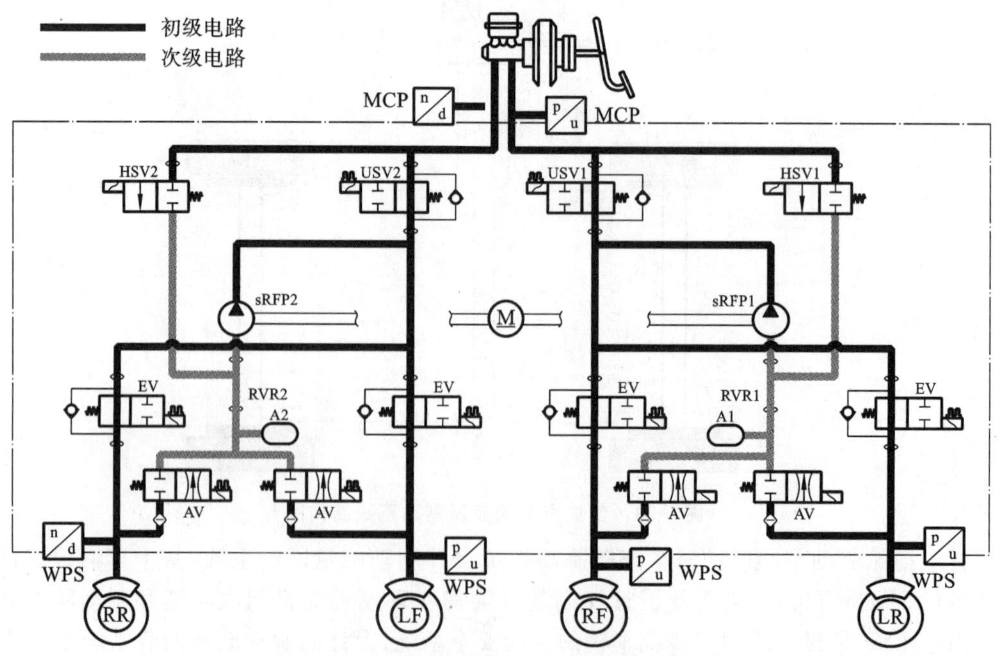

图 5-36　制动能量回收系统原理结构图

ESP 液压调节阀块采用 Bosch ESP 液压调节阀块，以其作为执行机构调节液压制动力，其管路结构见图 5-37，虚线框内是 ESP 执行机构部分，其实物为整体阀块结构，如图 5-38(a)所示。

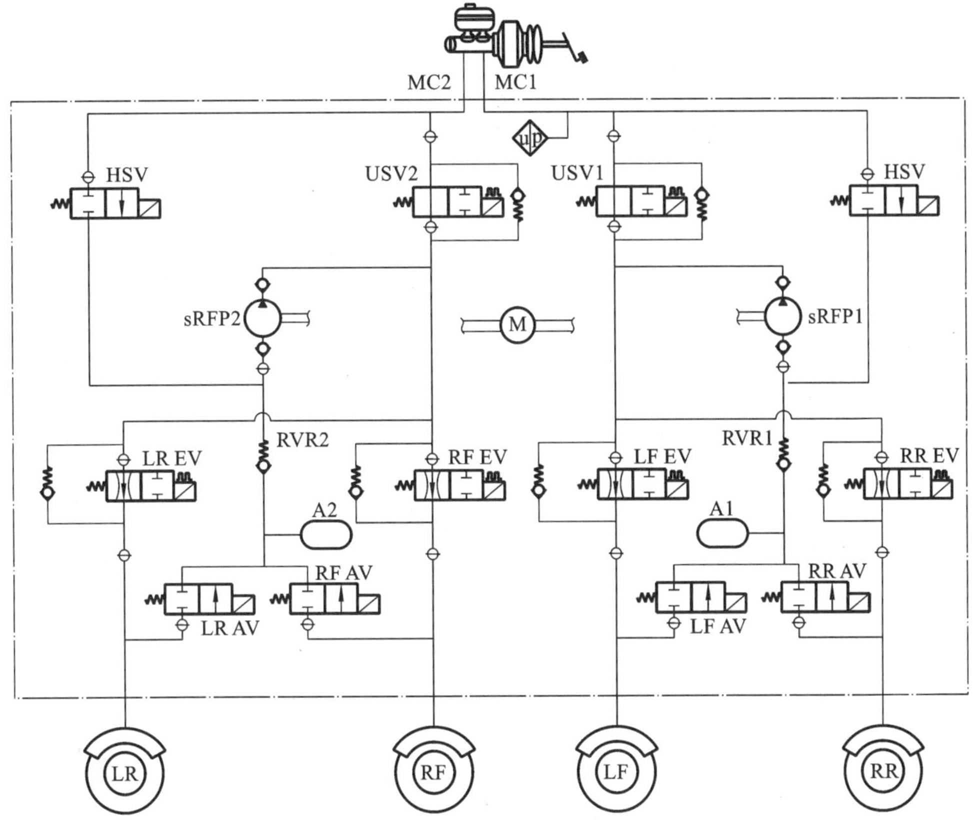

图 5-37　Bosch ESP 管路结构图(虚线框内)

USV2—前腔主阀；USV1—后腔主阀；HSV2—前腔旁阀；HSV1—后腔旁阀；EV—对应各油路制动轮缸进油阀；AV—对应各油路制动轮缸出油阀；A1、A2—低压蓄能器；sRFP1、sRFP2—回油泵；M—泵油电动机(泵油电动机带动回油泵工作)

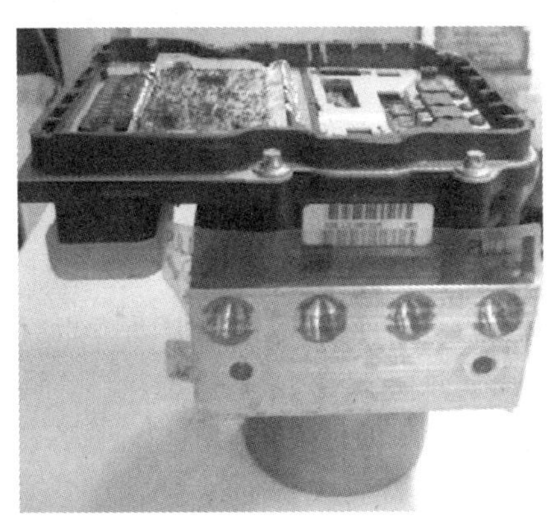

(a)

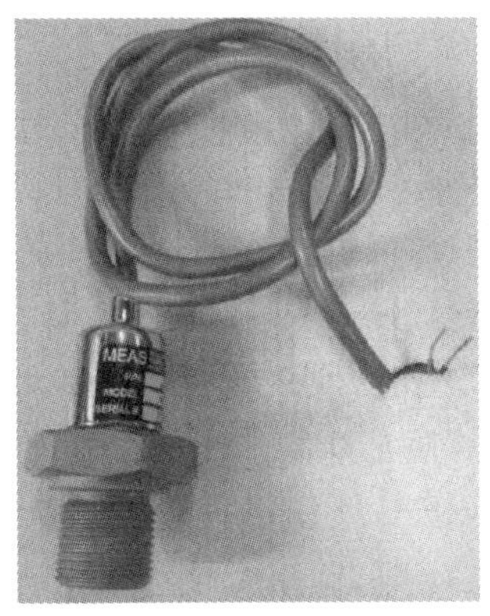

(b)

图 5-38　系统相关实物图

在 ESP 液压制动系统中添加三个压力传感器，其实物见图 5-38(b)，其中一个检测主缸压力，两个监测轮缸制动压力。压力传感器拟采用电流型压力传感器，输出信号范围为 4～20 mA，测量范围为 0～25 MPa，12 V 供电。

真空泵仍沿用原车自带的电动真空泵。此方案的优点是对原车液压制动系统改动较小，增加的真空压力传感器尺寸较小，安装方便，而且此方案仍为纯液压制动，制动能量回收系统失效时可恢复为常规制动。但本方案仍存在若干缺点：踏板力与液压制动力之间未解耦，因此在调节液压制动力时难以完全消除对踏板感觉的影响；在进行制动能量回收时若想兼顾制动感觉则会导致制动能量回收效率降低；每次制动时 ESP 液压阀块中的进油阀和出油阀都要工作，因此与 ESP 系统相比电磁阀的工作强度有所增加。

基于 ESP 液压阀块的制动能量回收系统，对原车液压制动系统改动小，实施较为容易。将其作为研究重点，针对这一方案开发制动能量回收控制策略，并最终完成实车测试。

2. 制动能量回收的工作模式

制动能量回收系统工作模式包括：常规制动模式、正常制动时回馈制动模式、紧急制动时防抱死制动模式，以及三种制动模式间的切换。下面参照图 5-37 进行工作原理说明。

常态下，各电磁阀的开闭状态如表 5-13 所示。

表 5-13　各电磁阀的开闭状态

电磁阀	复位状态
前腔主阀 USV2、后腔主阀 USV1	开启
前腔旁阀 HSV2、后腔旁阀 HSV1	关闭
各油路制动轮缸进油阀 EV	开启
各油路制动轮缸出油阀 AV	关闭

制动能量回收系统工作于常规制动模式时，如图 5-37 所示，电磁阀、回油电动机均为常态，制动效果与传统液压制动系统效果相同。目标车辆驱动形式为前轮驱动。当驾驶员制动时，主缸压力传感器(MCP)监测驾驶员制动需求，制动控制器(BCU)根据 MCP 测得的主缸压力值计算出总制动力矩需求，此时压力调节器中的电磁阀均处于复位状态，即轮缸压力等于主缸压力。BCU 根据前轮轮缸压力计算出两前轮所需制动力矩值 M_1，将该值通过 CAN 总线发送到整车控制器(VMS)，VMS 将驱动电动机的实际回馈制动力矩值 M_2 发送到 BCU，BCU 对 M_1 和 M_2 进行比较。

当 $M_1=M_2$ 时，即电动机实际回馈制动力矩值正好等于两前轮所需制动力矩值，BCU 对压力调节器发出前轮保压指令。参照图 5-37，两前轮进油阀 RF-EV、LF-EV 上电关闭，即可实现两前轮轮缸压力保持。

当 $M_1>M_2$ 时，即两前轮所需制动力矩值大于电动机实际回馈制动力矩值，两前轮需要液压制动力的补充，BCU 对压力调节器发出前轮液压制动力增压指令。参照图 5-37，对两前轮进油阀 RF-EV、LF-EV 进行 PWM 占空比控制，即可实现两前轮轮缸压力增加。

当 $M_1<M_2$ 时，即两前轮所需制动力矩值小于电动机实际回馈制动力矩值，此时应减小两前轮轮缸的动压力。为了保证踩踏踏板时不产生顶脚的感觉，前腔主阀 USV2、后腔主阀 USV1 上电关闭，使得两前轮制动轮缸与制动踏板解耦。BCU 对压力调节器发出前轮减压指令，两前轮进油阀 RF-EV、LF-EV 上电关闭，两前轮出油阀 RF-AV、LF-AV 进行 PWM

占空比控制，实现两前轮轮缸压力减小。

当车速较低时驱动电动机制动力矩迅速变小为零，为了保持总制动力矩不变，需要对两前轮进行快速增压控制，此时后腔主阀 USV1 和前腔主阀 USV2 上电关闭，回油电动机通电，其他电磁阀处于复位状态，使得低压蓄能器中的制动液迅速进入两前轮制动轮缸，从而实现快速增压控制。

对车辆实施紧急制动时，车轮会出现抱死现象，ABS 功能可以防止车轮抱死。此时，回馈制动立即撤出，BCU 进入 ABS 制动模式。由回馈制动向 ABS 制动模式的切换过程具体实施方式为：前腔主阀 USV2、后腔主阀 USV1 同时掉电打开，处于复位状态，BCU 由回馈制动模式迅速切换为 ABS 制动模式。根据各车轮状态对各车轮对应的进油阀、出油阀进行控制，具体控制方式如下。

以右前轮为例，当制动控制器 BCU 监测到有右前轮抱死趋势时，右前轮进油阀 RF-EV 和右前轮出油阀 RF-AV 同时上电。右前轮进油阀 RF-EV 上电关闭，右前轮出油阀 RF-AV 上电打开，回油电动机 M 进行 PWM 占空比控制，右前轮制动液被抽回到后腔主油路，实现右前轮减压控制。

当制动控制器 BCU 监测到右前轮抱死趋势消失时，右前轮进油阀 RF-EV 和右前轮出油阀 RF-AV 同时掉电复位。由于后腔主路制动压力很大，右前轮轮缸制动压力较小，制动液会瞬时进入到右前轮轮缸里面，实现增压控制。

在 ABS 控制过程中有时会出现保压控制，此时右前轮进油阀 RF-EV 上电关闭，右前轮出油阀 RF-AV 保持掉电关闭状态，即可实现保压控制。

3. 制动能量回收的策略研究

作为制动能量回收功能实现的软件体系，研究制动能量回收控制策略具有至关重要的意义。制动能量回收控制策略的功能主要包括：根据驾驶员的制动需求计算电动机回馈制动力、前轮液压制动力和后轮液压制动力的需求值；根据液压制动力的目标值和实际值控制各电磁开关阀和泵油电动机，保证液压制动力实际值能快速精准地跟踪液压制动力目标值；在进行制动能量回收时兼顾制动能量回收率和驾驶感觉。

从提高制动能量回收效率的角度看，在符合驾驶员制动需求的前提下电动机回馈制动力越大越好，但是电动机回馈制动力的大小受限于前后轮制动力的分配比例，即前后轮制动力分配比例需满足相关法律法规的要求。同时，电动机回馈制动力也受到电动机特性、电池充电能力的限制，需综合考虑多种因素的影响。

如图 5-39 所示，设计了两种制动力分配策略。按照国家标准《机动车运行安全技术条件》(GB 7258—2012)的要求，行车制动系统制动踏板的自由行程应符合该车有关技术条件。因为踏板如果自由行程过小或者完全没有自由行程，则容易造成制动拖滞；如果自由行程过大，将会降低制动效果，增加制动距离。这两种分配策略均不改变原制动系统的自由行程，能够满足法规的要求。

在策略一中前后轮制动力的分配比例与原制动系统的相同，制动力变化过程如下：

(1)*OA* 段，自由行程，无制动力；

(2)*AB* 段，前轮只施加电动机回馈制动力，后轮正常施加液压制动力；

(3)*BC* 段，电动机回馈制动力达到限值，前轮开始施加液压制动力，后轮正常施加液压制动力；

(4)*CD* 段，紧急制动模式，撤销回馈制动，完全恢复为液压制动。

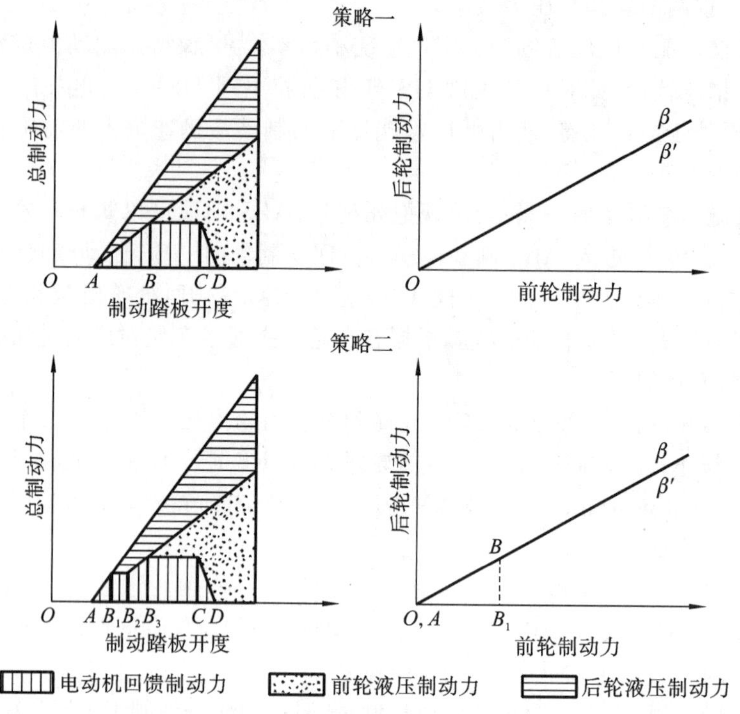

图 5-39　两种制动力分配策略

对于策略二，随着制动踏板开度的增大，制动力变化过程如下：

(1)OA 段，自由行程，无制动力；

(2)AB_1 段，前轮仅施加电动机回馈制动力，后轮无制动力；

(3)B_1B_2 段，前轮电动机回馈制动力不变，后轮逐渐施加液压制动力；

(4)B_2B_3 段，前轮仅施加电动机回馈制动力，后轮施加液压制动力，前后轮制动力分配系数与原制动系统相同；

(5)B_3C 段，电动机回馈制动力达到限值，前轮逐渐施加液压制动力，后轮正常施加液压制动力；

(6)CD 段，紧急制动模式，撤销回馈制动，完全恢复为常规液压制动。

图 5-39 所示的策略二中，为了提高制动能量回收率，AB_2 段内的前轮制动力比原制动系统的大，从 B_2 点开始，前后轮制动力分配比例与原制动系统的相同。其中，B_1 点处的电动机回馈力矩为 40 N·m，此时车辆的制动强度为

$$z=40\times i_g i_0/r/m/g=0.133$$

车辆的前轮利用附着系数为 $\mu=\dfrac{Lz}{b+hz}=0.23$，符合国标 GB 12676—2014 的要求：

$$z\geqslant 0.1+0.85(\mu-0.2)=0.126$$

4. 制动压力调节算法

车辆在进行制动能量回收时需实时调节液压制动力以保证总制动力与驾驶员制动需求相符，若液压制动力的调节不够准确则会导致驾驶感觉变差。

制动压力调节算法流程见图 5-40，其中 p_m 为制动主缸压力，p_{w_act} 为轮缸压力实际值，p_{w_tgt} 为轮缸压力目标值，PWM_ref 为前轮进油阀和出油阀 PWM 占空比参考值，PWM_cmd

为四个进油阀和前轮两个出油阀 PWM 占空比命令值，USV_cmd 为主阀开关命令值，pump_cmd 为泵油电动机 PWM 占空比命令值。四个进油阀 PWM 频率为 200 Hz，出油阀和泵油电动机 PWM 频率为 100 Hz，主阀为开关控制。

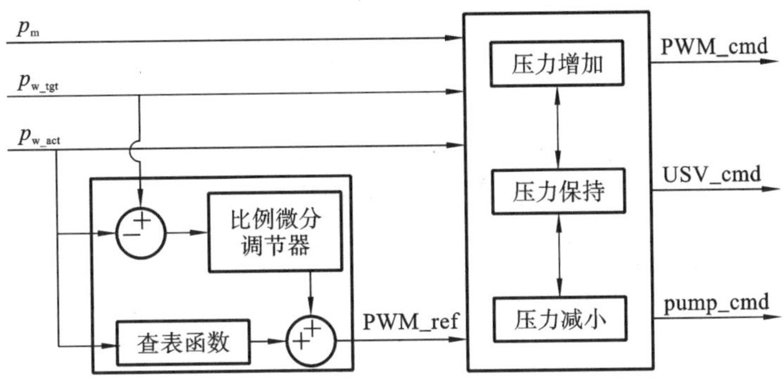

图 5-40　制动压力调节算法流程框图

计算前轮进油阀和出油阀 PWM 占空比参考值 PWM_ref 时，首先根据 p_{w_act} 进行查表，确定合适的进油阀或出油阀 PWM 占空比基准值。其中查表函数的输出主要根据液压制动系统的实际测试结果确定，目的是在不同的轮缸压力下获得合适的减压或增压速率基准值。然后根据制动轮缸压力实际值与目标值之差进行比例微分反馈调节，这两者之和作为进油阀或出油阀 PWM 占空比的参考值。液压制动系统管路图如图 5-41 所示。

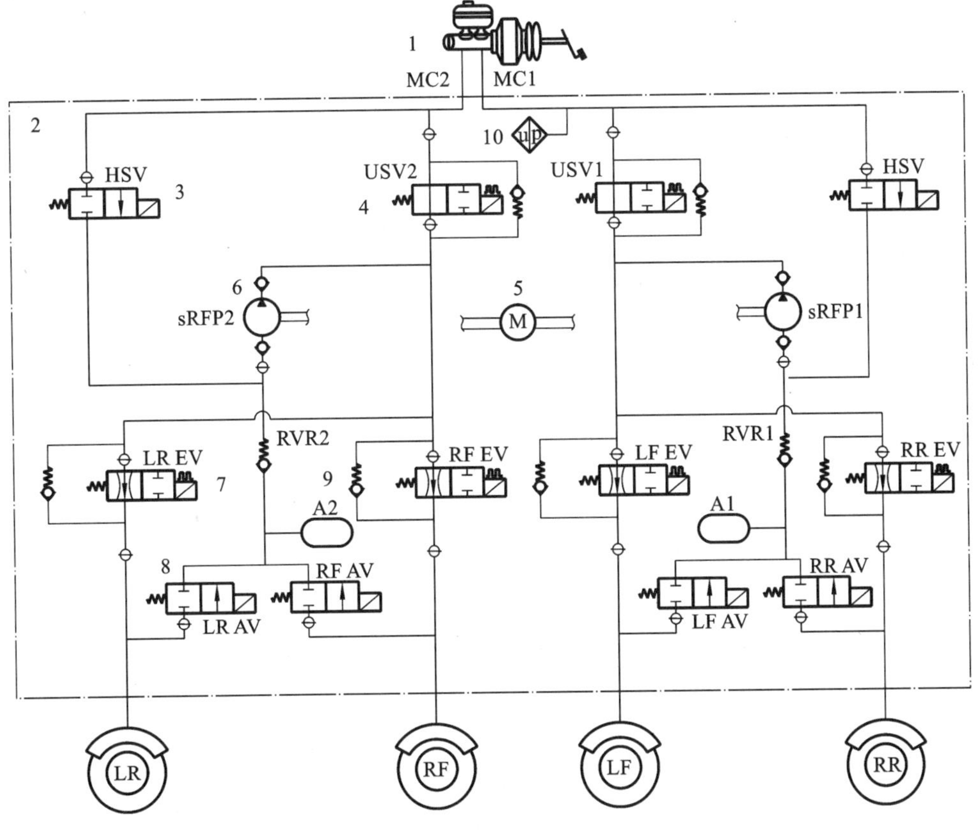

图 5-41　液压制动系统管路图

制动压力控制分为增压状态、减压状态和保压状态，各个状态之间的跳转可根据w_actp和 w_tgtp 进行逻辑门限值控制。在保压状态中进油阀和出油阀均关闭。增压有两种控制方法，在两种方法中均根据进油阀 PWM 占空比参考值控制进油阀，且出油阀均关闭。不同的是在一种方法中主阀打开且电动机不工作，增压所需的制动液来自制动主缸，在另一种方法中关闭主阀同时控制电动机工作，将低压蓄能器中的制动液泵入制动轮缸，制动所需的制动液来自低压蓄能器和制动主缸。采用第二种方法既可以减小踏板的下陷又抽空了低压蓄能器，为下一次的减压过程做好了准备，因此当低压蓄能器中有较多的制动液时可采用第二种方法增压。在减压状态中进油阀关闭，根据出油阀 PWM 占空比参考值控制出油阀。当低压蓄能器中制动液较多时电动机工作，将制动液泵入制动主缸中，但是制动液泵入制动主缸时会导致制动踏板上抬，应尽量避免这种状况。避免这种状况的方法主要有两个：一个是当驾驶员急收制动踏板时电动机工作，将低压蓄能器抽空；另一个是在增压状态中电动机工作，将低压蓄能器中的制动液泵入制动轮缸。

5. 制动压力增减过程建模

建立制动压力增减过程模型可节省制动轮缸处的四个压力传感器，这对减少系统成本有重要意义。有多人对制动压力增减过程进行了研究，其不足是仅研究了简单的开关控制，没有涉及 PWM 控制，且试验数据较少，未能对模型进行系统性验证。此外，上述研究均认为在制动过程中主要的变形是制动液的弹性变形，这一点有待斟酌。有人则研究了用于 TCS 系统的压力估计算法，不过此算法用到了制动轮缸内制动液体积与制动压力的关系，因此需要用流量传感器进行标定。

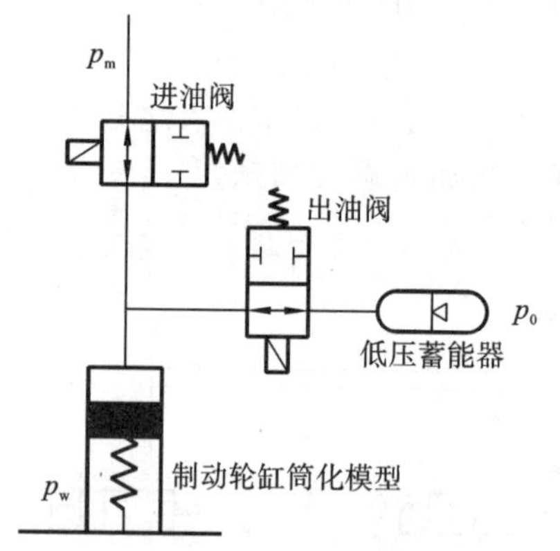

图 5-42　制动系统结构示意图

如图 5-42 所示，进油阀的入口压力为 p_m，低压蓄能器中的压力为 p_0，制动轮缸简化为活塞弹簧结构，弹簧刚度为 K，行程为 x，轮缸压力为 p_w。进油阀和出油阀均采用 PWM 控制，其中进油阀控制频率为 200 Hz，出油阀控制频率为 100 Hz。

电磁阀的流量为

$$Q=C_D A\Delta p^k \tag{5-3}$$

对于增压过程

$$\Delta p=p_m-p_w \tag{5-4}$$

对于减压过程

$$\Delta p=p_w-p_0 \tag{5-5}$$

对于制动轮缸

$$\pi r^2\,\mathrm{d}x = Q\mathrm{d}t \tag{5-6}$$

$$\mathrm{d}p_w = \frac{K}{\pi r^2}\mathrm{d}x \tag{5-7}$$

因此有

$$\frac{\mathrm{d}p_{\mathrm{w}}}{\mathrm{d}t}=\frac{K}{\pi^{2}r^{4}}C_{\mathrm{D}}A\Delta p^{k}=K'\Delta p^{k} \tag{5-8}$$

另外，考虑到 PWM 控制时电磁阀上的电压并不是严格的方波信号，且制动液的流动有一定的惯性和阻力，提出如下增减压模型：

$$\frac{\mathrm{d}p_{\mathrm{w}}}{\mathrm{d}t}=K'\Delta p^{k}\mathrm{e}^{-\frac{\tau}{t}} \tag{5-9}$$

式中：t 为时间变量；τ 为时间常数。

为了拟合增减压模型中的各参数，在制动主缸的出口处和制动轮缸处分别设置了压力传感器，用高速采集主机对压力信号和电磁阀的电压信号进行采集。同时经过测试，在减压过程中低压蓄能器中的压力基本保持恒定，为 0～0.3 MPa，一般取为固定值 0.3 MPa。

在进行参数拟合时发现 k 值并不保持恒定，例如在出油阀 15％占空比的减压过程、出油阀 20％占空比的减压过程、出油阀 25％占空比的减压过程、进油阀 80％占空比的增压过程、进油阀 70％占空比的增压过程中拟合的 k 值的变化范围为 0.5～1.4，但是根据推导，k 应为常数。产生这种情况的原因可从图 5-43 中找到答案：图 5-43 示出的是对出油阀 25％占空比的减压过程进行参数拟合时误差函数随 k、K' 的变化规律，其中假定了 $\tau=0.03$ s。可以看到，当 k 在区间(0.5,1)内时误差函数在此方向上的梯度很小，同时误差函数在极小值附近的梯度也较小，因此参数拟合的结果易受到测量误差的干扰。经过较多拟合验证，在减压过程中取 $k=0.8$，在增压过程中取 $k=1.3$。

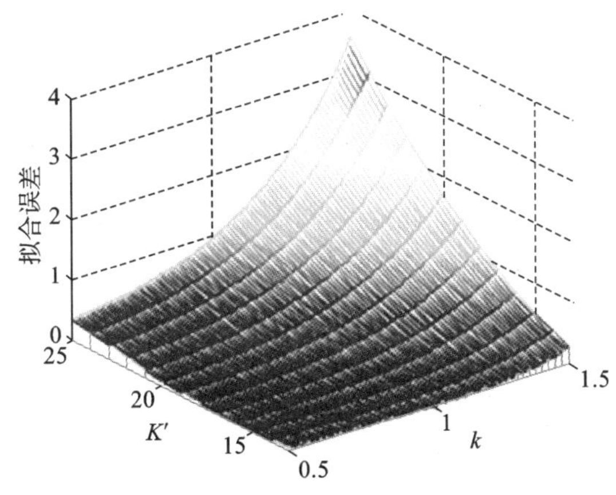

图 5-43　参数拟合时误差函数随 k、K' 的变化规律(出油阀 25％占空比减压过程)

图 5-44 和图 5-45 示出的是出油阀 20％占空比减压过程拟合值与实际值的对比。参数拟合结果分别为：$K'=13$，$\tau=0.028$ s 和 $K'=13.1$，$\tau=0.03$ s。图 5-46 所示为估计值与实际值的对比，其中进行压力估计所用的参数为两组拟合参数的平均值：$K'=13.1$，$\tau=0.029$ s。

从图 5-44 和图 5-45 可以看出，制动轮缸压力拟合值与实际值很接近，拟合误差分别为 6.1％和 6.2％。从图 5-46 可以看出，虽然采用的参数是由初始压力约为 4.5 MPa 的减压过程拟合得到的，但模型依然可以较准确地估计初始压力约为 3.2 MPa 的减压过程，制动轮缸压力估计误差为 6.8％。

图 5-47 和图 5-48 示出的是出油阀 30％占空比减压过程拟合值与实际值的对比。参数拟合结果分别为：$K'=17.7$，$\tau=0.029$ s 和 $K'=17.8$，$\tau=0.029$ s。图 5-49 所示为估计值与实际值的对比，其中进行压力估计所用的参数为两组拟合参数的平均值：$K'=17.8$，$\tau=0.029$ s。

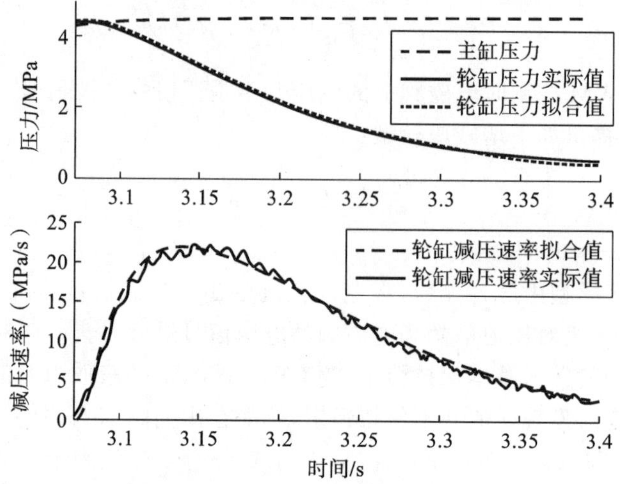

图 5-44　出油阀 20%占空比减压过程拟合值与实际值对比(一)

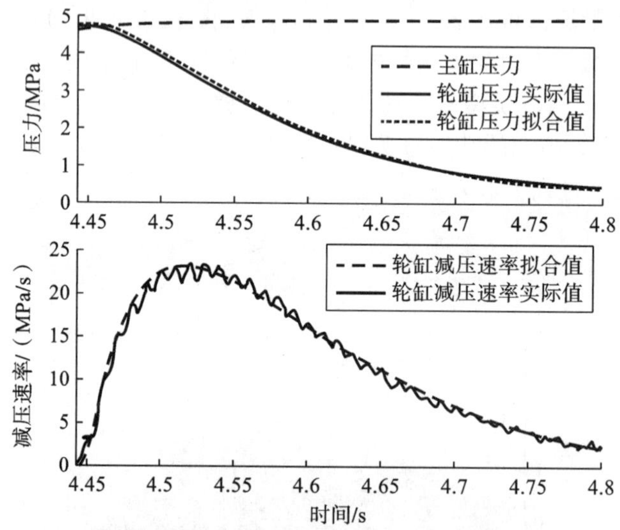

图 5-45　出油阀 20%占空比减压过程拟合值与实际值对比(二)

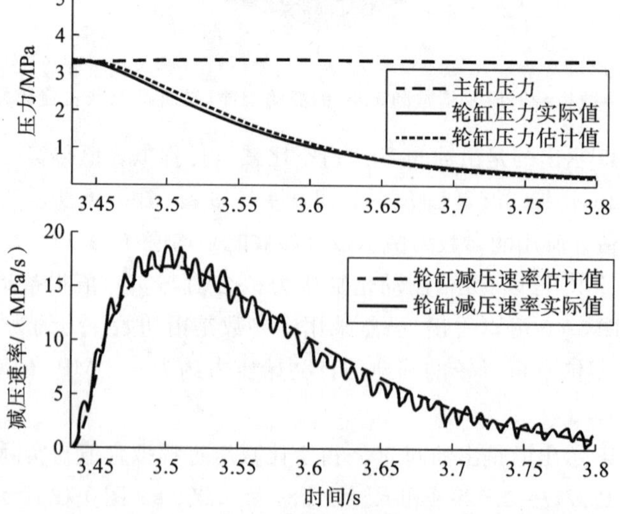

图 5-46　出油阀 20%占空比减压过程估计值与实际值对比

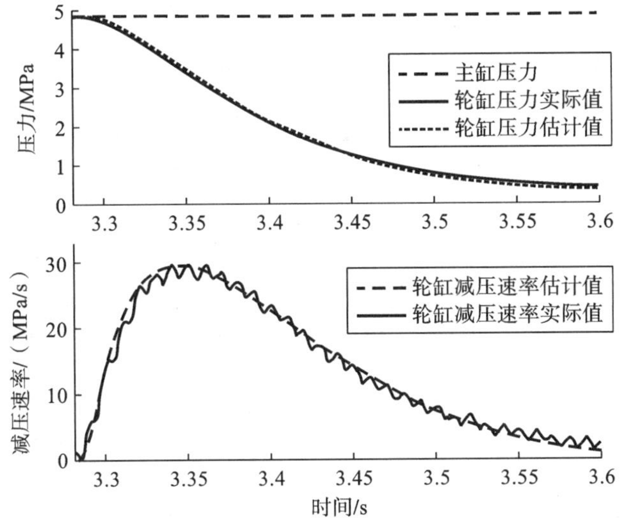

图 5-47　出油阀 30%占空比减压过程拟合值与实际值对比(一)

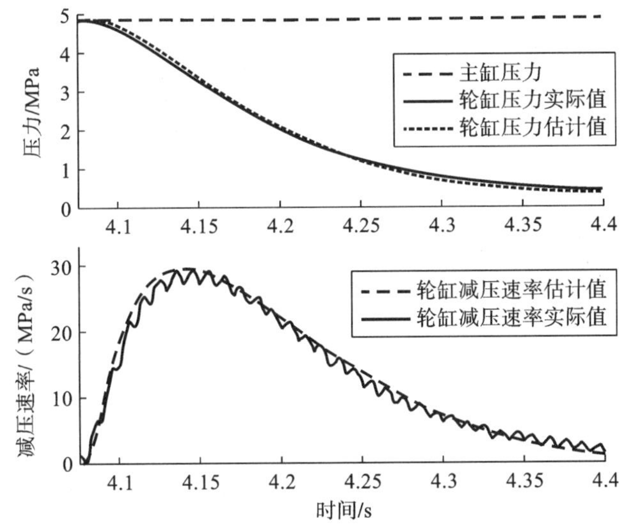

图 5-48　出油阀 30%占空比减压过程拟合值与实际值对比(二)

从图 5-47 和图 5-48 可以看出,制动轮缸压力拟合值与实际值很接近,拟合误差分别为 7.1%和 7.4%。从图 5-49 可以看出,虽然采用的参数是由初始压力约为 4.8 MPa 的减压过程拟合得到的,但模型依然可以较准确地估计初始压力约为 3.2 MPa 的减压过程,制动轮缸压力估计误差为 4.9%。

图 5-50 和图 5-51 示出的是进油阀 80%占空比增压过程拟合值与实际值的对比。参数拟合结果分别为:$K'=5.42$,$\tau=0.056$ s 和 $K'=5.27$,$\tau=0.059$ s。图 5-52 所示为估计值与实际值的对比,其中进行压力估计所用的参数为两组拟合参数的平均值:$K'=5.35$,$\tau=0.058$ s。

从图 5-50 和图 5-51 可以看出,制动轮缸压力拟合值与实际值非常接近,拟合误差分别为 2.8%和 2.6%。从图 5-52 可以看出,虽然采用的参数是由主缸压力约为 5 MPa 的增压过程拟合得到的,但模型依然可以较准确地估计主缸压力约为 3.5 MPa 的增压过程,制动轮

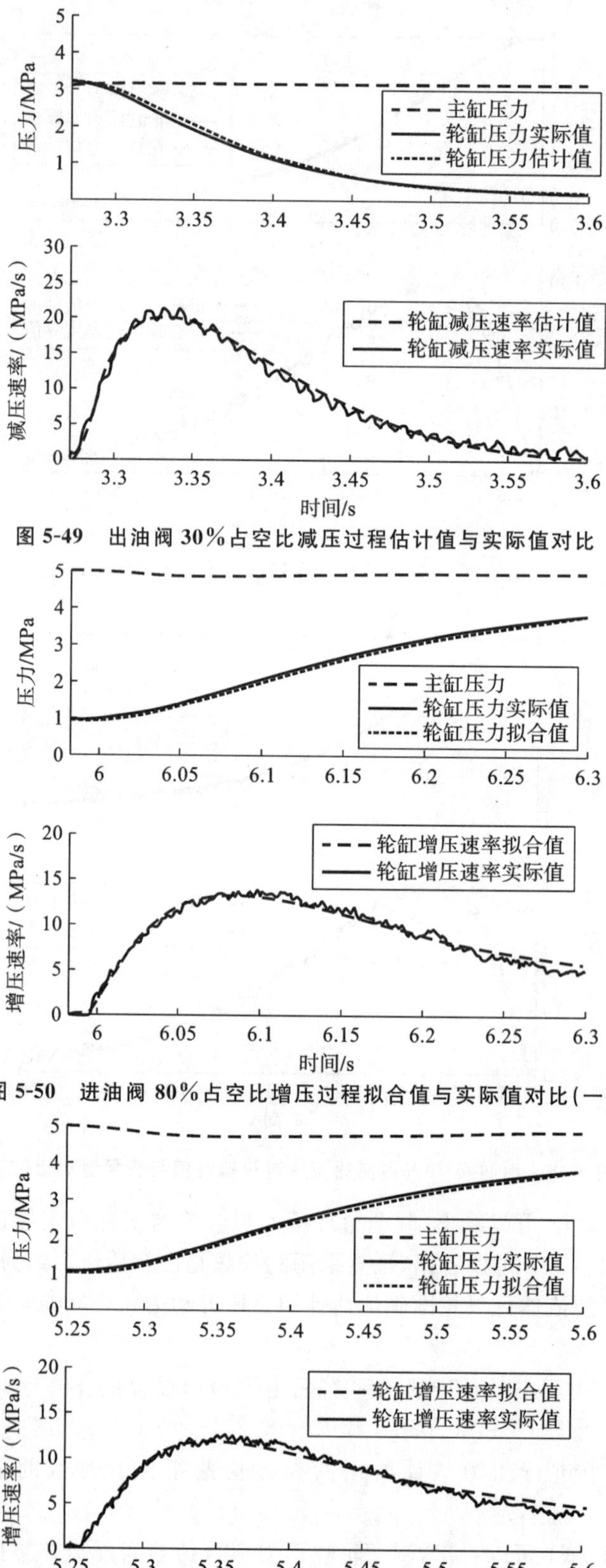

图 5-49　出油阀 30%占空比减压过程估计值与实际值对比

图 5-50　进油阀 80%占空比增压过程拟合值与实际值对比(一)

图 5-51　进油阀 80%占空比增压过程拟合值与实际值对比(二)

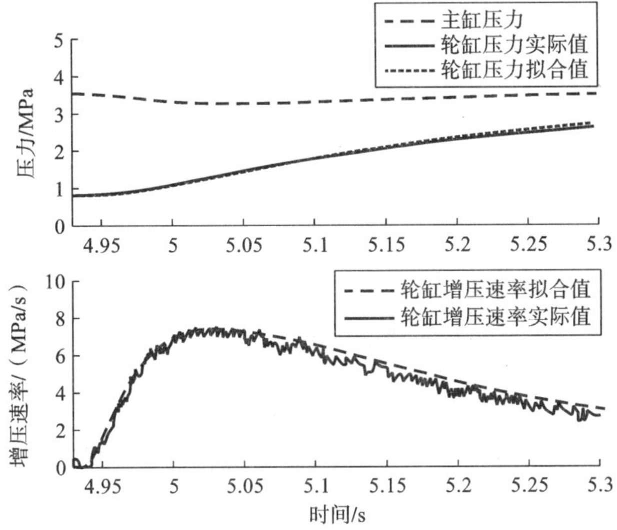

图 5-52　进油阀 80%占空比增压过程估计值与实际值对比

缸压力估计误差为 2.2%。

图 5-53 和图 5-54 示出的是进油阀 60%占空比增压过程拟合值与实际值的对比。参数拟合结果分别为：$K'=21.1$，$\tau=0.090$ s 和 $K'=24.4$，$\tau=0.091$ s。图 5-55 所示为估计值与实际值的对比，其中进行压力估计所用的参数为两组拟合参数的平均值：$K'=22.8$，$\tau=0.091$ s。

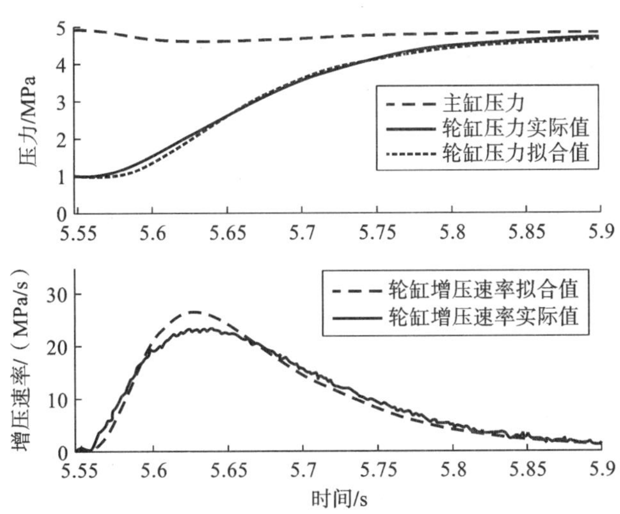

图 5-53　进油阀 60%占空比增压过程拟合值与实际值对比(一)

从图 5-53 和图 5-54 可以看出，制动轮缸压力拟合值与实际值非常接近，拟合误差分别为 3.6%和 3.7%。从图 5-55 可以看出，虽然采用的参数是由主缸压力约为 5 MPa 的增压过程拟合得到的，但模型依然可以较准确地估计主缸初始压力约为 2.5 MPa，制动轮缸压力估计误差为 3.7%。$K'>0$，因此增减压模型 $\frac{\mathrm{d}p_{\mathrm{w}}}{\mathrm{d}t}=K'\Delta p^{k}\mathrm{e}^{-\frac{\tau}{t}}$ 是一个负反馈过程。例如在增压过程中：若轮缸压力估计值比实际值大，则 Δp 变小，估计的增压速率比实际增压速率小，从而轮缸压力估计值趋近于轮缸压力实际值；若轮缸压力估计值比实际值小，则 Δp 变

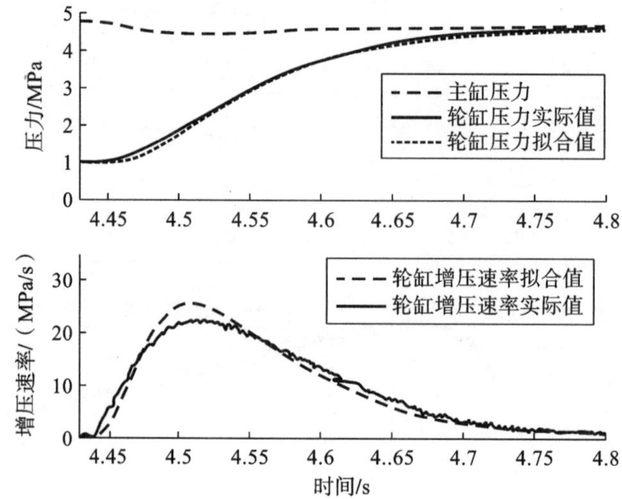

图 5-54　进油阀 60%占空比增压过程拟合值与实际值对比(二)

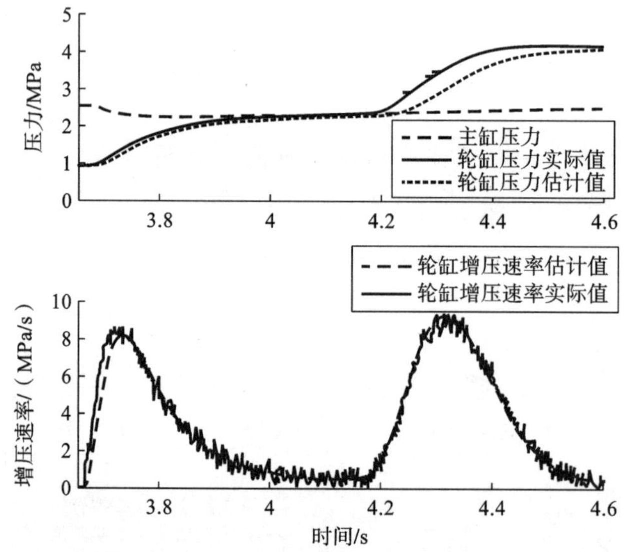

图 5-55　进油阀 60%占空比增压过程估计值与实际值对比

大，估计的增压速率比实际增压速率大，轮缸压力估计值也趋近于轮缸压力实际值。示例见图 5-56，轮缸压力初始值为 1 MPa，在压力估计算法中给一个错误的初始值 0.5 MPa，可以看到压力估计值迅速趋近于压力实际值。

综合以上结果可以看出，提出的制动压力增减过程模型可以相当准确地估计制动轮缸压力，通过测定若干组、不同 PWM 占空比的压力增减过程参数就可以通过插值的方法计算任意 PWM 占空比的轮缸压力变化值。

6. 液压制动力与电动机回馈制动力的协调控制

液压制动力与电动机回馈制动力对控制方法的功能主要有两个：

(1)在实现制动能量回收功能的前提下，兼顾制动踏板的感觉。

(2)驾驶员制动需求剧烈变化或电动机回馈制动力剧烈变化时保证总制动力与驾驶员制动需求相符。

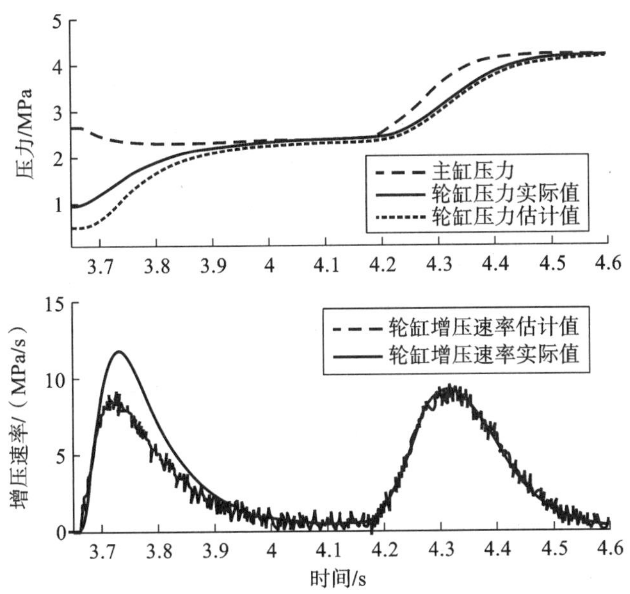

图 5-56 进油阀 60%占空比增压过程压力估计值的自动校正

以图 5-57 为例，兼顾制动踏板感觉的制动能量回收控制策略的控制过程分为如下五个阶段：

（1）A 点至 B 点，制动踏板逐渐踩下，在此期间所有的阀不动作，制动感觉与传统液压制动系统相同。

（2）B 点主缸压力增长速率已连续 80 ms 小于某个门限值，常规制动结束，开始施加电动机回馈制动力，减小液压制动力。

（3）B 点至 C 点，保压或减压状态，进油阀关闭，出油阀按所述制动压力调节算法进行 PWM 控制，电动机回馈制动力取最大值，这一阶段基本不影响踏板感觉。

（4）C 点至 D 点，踏板急速踩下，进入增压或保压状态，出油阀关闭，进油阀按所述控制方法进行 PWM 控制，泵油电动机运转，将低压蓄能器中的制动液泵入制动轮缸，为下次的减压过程做准备，电动机回馈制动力取最大值。

（5）E 点至 F 点，车速小于某一门限值，进入停车阶段，电动机回馈制动力逐渐撤销，进油阀和泵油电动机 PWM 占空比逐渐增大，制动主缸和低压蓄能器中的制动液进入制动轮缸，液压制动力逐渐增大，这一阶段中制动踏板有轻微的震动。

在较平缓的制动过程中，液压制动力目标值的计算方法如下：

$$T_{\text{hyd\_tgt}} = T_{\text{need}} - T_{\text{m\_act}} \tag{5-10}$$

式中：$T_{\text{hyd\_tgt}}$ 为液压制动力目标值；T_{need} 为制动力需求值；$T_{\text{m\_act}}$ 为电动机回馈制动力实际值。

但是受管道、阀的影响，液压制动力的调节有一定滞后，因此当制动力需求或电动机回馈制动力剧烈变化时采用这种方法会导致在某些时间段内总制动力与驾驶员制动需求不相符，如图 5-58 所示。

由图 5-58 可以看出，当电动机回馈制动力剧烈变化时，由于液压制动力调节的滞后，总制动力与驾驶员制动需求不符，影响驾驶感觉。因此在本控制策略中当检测到电动机回馈制动力或制动力需求变化较为剧烈且电动机无故障信号时，计算液压制动力目标值的方法如下：

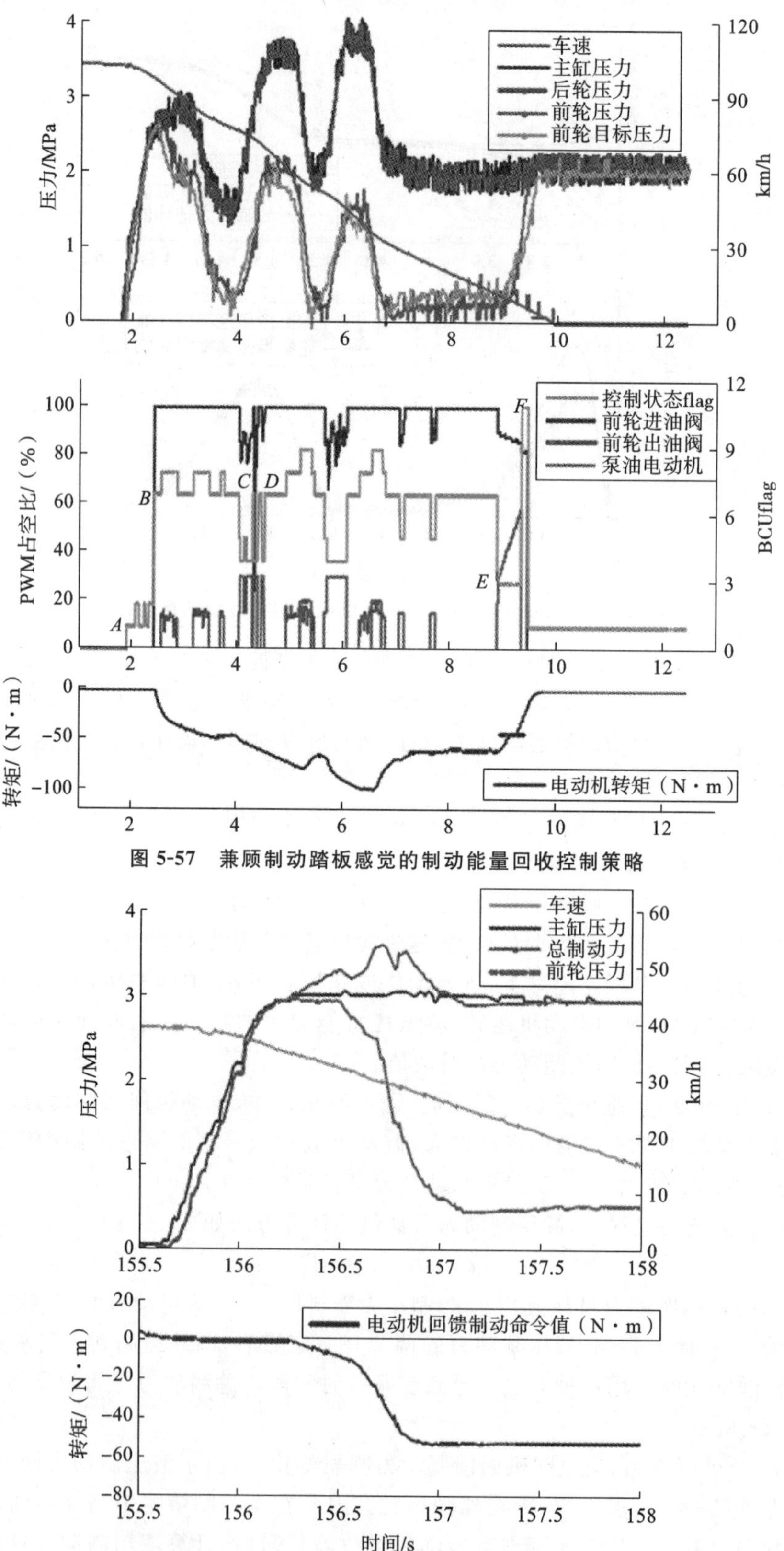

图 5-57 兼顾制动踏板感觉的制动能量回收控制策略

图 5-58 波压制动力目标值计算方法对驾驶感觉的影响(一)

$$T_{\mathrm{hyd\_tgt}} = T_{\mathrm{need}} - T_{\mathrm{m\_act}} \Delta^{-n} \tag{5-11}$$

式中：n 与算法执行周期、电动机响应时间和液压制动系统响应时间有关。合理地选取 n 能基本保证在制动力需求或电动机回馈制动力剧烈变化时总制动力与驾驶员制动需求相符。

由图 5-59 可以看出，由于考虑到了液压制动力调节滞后的特性，当电动机回馈制动力剧烈变化时总制动力与驾驶员制动需求基本相符，驾驶感觉良好。

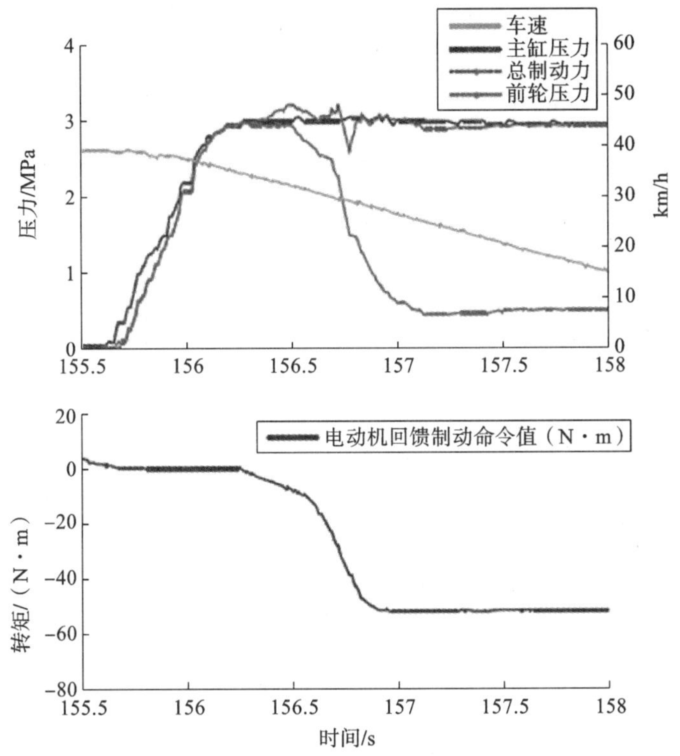

图 5-59　液压制动力目标值计算方法对驾驶感觉的影响(二)

5.3　锂离子动力电池成组系统技术

5.3.1　动力电池成组系统

动力电池系统本身是集化学、电气和机械特性于一体的复杂系统，在系统设计时必须兼顾各方面特性的要求，尤其是电芯的化学特性，因为其所包含的安全性和寿命衰减，无法直观测评，也不易短时间预测。另外，动力电池安装在车上使用，还需考虑复杂多变的应用环境。要确保电池系统长期安全、耐用，必须在设计阶段定义好如何使用和维护。所以，在电池系统设计上需要关注以下两个“铁三角”(见图 5-60)。第一个“铁三角”说明电池系统研发制造所依赖的三方面技术缺一不可(详见后续系统架构分析)。第二个“铁三角”说明电池系统产品要按照汽车开发理念，定义和控制全生命周期，从产品实现、产品使用、产品维护三个环节来确保电池性能。

通常，没有附加任何其他零部件的单个电池称为电芯或单体电池。单体电池的电压通

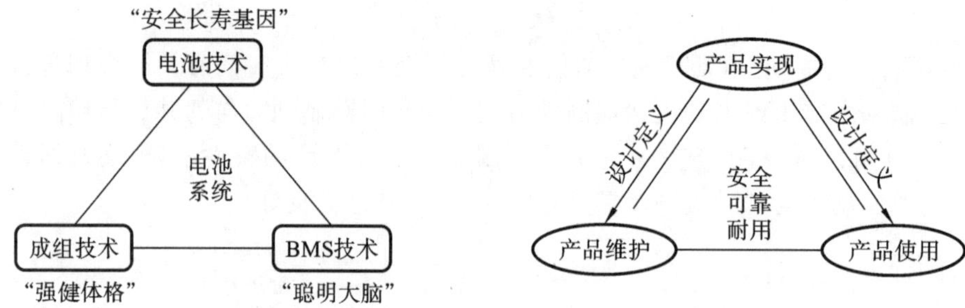

图 5-60　动力电池系统设计的两个“铁三角”

常在 5 V 以内，电子消费品中的单体电池容量一般在 10 A·h 以内，动力单体电池容量一般为 2～200 A·h（个别产品超过此范围）。

对于电子消费品来说，大多数用单体电池就够了，比如手机和 PAD。而对于电动车来说，需要几百伏的电压（乘用车一般需要 200～400 V，商用车一般则需要 500～700 V）才能满足电驱系统的高效率要求，需要几百安时的容量（或者说几十到几百千瓦时的电量）才能满足续航里程的要求。而单体电池无法提供这么高的电压和能量，所以必须将很多单体电池串联来满足电压要求，将单体电池并联来满足电量要求，或者说通过串联和并联来同时满足电压和电量的要求（见图 5-61）。

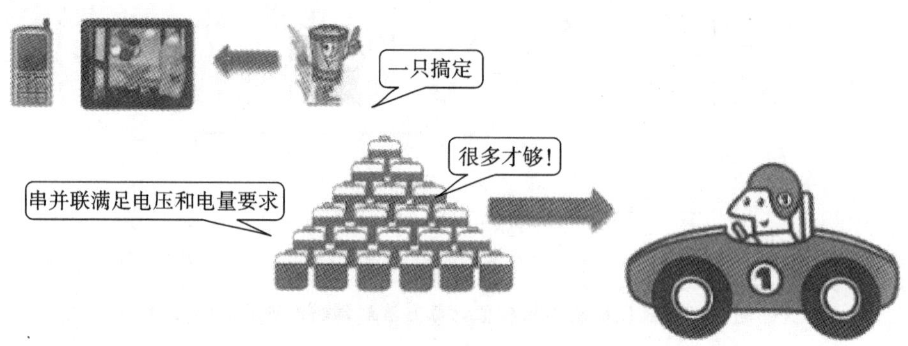

图 5-61　消费类与汽车类动力电池对比

为便于理解电池系统的串并联，我们把电芯理解成一个容器（见图 5-62），容器高度为标称电压，容器截面积为标称容量，容器容积等于容量乘以电压，即满电量。当前所装物体容积占满电量的百分比是 SOC。

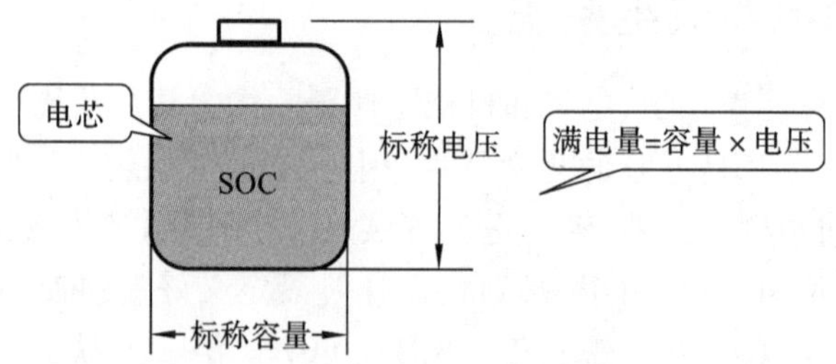

图 5-62　电芯关键参数示意图

当 n 只电芯全并联时（见图 5-63），系统电量为电芯的 n 倍。从实用角度看，如果电芯容量够大，已满足系统要求，则全部串联可以满足。若电芯的容量不够大，更大电量系统则需要电芯既有串联又有并联。实际应用主要有三种成组模式：先并后串、先串后并、混联（见图 5-64）。

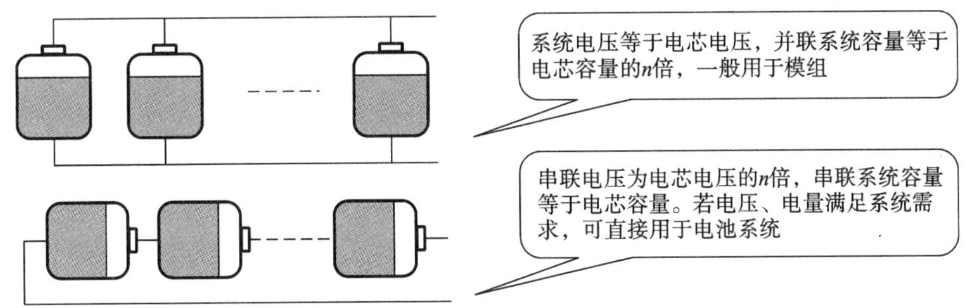

图 5-63　电芯串并联示意图

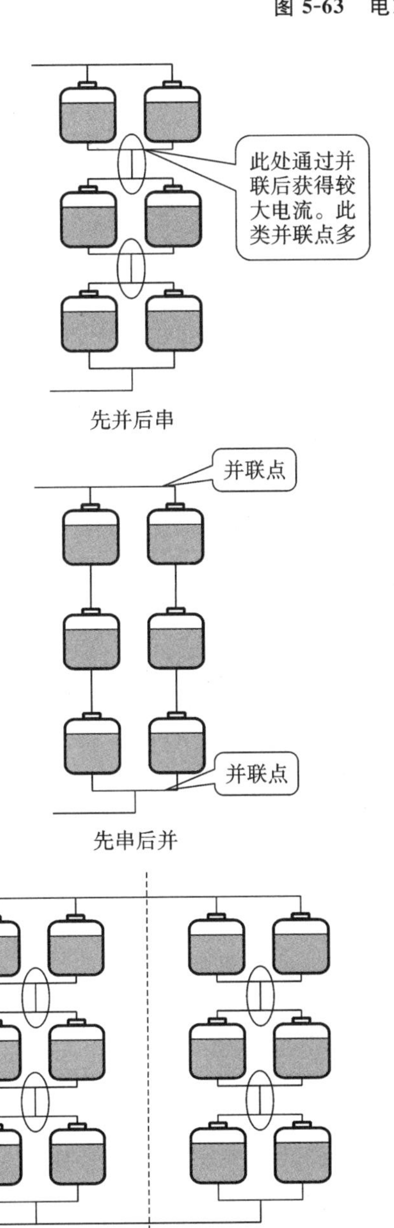

先并后串的优缺点及应用

优点：

并联电芯当作一个电芯，监控架构简单，BMS管理通道少，成本低。

缺点：

（1）若电芯较大，直接并联工艺可能导致电芯间不均流；

（2）若电芯较大，并联点很多，并联电流大，过流能力不易提高。

应用：

适用于功率要求低的慢充电系统。

先串后并的优缺点及应用

优点：

只在两端并联，系统过流能力强，两支路间电池均流好。

缺点：

每个支路电芯需独立监控，BMS管理通道多，成本高。

应用：

适用于有快充需求或功率要求高的系统。

混联系统适用于：

电芯容量较小而电池系统容量需求较大的系统。

图 5-64　电芯串并联类型、优缺点与应用

对电动车来说，动力电池系统是由很多电芯串并联而成的总成件，它们有自己完整的结构和外形。因用途、车型不同，电池系统产品的大小及外形也各不相同。乘用车动力电池系统大多数由单个电池箱构成(极个别有 2 个或 3 个电池箱体)。大中型商用车(客车或货车)的动力电池系统由多个电池箱构成。

为适应乘用车的紧凑结构，其动力电池系统的外形一般是非规则的，或小巧，或扁平，安装位置和管线的接口位置都与具体车型相关，下面以通用的 Volt、Nissan 的 Leaf、Tesla 的 S60 为例指出电池系统的安装位置，如图 5-65 至图 5-67 所示。

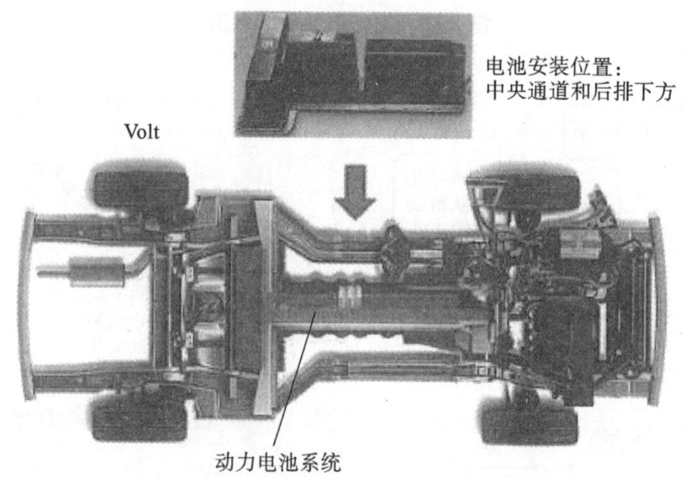

图 5-65　Volt 动力电池系统安装位置示意图

图 5-66　Leaf 动力电池系统安装位置示意图

还有其他一些不同结构类型的乘用车，其电池系统外形也不同，如图 5-68 所示。客车因为空间较大，也比较规整，所以电池箱可以做得很规则，也方便通用化和平台化。一般客车的电池系统会由多个电池箱构成，还可能会有独立高压箱，电池箱的构成和乘用车的类似。对于有独立高压箱的电池系统，BMS 的主控单元和高压电气元件一般在高压箱中，而

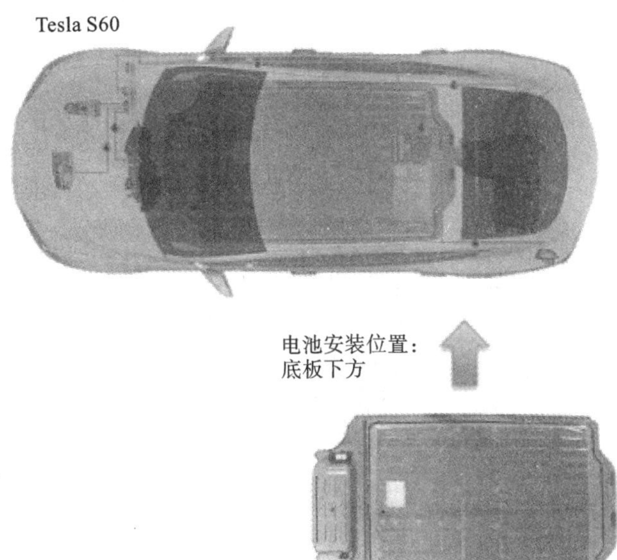

图 5-67　Tesla S60 动力电池系统安装位置示意图

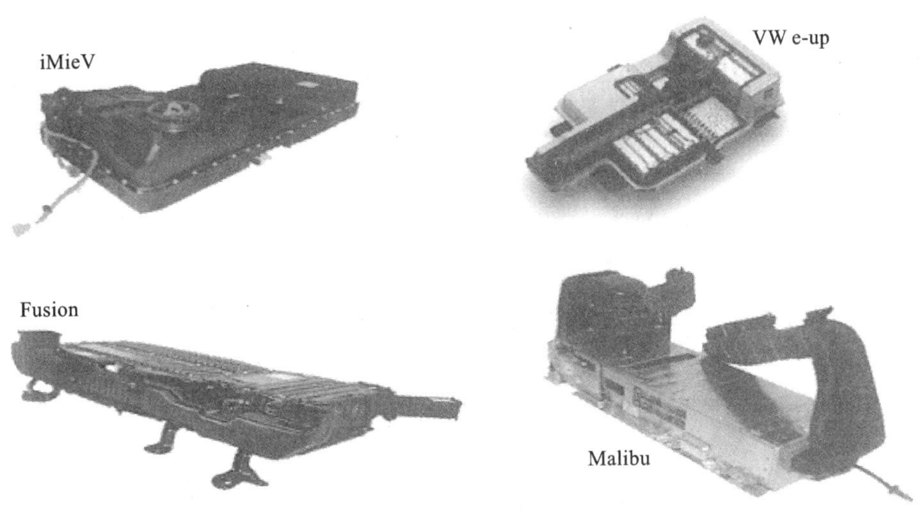

图 5-68　动力电池系统外形

电芯监控单元一般在电池箱中。电动客车多电池箱系统如图 5-69 所示。

一般情况下，动力电池系统主要包含动力电池单体(或模组)、BMS(电池管理系统，一般包含单体监控单元、主控单元和高压件)、结构件(含箱体、安装件、导电金属件、密封件等结构件)、高低压线束(含连接器及接插端子等)、热管理组件(含水冷板、风扇或加热板等)五大部分，如图 5-70 所示。

对于较小的电池系统，比如启停(start-stop)系统电源，因为其主要工作在脉冲功率状态，折算成平均功率较小，发热较小，故考虑成本因素，此类系统一般不需要专门的热管理组件，外壳既是结构件，也是自然散热面。另外，因为采用 PCB 板代替了线束导电，所以也看不到线束部分，如图 5-71 所示。

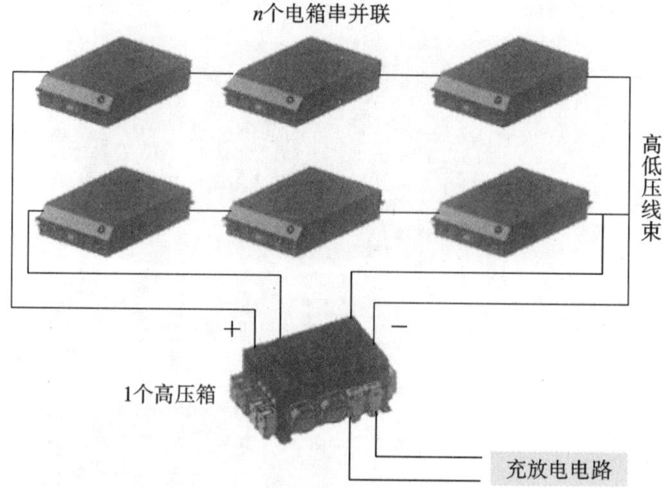

图 5-69　电动客车多电池箱系统示意图

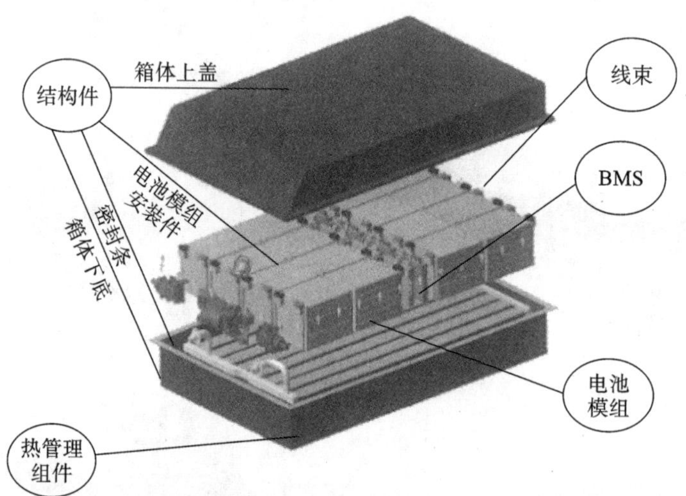

图 5-70　典型动力电池系统的主要部件

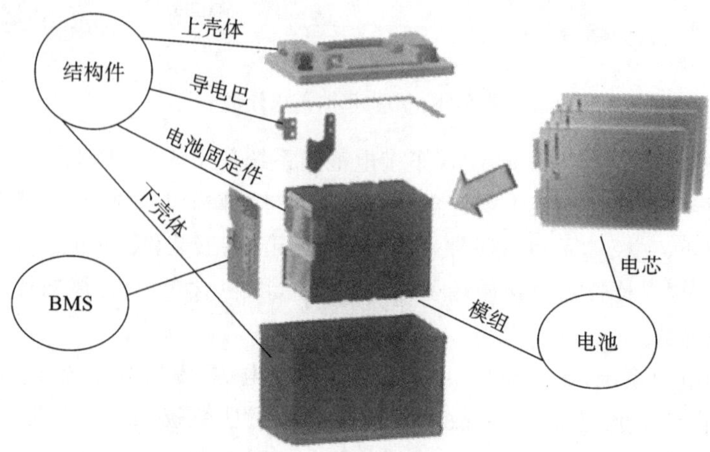

图 5-71　启停系统主要部件

从不同电池系统的构成可知，不同电池系统虽然在外形、大小、内部结构和成组工艺上存在差异，但是所用到的最基本的技术分类是相同的，包含动力电池技术、BMS 技术、成组技术（可细分为热管理组件、结构设计、电连接、线束设计），如图 5-72 所示。

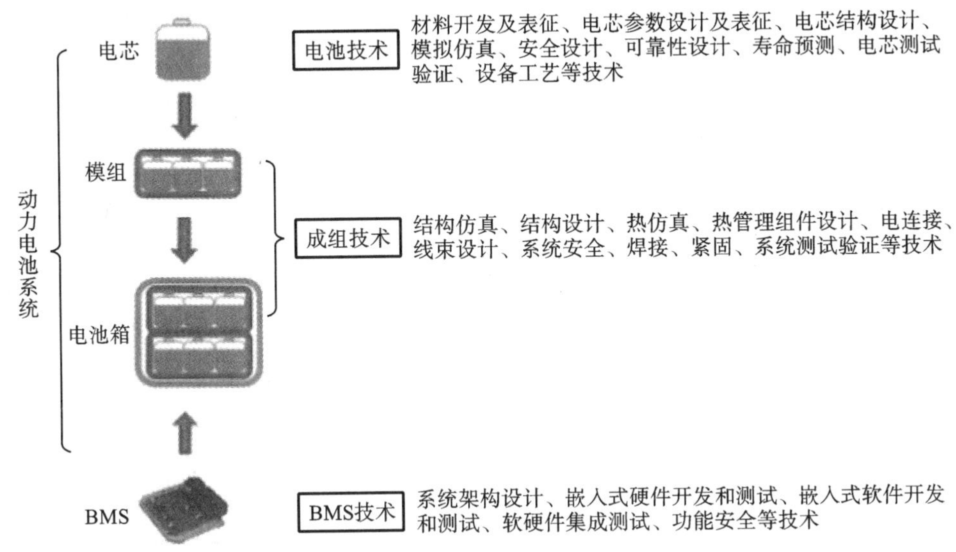

图 5-72　动力电池系统关键技术

5.3.2　车用动力电池系统热管理技术

1. 锂离子电池产热机理

电池在充放电过程中都会发生一系列的化学反应，从而产生反应热。锂离子动力电池的主要产热反应包括：电解液分解、正极分解、负极与电解液的反应、负极与黏合剂的反应、固体电解质界面膜的分解。此外，由于电池内阻的存在，电流通过时会产生部分热量。低温时锂离子电池主要以电阻产生的焦耳热为主，这些放热反应是导致电池不安全的因素。电解液的热安全性也直接影响着整个锂离子电池动力体系的安全性能。

实际运行环境中，动力系统需要锂离子电池具备大容量与大倍率放电等特点，但同时产生的高温增加了运行危险。所以，降低锂离子电池工作温度，提升电池性能至关重要。

电池的反应热用 Q_r 来表示；由电池极化引起的能量损失用 Q_p 来表示；电池内存在典型的电解液分解和自放电副反应，副反应引起的能量损失用 Q_s 表示；电池的电阻产生的焦耳热用 Q_j 表示，则一个电池总热源可由以下公式来表示：

$$Q_a = Q_r + Q_p + Q_s + Q_j$$

电池的平均产热速率（W）＝产生的热量（J）/循环时间（s），可用公式表示为

$$V = Q/t$$

式中：V 为平均产热速率；Q 为电池工作时间内电池的总热量；t 为电池工作时间。

动力电池系统热管理，简而言之就是通过冷却或加热的方式对电池系统进行温度控制。电池温度控制对于电池的性能有很大的影响，电池在合理的温度工作范围内使用时寿命会比较长，可靠性也高。设计性能良好的动力电池冷却系统，可以及时带走电池工作时所产生的过多热量，使电池的温升在合理范围内，改善电池的工作环境，从而达到提高电池的寿命

和可靠性的目的。有的电池热管理系统还配有加热系统，以确保在极端低温环境下电池仍保持合理的工作温度。动力电池热管理的两个重要指标：①保持电池内和电池间的温度均衡；②把电池的绝对温度控制在合理范围内。

2. 电池热管理技术分类及特点

目前电池热管理技术主要针对动力电池系统包括电芯、模组等进行不同层次模型的热仿真和热测试，优化设计出相关系统的热管理模型。

电池热管理的冷却方式主要有：①自然散热；②强制风冷；③液冷；④直冷；⑤相变材料冷却。电池热管理技术包含热管理组件技术和热管理策略技术(策略在 BMS 中体现)。目前常用的三种方式对比见表 5-14。

表 5-14　常用的三种冷却方式对比表

比较项目	自然散热	强制风冷	液冷
散热效率	差	较高	高
温度均匀性	无外界热源时好，否则差	差(尤其在进出口)	好
安装环境适应性	差(要求外部隔热、通风)	较差(进出风口结构)	好
高温高寒兼顾性	差(辅助加热及保温与散热矛盾)	差(辅助加热及保温与散热矛盾)	好(可散热)
复杂度	最简单	中等	复杂
能耗	无	高	低(保温易实现)
成本	低	较高	高(可优化)

动力电池热管理系统的设计开发主要依赖于热管理仿真分析能力、热管理测试技术水平。热管理团队根据产品的整车需求、电池系统方案结合仿真分析结果定义初步热管理方案，之后结合样品测试结果优化产品设计。电池热管理系统需要控制好系统温差，保证产品一致性，同时将电池绝对温度控制在产品高效率、长寿命区间(通常在 25～45 ℃)。所有的热管理方案中，自然散热和强制风冷技术因难度小、成本低等特点在目前阶段的客车产品中得到更广泛的运用，但是随着新能源车向高温高寒地区的推广，尤其随着快充、混合动力需求的提高，自然散热和风冷系统已不能满足要求，需要用液体循环来提供冷却和加热。

乘用车空间小且不规整，用自然散热和风冷很难让电池适应高低温环境，也很难保证温度的均匀性，因此更多采用液冷方案。随着新能源汽车进一步推广运用，为了更大程度挖掘电池系统的性能特性，提高电池寿命，未来产品对热管理技术的温度控制精度将越来越精细，绝对温度控制范围更宽泛。目前广泛运用的热管理方案还只能满足基本需求，需要进一步从理论仿真和实验研究两方面入手，探索新一代更加高效的动力电池热管理系统方案。

电池热管理系统(BTMS)按照能量提供的来源分为被动式冷却和主动式冷却，其中只利用周围环境冷却的方式为被动式冷却。主动元件包括蒸发器、加热芯、电加热器或燃料加热器等，组装在系统内部的、能够在低温情况下提供热源或在高温下提供冷源的方式为主动式冷却。按照传热介质的不同，冷却方式可以分为空气强制对流、液体冷却、相变材料冷却、空调制冷、热管冷却、热电制冷和冷板冷却等，应根据不同的放电电流倍率、周围温度等应用要求选择不同的冷却方式。

(1)空气强制对流。

空气作为传热介质就是直接让空气穿过模块以达到冷却、加热的目的。很明显通过空气自然冷却电池是无效的，强制空气冷却是通过运动产生的风将电池的热量带走，需尽可能增加电池间散热片、散热槽的数量和距离，成本低，但电池的封装、安装位置及散热面积需要重点设计。空气强制对流可以采用串联式流道和并联式流道，如图 5-73 所示。

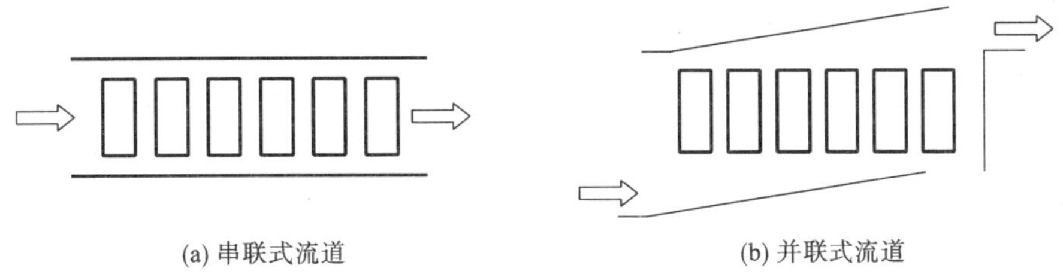

(a) 串联式流道　(b) 并联式流道

图 5-73　空气冷却电池流道

Chen 等提出了精确的和简化的模型，仿真结果得出了电池的散热特性：①在自然冷却下热辐射占整个散热的 43%～63%；②强化传热是降低最高温度的有效措施，但扩大强化传热的范围并不会无限地提高温度一致性。Kenneth J. Kelly 等利用空气强制冷却方法对丰田 Prius 和本田 Insight 混合动力车用电池进行热管理，分别在 0 ℃、25 ℃、40 ℃下以 FTP-75 和 US06 循环工况测试热电偶分布点的温升，并且控制风扇从低功率 4 W 到中等功率 14 W，实验结果说明 US06 工况（包括更多的加速、减速和高速运行条件）下电池温升明显比 FTP-75 工况下的高，但温升都在 5 ℃之内。

此外，Mao-Sung Wu 等验证出一个结论：在极端条件下，尤其在高放电倍率、高的运行环境温度（>40 ℃）时，空气冷却不再适用，而且电池表面的不均匀性也成为必然。Paul Nelson 等提出，对于正常运行需要 25 kW 的电堆，－30 ℃时冷启动只需要 5 kW，但是电池不能通过自身的发热来实现快速加热。在这种情况下，他们提出了两种可能的加热方式：①在电池包内固定电热丝；②以热传递的形式加热电池冷却液。由于空气很难快速加热电池，因此考虑利用高传导率的液体来实现电池热管理。

(2)液体冷却。

在一般工况下，采用空气介质冷却即可满足要求，但在复杂工况下，采用液体冷却才可达到动力蓄电池的散热要求。一般利用液体与外界空气进行热交换把电池组产生的热量送出，如在模块间布置管线或围绕模块布置夹套，或者把模块沉浸在电介质的液体中。若液体与模块间采用传热管、夹套等，传热介质可以采用水、乙二醇、油，甚至制冷剂等。若将电池模块沉浸在电介质传热液体中，则必须采用绝缘措施防止短路。传热介质和电池模块壁之间进行传热的速率主要取决于液体的热导率、黏度、密度和流动速率。在相同流速下，空气的传热速率远低于直接接触式流体，这是因为液体边界层薄，热导率高。

Pesaran 等讨论了液体冷却与空气冷却、冷却及加热系统与仅有冷却系统的效果。实验结果表明相对于液体冷却/加热，空气介质的传热效果不是很明显，但是系统不太复杂。对于并联型混合动力汽车，空气冷却是满足要求的，而纯电动汽车和串联型混合动力汽车，液体冷却效果更好。

David R. Pendergast 等将松下(CGR18650E)单元电池包裹在三角形铝模块中，然后放在水中。该系统理论数据和实验结果都说明电池芯内的温度可控制在工作温度范围（－20 ℃～60 ℃）内。该实验系统可被认为是简单的水冷却系统。

Paul Nelson 等分别用空气和聚硅酮电解流体作为电池热管理系统的冷却介质，验证了电解流体能显著降低电池过高的温度，还可以使电池模块有较好的温度一致性，此外，聚硅酮电解流体也因不溶于水而更加安全。

张国庆等设计了一种液体冷却与相变材料冷却结合的装置，能够实现在比较恶劣的热环境下有效地对电池装置整体降温，又能维持各单体电池间温度分布的均衡，同时易循环利用，从而达到最佳运行条件，并降低成本，提高经济性。

目前，制造商不愿意选择液体冷却是因为密封不好会导致液体泄漏，所以密封设计是极其重要的。

(3)相变材料(PCM)冷却。

一个理想的热管理系统应该能在低容积、质量减小及成本不变的情况下使电池包维持在一个均匀温度。就鼓风机、排风扇、泵、管道和其他附件而言，空气冷却和液体冷却热管理使得整个系统笨重、复杂、昂贵。相变材料由于其巨大的蓄热能力，开始应用于动力电池包热管理系统，相变冷却机理是靠相变材料的熔化(凝固)潜热来工作的。利用 PCM 作为电池热管理系统的冷却介质时，把电池组浸在 PCM 中，PCM 吸收电池放出的热量使温度迅速降低，热量以相变热的形式储存在 PCM 中，在充电或很冷的环境下工作时 PCM 又可以将热量释放出来。

在相变材料电池热管理中，所需的 PCM 质量计算如下：

$$m_{\mathrm{PCM}} = \frac{Q_{\mathrm{dis}}}{c_{\mathrm{p}}(T_0 - T_{\mathrm{i}}) + H}$$

式中：m_{PCM}是相变材料质量(kg)；Q_{dis}是电池释放的热量(J)；c_{p} 是相变材料的比热($\mathrm{J \cdot kg^{-1} \cdot K^{-1}}$)；$T_0$ 是相变材料初始温度(℃)；T_{i}是相变后的温度；H 是相变材料的相变潜热($\mathrm{J \cdot kg^{-1}}$)。

Selman 和 Al-Hallaj 等进行了四种不同散热模式对比实验：①自然冷却；②发泡铝矩阵热传递；③相变材料石蜡冷却；④结合发泡铝和相变材料冷却。结果证明把石蜡与发泡铝结合能更有效改善 PCM 低导热的问题，冷却效果最好，且电池模块温度一致。实验效果对比如图 5-74 所示。

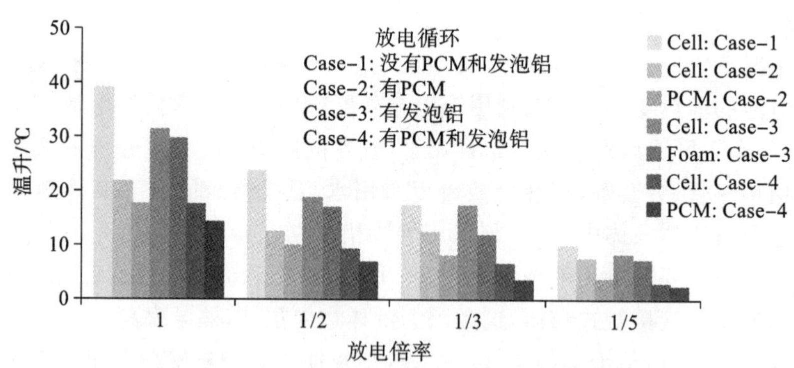

图 5-74 放电循环时不同热传递系统的锂电池模块实验结果

R. Kizilel 等通过实验数据确定了利用相变材料对高能量锂离子电池包在一般和强化工况下热管理的有效性，并使用相变材料对一个紧凑的 18650 电池(4S5P)模块进行热管理，说明了如果使用被动热管理系统，电池包有可能获得温度一致性。

Sabbah Rami 等通过数值模拟和实验对比了 PCM 和空气强制冷却的效果，证明了在 6.67 C(10 A/cell)倍率持续放电下，PCM 冷却能使电池温度保持在 55 ℃以下。在寒冷的条件或电池温度显著下降的应用场合，PCM 对电动汽车是非常有利的，因为存储在相变材料里的小部分潜热会传递到周围空间。当电池温度下降到 PCM 熔点以下时，PCM 存储的热量就会传递到电池模块中。

(4)热管冷却。

热管是由 R. S. Gaugler 在 1942 年提出的利用相变来传热的一种热管理零件。它是一种密封结构的空心管，一端是蒸发端，一端是冷凝端。热管冷却电池的原理是：当热管的一端吸收电池产生的热量时，毛细芯中的液体蒸发汽化，蒸气在压差之下流向另一端放出热量并凝结成液体，液体再沿多孔材料依靠毛细作用流回蒸发端，如此循环，电池发热量得以沿热管迅速传递，如图 5-75 所示。热管可按照所需冷却物体的温度进行单独设计。

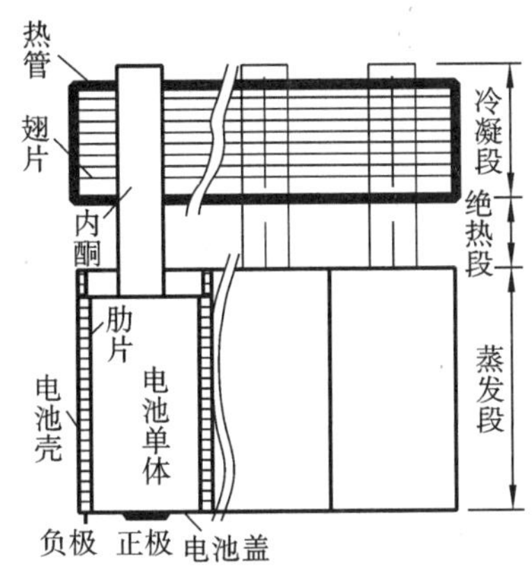

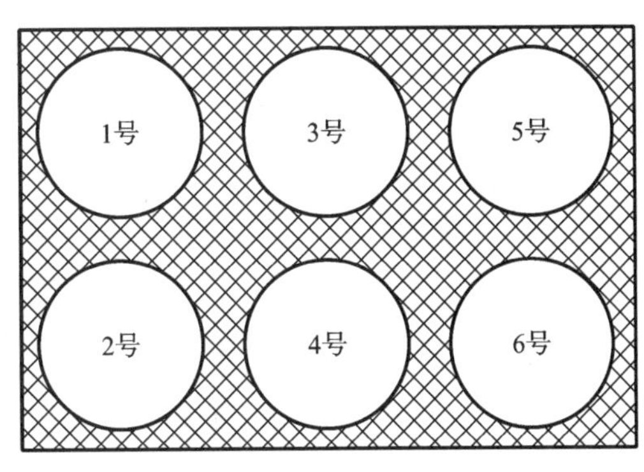

图 5-75　热管冷却系统结构图

有人研究采用热管冷却后，电池放电过程中的温升降低了许多。与自然对流冷却相比，温升降低了 10 ℃以上，而且处于同一模块中的各单体电池间的温度波动不大，温差趋于平衡，有利于实现电池模块间的温度平衡，从而保证了电池模块的工作稳定。

有人把两个带有金属铝翅片的热管贴到电池(Li-ion，12 A·h，圆柱形，直径 40 mm，长度 110 mm)壁面以降低温升。实验结果说明在金属铝翅片的帮助下，热管能有效降低电池温升。

有人为蓄电池的热管理和混合动力汽车的控制设计了脉动热管(pulsating heat pipe，PHP)，并将电池放在车后备厢，如图 5-76 所示。相关仿真和实验说明了 PHP 的宽度控制在 2.5 mm 以内时允许氨水作为流体介质，并且通过好的设计能使 PHP 用于电池热管理。

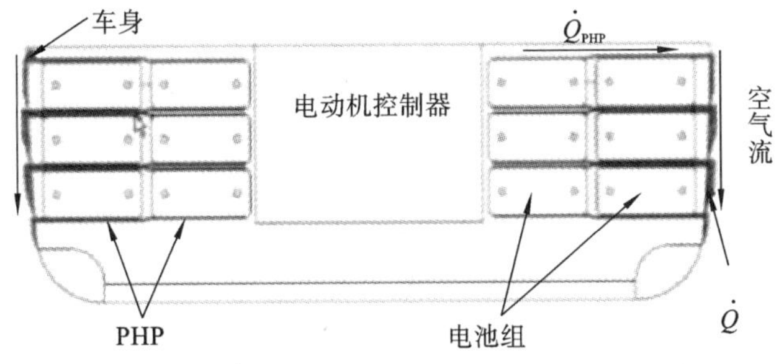

图 5-76　应用于 HEV 的 PHP 原理示意图

(5)空调制冷。

空调制冷方式冷却电池包可以使用装载在整车上的空调系统，它利用空调压缩机进行制冷，通过水冷器将水中的热量(来自电池包)带走，并通过空调冷凝器将热量散发出去。当压缩机开始工作时，空调制冷剂被压缩，压缩过的制冷剂流入冷凝器中，经冷却后复原为液态，将压缩机传给制冷剂的热量散发到空调系统外。液态的制冷剂流到水冷器中再行蒸发，所需的蒸发热从冷却水中吸收，因此冷却了冷却水，气态的制冷剂重新流回空调压缩机。与此同时，冷却后的水流到高压电池包内进行热交换，吸收高压电池包内的热量。电池包的冷却可以采用水冷或风冷，即冷却水经内部管道与电池换热或周围空气由冷却水经过热交换器降低温度后再用风扇吹入电池包，其原理示意图如图 5-77 所示。

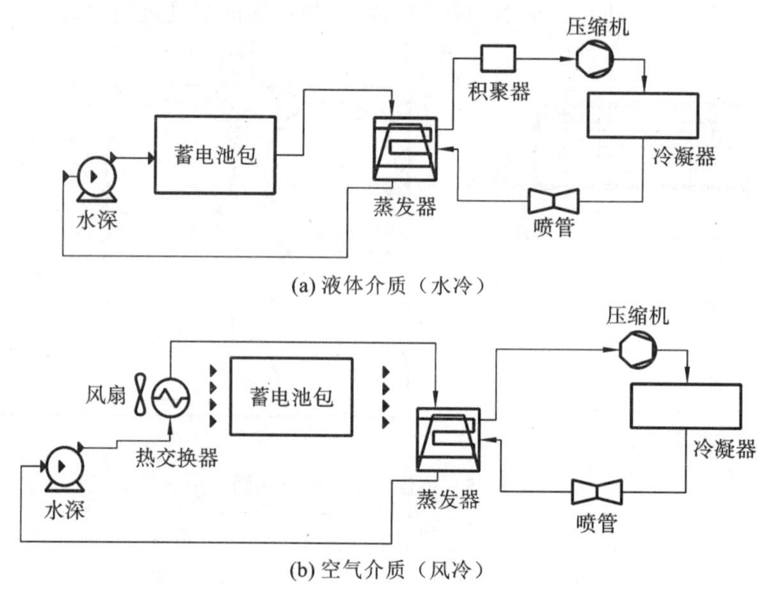

图 5-77　空调制冷水冷/风冷电池包原理示意图

(6)冷板冷却。

在电池堆中，冷板(一个或多个带有制冷剂内流管道的薄壁金属结构件)能提供冷却功能，其原理是热量从电池单元传导至冷板，然后通过冷却液导出热量。冷板的运行特性在某种程度上由管道的几何特征、流道样式、流道宽度和长度等决定。

Anthony Jarrett 等利用计算流体动力学(computational fluid dynamics，CFD)模拟不同模型参数下的蛇形流道。定义压力损失、平均温度和温度均匀目标函数后，通过改变流道宽度和位置进行优化，优化的目的是保证最小的压降 P_{fluid} 和平均温度 T_{avg}，冷却流道近似占据最大的面积；而为了保证温度分布尽可能均匀，应仅在流道出口加大宽度，以使流道宽度尽可能最小，如图 5-78 所示。结果表明：一个简单的设计能满足压力和平均温度要求，但是要损失一定的温度一致性。

(7)两种冷却方式结合。

考虑到一定质量的相变材料的潜热有限，在极端工况下相变材料完全熔化后需要另外一种方法来补充冷却电池包，有人提出了结合相变材料与被动式空气强制冷却的方法。

Rami Sabbah 等提出了 PCM 冷却配合风机一起对电池包进行热管理，证明了强制空气冷却/相变材料冷却比单独的空气冷却的温度一致性要好，且瞬态温度变化值较单独空气冷却小很多。

Said Al-Hallaj 等设计了 PCM/空气冷却实验，如图 5-79 所示。在放电时，PCM 以高速

(a) 参考

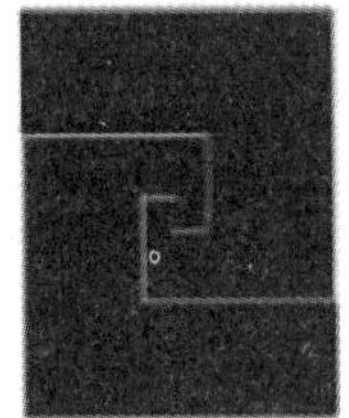
(b) 平均压力优化

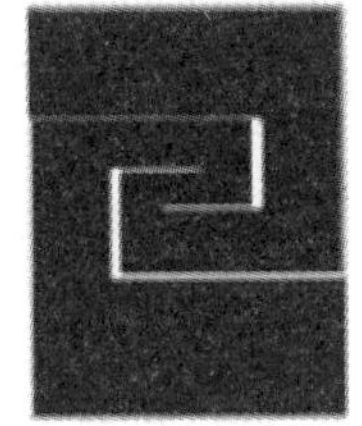
(c) 平均温度优化

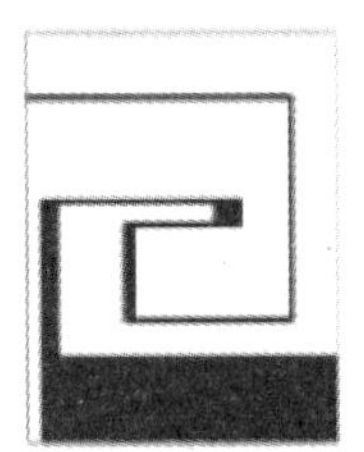
(d) 温度方差优化

（冷却管道以黑色表示）

图 5-78　冷板设计优化参照几何特征

率吸收热量并短暂保存，然后以稳定的速率将热量传到空气冷却系统，且设计的电池包预测的热分布满足了重载公共交通的应用要求。

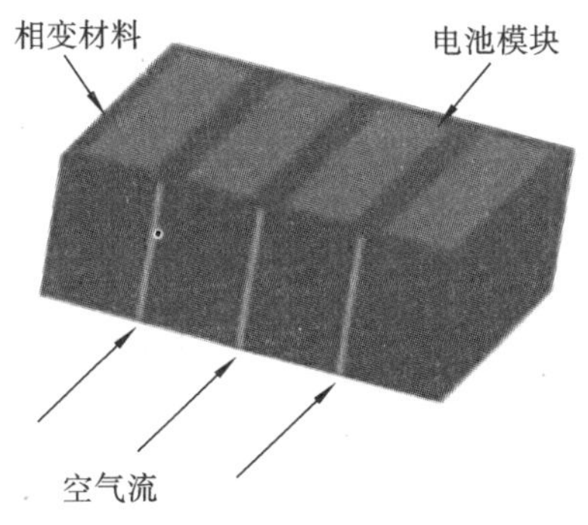

图 5-79　PCM/空气冷却 $LiFePO_4$ 电池

3. 电池热管理计算分析实例

以某型号 18650 锂离子电池为例进行电池热管理计算，其电池主要参数如表 5-15 所示。

表 5-15　某型号 18650 锂离子电池主要技术参数

参数名称	参数值
标称容量/A·h	2.4
标称电压/V	3.6
充电截止电压/V	4.15
放电截止电压/V	3.0
最大充电倍率	0.5 C
最大放电倍率	5 C
最佳工作温度范围/℃	20～45

通过对 Bernardi 生热模型公式进行分析可知，锂离子电池总产热主要由欧姆内阻热 $I^2 R_j$、极化内阻热 $I^2 R_p$ 及电化学反应热 $IT\dfrac{\partial E}{\partial T}$ 组成。相关研究表明，电池的欧姆内阻和极化内阻与电池的温度和荷电状态 SOC 有关。而电化学反应热受温度和荷电状态 SOC 的影响较小，工程计算中一般将 $T\dfrac{\partial E}{\partial T}$ 取为经验常数 11.16 mV。电池的荷电状态 SOC 是反映电池剩

余电量的重要参数，通常将电池的 SOC 作为评估电池电量的重要标志。电池的荷电状态表示电池剩余容量占电池总容量的比值。国内外研究人员提出了很多种经典 SOC 估计算法，主要包括安时积分法、开路电压法、内阻法、神经网络法、卡尔曼滤波法等。在各种 SOC 估计算法中，由于安时积分法比其他方法容易实现，因此应用最为广泛，其计算表达式为

$$\mathrm{SOC}=\mathrm{SOC}_0-\frac{\eta\int_0^t I\mathrm{d}t}{Q_N} \tag{5-12}$$

式中：SOC_0 表示初始的电池剩余电量；t 为电池的工作时间；Q_N 表示电池的额定容量（A·h）；η 为库仑效率系数；I 为电池的工作电流（A）。

采用 HPPC 恒流脉冲法对单体电池进行内阻测量实验可获取电池内阻随温度和 SOC 的变化规律，HPPC 恒流脉冲法充放电实验原理如图 5-80 所示。

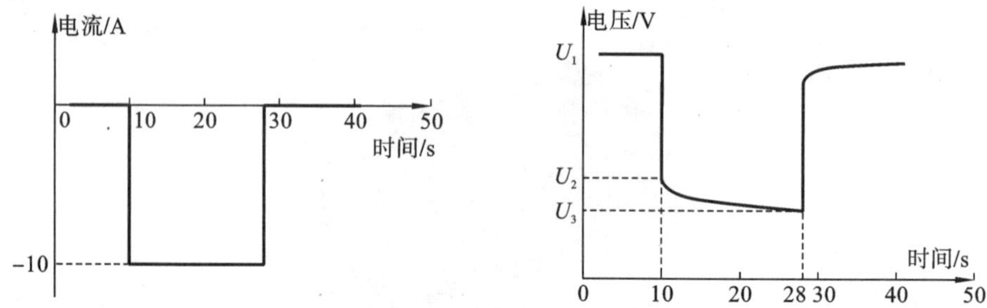

图 5-80　HPPC 法充放电实验原理

当对单体电池进行脉冲电流放电时，由于欧姆内阻的存在，电池的端电压会发生一个阶跃变化，如图 5-80 中 U_1 到 U_2 段；又由于电池极化内阻的存在，电池端电压缓慢减小，如图 5-80 中 U_2 到 U_3 段。因此可将电池的欧姆内阻 R_j 和极化内阻 R_p 分别表示为

$$R_j=\frac{U_1-U_2}{I} \tag{5-13}$$

$$R_p=\frac{U_2-U_3}{I} \tag{5-14}$$

引用浙江大学洪文华通过 HPPC 实验对该型号单体电池获取的内阻数据，然后对该单体电池内阻数据进行多项式的拟合，可获取锂离子电池欧姆内阻 R_j 和极化内阻 R_p 关于电池温度 T 和 SOC 的函数关系式 $R_j=f(\mathrm{SOC},T)$，$R_p=f(\mathrm{SOC},T)$，并将 R_j、R_p 代入 Bernardi 电池热模型中。电池的 SOC 在恒流放电过程中可表示为 $\mathrm{SOC}=1-t_s/t_0$，t_s/t_0 表示已放电时间与满容量下最大放电时间的比值。此外，由于实验采用的是全新出厂的锂离子电池，因此，库仑效率系数 η 可默认为 1。至此，就完成了对 Bernardi 电池热模型中关键参数的辨识工作。以 20 ℃环境温度为例，锂离子单体电池以 5 C 倍率放电的生热速率曲线如图 5-81 所示。

由图 5-81 可知，在锂离子电池放电初期，电池的生热速率上升较为平缓，而到了放电中后期，电池的生热速率将会快速升高，因此在设计电池热管理系统时要加强对电池模组放电后期的散热。

1）锂离子电池物性参数计算

由于锂离子电池的组成比较复杂，因此很难准确地模拟出电池工作时的生热情况。电池生热是一个典型的非稳态热传导过程，鉴于这种情况，需要对锂离子电池的热效应模型做

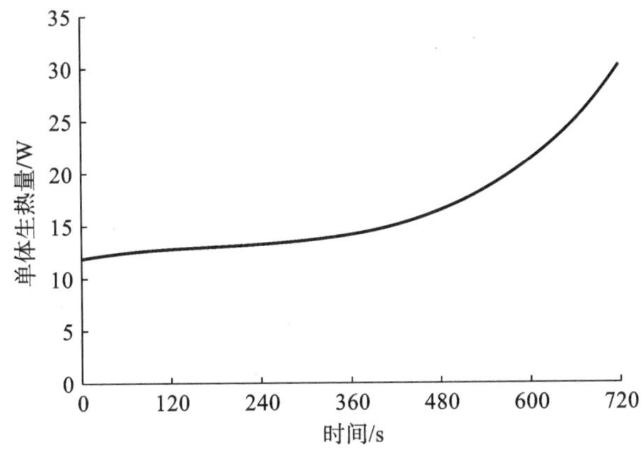

图 5-81　5 C 放电倍率下锂离子单体电池生热速率曲线

出如下假设，以此来降低电池温度场计算的复杂度。

(1)电池内部各相物理性质均匀一致，且工作时恒定不变。

(2)电池内部热量传递受热辐射和电解液流动的影响忽略不计。

(3)电池充放电时电池内部产热均匀一致。

基于以上假设，根据流体力学相关知识可以推导出锂离子电池工作时的热效应数学模型如下：

$$\rho c = \frac{\partial T}{\partial t} = \lambda_x \frac{\partial^2 T}{\partial x^2} + \lambda_y \frac{\partial^2 T}{\partial y^2} + \lambda_z \frac{\partial^2 T}{\partial z^2} + q \tag{5-15}$$

式中：ρ 表示电池微元体的密度(kg/m^3)；c 表示电池微元体的等效比热容(J/(kg · K))；λ 表示电池微元体的导热系数(W/(m · K))；q 表示电池微元体的生热速率(W/m^3)。

由上述方程可知，要求解锂离子电池的热效应模型需要获取电池的密度、比热容和导热系数等物性参数，计算电池的生热速率，以及设定方程的定解条件。由于构成锂离子电池的材料少则几十层多则几百层，在假设电池各种材料特性一致的前提下，锂离子电池的密度、比热容和导热系数可采用如下方法计算。

(1)密度。

通过直接测量 18650 锂离子电池的体积和质量，采用密度公式即可计算出其平均密度，计算公式如下：

$$\rho = \frac{m}{V} \tag{5-16}$$

式中：m 表示锂离子电池质量；V 表示锂离子电池体积。

(2)比热容。

根据锂离子电池各部分材料的质量和比热容，通过加权平均的方法计算电池的平均比热容，计算公式如下：

$$c = \frac{\Sigma_i c_i \cdot m_i}{\Sigma_i m_i} \tag{5-17}$$

式中：c_i表示锂离子电池各部分材料的比热容。

(3)导热系数。

该系数具有各相异性，但热量沿径向 r 和周向 p 的导热系数一致，因此可以通过下式计算出 18650 锂离子电池的平均导热系数：

$$\lambda_r = \lambda_p = \frac{\sum_i L_i}{\sum_i (L_i/\lambda_i)} \tag{5-18}$$

$$\lambda_z = \frac{\sum_i A_i \lambda_i}{\sum_i A_i} \tag{5-19}$$

式中：λ_r、λ_p、λ_z 分别表示电池径向、周向和轴向的导热系数（W/(m·K)）；L_i 表示锂电池各层材料厚度(m)；λ_i 表示锂电池各层材料导热系数（W/(m·K)）；A_i 表示锂电池各层材料横截面面积(m^2)。

根据理论计算获得某型号 18650 锂离子电池热物性参数如表 5-16 所示。

表 5-16　某型号 18650 锂离子电池热物性参数

平均密度	平均比热容	径向导热系数	周向导热系数	轴向导热系数
2020 kg/m^3	1200J/(kg·K)	0.91 W/(m·K)	0.91 W/(m·K)	2.73 W/(m·K)

相变材料种类多且性质差异大，在设计相变材料电池热管理系统时，相变材料的选型通常要求从以下五个方面考虑：

(1)适当的相变温度　相变材料的相变温度应处于电池最佳工作温度范围之内，这是相变材料选型的基本要求。

(2)较高的导热系数　导热系数越高相变材料的传热和换热速度越快，不仅可以提高相变材料的利用效率，而且可以提升电池组温度的均匀性。

(3)较大的相变潜热　相变潜热越高意味着相变材料在发生相变期间可持续吸收的热量越多，可以减少相变材料的使用量。

(4)相变时的体积变化小　在工作中不发生化学分解，对电池和电池包外壳腐蚀性小，无毒，阻燃性强。

(5)循环使用次数多　经过多次熔化和固化循环后，相变材料的热性能衰减小。

结合相变材料应用到电池热管理领域的要求，并对比有机相变材料和无机相变材料的性质可以看出，有机相变材料具有腐蚀性低及过冷度低的特点，同时化学和热稳定性较好，因此实际应用价值高。尽管有机相变材料具有较大的储热密度，但是其热导率通常较低，这导致相变期间热传递和热交换速率缓慢，从而影响其实用性。通常有两种方法可以改善相变材料的导热性：一种是从结构设计出发，如向相变材料中插入翅片等散热元件；另一种方法是向相变材料中添加导热性强的材料，如膨胀石墨等。

工业石蜡作为应用广泛的有机相变材料，其相变温度可定制在电池的最佳工作温度范围之内，且储热密度高，化学稳定性好，便宜易获取，除了导热性较差之外，对电池和电池包外壳几乎没有腐蚀性，因此被视为锂电池热管理系统相变冷却介质的首选材料。

石蜡-膨胀石墨复合相变材料的热物性参数如表 5-17 所示。

表 5-17　石蜡-膨胀石墨复合相变材料热物性参数

密度	比热容	导热系数	相变潜热	相变温度
820 kg/m^3	2042 J/(kg·K)	3.0 W/(m·K)	198.6 J/g	44.63 ℃

2)相变材料用量估算

合理地估算电池热管理所需的相变材料用量，可减少相变材料的制备成本。一般采用电池散热过程中能量守恒的方法完成对相变材料用量的初步估算。

锂离子电池散热过程遵循如下能量守恒定律：

$$Q_w = Q_a + Q_b \tag{5-20}$$

式中：Q_w表示锂离子电池工作过程中产生的热量(J)；Q_a表示锂离子电池与其接触的相变材料之间的热交换量(J)；Q_b为锂离子电池内部材料吸收的热量(J)。

其中，锂离子电池的生热量Q_w可以根据生热速率公式计算，即

$$Q_w = V\int_0^t q\mathrm{d}t \tag{5-21}$$

式中：V表示锂离子电池的体积(m^3)；q表示锂离子电池的生热速率(W/m^3)。

锂离子电池自身吸收的热量可以表示为

$$Q_b = \sum_{i=1}^{n} m_i c_i \Delta T_i \tag{5-22}$$

式中：m_i表示锂离子电池微元体的质量(kg)；c_i表示锂离子电池微元体的比热容(J/(kg·K))；ΔT_i表示锂离子电池微元体的温度变化量(K)。

3)相变材料控温数学模型研究

相变材料和电池之间的传热过程可以通过实验的方式进行测量，但这种方式无法直观地获取系统内部温度等参数的总体分布情况，而且当实验变量改变后，实验工况也要随之改变，这会导致实验周期加长和工作量增大。与实验相比，通过计算模拟求解相关数学模型，不仅可以获得系统内部相关参数的总体分布，而且可以灵活地调节变量来研究不同工况下的控温效果。

根据能量守恒定律，相变材料的吸热量Q_c等于锂离子电池传递给周围相变材料的热量Q_a减去相变材料与外界环境的换热量Q_d，即

$$Q_c = Q_a - Q_d \tag{5-23}$$

相变材料吸收的热量Q_c又可用以下公式计算：

$$Q_c = m_{PCM} c_{PCM}(T_m - T_0) + m_{PCM} H \tag{5-24}$$

因此可计算出相变材料的用量为

$$m_{PCM} = \frac{Q_c}{c_{PCM}(T_m - T_0) + H} \tag{5-25}$$

式中：m_{PCM}表示所需要的相变材料的质量(kg)；H表示相变材料的潜热(J/kg)；c_{PCM}表示相变材料的比热容(J/(kg·K))；T_m表示相变材料的熔点温度(℃)；T_0表示相变材料的初始温度(℃)。

相变材料的相变过程一般可采用两种方法进行模拟计算：等效比热容模型法和焓模型法。等效比热容模型法认为相变材料的比热容在相变前后保持恒定，忽略了相变过程中的热流传递和质量传递对传热过程的影响，因此模拟计算的结果与实际情况相差较大。相比之下，焓模型法则将相变过程和非相变过程进行差异处理，在相变材料发生相变前后使用独立的控制方程，以对应相变材料在固态和液态时不同的物性。在相变过程中，求解如下动量方程和能量方程：

$$\rho_{PCM}\frac{\partial u_i}{\partial t} + \rho_{PCM} c_p \nabla u u_i = \mu_{PCM}\nabla^2 u_i - \frac{\partial p}{\partial x_i} + \rho_{PCM} g_i + S_i \tag{5-26}$$

$$\rho_{PCM}\frac{\partial H}{\partial t} + \rho_{PCM} c_p \nabla u H = k_{PCM}\nabla^2 T \tag{5-27}$$

其中：下标i表示特定方向；p表示压强；g_i表示i方向上的重力加速度；H表示材料的焓值；ρ_{PCM}为相变材料的密度；c_p为比热容；u为速度；k_{PCM}为系数；∇为算子；μ_{PCM}为相变材料的

黏性系数；S_i表示 i 方向上的动量源项，可表示为

$$S_i = \frac{C(1-\beta)^2}{\beta^3 + \varepsilon} \tag{5-28}$$

式中：C 为常数，通常取 10^{-5}；$\varepsilon=0.001$，避免出现分母为 0 的情况；β 表示相变材料的液相率，其值和温度 T 满足以下关系：

$$T = T_s + \beta(T_l - T_s) \tag{5-29}$$

式中：T_l和 T_s分别表示相变材料熔化起始温度和熔化结束温度。

由于焓模型已集成到商业计算流体力学软件中，因此该模型的应用更加简单。在本书中，将采用焓模型作为相变材料的相变传热模型。

4)相变冷却控制方程

建立锂离子电池相变传热数学模型之前，首先应对实际的传热过程做出如下假设，以简化计算：

(1)相变材料的密度和导热系数在相变前后不发生改变，且不随温度改变；

(2)相变材料的传热过程不考虑辐射换热；

(3)由于石蜡-膨胀石墨复合后相变材料黏度变得很大，因此忽略相变材料熔化后的对流换热的影响。

根据以上几点假设，建立以下控制方程。

模拟电池内部的传热方程：

$$\rho_b c_{p,b} \frac{\partial T}{\partial t} = k_b \nabla^2 T + q \tag{5-30}$$

相变材料内部传热方程：

$$\rho_{PCM} \frac{\partial H}{\partial t} = k_{PCM} \nabla^2 T \tag{5-31}$$

$$H = h + \Delta H \tag{5-32}$$

$$h = \int_{T_0}^{T} c_{p,PCM} \mathrm{d}T \tag{5-33}$$

$$\Delta H = \beta\gamma \tag{5-34}$$

$$\beta = \begin{cases} 0, T < T_s \\ \dfrac{T-T_s}{T_l-T_s}, T_l < T < T_s \\ 1, T > T_s \end{cases} \tag{5-35}$$

初始条件：

$$T(x,y,z) = T_0 \tag{5-36}$$

式中：ρ 表示密度；c_p 表示比热容；k 表示导热系数；q 表示电池的产热速率；H 表示相变材料的焓值；h 表示相变材料的显热值；ΔH 表示相变材料已占用的相变焓；β 表示相变材料的熔化分数；γ 为相变材料的相变焓；T_0表示起始温度，与环境温度一致。

5)锂离子电池模组相变冷却仿真研究

随着计算机科学技术的迅速发展，可实现对具体问题的离散化，例如用有限元法来模拟电池与相变材料的接触面边界条件：

$$-k_b \frac{\partial T}{\partial n} = -k_{PCM} \frac{\partial T}{\partial n} \tag{5-37}$$

相变材料的外表面边界条件：

$$-k_{\mathrm{PCM}}\frac{\partial T}{\partial n}=\vartheta(T_{\mathrm{PCM}}-T_{\mathrm{e}}) \tag{5-38}$$

式中：ϑ 表示对流换热系数；T_{e}表示环境温度。其中下标 PCM 代表相变材料，b 代表锂离子电池。

采用 CFD 数值模拟软件 Fluent，其具有丰富的物理模型、先进的计算方法。采用 Hyper Mesh 软件进行网格划分，该软件具有强大的有限元网格划分功能，可以划分多种网格类型，网格划分好后可以进行网格质量检查，确保较好的整体网格质量。采用 Tecplot 软件进行数值仿真结果的后处理，Tecplot 系列软件可以更好地将计算结果可视化，方便讨论分析计算结果。电池模组内部排线复杂，且电池正负极存在一些细微结构，但这些结构对模拟仿真来说影响较小，考虑网格质量以及计算成本，在保证反映电池模组温度场和流场主要特征的前提下，采用 Catia 软件在电池模组建模时合理地简化处理这些细节。

此处研究的 18650 锂离子电池的排列形式为 3 行×5 列，由 15 个单体电池串联而成。所采用的锂离子电池以最大放电倍率 5 C 放电，其电池间隙采用前面制备的石蜡-膨胀石墨复合相变材料填充。根据初步估算，将电池的间距设置为 2 mm 较为理想。锂离子电池模组相变冷却几何模型如图 5-82 所示。

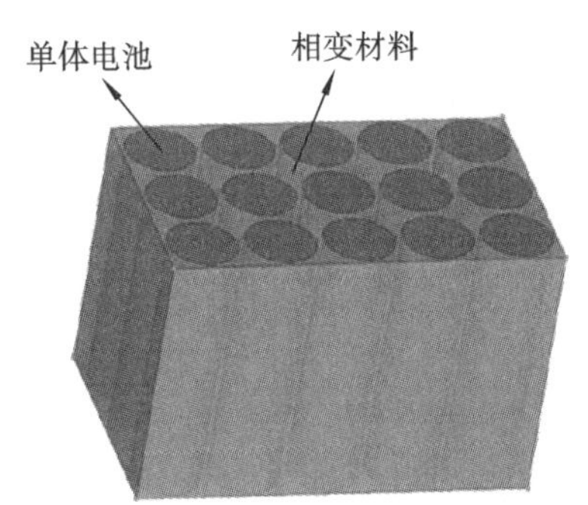

图 5-82　锂离子电池模组相变冷却几何模型

图 5-83　锂离子电池模组相变冷却网格模型

(1)网格划分及无关性分析。

模型的网格质量将直接影响到计算结果的准确性，所以对网格进行合理划分，并进行网格无关性分析是十分必要的。采用 Hyper Mesh 前处理软件，对锂离子电池模组相变控温模型进行网格划分，采用四边形结构化网格，锂离子电池模组相变冷却网格模型如图 5-83 所示。

图 5-84 所示为在三种不同网格数量的情况下，以 5 C 倍率放电时电池模组最高温度曲线图。从网格一的曲线图可以看出，电池模组最高温度最终达到 54.97 ℃。将网格数量减少到 965840 个时，电池模组最高温度为 54.89 ℃，与网格一的计算结果相比降低了0.15%。将网格数量减少到 491465 个时，电池模组最高温度为 54.87 ℃，与网格一的计算结果相比仅降低了 0.18%。通过对比可以发现，网格三在保证计算精度的同时又减少了计算量，因此选用网格三作为计算网格更为合适。

(2)边界条件及热源设置。

在仿真中，主要对壁面条件、传热耦合的交界面及单体电池热源三种边界条件进行定义。将相变材料及电池上下端与空气接触的壁面设置为 Wall 壁面，换热条件设置为对流换

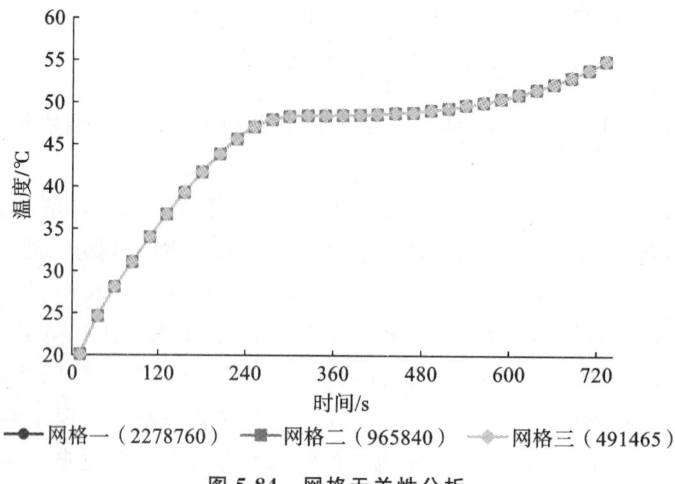

图 5-84 网格无关性分析

热，其对流换热系数设置为 5 W/(m^2 · K)。将相变材料与电池接触的交界面设置为 Interface 耦合面，在耦合面上实现物理量的传递。对于单体电池热源采用 UDF 编译功能进行定义。Fluent 软件具有 UDF 二次开发的功能，可采用 C 语言编写程序。UDF 功能大大增加了 Fluent 软件中用户自定义条件的延展性。通过前文建立的电池生热速率模型，采用 C 语言进行模型函数的编写，采用 Fluent 中的 UDF 编译功能将其加载至单体电池的生热条件中。

(3)数值仿真求解设置。

锂离子电池相变冷却模型是一个耦合传热模型，此类问题适合先对动量方程进行求解，再对连续方程、能量方程及湍流方程进行依次求解。对于相变材料的相变过程，可选择 Fluent 软件中的 Solidification/Melting 模型进行表征，且该过程只能采用分离式算法求解，因此本模型适合采用 Fluent 软件中的 Pressure-Based 压力基求解器求解，其分离算法采用 SIMPLE 算法。动量方程中的压力采用“PRESTO!”选项进行求解，能量方程的求解采用二阶迎风格式，对于瞬态过程的计算采用隐式一阶差分。

(4)时间步长无关性分析。

在不考虑模型误差，且计算稳定的前提下，数值计算的时间步长设置存在不恰当值，过长或过短都会影响准确性，且时间步长不合理也会增加计算时长，因此需要对时间步长进行无关性分析，以选择最佳的时间步长。图 5-85 显示了不同时间步长下的电池模组温升曲线。

通过对比时间步长 0.1 s、1 s 及 10 s 之间的设置结果，可发现时间步长设置为 0.1 s 和 1 s 时，同一时刻最大温差为 0.02 ℃，因此时间步长设置为 0.1 s 和 1 s 时，对模拟结果几乎不产生影响。这是因为研究中使用的石蜡-膨胀石墨复合相变材料黏度较大，其熔化后几乎不发生流动，传热方程被简化为纯导热过程，使得计算迅速收敛。而当时间步长设置为 10 s 时，同一时刻最大温差相较于时间步长 1 s 时增加到 0.35 ℃，同一时刻最大温差增大了16.5 倍，可认为是影响了模拟计算的结果。因此，为了便于计算同时保证计算精度，最终选择设置最小时间步长为 1 s，最大迭代步数设置为 20，以保证在每个时间步长内都能计算收敛，时间步数根据理论上电池完全放电的时长设定。此外为了便于数据记录和后处理，在仿真时每隔 24 s 读取并写入数据。

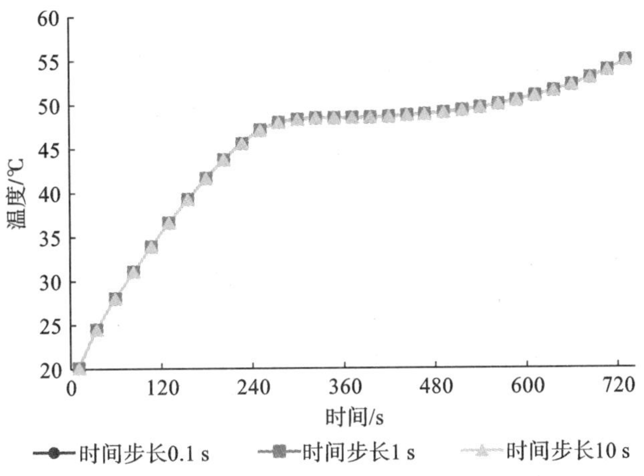

图 5-85　时间步长无关性分析

6)仿真结果及分析

在设置好边界条件、添加温度等参数监测点,选择合适的求解器后便可开始仿真计算。以环境温度 20 ℃为例,采用最大放电倍率 5 C 对锂离子电池模组进行恒流放电,放电时长为 720 s。研究电池模组最高温度、最大温差,以及相变材料液相率(即液相体积分数)随放电时间的变化情况。图 5-86 展示了在放电结束时经过 Tecplot 软件处理后的电池模组整体温度云图。

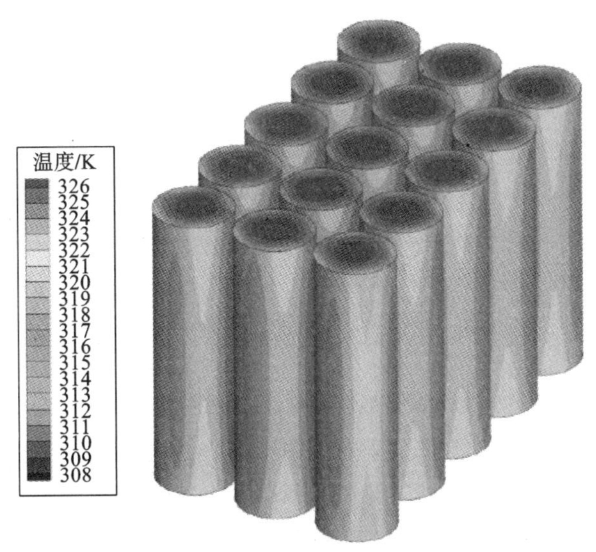

图 5-86　电池模组温度云图

由电池模组的温度云图可以看出,在以 5 C 倍率恒流放电结束时,电池模组的温度分布较为均匀且最高温度在锂离子电池允许的工作范围之内,再次证明了相变材料良好的冷却效果,保障了电池模组的散热以及温度的均匀性。为了更加深入地分析电池模组以及相变材料的变化情况,在仿真过程中每隔 120 s 对仿真结果进行自动保存,获取了 720 s 内每隔 120 s 电池模组沿宽度方向中部截面的温度云图和电池模组沿高度方向中部截面的相变材料液相率云图,如图 5-87 和图 5-88 所示。

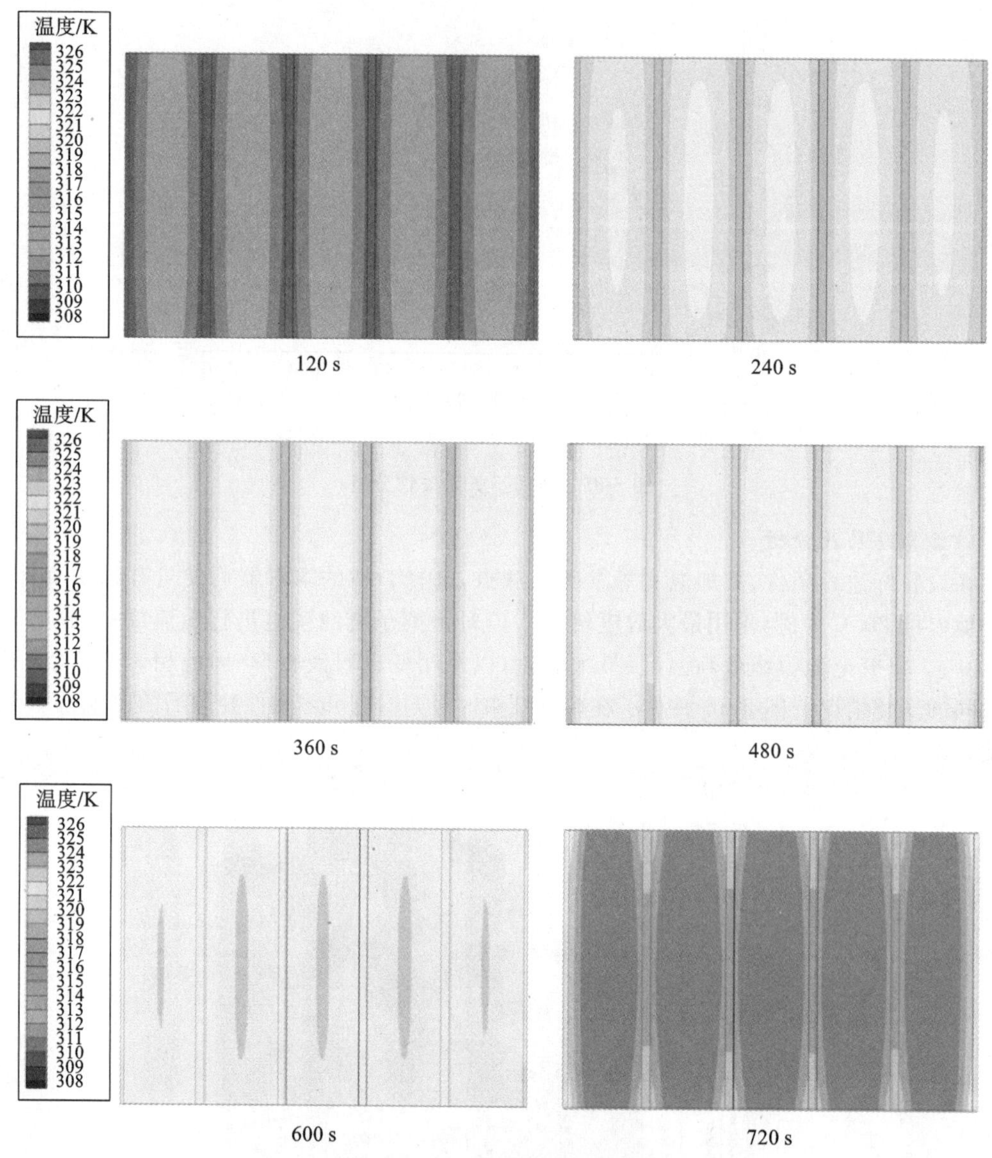

图 5-87　电池模组温度变化云图(宽度方向中部截面)

由图 5-87 可以更加明显地看出电池模组从放电开始到放电结束过程中的温度变化情况:随着锂离子电池模组放电的进行,电池内部的温度逐渐升高,电池中心温度最高,电池边缘处温度较低,符合实际情况。此外,由于相变材料的存在,电池模组内部的各单体电池温度分布均匀,电池温度一致性得到了充分保证。为了进一步说明相变材料在电池模组放电过程中的作用效果,下面结合电池模组内相变材料液相率的云图变化情况做进一步阐述。

图 5-88 显示了不同放电时刻电池模组沿高度方向中部截面的相变材料液相率分布情况。当相变材料液相率为 0 时相变材料处于固态,液相率为 1 时相变材料处于液态,液相率为 0 至 1 之间时相变材料处于固体和液体共存的熔融状态。随着电池模组放电的进行,离电池表面最近的相变材料最先开始熔化,且电池模组中部的相变材料比外围的熔化更快,这是由于电池模组中部的散热环境较周边更为恶劣。在整个放电过程中,电池模组内部的相变材料熔化的均匀度较高,反映出相变材料对电池模组中各单体电池的热量吸收的一致性

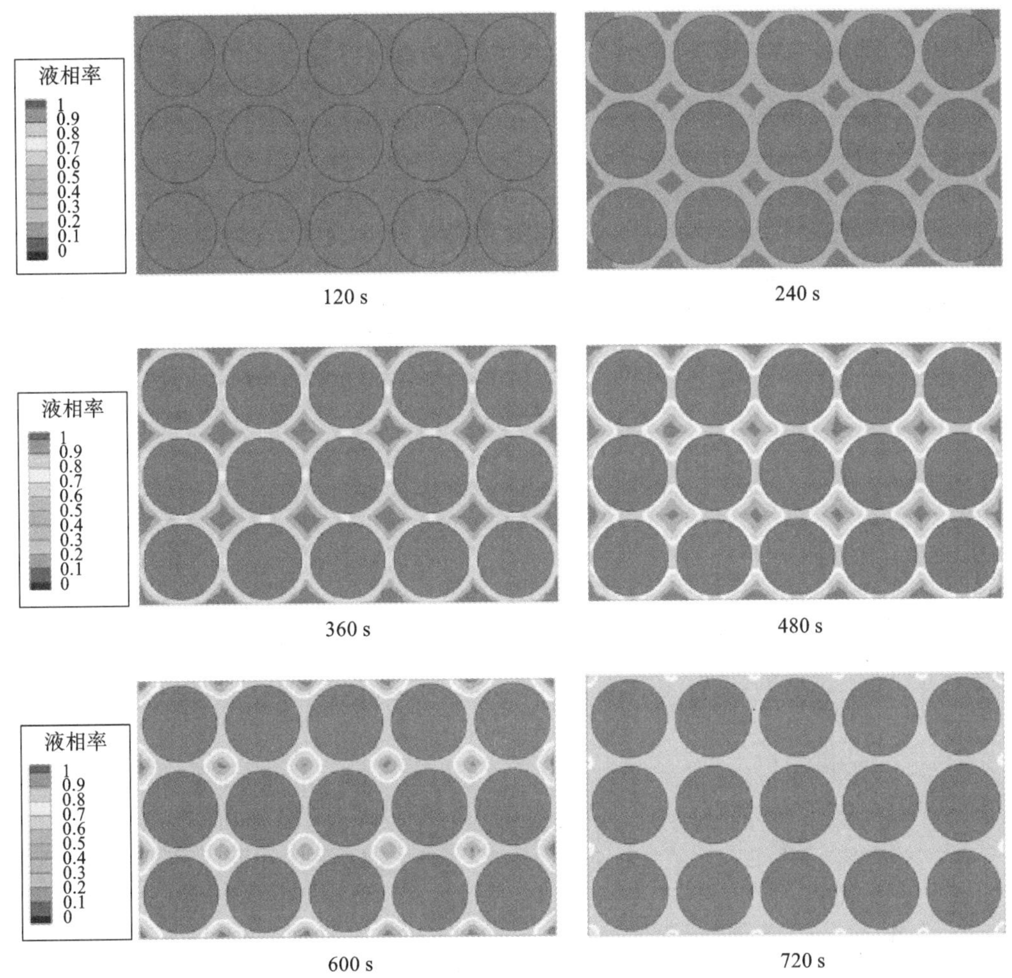

图 5-88　相变材料液相率变化云图(高度方向中部截面)

高。因此,填充相变材料有助于电池模组工作时温度分布的均匀性。

电池模组的最高温度和最大温差是进行热管理系统设计时所需要考虑的两个重要指标。对于所研究的 18650 锂离子电池模组,其热管理基本设计目标是单体电池以最大倍率 5 C放电的情况下将电池模组的最高温度控制在 20～45 ℃范围内,最大温差控制在 5 ℃以内。因此,在放电过程中,需对电池模组的最高温度及最大温差进行实时监测,图 5-89 和图 5-90 分别反映了电池模组最高温度和最大温差与相变材料液相率的关系。

由图 5-89 和图 5-90 可以看出,在放电初始阶段,相变材料还未熔化,电池模组的最高温度及最大温差都迅速增大,此时主要依靠电池以及相变材料的吸热对热量进行吸收,通过热传导的方式将热量导出到电池模组壁面与空气产生对流换热。当电池和相变材料的温度持续升高,且达到相变材料的熔点后(大约在 240 s 附近),相变材料开始熔化。由于相变材料具有恒温吸收热量的特性,因此电池模组最高温度出现了一个平台期,此时主要依靠相变材料的潜热对热量进行吸收。由于电池模组中每个单体电池周围都有相变材料填充,热量会被相变材料的潜热均匀吸收,因此电池模组的最大温差也相应出现了下降。通过前文对单体电池生热速率的分析可知,在电池模组放电后期,电池的生热速率会快速增大,因此在电

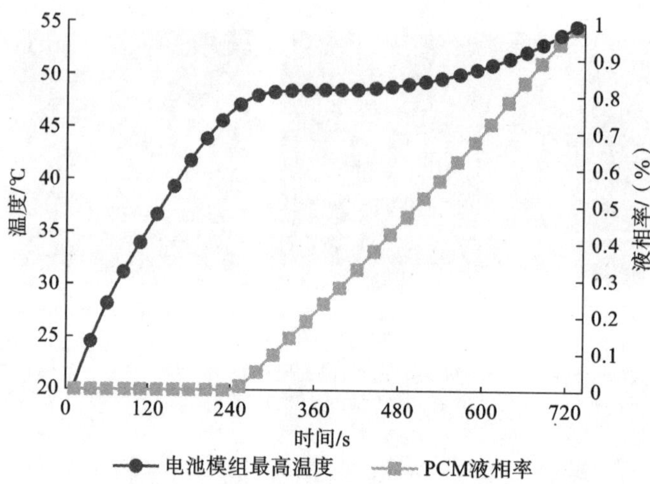

图 5-89　电池模组最高温度与 PCM 液相率变化曲线图

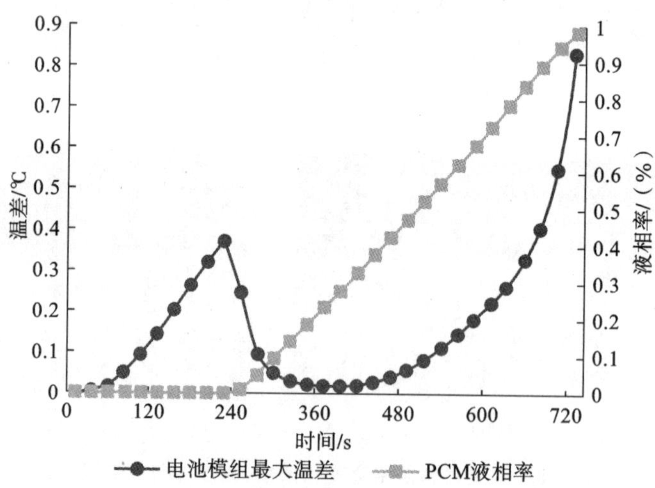

图 5-90　电池模组最大温差与 PCM 液相率变化曲线图

池模组放电至 480 s 左右时，电池模组的最高温度开始小幅升高，此时相变材料已熔化了二分之一，且靠近电池模组中部附近相变材料熔化速度更快，电池模组的温度均匀性有所降低，导致最大温差迅速加大。一直持续到放电结束，相变材料几乎完全熔化，液相率达到 98.26%，而电池模组的最高温度达到了 54.81 ℃，最大温差达到 0.84 ℃。

虽然未能将电池的最高温度控制在 45 ℃，即最佳工作温度范围内，但是由于相变材料的存在，可以在一段时期内将电池模组的最高温度稳定在一定的温度区间内，且将电池模组内部的最大温差控制在较小的范围，远远小于最大温差的最佳区间（小于 5 ℃）。考虑到相变材料的物性参数，如熔点、导热系数和潜热将直接决定相变材料熔化的时刻、导热性以及熔化的持续时间，这也直接关系到电池模组的散热效果，因此开展相变材料物性参数的研究以获取最佳的相变材料参数，对提升电池模组的冷却效果至关重要。但在此之前，还需要对本节的仿真结果做进一步的实验验证，以证明仿真模型及仿真结果的可靠性。

5.4　锂离子动力电池管理技术

在电动汽车中，BMS 是 battery management system 的缩写，中文称为电池管理系统。BMS 的基本功能是测量、评估、管理、保护和警示。

测量功能主要是对电池的电压、电流和温度等参数实时进行检测，同时对电池系统绝缘电阻进行持续测量。保护功能主要指控制电池的电流、电压、温度等参数始终在允许的工作参数范围内。管理功能有温度管理、电量管理、均衡管理、充电管理等。警示功能是指 BMS 通过 CAN 总线与整车控制器、充电机等进行实时通信，将电池的状态和故障进行警示。

由于电池一旦发生过充过放就会损坏，严重情况下还会发生起火爆炸的安全事故，于是电池管理系统应运而生。锂电池在使用中哪怕只是一节电池单独使用，也要配置电池管理系统。电池在成组使用时，更容易发生过充过放的现象，这主要是因电池在制造和使用过程中出现的差异造成的。电池间的差异如果没有在过充过放中得到有效控制，将进一步扩大，导致电池容量和寿命的急剧下降，最终引起事故的发生。

随着技术的发展，除保护功能之外，还发展出了电量管理和电池新旧程度的估算，充电管理使得同一充电桩可以充不同电压和容量的电池，温度管理使电池的使用温度范围更合理，能适用于更多的应用环境和场合。为了使一致性不太好或自放电率不太一致的电池能够长期免维护使用，均衡管理便得到了重视，并进入实用化。进一步的研究还发现，在电池剩余电量不同的环境下，电池应采用不同的放电使用策略。

电池管理系统的警示功能，必须是在电池管理系统自动执行无法采取有效行动的情况下，警示给相关的人员去做分析判断。比如 SOC，电池管理系统由于无法知道距离目的地点还有多远，因此无法要求停车充电或者返航等，只能报出数值让司机判断该采取什么措施。比如绝缘损坏，电池管理系统无法自行修复，也只能报警。而要将这些状态和故障报出，就必须通过 CAN 通信与整车控制器联系，进而在人机交互界面上显示。

当然，测量是这一切的基础。现有技术的测量参数为总电流、单体电压、选择的温度监控点，部分 BMS 还输出总电压。绝缘电阻是测量整个高压系统的，不单单测量电池系统。总电流的测量是过流和短路保护的依据，也是安时积分法估算 SOC 的基础。单体电压的测量是过充过放保护的依据，也是电池一致性监控和均衡管理的原始数据。温度测量主要是为了温度管理，其数据也能用于电池寿命分布估算，或者用于热失控等安全事故的预警。总电压的测量对于 BMS 来说意义不大，因为总电压可以由所有的单体电压求和得到。

5.4.1　测量

1. 电压的测量

电池的电压主要指电池正负极的电势差，也是两个电池正负极接线端的端电压。电池的电压来源于正负极材料的电势差，而材料的电势取决于其电化学能级的大小，正负极材料的电势差称为电池的电动势，$E=\varphi_a-\varphi_b$ 。这是一个固定的特征值，但是在正负极材料与隔膜电解液等组成的电池中，电动势还要受到浓度、温度、压力等参数的影响，如果没有电流流过，电池处于静态，此时的正负极电势之差，称为电池的静态电动势，$E_s=\varphi_a-\varphi_b$ 。而有电流通过的时候，电池的内阻会产生一个电压降，电池的内阻由欧姆电阻、离子迁移驱动需要克服的阻力和电化学反应过程的极化阻力等组成，表现的端电压为 $U = E_s - \eta$。电流不同的时候，需要克服的极化阻力不一样，极化电压 η 也不一样，一次端电压也在变化。此外在不同的温度下，电池内部各种活性成分的活度发生了变化，同样电流下的极化电压 η 也不一样。电压的检测，一般使用专门设计的芯片，比如 LTC6802，该类芯片能采集单体电池的电压，并进行通信，将采集到的数据传输出去。低成本的电压测量方案有用电阻分压来完成的。BMS 自身使用的总电压一般直接由单体电压累加得到，直接测量的原理跟一般万用表一样。电压测量的精度直接影响电池管理系统的功能。因为过充过放保护功能的实现完全依靠电压来判断。避免过充电的保护依据是电压，保护每个电池单体的电压不过高从而避免过充电，保护单体电压不过低从而避免过放电。此外，电压的检测精度还决定了电池的使用规划，电量管理中 SOC 的估算都要依赖电压的测量来校准，电池的均衡、安全管理等也依赖于电池电压的测量。

2. 电流的测量

电池的电流跟其他电源的电流完全是等效的。电流测量的精度和可靠性具有传导性，影响到其他电池参数的计算与工作状态的判断。比如以安时积分法为基础的 SOC 估算，就必须有高精度的电流测试数据，而电池的使用(比如充放电功率)、电流测量的精度也会影响使用效果，BMS 的短路保护等功能也以电流值测试数据作为依据。

电流测量的芯片有 AD 芯片(比如 CS5460A 等)。能够直接测量的参数依然是电压，要测量电流，首先要把电流信号转换为电压信号。这种转换通常可以通过分流器或霍尔传感器来实现。分流器实际上是一个阻值很小的电阻，直流电流流过电阻时会产生一个电压降，这个电压降就是电流大小的信号，通过芯片来读取这个电压信号可以给出被测量电路中流过的电流值。霍尔传感器中有电流流过时，由于霍尔效应，也会感生一个电压，根据这个电压值也能给出电路中流经的电流值，但是霍尔传感器是根据磁场进行测量的，故而对电磁环境十分敏感，而且使用中有一个磁场建立的过程，线性度较差。

3. 温度的测量

温度对电池的影响巨大，以 35 ℃为基准，温度每升高 10 ℃，电池循环寿命下降 50%。以 25 ℃为基准，55 ℃时电池容量增大 10%，0 ℃时容量减小 20%，－20 ℃时容量降低 50%。电池在 45 ℃的环境下能保存一年，即使不进行任何的使用和充放电，容量也将不可恢复地损失 30%。一般磷酸铁锂电池低于－5 ℃时充电速度会急剧下降甚至无法充电。电池温度过高，比如高于 80 ℃，就引起电池永久损坏，再高就会引起内短路、热失控、起火、爆炸等。因此，要限制电池的最高温度，也要防止电池温度过低而无法充放电。电池内部、不同电池间的温度分布与电池的使用维护关系也很大。温度不均匀，会迅速导致电池单体之间出现一致性变差。

温度值转换为电信号即转换为电压信号，可见电压测量技术对于 BMS 的重要性。简单的温度测量是使用一个具有明显温度系数的电阻与一个温度系数很小的电阻分压，随着温度的变化，分压值会发生变化，测量到不同的电压就知道有不同的温度。精确的温度测量可以选用专门的芯片，如 DS18B20。

5.4.2 保护功能

电池管理系统对于电池的保护，是通过发出降低使用电流的要求，让负载控制智能模块进行输出调整，或者切断充放电通路，以避免电池超出许可的使用条件。保护功能通常表现在以下方面。

1. 过压保护

电池组中某只单体电池的电压超过了规定允许使用的电压，按照保护的目的，电池只允许放电而充电继电器被断开。一般 BMS 会在允许电压之下设置一些预警电压，电池达到这个电压的时候，BMS 将会降低充电电流。需要明确的是，过压保护跟过充电保护是两回事，过压保护有效实施的话，电池不会发生过充电。过充电保护有效的话，能够避免热失控等安全事故。

2. 欠压保护

过充电会给电池造成损害和安全问题，占安全事故的 60%以上，过放电也会给电池造成损伤。欠压保护的原理是设置一些电压值，低于该电压值时，BMS 要求降低放电电流或者切断放电通路。

3. 过热保护

过热保护的原则是尽量让电池工作在 45 ℃以下，避免电池过快地老化。但是当夏天环境温度很高的时候，正常使用时温度会超过 45 ℃，那么这时候会设置一个防止当场造成过大损害的温度值。如果超过了保护温度，又非要使用电池，而电池的温度升高还正常的话，就设置一个安全保护温度，高于这个温度极易发生安全事故。

4. 低温保护

电池在低温下，容量降低，活性降低，可使用的充放电倍率下降，就必须对电池的充放电倍率进行保护。温度降到更低，电池不能正常充放电，不能支持用电设备的正常功能，强行使用会造成电池当场损坏，这时候 BMS 会切断充放电电路，禁止电池使用。

5. 电流过大保护

电流过大毫无疑问会对电池造成不可逆转的损害。实验表明，放电倍率增大到 3 C，相比 1 C 而言，循环寿命降低到 1/3。电流过大保护会设置 3 个电流值，当输出电流达到第一个电流值的时候，BMS 会请求不再增加电流，如果请求没有得到满足，电流继续增加，达到第二个电流值的话，BMS 会请求降低使用电流。然而假如这一切请求都没有得到满足的话，电流继续增加到第三个保护电流值，BMS 就会主动切断相应的放电或者充电通路。

需要注意的是，BMS 发出请求的时候，需要留给后续处理足够的响应时间。更需要注意的是，BMS 的电流过大保护，其策略必须与整车控制器和负载智能控制器协调。不协调的策略会产生各自正常工作却故障频出的不良现象。

在电流过大的现象中，有一些是由短路引起的。短路的识别：切断通路保护后，再也无法上电，只要一上电，就会发生电流过大。此时可以与整车控制器的高压配电箱联合检查每一条用电支路，确定是哪个负载电路发生了短路。

5.4.3　管理功能

1. 电量管理

电量管理的基本含义是通过检测电池的某些参数，计算或者估计出电池的电量状态，然后将电量报告给相应的智能单元和使用人员，电量状态用 SOC 表示。SOC 又称为电池荷电状态，或者电池储存电量百分数。电池的实际电量状态跟电池组内单体的离散度、使用温度和电流历史等有关，也与其后的使用温度和电流有关。电量报告的意义在于规划用电，防止使用过程中意外断电或者出现过充过放电现象。

要报告电量，就要有检测、计算或者估算电量的方法。电池电量如果不实际放电，则不是一个可以直接测量的量，必须通过电池的电压、电流、温度等测量值，以及电池 BMS 之外测得的内阻、容量等参数来进行间接估算。电量估算是一个世界难题，因为即使完全一样的测试数据，也不能代表就是同样的 SOC。下面简单介绍一些典型的 SOC 估算方法。

当然，直接进行标准 SOC 测试的方式，是按标准放电方法将电池放电到低压保护截止电压，测试机给出的放电量就是该测试条件下的标准电量。但是这种方法虽然可得到一个标准的 SOC，但电池也没有电了，不可能用于车辆实际的 SOC 电量管理。

(1)以端电压为基础的方法。

这种方法的起源是开路电压法，将电池静置足够长的时间，由于电池内部完全达到平衡，那么端电压就等于电池的静态电动势，这与 SOC 有比较准确的对应关系。但是这种方法是无法用于车辆实时估算 SOC 的，因为使用过程中无法留出足够的时间来静置。即使用于校准 SOC，也不能保证需要的时候就有足够的静置时间。所以，在实际使用中电池的端电压就成为考虑的参数。虽然这种方法跟开路电压法比起来，由于电流和使用历史，电池的不平衡部分存在不确定，即存在误差，但是这种误差是固定的，每次估算误差都会在同样的范围内，因而是一种可重复的估算方法，结果在误差范围内总是可信的。

电压法的一个难点是电压测试的精度。对于磷酸铁锂电池，在平台区内电压测试误差 5 mV即代表 SOC 变化，这对 SOC 估算来说已经太大了。提高电压的测试精度和电压的分辨率，能够有效地解决这个问题。

将电压轴拉伸 10 倍，则电压变化的细节分辨就提高了一个数量级，这个拉伸通过一个差分放大器就能够实现。图 5-91 显示了提高电压测试分辨率的原理。

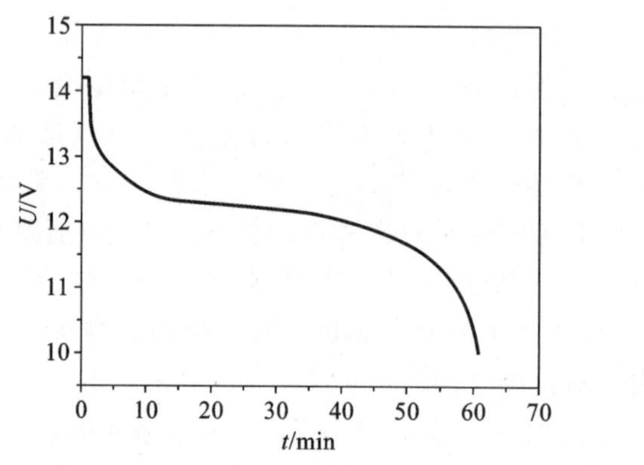

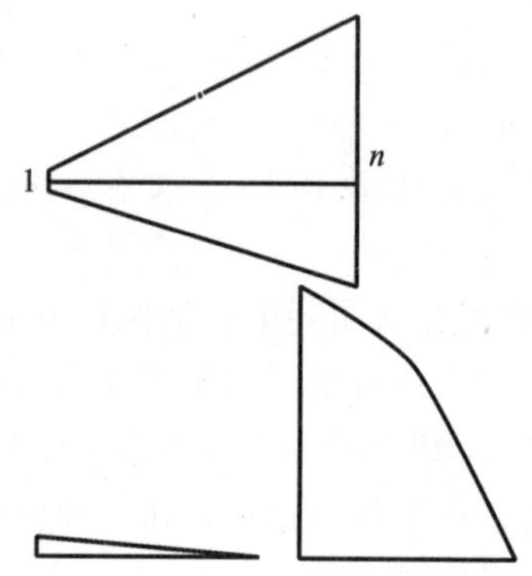

图 5-91　电压测试分辨率提高原理示意图

(2)以安时积分为基准的方法。

安时积分法的理论基础是，已用掉的电量加上剩余的电量等于电池的容量。剩余电量是一个未来参数，但是已经用掉的电量是一个过去参数，可以估算出来。最简单的方法是直接将电流测试值乘以测试间隔时间的电量变化，所有电流测试间隔的电量求和得到电量变化值，然后用容量减去这个消耗掉的电量，就得到了剩余的电量绝对值，但是 SOC 一般显示一个百分数，于是就用剩余电量绝对值除以电池容量即可。$SOC=(C_n-Q)/C_n$。这种方法具有累积的特性，比如电流测试值比真实值小，那么估计的电量变化会比真实值小，这就形成了一个剪刀差。出现的极端情况是100%和0%状态倒置，就是当充满电的时候，BMS给出的SOC是0%，有的是8%。当然这种方法还没有考虑电池的使用环境和使用工况，方法本身的误差有点大。而且这种方法必须预先给定一个电池组的容量C_n，这个容量是有误差的，因为厂家在出厂时并没有精确地测定每一组电池的容量。然后随着使用，电池的一致性变差，C_n发生了变化，这个变化BMS是无法定量精准判定的，这又会带入一个误差。再者单体的容量与整组电池的容量变化不同步，如此又会引入一个误差。所有的这些误差累加起来，很容易超过20%，在电池组状态比较差的情况下，SOC可能还显示40%。

为了改进算法本身的精确度，改良的安时积分法被开发和提出。线性法就是其中之一，线性法不把两个电流测试间隔的电量变化简单地计算为电流乘以时间间隔，而是把电量变化假设为电流、电压、温度等多种参数的一个线性函数。这种方法等于考虑了电池的使用历史，拟合后消除了安时积分法的一项误差来源，这是一种进步。但是安时积分法不仅仅只有这么一个误差来源，因此，这种方法在实际使用中还是存在比较大的问题。

(3)卡尔曼滤波法。

卡尔曼滤波法把电池充放电的运行过程看作一个状态转换过程，状态由n个状态参数来确定。该方法考虑了更多的参数，比如过程激励噪声和观测噪声，分别用方差来表示。该方法以当前状态预估下一个状态的状态值，再以下一个状态的实测值来验证。这样一个预估校正过程，能够消除更多的误差，但是单体的离散等问题依然无法解决。

(4)神经网络法。

神经网络法是将测量值和计算值通过神经网络来对应电池的SOC状态，需要大量的自学习和调整，目前还并没有成熟到实用的程度。

2. 温度管理

温度对于电池的重要性前面已经做了介绍，这里再对电池发热、散热等情况做一些说明，介绍一些热管理的基本方法。

电池内部的产热总量可以通过如下方式理解：电池本来的电动势是静态电动势，但是有电流流过的时候就成了电池端电压，静态电动势跟电池端电压之间有个差值，这个差值就消耗在电池内部发热上了。发热速率也可以定量地表示为$q=(E-V)I$。当然，发热在电池内部也不是完全均匀的，因为电池内部的电子电阻、离子电阻和电化学反应位阻的分布也不均匀。此外导体之间的连接点、接插件等电阻会比较大，并且随着制造厂家的不同，发热情况有很大的差异。在实际应用中发现，同样的导线和接插件，用在慢充纯电动模式上的表现良好，而用在混合动力和快充纯电动模式上就损坏很快。同样的线材和接插件，一家线束厂加工的用起来一切正常，另一家线束厂加工出来的就很快烧毁。

对于散热来说，要考虑温度场分布、热阻分布和热源分布。热源产生的热量通过热阻路线导向温度场中温度低的方向。

对于一个单体电池来说，发热与放电倍率有关，放电倍率越大，产生的热量越多，电池内部的温度会越高。电池表面的导热能力越高，电池内部温度最高点的温度越低，但是从中心往外壳的温度梯度越大，电池内部温度的不均匀性也会加剧。电池与集流体之间的导热能力越好，电池内部的温度升高越低，且由于集流体与极片之间的连接是均匀的，因此电池内部的温度均匀性也更好。

对于一箱电池来说,温度与使用功率有关,使用功率越大,则电池箱内的电池发热量越大,温度越高。而不同电池热量导出电池箱的热阻分布则决定了箱内电池间的温度差异。这主要包括集流体的热量如何导到电池箱体外,电池外壳的热如何导到电池箱体外。当然,更细致的研究还需要考虑电池对相互散热环境的影响。比如风吹过一个或几个电池后才给一个电池降温,那么前面的几个电池就对这个电池的散热会造成影响。

对于一个电池系统来说,必须考虑到电池箱间温度和散热环境的差异。

温度管理的目的是使电池组内的电池温度尽可能均匀,不形成温度过高的热量集聚点,并利用技术手段给电池降温或者升温,让电池尽可能工作在一个合适的温度范围内。

对于温度管理来说,温度传感器的分布也值得考虑。温度传感器应放置在最具有代表性、温度变化最敏感、对电池的安全和性能影响最大的点位。温度调节方法根据是否有人工控制的热源和冷源分为主动方式和被动方式两种。主动方式由于热源的加入,成本高,结构复杂,被动方式则效果差一些,调节能力相对更有限。为了加强导热,一般使用流体或者相变材料来与电池换热。流体有空气、水、防冻液,直接接触电池单体的硅油、变压器油等绝缘油。设计的关键是流体对每个电池有相同的换热能力。

3. 均衡管理

电池的不一致是指同一组电池内单体电池的容量、内阻、端电压等出现差异,这是由电池的本质决定的。电池的离散度是指同一组电池内单体电池的容量、内阻、端电压等参数与平均水平的差异,是电池组内单体的一种状态。电池的离散度是电池不一致性的表现。造成电池不一致性的来源有多种。首先,组成电池的材料本身是不完全一致的,工艺过程中也无法控制每个电池在任何细节上都一样。制造完成后,在使用中,由于外部环境的影响,比如温度、电位均衡等,会有不同程度的变化差异,再加上自放电率的差异、不同程度的过充过放等,都会使得单体电池之间的不一致进一步加剧。通常可以用电压的标准差来衡量电池组内电池的离散度,2%以内的离散度不影响电池组的使用,2%~8%的离散度在高倍率大功率使用时性能明显受到影响,离散度大于8%时能够提供正常功能的工况已经很少了。

在没有单体损坏的情况下,电池组的离散可以认为主要是由不均衡引起的,可以通过均衡来降低离散,从而让电池组在更宽的范围内发挥设计功能。均衡的技术包括均衡电路和均衡控制策略。均衡电路是电量和电能转移的电路,已经发展出了很多品种,可以实现单个电池的电量泄放,单个电池和电池组之间的能量转移,单个电池和单个电池之间的电量转移。

均衡控制策略才是均衡管理的难点。首先,要确定是否需要均衡,就要计算电池组的分散度。但是由于容量等的差异,同一组电池在同一个循环中的不同时刻,计算出来的离散度是不一样的。比如所有的单体都充满电后,离散度可以认为是零,但是到达放电终点之后,离散度达到了最大值。因此,要确定充放电的目标点,才能判断当前的离散度是否需要均衡。在使用区间计算可能出现的最大离散度,如果离散度大到不能正常使用,则需要均衡。使用区间的目标越宽,对均衡的要求就越高。

然后选定均衡的单体,确定哪些单体要参与到本次均衡中,均衡的目的是在整个目标SOC 区间保持电池组的正常功能。如果要简洁有效地达到目的,则选择参与均衡的单体很关键。

如何设定均衡的起点和终点?这要考虑每个单体在选定区间的表现。选定区间与单体所在区间的重合度越高越好,但是前面介绍过,整组电池的 SOC 估计有误差,每个单体的

SOC 估计也有误差，在双倍误差的区间宽度内，系统是无法判断均衡是否在起点或者是否到达终点的。因为系统也不知道哪个单体是正误差，哪个单体是负误差。

有一种办法是将单体电池电压与设定区间的最低电压做差分放大，这样电池放电曲线的斜率可以做得很大，曲线看起来很陡。然后策略中假定电池组内的单体容量一致性正常，这样就可以估计每个单体电池在目标区间首尾的电压，根据电压判断每个单体能否正常发挥功能。选定一个目标区间后，电压变化最快的单体电池，在区间低端时电压最低，而在区间高端时电压最高；电压变化最慢的单体电池，在区间低端时电压最高，而在区间高端时电压最低。这个策略只涉及电压测试精度，而电压测试精度一般并不会造成电池的过充过放。

5.4.4　警示功能

警示功能是判断需要警示的参数和状态，并且将警示发送给整车控制器。

要发送和接收数据，就要有通信，BMS 是通过 CAN 通信跟整车控制器等通信的。

BMS 定义的警示内容有很多项，也给出了 BMS 自动采取的措施，但是也有很多情况是超出 BMS 自动处理能力的。BMS 警示包括以下内容：SOC、总电压高、总电压低、单体电压高、单体电压低、单体压差大、放电电流大、充电电流大、温度高、温度低、温差大、绝缘阻值低、BMS 自检故障、温度测量故障、电流测量故障、单体电压测量故障、CAN 通信故障。

以上所列警示内容，从绝缘阻值低往后，都是 BMS 无法自动解决的故障，属于要维修的故障。

其余的警示，其含义是 BMS 已经知晓，只要 BMS 功能正常，应该已经执行了相应的保护动作。保护动作一般分为三类：第一类是显示，比如单体电压高，磷酸铁锂电池 3.7 V 恒压充满，那么 3.6 V 时就会显示出来，如果有人值守的话，就知道快要充满电了；第二类是保护请求，比如发出请求，要求降低充放电电流等，这类保护是需要外部响应的；第三类就是保护执行，比如切断充电通路或者放电通路。

因此，理解 BMS 的警示最好的办法是 BMS 外报以上内容时，有针对性地进行判断。

如果第三类保护没有用，怎么办呢？那对于 BMS 来说就是听天由命。不过，BMS 不仅仅电池系统里面有，整车控制器可以集成，远程监控里还可以内含。对于需要保护而 BMS 都执行过了还没有得到有效的保护效果，这种超出 BMS 保护能力的情况就要由后续的管理来实现了。

后续的管理定义为扩展故障，这些都是超过 BMS 保护能力的真实故障，需要人工保护。对于人工保护的分析处理流程，针对安全问题和维护问题，制定不同的处理方法。这样的 BMS 就是一个完整的管理系统了。

5.4.5　BMS 设计实例

1. 锂离子电池建模及参数识别

1）等效电路模型

使用无迹卡尔曼滤波估算 SOC 值需要电池的各种性能参数作为算法输入来建立状态方程。由于电池具有高度非线性特性，因此建立适当的电池模型能够准确表达电池的非线性特性，同时对提升 SOC 估算精度具有重要意义。常见的电池等效电路模型如下：

(1)Rint 等效电路模型。

Rint 等效电路模型将欧姆内阻和极化内阻等效成一个固定值电阻 R_0，同时包含一个理想电源 U_{oc}，图 5-92 为 Rint 等效电路模型。根据 Rint 等效电路模型可得到

$$U = U_{oc} - iR_0 \tag{5-39}$$

Rint 等效电路模型是一种理想电池模型，不能体现电池极化现象，与实际电池差距较大，不适合进行工况复杂的电池 SOC 估算，但该模型是复杂等效电池模型的基础，复杂电路模型是在 Rint 等效电路模型基础上演化而来的。

(2)RC 等效电路模型。

RC 等效电路模型由电池生产厂商 SAFT 提出。该模型以 Rint 等效电路模型为基础，模型中不包含理想电压源等部分，增加电池极化现象影响因素。图 5-93 所示为 RC 等效电路模型。

图 5-92 Rint 等效电路模型

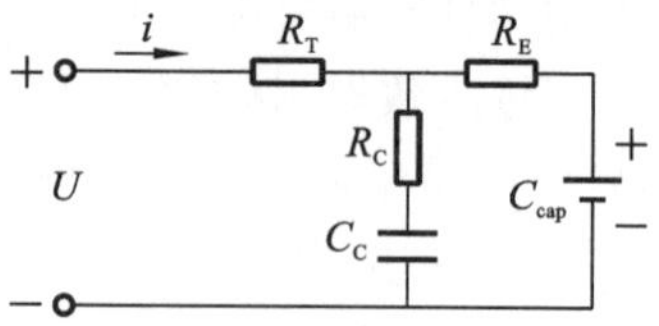

图 5-93 RC 等效电路模型

通过 RC 电路结构图可看出该等效电路模型由两个电容、三个电阻组成。RC 等效电路模型中的电阻和电容都具有不同意义。电容 C_{cap} 表示电池的容量大小，比 C_C 值大很多。R_C 为电路中的电容电阻，R_E 代表终端电阻，R_T 表示接线端电阻。RC 等效电路模型数学表达式如下所示：

$$[U_{oc}] = \begin{bmatrix} \dfrac{R_C}{R_E + R_C} & \dfrac{R_E}{R_E + R_C} \end{bmatrix} \begin{bmatrix} U_{Cb} \\ U_{Cc} \end{bmatrix} + \begin{bmatrix} -R_T - \dfrac{R_C R_E}{R_E + R_C} \end{bmatrix} [i] \tag{5-40}$$

RC 等效电路模型中的参数可通过辨识试验获得，该等效电路模型相较 Rint 等效电路模型有了一定提高，但是其适用范围较小、等效精度较低，不能完全用于无迹卡尔曼滤波估算 SOC 的状态量输入。

(3)Thevenin 等效电路模型。

为模拟电池极化特性，Thevenin 等效电路模型在 Rint 等效电路模型基础上加上电容 C_1 和电阻 R_1，并通过并联方式组合为 RC 电路。图 5-94 所示为 Thevenin 等效电路模型。其中 R_0 表示电池内阻，R_1 表示极化电阻，C_1 表示极化电容。Thevenin 等效电路模型虽然是非线性等效电路，但是 Thevenin 模型为一阶 RC 模型，参数为固定值，模型精度较低，不能反映电池的实际动态特性。

(4)PNGV 等效电路模型。

为描述随负载电流时间累积而形成的开路电压变化，PNGV 等效电路模型在 Thevenin 等效电路模型基础上增加电容 C_0。电容 C_0 与电压源并联，体现电池在充放电过程中开路电压随电池剩余容量变化而改变的特点。相比于 Thevenin 模型，该模型中开路电压为变化值，更加实用和精确。对于动态电流下的电池模拟采用 PNGV 模型比采用 Thevenin 模型更适合，但是对于稳定工况下的电池模拟并不适合。图 5-95 所示为 PNGV 等效电路模型。

2)基于 Thevenin 模型改进二阶 RC 等效电路模型

在 Thevenin 模型的基础上增加一个 RC 电路，形成二阶 RC 等效电路模型。图 5-96 所

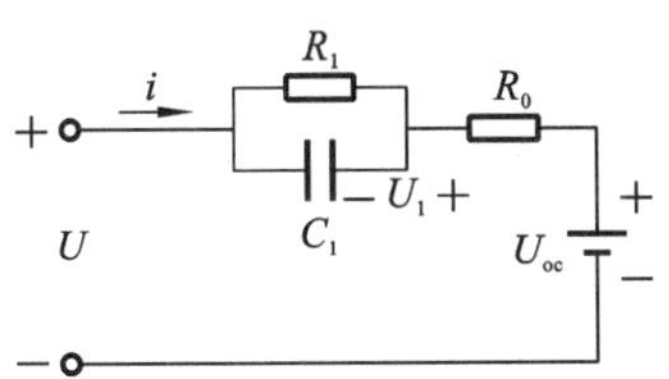

图 5-94　Thevenin 等效电路模型

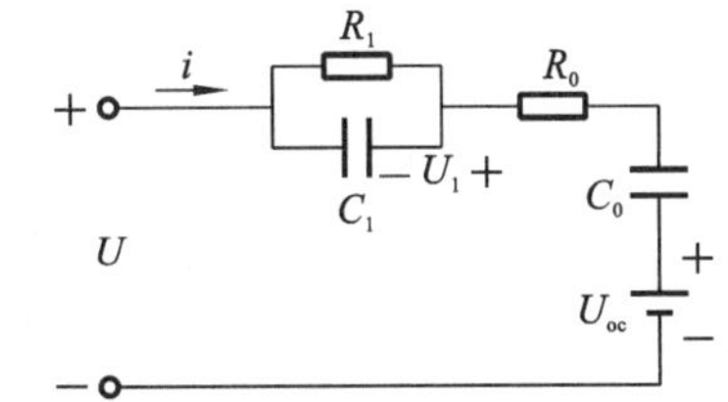

图 5-95　PNGV 等效电路模型

示为二阶 RC 等效电路模型。

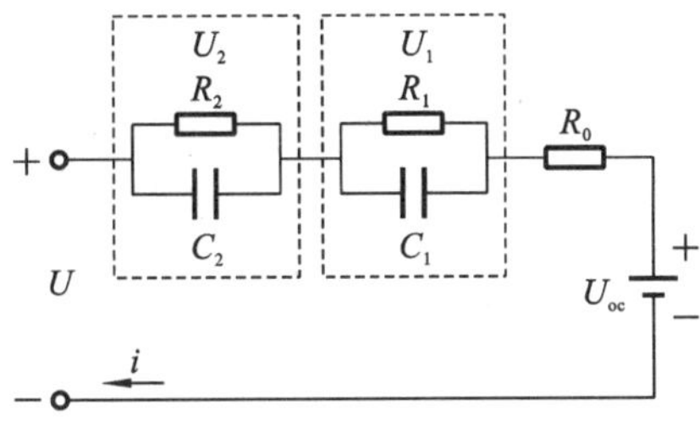

图 5-96　二阶 RC 等效电路模型

图 5-96 中 U_{oc}为开路电压，R_0表示电池内阻，两个 RC 电路模拟电池极化特性。R_1、R_2表示极化电阻，C_1、C_2表示极化电容。C_1两端的电压可表示为 U_1，C_2两端的电压可表示为 U_2。

通过对二阶 RC 等效电路模型进行分析，可得到等效电路模型连续系统的状态方程：

$$U = U_{oc}(SOC) - U_0 - U_1 - U_2 \tag{5-41}$$

$$U_0 = i(t) \cdot R_0 \tag{5-42}$$

由 Thevenin 定理分析由 R_1、C_1组成的 RC 并联电路，有

$$\frac{U_1}{R_1} + \frac{dQ_1}{dt} = i \tag{5-43}$$

又因为 $Q_1 = U_1 \cdot C_1$，式(5-43)可写为

$$\frac{dU_1}{dt} = -\frac{U_1}{R_1 C_1} + \frac{i}{C_1} \tag{5-44}$$

解方程得

$$U_1 = i(t) R_1 (1 - e^{-\frac{t}{R_1 C_1}}) \tag{5-45}$$

同理，由 R_2、C_2组成的 RC 电路，有

$$\frac{dU_2}{dt} = -\frac{U_2}{R_2 C_2} + \frac{i}{C_2} \tag{5-46}$$

$$U_2 = i(t) R_2 (1 - e^{-\frac{t}{R_2 C_2}}) \tag{5-47}$$

根据以上公式可建立连续系统电池模型方程：

$$U = U_{oc}(SOC) - i(t) R_0 - i(t) R_1 (1 - e^{-\frac{t}{R_1 C_1}}) - i(t) R_2 (1 - e^{-\frac{t}{R_2 C_2}}) \tag{5-48}$$

令 $\tau_1 = R_1 C_1$，$\tau_2 = R_2 C_2$ 得

$$U = U_{oc}(SOC) - i(t) R_0 - i(t) R_1 (1 - e^{-\frac{t}{\tau_1}}) - i(t) R_2 (1 - e^{-\frac{t}{\tau_2}}) \tag{5-49}$$

3)等效电路模型参数辨识

为得到等效电路中 R_0、R_1、R_2、C_1、C_2的参数值，需要对模型进行参数辨识。根据模型的结构和模型的传递函数，通过实验设备输出激励传输给电池系统，再通过实验设备输入采集的相应信号，进行多次实验，分析输出与输入数据，通过迭代或拟合的方法得到等效电路中的参数。参考《Freedom CAR 电池试验手册》，选择混合脉冲功率特性测试方法进行测试，从而完成电池等效电路模型参数辨识实验。

图 5-97 所示为电池测试系统，表 5-18 所示为电池测试系统参数。图 5-98 所示为电池高低温箱系统，以 25 ℃的温度为例进行实验描述，表 5-19 所示为高低温箱系统参数。

图 5-97　电池测试系统

表 5-18　电池测试系统参数

项目	规格
电压范围	0～5 V
电流范围	−50～50 A
电压精度	0.1%RD±0.1%FS
电流精度	0.1%RD±0.1%FS
电压分辨率	0.0001
电流分辨率	0.0001

图 5-98　电池高低温箱系统

表 5-19　电池高低温箱参数

项目	规格
工作空间	2500 mm×1500 mm×2000 mm

续表

项目	规格
温度范围	−40～150 ℃
温度精度	±0.5 ℃

所采用 HPPC 测试实验主要包括 4 个基本阶段：放电、静置、充电、静置，实验过程所用电流和采集的实验电池电压分别如图 5-99 和图 5-100 所示。

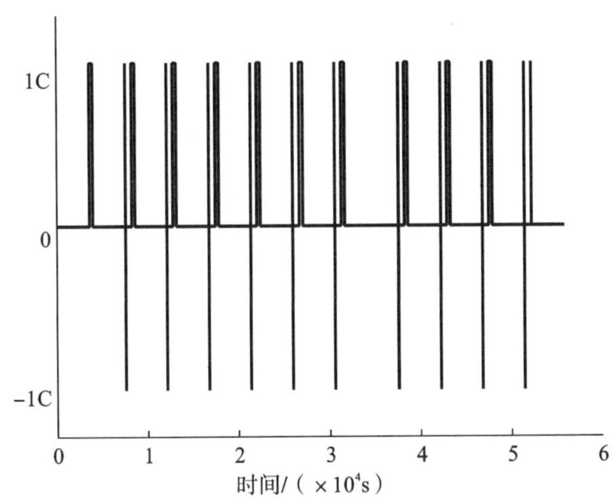

图 5-99　参数辨识实验电流变化曲线

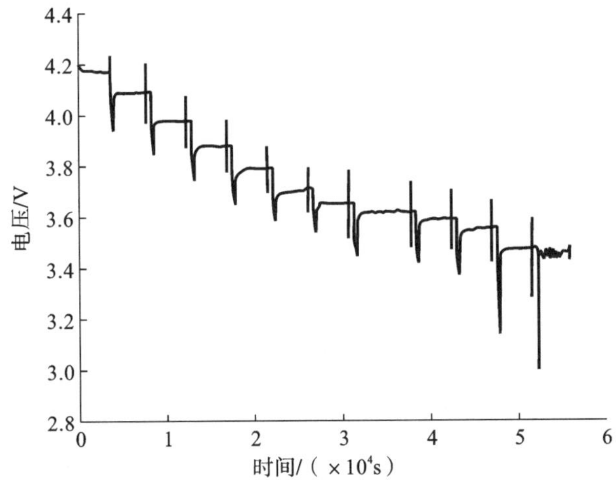

图 5-100　参数辨识实验电压变化曲线

该实验具体测试流程如下：

(1)对实验选用电池在 25 ℃下进行容量标定。

(2)以 1C 电流将电池充电至 4.15 V，再以 0.3C 充电至 4.18 V，然后以 0.05C 充电至 4.2 V。

(3)静置 1 h，用 1C 放电电流放至 SOC＝90%(放出总电量 10%)，然后静置 1 h，用 1C 电流放电 10 s，静置 40 s，用 1C 电流充电 10 s，静置 40 s，用 1C 电流放电至 SOC＝80%。

(4)静置 1 h，用 1C 电流放电 10 s，静置 40 s，用 1C 电流充电 10 s，静置 40 s，用 1C 电流

放电至 SOC=70%。

(5)静置 1 h,用 1C 电流放电 10 s,静置 40 s,用 1C 电流充电 10 s,静置 40 s,用 1C 电流放电至 SOC=60%。

(6)静置 1 h,用 1C 电流放电 10 s,静置 40 s,用 1C 电流充电 10 s,静置 40 s,用 1C 电流放电至 SOC=50%。

(7)静置 1 h,用 1C 电流放电 10 s,静置 40 s,用 1C 电流充电 10 s,静置 40 s,用 1C 电流放电至 SOC=40%。

(8)静置 1 h,用 1C 电流放电 10 s,静置 40 s,用 1C 电流充电 10 s,静置 40 s,用 1C 电流放电至 SOS=30%。

(9)静置 1 h,用 1C 电流放电 10 s,静置 40 s,用 1C 电流充电 10 s,静置 40 s,用 1C 电流放电至 SOC=20%.

(10)静置 1 h,用 1C 电流放电 10 s,静置 40 s,用 1C 电流充电 10 s,静置 40 s,用 1C 电流放电至 SOC=10%。

(11)静置 1 h,用 1C 电流放电 10 s,静置 40 s,用 1C 电流充电 10 s,静置 40 s,用 1C 电流放电至 SOC=0%。

4)OCV-SOC 关系标定

电池在长时间静置后,所测量端电压约等于开路电压。根据参数辨识实验得到电池电压数据,提取每次静置 1 h 后的 OCV 值。表 5-20 所示为开路电压参数。

表 5-20 开路电压参数

SOC/(%)	OCV/V
90	4.0924
80	3.9802
70	3.881
60	3.7921
50	3.7086
40	3.6528
30	3.6198
20	3.5942
10	3.5554
0	3.4759

根据表 5-20,在 Matlab 中采用多项式(polynomial)拟合方法进行拟合,拟合公式为

$$\begin{aligned}OCV=&0.007783\times SOC^6+0.008764\times SOC^5-0.04911\times SOC^4\\&-0.00369\times SOC^3+0.1185\times SOC^2+0.1728\times SOC+3.678\end{aligned}\tag{5-50}$$

图 5-101 所示为 SOC-OCV 曲线,拟合曲线 SOC 在较大和较小时的开路电压变化较大,符合三元锂电子特性曲线。

5)R_0 内阻标定

电池内阻分为放电内阻 R_d 和充电内阻 R_c,内阻标定可根据参数辨识实验采集的电压数据进行计算。选取 SOC=80%时的充放电数据进行详细描述,定义放电电流为正,充电电

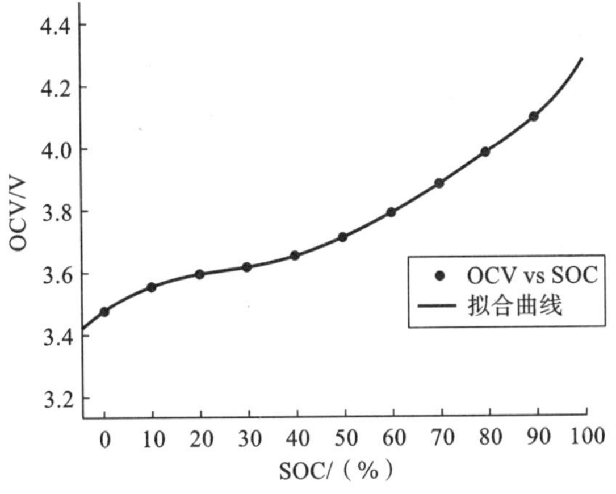

图 5-101　OCV-SOC 曲线

流为负。图 5-102 所示为充放电电池电流曲线，图 5-103 所示为充放电电池电压曲线。

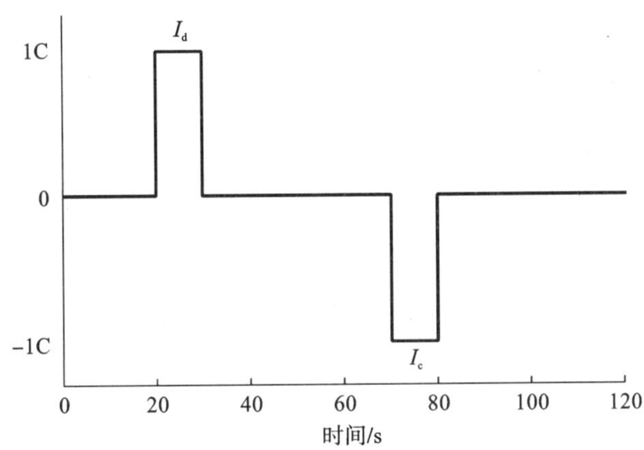

图 5-102　充放电电池电流曲线

根据图 5-103 和式(5-51)、式(5-52)分别计算放电内阻 R_d 和充电内阻 R_c。

$$R_d = \frac{U_1 - U_2}{I_d} \tag{5-51}$$

$$R_c = \frac{U_6 - U_5}{I_c} \tag{5-52}$$

式中：I_d 为放电电流；I_c 为充电电流。其中：放电电流为 1C，充电电流为－1C，通过实验计算，充放电电阻相差较小，锂离子电池内阻与电流大小无关，与电池 SOC 成函数关系。

6）RC 并联电路参数标定

在图 5-103 中，$U_1 \sim U_2$，$U_3 \sim U_4$ 间的电压变化是因电池内阻而起，$U_4 \sim U_5$ 间的电压变化回升由电池极化现象引起，通过等效电路模型与 $U_4 \sim U_5$ 间电压和时间的变化可拟合得到参数 R_1、C_1、R_2、C_2。

在 1C 电流放电 10 s 后，RC 电流为零输入响应，取 U_4 电压值为 RC 电路初始值，零输入响应表达式为

$$\begin{cases} U_1(0) = IR_1 \\ U_2(0) = IR_2 \end{cases} \tag{5-53}$$

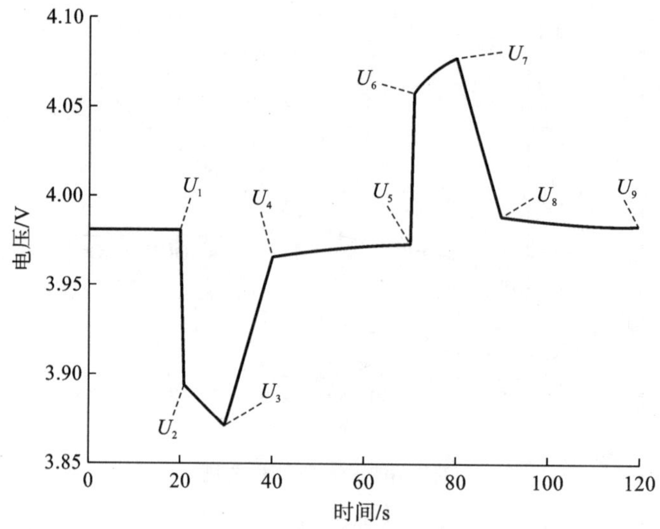

图 5-103　充放电电池电压曲线

其中：$U_1(0)$、$U_2(0)$分别为两个 RC 并联电路的初始值；I 为 U_4 前一时刻电流值；R_1、R_2 为极化内阻值。

则两个 RC 并联电路的零输入状态响应为

$$\begin{cases} U_1(t) = IR_1 e^{-\frac{t}{R_1 C_1}} \\ U_2(t) = IR_2 e^{-\frac{t}{R_2 C_2}} \end{cases} \tag{5-54}$$

令 $\tau_1 = R_1 C_1, \tau_2 = R_2 C_2$，则式(5-54)可写为

$$\begin{cases} U_1(t) = IR_1 e^{-\frac{t}{\tau_1}} \\ U_2(t) = IR_2 e^{-\frac{t}{\tau_2}} \end{cases} \tag{5-55}$$

所以，从 U_4 时刻开始，模型电路的响应为

$$U(t) = U_{OCV}(SOC) - U_1(t) - U_2(t) \tag{5-56}$$

结合式(5-55)，得

$$U(t) = U_{OCV}(SOC) - IR_1 e^{-\frac{t}{\tau_1}} - IR_2 e^{-\frac{t}{\tau_2}} \tag{5-57}$$

令 $a = IR_1, b = -\dfrac{t}{\tau_1}, c = IR_2, d = -\dfrac{t}{\tau_2}$，式(5-57)可表示为

$$U(t) = U_{OCV}(SOC) - ae^b - ce^d \tag{5-58}$$

通过 Matlab 对不同 SOC 状态下的数据进行拟合，得到不同 SOC 下的各参数值，表 5-21所示为模型参数识别结果。

表 5-21　模型参数识别结果

SOC/(%)	R_0/Ω	R_1/Ω	C_1/F	R_2/Ω	C_2/F	τ_1/s	τ_2/s
90	0.002080	0.00061200	1270	0.000543	4783	0.777240	2.595256
80	0.002080	0.00061520	1270	0.000543	4783	0.781304	2.595256
70	0.002838	0.00002742	1235	0.001088	4901	0.033864	5.332288
60	0.002206	0.00002134	1251	0.001022	4921	0.026696	5.029262

续表

SOC/(%)	R_0/Ω	R_1/Ω	C_1/F	R_2/Ω	C_2/F	τ_1/s	τ_2/s
50	0.001963	0.00001900	1258	0.000989	4941	0.023902	4.888131
40	0.003714	0.00048960	4257	0.003708	40430	2.084227	149.914400
30	0.003348	0.00054870	5294	0.006672	57080	2.904818	380.837800
20	0.003202	0.00055040	5475	0.013210	56250	3.013440	743.062500
10	0.003800	0.13290000	15990	0.098310	75760	2124.071000	7447.966000
0	0.004661	0.12670000	15540	0.090400	73980	1968.918000	6687.792000

从表 5-21 可以看出，内阻 R_0、R_1、R_2 的值与 SOC 并没有明显的线性关系。同一 SOC 下的 τ_2 比 τ_1 大。由式(5-49)可知：τ_1 表示电池快速极化反应时间，τ_2 表示电池缓慢极化反应时间。

2. SOC 估算

SOC 即电池荷电状态，反映电池剩余容量，可定义如下：

$$\mathrm{SOC}=\left(1-\frac{Q_{\mathrm{loss}}}{Q_{\mathrm{r}}}\right)\times 100\% \tag{5-59}$$

式中：Q_{loss} 为电池放出容量；Q_{r} 为电池额定容量。

汽车运行工况复杂，使锂电池的参数不断变化。电池 SOC 估算困难。为解决这一问题，国内外的科研人员做了大量研究，由于电池的化学反应复杂，不能直接计算 SOC。现在大多根据电池的外特性参数(开路电压、内阻等)间接估算 SOC，常见的估算方法有如下几种：

(1)安时积分法。

安时积分法也简称为安时法(ampere hour，AH)是最常使用的 SOC 估算法，如果定义电池 SOC 初始状态为 SOC(0)，t 时刻的电池 SOC 为

$$\mathrm{SOC}=\mathrm{SOC}(0)-\frac{1}{C_{\mathrm{n}}}\int_0^t i(\tau)\mathrm{d}\tau \tag{5-60}$$

式中：C_{n} 为电池额定容量；$i(\tau)$ 为电流，通常规定放电为正，充电为负。

安时积分法简单易懂，在 BMS 中运算占用资源少，适用于所有电池。但是安时积分法未考虑电池内部结构和外部电气特性，将充入电池的电量等同于从电池中放出的电量，忽略电池内部电化学反应效率，误差较大。安时积分法对初始 SOC 选取要求较高，初始值误差大会导致整体估算误差增大，通过对负载电流进行积分来估算放出电量，容易造成误差累积。电流互感器自身就存在误差，容易增大 SOC 估算误差。为提高安时积分法 SOC 估算精度，通常在安时积分法中加入温度、放电倍率、充放电循环次数等因素来提高安时积分法精度。

(2)开路电压法。

电池充放电过后经长时间静置，其开路电压可近似看成电动势。前文描述过电池 SOC 与开路电压之间存在对应关系，可以通过测量不同温度下 SOC 值与电池开路电压得到 SOC-OCV 关系矩阵。

采用开路电压法估算电池 SOC 需要做大量实验，以找出电池 OCV 与电池 SOC 之间的对应关系。前期准备工作需测量不同温度下开路电压与 SOC 的关系，准备工作繁重。电池

存在迟滞效应，需要静置一个小时或更长时间才能恢复真正电压。该方法适用于常用静置离线状态估计，也可以作为安时积分法或其他算法初始 SOC 计算，不适合实时电池 SOC 估算。

(3)内阻法。

在充放电过程中，电池阻抗中的部分参数随 SOC 的变化而变化，根据该特性可通过内阻进行 SOC 估算。根据内阻获取方式可将内阻法分为直流内阻法和交流内阻法。内阻与 SOC 之间的关系受充放电电流、温度等因素影响，并且测量内阻需要专业设备，测量精度取决于测试设备。测量精度越高，设备成本越高。测量电池内阻时需要断开负载，不适合电动汽车实时测量，该方法只能应用在特定车型或在实验室中做理论研究。

(4)神经网络法。

在估算电池 SOC 时可将温度、电流、电压等相关数据作为神经网络输入，将 SOC 值作为神经网络输出，通过样本数据训练，可以得到较为精确的 SOC 值。采用神经网络进行 SOC 估算可以在不清楚电池内部结构的情况下，通过足够多的样本来实现对非线性系统的精确估算。

采用神经网络估算 SOC 值主要有两种方法：BP 神经网络法和径向基函数神经网络法。这两种方法在网络结构中具有高度的相似性，高斯函数用于处理径向基函数神经网络中的隐层单元操作。在神经网络训练中，径向基函数神经网络需要校正神经元之间的权重系数和算术单元的输出阈值，并且还要校正算术单元的高斯函数的均值和方差，因此计算量大于 BP 神经网络。神经网络训练需要更多时间。

(5)卡尔曼滤波算法。

卡尔曼滤波算法是一种利用线性系统状态方程，通过系统输入输出观测数据，对系统状态进行最优估计的算法，广泛应用于雷达跟踪、石油勘探、追踪导航、无线通信等方面。数据滤波通过过滤真实数据中的噪声得到纯正数据，是一种数据处理方式。卡尔曼滤波算法可在含有已知测量方差的测量噪声的数据中，进行动态系统状态估算。卡尔曼滤波算法可通过计算机编程方式实现且编程难度较低，能够对实时采集的数据进行处理，处理数据时占用计算机内存较少，适合在汽车中运用。

卡尔曼滤波算法计算公式主要为状态方程组和测量方程组两部分，具体公式如下：

$$\boldsymbol{X}_{(k+1)} = \boldsymbol{A}_{(k)}\boldsymbol{X}_{(k)} + \boldsymbol{B}_{(k)}\boldsymbol{u}_{(k)} + \boldsymbol{\omega}_{(k)} \tag{5-61}$$

$$\boldsymbol{Z}_{(k)} = \boldsymbol{H}_{(k)}\boldsymbol{X}_{(k)} + \boldsymbol{F}_{(k)}\boldsymbol{u}_{(k)} + \boldsymbol{v}_{(k)} \tag{5-62}$$

式中：$\boldsymbol{X}_{(k+1)}$ 为 $t_{(k+1)}$ 时刻状态量；$\boldsymbol{X}_{(k)}$ 为 $t_{(k)}$ 时刻状态量；$\boldsymbol{A}_{(k)}$ 为转移矩阵；$\boldsymbol{B}_{(k)}$ 为控制矩阵；$\boldsymbol{\omega}_{(k)}$ 为状态方程噪声向量，属于高斯白噪声；$\boldsymbol{Z}_{(k)}$ 为测量方程测量矩阵；$\boldsymbol{H}_{(k)}$ 为测量矩阵；$\boldsymbol{F}_{(k)}$ 为 $\boldsymbol{X}_{(k)}$ 与 $\boldsymbol{Z}_{(k)}$ 间的联系矩阵；$\boldsymbol{u}_{(k)}$ 为输入向量；$\boldsymbol{v}_{(k)}$ 为测量方程误差向量，属于高斯白噪声。

$$E[\boldsymbol{\omega}_{(k)}\boldsymbol{\omega}_{(i)}] = \begin{cases} Q_{(k)}, & i = k \\ 0, & i \neq k \end{cases} \tag{5-63}$$

$$E[\boldsymbol{v}_{(k)}\boldsymbol{v}_{(i)}] = \begin{cases} R_{(k)}, & i = k \\ 0, & i \neq k \end{cases} \tag{5-64}$$

$$E[\boldsymbol{\omega}_{(k)}\boldsymbol{v}_{(i)}{}^{\mathrm{T}}] = 0 \tag{5-65}$$

线性卡尔曼滤波算法结构如图 5-104 所示。

卡尔曼滤波算法递推过程为

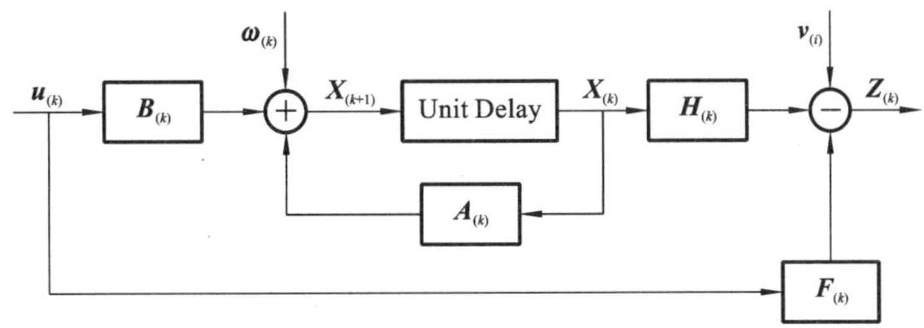

图 5-104　线性卡尔曼滤波算法结构图

$$\hat{\boldsymbol{X}}_{(0|0)} = E(\boldsymbol{X}_{(0)}), P_{(0|0)} = \mathrm{var}(\boldsymbol{X}_{(0)})$$

设置状态向量初始值和估计误差初始值，设置初始值应尽量靠近真实值，可加快递推过程中向真实值的收敛速度。

$$\hat{\boldsymbol{X}}_{(k+1|k)} = \boldsymbol{A}_{(k)}\hat{\boldsymbol{X}}_{(k|k)} + \boldsymbol{B}_{(k)}\boldsymbol{u}_{(k)} \tag{5-66}$$

$\hat{\boldsymbol{X}}_{(k+1|k)}$ 为状态向量预测值，$\hat{\boldsymbol{X}}_{(k|k)}$ 为前一时刻状态向量滤波后的最优估计值。

$$\boldsymbol{P}_{(k+1|k)} = E[(\boldsymbol{X}_{(k)} - \hat{\boldsymbol{X}}_{(k+1|k)})(\boldsymbol{X}_{(k)} - \hat{\boldsymbol{X}}_{(k+1|k)})^{\mathrm{T}}] = \boldsymbol{A}_{(k)}\boldsymbol{P}_{(k|k)}\boldsymbol{A}_{(k)}{}^{\mathrm{T}} + \boldsymbol{Q}_{(k)} \tag{5-67}$$

式中：$\boldsymbol{P}_{(k+1|k)}$ 为预测误差协方差矩阵；$\boldsymbol{P}_{(k|k)}$ 为前一时刻滤波后的误差协方差矩阵。

$$\boldsymbol{K}_{(k+1|k)} = \boldsymbol{P}_{(k+1|k)}\boldsymbol{H}_{(k+1)}{}^{\mathrm{T}}(\boldsymbol{H}_{(k+1)}\boldsymbol{P}_{(k+1|k)}\boldsymbol{H}^{\mathrm{T}} + \boldsymbol{R}_{(k+1)})^{-1} \tag{5-68}$$

式中：$\boldsymbol{K}_{(k+1|k)}$ 为卡尔曼滤波增益系数，其数值大小与 $\boldsymbol{P}_{(k+1|k)}$ 和观测噪声协方差矩阵 $\boldsymbol{P}_{(k+1)}$ 相关。

$$\boldsymbol{\varepsilon}_{(k+1)} = \boldsymbol{Z}_{(k+1)} - (\boldsymbol{H}_{(k+1)}\hat{\boldsymbol{X}}_{(k+1|k)} + \boldsymbol{F}_{(k+1)}\boldsymbol{u}_{(k+1)}) \tag{5-69}$$

$$\hat{\boldsymbol{X}}_{(k+1|k+1)} = \hat{\boldsymbol{X}}_{(k+1|k)} + \boldsymbol{K}_{(k+1)}\boldsymbol{\varepsilon}_{(k+1)} \tag{5-70}$$

式中：$\hat{\boldsymbol{X}}_{(k+1|k+1)}$ 为当前时刻状态最优估计值；$\boldsymbol{Z}_{(k+1)}$ 为实际测量值；$\boldsymbol{H}_{(k+1)}\hat{\boldsymbol{X}}_{(k+1|k)} + \boldsymbol{F}_{(k+1)}\boldsymbol{u}_{(k+1)}$ 为测量方程的预测值；$\boldsymbol{\varepsilon}_{(k+1)}$ 为新息值，是实际测量值与预测值间的差值。根据新息值与增益系数 $\boldsymbol{K}_{(k+1)}$ 与乘积对预测值 $\hat{\boldsymbol{X}}_{(k+1|k)}$ 进行修正，在增益系数一定的情况下，新息值越大对预测值的修正作用越大。

$$\boldsymbol{P}_{(k+1|k+1)} = (\boldsymbol{E} - \boldsymbol{K}_{(k+1)}\boldsymbol{H}_{(k+1)})\boldsymbol{P}_{(k+1|k)} \tag{5-71}$$

式中：$\boldsymbol{P}_{(k+1|k+1)}$ 为 $t_{(k+1)}$ 时刻的误差协方差矩阵；$\boldsymbol{E}$ 为单位矩阵。通过对预测误差协方差矩阵进行修正，得到最优协方差矩阵 $\boldsymbol{P}_{(k+1|k+1)}$。

(6)扩展卡尔曼滤波算法。

从卡尔曼滤波算法递推过程可以看出，状态估计量和观测量与状态变量为线性关系，但是电池状态为非线性关系，利用卡尔曼滤波算法估算电池状态并不合适。扩展卡尔曼滤波(EKF)算法采用泰勒(Taylor)公式展开并略去高阶项，可将非线性模型近似为线性模型，再通过卡尔曼滤波算法的过程形式完成滤波。

非线性系统的状态方程与观测方程可用下面的式子表示：

$$\boldsymbol{X}_{(k+1)} = f(\boldsymbol{X}_{(k)}, \boldsymbol{u}_{(k)}) + \boldsymbol{\omega}_{(k)} \tag{5-72}$$

$$\boldsymbol{Z}_{(k)} = g(\boldsymbol{X}_{(k)}, \boldsymbol{u}_{(k)}) + \boldsymbol{v}_{(k)} \tag{5-73}$$

其中，$f(\boldsymbol{X}_{(k)}, \boldsymbol{u}_{(k)})$ 和 $g(\boldsymbol{X}_{(k)}, \boldsymbol{u}_{(k)})$ 为非线性系统的状态方程与观测方程，其余参数的含义与卡尔曼滤波算法中的相同。为得到递推计算中所需要的矩阵，在最优估计点附近时，通过一阶泰勒展开式对上述方程进行线性化。设 $f()$ 和 $g()$ 在各选取的采样点时刻可微：

$$f(\boldsymbol{X}_{(k)}, \boldsymbol{u}_{(k)}) \approx f(\hat{\boldsymbol{X}}_{(k)}, \boldsymbol{u}_{(k)}) + \frac{\partial f(\boldsymbol{X}_{(k)}, \boldsymbol{u}_{(k)})}{\partial \boldsymbol{X}_{(k)}} \bigg|_{\boldsymbol{X}_{(k)} = \hat{\boldsymbol{X}}_{(k)}} (\boldsymbol{X}_{(k)} - \hat{\boldsymbol{X}}_{(k)}) \tag{5-74}$$

$$g(\boldsymbol{X}_{(k)},\boldsymbol{u}_{(k)}) \approx g(\hat{\boldsymbol{X}}_{(k)},\boldsymbol{u}_{(k)}) + \frac{\partial g(\boldsymbol{X}_{(k)},\boldsymbol{u}_{(k)})}{\partial \boldsymbol{X}_{(k)}} \bigg|_{\boldsymbol{X}_{(k)}=\hat{\boldsymbol{X}}_{(k)}} (\boldsymbol{X}_{(k)} - \hat{\boldsymbol{X}}_{(k)}) \tag{5-75}$$

定义 $\hat{\boldsymbol{A}}_{(k-1)} = \frac{\partial f(\boldsymbol{X}_{(k-1)},\boldsymbol{u}_{(k-1)})}{\partial \boldsymbol{X}_{(k-1)}} \Big|_{\boldsymbol{X}_{(k-1)}=\hat{\boldsymbol{X}}_{(k-1)}}$，$\hat{\boldsymbol{C}}_{(k-1)} = \frac{\partial g(\boldsymbol{X}_{(k)},\boldsymbol{u}_{(k)})}{\partial \boldsymbol{X}_{(k)}} \Big|_{\boldsymbol{X}_{(k)}=\hat{\boldsymbol{X}}_{(k)}}$，$\hat{\boldsymbol{A}}_{(k-1)}$ 和 $\hat{\boldsymbol{C}}_{(k-1)}$ 分别为函数 $f(\boldsymbol{X}_{(k)},\boldsymbol{u}_{(k)})$ 和 $g(\boldsymbol{X}_{(k)},\boldsymbol{u}_{(k)})$ 的雅可比矩阵，则可得到非线性系统线性化的表达式如下：

$$\boldsymbol{X}_{(k)} \approx \hat{\boldsymbol{A}}_{(k)}\boldsymbol{X}_{(k)} + [f(\hat{\boldsymbol{X}}_{(k)},\boldsymbol{u}_{(k)}) - \hat{\boldsymbol{A}}_{(k)}\boldsymbol{X}_{(k)}] + \boldsymbol{\omega}_{(k)} \tag{5-76}$$

$$\boldsymbol{Z}_{(k)} \approx \hat{\boldsymbol{C}}_{(k)}\boldsymbol{X}_{(k)} + [g(\hat{\boldsymbol{X}}_{(k)},\boldsymbol{u}_{(k)}) - \hat{\boldsymbol{C}}_{(k)}\boldsymbol{X}_{(k)}] + \boldsymbol{v}_{(k)} \tag{5-77}$$

再按照卡尔曼滤波算法步骤进行计算可实现 EKF 算法计算。EKF 算法忽略了非线性函数中的高阶项只采用泰勒展开式的一阶项，使得状态估计结果产生了较大的误差，从而造成计算结果不准确，滤波性能下降。而且，EKF 算法计算过程中还需要计算雅可比矩阵，计算复杂，容易出错。

为了解决 EKF 算法只能进行局部线性化问题，众多学者经过探究，提出使用无迹卡尔曼滤波(UKF)算法进行非线性系统方案解决。不同于 EKF 算法在非线性系统中求解雅可比矩阵时进行近似非线性，UKF 算法使用无迹变换(unscented transform，UT)的方法对非线性系统的状态和误差进行预测和更新。UKF 算法具有更强的解决非线性问题的能力，其核心思想为使用概率密度解决非线性问题，而不是对非线性系统进行近似线性化。

(7)无迹卡尔曼滤波。

UKF 算法的核心是 UT 变化，它是一种计算非线性函数传输随机变量统计值(均值、方差等)结果的方法，以随机变量概率密度分布通过 Sigma 点进行表征作为其主要原理。为保证 Sigma 点对应的估计量具有相同的概率统计特征，在进行 Sigma 点选取时要注意其均值和方差与待传递量的一致性。为得到系统状态值和协方差，可以对经过非线性系统变换的 Sigma 点进行加权处理。图 5-105 所示为 UT 变化原理。

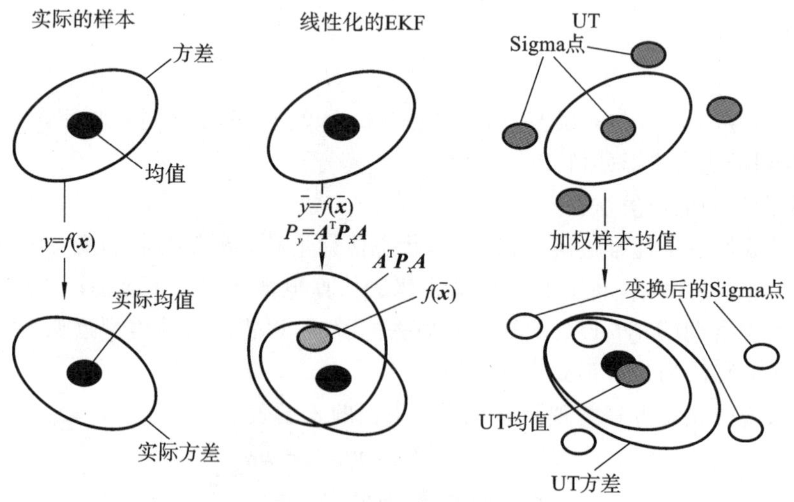

图 5-105　UT 变化原理

在进行 Sigma 点选取时应考虑被估计量的统计特性，为得到精确的计算全值，应采用合适的采样方法。Sigma 点的采样方法主要包括对称采样、单形采样、三阶矩偏度采样等，最常采用的采样方法为对称采样。不管采用对称采样法还是采用单形采样法，$\boldsymbol{x}$ 的维数与

Sigma 点到均值 $\boldsymbol{x}$ 之间的距离成正比关系。

设 n 作为随机向量 $\boldsymbol{x}$ 的输入维数，其均值为 $\bar{\boldsymbol{x}}$，协方差为 $\boldsymbol{P}_x$。$\boldsymbol{y}$ 作为系统的输出，系统函数如下：

$$\boldsymbol{y}=f(\boldsymbol{x})$$

采用对称采样方法，通过计算可得到 $2n+1$ 个 Sigma 点 χ_i，通过把 χ_i 作为系统函数输入，计算其加权值，可以计算出系统输出 $\boldsymbol{y}$ 的均值 $\bar{\boldsymbol{y}}$ 与协方差 $\boldsymbol{P}_y$，进行无迹变换的步骤如下：

(1)产生 Sigma 点。

$$\begin{cases}\chi_0=\bar{\boldsymbol{x}}\\ \chi_i=\bar{\boldsymbol{x}}+(\sqrt{(n+\lambda)\boldsymbol{P}_x})_i, i=1,2,\cdots,n\\ \chi_i=\bar{\boldsymbol{x}}-(\sqrt{(n+\lambda)\boldsymbol{P}_x})_{i-n}, i=n+1,n+2,\cdots,2n\end{cases}\tag{5-78}$$

(2)计算加权系数。

$$\begin{cases}\omega_0=\lambda/(n+\lambda)\\ \omega_i=\lambda/(n+\lambda)+(1-\alpha^2+\beta)\\ \omega_i=\omega_i^{c}=1/\{2(n+\lambda)\}, i=1,2,\cdots,2n\end{cases}\tag{5-79}$$

式中：n 为状态变量维数；λ 表示比例系数，满足 $\lambda=\alpha^2(n+\kappa)-n$，Sigma 点与 $\bar{\boldsymbol{x}}$ 之间的距离受 λ 的影响；ω^{c} 为 Sigma 点方差所需加权系数。平方根矩阵的第 i 列为 $(\sqrt{(n+\lambda)P_{x,k-1|k-1}})_i$。为使方差始终为半正定的，一般设置 κ 为非负数，通常情况下 $\kappa=0$；α 为一个较小的数值，主要用于确定 Sigma 点分布，通过 β 值的设置可降低高阶项误差。

(3)Sigma 点集非线性传递。

$$\boldsymbol{y}_i=f(\chi_i), i=1,2,\cdots,n\tag{5-80}$$

(4)计算 $\boldsymbol{y}$ 的均值 $\bar{\boldsymbol{y}}$ 与协方差 $\boldsymbol{P}_y$。

$$\bar{\boldsymbol{y}}=\sum_0^{2n}\omega_i^{m}\boldsymbol{y}_i\tag{5-81}$$

$$\boldsymbol{P}_y=\sum_0^{2n}\omega_i^{c}(\boldsymbol{y}_i-\bar{\boldsymbol{y}})(\boldsymbol{y}_i-\bar{\boldsymbol{y}})^{T}\tag{5-82}$$

式中：ω^{m} 为 Sigma 点均值需求系数。

3. UKF 估算 SOC 流程

通过前文建立的电池模型，结合无迹卡尔曼滤波算法进行 SOC 值估算。首先将电池二阶 RC 模型中 C_1 两端的电压 U_1 和 C_2 两端的电压 U_2 作为系统状态变量，电池端电压 U 作为系统观测量，充放电电流 I 作为系统激励。

根据电池二阶 RC 等效模型方程，将式(5-45)和式(5-47)进行拉氏变换可得

$$V_1=\left(\frac{R_1}{R_1C_1\cdot s+1}\right)I\tag{5-83}$$

$$V_2=\left(\frac{R_2}{R_2C_2\cdot s+1}\right)I\tag{5-84}$$

再进行运算得

$$\begin{cases}R_1C_1V_1+V_1=R_1I_1\\ R_2C_2V_2+V_2=R_2I_2\end{cases}\tag{5-85}$$

用欧拉法得到系统离散状态方程：

$$\begin{cases} \mathrm{SOC}_{(k)} = \mathrm{SOC}_{(k-1)} - \dfrac{I_{(k-1)}}{C_{\mathrm{cap}}} + \omega_{1(k-1)} \\ U_{1(k)} = \left(\dfrac{R_1C_1}{R_1C_1+1}\right)U_{1(k-1)} + \left(\dfrac{R_1C_1}{R_1C_1+1}\right)I_{(k-1)} + \omega_{2(k-1)} \\ U_{2(k)} = \left(\dfrac{R_2C_2}{R_2C_2+1}\right)U_{2(k-1)} + \left(\dfrac{R_2C_2}{R_2C_2+1}\right)I_{(k-1)} + \omega_{3(k-1)} \end{cases} \tag{5-86}$$

表示为矩阵形式：

$$\begin{bmatrix} \mathrm{SOC}_{(k)} \\ U_{1(k)} \\ U_{2(k)} \end{bmatrix} = \begin{bmatrix} 1 & 0 & 0 \\ 0 & \dfrac{R_1C_1}{R_1C_1+1} & 0 \\ 0 & 0 & \dfrac{R_2C_2}{R_2C_2+1} \end{bmatrix} \cdot \begin{bmatrix} \mathrm{SOC}_{(k-1)} \\ U_{1(k-1)} \\ U_{2(k-1)} \end{bmatrix} + \begin{bmatrix} -\dfrac{1}{C_{\mathrm{cap}}} \\ \dfrac{R_1}{R_1C_1+1} \\ \dfrac{R_2}{R_2C_2+1} \end{bmatrix} \cdot I_{(k-1)} + \begin{bmatrix} \omega_{1(k-1)} \\ \omega_{2(k-1)} \\ \omega_{3(k-1)} \end{bmatrix} \tag{5-87}$$

设系统方程：

$$U_{(k)} = U_{\mathrm{OCV}}(\mathrm{SOC}_{(k)}) - R_0 I_{(k)} - U_{1(k)} - U_{2(k)} + \nu_{(k)} \tag{5-88}$$

设 $\boldsymbol{x}_{(k)} = \begin{bmatrix} \mathrm{SOC}_{(k)} \\ U_{1(k)} \\ U_{2(k)} \end{bmatrix}$，$\boldsymbol{A} = \begin{bmatrix} 1 & 0 & 0 \\ 0 & \dfrac{R_1C_1}{R_1C_1+1} & 0 \\ 0 & 0 & \dfrac{R_2C_2}{R_2C_2+1} \end{bmatrix}$，$\boldsymbol{B} = \begin{bmatrix} -\dfrac{1}{C_{\mathrm{cap}}} \\ \dfrac{R_1}{R_1C_1+1} \\ \dfrac{R_2}{R_2C_2+1} \end{bmatrix}$，过程噪声矩阵 $\boldsymbol{\omega} = \begin{bmatrix} \omega_{1(k-1)} \\ \omega_{2(k-1)} \\ \omega_{3(k-1)} \end{bmatrix}$，观测噪声矩阵为 $\boldsymbol{\nu}_{(k)}$ 。

采用 UKF 算法进行 SOC 估算的步骤如下：

(1)初始条件。

$$\bar{x}_{(0|0)} = E(x_{(0)}),\ P_{x(0|0)} = \mathrm{var}(x_0) \tag{5-89}$$

$\mathrm{SOC}_{(0)}$、$U_{1(0)}$、$U_{2(0)}$ 和预测协方差 $P_{(0|0)}$ 为系统初始条件。初始值和真实值的差与算法收敛速度的关系为，初始误差越大算法收敛速度越慢。初始荷电状态 $\mathrm{SOC}_{(0)}$ 可通过存储在电池管理系统存储器中上次下电时保存的数值来获取，也可以通过上电查询开路电压与 SOC 表来获取。在初始估算时由于电池极化效应较小，可设 $U_{1(0)}=U_{2(0)}=0$。

(2)状态估计时间更新。

通过前一时刻计算系统状态最优值进行采样点选取，采样点个数为 $2n+1$。为得到预测值，把选取的采样点代入状态方程计算。

计算 Sigma 点：

$$\begin{cases} \chi_{k-1}^{0} = \boldsymbol{x}_{(k-1|k-1)} \\ \chi_{k-1}^{i} = \hat{\boldsymbol{x}}_{(k-1|k-1)} + \left(\sqrt{(n+\lambda)(\boldsymbol{P}_{x(k-1|k-1)})_i}\right),\ i = 1,2,\cdots,n \\ \chi_{k-1}^{i} = \hat{\boldsymbol{x}}_{(k-1|k-1)} - \left(\sqrt{(n+\lambda)(\boldsymbol{P}_{x(k-1|k-1)})_{i-n}}\right),\ i = n+1,n+2,\cdots,2n \end{cases} \tag{5-90}$$

对状态估计进行时间更新：

$$\begin{aligned}\hat{\boldsymbol{x}}_{(k|k-1)} &= E[f(\chi^i_{(k-1)},\boldsymbol{u}_{(k-1)})+\boldsymbol{\omega}_{(k-1)}] \\ &= \sum_{i=0}^{2n}\omega^{\mathrm{m}}_{(i)}[\boldsymbol{A}_{(k-1)}\chi^i_{(k-1)}+\boldsymbol{B}_{(k-1)}\boldsymbol{u}_{(k-1)}+\boldsymbol{\omega}_{(k-1)}] = \sum_{i=0}^{2n}\omega^{\mathrm{m}}_{(i)}\chi^i_{(k|k-1)}\end{aligned} \tag{5-91}$$

(3)误差协方差时间更新。

$$\begin{aligned}\boldsymbol{P}_{x(k|k-1)} &= E[\boldsymbol{x}_{(k)}-\hat{\boldsymbol{x}}_{(k|k-1)})(x_{(k)}-\hat{\boldsymbol{x}}_{(k|k-1)})^{\mathrm{T}}] \\ &= \sum_{i=0}^{2n}\omega^{\mathrm{c}}_{(i)}(\chi^i_{(k|k-1)}-\hat{\boldsymbol{x}}_{(k|k-1)})(\chi^i_{(k|k-1)}-\hat{\boldsymbol{x}}_{(k|k-1)})^{\mathrm{T}}+\boldsymbol{Q}_{k-1}\end{aligned} \tag{5-92}$$

式中：$\boldsymbol{Q}_{k-1}$为系统噪声协方差矩阵，其值大小受系统状态方程和模型建立影响。

(4)系统输出先验估计。

$$\begin{aligned}\hat{\boldsymbol{y}}_{(k)} &= E[g(\boldsymbol{x}_{(k)},\boldsymbol{u}_{(k)}+\boldsymbol{v}_{(k)}] \\ &= \sum_{i=0}^{2n}\omega^{\mathrm{m}}_{(i)}(U_{\mathrm{OCV}}(\mathrm{SOC}_{(k)})-R_0I_{(k)}-U_{1(k)}-U_{2(k)}] = \sum_{i=0}^{2n}\omega^{\mathrm{m}}_{(i)}\boldsymbol{y}^i_{(k|k-1)}\end{aligned} \tag{5-93}$$

式中：$\boldsymbol{v}_{(k)}$为观测噪声，书中设置为零。

(5)增益矩阵。

$$\begin{aligned}\boldsymbol{K}_{(k)} &= \boldsymbol{P}_{xy(k)}\boldsymbol{P}^{-1}_{y(k)} \\ &= \sum_{i=0}^{2n}\omega^{\mathrm{c}}_{(i)}(\chi^i_{(k|k-1)}-\hat{\boldsymbol{x}}_{(k|k-1)})(\boldsymbol{y}^i_{(k|k-1)}-\hat{\boldsymbol{y}}_{(k)})^{\mathrm{T}} \\ &\quad\cdot\left[\sum_{i=0}^{2n}\omega^{\mathrm{m}}_{(i)}(\boldsymbol{y}^i_{(k|k-1)}-\hat{\boldsymbol{y}}_{(k)})(\boldsymbol{y}^i_{(k|k-1)}-\hat{\boldsymbol{y}}_{(k)})^{\mathrm{T}}+\boldsymbol{R}_{(k)}\right]^{-1}\end{aligned} \tag{5-94}$$

通过公式计算可知$\boldsymbol{K}_{(k)}$与SOC估算误差值成正比，可等效为对SOC修正能力的强弱。若SOC误差增大，$\boldsymbol{K}_{(k)}$值增大，对SOC的修正能力加强。若SOC误差减小，$\boldsymbol{K}_{(k)}$值减小，对SOC的修正能力减弱。$\boldsymbol{R}_{(k)}$为观测噪声协方差矩阵，其值大小主要受试验设备精度和试验测量误差的影响，在本书中主要受单体电压采集芯片的电压采集精度影响。

(6)状态估计测量更新。

$$\hat{\boldsymbol{x}}_{(k|k)} = \hat{\boldsymbol{x}}_{(k|k-1)}+\boldsymbol{K}_{(k)}(\boldsymbol{y}_{(k)}-\hat{\boldsymbol{y}}_{(k)}) \tag{5-95}$$

式中：$\boldsymbol{y}_{(k)}$为实际测量电压值。计算实际测量电压值与观测器计算出的电压值之差，用该差值与增益系数相乘的结果对预测所得SOC进行修正。

(7)误差协方差测量更新。

$$\boldsymbol{P}_{x(k|k)} = \boldsymbol{P}_{x(k|k-1)}-\boldsymbol{K}_{(k)}\boldsymbol{P}_{y(k)}\boldsymbol{K}_{(k)}{}^{\mathrm{T}} \tag{5-96}$$

图5-106为估算SOC的递推流程图，其整个过程可以看作SOC估算值和估计误差协方差的预测和修正的递推过程。在经过初始化后，对每个时间间隔进行SOC和误差协方差估算，随着时间($k=1,2,\cdots$)不断增加，整个算法也进行不断循环，使状态值SOC不断靠近真实值。通过算法的修正作用，即使在初始误差较大的情况下，随着系统运行，SOC估算值会不断靠近真实值，减少初始值、测量噪声等因素的影响。

4. 均衡设计

为减小电动汽车电池间的不一致性，提高电池的使用效率，减少寿命衰减，电池管理系统必须对电池进行均衡。电动汽车锂电池均衡控制技术主要包括两部分：均衡拓扑结构设计和均衡控制策略设计。

1)均衡拓扑结构分析

根据是否存在能量发散，可将均衡分为主动均衡和被动均衡，以下为几种常见的动力电

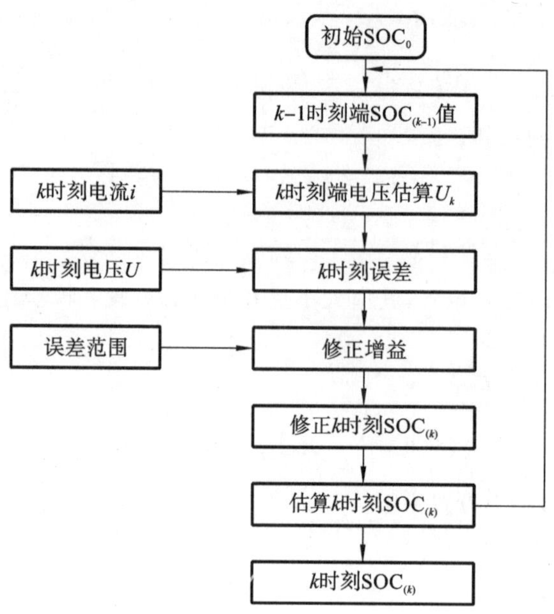

图 5-106　估算 SOC 的递推基本流程

池均衡拓扑结构：

(1)并联电阻均衡。

并联电阻均衡电路结构如图 5-107 所示。对每串电池并联一个热电阻，当系统检测到电池组中的某串电池剩余容量较少时，闭合与剩余容量较多的电池串联的开关管 S_x，当开关管闭合后，热电阻 R_x 与电池并联，热电阻两端通电产生热来消耗电能，使剩余容量较多的电池进行放电而达到均衡目的。此方法思路简单，但将多余电量通过均衡电阻以热量的形式散发，会造成能量浪费。现有产品均衡电流为 10 mA 左右，均衡电流较小，均衡效率低。该方法属于典型耗散性均衡方法。

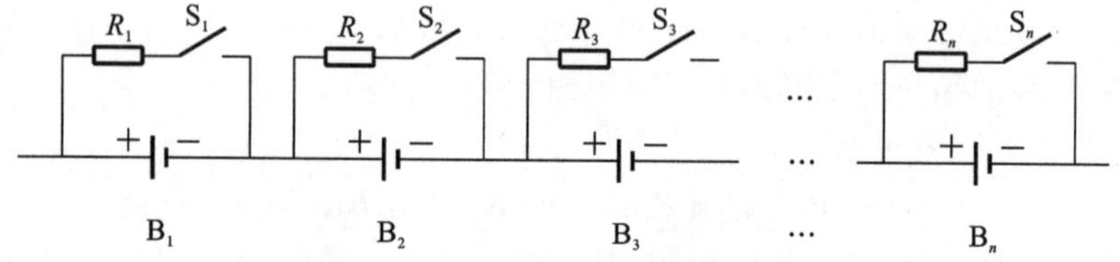

图 5-107　并联电阻均衡电路结构

(2)开关电容均衡。

如图 5-108 所示为开关电容均衡电路结构。开关电容均衡通过开关 S_x 与电容 C_x 的组合来控制相应开关的导通与闭合，将剩余容量多的电池电能转移至剩余容量较少的电池中。理论上该方法不存在能量消耗，可看作非耗散性均衡。实际中受电容影响和电路消耗会有少许能量消耗。此方案的控制逻辑相比于并联电阻均衡电路较为复杂，同时要防止电池或电容出现短路等危险情况。若控制不当，电池会短路，电池在短时间释放的大电流可将电容击穿，电路板相关元器件烧坏会对整车及驾乘人员造成危险。

(3)Buck-Boost 均衡结构。

图 5-109 所示为双向 Buck-Boost 均衡拓扑结构。一个双向 Buck-Boost 电路连接两串

电池，通过控制开关管 Q_x 的导通或闭合将电能存储在电感中，再通过开关管 Q_x 的导通或闭合将电能从电感中释放到剩余容量较少的电池中。由于该结构均衡效率较快，可快速实现相邻串电池间的均衡，但是当不均衡电池不相邻时，需要通过控制不同开关管将能量通过相邻电池传送至剩余容量较低的电池中，均衡效率较低，控制难度较大，造成均衡时间增加，能量在均衡过程中损失较多。该拓扑结构不适用于电池包内含有较多串数电池的电动汽车中。

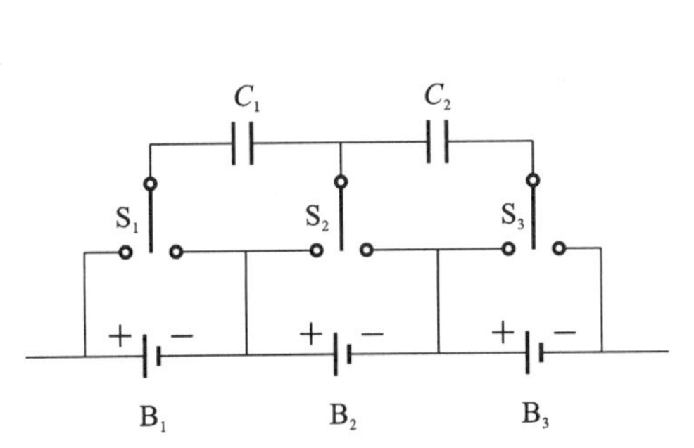

图 5-108　开关电容均衡结构

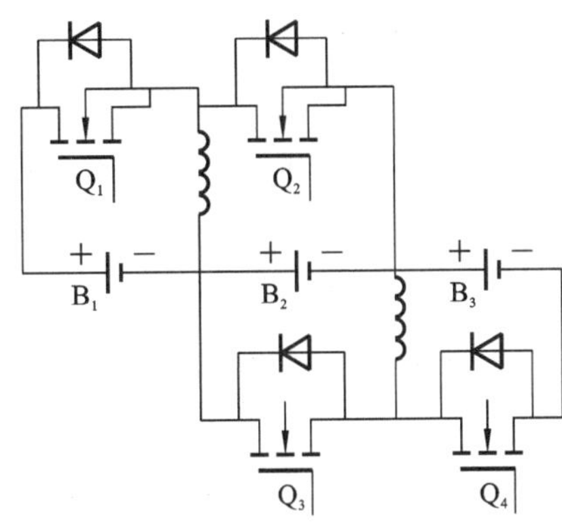

图 5-109　双向 Buck-Boost 均衡拓扑结构

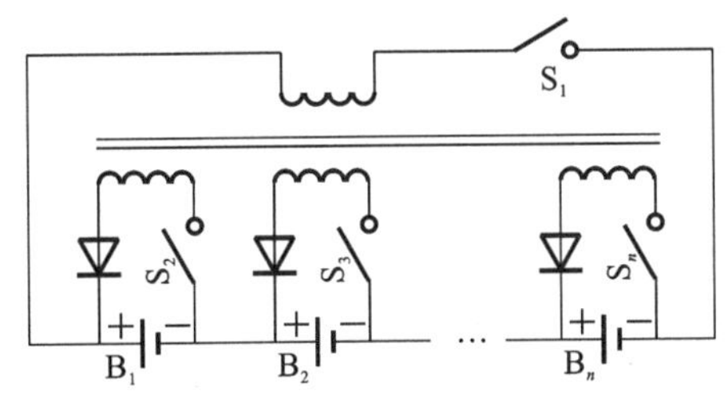

图 5-110　同轴多副边变压器均衡结构

(4)同轴多副边变压器均衡。

图 5-110 所示为同轴多副边变压器均衡结构，变压器中含有多个副边，一个原边。原边与开关管串联，并且原边两端与电池组两端的正极和负极相连，变压器中每个副边与一串电池相连。为保证副边易于统一控制，副边设计时匝数相同，在工作中可产生相同的电流。该电流可实现对电池的充电和放电，当某串电池剩余容量较少时可闭合原边相连开关管使能量存储在变压器中，也可通过闭合对应副边开关，将能量转移至剩余容量较少的单串电池中。

2)均衡拓扑结构设计

针对现有锂电池组均衡技术，为减少均衡能量散失和加快均衡速度，采用双向变压器拓扑结构，同时采用 ADI 公司的 LTC3300-1 芯片作为均衡控制芯片。该芯片可控制 6 串电池中任意单体均衡且支持菊花链通信。根据单体电池 SOC 和单体电压值结合的方法进行均衡条件判定，可有效减小单体电池间的不一致性，同时能够防止单体电池在均衡时的过充、过放问题。

该方案的实施基础为电池单体电压精准采集和温度精确检测，采用双绕组变压器，在电池组中能够同时实现多串电池的充电均衡和放电均衡。均衡电流大小可通过外部电阻进行设定，均衡效率高，均衡时的能量消耗较少。

图 5-111 所示为基于变压器双向均衡电路结构，B_1 为电池，M＋为电池模组正极，M－为电池模组负极。当 B_1 的 SOC 高于模组平均值且电压在均衡允许范围内时，初级开关 GIP 输出 PWM 波控制 Q_1 导通，电池 B_1 放电，放电电流在初级绕组上上升，IIP 可检测该上升电流，当上升电流到达设定值 I(峰值电流)时，初级开关 GIP 控制 Q_1 断开。次级开关 GIS 控制 Q_2 导通，存储在变压器中的电能开始转移至电池模组，当 IIS 检测到电流降为 0

时，次级开关 GIS 控制 Q_2 断开，初级开关 GIP 控制 Q_1 导通。重复上述循环，直到 B_1 满足放电均衡为止。图 5-112 所示为充电均衡过程图。

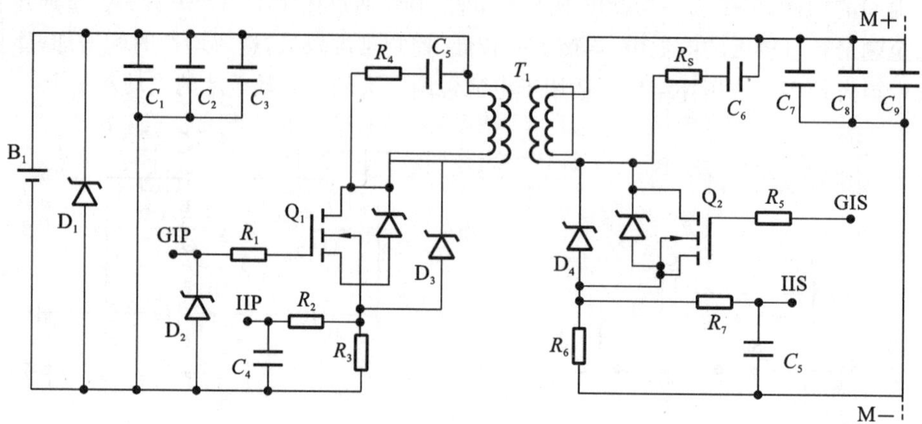

图 5-111　基于变压器双向均衡电路结构

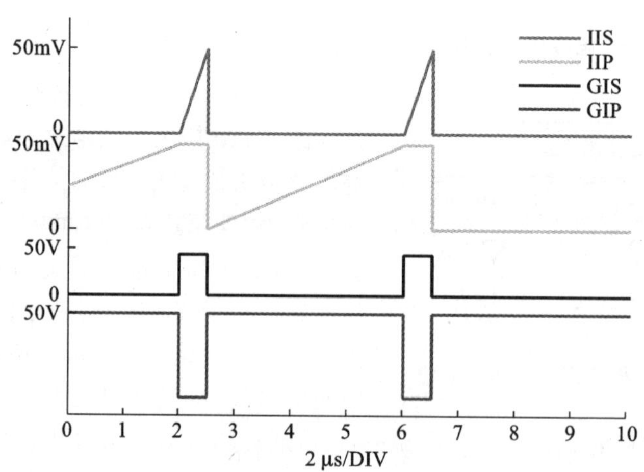

图 5-112　充电均衡过程图

当 B_1 的 SOC 低于模组平均值且电压在均衡电压允许范围内时，启动充电均衡。次级开关 GIS 控制 Q_2 导通，当 IIS 检测到电流达到 I 值（峰值电流）时，次级开关 GIS 控制 Q_2 断开，初级开关 GIP 控制 Q_1 导通，存储在变压器中的电能开始转移至 B_1；当 IIP 检测到电流降为 0 时，初级开关 GIP 控制 Q_1 断开，次级开关 GIS 控制 Q_2 导通。重复上述循环，直到 B_1 满足充电均衡为止。图 5-113 所示为放电均衡过程图。

初级峰值电流和次级峰值电流可根据电阻 R_3、R_6 进行计算，计算公式如下：

$$I_{\text{PEAK\_SEC}}=\frac{50\ \text{mV}}{R_6} \tag{5-97}$$

$$I_{\text{PEAK\_PRI}}=\frac{50\ \text{mV}}{R_3} \tag{5-98}$$

由式(5-97)、式(5-98)可看出峰值电流精度由采样电阻 R_3、R_6 的精度决定，电阻精度越高，峰值电流精度越高，硬件成本也越高。考虑到峰值电流的精度与成本，本书选用精度为 0.1%的电阻。

单体电池进行均衡时，电流在初级绕组或次级绕组中斜坡上升，上升时间为

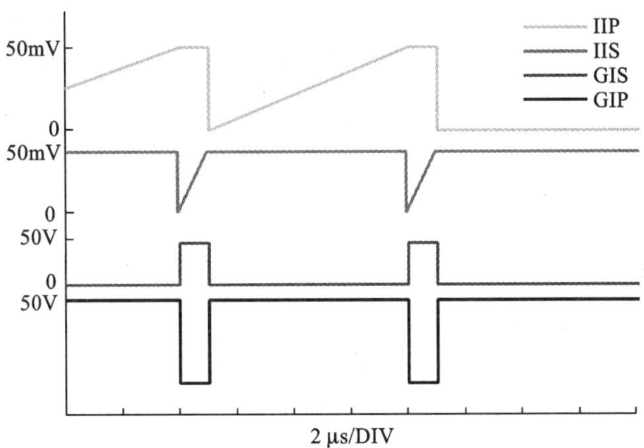

图 5-113　放电均衡过程图

$$t = \frac{L \cdot I_{\mathrm{PEAK}}}{V_{\mathrm{cell}}} \tag{5-99}$$

式中:L 为绕组电感;I_{PEAK}为上升峰值电流;V_{cell}为电池电压。

根据反激变压器原理,放电和充电过程中的电流关系为

$$I_{\mathrm{PEAK\_PRI}} = I_{\mathrm{PEAK\_SEC}} \cdot T \tag{5-100}$$

式中:T 为变压器 T_1初级线圈匝数与次级线圈匝数的比值。

由于次级线圈的串联电池数目为 S,其电压比值也为 S,根据式(5-99)可求初级绕组与次级绕组电流上升时间为

$$\begin{cases} t_{\mathrm{on\_PRI}} = \dfrac{I_{\mathrm{PRI}} \cdot I_{\mathrm{PEAK\_PRI}}}{V_{\mathrm{cell}}} \\ t_{\mathrm{on\_SEC}} = \dfrac{L_{\mathrm{PRI}} \cdot I_{\mathrm{PEAK\_PRI}}}{V_{\mathrm{cell}}} \cdot \left(\dfrac{T}{S}\right) \end{cases} \tag{5-101}$$

根据式(5-99)和式(5-101)可得放电过程和充电过程中的电流 I_{dis}和 I_{char}为

$$\begin{cases} I_{\mathrm{dis}} = \dfrac{I_{\mathrm{PEAK\_PRI}}}{2}\left(\dfrac{T}{S+T}\right) \\ I_{\mathrm{char}} = \dfrac{I_{\mathrm{PEAK\_SEC}}}{2}\left(\dfrac{ST}{S+T}\right) \cdot \eta \end{cases} \tag{5-102}$$

式中:η 为电能从次级绕组至初级绕组的转移效率。

根据初级电池电压 V_{cell}和变压器初级绕组电感 L_{PRI},结合式(5-101)得栅极驱动器输出端上的初级开关 GIP 和次级开关 GIS 的频率:

$$\begin{cases} f_{\mathrm{dis}} = \dfrac{T}{S+T} \cdot \left(\dfrac{V_{\mathrm{cell}}}{L_{\mathrm{PRI}} \cdot I_{\mathrm{PEAK\_PRI}}}\right) \\ f_{\mathrm{char}} = \dfrac{T}{S+T} \cdot \left(\dfrac{V_{\mathrm{cell}}}{L_{\mathrm{PRI}} \cdot I_{\mathrm{PEAK\_SEC}} \cdot T}\right) \end{cases} \tag{5-103}$$

3)均衡策略

电池均衡可减少电池组单体间的不一致性,主动均衡策略主要分为 3 种:基于 SOC 法、基于单体电压法、基于电池容量法。基于 SOC 法进行均衡控制要求 SOC 估算具有较高精度,SOC 估算误差会引入均衡误差中,增大误差。基于单体电压法进行均衡,电池电压受充放电电流、温度、循环次数等因素影响,电池组单体电池间的电压相同并不代表一致性高。

汽车运行工况复杂，经常出现大电流充放电的现象，电池电压变化剧烈。电池间电压差变化较大，容易造成电池反复充放电均衡。基于电池容量法进行均衡控制需要估算电池 SOC、电池容量，计算量大，电池容量估算误差也会加大均衡误差。

根据均衡电路拓扑结构和硬件电路，在确定采样电阻后，峰值均衡电流确定，均衡导通周期由初级绕组单体电压决定，只需要控制均衡时间就能达到均衡目的。本书提出基于SOC 法与电池电压结合的主动均衡控制策略，通过判断单体电池间的 SOC 差值与单体电压范围，控制单体电池启动放电均衡或充电均衡。当电池组单体间的 SOC 差值在一定范围内时停止均衡，在放电均衡过程中均衡单体电压小于 $V_{\rm low}$ 限值时停止均衡，在充电均衡过程中均衡单体电压大于 $V_{\rm low}$ 时停止均衡。

动力电池可根据电流大小和方向分为 3 种状态：放电状态、充电状态、静置状态。为减小计算量和控制复杂度：当电池处于放电状态时，对电池进行充电均衡；当电池处于充电状态时，对电池进行放电均衡；当电池处于静置状态时，可对电池进行充电均衡和放电均衡。

(1) 以电池在充电状态进行放电均衡为例进行均衡过程计算。首先根据单体电池电压和电流进行 SOC 估算：

$$\Delta \mathrm{SOC}_i = \mathrm{SOC}_i - \overline{\mathrm{SOC}} \tag{5-104}$$

式中：$\overline{\mathrm{SOC}}$ 为模组平均 SOC 值；SOC_i 为模组第 i 个单体电池 SOC 值，i 为模组内单体个数（$4 \leqslant i \leqslant 12$）；$\Delta\mathrm{SOC}_i$ 为第 i 个单体电池 SOC 与平均 SOC 的差值。

设电池组充电电流为 $I_{\rm char}^0$，当差值 $\Delta\mathrm{SOC}_i$ 大于设定值时，启动放电均衡，均衡 $\Delta t_{\rm bal}$ 后，平均 SOC 更新：

$$\overline{\mathrm{SOC}}^{\Delta t_{\rm bal}} = \overline{\mathrm{SOC}} + \frac{I_{\rm char}^0}{C_{\rm cap}}\Delta t_{\rm bal} + \frac{I_{\rm SEC\_char}}{C_{\rm cap}}\Delta t_{\rm bal} - \frac{I_{\rm SEC\_dis}}{C_{\rm cap}}\Delta t_{\rm bal}\left(\frac{1}{S}\right) \tag{5-105}$$

单体电池 i 的 SOC 更新：

$$\mathrm{SOC}_i^{\Delta t_{\rm bal}} = \mathrm{SOC}_i + \frac{I_{\rm char}^0}{C_{\rm cap}}\Delta t_{\rm bal} + \frac{I_{\rm SEC\_char}}{C_{\rm cap}}\Delta t_{\rm bal} - \frac{I_{\rm SEC\_dis}}{C_{\rm cap}}\Delta t_{\rm bal} \tag{5-106}$$

根据式(5-104)至式(5-106)可得均衡时间为

$$\Delta t_{\rm bal} = \frac{C_{\rm cap}}{I_{\rm SEC\_dis}}\left(\frac{S}{S-1}\right)\Delta \mathrm{SOC} \tag{5-107}$$

对于 n 个均衡单体，根据 $\Delta\mathrm{SOC}_i$ 大小进行均衡时间排列，先计算数值小的单体时间，再计算数值大的均衡时间。在 $\Delta t_{\rm bal_1}$ 结束后，平均SOC更新为

$$\overline{\mathrm{SOC}} = \overline{\mathrm{SOC}} + \frac{I_{\rm char}^0}{C_{\rm n}}\Delta t_{\rm bal_1} + \left[\frac{I_{\rm SEC\_char}}{C_{\rm n}}\Delta t_{\rm bal_1} - \frac{I_{\rm SEC\_dis}}{C_{\rm n}}\Delta t_{\rm bal_1}\left(\frac{1}{S}\right)\right] \cdot n \tag{5-108}$$

均衡单体 SOC_1 更新为

$$\mathrm{SOC}_1^{\Delta t_{\rm bal_1}} = \mathrm{SOC}_1 + \frac{I_{\rm char}^0}{C_{\rm n}}\Delta t_{\rm bal_1} + \frac{I_{\rm char}}{C_{\rm n}}\Delta t_{\rm bal_1} \cdot n - \frac{I_{\rm SEC\_dis}}{C_{\rm n}}\Delta t_{\rm bal_1} \tag{5-109}$$

可确定均衡时间为

$$\Delta t_{\rm bal_1} = \frac{C_{\rm n}}{I_{\rm SEC\_dis}}\left(\frac{S}{S-n}\right)\Delta \mathrm{SOC}_1 \tag{5-110}$$

SOC_2 更新为

$$\mathrm{SOC}_2 = \mathrm{SOC}_2 + \frac{I_{\rm char}^0}{C_{\rm n}}\Delta t_{\rm bal_1} + \frac{I_{\rm SEC}}{C_{\rm n}}\Delta t_{\rm bal_1} \cdot n - \frac{I_{\rm SEC\_dis}}{C_{\rm n}}\Delta t_{\rm bal_1} \tag{5-111}$$

$\Delta t_{\rm bal_2}$ 结束后，SOC_2 更新为

$$\mathrm{SOC}_2^{\Delta t_{\mathrm{bal}_2}}=\mathrm{SOC}_2+\frac{I_{\mathrm{char}}^0}{C_{\mathrm{n}}}(\Delta t_{\mathrm{bal}_2}-\Delta t_{\mathrm{bal}_1})+\frac{I_{\mathrm{SEC\_char}}}{C_{\mathrm{n}}}(\Delta t_{\mathrm{bal}_2}-\Delta t_{\mathrm{bal}_1})\cdot(n-1)-\frac{I_{\mathrm{SEC\_dis}}}{C_{\mathrm{n}}}(\Delta t_{\mathrm{bal}_2}-\Delta t_{\mathrm{bal}_1})\tag{5-112}$$

确定均衡时间 $\Delta t_{\mathrm{bal}_2}$ 为

$$\Delta t_{\mathrm{bal}_2}=\Delta t_{\mathrm{bal}_1}+\frac{C_{\mathrm{n}}}{I_{\mathrm{SEC\_dis}}}\left(\frac{S}{S-n+1}\right)\Delta\mathrm{SOC}_2\tag{5-113}$$

依此类推，确定均衡时间为

$$\Delta t_{\mathrm{bal}_n}=\Delta t_{\mathrm{bal}_{n-1}}+\frac{C_{\mathrm{n}}}{I_{\mathrm{SEC\_dis}}}\left(\frac{S}{S+1}\right)\Delta\mathrm{SOC}_n\tag{5-114}$$

(2)当电池处于放电状态时，只对单体电池进行充电均衡，单体均衡电流为 $I_{\mathrm{PRI\_char}}$，m 个单体启动均衡，与充电状态类似，计算得到均衡时间为

$$\begin{cases}\Delta t_{\mathrm{bal}_1}=\dfrac{C_{\mathrm{n}}}{I_{\mathrm{SEC\_dis}}}\left(\dfrac{S}{S-m}\right)(-\Delta\mathrm{SOC}_1)\\ \Delta t_{\mathrm{bal}_2}=\Delta t_{\mathrm{bal}_1}+\dfrac{C_{\mathrm{n}}}{I_{\mathrm{PRI\_char}}}\left(\dfrac{S}{S-m+1}\right)(-\Delta\mathrm{SOC}_2)\\ \Delta t_{\mathrm{bal}_m}=\Delta t_{\mathrm{bal}_{m-1}}+\dfrac{C_{\mathrm{n}}}{I_{\mathrm{PRI\_char}}}\left(\dfrac{S}{S+1}\right)(-\Delta\mathrm{SOC}_m)\end{cases}\tag{5-115}$$

(3)当电池处于静置状态时，当单体电池达到均衡条件时，可对单体进行放电均衡或充电均衡，均衡时间为

$$\begin{cases}\Delta t_{\mathrm{bal}}=\dfrac{C_{\mathrm{n}}}{I_{\mathrm{bal}}}\left(\dfrac{S}{S-1}\right)\Delta\mathrm{SOC}_i\\ \Delta t_{\mathrm{bal}}=\dfrac{C_{\mathrm{n}}}{I_{\mathrm{bal}}}\left(\dfrac{S}{S-1}\right)(-\Delta\mathrm{SOC}_i)\end{cases}\tag{5-116}$$

5. 电池管理系统总体方案设计

锂离子电池管理系统主要包含高压上下电模块、交直流充电模块、放电模块、单体电压采集模块、总压采集模块、电流采集模块、温度采集模块、通信模块、控制系统模块、唤醒源检测模块、I/O 口控制模块、电池均衡模块、故障诊断模块、状态估算模块、热管理模块。图 5-114所示为电池管理系统结构图。

根据电池模组数量和模组分布方式，电池管理系统(BMS)的硬件系统电路拓扑主要分为集中式和分布式。集中式 BMS 电路拓扑集成电压采集模块、温度采集模块、通信模块、充电模块、控制模块在一个电路板上，该电路的优点为结构简单、安装方便、成本低，缺点为采样线束长短不一致，增加了对电池电压采集和均衡的影响。图 5-115 所示为集中式 BMS 电路拓扑结构。

分布式 BMS 电路拓扑把采集模块(LECU)与主控模块(BMU)分开，适用于串数较多的电池模组，方便单体电压采集和电芯温度采集，提高系统的稳定性和可靠性，减少采集线束影响，但占用空间较多，成本优势低。图 5-116 为分布式 BMS 电路拓扑结构。

根据已设计的 4P108S 电池模组选用分布式 BMS 电路拓扑结构。电池管理系统主要包括硬件部分和软件部分两部分。硬件部分主要包括电压采集电路、电流采集电路、温度采集电路、通信电路、I/O(输入/输出)检测电路、供电电路、控制系统电路等。软件部分主要包括电压采集计算功能、温度采集计算功能、均衡控制功能、SOC 估算功能、通信功能、上下电控制功能、交直流充电控制功能、诊断和保护功能。

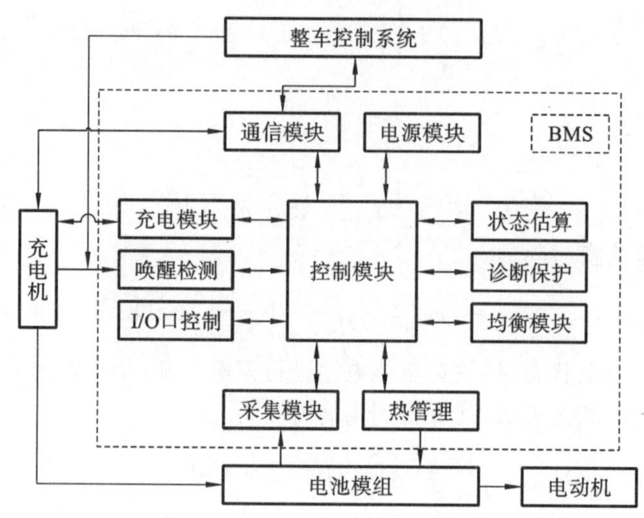

图 5-114　电池管理系统结构图

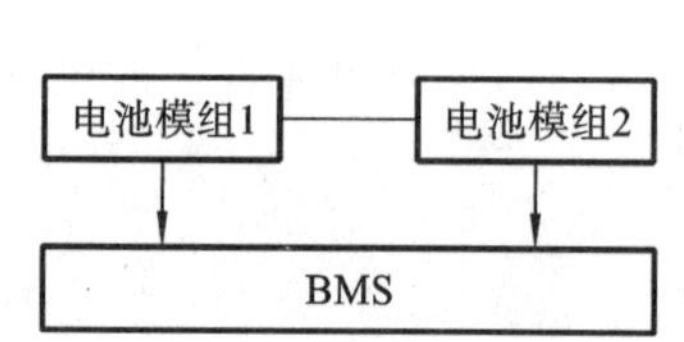

图 5-115　集中式 BMS 电路拓扑结构

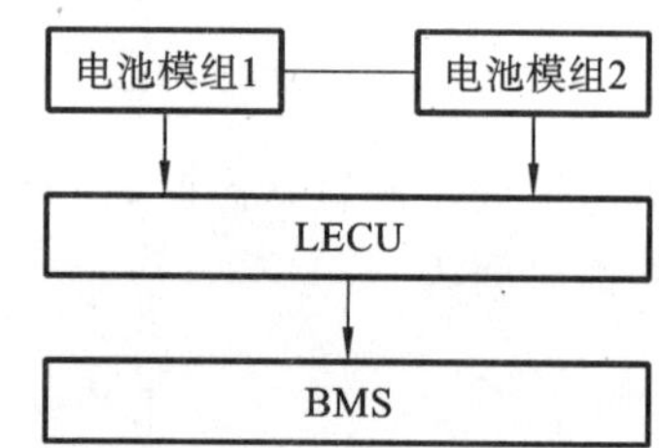

图 5-116　分布式 BMS 电路拓扑结构

6. 锂离子电池管理系统实验研究

锂离子 BMS 主要使用的实验平台为硬件在环仿真测试平台和环境模拟测试平台。硬件在环仿真测试平台主要包括 NI PXI 系列板卡、48 路电池模拟器、3 路高压模拟电源、3 路绝缘模拟通道、5 路 CAN 可模拟整车 VCU、车载充电机、直流充电机通信、丰富的 I/O 接口，可实现数字和模拟信号输入/输出。支持 Matlab/Simulink/Stateflow 软件联合仿真，支持手动测试和自动测试。主要应用于 BMS 上下电、交直流充电、绝缘测量、过放过充保护等功能测试方面。图 5-117 所示为硬件在环仿真测试平台。

环境模拟测试平台主要包括高低温箱、充/放电机、数据监控系统。高低温箱可实现 −40 ℃～150 ℃的温度模拟，满足汽车级元器件温度的范围要求。充/放电机单通道可进行 0～600 V 电压/0～300 A 电流充放，双通道合并可实现 0～600 V 电压/0～600 A 电流充放电，可控运行步长为 1 ms。数据监控系统可实现模拟环境温度、充放电电流/电压实时监控和预警保护。若电池电压超出设定保护界限，数据监控系统会主动停止充放电，并进行报警和数据保存。图 5-118 所示为环境模拟测试平台。

为验证设计 BMS 的采集精度、状态估算精度、均衡效果、充放电功能和故障保护功能，通过实验平台和六位半电压表、温度测量仪、电流测量仪等工具结合实际工况对 BMS 进行实验验证。

1）采集

通过对比六位半电压表采集数据与 BMS 采集单体电压数据，确定 BMS 单体电压采集

图 5-117　硬件在环仿真测试平台

图 5-118　环境模拟测试平台

精度满足±5 mV。图 5-119 所示为 BMS 采集单体电压值，表 5-22 所示为静态单体电压采集对比。

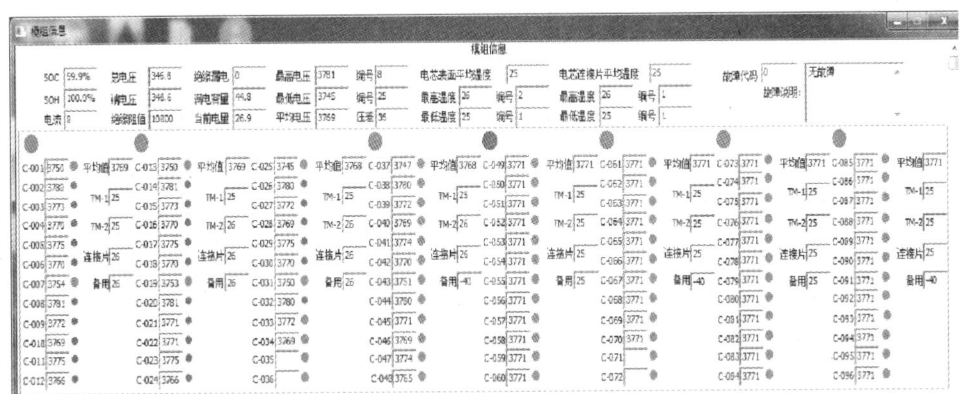

图 5-119　BMS 采集单体电压值

表 5-22　静态单体电压采集对比

电池编号	BMS 采集值/mV	电压表测量值/mV	误差/mV
01	3754	3755	−1
02	3780	3781	−1
03	3773	3774	−1
04	3770	3771	−1
05	3775	3775	0
06	3770	3769	1
07	3754	3756	−2
08	3781	3780	1
09	3772	3773	−1
10	3769	3770	−1
11	3775	3774	1
12	3766	3766	0

电流采集的主要误差来源于电流传感器，电流采集的验证试验分为无电流传感器验证试验和有电流传感器验证试验。无电流传感器验证试验使用高精度可调电源给 BMS 电流采集口输出一个确定电压，再运用电流计算公式进行电流计算并与 BMS 上报电流对比。有电流传感器验证试验使用充/放电机对电池包进行充放电，BMS 读取电流传感器输出电流值，再对比充/放电机与 BMS 上报值。表 5-23 所示为电流采集对比。

表 5-23　电流采集对比

设定电流/A	BMS 采集值/A(无电流传感器)	BMS 采集值/A(有电流传感器)
10	10.0	10.1
20	20.0	20.1
50	50.0	49.8
100	100.0	100.3
150	150.0	150.5
200	200.0	199.6
250	250.0	250.4
300	300.0	299.3
−100	−100.0	−99.8
−200	−200.0	−199.3
−300	−300.0	−299.2

根据实际需求，BMS 发送采集电流值的精度为 0.1 A，从表 5-23 中可计算得出无电流传感器 BMS 采集电流值等于理论值，有电流传感器 BMS 采集电流值的最大误差为 1%。使用充/放电机设定电流对电池包充放电时，充/放电机本身具有一个电流误差，BMS 采集电流值是一个带有误差的电流值，充/放电机精度满足 ±1%FSR，可判定 BMS 电流采集满

足±1%FSR 精度要求。图 5-120 所示为有、无电流传感器 BMS 采集电流精度对比。

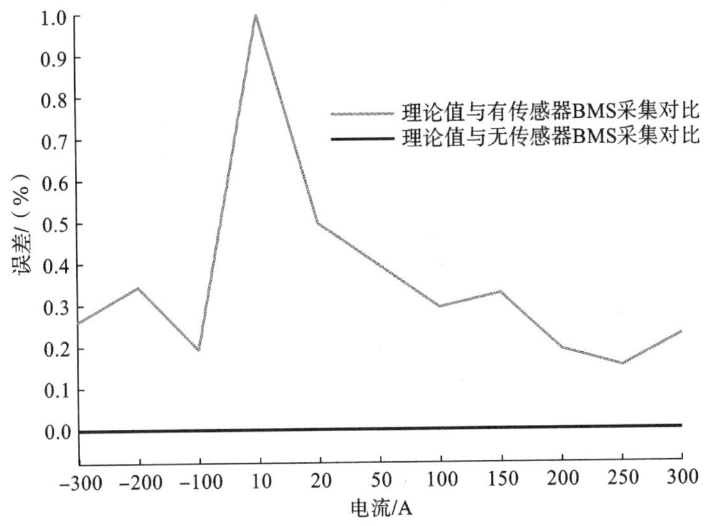

图 5-120　有、无电流传感器 BMS 采集电流精度对比

2)直流充电

对 BMS 进行充电功能测试,通过在 HiL 测试系统中建立 Matlab/Simulink 直流充电桩逻辑控制,模拟直流充电桩控制功能;通过控制 HiL 输入/输出接口模拟 CC2 电阻与 VCU 唤醒;通过 CAN 与 BMS 中的充电 CAN 进行通信。图 5-121 所示为直流充电报文。

***<Time><Tx/	Rx>	<C	hannel><CA	ID>	<Ty	pe>	<DL	C><	Dat	aBy	tes	>***
13:18:00:2506	Rx	1	0x1B26F456	x 3	00	01	01					
13:18:00:4516	Rx	1	0x1B2756F4	x 2	A2	0F						
13:18:00:4906	Rx	1	0x1B26F456	x 3	00	01	01					
13:18:00:7016	Rx	1	0x1B2756F4	x 2	A2	0F						
13:18:00:7306	Rx	1	0x1B26F456	x 3	00	01	01					
13:18:00:9506	Rx	1	0x1B2756F4	x 2	A2	0F						
13:18:00:9706	Rx	1	0x1B26F456	x 3	00	01	01					
13:18:01:2016	Rx	1	0x1B2756F4	x 2	A2	0F						
13:18:01:2106	Rx	1	0x1B26F456	x 3	00	01	01					
13:18:01:4505	Rx	1	0x1B01F456	x 8	00	01	00	D0	00	30	30	30
13:18:01:4516	Rx	1	0x1CEC56F4	x 8	10	31	00	D7	FF	00	02	00
13:18:01:4516	Rx	1	0x1CECF456	x 8	11	07	01	FF	FF	00	02	00
13:18:01:4616	Rx	1	0x1CEB56F4	x 8	01	01	01	D0	06	F0	06	E0
13:18:01:4716	Rx	1	0x1CEB56F4	x 8	02	0D	47	53	4E	59	06	00
13:18:01:4816	Rx	1	0x1CEB56F4	x 8	03	00	00	21	04	01	02	00
13:18:01:4916	Rx	1	0x1CEB56F4	x 8	04	00	01	FF	FF	FF	FF	FF
13:18:01:5016	Rx	1	0x1CEB56F4	x 8	05	FF	FF	FF	FF	FF	FF	FF
13:18:01:5116	Rx	1	0x1CEB56F4	x 8	06	FF	FF	FF	FF	FF	FF	01
13:18:01:5216	Rx	1	0x1CEB56F4	x 8	07	15	06	07	E1	FF	FF	FF
13:18:01:5216	Rx	1	0x1CECF456	x 8	13	31	00	D7	FF	00	02	00
13:18:01:6906	Rx	1	0x1B01F456	x 8	AA	01	00	00	00	30	30	30
13:18:01:9306	Rx	1	0x1B01F456	x 8	AA	01	00	D0	00	30	30	30

图 5-121　直流充电报文

3)SOC 估算试验

有人提出一种基于二阶 RC 电池模型的 AH+UKF 估算电池 SOC 算法,并为验证算法的准确性进行相关试验。试验边界条件为 12 节串联电池,通过试验对比算法估算 SOC 值与真实 SOC 值。算法估算 SOC 值由算法输出数据得到,真实 SOC 值通过充/放电机数据记录得到。

在真实 SOC=100%时采用 1 C 电流放电,图 5-122 所示为 1 C 工况放电下的 SOC 真实值与估算值对比,短虚线为 AH+UKF 算法估算值,长虚线为 SOC 真实值。在 SOC=

100％至 SOC＝90％区间内采用安时积分法进行 SOC 估算，当 SOC＜90％再采用 UKF 算法估算。在采用安时积分计算时加入电流传感器最大误差 0.5 A，图 5-123 所示为 SOC 估算误差曲线。由于安时积分阶段的传感器误差，SOC 估算误差随时间的增加而增加，AH＋UKF 算法的总误差为±1％。图 5-124 所示为真实 SOC 值与 UKF 算法估算值对比，在 SOC＝100％至 SOC＝90％阶段误差逐渐减少，是因为在模型辨识时只进行 SOC＝0％至 SOC＝90％区间的辨识，剩余区间的辨识通过数据拟合得到。电池充满电并长时间静置后端电压会下降，这也会给算法估算值带来误差。

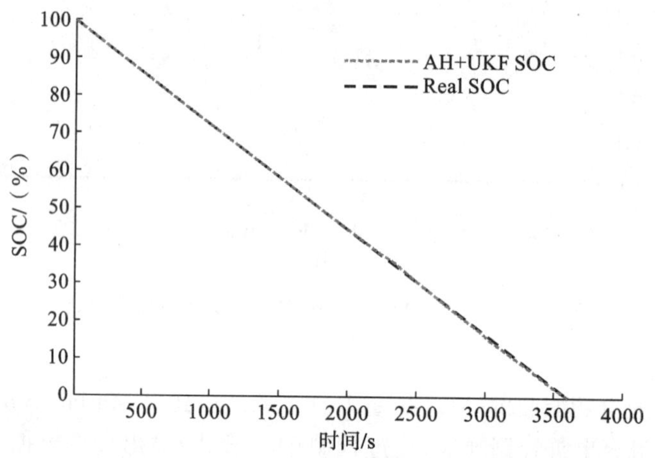

图 5-122　1 C 工况放电下的 SOC 真实值与 AH＋UKF 算法估算值对比

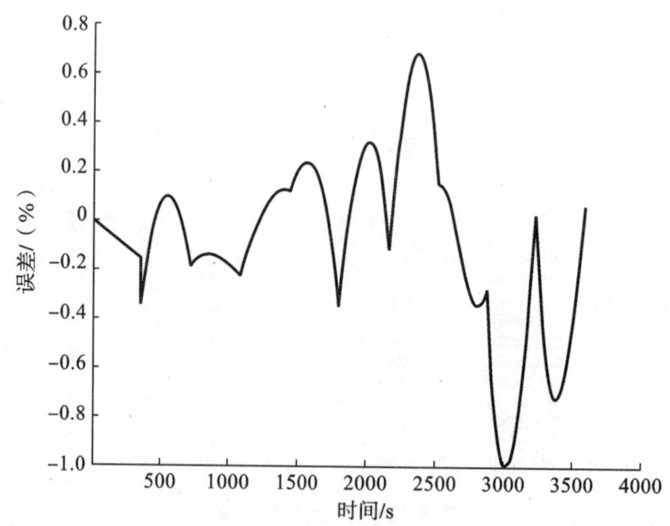

图 5-123　1 C 工况放电下 AH＋UKF 算法 SOC 估算误差曲线

在 SOC＝90％至 SOC＝0％阶段两条曲线总体吻合，误差为±1％。图 5-125 为误差 1C 工况放电下 UKF 算法 SOC 估算误差曲线，由图可知，在放电开始时误差较大，达到－3.5％，随着放电时间增加，误差逐渐减少并稳定在±1％。

采用 1C 恒流工况对电池进行充电，对比 SOC 真实值与估算值，估算误差为±1％，图 5-126 为 1C 恒流工况充电 SOC 真实值与估算值对比，图 5-127 为 1C 恒流工况充电 SOC 估算误差曲线。

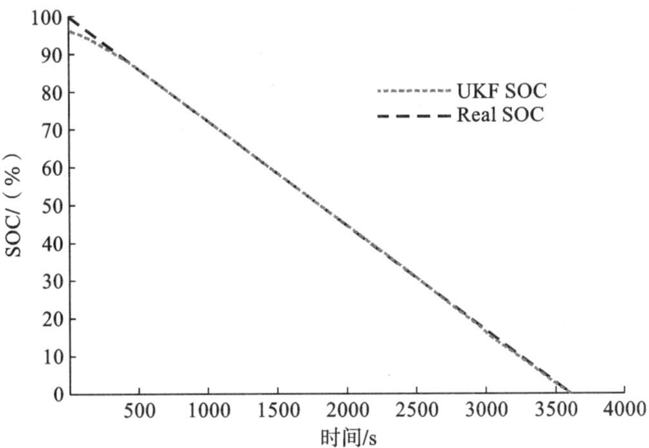

图 5-124　1C 工况放电下 SOC 真实值与 UKF 算法估算值对比

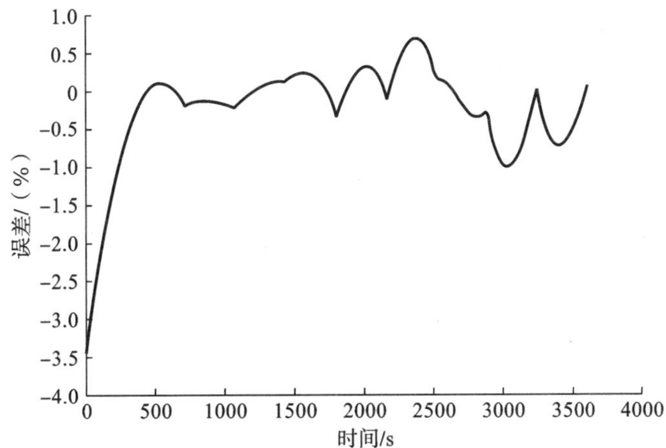

图 5-125　误差 1C 工况放电下 UKF 算法 SOC 估算误差曲线

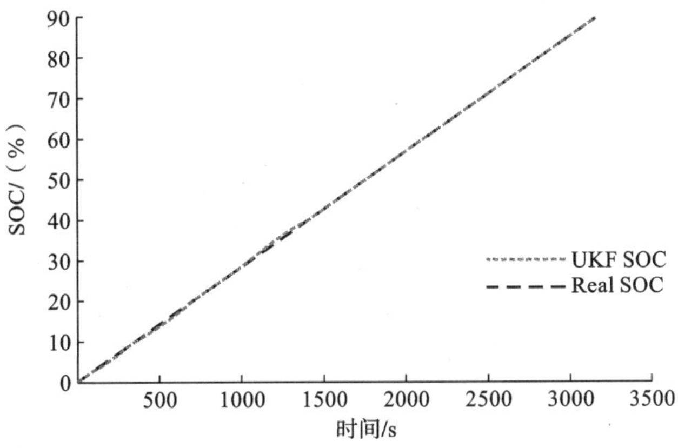

图 5-126　1C 恒流工况充电 SOC 真实值与估算值对比

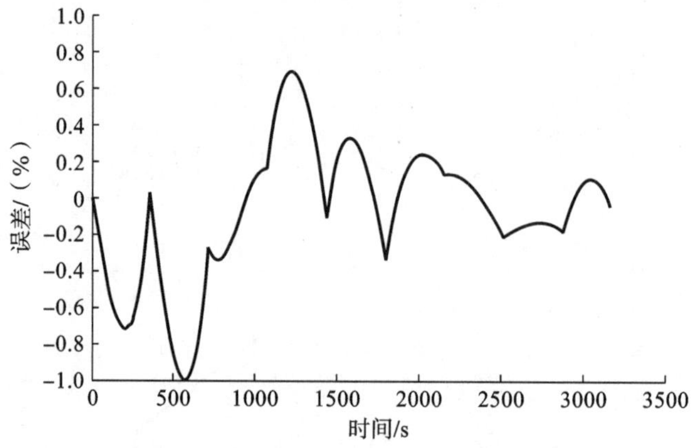

图 5-127 1C 恒流工况充电 SOC 估算误差曲线

采用脉冲工况对电池进行充放电，图 5-128 为脉冲工况下的 AH＋UKF 算法 SOC 估算值与真实值对比，两条曲线相对吻合。图 5-129 为其误差曲线，安时积分计算时加入电流传感器误差 0.5A，总体误差范围为－1.5%～1%。

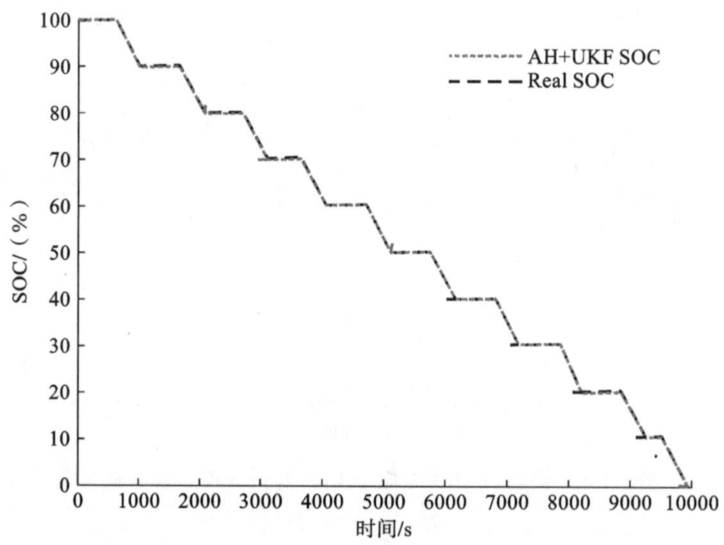

图 5-128 脉冲工况下的 AH＋UKF 算法 SOC 估算值与真实值对比

图 5-130 为脉冲工况下的 SOC 估算值与 SOC 真实值对比。图 5-131 为脉冲工况下的 SOC 估算误差曲线，在 SOC＝100%至 SOC＝90%时，最大误差为－3.58%，误差逐渐减小，在 SOC＝90%至 SOC＝0%区间内 SOC 估算值与 SOC 真实值趋于一致，误差范围为－1.5%～1%。图 5-132 为脉冲工况电流。

为进一步模拟验证汽车城市运行工况，在 SOC＝50%时采用 UDDS 工况进行放电，对比 SOC 真实值与估算值，估算值最大误差为－0.85%，总误差范围为－0.85%～0.8%，图 5-133为 UDDS 工况下的放电 SOC 真实值与估算值对比，图 5-134 为 UDDS 工况下的放电 SOC 估算误差曲线，图 5-135 为 UDDS 工况下的放电电流。

采用相同的 UDDS 工况电流进行充电。图 5-136 为 UDDS 工况下的充电 SOC 真实值与估算值对比，图 5-137 为 UDDS 工况下的充电 SOC 估算误差曲线。由图 5-137 可知，最大的误差在充电开始阶段，总误差范围为－0.88%～0.25%。

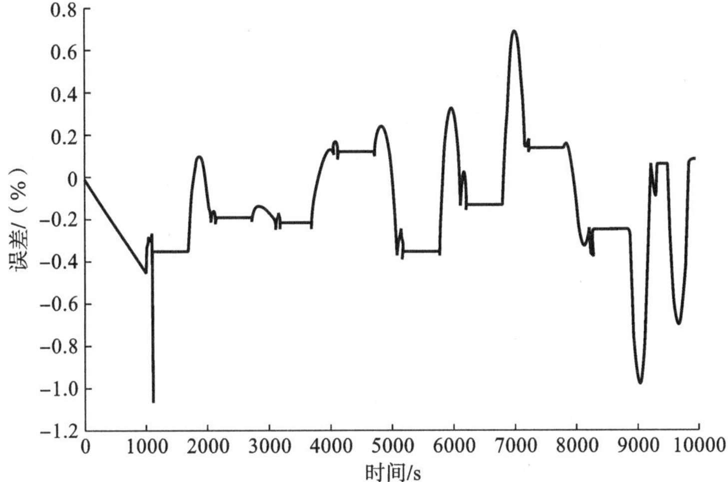

图 5-129　脉冲工况下的 AH＋UKF 算法 SOC 估算误差曲线

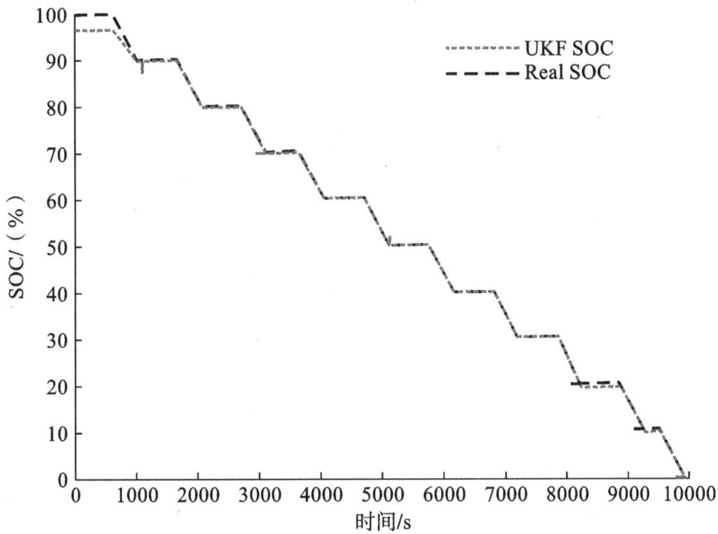

图 5-130　脉冲工况下的 SOC 估算值与真实值对比

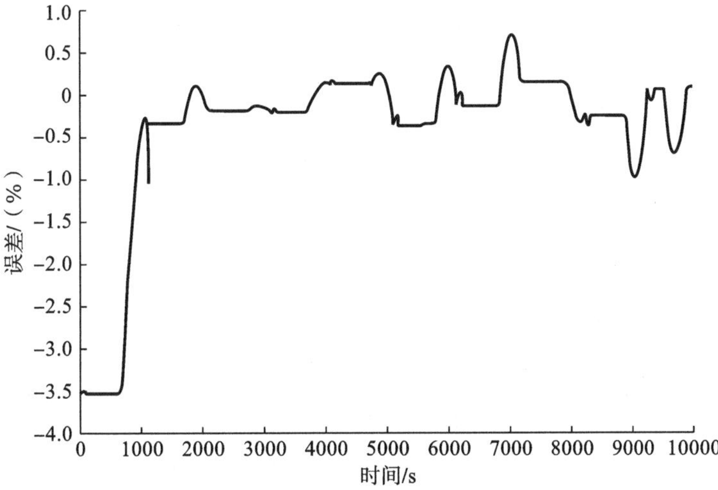

图 5-131　脉冲工况下的 SOC 估算误差曲线

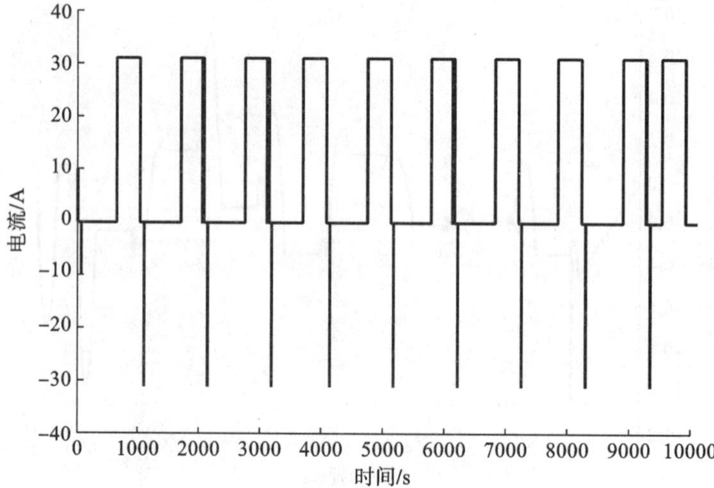

图 5-132　脉冲工况电流

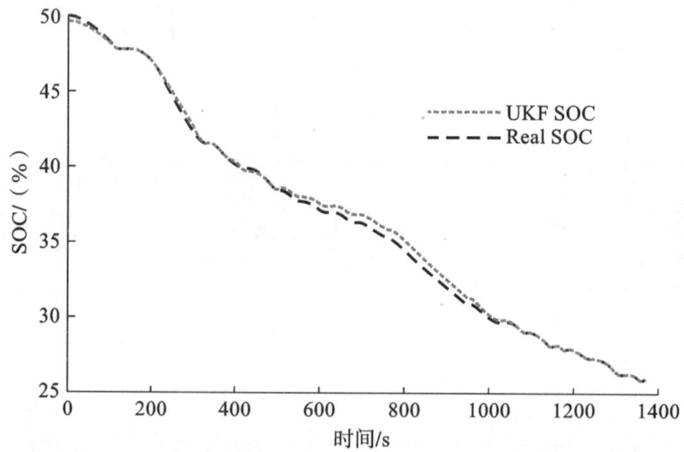

图 5-133　UDDS 工况下的放电 SOC 真实值与估算值对比

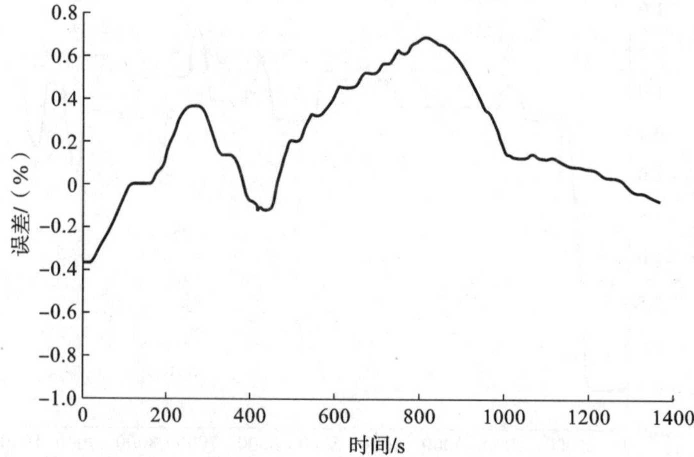

图 5-134　UDDS 工况下的放电 SOC 估算误差曲线

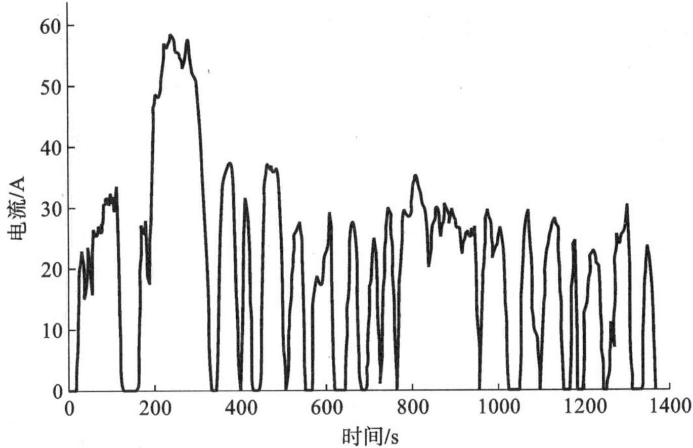

图 5-135 UDDS 工况下的放电电流

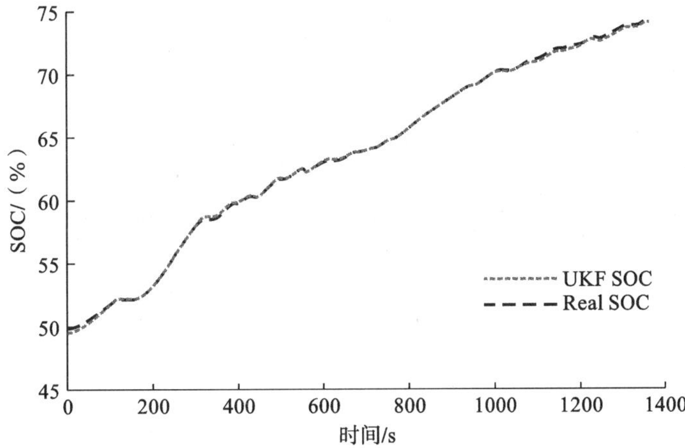

图 5-136 UDDS 工况下的充电 SOC 真实值与估算值对比

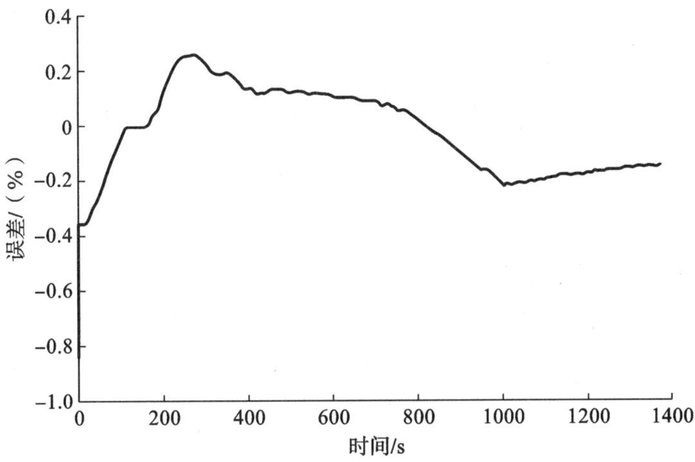

图 5-137 UDDS 工况下的充电 SOC 估算误差曲线

为验证算法响应速度与误差纠正能力，在真实 SOC＝50％的状态下，将算法 SOC 初始值相对真实值偏移 20％，设置为 70％，采用脉冲工况电流进行充放电直到 SOC 为 0％时停止充放电。图 5-138 为脉冲工况电流下的 SOC 真实值与偏移初始值估算值对比。通过对比图 5-138 中的两条曲线，刚运行时由于初始误差存在，SOC 估算值与 SOC 真实值差距较大，随着算法运行误差减小，误差为±1％，图 5-139 所示为脉冲工况下的偏移初始 SOC 估算误差曲线。

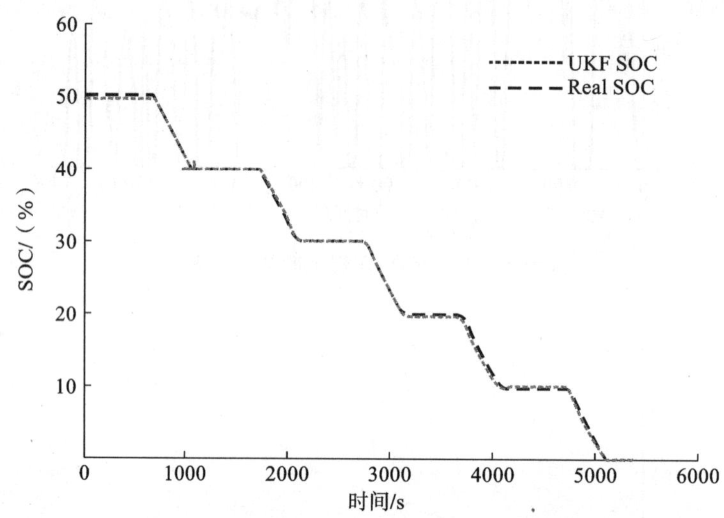

图 5-138　脉冲工况电流下的 SOC 真实值与偏移初始值估算值对比

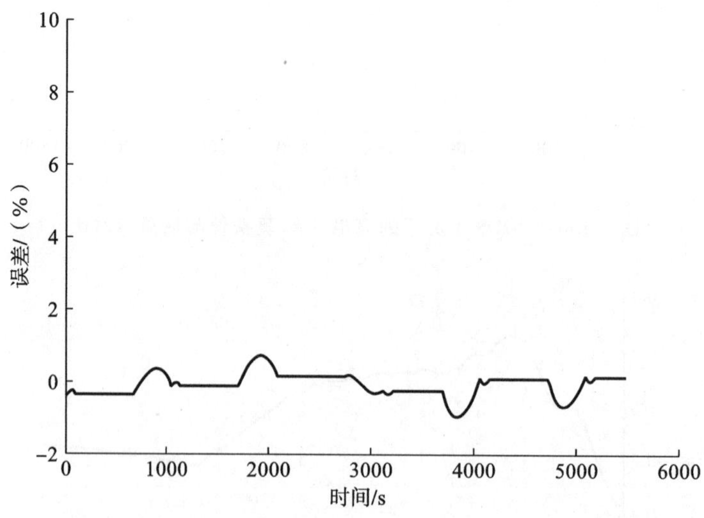

图 5-139　脉冲工况下的偏移初始 SOC 估算误差曲线

通过对电池采用不同工况充放电试验仿真，发现采用 UKF 算法估算 SOC 具有较高精度，对系统误差具有较高纠正性。通过试验分析，在 SOC＝100％～90％阶段的最大误差为－3.85％，在 SOC＝90％～0％阶段，误差范围为－1.5％～1％。采用 AH＋UKF 算法估算 SOC，在 SOC＝100％～0％阶段，误差范围为－1.5％～1％。

4）均衡试验

为验证设计的主动均衡效果，进行 UDDS 工况充电电流下均衡、UDDS 工况放电电流下均衡、静态均衡试验。试验过程采用 6 节单体电池作为数据记录对象，首先将电池在常温下静置 6 h，然后对任意单体进行充电或放电，使单体间的剩余容量不同，静置 6 h 后通过 SOC-OCV 表获得不同单体电池的 SOC 值。通过试验验证，主动均衡达到预期效果。

图 5-140 所示为 UDDS 工况充电电流下放电均衡，单体电池 1 开始时的 SOC 大于其他单体电池，单体电池 1 在充电过程中进行放电均衡，运行 1369 s 后，单体电池 1 的 SOC 接近其他单体电池的 SOC 均值。

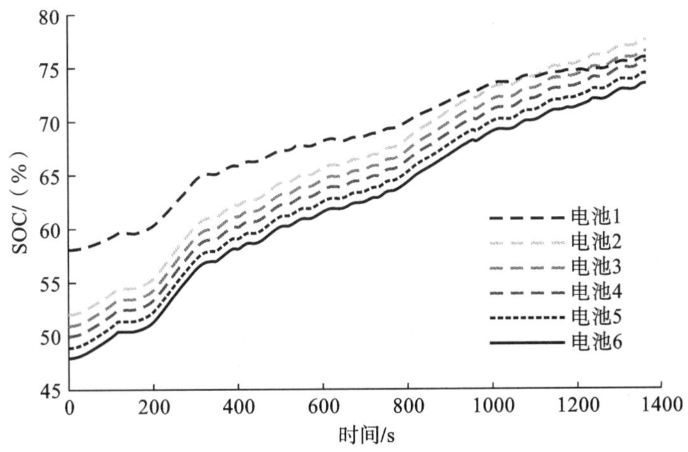

图 5-140　UDDS 工况充电电流下放电均衡

图 5-141 所示为 UDDS 工况放电电流下放电均衡，单体电池 1 开始时的 SOC 小于其他单体电池，单体电池 1 在放电过程中进行充电均衡，运行 1369 s 后，单体电池 1 的 SOC 接近其他单体电池的 SOC 均值。

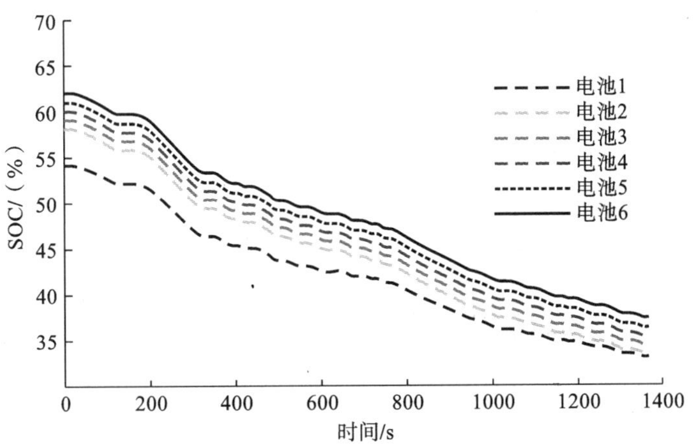

图 5-141　UDDS 工况放电电流下充电均衡

图 5-142 所示为静态充放电均衡，单体电池 1 开始时的 SOC 小于其他单体电池，单体电池 6 开始时的 SOC 大于其他单体电池，当电池处于静态时，单体电池 1 进行充电均衡，单体电池 6 进行放电均衡，运行 1710 s 后，单体电池 1 和单体电池 6 的 SOC 接近其他单体电池的 SOC 均值。

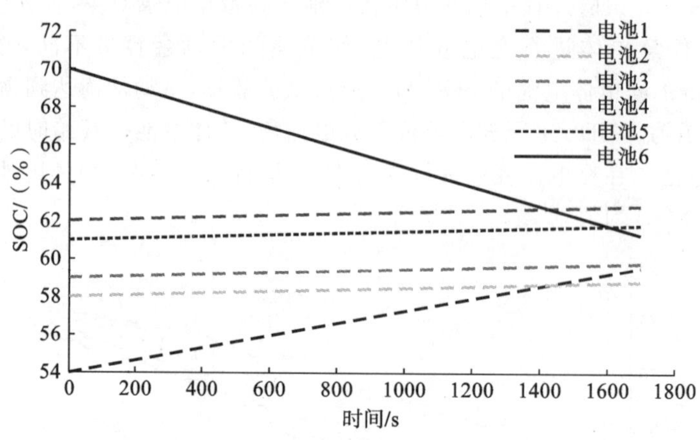

图 5-142　静态充放电均衡

5.5　混合动力电动汽车的控制策略

混合动力电动汽车(hybrid electric vehicle,HEV)具有两种及以上动力源,一般特指目前广泛应用的由发动机和电动机混合驱动的车辆,通过高效控制策略可实现不同工况下发动机与电动机功率流的合理分配,利用回收制动能量进行发电,与传统燃油汽车相比,具有明显的节能和降低排放等优势,还能克服纯电动汽车电池储能有限、续航里程短的弊端。插电式混合动力汽车(plug-in hybrid electric vehicle,PHEV)的优点是电池容量大,行驶里程明显提高,可有效利用电网的用电低谷进行错峰外插充电。关于节能与新能源汽车产业的发展,《中国制造 2025》中指出 PHEV 是我国未来重点发展的方向之一。2017 年 1 月,工信部出台《新能源汽车生产企业及产品准入管理规定》,再次将插电式混合动力(含增程式)汽车划入新能源汽车范围内。

混合动力耦合系统的设计在整车开发中占有重要地位,对于提高车辆的综合性能起着决定性的作用。不同的构型方案,能实现的工作模式、动力源的功率流动规律、成本和工况适用性等也存在较大区别。系统元件参数对于提高经济性和降低成本等具有重要的影响。能量管理策略对于获得最佳动力性和经济性、最低排放起着决定性作用。因此,混合动力电动汽车的最优设计和整车性能的提升融合了动力耦合构型、动力参数匹配、能量管理策略等方面的联合作用。

混合动力根据电功率占车辆驱动动力的比例又可以分为微(弱)混、轻混、强混、插电式混合和增程式混合动力等几种类型,相关对比如表 5-24 所示。

表 5-24　混合动力汽车类型对比

对比项	微(弱)混 micro hybrid	轻混 mild hybrid	强混 full hybrid	插电式混合 plug-in hybrid	增程式混合 RE hybrid
电功率比例 (混合度)	5%	5%～25%	25%～50%	50%以上	50%以上

续表

对比项	微(弱)混 micro hybrid	轻混 mild hybrid	强混 full hybrid	插电式混合 plug-in hybrid	增程式混合 RE hybrid
功能	启/停 发动机驱动 电动机轻微助力	启/停 发动机驱动 电动机轻微助力 制动能量回收	启/停 发动机驱动 电动机助力 制动能量回收 纯电动行驶	启/停 发动机驱动 电动机助力 制动能量回收 纯电动行驶 外部充电	启/停 制动能量回收 纯电动行驶 外部充电 内部发电机充电
理论最大节油效果	5%～10%	10%～20%	20%～35%	50%以上	50%以上

混合动力汽车仍然以现有的内燃机技术为基础，通过增加电池和电动机模块，实现辅助驱动、制动能量回收，以及电力行驶的功能，在一定程度上达到节油和减排的效果。在混合动力车型中，以插电式混合动力和增程式混合动力的节油效果最好。

5.5.1　动力耦合系统构型分析

1. 动力耦合系统构型的类型

根据电动机的数量，将混合动力电动汽车动力系统构型分为 3 大类。

1）单电动机并联式

根据电动机的安装位置不同，并联式混合动力电动汽车可分为以下类型，如图 5-143 所示。

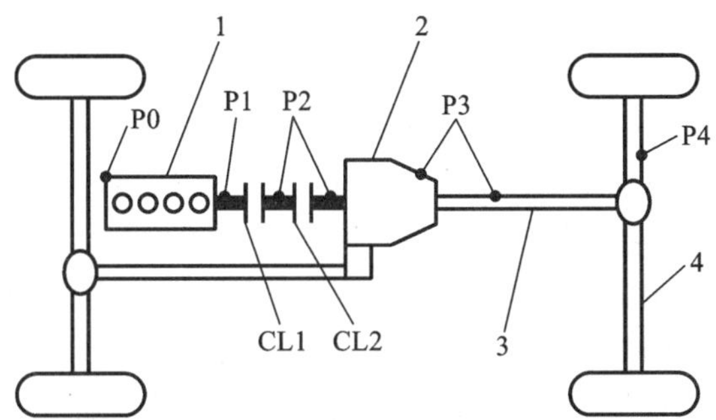

图 5-143　单电动机并联式混合动力系统构型

P0～P4—5 种不同电动机布置方案；CL1，CL2—离合器；1—发动机；2—变速器；3—传动轴；4—后驱动轴

①P0：微混合 BSG 系统，采用皮带式启动电动机，只具有快速启停发动机的功能，应用车型包括通用 07 款土星 Vue SUV、奇瑞 A5 等车型。

②P1：轻混合 ISG 系统，电动机位于发动机曲轴输出端处，具备电动机助力和制动能量回收功能，但发动机会产生反拖阻力，不能实现纯电动驱动，应用案例包括本田 IMA、长安 ISG 系统等。

③P2：电动机位于变速器输入轴处，且通过离合器可断开发动机与电动机的连接，实现纯电动驱动，再生制动不受发动机反拖影响，变速器类型可采用 AT、CVT、DCT、AMT 等，

由于其成本低，应用较广泛，应用车型包括英菲尼迪 M35、现代索纳塔和大众双离合器车型等。

④P3：电动机位于变速器输出轴处或集成于变速箱内，纯电动驱动更直接、高效，但发动机不能给动力电池充电，电池的电量使用有限，一般需要与 P0 或 P1 方案配合使用，有时需要重新设计变速器，应用车型包括本田 i-DCD、比亚迪-秦等。

⑤P4：电动机位于后驱动半轴上，可直接驱动车轮，车辆可以实现四驱，多应用于各种插电式混合动力汽车。与功率分流构型相比，单电动机构型方案成本低、控制简单，但其燃油经济性和排放性能较差，不能成为最理想的混合动力系统构型方案。

2）双电动机功率分流式

混联式混合动力车型多数以行星齿轮机构作为动力耦合装置，可实现电动无级变速功能（electric continuously variable transmission，EVT）。根据功率分流方式的不同，EVT 可分为输入功率分流、输出功率分流和复合功率分流等类型。依据它们在混联式 HEV 中的不同存在形式，功率分流式 EVT 主要包括单模式、双模式和多模式混合动力系统。

①单模式混合动力系统。

单模式混合动力系统是指以输入功率分流、输出功率分流和复合功率分流模式中的某一种形式存在的系统，由于只有输入功率分流模式在比较宽的传动比范围内工作，主要应用于单模式混合动力系统，典型代表为丰田普锐斯的 THS，利用发动机转速、转矩与车轮的完全解耦，通过 2 个电动机有效地调节发动机工作点，提高燃油经济性。

②双模式混合动力系统。

双模式混合动力系统以通用的双模式系统为主导构型，由输入功率分流和复合功率分流两种模式组成，主要包括 3 个行星排、2 个电动机、2 个离合器和 1 个发动机，其杆模型如图 5-144 所示。在该系统中，通过控制离合器的分离和接合来实现模式的切换，当离合器 CLl 闭合、离合器 CL2 断开时，适用于低速工况的输入功率分流模式；当 CL1 断开、CL2 闭合时，适用于高速工况的复合功率分流模式。2 种模式的组合，缩小了出现功率循环的传动比范围，提升了系统效率，并降低了对电动机最大转矩的要求。

2007 年，通用公司针对插电式混合动力汽车推出了 Voltec 动力系统，此为一款功率分流式双模式混合动力系统，它不同于三行星排双模系统，由单行星排来实现，包括输出功率分流模式和串联模式两种模式，其构型如图 5-145 所示。可以看出，该动力系统仍以行星齿轮系作为功率分流装置，通过 2 个离合器和 1 个制动器的不同组合形成多个行驶模式。当车辆运行于电量维持模式（SOC 较低）时，低速行驶以串联模式运行，高速行驶采用输出功率分流模式，从而保证了高速行驶（传动比小）时的高系统传动效率。

③多模式混合动力系统。

多模式混合动力系统由 2 个或 2 个以上行星排组成，通过在行星排连接点之间加入离合器，并借助离合器的不同动作实现多种结构模式，具有能量效率高、加速性能好、可适应各种不同的行驶工况等优点。典型代表为通用 Volt 2016，其杆模型如图 5-146 所示，动力耦合系统由双行星排和 3 个离合器构成，可实现单/双电动机纯电动、并联、输入功率分流与复合功率分流等不同的结构模式。

3）双电动机串/并联式

双电动机串/并联式动力耦合系统通过操纵离合器或换挡机构，实现低车速时以串联模式运行，较高车速时以并联模式运行。发动机输出动力可直接通过机械路径驱动车轮，且在

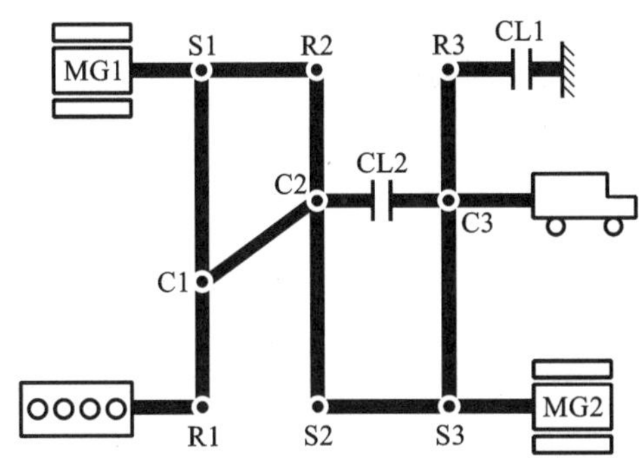

图5-144　通用双模式混合动力系统杆模型

S1,S2,S3—太阳轮;C1,C2,C3—行星架;

R1,R2,R3—齿圈;CL1,CL2—离合器

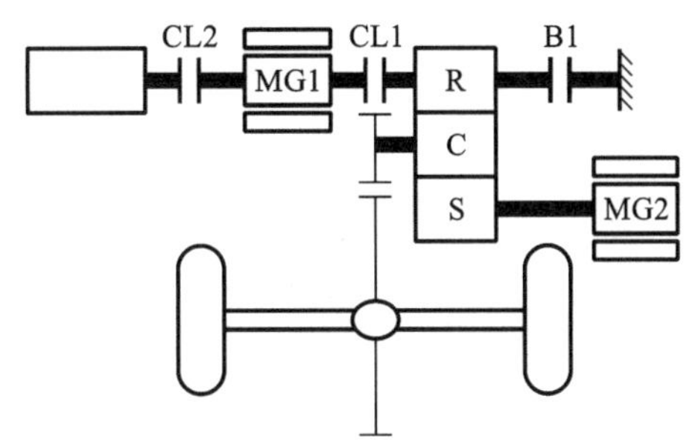

图5-145　通用Voltec双模式动力系统构型

S—太阳轮;C—行星架;R—齿圈;

CL1,CL2—离合器;B1—制动器

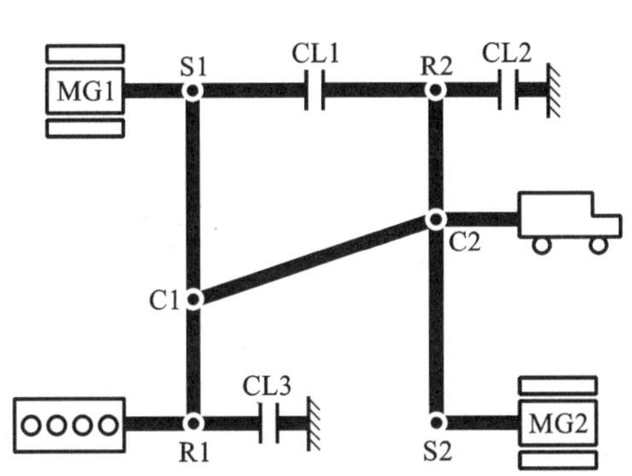

图5-146　通用Volt 2016动力系统杆模型

S1,S2—太阳轮;C1,C2—行星架;

R1,R2—齿圈;CL1,CL2,CL3—离合器

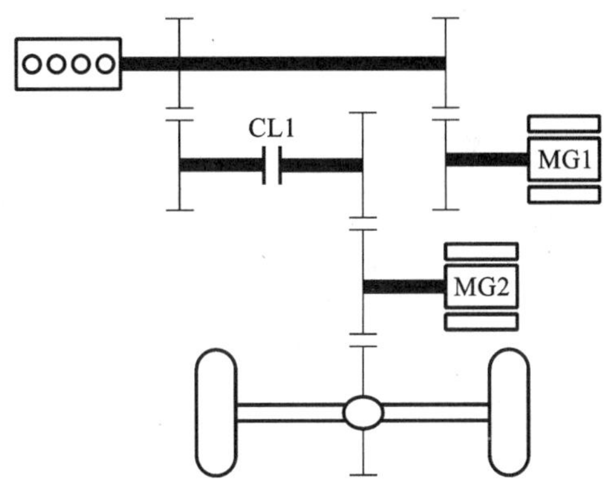

图5-147　本田i-MMD混联式动力系统构型

纯电动和制动能量回收模式下无额外能量损失,系统的能量转换效率高。该类构型以本田雅阁i-MMD和上汽荣威550Plug-in为代表。如图5-147所示,本田i-MMD系统采用定轴齿轮,通过控制离合器CL1改变发动机动力输出,从而实现不同的驱动模式。中高车速时由发动机直接驱动车辆,低速时以EV或串联驱动模式为主,可同时兼顾车辆不同工况下的系统效率,降低油耗。图5-148为荣威550 PHEV所用的动力耦合系统(EDU),其由ISG电动机、驱动电动机、常开离合器CL1、常闭离合器CL2和两挡齿轮传动系统等组成。通过控制不同的离合器和同步器,可实现纯电动、串联、并联混合驱动、行车充电和怠速充电等模式。

2. 动力耦合系统构型的特点对比

根据以上分析,对上述三种构型的性能特点进行对比,结果如表5-25所示。

混合动力耦合系统构型的发展趋势主要体现在以下方面:①为了实现汽车轻量化、低成本设计,便于依据现有车型进行改装,在有限空间内布置电动机,单电动机并联和功率分流构型向高度集成化发展。②为追求发挥极致性能,功率分流构型向多模式、复杂化方向发展,双模式系统能有效提升车辆高速时的经济性,多模式系统则可增强动力性。③对于固定速比传动的双电动机串/并联式构型,向动力输出多档化和单电动机方向发展,以提高发动

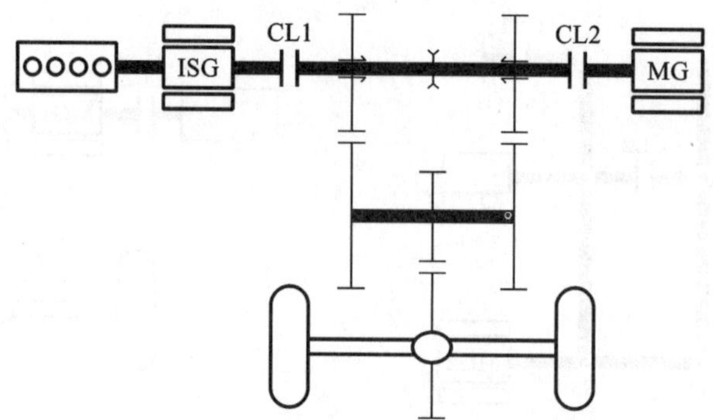

图 5-148　上汽荣威 550 混联式动力系统构型

机运行效率和降低成本。

表 5-25　混合动力耦合系统构型的特点对比

项目	单电动机并联式	双电动机功率分流式	双电动机串/并联式
性能	动力性最好	效率最高	效率高
成本	低	高	高
应用范围	适用于大中小型和前、后驱车型	单模式用于小型车，多模式用于豪华车	有一定局限
控制与集成难度	集成难度一般，控制难度大	集成难度大，控制难度一般	集成难度与控制难度都较简单

3. 动力耦合系统构型的拓扑结构优化

HEV 按照动力系统的联结形式，可分为串联式、并联式和混联式混合动力电动汽车。串联式混合动力电动汽车只有电动机驱动车辆，其拓扑构型方案唯一。而并联式混合动力电动汽车主要包括前文所述的 P0～P4 五种构型方案，结构简单，能方便实现各构型的动力学方程求解。利用穷举法对所有构型进行筛选，已有不少研究成果：提出基于动态规划(dynamic programming，DP)与粒子群优化算法(particle swarm optimization，PSO)组合的双层优化法，以经济性和成本为目标，比较了并联式 5 种构型的不同特点；基于 DP 算法，分别对 P1、P2 并联式和单电动机混联式(转速耦合)构型方案进行了燃油经济性仿真分析；建立了系统组件的参数化模型，基于庞特里亚金最小值原理(Pontryagin's minimum principle，PMP)，对并联式混合动力系统的构型设计和控制进行了联合优化；提出了一种自动评估、优化混合动力汽车拓扑结构的方法，基于拓扑描述自动生成因果模型，采用 DP 算法，对并联式混合动力系统构型参数进行优化，该方法避免了隐式求解模型方程，缩短了计算时间。

混联式混合动力汽车的动力耦合构型方案众多，近年来国内外学者基于行星齿轮机构构型综合理论，主要围绕如何寻优最佳构型、探索不同构型的最佳性能等方面对行星齿轮式 EVT 进行了重点研究：提出创造性设计方法，通过“六步骤”，生成了满足设计要求的系统构型方案，并提出八项评价指标，但该方法生成的构型方案有限，性能评价具有一定的主观性；通过增加输入/输出构件层，建立了单行星排混合动力系统的分层图画模型及对应的数学矩阵模型，并结合离合器的二进制序列表示进行综合构型，有效降低了构型生成的穷举次数，但该方法无法继承已有优秀构型的特征；以构件与运动副为基本要素，用图画法表示了功率分流式构型的拓扑结构，分别按七连杆和八连杆机构，通过几何限制和杆件组合，完成了可行构型方案的穷举搜索，但这两种方法都是单独考虑双行星排自身的连接方案以及系统元件与行星排的连接组合形式，构型方案生成过程烦琐且备选数量庞大；利用改进型键合图表示法，通过生成所有无向图、指定节点类型与因果关系以及键的权重分配等步骤，完成了行星齿轮式功率分流构型方案的自动搜索，并获得可行的拓扑结构；设计了一款 HEV 拓扑自动生成器，以系统功能和成本为约束，给定动力源和传动系统组件，将所有可能构型表示为以系统组件为节点的联通无向图，通过穷举法生成可行的构型方案。

由上述研究可看出，采用穷举搜索法生成混合动力系统的基础构型方案较为常见，需要借助辅助分析剔除低效或与常用工况不匹配的无效方案，具有一定的盲目性。鉴于此，一些学者以满足目标设计车型的功能需要，采用寻优思想对构型方案进行筛选，有效地缩小了搜索空间。提出了一种基于杆模型逆向拆分的分析方法，将系统构型方案的寻优转化为机械点传动比的组合问题，并与期望速比进行比较，然后基于线性规划算法，筛选出了复合功率分流装置的所有可行构型，但该方法的可拓展性具有一定的限制。采用基于加权功率效率分析法的近似最优能量管理策略，分别对单行星排的所有输入功率分流和输出功率分流构型方案进行了参数优化和燃油经济性仿真，结果表明：构型方案不同时，系统组件参数的优化选择有差异。将基于改进型键合图生成拓扑结构方法集成于结构设计评价和优化中，以燃料经济性为目标，优选构型方案和系统组件参数。但各构型动力学方程的矩阵表示要逐一建立它们之间的关系，仍要借助辅助手段判断构型方案的同构性，搜索过程烦琐。针对在双行星排的所有可能位置上添加离合器后形成的多种结构模式，提出了改进型加权功率效率分析法，以经济性为优化目标，将离合器状态作为控制变量，基于 DP 算法实现了最佳离合器位置识别和最优运行模式控制，从而生成多模式混合动力系统最优构型方案。利用新三色拓扑图来描述行星齿轮机构的特征，借鉴变胞机构的构态变换方法，通过邻接矩阵运算，进行了多排行星齿轮机构的构型综合，并采用模糊一致矩阵优选方法进行构型方案筛选，大大减少了优选工作量，实现了方案优选与专家经验相结合，但该方法未考虑添加离合器。有研究者以同时满足燃油经济性和加速性能为目标，提出了一种系统化的构型搜索方法，基于由单行星排杆模型生成的复合杆模型，利用全局最优控制算法对构型参数进行了优化，通过比较各方案的 Pareto 解，筛选出了一种加速性能优于普锐斯 THS 设计的新构型及其参数，并指出最优构型方案及其设计变量随车型和系统组件不同而改变的特征。基于模型自构法和穷举搜索法，引入加速性能约束，从定性和定量两个角度对比了双行星排和三行星排功率分流式动力耦合装置的构型方案，结果表明三行星排的拓扑构型数量更多，其加速性能优异，但效率较低。基于分层拓扑图，提出了一种由“系统建模-生成构型库-同构判断-构型模式分类”4 个步骤组成的单行星排功率分流式混合动力系统优化设计方法，并利用 DP 算法，对筛选出的 24 种构型方案的加速性能和燃油经济性进行了分析，结果表明：系统的性能与其构型方案有关。

上述研究通过分析系统组件的连接方式和运动关系，建立了混合动力系统构型与组件参数之间的关系表达式，并结合单一或多优化目标，利用优化算法分析不同构型的性能，从而得到满足设计要求的最佳构型方案。混合动力系统的方案优选是综合考虑系统元件参数、控制参数和构型三个因素多层次优化的结果，单独考虑某一因素或某两个因素不能获得最优构型方案。

5.5.2 混合动力系统参数匹配优化

混合动力系统参数匹配优化是指根据汽车的行驶条件和设计指标，合理选择动力系统各参数，如发动机功率，电动机功率、转矩与转速，动力电池容量等，从而实现整车的动力性和燃油经济性的优化。HEV 由很多的系统部件组成，其动力系统参数匹配问题更加复杂，目标和变量优化问题较多。

按照匹配目标不同，动力系统参数匹配方法分为 2 大类，如图 5-149 所示：一种是约束匹配法，只需满足给定的设计目标（通常为动力性能要求），根据是否考虑行驶工况又可分为理论匹配法和工况匹配法；另一种是优化匹配法，可在满足性能约束的同时使某个或多个指标最优。

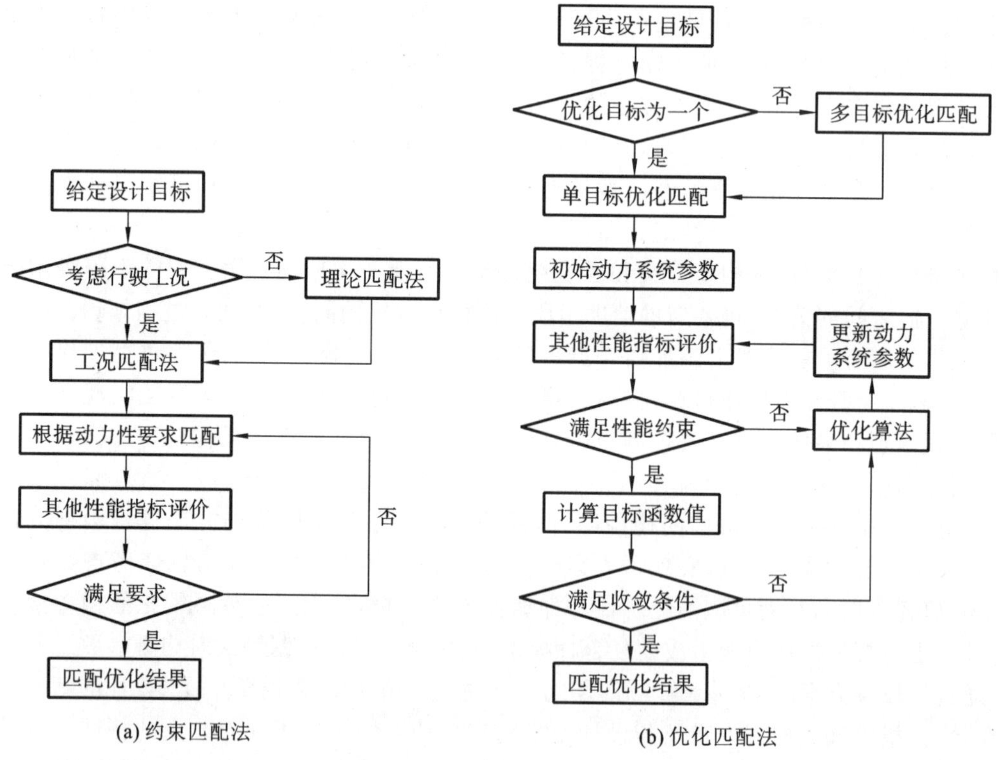

图 5-149　HEV 动力系统参数匹配方法

约束匹配法不考虑能量管理策略、换挡规律等控制策略，匹配过程简单，但初选时只能以动力性能为依据，匹配后的动力系统不一定能满足其他性能约束，且不是最优方案，该方法一般用于为混合动力系统提供初始参考值。优化匹配法通过建立考虑某个或多个性能指标的目标函数，利用优化算法迭代出各项指标都最优的方案，可以对每一种动力系统匹配方案进行评价，是目前广泛应用的一种动力参数匹配方法，常用的优化算法有基于梯度的算法，如序列二次规划算法（sequential quadratic programming，SQP）、凸优化算法（convex optimization，CO）等；另一类是非梯度算法，如模拟退火算法（simulated annealing，SA）、遗传算法（genetic algorithm，GA）、粒子群优化算法（particle swarm optimization，PSO）等。

当混合动力汽车的能量管理策略确定时，汽车动力系统参数与控制参数相互耦合，共同影响着车辆的综合性能。因此，动力参数通常与控制参数同时进行优化，随着研究的深入，优化目标也由最初单一的经济性指标，逐渐形成由经济性、排放和成本等构成的多目标优化。利用凸优化算法，分别同时优化了并联 PHEV 和插电式混合动力客车(plug-in hybrid electric bus，PHEB)的能量管理策略和动力总成部件参数。基于 7 条整车性能约束，考虑不同用户的用车习惯，以动力系统部件制造成本和车辆使用成本最低为优化目标，采用混合控制策略进行了动力参数匹配。应用 GA 和 ADVISOR 的非 GUI 函数，以经济性和排放为目标，建立了串联式 PHEV 动力参数优化的仿真模型，实现了对汽车动力系统部件参数和控制策略参数的同时优化。综合考虑动力系统组件规格和参数对整车综合性能的影响，以燃油经济性、排放和驾驶性能为优化目标，基于遗传算法，提出了多目标双层优化的控制策略。针对并联式 HEV，通过引入发动机关闭系数，提出了一种改进型模糊能量管理策略，以等效燃油消耗、电动机和电池组总成本为优化目标，采用多目标遗传算法对控制策略参数、电动机和电池组设计参数进行了优化，并获得最佳组合参数。以等效燃油消耗量和排放为目标，利用 PSO 在 UDDS 循环工况下对 PHEV 的动力传动系统参数与控制策略参数进行了联合优化。以动力性和电池 SOC 平衡为约束，同时选取对整车性能影响较大的动力系统参数和控制策略参数作为优化变量，采用 NSGA-Ⅱ算法对并联式 HEV 进行了多目标优化，结果表明：优化后的燃油经济性、排放性与驾驶性能均得到明显改善。以燃油经济性和排放性能为优化目标，以动力性能和电池荷电状态为约束条件，采用免疫遗传算法(immune genetic algorithm，IGA)对 HEV 传动系统参数和控制参数进行了优化。为了实现整车能量的最优利用，以燃油经济性和排放为目标，采用 GA 对 PHEV 的动力参数和整车控制策略参数进行了优化，结果表明，优化后的 NEDC 工况下的车辆百公里油耗降低 12.5%，CO、HC、NO_x 排放值也均有所下降。提出了一种基于系统效率最优的瞬时能量管理策略，并以成本、经济性和排放为优化目标，采用多目标遗传算法对 PHEV 的动力系统参数和控制参数进行联合优化，并获得 Pareto 最优解集，提供了多组可行的参数优化方案。采用非支配排序遗传算法(non-dominated sorting genetic algorithm，NSGA)，以经济性和动力性为双目标函数，对功率分流式 HEV 的行星齿轮耦合机构的特征参数和主减速比等参数进行了优化设计，油耗有所降低。

也有一些学者考虑各种单一优化算法的优点，取长补短，设计组合算法进行动力系统参数匹配优化。设计了一种混合遗传算法(hybrid genetic algorithm，HGA)，在特定的公交工况下，对同轴并联 PHEB 部件参数及控制参数进行了静态联合优化，可作为一种可行的参数优化工程设计方法。提出了一种基于最优化能量管理策略的混合动力系统参数优化方法，以经济性为目标，将电池组 SOC 终值和动力性能作为约束条件，设计了多岛遗传算法(multi-island genetic algorithm，MIGA)和 SQP 组合优化算法，通过将整车模型和 DP 算法集成于 Isight 中，确定了单轴混联式 PHEB 动力系统参数。有学者基于增强型 GA 和 SA，提出了一种 HGA，用于同时优化 PHEB 的动力系统参数和控制参数，并兼顾经济性和动力性能，结果表明：该算法的收敛速度和全局搜索能力较突出。也有学者先采用权重法和非归一化算法，以经济性、动力性和小型化为目标，对单轴并联式 HEV 动力源参数进行了优化，得到局部最优匹配结果，进而考虑控制策略对动力源参数匹配的影响，以经济性为目标，将动力源参数和控制参数进行集成优化，结果表明：相对于局部优化，集成优化时油耗有所降低，动力源参数也进一步得到优化。还有学者以行驶成本为目标，利用最优拉丁超立方设计方法获得了 PHEV 传动系统参数的最优局部区域，建立径向基神经网络近似模型，并利用非线性二次规划算法得到了最佳参数组合。

以上学者利用组合优化算法对动力系统参数和控制参数进行了共同优化，得到了较好的效果，但车辆实际行驶工况多变，基于单一工况下优化得到的参数并不能适用于其他工况。为了解决上述问题，一些学者又开展了基于多工况的动力系统参数优化研究，有学者提出了一种多循环工况下混合动力汽车参数优化方法，以经济性为优化目标，基于 GA，对动力系统参数和控制参数进行了优化。有学者组合了 6 种典型循环工况，将电池 SOC 平衡油耗引入目标函数，利用基于 SA 的 PSO 算法，提出了一种基于多工况优化动力系统参数与控制参数的方法，并通过实车试验验证了所提策略的有效性。有学者通过建立车辆各工作模式的系统效率模型，以效率最佳为目标制定了模式切换规律，构建了包含 5 种典型工况的组合行驶工况；以经济性为优化目标，利用 GA 对单电动机 PHEV 的动力系统参数与模式切换规律控制参数进行了综合优化，等效燃油消耗比优化前降低了 7.2%。

综上所述，学者们在优化 HEV 动力参数匹配与能量管理策略的同时，向多目标优化，优化算法组合发展；由单一工况向多工况适应发展，逐步深入优化车辆的综合性能。但是，上述研究都是基于确定的动力系统最优构型进行参数优化，没有考虑不同构型方案对元件参数和控制策略优化的影响。

5.5.3 混合动力电动汽车能量管理策略的优化

能量管理策略的作用是根据车辆行驶过程中的能量需求，合理地动态协调控制发动机与驱动电动机的输出功率流，以获得最优的经济性、动力性和排放水平等综合性能。近年来，国内外专家学者们从各个角度深入地研究了能量管理策略的优化控制算法，HEV 能量管理策略的分类如图 5-150 所示。按控制策略是否在线优化，分为在线控制与离线控制策略；按策略的控制方式不同，分为基于规则的控制策略和基于优化的控制策略。典型的能量管理策略的特点对比列于表 5-26 中。

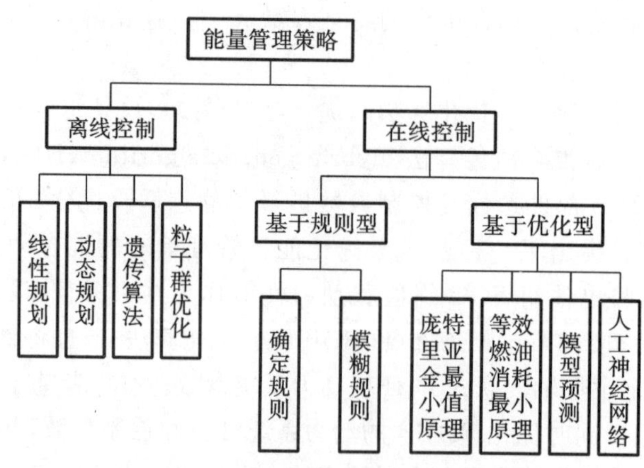

图 5-150 HEV 能量管理策略的分类

针对单一能量管理策略在应用中存在的不足，国内外学者们进行了相应的改进或与其他算法相结合进行优化控制。

表 5-26　典型能量管理策略的特点对比

能量管理策略	对未来工况信息依赖性		优化效果		计算量		实时性	
	弱	强	局部最优	全局最优	小	大	在线	离线
DP		√		√		√		√
PMP		√		√	√		√	
GA		√		√		√		√
ECMS	√		√		√		√	
MPC	√		√		√		√	
FL	√		√		√		√	
ANN	√			√	√		√	

1)动态规划策略

针对 DP 算法极其依赖工况循环的状态、不能实现实时在线控制的缺点，国内外学者们对其进行了一些探索，主要体现为算法的改进或与其他技术相结合，以缩短计算时间和实现对未来工况信息的预测。他们分别采用 2 次和 3 次样条近似 DP 算法处理 HEV 能量管理优化问题，有效地减小了计算量；提出了一种基于随机动态规划(stochastic dynamic programming,SDP)的并联式 HEV 能量管理策略，用马尔科夫过程表示驾驶员的功率需求，依据 SDP 结果，对功率分配比图进行优化，获得了最佳燃油经济性；针对 PHEV 短途行驶时的最优能量控制问题，提出一种基于 Q 学习的车载无模型算法，将神经动态规划(neural dynamic programming,NDP)与未来行程信息相结合，可在随机行驶工况中收敛到最佳策略；提出基于 NDP 的能量管理策略，对燃油经济性和电池 SOC 同时优化，与 SDP 算法相比，获得了更好的性能；构建了由 2 个神经网络(neural networks,NN)模块构成的在线智能能量管理控制器，对改善 PHEV 在不同循环工况下的燃油经济性进行了研究，根据 DP 优化结果进行训练，并考虑行程距离和持续时间，选择相应模块输出有效电池电流指令，以实现最佳能量管理；针对 PHEB 行驶工况的复杂性和一定的规律性，基于历史工况数据的 DP 最优解求出相应的规则门限值，提出了基于 DP 的规则控制策略，并通过硬件在环实验，验证了该策略可有效降低油耗；综合考虑动力系统的连续和离散变量，提出了一种基于 SDP 的自适应能量管理策略，通过动态调整换挡点和扭矩分配，自适应因子随公交车复杂行驶工况变化，结果表明：所提方法能很好地响应工况的变化。针对履带式 HEV，构建了一种考虑角速度的 3D 马尔可夫链驱动模型，提出基于最近邻法的在线转移概率矩阵更新算法，所提方法也能够适应变化的行驶工况，并利用 SDP 进行验证。

2)模糊逻辑规则策略

由于模糊逻辑(fuzzy logic,FL)规则策略仍需要依靠工程经验来制定控制规则，难以确保控制策略的最优化，将 FL 规则与其他控制方法相结合可获得良好的效果。针对 ISG 并联混合动力汽车，利用 PSO 算法优化模糊控制的隶属度函数，与未优化的模糊控制策略相比，其燃油经济性得到提高。结合 GA，优化了 FL 控制策略的隶属度函数，对转矩进行模糊控制。综合考虑整车-环境-驾驶员之间的关联特性，开发了多 FL 控制器的智能管理系统，利用 GA 优化的混合多层自适应神经模糊推理系统对其关键模糊发动机控制器进行自适应，提高了节油率。基于 PMP 实现在线优化的策略被称为等效油耗最小策略，将模糊控制与等效油耗最小策略（equivalent consumption minimization strategy，ECMS）相结合，对 ECMS 中的等效因子进行模糊控制，提高重型 HEV 的燃油经济性。以理论 SOC 参考轨迹为切入点，提出了以燃油经济性与排放为优化目标的 FL 控制策略，与电辅助控制策略相比，所设计方法在 UDDS 和 NEDC 两种工况下的燃油经济性均提高 12% 左右。针对四驱 PHEV，基于模糊控制理论建立了驾驶意图识别模块，提出一种基于驾驶意图识别的能量管理策略，能够有效地切换车辆的工作模式和合理地进行转矩分配。针对并联 HEV，提出了一种基于量子混沌鸽群优化算法的模糊控制策略，同时优化模糊转矩分配控制器的规则和隶属度函数，该策略比原始模糊控制和基于 PSO 的模糊控制策略更有效地改善了燃油经济性。将 GA、学习矢量量化神经网络和 FL 算法相结合，提出了以最小燃油消耗和电池 SOC 为双优化目标的 ECMS，得到了满意的优化效果。

3）PMP 能量管理策略

PMP 策略虽然降低了计算量，但实时运算仍比较困难，基于合理的简化整车模型，选取适当的等效系数时，可获得近似全局最优解。针对功率分流式 PHEV，提出了 SA 与 PMP 相结合的能量管理策略，利用 PMP 确定最优电池电流，利用 SA 计算发动机启动功率及最大电流系数。将基于 PMP 的 PHEV 最优控制问题转化为非线性规划问题，根据 KKT 条件，提出了一种用于预定义行驶条件的通用代价估计方法，用于控制策略的初始代价和跳跃条件估计。综合考虑电池 SOC、等效因子与燃油消耗的关系，以燃油经济性为目标，构建了等效因子全局优化模型，利用 GA 提出了基于等效因子优化的 ECMS，通过仿真与硬件在环试验，与未优化的等效因子相比，油耗降低了 20.81%。利用 K 均值聚类算法，对 4 种典型循环工况进行识别，并结合 ECMS，合理优化和分配需求功率，提高了燃油经济性。综合考虑工况识别、驾驶风格与 ECMS 之间的关系，提出了基于驾驶风格识别的能量管理策略，选用一段随机工况进行仿真，燃油经济性提高了 8.47%。如何高效地利用工况信息获得合理的实时等效系数，是基于 PMP 瞬时优化策略的研究热点。

4）模型预测控制策略

模型预测控制（model predictive control，MPC）策略通过在线辨识车辆动态参数，可实现预测域内的局部优化，适用于 HEV 能量管理，并且还可以与其他智能算法相结合。将随机模型预测控制（stochastic model predictive control，SMPC）与 DP 相结合，研究了并联式 HEV 的转矩分配问题，根据需求功率建立了马尔科夫模型，并以燃油消耗最小为目标进行滚动优化控制，与逻辑门限值控制策略相比，经济性得到显著提升。有人提出了一种基于 SMPC 与学习驾驶员操控车辆的控制方法，控制效果优于传统的 MPC。以系统安全、经济性和舒适性为优化目标，提出了基于非线性模型预测理论的 HEV 预测巡航控制算法，与常规算法相比，所提方法在跟踪安全性和经济性方面有较好表现。针对 PHEV 提出了基于蓄电池充放电管理的 MPC 策略，油耗得到明显降低，且可实现实时控制。基于电池 SOC 监控和功率平衡整车模型，设计了基于实时交通数据的 PHEV 预测能量管理策略，并进行了有效性验证。将动力分流式 PHEV 的实时功率分配决策描述为非线性优化问题，基于连续/广义最小残差算法，提出求解优化问题的在线迭代算法，有效地改善了 MPC 的实时运算问题。针对 PHEB 提出了一种驾驶行为感知修正的 SMPC，利用 K 均值对驾驶行为分类，并基于马尔可夫链获得相应的驾驶员操控模型，与电量消耗维持策略相比，所提策略可在整个循环工况中极大地提高燃油经济性。针对多能源 PHEV，提出了集成 MPC 和基于规则策略的能量管理策略，与原控制策略相比，所提策略在 3 种典型驾驶循环下的燃油经济性均有所提高。

5)基于智能优化算法的能量管理策略

智能优化算法能实现全局、并行高效优化，具有鲁棒性和通用性强等优点，广泛用于计算机科学、组合优化、工程优化设计等领域。应用于 HEV 能量管理策略的常用算法有 GA、PSO、SA、蚁群算法（ant colony algorithm，ACO）和人工神经网络（artificial neural networks，ANN）等。基于 GA、PSO 和 SA 的控制策略收敛速度较慢，这类算法目前主要采用离线运算得到最优结果，再结合在线策略进行能量管理的优化。提出一种基于遗传的细菌觅食混合算法用于 HEV 能量优化管理，燃油消耗量有所减少。提出了在线智能能量管理策略，基于不同传动系统功率和车速下的燃料消耗率和电池电流之间的关系分析，利用 GA 优化发动机启动功率阈值，利用 QP 计算发动机启动时的最佳电流，有效地降低了燃油消耗量。设计了一种基于改进型 PSO 的在线次优能源管理系统，所提策略比传统 PSO 能更有效地搜索最优解，提高燃油经济性。提出基于 NSGA-Ⅱ算法优化模糊控制规则方法，进行了燃油经济性和排放性能多目标优化，但未考虑模糊控制器的隶属度函数的优化。针对 PHEV，综合考虑驱动和制动时的能量分配问题，提出基于 IGA 优化的双模糊控制策略，以油耗和排放为目标，对策略的隶属度函数和控制规则同时进行优化，与 GA 相比，优化效果明显提高。针对预测型能量管理策略难以完全准确预测未来行驶工况信息的情况，基于未来工况预测数据，提出了动态邻域粒子群优化算法用于局部最优控制；同时考虑行驶工况的不确定性，提出了一种基于备用控制策略和模糊逻辑控制器的在线修正算法。神经网络型控制策略设计过程较复杂，通过优化方法对其设计要素进行自动调节，可有效提高其自适应性。提出了一种模糊 Q 学习法，不依赖于对未来工况信息的预知，通过 BP 神经网络对控制规则进行记忆和优化，实现控制参数在线调整。考虑到充分利用 PHEB 的车载辅助设备(比如 GPS 等)，提出了一种多模式切换逻辑控制策略，基于历史工况数据，利用改进的层次聚类算法进行工况特征分组，然后采用支持向量机方法预测当前行驶工况，能很好地应对城市公交车工况复杂多变的特点。针对 PHEV 提出了一种混合逻辑动态模型预测控制策略，运用模糊推理功能识别驾驶意图，利用非线性自回归神经网络车速预测方法预测未来行驶工况，以最小等效燃油消耗为目标，实现了电动机转矩的最优控制。提出了一种基于核模糊 C 聚类的多神经网络能量管理策略，与单神经网络策略相比，车辆的燃油经济性更好，电池 SOC 更加平稳。针对 PHEV，通过应用分布式 GA 离线对发动机/电动机参数进行优化，基于径向基函数神经网络建立优化逼近模型和线性规划算法设计高阶马尔科夫速度预测器，提出一种实时能量管理策略，仿真结果表明所提策略的燃油经济性远高于传统的基于规则的策略，略低于全局优化策略。

综上所述，HEV 能量管理策略的发展趋势可归纳为：①充分发挥各种控制算法的优势，探索它们之间的互相协同与融合，实现组合策略控制，以获取系统最优的综合性能；②综合考虑混合动力系统构型及动力参数匹配，以改善整车的能量效率，寻求更为适用和满足特定设计需求的能量管理策略。

5.5.4　混合动力电动汽车“构型-参数匹配-能量管理策略”协同优化

由上述内容可知，仅考虑系统构型、参数匹配和能量管理策略中的某一个或两个因素进行优化时，均不能获得混合动力系统的最优设计方案和整车最佳综合性能，因此，有必要分析系统构型、参数匹配和能量管理策略之间的关联性，进行联合优化。

图 5-151 为 HEV 优化设计结构关系图，清晰地反映出混合动力系统构型-元件参数-控制策略之间的相互联系，能量管理控制策略优化处于混合动力系统最优设计的最底层，动力参数匹配优化与拓扑构型优化均包含能量管理策略的优化设计；动力参数匹配又直接与系统的构型方案有关，构型方案优化与动力参数匹配的优化能够提高系统的能量效率。可见，上述 3 个优化问题是相互耦合的，应统一起来综合考虑，才能实现混合动力汽车的全局最优控制。

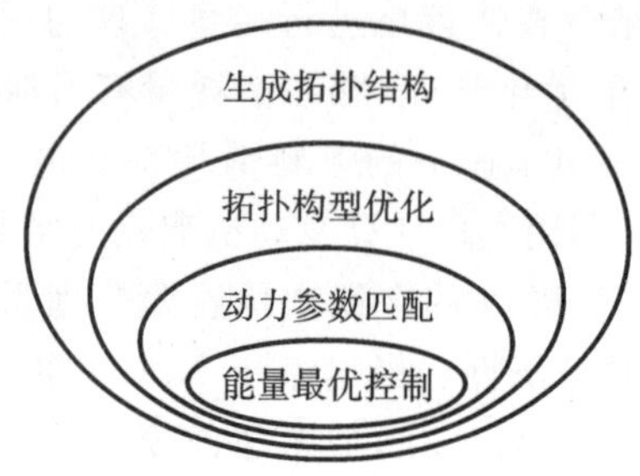

图 5-151　HEV 优化设计结构关系

目前已有少量学者对 HEV 构型、参数匹配和能量管理策略 3 个因素的联合优化进行了初步研究。针对如何根据能量管理策略和参数匹配在所有可行输入功率分流构型中选择最优方案，构建一维搜索 ECMS 和电池退化模型，分析了不同构型方案对燃料消耗和电池退化的影响，优选出一种适用于我国的 PHEV 构型，但仿真结果未进行试验验证，该方法是否适用于输出功率分流和复合功率分流构型的优化也有待进一步研究。提出集成构型-参数优化-控制策略的多目标动力总成优化设计方法，并将其应用于串联式、并联式、输出功率分流和多模式功率分流构型的分析。首先以燃料经济性、电能消耗和加速能力为优化目标，在不同的目标权衡下，基于全局最优控制优化各种构型的系统元件参数和车辆性能；然后通过性能比较和非支配排序，得到动力总成构型的 Pareto 最优解及相应的元件最优参数。提出了笼式优化和迭代优化两种架构，将能量管理策略、构型优化和动力参数匹配 3 个优化问题有机地统一起来考虑，实现了 HEV 全局优化设计，但该方法局限于特定的行驶工况，为了降低计算量，仅以经济性作为优化目标。提出了一种拓扑构型-控制-参数匹配集成优化方法，通过系统地分析具有双动力输出特征的多模式混合动力系统的所有可能设计，利用效率评估实时控制策略，实现了综合考虑电池 SOC、模式切换和运行效率的全局近优控制，大大缩短了计算时间；同时基于元启发式算法，通过多目标优化获得了最优设计构型及元件参数。

由上述研究可知，对构型-参数匹配-能量管理策略联合优化的研究成果还不多。为了降低计算量，动力匹配参数和能量管理优化参数的选取比较单一，虽然有学者以多目标进行优化，但也未考虑行驶工况的随机多变和驾驶风格等因素对车辆综合性能的影响。

思　考　题

1. 阐述锂离子动力电池的原理及种类、发展现状及未来趋势。
2. 阐述燃料电池的基本原理及种类、发展现状及未来趋势。

3. 阐述应用于电动汽车的电动机的原理、种类及优缺点。常见的电动汽车电动机驱动方式有哪些种类？各自的核心控制技术有哪些？

4. 阐述电动汽车制动能量回收的实现方法及技术核心。

5. 阐述锂离子动力电池成组的核心技术及相关要点。

6. 锂离子动力电池组的热管理有哪些方法和措施？如何实现？各自的优缺点是什么？

7. 电池管理系统(BMS)的重要作用是什么？核心功能有哪些？如何实现BMS的功能？

8. 动力电池剩余电量SOC和电动汽车剩余续航里程如何去估计？

9. 混合动力电动汽车常见的参数匹配优化方法和能量管理策略分别有哪些？如何实现不同构型的混合动力电动汽车？它们各自的优缺点有哪些？

10. 插电式混合动力汽车、增程式纯电动汽车等常见构型的电动汽车的基本原理及核心控制要点是什么？

11. 如何全面、理性地看待电动汽车与传统燃油车的发展？它们各自的优势是什么？共性技术有哪些？

第6章 汽车电子控制技术的前瞻及发展

6.1 汽车智能驾驶技术的信息感知系统

自主行驶机器人包含无人地面行驶车辆、无人航空飞行器和无人水面/水下舰船，它们都具备自主对所行驶/飞行/航行的环境进行感知和判断的能力，从而指导机器人行进并到达指定位置。无人地面行驶车辆也称作无人驾驶汽车(简称无人车)，由于近年来新型传感器的研制和机器学习技术基础研究的飞速发展，使得民用无人驾驶汽车的研制在技术上成为可能。国内外的科研机构和企业纷纷投入智能汽车或无人驾驶汽车的研发行列，其中一些机构称将在未来数年内实现无人车的商业化推广。无人车的技术结构主要分为环境感知、导航定位、路径规划和运动控制四个方面。

6.1.1 无人车获取环境信息的传感器

无人车在行驶过程中需要对环境信息进行实时获取并处理。从目前的大多数技术方案来看，激光雷达对周围环境的三维空间感知完成了60%～75%的环境信息获取，其次是相机获取的图像信息，再次是毫米波雷达获取的定向目标距离信息，以及GPS定位及惯性导航获取的无人车位置及自身姿态信息，最后是其他超声波传感器、红外线传感器等其他光电传感器获取的各种信息。

1. 激光雷达

激光雷达可获取环境空间的三维尺寸信息。激光雷达使用远距测距技术，通过向目标发射光线并且分析反射光来完成距离的测量。有单线(亦称单层、二维)和多线(亦称多层、三维)两种激光雷达，多线雷达能够增加一定角度的俯仰，实现一定程度的面扫描。一般在无人驾驶汽车上会结合两种激光雷达来实现障碍物探测和指导汽车安全通过道路的功能。

(1)单线激光雷达。

以德国SICK公司的LMS511单线激光雷达为典型代表，它能够发出一条激光束扫描某一区域，并根据区域内各点与扫描仪的相对位置返回由极坐标表达的测量值，即测量物体与扫描仪扫描中心之间的距离和相对角度。它可以设置多种角度分辨率和扫描频率组合。该雷达有多种数据传递方式，一般选择网络接口传输的方式，由上位机向雷达发送请求，雷达根据请求中的测量要求收集数据并返回给上位机。

$$\begin{cases} x = \rho\cos\theta \\ y = \rho\sin\theta \end{cases} \tag{6-1}$$

式中：ρ 为距离值；θ 为相对角度值。为了提高数据返回速度，常用网络接口传输方式连接上位机。SICKLMS511 可以根据需要设置不同角度分辨率和扫描频率组合，其参数如表 6-1 所示。在无人驾驶技术中常使用多个单线激光雷达来协助实现地形重建。

表 6-1　SICKLMS511 参数指标

扫描视角	角度分辨率	最大扫描距离	每帧扫描点数	扫描频率
−5～185 ℃	0.25°	80 m	761	25 Hz

(2)多线激光雷达。

多线激光雷达是指发射 2 条或以上的激光束作为探测光的激光雷达，目前以美国 Velodyne 公司的 HDL-64ES2 激光雷达为典型代表，它可发出多达 64 个激光束，全部安装在旋转电动机上，其水平探测角度为 360°，垂直方向探测角度为 26.8°。上位机通过串口连接对其发送控制命令，通过基于 UDP 协议网络连接返回数据。因为多线雷达的 64 对激光发射器与接收器分为上下两层，传输数据也分为两部分。处理收集到的数据建立几何模型，首先，由于激光器安放位置不同，而坐标原点应在同一垂直平面，因此每一个激光器都有一组校准数据来协助建模。

$$\begin{cases} D = D_{\text{ret}} + D_{\text{corr}} \\ D_{xy} = D\cos\theta - V_0\sin\theta \\ P_x = D_{xy}\sin\beta - H_0\cos\beta \\ P_y = D_{xy}\cos\beta + H_0\sin\beta \\ P_z = D\sin\theta + V_0\cos\theta \end{cases} \tag{6-2}$$

式中：D_{corr} 为距离校正因子；V_0 为垂直偏移量；H_0 为水平偏移量；θ 为垂直校正角；α 为旋转校正角。通过每一条激光束返回的距离 D_{ret} 值和当前激光雷达的旋转角度 γ 转化为激光雷达坐标系中的笛卡儿坐标(P_x，P_y，P_z)。

激光雷达因其测距精度高、实时性好、抗干扰能力强等优点，在障碍检测、道边检测、动态障碍分类、跟踪、移动机器人定位和导航中被广泛使用。

2. 相机

图像传感器——相机能够获取环境彩色景象信息，是无人车获取环境信息的第二大来源。相机可选择的型号和种类非常多样，可简单分为单目相机、双目立体相机和全景相机三种。

(1)单目相机。

无人车的环境成像是机器视觉在车辆上的应用，需要满足车辆行驶环境及自身行驶状况的要求。天气变化、车辆运动速度、车辆运动轨迹、随机扰动、相机安装位置等都会影响车载视觉。无人车任务中对图像质量要求高，不仅在图像输出速度上需要较高帧频，且在图像质量上也具有较高要求。

单目相机是只使用一套光学系统及固体成像器件的连续输出图像的相机。通常对无人车任务的单目相机要求能够对其实现实时调节光积分时间、自动白平衡，甚至能够完成开窗口输出图像功能。另外，对相机光学系统的视场大小、景深尺度、像差抑制都有一定要求。

值得一提的是以色列 Mobileye 公司的单目智能相机产品，它将图像处理及运算部件也集成在同一相机产品之内，可完成诸如前向碰撞、行人探测、车道线偏离等检测功能，其性能在同类产品中具有一定优势。

(2)双目立体相机。

双目立体相机能够对视场范围内的目标进行立体成像,其设计建立在对人类视觉系统研究的基础上,通过双目立体图像处理,获取场景的三维信息。其结果表现为深度图,再经过一步处理就可以得到三维空间中的景物,实现二维图像到三维图像的重构。但是在无人车任务应用中,双目立体相机的两套成像系统未必能够完美地对目标进行成像和特征提取,也就是说,所需目标三维信息往往不能十分可靠地获取。

(3)全景相机。

以加拿大 PointGrey 公司的 Ladybug 相机为代表的多相机拼接成像的全景相机被用于地图街景成像的应用中,它是由完全相同的 6 个相机对上方和 360 度全周进行同时成像,然后再进行 6 幅图像矫正和拼接,以获得同时成像的全景图像。使用该全景相机的无人车可以同时获得车辆周围环境的全景图像,并进行处理和目标识别。

另外,使用鱼眼镜头的单目相机也能呈现全景图像,虽然原始图像的畸变较大,但其计算任务量相对多相机拼接方式较小,且价格低廉,也开始受到无人车领域的重视。

3. 毫米波雷达

毫米波雷达是工作频率选在 30～300G Hz 频域(波长为 1～10 mm,即毫米波段)的雷达,其优势在于波束窄、角分辨率高、频带宽、隐蔽性好、抗干扰能力强、体积小、重量轻、可测距离远。虽然没有激光雷达的探测范围大,但其较好的指向性和穿透力仍然使其无法被激光雷达替代。根据测量原理不同,毫米波雷达可分为脉冲方式和调频连续波方式两种。

(1)脉冲方式的毫米波雷达。

采用脉冲方式的毫米波雷达需要在短时间内发射大功率脉冲信号,通过脉冲信号控制雷达的压控振荡器从低频瞬时跳变到高频;同时对回波信号进行放大处理之前需将其与发射信号进行严格隔离。

(2)调频连续波方式的毫米波雷达。

调频连续波测距方式的雷达结构简单、体积小,最大的优势是可以同时得到目标的相对距离和相对速度。当它发射的连续调频信号遇到前方目标时,会产生与发射信号有一定延时的回波,再通过雷达的混频器进行混频处理,而混频后的结果与目标的相对距离和相对速度有关。

(3)毫米波电子扫描雷达。

毫米波电子扫描雷达(electronically scanning rader,ESR)在其视域内可同时检测 64 个目标。该雷达的发射波段为 76～77 GHz,同时具有中距离和远距离的扫描能力。因为其硬件体积小且不易受恶劣天气影响等优点,被应用于无人车领域,且被广泛应用在汽车的自适应巡航系统、汽车防撞系统等商用产品中。

4. 超声波传感器

超声波传感器是利用超声波的特性研制而成的传感器。超声波传感器的数据处理简单快速,检测距离较短,主要用于近距离障碍物检测。超声波在空气中传播时能量会有较大的衰减,难以得到准确的距离信息,一般不单独用于环境感知,或者仅仅用于对感知精度要求不高的场合,如倒车雷达的探测任务中。

6.1.2　无人驾驶汽车环境感知关键技术

无人车使用了多种传感器进行环境感知，将这些传感器安装于车辆固定位置后，需要对这些传感器进行标定。在无人车行驶过程中，对环境感知的要求是极其多样和复杂的，作为一个地面自主行驶机器人，其应该具备提取路面信息、检测障碍物、计算障碍物相对于车辆的位置和速度等能力。即无人车对道路环境的感知通常至少包含结构化道路、非结构化道路检测，行驶环境中的行人和车辆检测，交通信号灯和交通标志的检测等能力。

1. 传感器标定

通过传感器标定来确定传感器输入与输出之间的关系，从而完成基础性的环境识别。

(1)激光雷达标定。

激光雷达与车体为刚性连接，两者间的相对姿态和位移固定不变，为了便于处理数据，需要把各个激光雷达的坐标系转化到统一的车体坐标系上。首先对激光雷达外部安装参数进行标定，然后通过雷达返回的极坐标数据实现单个激光雷达的数据转换，最后实现多个激光雷达数据转换。通过式(6-3)实现基准坐标中的转化。

$$\begin{bmatrix} x \\ y \\ z \end{bmatrix} = \begin{bmatrix} 1 & 0 & 0 \\ 0 & \cos(-\beta_0) & -\sin(-\beta_0) \\ 0 & \sin(-\beta_0) & \cos(-\beta_0) \end{bmatrix} \begin{bmatrix} -d_i\cos(b_0+iA) \\ d_i\sin(b_0+iA) \\ 0 \end{bmatrix} = \begin{bmatrix} -d_i\cos(b_0+iA) \\ d_i\sin(b_0+iA)\cos\beta_0 \\ -d_i\sin(b_0+iA)\sin\beta_0 \end{bmatrix} \tag{6-3}$$

式中：β_0为基准坐标系旋转的角度；d_i为扫描距离；i为激光雷达数据序列号；A是设计采样步距。通过式(6-4)建立车辆坐标系。

$$\begin{bmatrix} x_V \\ y_V \\ z_V \end{bmatrix} = \begin{bmatrix} -d_i\cos(b_0+iA)\cos\gamma + d_i\sin(b_0+iA)\sin\beta_0\sin\gamma \\ d_i\sin(b_0+iA)\cos\beta_0 + L \\ -d_i\cos(b_0+iA)\sin\gamma - d_i\sin(b_0+iA)\sin\beta_0\cos\gamma + H_L - H_V \end{bmatrix} \tag{6-4}$$

式中：L为激光雷达安装点到车辆质心的距离沿y轴的分量；H_L为激光雷达安装点离地的高度，H_V为汽车质心离地的高度。

(2)相机的标定。

相机与车体也为刚性连接，两者相对姿态和位置固定不变，相机的标定是为了找到相机所生成的图像像素坐标系中的点坐标与相机环境坐标系中的物点坐标之间的转换关系，从而将相机采集到的环境数据与车辆行驶环境中的真实物体对应。

单目相机的标定主要包括建立相机模型和转换物点坐标。通过式(6-5)可以得到相机环境坐标系中的物点$P(x_{vc}, y_{vc}, z_{vc})$到图像像素坐标系中的像点$P_i(u,v)$的转化关系。

$$z_c\begin{bmatrix} u \\ v \\ 1 \end{bmatrix} = \begin{bmatrix} \frac{f}{d_x} & 0 & u_0 \\ 0 & \frac{f}{d_y} & v_0 \\ 0 & 0 & 1 \end{bmatrix} \left(\boldsymbol{R}_c^* \begin{bmatrix} x_{vc} \\ y_{vc} \\ z_{vc} \end{bmatrix} + \boldsymbol{T}_c^* \right) \tag{6-5}$$

式中：f为透镜的焦距；d_x与d_y分别为相机传感器x与y方向的像素单元距离，由厂家提供；$\boldsymbol{R}_c^*$为3×3的坐标旋转矩阵；$\boldsymbol{T}_c^*$为1×3的坐标平移矩阵；u_0与v_0为图像像素中心坐标；z_c为相机坐标系下P点的z_c轴上的值。式(6-5)忽略了实际情况中畸变的误差。双目立体相机标定主要包括双目立体视觉模型建立、双目图像去畸变处理、双目图像校正、双目图像裁切等四个步骤。

(3)相机和激光雷达联合标定。

相机的每一个像素点和激光雷达的每一个数据点都对应着三维空间中唯一的一个点，因此能实现激光雷达与相机的空间对准。其中有空间上和时间上两部分数据的融合。空间上数据的融合通过式(6-6)实现：

$$\boldsymbol{R}_{c}^{*} \cdot X_{lv} + \boldsymbol{T}_{c}^{*} = \boldsymbol{K}_{c}^{-1} U \tag{6-6}$$

式中：$\boldsymbol{R}_{c}^{*}$ 为坐标旋转矩阵；$\boldsymbol{T}_{c}^{*}$ 为坐标平移矩阵；X_{lv} 为激光雷达的外参标定矩阵(系数)；$\boldsymbol{K}_{c}^{-1}$ 为相机内参标定矩阵；U 是可见光图像中投影点的坐标。确定式(6-6)需要 12 个参数，所以要求多次改变标定箱的远近和方位，使其位置尽可能均匀地分布在图像分辨率的各个位置。时间上的数据融合是为了解决传感器采集数据时间差异的问题。通过 GPS 获得绝对时间，给不同的传感器所记录的数据进行时间戳标定。

2. 结构化道路检测

结构化道路检测是通过了解具有清晰车道标志线和道路边界的标准化道路信息来准确获取本车相对于车道的位置和方向。

(1)结构化道路的常用假设。

由于各地的路况都有一定的区别，所以只能提供一个简化的道路场景。因此建立了道路形状假设、道路宽度和道路平坦假设、道路特征一致假设、感兴趣区域假设等，有助于识别结构化的道路。

(2)直道检测。

在行业标准下，结构化道路的设计和建设都比较规则，有明显的区分道路和非道路的车道线。在视觉导航系统中，利用距相机不远处的车道线方向变化不大，即曲率变化很小的假设，近似用直线来拟合车道线。

通过车道线边缘点搜索和车道线边缘曲线拟合来实现直道拟合。其算法流程如图 6-1 所示。

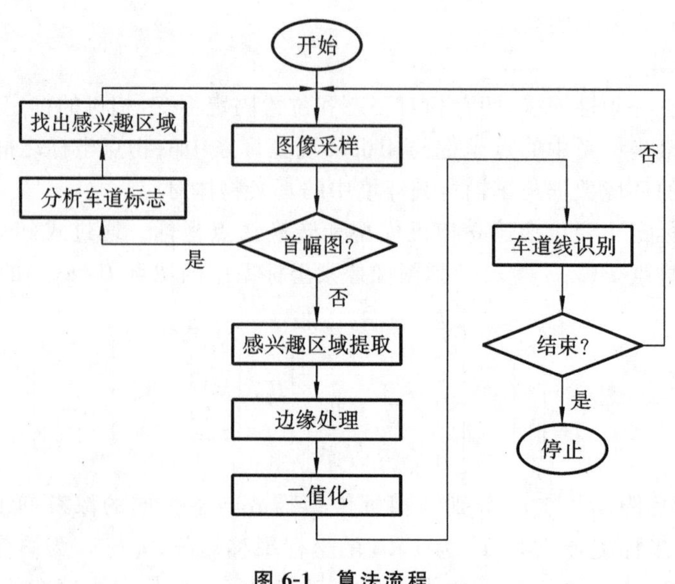

图 6-1　算法流程

(3)弯道检测。

弯道是公路中必不可少的道路形式,因此需要从道路图像中检测出弯曲车道线的边界,判断道路弯曲的方向,确定弯道的曲率半径才能为无人车提供有效的信息。一般公路平面的线形主要分为直线、圆曲线与回旋线,因此选择俯视图进行拟合。国内外的弯道检测方法主要基于道路模型,一般分为三个步骤:建立弯道模型,完成对道路形状的假设;提取车道线像素点,把每一条车道线的像素点从前景像素点中提取出来作为依据;拟合车道模型,运用检测到的像素点确定弯道数学模型的最优参数。

(4)复杂环境下的检测图像预处理。

实际情况下往往会出现复杂的情况,由于外界环境光线的变化不均匀导致相机提取的图像会出现多块纯白色和纯黑色区域,让图像识别算法失去目标,因此常用图像预处理来解决这个问题。其中包括 Gamma 调节、灰度映射调节、直方图调节等方法。因为无人车在车载视觉中的导航图像对图像灰度信息、图像真实性、图像实时性要求较高,所以图像预处理方法必须满足快速、简单、合成图像平滑自然和产生合成痕迹少等要求。可采用设置长短快门进行多重曝光,用双目立体相机中的不同相机交替曝光等方法。

3. 非结构化道路检测

对于乡村公路、野外土路等非结构化道路,常采用基于机器学习的道路探测,结合探测到的环境信息和先验知识库中的模型,对图像和数据进行处理。同时根据环境的不同来修正预测模型,实现模型不断更新的效果。其方法框架如图 6-2 所示。

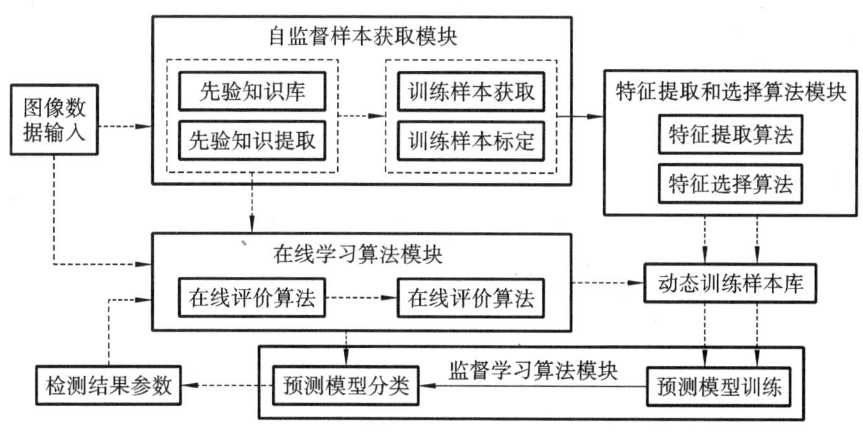

图 6-2　基于机器学习算法的非结构化道路检测方法框架

4. 行驶环境中目标检测

根据不同的检测目标选择不同的传感器数据、不同的处理算法来实现行驶环境中的目标检测。

(1)行人检测。

基于 HOG 特征的行人检测,HOG 特征是一种对图像局部重叠区域的密集型描述符,它通过计算局部区域的梯度方向直方图来构成人体特征。该方法是提取图像的 HOG 特征后通过 SVM 进行决策的检测方式。

基于 Stixel 模型的行人检测通过融合激光雷达和视频数据,可以对目标进行较为准确的检测。利用激光雷达数据抽取出感兴趣的区域,再利用视频图像识别该目标的属性,可以有效地实现不同模态传感器间的互补,提高传感器的性能。检测步骤分为三步:首先处理激光雷达数据,得到感兴趣区域;再准备图像数据,进行基于图像的行人检测算法的训练;最后利用训练好的分类器,基于感兴趣区域进行行人检测。

(2)车辆检测。

V-disparity 方法是基于立体视觉的障碍物检测方法。其算法流程为:首先获取立体图像对,然后计算得到稠密视差图,建立 V-disparity 图,通过分析 V-disparity 图,可以提取出行驶环境中的路面,从而计算出路面上障碍物的位置。

视觉与激光雷达信息的结合,避免了机器视觉受光照影响和激光雷达数据不足的问题,实现了传感器信息的互补,通过建立激光雷达、相机和车体之间的坐标转换模型,将激光雷达数据与图像像素数据统一到同一坐标中进行识别处理。结合激光雷达的数据特点选取合适的聚类方法,对聚类后的激光雷达数据进行形状匹配和模板匹配,确定感兴趣区域;通过类 Haar 特征结合 AdaBoss 算法在感兴趣区域进行车辆检测,然后通过车辆在激光雷达中的数据特征实现卡尔曼预估跟踪。

(3)交通信号灯检测。

交通信号灯识别采用的系统结构可分为图像采集模块、图像预处理模块、识别模块和跟踪模块。其系统结构如图 6-3 所示。

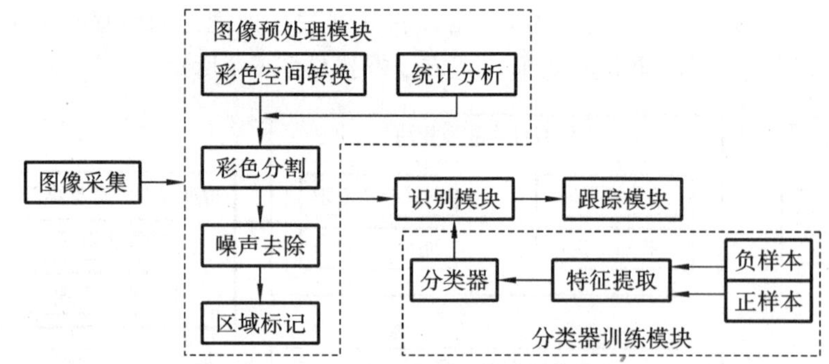

图 6-3　交通信号灯识别系统结构

运用基于彩色视觉的交通信号灯识别方法可以检测到单帧图像中的交通信号灯。为防止出现误检或跟踪丢失的现象,可以采用基于彩色直方图的目标跟踪算法——CAMSHIFT (continuously adaptive mean SHIFT)算法,它可以有效地解决目标变形和遮挡的问题,且运算效率较高。

(4)交通标志检测。

交通标志检测包括三方面内容:色彩分割、形状检测和象形识别。当光照条件良好时,色彩分割需要通过室外环境的图像采样选取阈值,运用 HSV 彩色空间的色度和饱和度信息能够将交通标志从背景中分离出来。

通常情况下交通标志和驾驶方向并不是垂直的。在对圆形标志进行判断时往往采用基于随机连续性采样的椭圆检测。而在色彩分割后的边缘直线可以通过 Hough 直线变换获得。选择相关的模板对处理后的图像大致分成红色禁止标志、蓝色允许标志和黄色警告标志。

对于每一类交通标志分别设计分类器。首先运用 OTSU 阈值分割算法对探测到的标志进行预处理,能有效避免光照阴影和遮挡造成的误差。然后基于算法获得的图像运用矩阵运算提取辐射状特征，最后选取多层感知器来完成识别内核的目标，输出相似程度最高的结果。

6.2 智能网联汽车技术的发展现状及趋势

以移动互联、大数据及云计算等技术为代表的新一轮科技革命方兴未艾。在此背景下，我国提出了“中国制造 2025”及“互联网＋”发展战略，大力推动产业转型升级和结构优化调整。汽车产业作为国民经济的支柱产业，其自身规模大、带动效应强、国际化程度高、资金技术人才密集，必将成为新一轮科技革命以及中国制造业转型升级的重要支柱。

智能网联汽车是指搭载先进的车载传感器、控制器、执行器等装置，并融合现代通信与网络技术，实现车与 X(车、路、人、云等)的智能信息交换、共享，具备复杂环境感知、智能决策、协同控制等功能，可实现安全、高效、舒适、节能行驶，并最终替代人工操作的新一代汽车。智能网联汽车可以提供更安全、更节能、更环保、更便捷的出行方式和综合解决方案，是国际公认的未来发展方向和关注焦点。智能汽车、智能网联汽车与车联网、智能交通等概念间的相互关系如图 6-4 所示。智能汽车隶属于智能交通大系统，而智能网联汽车则属于智能汽车与车联网的交集。

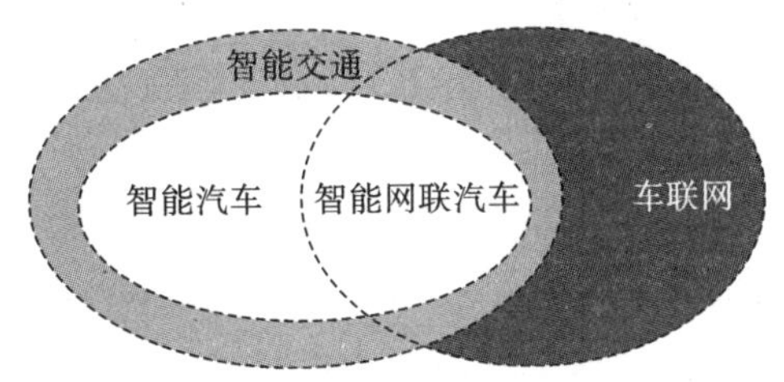

图 6-4 智能汽车、智能网联汽车与车联网等的相互关系

6.2.1 智能网联汽车的体系架构

智能网联汽车集中运用了汽车工程、人工智能、计算机、微电子、自动控制、通信与平台等技术，是一个集环境感知、规划决策、控制执行、信息交互等于一体的高新技术综合体，拥有相互依存的价值链、技术链和产业链体系。

1. 智能网联汽车的价值链

智能网联汽车在提高行车安全、减轻驾驶员负担方面具有重要作用，并有助于节能环保和提高交通效率。研究表明，在智能网联汽车的初级阶段，通过先进智能驾驶辅助技术有助于减少 30%左右的交通事故，交通效率提升 10%，油耗与排放分别降低 5%。进入智能网联汽车的终极阶段，即完全自动驾驶阶段，甚至可以完全避免交通事故，提升交通效率 30%以上，并最终把人从枯燥的驾驶任务中解放出来，这也是智能网联汽车最吸引人的价值魅力所在。

2. 智能网联汽车的技术链

从技术发展路径来说，智能汽车分为三个发展方向：网联式智能汽车(connected vehicle,CV)、自主式智能汽车(autonomous vehicle,AV)，以及前两者的融合，即智能网联汽车(connected and automated vehicle,CAV 或 intelligent and connected vehicle,ICV),如图 6-5所示。

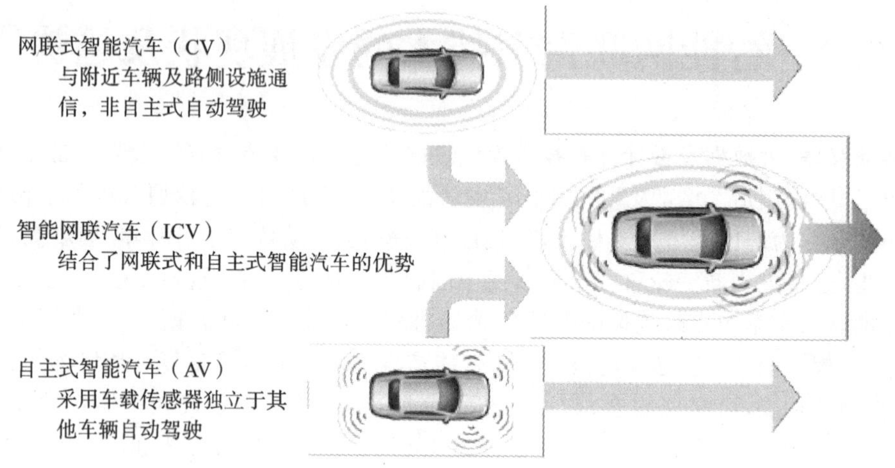

图 6-5　智能汽车的三种技术路径

智能网联汽车融合了自主式智能汽车与网联式智能汽车的技术优势,涉及汽车、信息通信、交通等诸多领域,其技术架构较为复杂,可划分为“三横两纵”式技术架构:“三横”是指智能网联汽车主要涉及的车辆、信息交互与基础支撑三个领域的技术,“两纵”是指支撑智能网的车载平台和基础设施,如图 6-6 所示。

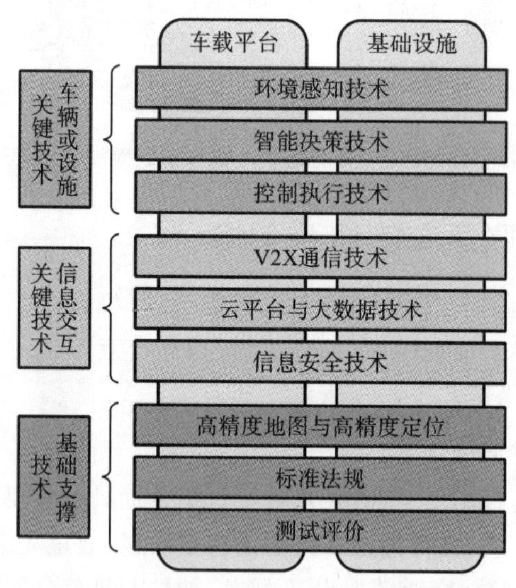

图 6-6　智能网联汽车“三横两纵”技术架构

智能网联汽车的“三横”架构涉及的三个领域的关键技术可以细分为以下九种:

(1)环境感知技术　包括利用机器视觉的图像识别技术,利用雷达(激光雷达、毫米波雷达、超声波雷达)的周边障碍物检测技术,多源信息融合技术,传感器冗余设计技术等。

(2)智能决策技术　包括危险事态建模技术,危险预警与控制优先级划分技术,群体决策和协同技术,局部轨迹规划,驾驶员多样性影响分析等。

(3)控制执行技术　包括面向驱动/制动的纵向运动控制，面向转向的横向运动控制，基于驱动/制动/转向/悬架的底盘一体化控制，融合车联网(V2X)通信及车载传感器的多车队列协同和车路协同控制等。

(4)V2X通信技术　包括车辆专用通信系统，实现车间信息共享与协同控制的通信保障机制，移动自组织网络技术，多模式通信融合技术等。

(5)云平台与大数据技术　包括智能网联汽车云平台架构与数据交互标准，云操作系统，数据高效存储和检索技术，大数据的关联分析和深度挖掘技术等。

(6)信息安全技术　包括汽车信息安全建模技术，数据存储、传输与应用三维度安全体系，汽车信息安全测试方法，信息安全漏洞应急响应机制等。

(7)高精度地图与高精度定位技术　包括高精度地图数据模型与采集式样、交换格式和物理存储的标准化技术，基于北斗地基增强的高精度定位技术，多源辅助定位技术等。

(8)标准法规　包括ICV整体标准体系以及设计汽车、交通、通信等领域的关键技术标准。

(9)测试评价　包括ICV测试评价方法与测试环境建设。

3. 智能网联汽车的产业链

ICV的产品体系可分为传感系统、决策系统、执行系统三个层次，可分别类比人类的感知器官、大脑以及手脚，如图6-7所示。

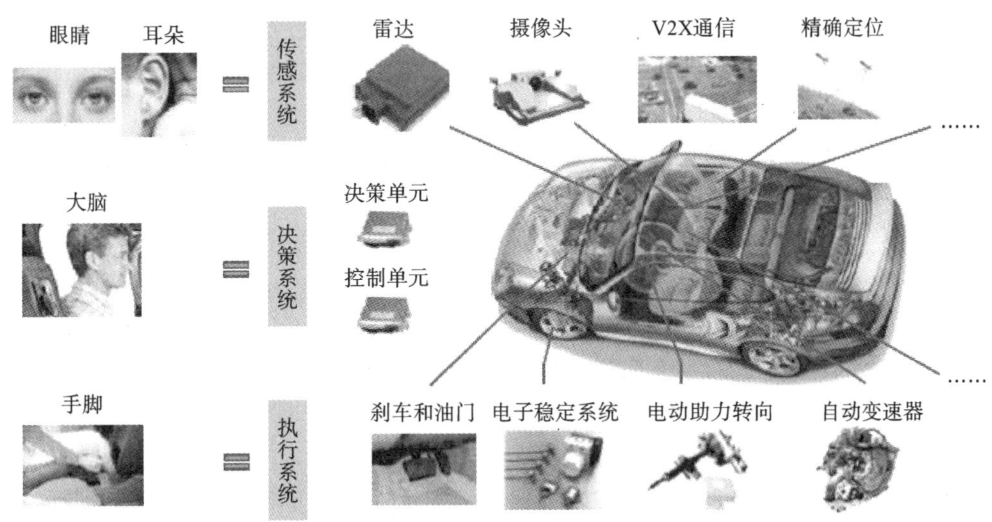

图6-7　智能网联汽车的三个产品体系层次

ICV的产业链涉及汽车、电子、通信、互联网、交通等多个领域，按照产业链上下游的关系主要包括：

(1)芯片厂商　开发和提供车规级芯片系统，包括环境感知系统芯片、车辆控制系统芯片、通信芯片等。

(2)传感器厂商　开发和供应先进的传感器系统，包括机器视觉系统、雷达(激光雷达、毫米波雷达、超声波雷达)系统等。

(3)汽车电子/通信系统供应商　能够提供智能驾驶技术研发和集成供应的企业，如自动紧急制动、自适应巡航、V2X通信系统、高精度定位系统等。

(4)整车企业　提出产品需求,提供智能汽车平台,开放车辆信息接口,进行集成测试。

(5)平台开发与运营商　开发车联网服务平台、提供平台运营与数据挖掘分析服务。

(6)内容提供商　高精度地图、信息服务等的供应商。

6.2.2　智能网联汽车发展的四个阶段

ICV 的发展可大致分为:自主式驾驶辅助(对应美国汽车工程师学会(SAE)分级 L1～L2)、网联式驾驶辅助(对应 SAE 分级 L1～L2)、人机共驾(对应 SAE 分级 L3)、高度自动/无人驾驶(对应 SAE 分级 L4～L5)四个阶段。目前在全球范围内,自主式驾驶辅助系统已经开始大规模产业化,网联化技术的应用已经进入大规模测试和产业化前期准备阶段,人机共驾技术和无人驾驶技术还处于研发和小规模测试阶段。

1. 自主式驾驶辅助系统

自主式驾驶辅助系统(advanced driver assistance system,ADAS)是指依靠车载传感系统进行环境感知并对驾驶员进行驾驶操作辅助的系统(广义上也包括网联式驾驶辅助系统),目前已经得到大规模产业化发展,主要分为预警系统与控制系统两类。其中常见的预警系统包括前向碰撞预警(forward collision warning,FCW)、车道偏离预警(lane departure warning,LDW)、盲区预警(blind spot detection,BSD)、驾驶员疲劳预警(driver fatigue warning,DFW)、全景环视系统(topview system,TVS)、胎压监测系统(tire pressure monitoring system,TPMS)等。常见的控制系统包括车道保持系统(lane keeping system,LKS)、自动泊车辅助系统(auto parking system,APS)、自动紧急刹车(auto emergency braking,AEB)、自适应巡航(adaptive cruise control,ACC)等。

美国、欧洲、日本等发达国家和地区已经开始将 ADAS 系统引入其相应的新车评价体系。美国新车评价规程(United States new car assessment program,US-NCAP)从 2011 年起引入 LDW 与 FCW 作为测试加分项,美国公路安全保险协会(IIHS)从 2013 年起将 FCW 系统作为评价指标之一;而欧洲新车评价规程(European new car assessment program,E-NCAP)也从 2014 年起引入 LDW/LKA 与 AEB 系统的评价,2016 年增加了行人防撞 AEB 的测试,并于 2018 年加入自动车防撞 AEB 系统的测试。从 2014 年起,汽车驾驶辅助技术已经成为获取 E-NCAP 四星和五星的必要条件。中国的 C-NCAP 已将 LDW/FCW/AEB 等驾驶辅助系统纳入其评价体系之中。

在引入新车评价体系之外,各国也纷纷开始制定强制法规推动 ADAS 系统安装。从 2015 年 11 月开始,欧洲新生产的重型商用车将强制安装车道偏离警告系统(LDW)及车辆自动紧急制动系统(AEB)。从 2016 年 5 月起,美国各车企将被强制要求对其生产的 10%的车辆安装后视摄像头,这一比例在随后的几年中已快速提升。而从 2017 年开始,中国也逐步在大型客车上开始强制安装 LDW 与 AEB 系统。

从产业发展角度来看,目前 ADAS 核心技术与产品仍掌握在境外公司手中,尤其是在基础的车载传感器与执行器领域。博世、德尔福、天合、法雷奥等企业垄断了我国大部分市场,Mobileye 等新兴的高技术公司在环境感知系统方面占据了全球大部分市场。近年来,我国国内涌现了一批 ADAS 领域的自主企业,在某些方面与境外品牌形成了一定竞争,但总体仍有一定差距。汽车智能驾驶领域在华为等优质企业加入后,发展会更加蓬勃,前景光明。

2. 网联式驾驶辅助系统

网联式驾驶辅助系统是指依靠信息通信技术(information communication technology,ICT)对车辆周边环境进行感知,并可对周围车辆的未来运动进行预测,进而对驾驶员进行驾驶操作辅助的系统。通过现代通信与网络技术,汽车、道路、行人等交通参与者都已经不再是孤岛,而是成为智能交通系统中的信息节点。

在美国、欧洲、日本等汽车发达国家和地区,基于车-路通信(vehicle-to-infrastructure,V2I)/车-车通信(vehicle-to-vehicle,V2 V)的网联式驾驶辅助系统正在进行实用性技术开发和大规模试验场测试。典型的试验场测试是美国在密歇根安娜堡开展的示范测试。在美国交通部与密歇根大学等的支持下,SafetyPilot 项目于 2013 年完成了第 1 期 3000 辆车的示范测试。通过后来持续的示范测试,得到了车联网技术能够减少 80%交通事故的结论,直接推动美国政府强制安装车-车通信系统以提高行驶安全性,相关强制标准于 2020 年开始实施。美国交通部在 2015 年递交国会的报告中预测,到 2040 年,美国 90%的轻型车辆将会安装专用短距离通信(dedicated shortrange communication,DSRC)系统。除美国外,欧洲以及日本等都开展了对车联网技术的大量研究与应用示范。欧盟 eCoMove 项目展示了车联网技术对于降低排放和提高通行效率的作用,综合节油效率可达到 20%,simTD 项目从 2014 年起开展了"荷兰—德国—奥地利"之间的跨国高速公路测试,验证基于车联网的智能安全系统。日本 Smartway 系统从 2007 年开始使用,可提供导航、不停车收费(electronic toll collection,ETC)、信息服务、驾驶辅助等多种功能,基于车路协同的驾驶安全支援系统(driving safety support systems,DSSS)从 2011 年开始使用,可以提供盲区碰撞预警、信号灯预警、停止线预警等多种功能。

我国清华大学、同济大学等高校与长安汽车等企业合作,在国家"863"高新技术研究开发计划项目的支持下开展了车路协同技术应用研究,并进行了小规模示范测试,各汽车企业也在开展初步研究。

从 2015 年开始,在工业和信息化部的支持下,上海、北京、重庆、武汉等城市都开始积极建设智能网联汽车测试示范区,网联式驾驶辅助系统均为测试区设计时考虑的重要因素。华为、大唐等企业力推的车间通信长期演进技术(long term evolution-vehicle,LTE-V)系统相比 DSRC(专用短程通信)技术具有兼容蜂窝网、可平稳过渡至 5G 系统等优势,目前已发展成为中国特色的车联网通信系统,并在国际市场与 DSRC 形成了竞争之势。但我国也存在缺少美国、欧洲、日本那样的大型项目支撑、各企业间未能形成合力等问题,导致网联式驾驶辅助系统发展相对较慢。

3. 人机共驾

人机共驾指驾驶人和智能系统同时在环,分享车辆控制权,人机一体化协同完成驾驶任务。与一般的驾驶辅助系统相比,共驾型智能汽车由于人机同为控制实体,双方受控对象交联耦合,状态转移相互制约,具有双环并行的控制结构,因此要求系统具备更高的智能化水平。系统不仅可以识别驾驶人的意图,实现行车决策的步调一致,而且能够增强驾驶人的操纵能力,减轻其操作负荷。广义的人机共驾包含感知层、决策层和控制层三个层次。感知层主要是利用特定传感器(如超声波雷达、摄像头、红外热释电等)向人提供环境信息,增强人的感知能力。例如:Mulder 等人通过方向盘的力反馈协助驾驶人进行车道保持,既减轻了驾驶人的驾驶负担又提高了车辆安全性。决策层主要技术包括驾驶人的决策意图识别、驾驶决策辅助和轨迹引导。例如：Morris 和 Doshi 等人采用多层压缩方法，建立基于实际道路的驾驶人换道意图预测模型，结果表明系统能够在实际换道行为发生前 3 s 有效预测驾驶人的换道意图。Thomas 等人考虑交通管制和物理避障等约束，结合车辆非线性动力学特性，根据模型预测控制方法提出预测轨迹引导模型，辅助驾驶员决策并利用人机交互进行轨迹引导。人机共驾主要指控制层的控制互补，不同于传统驾驶过程，人机共驾中狭义的人和系统同时在环，驾驶人操控动力学与智能系统操控动力学互相交叉，交互耦合，具有双环交叉的特点。

4. 高度自动/无人驾驶

处于高度自动/无人驾驶阶段的智能汽车，驾驶人不需要介入车辆操作，车辆将会自动完成所有工况下的自动驾驶。其中：在高度自动驾驶阶段（对应 SAE 分级 L4），车辆在遇到无法处理的驾驶工况时，会提示驾驶人是否接管，如驾驶人不接管，车辆会采取如靠边停车等保守处理模式，保证安全。在无人驾驶阶段（对应 SAE 分级 L5），车辆中可能已没有驾驶人或乘客，无人驾驶系统需要处理所有驾驶工况，并保证安全。目前以谷歌为代表的互联网技术公司，其发展思路是跨越人机共驾阶段，直接推广高度自动/无人驾驶系统，而传统汽车企业大多数还是按照渐进式发展路线逐级发展。

6.2.3 汽车智能化与网联化技术发展现状

1. 环境感知技术

环境感知系统的任务是利用摄像头、毫米波雷达、激光雷达、超声波等主要车载传感器以及 V2X 通信系统感知周围环境，通过提取路况信息、检测障碍物，为智能网联汽车提供决策依据。由于车辆行驶环境复杂，当前的感知技术在检测与识别精度方面无法满足自动驾驶发展需要，“深度学习”被证明在复杂环境感知方面有巨大优势，许多学者采用“深度学习”方法对行人、自行车等传统算法识别较为困难的目标物的识别方法进行了研究。

在传感器领域，激光雷达由于具有分辨率高的优势，已经成为越来越多自动驾驶车辆的标配传感器，低成本小型化的固态激光雷达成为研发热点。此外，针对单一传感器感知能力有限的情况，目前涌现了不同车载传感器融合的方案，用以获取丰富的周边环境信息，具有优良的环境适应能力。

高精度地图与定位也是车辆重要的环境信息来源。

目前，我国几大地图商都在积极推进建设面向自动驾驶的高精度地图。基于北斗地基增强系统的高精度定位系统也已开始应用，将为自动驾驶车辆提供低成本广覆盖的高精度定位方案。

针对复杂行驶环境下行人及骑车人的有效识别，清华大学研究团队建立了基于车载图像的行人及骑车人联合识别方法，其架构如图 6-8 所示。

行人及骑车人的联合识别架构主要包括图像输入、目标候选区域选择、目标检测、多目标跟踪及结果输出等功能模块。目标候选区域选择模块的作用是从输入图像中选出可能包含待检测目标的区域，该过程要在尽量少的选择背景区域的前提下，保证较高的目标召回率。目标检测模块的主要作用是在保证尽量少误检和漏检的同时，将这些候选区域正确分类为待检测目标与背景，并进一步优化目标定位。该模块基于快速区域卷积神经网络目标检测框架，使用综合考虑难例提取、多层特征融合、多目标候选区域输入等多种改进方法的网络结构模型，可以将输入目标候选区域对应的行人、骑车人及背景清楚区分，并实现检测

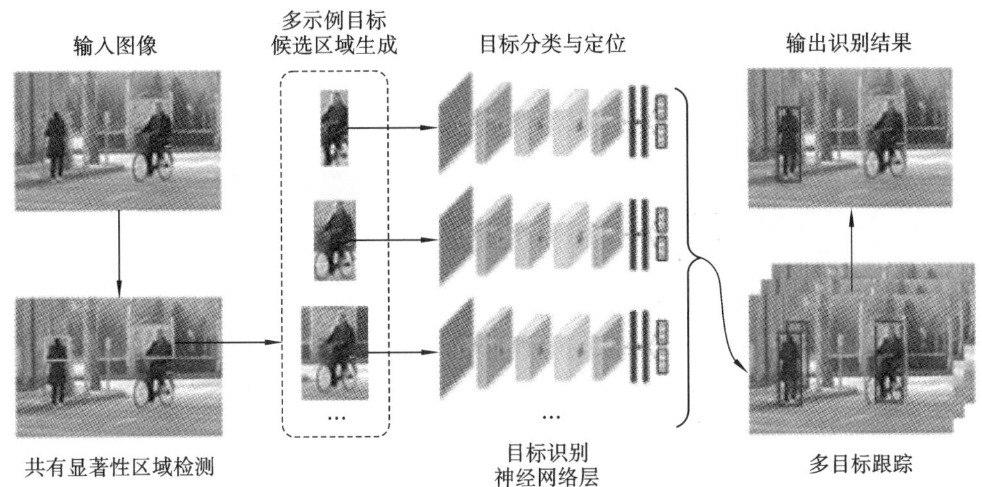

图 6-8　行人及骑车人联合识别架构

目标定位的回归优化。多目标跟踪模块的作用是综合连续时间内的目标检测结果，先借助 P-N 专家在线学习方法，实现单个跟踪目标的在线学习与检测，再在粒子滤波目标跟踪方法的基础上，融合离线检测器及在线检测器的检测结果，实现多类型目标的长时间稳定跟踪。

为验证行人及骑车人的算法效果，建立了完整的行人及骑车人识别数据库。在划分的测试数据集上进行了充分的行人及骑车人识别算法对比验证。

2. 自主决策技术

决策系统的任务是根据全局行车目标、自车状态及环境信息等，决定采用驾驶行为及动作的时机。决策机制应在保证安全的前提下适应尽可能多的工况，进行舒适、节能、高效的正确决策。常用的决策方法包括状态机、决策树、深度学习、增强学习等。

状态机是一种简便的决策方法，其用有向图表示决策机制。状态机的优点：具有高可读性，能清楚表达状态间的逻辑关系，在状态明确且较少时设计简单。缺点：需要人工设计，在状态复杂时性能不易保证，不能使用机器学习。目前的自动驾驶系统多针对部分典型工况，状态迁移不是特别复杂，故采用状态机方法进行决策的案例较多。

决策树是一种简单但是广泛使用的分类器，从根到叶子节点实现分类，每个非叶子节点为一个属性上的测试，边为测试的结果。决策树具有可读的结构，同时可以通过样本数据的训练来建立，但是有过拟合的倾向，需要广泛的数据训练。在部分工况的自动驾驶上应用，效果与状态机类似。

“深度学习”与“增强学习”是热门的机器学习方法。在处理自动驾驶决策方面，它们能通过大量的学习实现对复杂工况的决策，并能进行在线的学习优化；但是其综合性能不易评价，对未知工况的性能也不易明确。“深度学习”由于需要较多的计算资源，一般是计算机与互联网领域研究自动驾驶采用的热门技术。

3. 控制执行技术

控制系统的任务是控制车辆的速度与行驶方向，使其跟踪规划的速度曲线与路径。现有自动驾驶汽车多数针对常规工况，因而较多采用传统的控制方法，如比例－积分－微分(proportion-integral-derivative，PID)控制、滑模控制、模糊控制、模型预测控制、自适应控制、鲁棒控制等。这些控制方法性能可靠、计算效率高，已在主动安全系统中得到应用。对于现有的控制器,工况适应性是一个难点,可行的方法是:根据工况参数进行控制器参数的适应性设计,如根据车速规划与参考路径曲率调整控制器参数,可灵活地调整不同工况下的性能。线控执行机构是实现车辆自动控制的关键所在。国内目前对制动、转向系统的关键技术已有一定的研发基础,但是相比博世、德尔福等国外大型企业,在控制稳定性、产品一致性和市场规模方面仍有较大差距。

(1)多目标协调式自适应巡航控制。

自适应巡航控制系统中,同时具备自动跟车行驶、低燃油消耗和符合驾驶员特性的三类功能对于全面提升行车安全性、改善车辆燃油经济性、减轻驾驶疲劳强度具有重要的意义。目前的研究多针对单一功能的实现,未考虑三者之间的制约关系,以及车辆建模的不确定性和驾驶员行为的非线性,这导致现有的线性最优控制方法难以解决三类功能之间的矛盾性。

针对此问题的研究,清华大学李克强提出并建立了车辆多目标协调式自适应巡航控制(multi-objective coordinated adaptive cruise control,MOCACC)系统,其控制架构如图 6-9 所示。

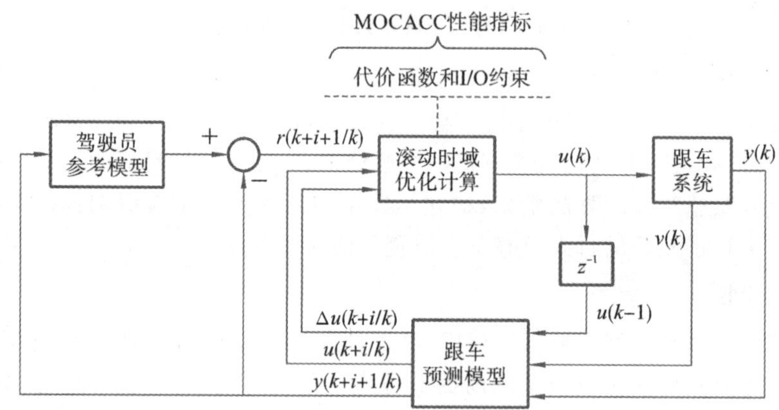

图 6-9　MOCACC 控制构架

仿真与实车实验结果表明,多目标协调式自适应巡航控制系统在保障跟踪性能的前提下可有效降低车辆油耗,且符合期望车距、动态跟车和乘坐舒适性等多类驾驶员特性。图 6-10 是 MOCACC 系统与传统自适应巡航控制(adaptive cruise control,ACC)系统的性能对比图。其中:LQACC 为线性二次型自适应巡航控制系统。

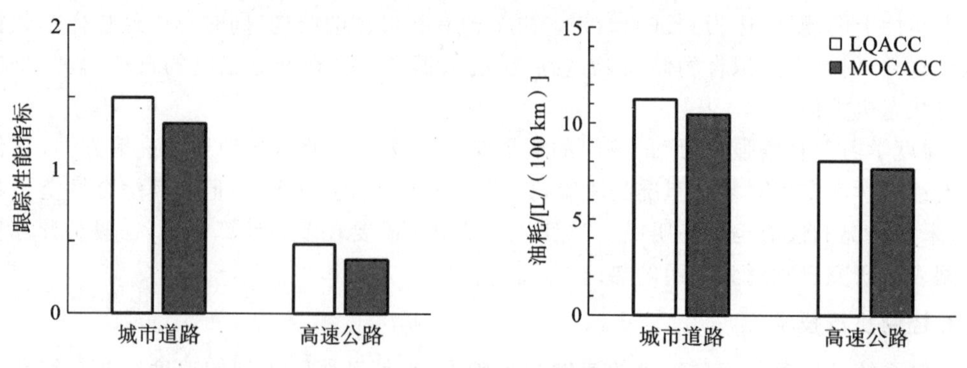

图 6-10　MOCACC 的性能提升效果

(2)协同式多车队列控制。

车辆队列化是将单一车道内的相邻车辆进行编队,根据相邻车辆信息自动调整该车辆的纵向运动状态，最终达到一致的行驶速度和期望的构型。一种行之有效的方法是多智能体系统(multi-agent system，MAS)方法。在控制领域中，多智能体系统是由多个具有独立个体所形成的一种动态系统。用多智能体系统方法来研究车辆队列的一种框架是“四元素”模型，如图 6-11 所示。

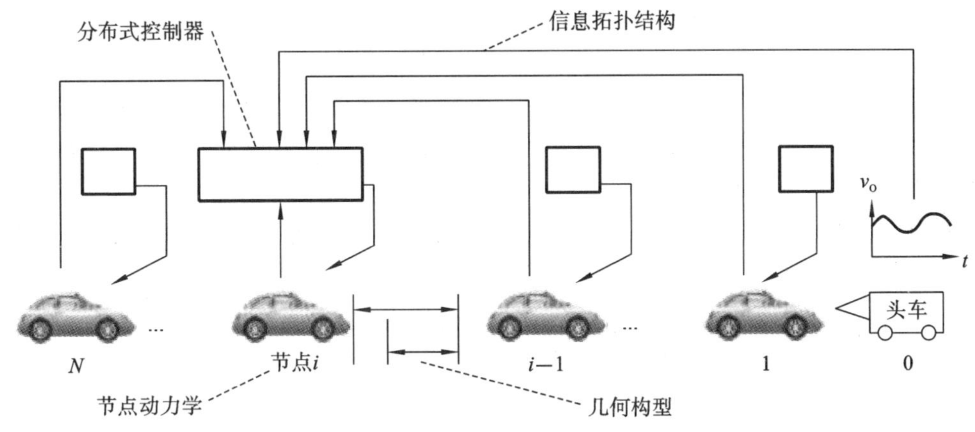

图 6-11　车辆队列的“四元素”模型

车辆队列可以显著降低油耗、改善交通效率以及提高行车安全性。清华大学设计了一类适用于中长距和中速工况需求，对车辆位置控制的精度要求低(车距图 6MOCACC 控制构架误差为±5 m 即可)，而且整体节能效果不低于 10%的周期型节能控制方案。控制策略又称加速-滑行式策略(pulse and gliding，PnG)，它首先提升发动机负荷至最佳工作点，使车辆加速至较高速度，然后将发动机置于怠速状态，让车辆滑行至原速度；周期重复这一过程，利用车身实现动能的存储与释放，达到节能效果。对于车辆队列而言，周期驾驶实现了车辆动力与车辆运动状态的最佳动态匹配。

4. 人机共驾技术

控制层的控制互补是目前人机共驾领域的核心关注点。人机共驾属于人机并行控制，双方操控输入具有冗余和博弈特征。另一方面，由于驾驶人行为特性(如决策意图和操控发力等)的研究不足以及周车环境信息的缺失，传统动力学安全控制系统无法扩展至更广区域。因此，在传统的主动安全系统中融入驾驶决策识别及周车轨迹预测信息，构建包含动力学稳定性风险和运动学碰撞性风险的双重安全包络控制系统，是提高人机共驾行驶稳定性和主动安全性的核心。因此，控制层的人机共驾技术按照系统功能，可以分为共享型控制和包络型控制。

共享型控制指人机同时在线，驾驶人与智能系统的控制权随场景转移，人机控制并行存在。共享型控制主要解决因控制冗余造成的人机冲突，以及控制权分配不合理引起的负荷加重等问题。包络型控制指通过获取状态空间的安全区域和边界条件形成控制包络，进而对行车安全进行监管，当其判定可能发生风险时进行干预，从而保证动力学稳定性和避免碰撞事故。德国亚琛工业大学学者，模仿人马共驾过程，提出了“松、紧”两种共驾模式，探讨了控制权随场景转移的分配机制。美国斯坦福大学学者，提出了构造稳定性安全区域和碰撞性安全区域，研究了共驾汽车临界危险的预防和干预机制。中国的清华大学、吉林大学等高校与第一汽车集团公司等企业合作，开展了共享控制型的人机共驾研究。人机共驾技术属于智能汽车领域的新研究方向，国内外研究多数停留于原理论证与概念演示阶段，尚缺乏全面系统的基础理论支撑。

5. 通信与平台技术

车载通信的模式，依据通信的覆盖范围可分为车内通信、车际通信和广域通信。车内通信，从蓝牙技术发展到 Wi-Fi 技术和以太网通信技术。车际通信，包括专用短程通信(DSRC)技术和正在建立标准的车间通信长期演进技术(long term evolution-vehicle，LTE-V)，LTE-V 也是 4G 通信技术在汽车通信领域的一个演化版本。广域通信，指目前广泛应用在移动互联网领域的 3G、4G 等通信方式。通过网联无线通信技术，车载通信系统可更有效地将获得的驾驶员信息、自车的姿态信息和汽车周边的环境数据进行整合与分析。

国外在车联网平台的技术标准化方面比较完善，典型的平台架构是由宝马公司牵头，联合 Connexis、WirelessCar 共同开发而成的车联网平台体系框架及开放的技术标准协议(NGTP)，即"下一代车联网架构"，为车联网平台的发展应用提供了更大的灵活性及可扩展性。我国企业基本都是自建服务平台，各平台间的数据无法互联互通，信息安全管理模式也存在问题。交通部针对营运车辆推出的联网联控平台已经实现了全国性重点营运车辆的大规模接入，但没有涉及规模最大的乘用车领域。

通信与平台技术的应用，极大地提高了车辆对于交通与环境的感知范围，也为基于云控平台的汽车节能技术的研发提供了支撑条件。基于云控平台的汽车节能驾驶系统框架如图 6-12 所示。车辆通过车与云平台的通信将其位置信息及运动信息发送至云端，云端控制器结合道路信息(如坡道、曲率等)以及交通信息(如交通流、交通信号灯等)对车辆速度和挡位等进行优化，以提高车辆燃油经济性并提高交通效率。

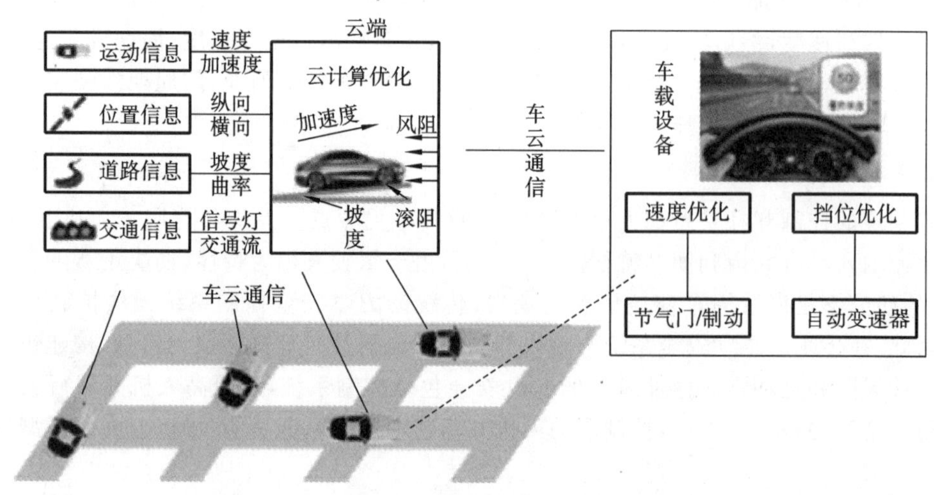

图 6-12　基于云控平台的汽车节能驾驶系统框架

在云端控制器中，以车辆行驶路段的油耗为优化目标，在车辆动力学约束、交通流速约束和交通信号约束下，对车辆挡位和速度轨迹进行优化。利用实车试验测试基于云控平台的汽车节能驾驶系统性能。实车试验中包含 3 个交叉路口以及 1 台车辆，车辆运动信息、油耗信息可通过全球定位系统(global position system，GPS)及控制器局域网(controller area network，CAN)总线获取，交通信号信息可从交通信号机中进行采集，利用以上信息对车辆速度进行优化。3 个交叉路口的实车试验测试结果表明：此系统对不同驾驶员均有提高燃油经济性的效果，通过 3 个交叉路口平均可节油约 15%。

6. 信息安全技术

汽车信息系统安全已成为汽车行业的一个重要发展领域。目前，国际上已经有ISO26262 等汽车安全相关标准，美国也已形成 SAEJ3061/IEEE1609.2 等系列标准，欧洲EVITA 研究项目也提供了相关汽车信息安全指南，中国政府在 2014 年“国民经济和社会发展第十二个五年规划”（“十二五”规划）中首次将汽车信息安全作为关键基础问题进行研究，和国际水平存在较大差距，因此急需结合中国智能网联汽车实际，确定网联数据管理对象并实行分级管理，建立数据存储安全、传输安全、应用安全三维度的数据安全体系，建立包括云安全（实现数据加密、数据混淆、数据脱敏、数据审计等技术的应用）、管安全（基于 802.11p/IEEE1609.2，实现通信加密体系、身份认证体系、证书体系、防重放、防篡改、防伪造等技术应用）、端安全（实现车载安全网关、安全监测监控系统、车载防火墙、车载入侵检测技术的应用）在内的“云-管-端”数据安全技术框架，制定中国智能网联数据安全技术标准。

围绕信息安全技术领域的周边行业，也成就了很多创新研究方向。尤其在信息安全测试评估方面，众多科研机构和创业公司通过干扰车辆的通信设备以及毫米波雷达、激光雷达和摄像头等车载传感设备，进行智能车信息安全的攻防研究。

7. 智能环境友好型车辆

为实现汽车电动化与智能化两个发展趋势的有机融合，有学者曾提出具有清洁能源动力、电控化底盘与智能信息交互 3 个系统，集成结构共用、信息融合与控制协同 3 项技术，综合实现安全、舒适、节能与环保 4 个功能，代表着下一代汽车技术发展方向的智能环境友好型车辆（intelligent environment-friendly vehicle，i-EFV）的概念。

在 i-EFV 的概念中，通过将智能交通系统（intelligent transportation system，ITS）中的环境识别、驾驶辅助和驾驶员识别技术等先进技术，与搭载电驱动系统的混合动力车辆、纯电动车辆等新能源车辆有机结合，既可获取多源信息以实现新能源车辆的安全行驶并进一步降低能耗，还可实现车辆与交通系统（车辆、行人）、电力系统（充电站）协同优化，实现交通系统和电网系统的高效安全运行。

利用 V2X 通信技术使车辆预知前方行驶环境中的交通信息，有利于使车辆适应多变的交通环境，以保证车辆在安全行驶的前提下，降低 i_EFV 行驶的能量消耗。i_EFV 的智能节能控制应用场景如图 6-13 所示。

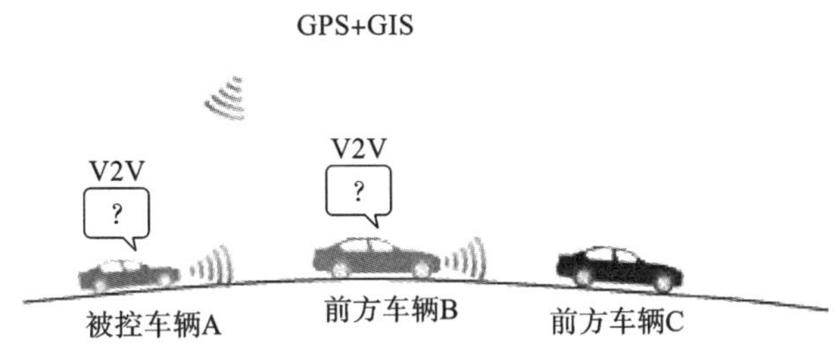

图 6-13　电动车辆智能节能控制示意图

车辆 B 的运动受到车辆 C 的运动的影响，两者间存在因果关系，为预测车辆 B 的未来运动行为，需要基于 B 和 C 两辆车的运行信息。利用 Bayes 网络方法对车辆 B 的运动进行建模，结构简图如图 6-14 所示。在图 6-14 中：$v_p(i)$为前方车辆 B 在时刻 i 的速度值；$v_p(i-1)$为前方车辆 B 在时刻 $i-1$ 的速度值；$a_p(i)$是前方车辆 B 在时刻 i 的加速度；$\Delta d_{p\text{-}pp}(i)$

是前方车辆 B 和 C 在时刻 i 的相对距离；$pe_{\text{p-drive}}(i)$是前方车辆 B 在时刻 i 的加速踏板位置；$pe_{\text{p-brake}}(i)$是前方车辆 B 在时刻 i 的制动踏板位置；$v_{\text{pp}}(i)$是前方车辆 C 在时刻 i 的速度值；$a_{\text{pp}}(i)$是前方车辆 C 在时刻 i 的加速度；$v_{\text{p}}(i+1)$是前方车辆 B 在时刻 $i+1$ 的速度预测值；$\sigma_{\text{v}}(i+1)$是前方车辆 B 在时刻 $i+1$ 的加速度预测值。

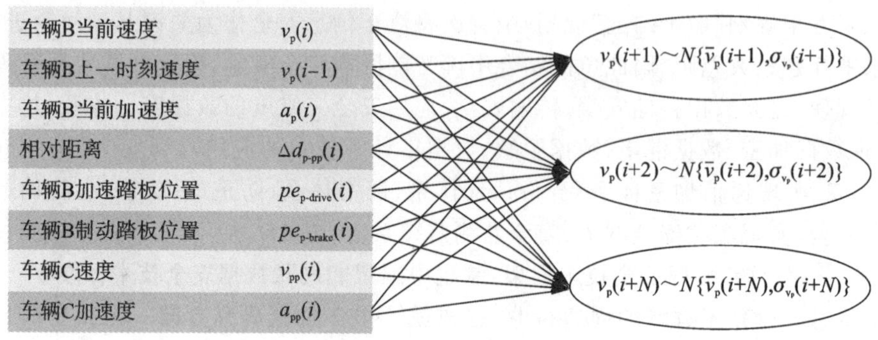

图 6-14　Bayes 网络结构简图

基于前车运动预测信息，利用非线性模型预测控制方法对电动车辆（自车）A 进行智能节能控制。在传统的研究中，并未对前方车辆 B 的运动进行预测，一般假设在车辆 A 的控制周期内，车辆 B 进行匀速或匀加速运动。图 6-15 所示为基于不同前车信息输入的自车速度控制结果曲线。

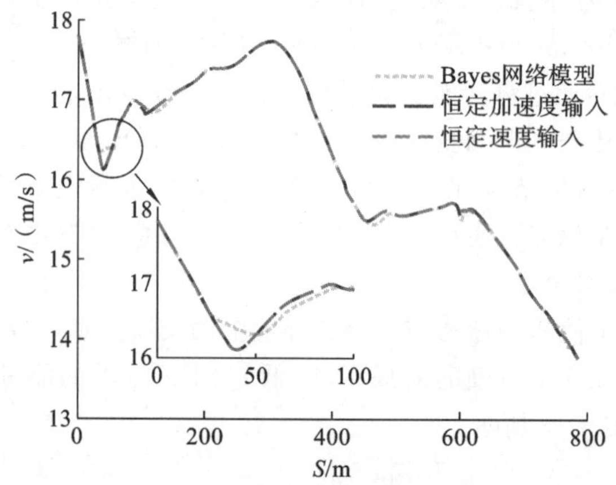

图 6-15　基于不同前车信息输入的自车速度控制结果

由图 6-15 可知，对前车 B 的运动进行预测后，能够使自车 A 提早对车辆 B 的运动进行反应，降低了行驶过程中不必要的加速与减速过程。与不对前车运动进行预测的方法相比，电动车辆的智能节能控制方法的节能效果可以达到 10%左右。

6.2.4　汽车智能化与网联化技术发展趋势分析

1. 以“深度学习”为代表的 AI 技术快速发展和应用

以“深度学习”为代表的人工智能（artificial intelligence，AI）技术在智能网联汽车上正在得到快速应用。尤其在环境感知领域，“深度学习”方法已凸显出巨大的优势，正在以惊人的速度代替传统机器学习方法。“深度学习”需要大量的数据作为学习的样本库，对数据采集和存储提出了较高需求；同时，“深度学习”还存在内在机理不清晰、边界条件不确定等缺点，需要与其他传统方法融合使用以确保可靠性，且目前也受车载芯片处理能力的限制。

2. 激光雷达等先进传感器加速向低成本、小型化发展

激光雷达相对于毫米波雷达等其他传感器具有分辨率高、识别效果好等优点，已越来越成为主流的自动驾驶汽车用传感器，但其体积大、成本高，同时也易受雨雪等天气条件影响，这导致它在现阶段难以得到大规模商业化应用。目前激光雷达正在向着低成本、小型化的固态扫描或机械固态混合扫描形式发展，但仍需要克服光学相控阵易产生旁瓣影响探测距离和分辨率、繁复的精密光学调装影响量产规模和成本等问题。

3. 自主式智能与网联式智能技术加速融合

网联式系统能从时间和空间维度突破自主式系统对于车辆周边环境的感知能力。在时间维度，通过 V2X 通信，系统能够提前获知周边车辆的操作信息、红绿灯等交通控制系统信息以及气象条件、拥堵预测等更长期的未来状态信息。在空间维度，通过 V2X 通信，系统能够感知交叉路口盲区、弯道盲区、车辆遮挡盲区等位置的环境信息，从而帮助自动驾驶系统更全面地掌握周边交通态势。网联式智能技术与自主式智能技术相辅相成，互为补充，正在加速融合发展。

4. 高速公路自动驾驶与低速区域自动驾驶系统将率先应用

高速公路与城市低速区域将是自动驾驶系统率先应用的两个场景。高速公路的车道线、标示牌等结构化特征清晰，交通环境相对简单，适合车道偏离报警（LDW）、车道保持系统（LKS）、自动紧急制动（AEB）、自适应巡航控制（ACC）等驾驶辅助系统的应用。目前市场上常见的特斯拉等自动驾驶汽车就是 L1～L2 级自动驾驶技术的典型应用。而在特定的城市低速区域内，可提前设置好高精度定位、V2X 等支撑系统，采集好高精度地图，利于实现在特定区域内的自动驾驶，如自动物流运输车、景区自动摆渡车、园区自动通勤车等。

5. 自动驾驶汽车测试评价方法研究与测试场建设成为热点

自从特斯拉汽车的几起重大安全事故被曝光后，自动驾驶汽车的安全性越来越受到关注，关于自动驾驶汽车测试评价方法的研究以及测试场、示范区的建设成为全球热点。如何测试自动驾驶汽车？一种潜在的解决方案是引入“普通人类驾驶员”的抽象概念并建立安全基线——一系列定性、定量的关键功能、性能指标，表征自动驾驶系统驾驶汽车的安全程度。如果把自动驾驶系统看作一个驾驶员，对其的考核也可以类比驾驶员的考核过程。首先需要“体检”，检查自动驾驶系统对环境感知、车辆控制等的基本能力；其次是理论测试，测试自动驾驶汽车对交通法规的遵守能力；再次是场地考，既在特定场景下的自动驾驶测试；最后是实路考核，将自动驾驶汽车放置于特定的开放测试道路内进行实际测试。

在测试场建设方面，美国密歇根大学率先建成了面积约 13 hm^2 的智能网联汽车专用测试场 M-city，如图 6-16 所示。日本、欧洲等地也已建成或在积极建设各类智能网联汽车专用测试场。上海嘉定于 2016 年率先建成中国第一个专业的智能网联汽车测试场，重庆、北京、襄阳、武汉等地也正在积极建设。

图 6-16　美国密歇根大学建设的智能网联汽车(ICV)专用测试场(M-city)

思　考　题

1. 阐述汽车智能驾驶的几个阶段及其核心关键技术如何实现。实现汽车智能驾驶的核心关键传感器有哪些？目前的发展现状如何？

2. 简述智能网联汽车技术的发展现状及未来趋势。

参考文献

[1] 张宗杰.动力机械及其系统电子控制[M].武汉:华中科技大学出版社,2009.

[2] 戴海峰,魏学哲,孙泽昌.V-模式及其在现代汽车电子系统开发中的应用[J].机电一体化,2006(06):20-24.

[3] 卡耐基梅隆大学软件工程研究所.能力成熟度模型(CMM):软件过程改进指南[M].刘孟仁,译.北京:电子工业出版社,2001.

[4] 杨国青.基于模型驱动的汽车电子软件开发方法研究[D].杭州:浙江大学,2006.

[5] 王绍銧,李建秋,夏群生.汽车电子学[M].2版.北京:清华大学出版社,2011.

[6] 张新丰,王春濛,李健聪,等."汽车电子控制系统仿真与设计"课程实验设计[J].电气电子教学学报,2017,39(02):117-123.

[7] 李顶根,曹晶,资小林,等.车辆底盘CAN总线系统的数字仿真及硬件实现[J].华中科技大学学报(自然科学版),2009,37(01):49-52.

[8] HEYWOOD J B. Internal combustion engine fundamentals[M]. New York:McGraw-Hill,1988.

[9] 康拉德·赖夫.汽油机管理系统[M].范明强,等译.北京:机械工业出版社,2017.

[10] 莱诺·古泽拉.内燃机系统建模与控制导论[M].陈汉玉,滕勤,译.北京:机械工业出版社,2016.

[11] ISERMANN ROLF. Engine modeling and control[M]. Berlin,Heidelberg:Springer,2014.

[12] GUZZELLA LINO, CHRISTOPHER H ONDER. Introduction to modeling and control of internal combustion engine systems [M]. Berlin, Heidelberg: Springer,2010.

[13] KONRAD REIF. Gasoline engine management [M]. Wiesbaden: Springer Vieweg,2015.

[14] ROBERT BOSCH GMBH. Automotive handbook [M]. Cambridge: Bentley publishers,2012.

[15] 王尚勇,杨青.柴油机电子控制技术[M].北京:机械工业出版社,2005.

[16] 康拉德·赖夫.柴油机管理系统[M].范明强,等译.北京:机械工业出版社,2016.

[17] KONRAD REIF. Diesel Engine Management[M]. Wiesbaden:Springer Fachmedien Wiesbaden, 2014.

[18] MOLLENHAUER K, TSCHOKE H. Handbook of diesel engines[M]. Berlin, Heidelberg:Springer,2010.

[19] 李顶根,何春萌.基于模型参考滑模控制的柴油机气路控制研究[J].武汉理工大学学报,2015,37(10):90-97.

[20] 李顶根,刘刚.基于PEM与子空间方法的汽油机空燃比动态模型辨识[J].内燃机学报,2012,30(03):248-253.

[21] 苏芳,李相哲,徐祖宏.新一代动力锂离子电池研究进展[J].电源技术,2019,43(05):887-889.

[22] 王吉华,居钰生,易正根,等.燃料电池技术发展及应用现状综述(上)[J].现代车用动力,2018(02):7-12,39.

[23] 文泽军,闵凌云,谢翌,等.质子交换膜燃料电池建模与控制的综述[J].电源技术,2018,42(11):1757-1760.

[24] 王骞,李顶根,苗华春.基于模糊逻辑控制的燃料电池汽车能量管理控制策略研究[J].汽车工程,2019,41(12):1347-1355.

[25] 孙悦超,李曼,廖聪,等.电动汽车电机驱动发展分析[J].电气传动,2017,47(10):3-6.

[26] 方运舟.纯电动轿车制动能量回收系统研究[D].合肥:合肥工业大学,2012.

[27] 郭孔辉,刘溧,丁海涛,等.汽车防抱制动系统的液压特性[J].吉林工业大学自然科学学报,1999(04):1-5.

[28] 彭栋.混合动力汽车制动能量回收与ABS集成控制研究[D].上海:上海交通大学,2007.

[29] 何晓帆.基于相变材料与液冷结合的锂离子电池热管理技术研究[D].杭州:浙江大学,2020.

[30] 洪文华.相变材料在锂离子动力电池热管理中的应用研究[D].杭州:浙江大学,2019.

[31] MERLIN K, DELAUNAY D, SOTO J, et al. Heat transfer enhancement in latent heat thermal storage systems: Comparative study of different solutions and thermal contact investigation between the exchanger and the PCM[J]. Applied Energy, 2016, 166: 107-116.

[32] 邹时波,李顶根,李卫,等.相变材料热管理下电池热失控传播过程数值分析[J].工程热物理学报,2019,40(05):1105-1111.

[33] 李志飞.电动汽车动力锂电池能量管理系统BMS研究[D].重庆:重庆交通大学,2019.

[34] PURWADI A, RIZQIAWAN A, KEVIN A, et al. State of Charge estimation method for lithium battery using combination of Coulomb Counting and Adaptive System with considering the effect of temperature[J]. 2014 Power Engineering and Renewable Energy: 2014, 91-95.

[35] 林程,张潇华,熊瑞.基于模糊卡尔曼滤波算法的动力电池SOC估计[J].电源技术,2016,40(09):1836-1839.

[36] CHARKHGARD M, FARROKHI M. State-of-charge estimation for Lithium-Ion batteries using neural networks and EKF[J]. IEEE Transactions on Industrial Electronics, 2010, 57(12): 4178-4187.

[37] 李顶根,王好端.基于参数扫描算法的HEV多能源控制策略优化研究[J].汽车工程,2010,32(08):664-668,663.

[38] LI L, ZHANG Y, YANG C, et al. Hybrid genetic algorithm-based optimization of

powertrain and control parameters of plug-in hybrid electric bus[J]. Journal of the Franklin Institute,2015,352(3):776-801.

[39] 李垚.并联混合动力客车动力源参数匹配和优化[D].北京:北京理工大学,2016.

[40] 王庆年,段本明,王鹏宇,等.插电式混合动力汽车动力传动系参数优化[J].吉林大学学报(工学版),2017,47(01):1-7.

[41] HILLOL K R, MCGORDON A, JENNINGS P A. A generalised powertrain component size optimisation methodology to reduce fuel economy variability in hybrid electric vehicles[J]. Transaction on Vehicular Technology,2014,63(3):1055-1070.

[42] 秦大同,林毓培,刘星源,等.基于系统效率的 PHEV 动力与控制参数优化[J].湖南大学学报(自然科学版),2018,45(02):62-68.

[43] 李克强,戴一凡,李升波,等.智能网联汽车(ICV)技术的发展现状及趋势[J].汽车安全与节能学报,2017,8(01):1-14.